I0485854

الماء

بقلم

البروفيسور الدكتور المهندس المستشار/ عصام محمد عبد الماجد

والدكتور/ الطاهر محمد الدرديري

والدكتور/ محمد عصام محمد عبد الماجد

© الطبعة الأولى، مطبعة آفاق، الخرطوم، 1999، رقم ايداع 250/988. نال جائزة عبد الله الطيب لأفضل مؤلف للعام 1999 من المجلس القومي للصحافة والمطبوعات.

© الطبعة الثانية (مزيدة ومنقحة)، 2001م – 1422هـ، الدار السودانية للكتب للطباعة والنشر والتوزيع، شارع البلدية، الخرطوم، ص. ب. 2473، برقيا: توزيعدار، السودان، رقم الايداع مع المجلس القومي للصحافة والمطبوعـــات 250/98.

© الطبعة الثالثة (مزيدة ومعدلة ومنقحة)، 2015 الخبر– خصب – مسقط.

ISBN-13: 978-1517335809
ISBN-10: 1517335809

Printed by: CreateSpace

بسم الله الرحمن الرحيم

شكر وعرفان للطبعة الثالثة

قبول كتاب الماء كمرجع علمي وكتاب دراسي أملى التفكر في تنقيحه، وتعديل معوجه، والاضافة العلمية له تماشيا مع مستجدات المعارف والتطور التكنولوجي المواكب لصناعة الماء وتجويد نوعيته وتعظيم استخدامه والمحافظة على موارده والادارة المتكاملة لها.

من ثم أتت هذه الاصدارة في هذا الثوب الجديد لتضيف للمحتوى العلمي، وترسخ للمعارف المائية وتساعد الطالب للنهل من هذا المعين المتجدد لعلوم الماء وفنون ادارته.

واشتملت حلول المسائل التطبقية والمشاكل العملية على طرق حديثة لاستخدام الحاسوب في حلها وايجاد صيغ مناسبة لحسابها وتقديرها.

وقد تم استخدام لغة البرمجة فيجوال بيسك الإصدار العاشر (Visual Basic.NET 10) تحت نظام التشغيل مايكروسوفت ويندوز، وتم اختيارها لسهولة العمل بها خاصة بالنسبة للمبتدئين في البرمجة. والبرامج الموجودة داخل الكتاب هي الشفرة البرمجية اللازمة لحل المعادلات وإيجاد النتائج المطلوبة، ولكن البرامج لا تكتمل بدون تصميم واجهة المستخدم والتي يمكن رؤيتها في الملاحق حيث توجد صورتان لكل برنامج: الصورة الأولى هي شاشة التصميم والصورة الثانية شاشة البرنامج أثناء العمل. كما يمكن التحصل على القرص المدمج المحتوي على جميع البرامج المذكورة في الكتاب من مواقع المؤلفين بالشبكة العنكبوتية:

http://sites.google.com/site/isamabdelmagid
http://sites.google.com/site/mohammedisam2000

نثني على الجهد المبذول من قبل طلاب الهندسة المائية والبيئية والتشييد ونشكر لهم تعاونهم الكبير وتفانيهم اللامتناهي لتحديد أوجه القصور وتبيان النقصان وتصويب الخطأ.

والشكر متصل لكل من ساعد وساهم بصورة أو بأخرى لاخراج هذا الكتاب وتسوية جوانبه واكمال جمالياته وتنسيق مفرداته وتحديث بياناته.

المؤلفون، أغسطس 2015

شكر وعرفان للطبعة الثانية

أولاً وأخيراً الشكر والحمد لله رب العالمين أن تكرم سبحانه وتعالى علينا بإتمام هذا الكتاب الحاوي. وعملاً بقوله صلى الله عليه وسلم **{لا يشكر الله من لا يشكر الناس}**[1] فالشكر متصل لجميع من ساعد في إخراج هذا الكتاب بالجهد أو المال أو الفكر أو التشجيع أو بأي بصورة أخرى. ولقد أتتنا المساعدة والدعم من قبل عدة جهات ولأفراد أثناء كتابة وطباعة وتنقيح ومراجعة وتحقيق هذا الكتاب. ونخص بالشكر الجزيل، وعظيم العرفان والامتنان، كل أفراد أسرتنا الذين ساهموا، وشاركوا، وصبروا كثيرا، وأخلصوا لإنجاح مشروع الكتاب، وطباعة مسودته، وتجميع بعض أجزائه، ومراجعة وحداته وكلماته، ورسم بعض أشكاله على الحاسوب.

كما ونخص بالشكر الجزيل جامعة السودان للعلوم والتكنولوجيا وجامعة السلطان قابوس لإتاحتهما المناخ العلمي الملائم لكتابة هذا الكتاب والمساعدة العينية والعلمية.

والشكر موصول لكل الهيئات والمنظمات والمؤسسات والشركات والجمعيات والجهات العلمية المختلفة التي سمحت لنا بإعادة نشر واستخدام بعض منتجاتها العلمية والفكرية والتي زادت من رونق هذا الكتاب وبهائه، وعملت على إكمال محتواه العلمي والفني.

{ربَّنا وآتنا ما وعدتنا على رسلكَ ولا تخزنا يومَ القيامةِ إنَّك لا تخلفُ الميعادَ}
سورة آل عمران: 194، وسلام على المرسلين والحمد لله رب العالمين.

المؤلفان

أ. د. عصام محمد عبد الماجد أحمد
مركز البحث العلمي والعلاقات الخارجية
جامعة السودان للعلوم والتكنولوجيا

د. الطاهر محمد الدرديري
كلية التربية
جامعة السلطان قابوس

---

[1] النهاية في غريب الحديث والأثر لابن الأثير – باب الشين مع الكاف، ص. 493، الجزء الثاني، دار احياء الكتب العربية، تحقيق طاهر أحمد الزاوي ومحمود محمد الطناجي.

ص. ب. 407 الخرطوم، السودان
هاتف: 775291، فاكس: 774559
بريد إلكتروني isam_abdelmagid@hotmail.com

كلية التربية والدراسات الإسلامية
ص. ب. 32 رمز بريدي 123
مسقط، سلطنة عمان

محتوى الكتاب

بسم الله الرحمن الرحيم

{الحمدُ للهِ الذي لهُ ما في السّمواتِ وما في الأرضِ ولهُ الحمدُ في الآخرةِ وهوَ الحكيمُ الخبيرُ} سورة سبأ.: 1. **{ربَّنَا اغفرْ لي ولوالديَّ وللمؤمنينَ يومَ يقومُ الحسابُ}** سورة إبراهيم.: 41

مقدمة الطبعة الثانية

نحمد الله سبحانه وتعالى ونثني عليه، ونصلي ونسلم على سيدنا محمد وعلى آله وصحبه وسلم. نحمد جل وعلا أن تكرم علينا ويسر لنا أمر إخراج الطبعة الثانية من هذا للكتاب للنور. وقد أسعدنا كثيراً ما تلقيناه من معلومات حول مبيعات الكتاب وتداوله، والنجاح الذي حققه نحو إرساء المعلومة العلمية وتبيانها بلسان واضح جلي وإيصالها لطالبها في يسر ودون مشقة وكبير عناء. ونشكر لجمهور الأساتذة المختصين وطلاب الدراسات العامة والعليا وقطاعات المجتمع المدني والثقافي والسياسي والعسكري التي ما فتئت تلاحقنا بالتقريظ الجيد والأفكار النيرة والمقترحات المفيدة نحو رفعة الكتاب وتيسيره للقراء والباحثين وطلاب العلوم البيئية كافة.

ونشكر للمجلس القومي للصحافة والمطبوعات لاختياره للكتاب ومنحه جائزة البروفيسور عبد الله الطيب لأفضل مؤلف عند إعلانها مع نتائج المسابقة السنوية للمجلس لأفضل الأعمال الصحفية للعام 1998.

ونسبة للإقبال المتزايد على الكتاب الذي نفدت نسخ الطبعة الأولى منه من السوق فقد رأت الدار السودانية للكتب تتبني هذا السفر الهام وإعادة طباعته في ثوب قشيب لتعم الفائدة فالشكر متصل للأخ عبد الرحيم مكاوي للإتيان الفكرة وتفعيل تطبيقها.

المؤلفان

أكتوبر 2000 م

مقدمة الطبعة الأولى

الحمد لله والصلاة والسلام علي سيدنا محمد وعلي آله وصحبه وسلم.

فبعد تفكير عميق، وبحث وتنقيب، عنَّ لنا أن أَمثَل طريقة لتأصيل وأسلمة العلوم الهندسية هي وضع كتاب دراسي، ومرجع علمي متخصص؛ تتم فيه صياغة النظريات، والمسائل، والأطروحات العلمية في منهاج وقالب إسلامي، لكل مساق دراسي ومنهاج وفلسفة هندسية على حدة عندما يتم تدريسه في صروح ومدرجات الجامعات. ولن يتأتى هذا الأمر في عالم التخصصات الحالي إلا أن يتم تأليف هذا الكتاب بجهد مشترك من قبل كل من العالم التطبيقي المتخصص والفقيه العلمي المتمكن، الأمر للذي سيؤدى أيضاً إن شاء الله تعالي إلى تبحر العالم التطبيقي على العلوم الدينية وإطلالة الفقيه المتبحر على فنون التقانة المعاصرة. وبناءً على هذه الفكرة فقام المؤلفان، بالتعاون المثمر والمتأني والمستبصر، بوضع مفردات هذا الكتاب العلمي المرجع في علوم هندسة المياه. آملين في أن يفيد هذا الكتاب عند وضع إطار تأصيلي ومنهاج واضح لأسلمة العلوم الهندسية وإحياء التراث الإسلامي.

ومن المؤمل أن يساعد هذا المؤلف في دراسة وفهم مساقات الهندسة البيئية والصحية، وموارد ومصادر وإمدادات وطرق استعذاب الماء، والصحة العامة في المشاريع الهندسية، وغيرها من المساقات الدراسية ذات الصلة. ومن المتوقع أن يستفيد من هذا السفر المهندس المدني والصحي، والبيئي، والكيميائي، والزراعي، وأخصائي طب المجتمع، ومفتش الصحة العامة، ومهندس التخطيط البيئي، وطلاب عموم الهندسة، ومدرسو المساقات ذات الصلة. وقد تم وضع الكتاب بصورة تساعد الفهم والاستنباط، وحوى عدة مسائل وتمارين محلولة وأخري تساعد علي كسب المهارة وإتقان الفن.

والتفت الكتاب من خلال فصوله الثمانية إلى عدة مواضيع علمية شيقة متمثلة في: الماء لغة وشرعاً، وأسماء وأنواع الماء، واستعمالات وخواص الماء، وتداخل الماء والصحة العامة، وتقانة استعذاب الماء، وتخزين الماء وتوزيعه، ثم التشريعات والقوانين والخطوط التوجيهية، والإدارة البيئية، ووضع الإستراتيجية المائية. وتنوعت المصادر والمراجع

المستفاد منها في متن الكتاب والتي تم تضمينها في آخر كل فصل من فصوله لزيادة وإتمام الفائدة.

أما تفصيلاً فقد احتوى الفصل الأول على أسماء المياه في اللغة العربية وموضحاً النسبة إلى الماء.

وتبحر الفصل الثاني في أسماء الماء من الزلال والشبم وللفرات والحشرج والركد والسلسل والسلسبيل والنمير والفضض والرنق والمعين والضهل والنقاخ والآسن والآجن والزعاق والمأج والشروب والعذب والخريص والفواصل والموغر والحميم والغلل والسجس والجواز والبحر والزغرب والغدق والقراح والغساق والأجاج والسدم والحراق والقعاع والسيح والمشفوه، وعالج الباب استعمال كلمة الماء في موضوعات أخرى ونوه إلى أهم الصفات.

واختص الفصل الثالث بأقسام المياه وأنواعها وأحكام الشريعة الإسلامية ذات الصلة، وأسهب في أحكام الماء الشرعية.

أما الفصل الرابع فركز علي دورة الماء الطبعية، ومصادر المياه ومواردها، والتوزيع الطبيعي للمياه السطحية والجوفية ومياه السقيط، وسبل اختيار المصدر الملائم للماء. ثـم تعرض الفصل إلى خواص المياه من طبعية وكيميائية وحيوية. وشمل هذا الفصل العوامل الملوثة للمياه السطحية والجوفية، كما وضم بين جوانحه التلوث البحري.

وغطى الفصل الخامس أساسيات الماء والصحة العامة متطرقاً لعلاقة الماء والأمراض ذات الصلة مع تبيان مسبباتها، وطرق انتشارها وعلاقة المشاريع الهندسية بها، وكيفية القضاء عليها أو تلافى حدوثها، والتحكم في نواقل المرض إبتداءً من فكرة المشروع مروراً بمرحلة التصميم الهندسية، وعبوراً إلى مراحل التنفيذ والتشغيل والصيانة.

أما الفصل السادس فقد تناول تقانة استعذاب المياه، والأنماط المستخدمة للحصول على مياه نقية تواكب الإمداد والاستخدام متمشياً مع المعايير والتشريعات الملائمة. وتعرض هـذا الفصل لعملية تنقية الماء في وحدات مختلفة من طبيعية (مثل: المصفاة والترسيب والطفو

والترشيح والتهوية)، وكيميائية (مثل: الترويب والتلبد والتطهير والموازنة)، ووحدات متقدمة (مثل: الإمتزاز، وطرق تحلية المياه بالتبادل الأيوني والديلزة والتقطير والتناضح العكسي)، وطرق الاستخدام المثلى للماء، هذا بالإضافة للعرض المفصل لمعايير التصميم.

وعالج الفصل السابع أوجه وأنماط خزن الماء وتوزيعها بين اللغة وللدين والتقلنة المعاصرة لاختيار وتصميم الخزانات وأساليب تخطيط المياه وتوزيعها للمستهلك.

وتفرد الفصل الثامن بالنظر في مفهوم التشريع والقانون والخطوط التوجيهية واللوائح المنظمة لاستعمال الماء للإنسان والحيوان والنبات والصناعة والترفيه وغيرها. وحوى هذا الفصل الخطوط التوجيهية لبعض المنظمات والوحدات العالمية المتعلقة بمياه الشرب وإعادة استعمال الماء. وتفرد هذا الفصل بتبيان أسس وضع استراتيجية نظم تخطيط الماء. كما وضح الحقوق الشرعية للشركاء في الأنهار والأودية وجواز تملك الماء وحكم بيعها. وألحقت بالكتاب الملاحق العامة لبعض البيانات والجداول الهامة.

ولقد استخدم في هذا الكتاب نظام التعريب الذي يتبع القواميس والمعاجم العربية المجازة من مجمع اللغة العربية، أو من المنظمة العربية للتربية والثقافة والعلوم، أو من الهيئة العليا للتعريب بالسودان.

ويأمل المؤلفان أن يفيد هذا الكتاب القارئ العزيز. ولإتمام الفائدة واستمرارها يرجو المؤلفان أن يستلما أي مقترحات، أو تساؤل، أو إسهامات فنية أو علمية علي العنوان المبين؛ بغية المراجعة والتنقيح والتعديل المستقبل إن شاء الله عز وجل. والمؤلفان إذ يتقدما بهذا العمل ليسألا المولي تبارك وتعالي أن يرزقهما أجر المحاولة. والله من وراء القصد.

{اللهم انفعني بما علمتني، وعلمني ما ينفعني، وزدني علماً، والحمد لله على كل حال، وأعوذ بالله من حال أهل النار}.

تم الكتاب بعون وتوفيق من الله سبحانه وتعالى في اليوم الاثنين الثالث عشر من شهر رجب 1419 من هجرة صاحب العز والشرف صلى الله عليه وسلم، الثاني من نوفمبر

1998 من ميلاد السيد المسيح عليه السلام، بقلم العبدين الضعيفين عفا المولى عز وجل عنهما وعن والديهما والمسلمين أجمعين.

المؤلفان

الأستاذ الدكتور المهندس عصام محمد عبد الماجد
جامعة السودان للعلوم والتكنولوجيا
ص. ب. 407 الخرطوم
هاتف: 775291، فاكس: 774559
بريد إلكتروني isam_abdelmagid@hotmail.com

الدكتور الطاهر محمد الدرديري
جامعة السلطان قابوس
كلية التربية والدراسات الإسلامية
ص. ب. 32 رمز بريدي 123
مسقط، سلطنة عمان

الفصل الأول
أسماء الماء في اللغة العربية

1 - 1 مقدمة

من أسماء الماء في اللغة العربية التالي:

الماء المُطْلق: وهو الماء الذي يبقى على أصل خلقته، ولم تخالطه نجاسة، ولم يغلب عليه شئٌ طاهر. **والماء المستعمل:** هو كل ماء أزيل به الحدث، أو استعمل في للبدن على وجه التقرب. والعرب تقول في المفرد: الماء، والماه، والماءةُ. والجمع : أمواه، ومياه، وقيل: أمواءٌ. والماء اسم جنس يقع على القليل والكثير، ولهذا ظهرت الهاء في جمعه. قال بلال بن رباح:

ألا ليت شعري هلْ أبيتنَّ ليلةً   بوادٍ وحولي إذْخِرٌ وجليلُ
وهلْ أرِدَنْ يوماً "مِياهَ" مِجَنَّةٍ   وهلْ يَبْدُونْ لي شَامَةٌ وطَفِيلُ [2]

وفي الحديث النبوي الشريف: "**تؤخذ صدقات المسلمين على مياههم**"[3]. وفي حديث عمر بن الخطاب رضي الله عنه حين استعمل مولىً له يُدعى هُنَياً على الحِمَى[4]، فقال: يا هُنَيُّ: اضمُمْ جناحك عن الناس، واتق دعوة المظلوم، فإن دعوة المظلوم مستجابة، وأُدخل رب الصُّريمة وربَّ الغنيمة، وإياي ونِعَم ابن عوف، ونعم ابن عفَّان، فإنهما إن تهلك ماشيتهما يرجعان إلى نخل وزرع، وإن رب الصُّريمة وربَّ الغُنيمة إن تهلك ماشيتهما

---

[2] أخرجه البخاري في صحيحه في 63 - كتاب مناقب الأنصار 46 - باب مقدم النبي صلى الله عليه وسلم وأصحابه المدينة. وفي 75 - كتاب المرضى 8 - باب عيادة النساء الرجال برقم 5654، و 5676. ومسلم في صحيحه في 15 - كتاب الحج 86 - باب الترغيب في سكنى المدينة الصبر على لأوائها برقم 48. ومالك في الموطأ في 45 - كتاب الجامع 4 - باب ما جاء في وباء المدينة برقم 4، ص. 890.

[3] أخرجه ابن ماجه في سننه في 8 - كتاب الزكاة 13 - باب صدقة الغنم برقم 1805، 1/577.

[4] كان الشريف في الجاهلية أرضاً في بلده استعوى كلباً فحمى مدى عواء الكلب لا يشركه في رعي هذا المكان أحد، وهو يشارك القوم في سائر ما يرعون فنهى النبي صلى الله عليه وسلم عن ذلك إلا ما يحميه الحاكم للخيل التي ترصد للجهاد، والإبل التي يُحمل عليها في سبيل الله، وإبل الزكاة. انظر النهاية في غريب الحديث لابن الأثير 1/447.

يأتيني ببنيه فيقول: يا أمير المؤمنين، يا أمير المؤمنين، أفتاركهم أنا لا أبا لك، فالماء والكلأ أيسرُ عليَّ من الذهب والفضة، وأيم الله إنهم ليرون أني قد ظلمتهم. إنها لبلادهم ومياههم، قاتلوا عليها في الجاهلية، وأسلموا عليها في الإسلام. والذي نفسي بيده لولا المال للذي أحمل عليه في سبيل الله ما حميت عليهم من بلادهم شبراً[5].

وورد في حديث عمر بن الخطاب أيضاً جمع كلمة الماء على مياه فيما رواه الإمام مالك بسنده أن عمر بن الخطاب اعتمر في ركب فيهم عمرو بن العاص، وأن عمر بن الخطاب عرَّس[6] ببعض الطريق قريباً من بعض المياه، فاحتلم عمر، وقد كاد أن يصبح ولم يجد مع الركب ماءً، فركب حتى جاء الماء، فجعل يغسل ما رأى من ذلك الاحتلام حتى أسفر الوقت. فقال له عمرو بن العاص: أصبحت ومعنا ثياب، فدع ثوبك يغسل. فقال له عمر بن الخطاب: واعجباً لك يا عمرو بن العاص!!! لئن كنت تجد ثياباً أفكل الناس تجد ثياباً؟ والله لو فعتها لكانت سنة. بل أغسل ما رأيت وانضح ما لم أر[7].

1 - 2 النسبة إلى الماء

النسبة إلى الماء: مائي، وماهيٌّ. قال الكسائي: تقول: بئر ماهة، وميهة، أي كثيرة المياه، وماهت وتموه، يعني ظهر ماؤها وكثر، وأماه، وموَّه، إذا بلغ الماء. قال ذو الرمة:

تميمية، نجدية، دار أهلها إذا مَوَّه الصَّفَّان من سَّبلِ القَطْرِ[8]

---

[5] أخرجه الإمام مالك في الموطأ في 60 - كتاب دعوة المظلوم 1 - باب ما يتقى من دعوة المظلوم برقم "1".

[6] عرَّس: التعريس نزول المسافر آخر الليل للاستراحة، وقيل نزول المسافر آخر الليل للنوم والاستراحة، انظر النهاية في غريب الحديث لابن الأثير 3/206.

[7] أخرجه الإمام مالك في الموطأ في 2 - كتاب الطهارة 20 - باب إعادة الجنب الصلاة. ص. 50 برقم 83.

[8] لسان العرب 13/544، والنهاية في غريب الحديث 4/373، وفي البيت الشعري وردت كلمة الصَّفان وهي كالسُّفرة بين القربة والحقيبة فيها متاع الراعي، وتصنع من الجلد، والسَبَل: المطر بين السحاب والأرض والسُّبْلة: المطر الواسعة، ومنه الحديث "**اللهم أغثنا غيثاً سابلاً**". ومنه حديث عمر بن الخطاب رضي الله عنه: لئن بقيت لأُسوينَّ بين الناس حتى يأتي الراعي حقه في صفنه لم يعرق فيه جبينه. انظر لسان العرب 11/321، والنهاية في غريب الحديث 4/373.

1 - 3 تصغير الماء

وتُصَغَّر الماء على كلمة "مُوَيْهٌ". وفي الحديث النبوي الشريف: "**كان موسى عليه السلام يغتسل عند مُوَيْه**".

أما جمع الماء على أمواء فقد سمع قليلاً من العرب، قال ابن جني: أنشـــدني أبـــو علـــي الفارسي:

وبلدةٌ قالصـــــــــــة أمواؤُها
تستنُّ في رأد الضُّحى أفياؤُها
كأنما قد رُفعت سمــــــاؤُها

1 - 4 تمارين عامة

1)ما المقصود من تعبير الماء المطلق ؟
2)ما الفرق بين الماء المطلق والماء المستعمل من المنظور الديني والهندسي واللغوي ؟
3)كيف تتم النسبة اللغوية إلى الماء ؟
4)لماذا حظي الماء بعدة أسماء في اللغة العربية ؟

الفصل الثاني
الماء وأنواعها

2 – 1 أنواع الماء

2 – 1 – 1 الماء الزُّلال

الماء الزُّلال: هو الماء العذب وقيل: هو البارد العذب. وزل الماء في حلقه يَزِلُ زَلُــــولاً، يعني ذهب، وماء زُلال وزَليل، سريع النزول والمَرِّ في الحلق[9].

وقيل الماء الزُّلال: هو الصافي الخالص. قال أبو شنبل: ما زَلْزَلتُ ماءً قطُّ أبردَ من مـــاء الثَّغوب. قال أبو منصور: أراد ما جعلت أو شربت في حلقي ماءً يَزِلُ فيه زَلُولاً أبردَ مــن ماء الثَّغوب، فجعله ثغوباً. الثَّغب: الغدير يكون في ظل جبل لا تصيبه الشـــمس، فيـــبرد ماؤه. وقيل الثَّغب: المطمئن من المواضع في أعلى الجبل، يستنقع فيه ماء المطر. قال أبو عبيد:

ولقد تَحُلُّ بها، كأن مجاجها ثَغْبٌ، يُصَفَّق صفوه بِمُدامِ[10]

وأصل الزُّلال: حيوان صغير الجسم أبيض يتولد في الماء فإذا مات فيه برَّده ومنه ســـمي الماء البارد زُلالاً: وكذلك الماء الصافي، وبه سمي الصافي من كل شيء. قال ذو الرمة:

كأن جلودهن مموهـــات على أبشارها ذهب زُلال

وقال:

بماء زلال في زلول بمَعْرك يخر ضَباب فوقه وضبيب

وقال الشاعر يصف وادياً أخضر ذا شجرٍ وَرِيفٍ، وماء عذب زلال، وحصى أبيض متناثر أشبه ما يكون باللؤلؤ المتناثر من العقد:

وقـــانا لفحةَ الرَّمضاء وادٍ سقاه مضاعف الغيث العميـــم
نَزَلنا دَوْحَه فحنى عليـــنا حُنُوَ المرضعاتِ على الفطيـــم

---

[9] لسان العرب لابن منظور، 11/307 مادة زلل. ديوان ذي الرمة 433. التكملة والذيل والصلة للزبيدي 6/123.

[10] لسان العرب 1/239 مادة ثغب

وأرشفنا على ظـــماٍ زُلالاً أرَقُّ مـــن المُـدامـــة للنـــديـــم
يصدُّ الشمسَ أنى واجهتنـــــا فيحجبـــها ويـــأذن للنـــســـيـــم
يتـــروع حصاه حالية العذارى فتلمس جانب العقد النظـــيـــم

قال أبو تمام:

ولقد أتـــيتك صادياً فكرعت في شبَم أَلَذَّ من الزُّلال الـــبارد

وقال أبو العتاهية:

وأنت تصـــيب قوتك في عفاف ورياً إن ظمئت، من الزلال

وقال أيضاً:

وإذا ظمئت إلى التقى اسقيته من مشرب عذب المذاق زلال

وقال أُمية بن الصلت:

وشق الأرض فانبجست عيوناً وأنهاراً من العذب الزُّلال

وقال سبط بن التعاويذي:

بشر أَرق من الزَّلال وتحته كالصخر قلب لا يرق فيرحم

وقال:

والـــثغر أعذب من زلال الماء للصادي وأبرد

وقال أيضاً:

بت أشكو إليه غلة صدري وبفيه لو شاء عذب زلال

وقال ابن حيوس:

أرى الأكدار يشرق شاربوها فوا شرقي من الماء الزلال

وقال أبو هلال العسكري يصف إبلاً:

ويخبطن الصباح إذا تبدى كما يكرعن في الماء الزلال

قال الأخطل:

تشفـــي الضجيع إذا أراد عناقها بمقبل عذب المذاق زلال

وقال الحطيئة:

وتبسم عن عذب زلال كأنه   نظافة مزنٍ صفقت بشمول

وقال البحتري:

صـــيغ من صفوة الزلال ولكن   من زلال مجسد ليس يجري

وقال الشريف الرضي:

فطوراً تعرضين على زلال   وطوراً تعرضين على ذعاف

2 – 1 – 2 الماء الشَّبِم

الماء الشَّبِم: هو الماء البارد، تقول: ماءٌ شَّبِم، ومطر شبم، وغداة ذات شبم. وتقول: شـــبم الماء فهو شبيم. يقول كعب بن زهير في وصف الراح حين يُخلط بالماء البارد[11]:

شُجَّتْ بذي شَبِمٍ من ماء مَحْنِيَةٍ   صافٍ بأبطح، أضحى وهو مشمول

وهذا الماء الصافي الذي يجري في البطاح، وقد ضربته ريح الشمال الباردة. وحين ذلـــك يصير هذا الماء عذباً بارداً.

وحين سأل النبي صلى الله عليه وسلم جرير بن عبد الله البجلي قائلاً: أين تنزلـــون؟ قـــال جرير: ننزل في أكناف بيشة بين سَلَمٍ وأراك، وسَهْلٍ ودكداك، وحموض وعناك، شـــتاؤنا ربيع، وربيعنا مريع، وماؤنا يميع: يعني يسيل ويجري. فقال النبي صلى الله عليه وســـلم: **"أمَا إنَّ خيرَ الماء الشَّبِم، وخير المال الغَنَمْ، وخير المرعى الأراك والسَّلَمْ"**[12].

وقال القتبي: وأنا أحسبه هو الماء المرتفع على وجه الأرض لأنه قال: وماؤنا يميـــع: أي يجري، وإنما يجري الماء إذا كان ظاهراً على وجه الأرض.

قال ابن الأثير الجزري: والماء الشَّبِم البارد[13].

---

[11] لسان العرب 12/317 مادة شبم.

[12] الطائف في غريب الحديث للزمخشري 1/432. الطبقات الكبرى لابن سعد 1/347. الاستيعاب فـــي معرفة الأصحاب لابن عبد البر 236. أسد الغابة في معرفة الصحابة لابن الأثير الجـــزري 1/242. النهاية في غريب الحديث والأثر لابن الأثير الجزري 2/441. معجم ما استعجم للبكري مـــادة بيشـــة 249.

قال الأخطل:

الباسطون بدنياهم أَكفهم   والضاربون غداة العارض الشَّبم

وقال جرير:

تَعلل وهي ساغبة بنيها   بأنفاس من الشَّبم القـــــراح

وقال أيضاً:

لما طغوا وبغوا جهلاً عَبَّالَهُمْ (عَبَّا لهم)   حرباً تُغِصهم بالبارد الشَّبم

قال أبو نواس:

قد اكتسى العود في الثرى خلعاً   من يانع الزهر، والنَّدى الشَّبم

وقال سبط بن التعاويذي:

وحلوة الريق مازالت تجنبني   عن رشفه وشفائي ماؤه الشَّبم

وقال ابن حيوس:

أَروم ترك دمشق ثم يجذبني   حري قلوبٍ بها لا ماؤها الشَّبم

وقال البحتري:

أَمَا وضحكتِها عن واضح رتِلٍ   تنبئ عوارضه عن بارد شبم

وقال عرقلة الكلبي:

فيا بَرَدَى لازال ماؤُك بارداً   عسى شبم من حافتيك نمير

2 – 1 – 3 الماء الفُرَات

الماء الفُرَات: هو الشديد العذوبة. من قولهم: [14]فَرُت الماء فُرُوتة: إذا اشـــتدت عـــذوبته. يقال: ماءٌ فُرَات ومياه فُرَات. قال تعالى: {**وَجَعَلْنَا فِيهَا رَوَاسِيَ شَامِخَاتٍ وَأَسْقَيْنَاكُم مَاءً فُرَاتاً**}[15]. وقال تعالى: {**وَهُوَ الَّذِي مَرَجَ الْبَحرَينِ هَذَا عَذْبٌ فُراتٌ وَهَذا مِلْــحٌ أُجَــاجٌ**

---

[13] منال الطالب شرح طوال الغرائب لابن الأثير الجزري 85. مجمع الزوائد ومنبع الفوائد لنور الدين الهيثمي 9/372

[14] بصائر ذوي التمييز في لطائف الكتاب العزيز للفيروزأبادي 4/177.

[15] سورة المرسلات آية 27.

وجَعَلَ بَينَهُمَا بَرزخاً وحِجراً مَحجُوراً}[16]. وقال تعالى: {**وما يَستَوي البَحـــرانِ هَـــذا عَذبٌ فُراتٌ سائغٌ شَرابُهُ وهذا ملحٌ أُجاجٌ ومن كلٍ تأكلونَ لحماً طرياً وتستخرجون حِليةً تلبَسونهَا وترَى الفُلكَ فيه مواخرَ لتبتغوا من فضلهِ ولعلَّكم تشكرون}**[17]. ومنـــه قول الشاعر:

فَسَاغَ ليَ الشَّراب وكنتُ قَبْلاً أكادُ أَغص بالماء الفُرَات

ومنه قول الشاعر حافظ إبراهيم يصف عدم إبانة من يدعو إلى اللهجة العامية ويجري في حديثه كلمات الفرنجة:

سرتْ لوثةُ الإفرنج فيها كما سرى لعابُ الأفاعي في مسيل فُرات
فجاءتْ كثوبٍ ضَمَّ سبعين رُقعةً مشــكَّلة الألـــوانِ مخـــتـــلفات[18]

وقال لبيد بن ربيعة العامري:

تجري خزائنه على من نابه مجرى الفرات على فراض الجدول

وقال بشار بن برد:

طعمــــــه من ذوب شهـــد شيب بالماء الفـــــــرات

وقال الشافعي:

سحراً إذا فاض الحجيج إلى مِنىً فيضاً كملتطم الفرات الفائض

وقال دعبد الخزاعي:

يا جدُّ، إن الكلب يشرب آمناً رياً، ونحن عن الفرات نطرد

وقال ابن سهل الأندلسي:

لم أَدر قبل هباته وكلامه أَن الفرات العذب يعطي الجواهرا

---

[16] سورة الفرقان آية 53.

[17] سورة فاطر آية 12.

[18] ديوان حافظ إبراهيم ص. 255 في قصيدة رائعة تحدث فيها بلسان اللغة العربية وقوتها ومجدها ومطلع القصيدة:

وناديت قومي فاحتسبت حياتي رجعتُ لنفسي فاتهمت حصاتي

2 – 1 – 4 الماء الحَشْرَج

هو الماء الذي يجري على الرَّضْراض صافياً رقيقاً. قال الأزهري: الحَشْرَج: النقرة في الجبل يجتمع فيها الماء فيصفو. وقال أيضاً: الحَشْرَج: الماء الذي تحت الأرض لا يُفطن له في أباطح الأرض، فإذا حُفِر عنه ذراع جاش الماء تسميها العرب الأحساء، والكرار، والحشارج. وقال ابن منظور: الحَشْرَج: شِبْهُ الحِسْي تجتمع فيه الماء، وقيل: هو الحِسْي في الحصى. قال عمر بن أبي ربيعة:

قالتْ: وعيشِ أبي وحُرْمَةِ إخوتي — لأُنَبِّهَنَّ الحيَّ، إنْ لم تخرُجِ
فَخـرجتُ خِيفةَ قَوْلِها، فتبسمتْ — فعلمتُ أن يمينَها لم تُحْرَج
فلَثِمتُ فـاها آخذاً بقُرونها، شربَ — النَّزيف ببردِ ماء الحَشْرَج[19]

والنزيف: هو المحموم الذي مُنع من الماء. والقرون: الضفائر.

وقال ابن دريد: الحَشْرَج: الماء الصافي البارد من ماء الحِسْي وجمع حِسْي أحساء. وقال الشاعر:

لـو ذُقتَ فاها بعد نوم المُدْلج — والصبح لمَّا هَمَّ بالتَّبَلُّجِ
قلتَ جَنَى النَّحل بماء الحَـشرج — يُخالُ مثلوجاً وإن لم يُثلج

قال البحتري:

وإذا احـتبى في أَسودان لسؤَدد — أعطاك حبوة حاتم في الحشرج

وقال:

قعدتُ على كُرْهٍ وطأطأت ناظِري — إلى رنق مطروق من العيش حشرج

وقال الراعي النميري:

وطبَّقنّ عُرْض القُفِّ لما علونه — كما طبقت بالعظم مدية جازر
فما وجدتُ بالمُنْتصى غير عانَّةٍ — على حشرجٍ يضربنه بالحوافر

---

[19] لسان العرب 2/237. الاشتقاق لابن دريد 391. ديوان عمر بن أبي ربيعة 480. والمخصص لابن دريد 2/139.

2 – 1 – 5 الماء الرَّاكِد

الماء الرَّاكِد: هو الدائم الساكن الذي لا يجري. يقال: ركد الماء ركوداً إذا سكن[20]. وتقول: ليل راكد وريح راكد، بلاء راكد. وتقول: ركد الماء، والريح، والسفينةُ، والحر، وكل ثابت في مكان فهو راكد ومنه قولهم: ركدت الدجاجة، وركدت الشمس إذا قام قائم الظهيرة. ومنه الحديث عن أبي هريرة رضي الله عنه عن النبي صلى الله عليه وسلم أنه "**نهى أن يُبال في الماء الراكد ثم يتوضأ منه**". والركود في الصلاة: هو الطمأنينة والسكون الذي يفصل بين حركاتها، ومنه حديث سعد بن أبي وقاص حينما اشتكاه أهل العراق لعمر رضي الله عنه أنه قال: "أركد بهم في الأوليين، واحذِفْ في الأُخْرَيَيْن" أي أسكن وأطيل القيام في الركعتين الأوليين من الصلاة الرباعية وأُخفف في الأخريين. وليس النهي في الحديث قاصراً عن التبول فقط فهذا أخف والبراز في الماء الدائم أشد إثماً لأنه يؤدي إلى إفساد الماء. قال صلى الله عليه وسلم: "**اتقوا الملاعن الثلاث: البراز في الموارد**، يعني مورد المياه، **وقارعة الطريق، والظل**"[21]

قال العباس بن الأحنف:

لـما رأيتُ الليل سد طريقه ... عنِّي وعذبني الظلام الراكد
والنجم في كبد السماء كأنه ... أعمى تحير ما لديه قائد
ناديتُ من طَرد الرقاد بنومةٍ ... عما أُعالج وهو خلوٌ هاجد

وقال أبو تمام:

عيَّاشُ زُفَّ إليك جهدٌ جاهدُ ... واحتلَّ ساحتك البلاء الراكدُ

وقال:

فاشدُدْ يديك على يدي وتلافني ... من مطلب كدِر الموارد راكدِ

وقال:

فللثغرِ لون قاتم بعد منظرٍ ... أنيقٍ وجوٌّ سائل غير راكد

---

[20] تاج العروس للزبيدي 4/463 حرف الدال فصل الراء. النهاية في غريب الحديث 2/258 مادة ركد. التكملة والذيل والصلة للزبيدي 2/199.

[21] أخرجه أبو داود في سننه برقم 26، وابن ماجه في سننه برقم 328، وأحمد بن حنبل في مسنده 1/299، والحاكم في المستدرك على الصحيحين 1/167.

وقال صفيُّ الدِين الحِلِّي:

أخوض به بحر الدجى وهو راكدٌ   وأَورده حوض الضحى وهو طافحُ

2 – 1 – 6 الماء السَّلْسَلُ، والسَّلْسالُ، والسُّلاسل

هو الماء العذب السَّلسل السَّلِس السَّهل في الحلق. وقيل: هو العذب البارد. وقال الزبيدي: تسلسل الماء: جرى. وماءٌ سلْسَلٌ، وسَلْسَالٌ: سهل الدخول في الحلق لعذوبته وصفائه.

والسُّلاسل بضم السين المشددة: هو العذب البارد الصافي السهل النزول في الحلق. وسُميت غزوة ذات السُّلاسِل لعين ماء بأرض حذام. قال لبيد بن أبي ربيعة العامري:

حقائبهُمُ راحٌ عتيق ودَرْمَكٌ   وريطٌ، وفاثورية وسُّلاسل

وقال أبو ذُؤيب الهُذَلِيُ:

فشرَّجها من نطفةٍ رحبية   سلاسلة من ماءِ لِصْبٍ سُلاسل

وشاهد السَلْسل قول أبي كبير الهُذَلِي:

أم لا سبيل إلى الشباب، وذكره   أشهى إليَّ من الرحيق السَلْسَل

وغدير سلسل: إذا ضربته الريح الباردة فصار كالسِّلْسِلَة. قال أوس يصف ماءً بارداً:

واشربنيه الهالكي كأنه   غدير جَرَتْ في متنه الريح سلسل

ويقال: عين سلسل، وسلسال.

وتسلسل الماء: جرى في حدورٍ أو صبب. قال الأخطل:

إذا خاف من نجمٍ عليها ظماءَة   أَدَبَّ إليها جدولاً يتسلسل[22]

وفي الحديث: "**اللهم اسق عبد الرحمن بن عوف من سلسل الجنة**"[23]

قال المتنبي:

أنـــت طوراً أمرَّ من ناقع السُّم   وطوراً أحلى من السلسال

---

[22] لسان العرب 6/325، والتكملة للزبيدي 6/142.

[23] رواه ابن الأثير الجزري في كتابه النهاية في غريب الحديث والأثر 2/389.

وقال البحتري:

أن دِمشـــــقاً أصـــبحت جَـــنَّةً مخضرة الروض عذاةِ البراق

هواؤها الفضفاض غض الندى وماؤها السلسال عذب المذاق

قال حسان بن ثابت:

يسقون من ورد البريص عليهم بردى بصفق بالرحيق السلسل

وقال ابن سهل الأندلسي:

سمـــحت في سفك دمي راضياً برشفة من ريقك السلسل

وقال يخاطب حِبَّه:

وارتع فدمعي سلسل ومهجتي مرعىً خصيب

وقال يمدح موسى:

لو قيل: والنفس عند الموت من ظمأٍ موسى، أو البارد السلسال لم أردِ

وقال سبط بن التعاويذي يصف فم محبوبته:

يذكي على قلب المحب رضابه جمر الغضا، وهو البرود السلسل

وقال الشريف الرضي:

ويدٌ إذا استمطرتَ عابر مزنها دفقت عليك من الرحيق السلسل

وقال:

فإذا شربتُ فمن رحيق سلسل وإذا رشفت فمن شتيت أَفلج

وقال:

وفوارساً يتزحمون على الردى نهلاً وقد عزَّ الرحيق السلسل

2 – 1 – 7 الماء السَّلْسَبيل

الماء السَّلْسَبيل: هو الهنيء العذب السَّهل الدخول في الحلق. والسَّلْسَـبيل مفـرد جمعهـا سلاسِب، وسلاسيب، وجمع السلسبيلة سلسبيلات[24]. يقال ماء سلْسل، وسلسال، وسلســبيل. قال تعالى: {**عيناً فيها تُسمَّى سلسبيلا**}[25]. قال الزجاج: سلسبيل اسم العين في الجنة، ولما

---

[24] لسان العرب 6/326 سلسل، النهاية في غريب الحديث 2/389.

[25] سورة الإنسان: آية 18.

كان في غاية السَّلاسة فكأن العين سُمِّيت لصفتها. وقال سيبويه: سلسبيل اسم عين في الجنة. وقال سليمان بن الأعرابي: لم أسمع سلسبيل إلا في القرآن.

قال الزمخشري: وسميت سلسبيلاً لسلاسة انحدارها في الحلق، وسهولة مساغه، يعني أنها في طعم الزنجبيل وليس فيها لذعة ولكن نقيض اللذع هو السلاسة. يقال: شراب سلسال وسلسبيل وقد زيدت الباء في التركيب حتى صارت الكلمة خماسية، ودلت على غاية السلاسة، لأن الزيادة في المبنى تدل على الزيادة في المعنى. قال الشاعر:

سل سبيلاً فيها إلى راحة النفس براح كأنها سلسبيل[26]

والسلسبيل: اللين الذي لا خشونة فيه. وأكثر ما يوصف به الماء ثم الثوب. والتسلسل بريق حد السيف شُبِّه بالماء لبياضه وصفائه. قال المعطل الهذلي يصف سيفه الصقيل:

لم يُنْسِنِي حُبَّ القَبُول مَطارِدٌ وأَفَلُّ يختصم الفقارَ مسلسل[27]

قال البحتري:

ما شفاءُ المتيمِ الصَّبِّ إلا شُرُبهُ من رُضابك السَّلْسَبيل

وقال:

أَعينَ السَّلسبيل سقاك جوداً كجودك من عُيون السلسبيل

وقال أبو نواس يصف ثغر محبوبته:

وواضح النبت يحكي مزاجه الزَّنجبيل
أو عين تسنيم وشاب طعمه سلسبيل

وقال:

شوقاً إلى حسن صورة ظفرت من سلسبيل الجنان بالرحيق

---

[26] حقائق التنزيل وعيون الأقاويل في وجوه التأويل وهو كتابه الشهير بتفسير الزمخشري المسمى تفسير الكشاف 5/193 وهو القائل:

وليس فيها لعمري مثل كشافي إن التفاسير في الدنيا بلا عدد
فالجهل كالداء والكشاف كالشافي إن كنت تبغي الهدى فالزم قراءته

[27] لسان العرب 6/326.

وقال أبو تمام:

فاجأتنا كدراء لم تُسب من تسنيم　　　جريالُها ولاسلسبيل

وقال سبط بن التعاويذي:

وشفائي في نشوة تذر الأحزان　　　عني من سلسبيل رحيق

2 – 1 – 8 الماء النَّمِير والنَّمِر

الماء النَّمِير والنَّمِر: كلاهما بمعنى الماء الزَّاكي في الماشية النَّامي عذباً كان أو غير عذب. وقال ابن كيسان: الماء النمر والنمِير بمعنى الكثير. وقال الأصمعي: الماء النمير الناجع في الرَّي.

وشاهد النَّمر قول ابن الأعرابي:

قد جعلتْ والحمدُ لله تَفِرْ　　　من عِدٍّ في جلودها نَمِرْ[28]

أي شربتْ هذه الماشية أو الأنعام فعطنت.

وشاهد النَّمِير قولُ امرئ القيس:

كبكرِ المقاناة البياض بصفرة　　　غذاها نمير الماء غير المحلل[29]

وقد فسر ابن كيسان هذا البيت على كثرة الماء عندهم. ويفهم من قوله غير المحلل أنه أراد به الماء الكدر، غير الماء العذب من أصله وطبيعته، وكما يفهم منه أنه حين قارن بين الماء العذب أصلاً، وبين الماء المتسخ الكدر الذي دخلته الإبل وخاضته، وحيث تعقد المفاضلة، فإنه اختار لمحبوبته الماء النَّمِير غير الماء المُحَلَّل.

وفي حديث أبي ذر: "**الحمد لله الذي أطعمنا الخمير، وسقانا النَّمير**"[30].

وفي حديث معاوية: "خبزٌ خمير، وماءٌ نمير"[31].

---

[28] لسان العرب 14/290.

[29] معلقة امرئ القيس ضمن المعلقات السبع ص. 83 وأولها:

قفا نبك من ذكرى حبيب ومنزل　　　بسقطِ اللِّواء بين الدَخول وحَوْمَلِ

[30] النهاية في غريب الحديث 3/455.

[31] لسان العرب 7/208، 209، 210.

قال أبو فراس الحمداني:

وملنا بالخيول إلى نميرٍ تجاذبنا أعنتها جذاباً

وقال بشار بن برد:

يتساقين بالمضاحك كالشهد مشوباً بماء مزن نمير

وقال سبط أبن التعاويذي:

كالماء شيبت به الراح وهو عذب نمير

وقال:

والمنهل العذب النمير تزاحمت عُصباًعلى أَرجائه وراده

وقال متسائلا مستنكراً:

أَأُجاوز العذب النمير ميمماً وشلاً يجف على الورود ثماده

وقال مجنون ليلى:

ولو أن مابي بالوحوش لما رعت ولا ساغها الماء النمير ولا الزَّهرُ

وقال:

يـــا موردي العذب النمير ماؤُه أوردتني بعدك أُوشال الثَّمد

وقال:

والعارض الهتف المجلجل صوبه والمورد العذب النمير الصافي

2 – 1 – 9 الماء الفَـضَضُ، والفضيض

الفضيض: الماء العذب، وقيل: الماء السائل، وقد أفتضضته إذا أصـبته سـاعة يخـرج. ومكان فضيض: كثير الماء. والفضيض: الماء يخرج من العين أو ينزل من السـحاب[32]. والفضيض المتفرق من ماء المطر والبَرَد. يصف أسنان محبوبته بالبَرَد حين رآها وفـي فمها السواك قائلاً:

تَجْلُو بأخضَر من فروعِ أراكةٍ حَسَن المُنَصَّبِ كالفضيض البارد[33]

---

[32] لسان العرب 10/126، 10/127، التكملة والذيل والصلة 5/247.

[33] معجم البلدان لياقوت الحموي مادة لينة، ومعجم ما استعجم للبكري 4/1167، ومراصد الإطلاع على أسماء الأماكن والبقاع 3/1214، 1215.

وفضَّ الماءُ: إذا سال، وفضَّ الماءَ، وافتضَّه: إذا صبَّه. وفي حديث غزوة هوازن: "فجاء رجل بنطفة في إداوة فافتضها"، أي صبَّها، وهو افتعال من الفض. والمـــاء الفَضْــفَاض: الماء الكثير. وفاض الماء: تدفق. وفاضت الماء والدمع تفيض فيضاً إذا سالت. وأفــاض الماء على نفسه: أي أفرغه. وماء فيضٌ كثير، والحوض فائض أي ممتلئ بالماء. الفيض الماء الكثير أو النهر، والجمع أفياض، وفيوض.

والفضة جوهر معروف سُمي بذلك لصفاء معدنه ورقته وشبهه بالماء، وقد شبه كثير مــن الشعراء الفضة المذابة بالماء والعرق.

2 – 1 – 10 الماء الرَّنق

الماء الرَّنق: هو الماء القليل الكَدِر يبقى في الحوض. والرَّنَق بتحريك النون مصدر رنِق. قال الجوهري: ماء رَنْق بالتسكين أي كدِر، وترنَّق الماء تكدر. والرَّنْق بســكون للنــون: تراب أو طين في الماء من القذى أو نحوه.

قال زهير يصف رضاب محبوبته:

كأن ريقتها بعد الكرى اغتبقت ... من طيب الراح لما يَعْدُ أن عَتُقا

شجَّ الشقاةُ على ناجودها شبماً ... من ماء لينة، لا طَرْقاً ولا رَنَقا[34]

والناجود هو الإناء، ولينة موضع في بلاد نجد، وماؤها عذب زلال. قــال الأشــهبلـبــن رُميلة:

ولله درِّي أي نَـــظْرةٍ ذِي هَوَىً ... نظــرتُ ودوني لينة وكثـــيبها

إلى ظُعَّنٍ قد يَمَّمْن نـــحو حائل ... وقد عزَّ أرواح المصيف جنوبها

قال ابن سيده: رنق الماء رنْقاً ورنوقاً، ورنِق رنَقاً فهو رنِق، ورنْق بالسكون.

وقال الزبيدي: الرَّنق: تراب يبقى في الماء.

وشاهد رنق قول الشاعر:

لــقــد زاد الحياةَ إليَّ حبــاً ... بناتي إنَّهُنَّ من الضِّعافِ

---

[34] كتاب العزلة للإمام حمد بن حبان البُسْتي الخطابي ص 3.

مخافة أن يذقن الفقر بـــــعدي وأن يشربن رنْقاً بعد صافي
وأن يَعْرَين إن كُسَي الجواري فتبو العين عن كوم عجافِ

قال ابن بَرَّي: وتجمع رنق، ورنيقة على رنائق. قال مجنون ليلى:

يغادرن بالمَوماةِ سخْلاً كأنه دعاميص ماءٍ نَشَّ عنها الرنائقُ

قال أبو نواس

يـــا ليلةً طاب لي بها الأَرقُ حتى بدا من صباحها الفلق
نُسْقَى سلافاً من نبت وسكرةٍ ما شابها في دنانها الرنـــق

قال الحطيئة:

ونشربُ رنقَ الماء من دون سخطكم ولا يستوي الصافي من الماء والكدر

وقال جرير:

فقد كنتِ إذ لَيْلِي تحلَّك مرةً لنابك شوقٌ غير طرقٍ ولا رَنْقُ

وقال أبو العتاهية في ذم الدنيا:

لا تغفلنَّ فإِنَّ الدار فانيةٌ وشربها غصصٌ وصفوها رَنْق

وقال البحتري:

ولم أرض في رنق الصَّرى لي مورداً فحاولتُ وردَ النيلِ عند احتفاله

وقال عمر بن أبي أبي ربيعة:

فقد أَرانا والدار جامعةٌ وليس في صفو عيشنا رنق

وقال الشريف الرضي:

فيما مقامي على معطلةٍ رُنِّقَ لي ماؤها وقد أَجنا

وقال:

ومن يشرب بصافٍ غير رنق يرد يوماً برنق غير صافي

وسئل الحسن البصري: أينفخ الرجل في الماء؟ فقال: إن كان من رنق فلا بأس. يعني أنه يكره النفخ في الماء الصافي. أما إذا كان في الماء قذى أو كدر، أُزيل ذلك بالنفخ أو غيره[35].

وفي حديث النفخ في الصور: "**فترتج الأرض بأهلها فتكون كالسفينة المرنَّقة في البحر تضربها الأمواج**"[36]. يقال رنَّقت السفينة إذا دارت في مكانها ولم تسر. والمعروف أن دوران السفينة قرب الساحل أو الأماكن الضحلة يؤدي إلى تكدير الماء.

وقال عبد الله بن الزبير: "ليس للشارب إلا الرنق والطرق". والطَّرْق: هو الماء الذي خاضته الإبل، وبالت فيه، وبَعَرتْ.

قال ابن فارس: الرَّنْق: الماء الكَدِر، الترنوق: الطين الباقي في مسيل الماء.

2 – 1 – 11 الماء المعين، المَعْيُون

الماء المعين، والماء المَعْيُون: هو الماء الظاهر، الذي تراه العيون جارياً على سطح الأرض.

قال ابن الجوزي في زاد المسير: المعين هو الماء الظاهر[37].

قال الله تعالى: {**... وآويناهُمَا إلى ربوةٍ ذاتِ قرارٍ ومعينٍ**}[38]. وقال الله تعالى: {**يُطافُ عليهم بكأسٍ من مَعينٍ**}[39]. وقال الله تعالى: {**يَطُوفُ عليهم وِلدانٌ مخلدونَ. بأكوابٍ وأباريقَ وكأسٍ من معينٍ**}[40]. وقال الله تعالى: {**قلْ أرأيتُم إن أصبحَ ماؤكُم غوراً فمن يأتيكُم بماءٍ معينٍ**}[41].

قال الزَّجاج: والمعين هو الماء الجاري من العيون.

---

[35] لسان العرب 10/126، 127، النهاية في غريب الحديث 2/271.

[36] النهاية في غريب الحديث 3/123، مجمل اللغة لابن فارس 2/401.

[37] زاد المسير في علم التفسير لابن الجوزي 5/475.

[38] سورة المؤمنون آية 50.

[39] سورة الصافات آية 45.

[40] سورة الواقعة، آية 17،18.

[41] سورة الملك آية 30.

قال ابن قتيبة: ومعين هو الماء الظاهر، ويقال: هو مفعول من العين، كأن أصله مَعْيُـــون. كما يقال: ثوب مَخِيط، وبُرٌّ مكيل[42].

قال الطبري في تفسير قوله تعالى: {... **وآويناهُمَا إلى ربوةٍ ذاتِ قـــرارٍ ومعيـــنٍ**}[43] قال: وأوْلى الأقوال بتأويل ذلك، أنها مكان مرتفع ذو استواءٍ وماءٍ ظاهر، ومن قـــال: إن هذه الربوة هي بلدة الرَّملة فغير صحيح وليس كذلك صفة الرَّملة، لأن الرَّملة لا ماء بهـــا معين، والله تعالى ذِكره وصف هذه الربوة بأنها ذات قرار ومعين.

وقال ابن كثير: المعين هو الماء الجاري، وهو النهر الذي قال الله تعالى {... **قـــد جعـــلَ ربُّكِ تحتكِ سريًّا**}[44]، فهذا هو الأظهر، لأنه المذكور في الآية الأخرى. وللقـــرآن يفســـر بعضه بعضاً وهذا أولى ما يفسر به، ثم الأحاديث الصحيحة، ثم الآثار. وقال ابن الجوزي: المعين هو الماء الظاهر، الذي تراه العيون، وتناله الأرشية وهي الدلاء[45] وهوقـــول أبـــي السعود.

قال ابن عَبَّاس: المعين هو الماء العذب، وقرأ ابن عباس {... **فمن يأتيكُم بماءٍ عذب**}[46]. وهي قراءة شاذة لانقطاع التواتر بها[47].

وعانت البئر عيناً: كثر ماؤها، وعان الماء يعين عيناً: جرى وسال.

قال ابن منظور: ماء مَعْيُون: ظاهر، تراه العين جارياً على وجه الأرض. وشاهده قـــول بدر بن عامر الهُذَلي: ماءٌ بِجَمٍّ لحافرٍ معيون، يعني ماءٌ قريب المنال بجمام مـــن الأرض تراه كل ذات حافر. قال أبو سعيد: عين مَعْيُونة، لها مادة من الماء. قال الطِّرِمَّاحُ:

ثُمَّ آلت وهي معيونة   من بطئ الضَّهْل نُكْزِ المهامي[48]

---

[42] زاد المسير في علم التفسير لابن الجوزي 5/476

[43] سورة المؤمنون آية 50.

[44] سورة مريم، آية 24.

[45] إرشاد العقل السليم إلى مزايا القرآن الكريم "تفسير أبي السعود" 9/11.

[46] سورة الملك آية 30.

[47] فتح القدير الجامع بين فني الرواية والدراية من علم التفسير للشوكاني 5/264.

[48] لسان العرب 13/304.

والضهل القليل، أراد أن هذه العين طمت، وزادت وكثر ماؤها ثم آلت أي رجعت قليلة بعيدة غائرة عن وجه الأرض.

قال البحتري:

فلا تَمزجْ بماء المُزْنِ كأسي وعدّ بها إلى الماء المعين

وقال الفرزدق:

أرى كل بحر غير بحرِك أصبحت تشقق عن ورد المعين سواحله
كأَن الفرات الجون يجري حُبابُه مُفَجَّرةً بين البيوت جداوله

وقال سبط ابن التعاويذي:

حاشا لمدحي أن تجفَّ غُصونُه ومن بحر جدواك المَعين لها شُرْبُ

وقال جرير:

غضِبتَ علينا إن منعنا مُجاشعاً قديماً معين الماء فاحتفروا الضحالا

وقال جميل بثينة

كأَنَّ دموع العين يوم تحمَّلت بثينة يسقيها الرشاش معين

وقال الشريف الرضي:

ولم لا يضيف العُلا من له غدير معين ومرعى خصيب

2 – 1 – 12 الماء الضَّهل والضَّحل

قال ابن منظور: الضَّهل الماء القليل مثل الضَّحل، وبئر ضهول قليلة الماء. وعين ضاهلة نزرة الماء. قال رؤبة: يَقْرو بِهِنَّ الأعيُنَ الضواهلا[49].

وضَهَلَ ماءُ البئر، يَضْهَل ضَهْلاً إذا اجتمع شيئاً بعد شيءٍ وضَهَلَه يَضْهَلَه إذا دفع إليه شيئاً قليلاً من الماء الضَّهْل، وضَهَل الشَّراب: قلَّ، ورقَّ، ونَزُرَ. وبئر ضهول إذا كان ماؤها يخرج من جوانبها، وغَزُرَ الماء إذا نبع من قرارها.

[49] النهاية في غريب الحديث 3/106 ضهل، لسان العرب 11/396.

قال الطِّرِمَّاحُ:

ثُمَّ آلت وهي معيونة من بطئ الضَّهْل نُكْزِ المهامي[50]

وكذلك ضَهَل الظِّلُ إذا رجع ونقص وقلَّ. قال ذو الرُّمَّةِ: أفياءً بطيئاً ضُهُولُها.

وضَهَلت الناقة والشاة، فهي ضهول: قلَّ لبنها.

وقال ابن منظور: الماء الضَّحْل: الماء الرقيق على وجه الأرض ليس له عمـــق، وقيـــل: الضَّحْل الماء القليل يكون في العين، والبئر، والجُمَّة ونحوها[51].

قالت الخنساء: تمدح صخراً:

وإذا ما البيضُ يمشين معاً كبنات الماء في الضحل الكَدِرِ

يشبع القوم من الشحم إذا ألوت الريح بأغصان الشجر

وقال البحتري: يمدح عليَّ بن عبد الله:

وما عليُّ بنُ عبد الله إن وُرِدتْ جَمَّاتُه بثماد الضحل مُنْتَزِفُ

متـــى وصفناه ألفينا محاسنه من الوفور على أضعاف ما نصف

وقال الفرزدق:

وكان الَّذي يَبدو لنا من سَرابِها فضولُ سيولِ البحر من مائه الضَّحْلِ

وقال جميل بثينة: يصف بثينة محاطة بصديقاتها:

تداعين فاستعجمن مشياً بذي الغضا دبيب القطا الكُدْريّ في الدَّمِث السَّهل

إذا ارتعن أو فُزِّعن قمن حواليهـــا قيام بنات الماء في جانب الضحل

2 – 1 – 13 الماء النُّقَاخُ

الماء النُّقَاخُ: الماء البارد، العذب، الصافي الخالص الذي يكاد ينقخ الفؤاد ببرده.

قال ثلعب: هو الماء الطَّيِّبُ فقط. قال العَرْجي:

فإن شئتِ حرَّمتُ النساءَ سواكُمُ وإنْ شئتِ لم أطعم نُقَاخاً ولا برداً

[50] لسان العرب 13/304.

[51] لسان العرب 11/390، النهاية في غريب الحديث 3/76 ضحل.

والبرد في هذا البيت يراد به: الريق. ويروى: وإن شئت أحرْمت النساء سواكم.

قال الأزهري: والنُّقاخ الخالص[52]. قال أبو عُبَيْدة: النقاخ الماء العذب. وأنشد شمر:

وأحمقَ ممن يلْعَق الماءَ قال لي: دعِ الخمرَ واشْرَبْ من نُقَاخ مُبَرَّدِ

قال ابن شميل: النقاخ الماء الكثير ينبطه الرجل في الموضع الذي لا ماء فيه.

وفي الحديث: أنه شرب من بئر رومة فقال: "**هذا النُّقاخ**". وهو الماء العذب، البارد الذي ينقخ العطش أي يكسره ببرده. ورومة بئر معروفة بالمدينة المنورة على ساكنها أفضل الصلاة وأزكى السلام[53].

قال الشريف الرضي:

تزود من الماء النقاخ فلن ترى بوادي الغضا ماءً نقاخاً ولا بَرْدا

عَرقَلَةِ الكَلبيّ:

وَصاحِبٍ يَتَلَقّاني لِحاجَتِهِ بِالرَحبِ وَهوَ مَليحُ الخَلقِ والخُلُقِ
حَتّى إِذا ما اِنقَضَت وَلّى وَخَلَّفَني أَخَسَّ مِن جُرَذٍ في بَيتِ مُرتَفَقِ
كَالماءِ بَينا تَرى الظَمآنَ يَشرَبُهُ حَتّى يُبَدِّدَ باقيهِ عَلى الطُرُقِ

الطَّرْق: طرق

قال البحتري:

كفاني بحره العذب المصفى ورود شرائع الطَّرق الأجاج

وقال:

فالجوُّ كابى الأوراقِ أكلَفُها والماء طَرْقٌ نميرهُ كدِرُه

وقال سبط ابن التعاوذي يمدح الفضل:

لاتضق بالهمِّ ذرعاً كلُ همٍّ لانفراج
عج على ربع أبي الفضل تعج خير معاج

---

[52] لسان العرب 3/64، 65.

[53] النهاية في غريب الحديث 5/103.

وأغنَّ من مورده العذب ... عــن الطَّرق الأجاج

وقال الشريف الرضي:

يا قاتلَ الله الغواني لقد ... سقينني الطَّرق بعيد الجِمام

وقال ابن حيوس:

يعافُ ورود الطَّرق من وجد الحَيا ... ويأبى الرِّضى بالرشح من جاوز العدا

وقال امرؤ القيس:

فلمَّا استطابوا صُبَّ في الصحن نِصفُه ... وشُجَّت بماءٍ غير طرق ولا كدر

بما سحاب زَلَّ عن متن صـــــــخرةِ ... لي بطن أخرى طيِّبٍ ماؤُها خصر

2 – 1 – 14 الماء الآسن

الماء الآسِن، الأسِن بغير مدٍ: هو المتغير الريح. وقال ابن قتيبــة: هــو المتغيــر الريــح والطعم[54]. ومنه قول الله تبارك وتعالى: {**مثلُ الجنَّةِ الَّتي وُعِدَ المتَّقونَ فيها أنهارٌ مــن ماءٍ غيرِ آسنٍ، وأنهارٌ من لَّبنٍ لم يتغيَّر طعمُهُ وأنهارٌ من خمرٍ لذةٍ للشَّاربينَ وأنهارٌ من عسلٍ مصفًّى ولهم فيها من كلِ الثَّمراتِ ومغفرةٌ من ربهم كمن هُو خللــدٌ فــي النَّارِ وسُقوا ماءً حميماً فقطَّعَ أمعاءَهُم**}[55]. قرأ ابن كثير: أسِن بالقصر على وزن فَعِل، وقرأ الباقون بالمد على وزن فاعل. قال الأزهري: وهو الذي لا يشربه أحدٌ من نتنه. قال أبو زيد: أسن الماء يأسن إذا تغير، وأسِن الرجل يأسن إذا غُشِيَ عليه من ريــح خبيثــة[56]. فأسِن بالقصر للحال فالمعنى: غير متغير في حال جريه. ومن قرأ آسن بالمد بزنة فاعل، فهذا بناءٌ لما يستقبل فالمعنى: من ماء لا يتغير على كثرة المكث. وحكي أن فــي بعــض المصاحف {**غير ياسن**}. وفي حديث ابن مسعود: قال له رجل كيف تقرأ هذه الآية؛ مــن ماء غير آسن أو ياسن، فهو آسن إذا تغيرت ريحه. وفي حديث عمر: قال له رجل "إنــي رميت ظبياً فأسِن فمات" أي أصابه دوار وهو الغَشْيُ [57].

---

[54] النهاية في غريب الحديث 1/49.

[55] سورة محمد: آية 15.

[56] لسان العرب 13/17.

قال سبط ابن التعاويذي:

لا ترد الطَّرْق وليســت   من بنات الطُرُق
نــزَّهتهـــــا عن وردِ   كل آسنٍ مُرنَّــقِ

وقال صفي الدين الحلى:

أخي كرم لداء الخِلِ آسٍ   وماء الود منه غير آسن

2 – 1 – 15 الماء الآجن

الماء الآجن: هو الماء المتغير الطعم واللون، تقول: أجَنَ الماء،يــأَجِن، ويــأجُن، أجْنــاً وأُجوناً. قال أبو محمد الفقعسي:

ومنهلٌ فيه الغُرابُ مَيْتُ
كأنه من الأُجونِ زَيْتُ
سقَيْتُ منه القومَ واستقيت[58]

وقال ثعلب: هو الماء المتغير غير أنه شروب، وخص به ثعلب تغيُّر رائحته فقط.

وقال الليث: الماء الآجن هو الذي يغشاه العرمص والورق. قال رؤبة بن العجاج:

عليه من سافي الرياح الخُطَّطِ   آجنٌ كَنِيِّ اللّحم لم يُشَيَّطِ

وقال علقمة يصف ناقته:

فأوردها ماءً كأنَّ جِمامَه   من الأجنِ، حِناءٌ معاً وصبيبُ

وفي حديث الحسن البصري: أنه كان لا يرى بأساً بالوضوء من الماء الآجن[59].

قال الأخطل:

أتنكر الدار أم عِرفان منزلةٍ   لم يبق غيرُ مُناخِ القِدرِ والحُمَم

---

[57] زاد المسير في علم التفسير 7/401، والكشف عن وجوه القراءات لمكي بن أبــي طــالب القيســي 2/277، وأغراب القراءات السبع وعللها لابن خلويه 2/323.

[58] فقه اللغة للثعالبي ص. 252.

[59] لسان العرب 13/8، والنهاية في غريب الحديث 1/26، 27.

وغيرُ نؤيٍ رمته الريح أعصره فَهُو ضئيلٌ كحوض الآجن الهَرم

وقال أبو تمام:

فالماءُ ليس عجيباً أَنَّ أَعذَبَه يفنى ويمتد عمرُ الآجن الأسن

وقال أبو العلاء المعري:

وردتم الآجن من دينكم وما ظفرتم بالصريح النمير

وقال ابن المعتز:

أكل الربيع ولم يدع من مائه إلا بقية آسن وأُجاج

2 – 1 – 16 الماء الزُّعَاق

الماء الزُّعَاق: هو ماءٌ مُرٌّ، غليظٌ، لا يطاق من أُجوجته، الواحد والجمع فيه سواءٌ.

وأزْعَقَ الرجلُ: إذا أنبط وأخرج ماءً زُعاقاً. وأزعق القوم: إذا حفروا فهجموا على مـــاءٍ زُعاقٍ. وبئرٌ زَعِقَةٌ: بئرٌ مرةُ الماءِ [60].

وقال الثعالبي: إذا كان الماء ملحاً فهو زُعاقٌ. قال ابن منظور: الزُعاق: الماء المُرُّ. قـــال علي بن أبي طالب كرم الله وجهه:

دُونَكها مَتْرَعةً دِهاقاً، كأساً زعافاً مُزِجَتْ زُعَاقاً

والطعام الزُّعاق: الكثير الملح. وطام مزعوق: أُكثر ملحه. وزَعَقَ القِدْرَ: أكثر مِلْحَها[61]. قال المتنبي:

أبحر يضر المعتفين وطعمُه زعاقٌ كبحر لا يضر وينفع

وقال ابن سهل الأندلسي:

هو الدُّر يهدي الدَّر بحر مكدَّرٌ زعاق، وذا يهديه عذبٌ مُرَوَّق

---

[60] لسان العرب 10/141، والمخصص لابن سيدة 2/137.

[61] فقه اللغة للثعالبي ص. 252، ولسان العرب 10/141.

وقال الشريف الرضي:

تلافظها من بعد ما ذاق طعمها فكانت زعاقاً عنده طيباتها

2 – 1 – 17 الماء المأج

الماء المأج والماج، مهموز وبغير همز: وهو الماء الملح. يقال: مَؤُج يَمْؤُج، مؤُوجة، فهو مأج، بمعنى مالح. قال ابن هَرْمة:

نَدِمْتُ فلم أُطِقْ ردَّاً لشِعْري كما لا يَشْعَبُ الصَّنَعُ الزُّجاجا

فإنك كالقريحة، عام تُمْهَى، شَروب الماء، ثمَّ تعود ماجا[62]

والقريحة: أول ما يستنبط من البئر، وأُميهَتِ البئر إذا أخرج الحافر فيها الماء.

قال ذو الرُّمة:

بأرضٍ هِجانِ اللونِ وَسْمِيةِ الثَّرى غداةَ نأتْ عنها المؤُوجةُ والبحر

قال أبو منصور الثعالبي: هو الماء الذي اشتدت ملوحته[63]. وقال القاسم بن سلام الهروي: المأج الماء الملح[64].

2 – 1 – 18 الماء الشَّروب والشَّريب

الماء الشَّروب والشَّريب: الذي بين العذب والملح. وقيل الشَّروب: الذي فيه شيءٌ من عذوبة، وقد يشربه الناس على ما فيه. والشَّريب: دونه في العذوبة، وليس يشربه الناس إلا عند الضرورة، وقد تشربه البهائم. وقيل: الشَّروب الذي يُشرب. قال ابن هِرمة:

فأنك، كالقريحة، عام تُمْهى شروب الماء، ثم تعود مأجاً [65]

والمأج: الملح.

قال أبو زيد: الماء الشريب: الذي ليس فيه عذوبة، وقد يشربه الناس على ما فيه. والشروب دونه في العذوبة، وليس يشربه الناس. وقال الليث: ماء شريب وشروب: فيه مرارة وملوحة، ولم يمتنع من الشرب.

---

[62] لسان العرب 2/361، والمخصص لابن سيده 2/137.

[63] فقه اللغة ص. 252.

[64] الغريب المصنف، لأبي عبيد القاسم بن سلام الهروي 1/196.

[65] لسان العرب 1/489، والمخصص 2/136.

وفي حديث الشورى: "**جرعة شروب، أنفع من عذْبٍ مُوب**" [66]. وضُــــرِب هـــذا مثلاً لرجلين أدون وأنفع للناس والآخر أرفع وأضر للناس.

قال البحتري:

زعيما خُطَّةٍ وردا جِماما ورودهما جبا الماء الشَّروب

وقال الفرزدق:

وإِجـــــــانة ريا الشَّروب كأَنها إِذا اغتُمِسَتْ فيها الزجاجة كوكب
مختمةٍ من عهد كسرى بن هرمز بكرنا عليها والفراريج تنعب

وقال الشَّريف الرضي:

وألفظ غيركم ويسوغ عندي ودادكم مع الماء الشروب

وقال قيس بن الحطيم يهجو بني دحى

أبني دحيٍّ والخنا من شأنكم أنى يكون الفخر للمغلوب
وكأنهم في الحرب إذ تعلوهَمُ غَنَمٌ تُعبِّطُها غواةُ شروب

وقال الشَّريف الرضي:

وألأمٍ مصحوبٍ قذفت إخاءه كما قذف الماء المريض شروب

2 – 1 – 19 الماء العَذْبُ

الماء العَذْبُ هو الماء الطيب. قال تعالى: {... **هذا عذبٌ فراتٌ...**} [67]. والجمع عِـــذاب. وعذبت الماء عذوبةً، وأعذب القوم: وردوا ماءً عذباً، واستعذبوا الماء: اســـتقوا وطلبـــوا الماء العذب. واستعذب الماء صارت عَذْبة . قال الأعشى يصف ماءً راكداً:

وأصفرَ كالحِنَّاءِ طامٍ جِمامُه إذا ذاقه مُستعْذِبُ الماء يَبْصقُ

وقال الخليل: الماء العذب هو الذي ينقخ الفؤاد ببرده ولذَّته. وفي الحديث النبوي: "**أنه كان يُسْتَعْذَبُ له الماء من بيوت السُّقيا**"، أي يحضر له منها الماء العذب.

---

[66] النهاية في غريب الحديث 2/455.

[67] سورة فاطر: آية 12.

وفي حديث أبي التيهان "أنه خرج يَسْتعْذِب الماء"، أي يطلب الماء العذب له ولأهله وأبنائه[68]. فطلب الماء العذب من السُّنة وليس هو من الرَّفاهية التي تنافي الزهد.

ويقال: ماء عذبة، وماء عِذاب على الجمع، لأن الماء جنس. وتقول امرأة مِعْذّاب الرِّيق: سائقته، حلوته، باردة الرضاب. والعرب تستملح وتستحسن الفم البارد. قال الشاعر يصف خداً أحمرَ، وثغراً بارداً:

خدٌّ، فثغرٌ، فجلَّ ربٌّ   بِمُبْدعِ الحُسْنِ قد تَفَرَّدْ

فذا عن الواقدي يروي   وذاك يروي عن المُبَّرد[69]

ولا يقصد بالواقدي والمبرد الإمامين المشهورين وإنما ورى بهما تورية

2 – 1 – 20 ماء الخَرِيص

ماء الخريص: هو ماء السَّحاب، وقيل الخريص: الماء البارد. والخريص: شِبْه حوض واسع ينبثق فيه الماء من النهر ثم يعود إليه، والخريص ممتلئٌ. قال عدي بن زيدٍ:

والمشرف المصقول يسقى به   أخضر مطموثاً بماء الخريص[70]

والمشرف: إناء كانوا يشربون به، وكان فيه ماء الخريص وهي السَّحاب.

قال سليمان بن الأعرابي: ماء الخريص الماء البارد. قال الراجز:

والمشرفُ المشمول يسقى به   مدامةً صِرفاً بماءٍ خريص

والمشرف في هذا البيت: المكان العالي المرتفع، والمشمول: الذي أصابته ريح الشمال الباردة.

وقيل الخريص: هو الماء المستنقع في أصول النَّخل أو الشجر. وخريص البحر: خليج منه. وخريص البحر والنهر: ناحيتهما أو جانبهما. قال ابن الأعرابي: افترق النهر على أربعة وعشرين خريصاً، يعني ناحية منه. ورجلٌ خَرِصٌ: أصابه جوع وبرد. قال لبيد:

فأصبح طاوياً خَرِصاً خميصاً   كنصل السيف حودث بالصِّقال[71]

---

[68] لسان العرب 9/100.

[69] المخصص 2/17، وصحاح اللغة للجوهري 1/178.

[70] المخصص 2/137.

[71] لسان العرب 7/23.

2 – 1 – 21 ماء المفاصل

ماء المفاصل هو الماء الصافي المترقق المتدفق بين الجبلين. وأصـــل المفاصـــل: هـــي الحجارة الصلبة المتراصة. وقيل: المفاصل ما بين الجبلين. وقيل: هي منفصل الجبل من الرملة يكون بينهما رضراض وحصى صغار، فيصفو ماؤه ويرق. قال أبو ذؤيب الهذلي:

وإن حـــديثاً منك، لو تَبْذِلينه ... جَنَى النَّحْل في ألبان عُوذٍ مطافل

مطافيلُ أبكار حديث نتاجها ... تُشاب بماءٍ مِثْلِ ماء المفاصل[72]

والمطفل ذات الطفل من الإنسان والوحش معها طفلها وهي قريبة عهد بالنتـــاج والجمـــع مطافل، ومطافيل. شبَّه حديث محبوبته في حلاوته وعذوبته بالعسل الذي صُبَّ في ألبـــان ابل حديث النتاج ثم خُلِط بماء المفاصل العذب الصافي المترقق بيـــن الحجـــارة الجبليـــة. وأراد بماء المفاصل صفاء الماء لانحداره من الجبل، لا يمر بتراب، ولا بطين. وقال ابن منظور: والمفاصل صدوع في الجبال يسيل منها الماء[73].

2 – 1 – 22 الماء المُوغَرُ

الماء الوغير هو الماء المُسَخَّن.

قال الثعالبي: فإذا كان الماء شديد الحرارة فهو حميم، فإذا كان مسخناً موغر، فإذا كان بين الحار البارد فهو فاتر[74]. وقال أبو عبيد والهروي: الموغر الماء المسخَّن. والإيغـــار: أن تُسخَّن الحجارة وتحرقها ثم تلقيها في الماء لتسخِّنه. ويقال: قد أوغر الماء إيغاراً إذا سخَّنه حتى غلي، ومن أمثال العرب المشهورة: كرهت الخنازيرُ الحميمَ الموغَرَ. وذلك أن قوماً من النصارى كانوا يَسْمُطون الخنزير حياً ثم يشوونه. قال الشاعر:

ولقد رأيتُ مكانهم فكرهتُهُمْ ... ككراهة الخنزير للإيغار[75]

وأصل الوغر: الحقد، وحرارة الجوف والصدر. تقول: وغر صـــدره،يـــوغر، وغـــراً. وأصل الوغر: شدة الحر. وفي الحديث: "**الهدية تذهب وَغَرَ الصدر**". وقيـــل للـــوغر

---

[72] القاموس المحيط للفيروزأبادي فصل اللام حرف الفاء

[73] لسان العرب 11/402، 11/523.

[74] فقه اللغة للثعالبي ص. 252.

[75] الغريب المصنف للهروي 1/197.

تجرُّع الغيظ والحقد. واللبن الوغير هو الذي ترمى فيه الحجارة المحمأة ثم يشرب. قال ابن ربيعة يصف فرساً له عرقت:

ينشُّ الماء في الرَّبلات منها نشيش الرَّضْفِ في اللبن الوغير

والرَّبلات جمع ربلة وهي باطن الفخذ، والرضف الحجارة المحماة [76].

2 – 1 – 23 الماء الحميم، والحميمة

قال أبو منصور الثعالبي: إذا كان الماء حاراً فهو سخن، فإذا كان شديد الحرارة فهو حميم. قال الأزهري: والحميم والحميمة بمعنى واحد: وهو الماء الحار. والحميمة الماء يُسَخَّن. يقال: أحموا لنا الماء أي أسخنوا. قال ابن الأعرابي:

وبتْنَ على الأعضادِ مرتفقاتها وحادَرْنَ إلا ما شرِبْنَ الحمائما

ومعنى البيت: ذهبت ألبان المرضعات، إذ ليس لهن ما يأكلن ولا ما يشربن، وليس لهن غذاءٌ إلا الماء الحار [77].

وتقول: شربت البارحة حميمة، أي ماءً سُخناً. وفي الحديث: "**إنه كان يغتسل بالحميم**". وهو الماء الحار. والحميم: المطر الذي يأتي في شدة الحر. والحميم: العرق، والحميم: القيظ [78]. وأصل الاستحمام: الاغتسال بالماء الحار. ثم صار كل اغتسال استحماماً بأي ماءٍ كان.

وقال ابن الأعرابي: الحميم من الأضداد بمعنى الحار جداً أو البارد جداً، وبه فُسر قول الشاعر:

وساغ لي الشراب، وكنت قِدْماً أكاد أغصُّ بالماء الحميم[79]

قال النابغة الذبياني:

وساغ لي الشراب وكنت قبلاً أَكاد أغص بالماء الحميم

وقال صفي الدين الحلى:

كيف جرعتني الحميم من الحزن وقد كنتَ لي صديقاً حميماً

---

[76] لسان العرب 5/286.

[77] فقه اللغة ص. 250.

[78] صحاح اللغة للجوهري 5/1904، 1905.

[79] لسان العرب 12/153، 154، 155.

قال أبو العلاء المعري:

يسقون في القيظ الحميم   وفي حين الصنابر بارداً شبماً

قال النابغة الجعدي:

فلما جرى الماء الحميم وأَدركت   هزيمتهُ الأُولى التي كنت أطلبُ

قــريش جِهاز الناس حياً وميتاً   فمن قال كلاً فالمكذِّب أكذَبُ

وقال أيضاً:

مرحتُ وأطرافُ الكلاليب تتقي   فقد عَبَطَ الماء الحميم فأسهلا

وعبط الماء: يعني جرى وسال.

2 – 1 – 24 الماء الغَلَلُ، الغَيْلُ

الغيل جمعه الغيول: هو الماء يجري بين الشجر. والغيل الماء الجاري على وجه الأرض. قبل ابن سيده: الماء الغَلَل: هو الجاري. وقيل: الغلل: الماء الجاري بين الشجر[80].

قال ابن دريد: الماء الغلل: هو الذي يجري بين الحجارة. وقال أبوحنيفة: الغلل والغيــــل: السيل الضعيف يسيل من بطن الوادي أو التلعة. وهو في بطن الوادي قبل أن يأتي من قِبَل ضعفه واتباعه، وكلما بعد وتواطأ من بطن الوادي فلا يكاد يُرى ولا يتبع سمي الوَطَاءُ.

قال ابن الأعرابي: شجر مُغَلَّل من الغلل والغيل، وهو الماء الجاري. قال أبو حنيفة: وجمع الغيل غيول. وقال ابن دريد: الغيل الماء الذي يجري بين الحجارة. وجمعهـــا: أغيـــال. وسميت غيلاً، لأن الماء يتغلغل بين الشجر[81].

وقال الجوهري: الغيل: الماء الذي يجري على وجه الأرض. وفي الحديث: "**مـــا سُـــقي بالغيل ففيه العُشر، وما سُقي بالدلو ففيه نصف العُشر**" [82].

قال الفرزدق:

وجدت الحبَّ لا يشفيه إلا   لقاءٌ يقتلُ الغَلَلَ النِّهالا

---

[80] لسان العرب 6/104.

[81] المخصص 2/147.

[82] صحاح اللغة للجوهري 5/1787.

وقال يفاخر جريراً:

إذا اقتسم الناس الفعالَ وجدتنا لنا   مِقدحا مجدٍ، وللناس مقدحُ
فأغض بشفريك الذليلين واجتدح   شرابك ذا الغيل الذي كنت تجدحُ

وقال صريع الغواني:

ماتوا وأنت غليل في صدورهم   وكان سيفك يشفي من الغلل

وقال الشريف الرضي:

طوراً عناقاً كأن القلب من كثب   يشكو إلى القلب ما فيه من الغلل

قال الأخطل:

يشربن من بارد عذب وأعينها   من حيث تخشى ووارد الرامي الغيل

وقال زهير بن أبي سُلمى:

بَردِيَّة في الغيل يغدو أصلها   ظل إذا تلع النهارُ وماءُ

قال الأعشى:

كبُردِيَّة الغيل، وسط الغريف   قد خالط الماء منها السديرا

والغريف، الأَجمة أو الماء في الأَجمة، والسدير، ساق البردى

وقال الأَفوة الأودى:

منعنا الغيل ممن حل فيه   إلى بطن الجريب إلى الكثيب

2 – 1 – 25 الماء السَّجَس

الماء السَّجَس، بتحريك الجيم، هو الماء المتغيِّر. قال ابن سيدة: ماءٌ سَدَ جَسٌ، وسَجِسٌ، وسَجِيسٌ، ماء كدرٌ متغيرٌ، وقد سَجِس الماء. وقيل: سُجِّسَ الماء فهو مُسَجَّسٌ، وسَجِيسٌ، أُفسد، وثُوِّر. وسَجِّس المنهل: انْتَن ماؤه، وأجن. ويقال للماء الراكد: سَجِيس لأنه آخر ما تبقى في الحوض، لطول مكثه وقلته وتغيره. وقالوا: سجيس الليالي يعني آخرها. قال الشَّنفرى:

هنالك لا أرجو حياةً تَسُرُّني   سجيس الليالي مبسلاً بالحرائر

وأما قول القائل:

فأقسمتُ لا آتي ابن ضَمْرَةَ طائعاً   سَجيس عُجَيْسٌ ما أبان لساني

فأراد به التأبيد، والدهر كله، وعمره إلى آخره.

قال القاسم بن سلام الهروي: السَجِس: المتغير، وقد سجس الماء، تغير. قال الثعالبي: فإذا كان الماء متغيراً غير منتن فهو سَجِسٌ [83].

2 – 1 – 26 الماء الشُّنَان

الشُنان الماء البارد. كذا أورده الفيروزأبادي. وقال الأصمعي والثعالبي: فإذا كان الماء بارداً سُمّي قار، ثم خصر، ثم شُنان. فإذا كان جامداً فهو قارس [84].

قال أبو ذؤيب الهُذلي:

بماءٍ شُنانٍ زعزعت مَتْنَه الصَّبا   وجادت عليه ديمةٌ بعد وابلِ[85]

وأصل الشُّنان: الماء الذي يقطر من قربة أو شجرة. وسمي اللبن: الشَّنين، إذا كان محضاً وصُبَّ عليه ماءٌ بارد. وفي الحديث: "**أنه أمر بالماء فَقُرِّس في الشِّنان**". والشِّنان: الأسقية الخلَقة، واحدها شَنٌّ، وشَنَّة، وهي أشد تبريداً للماء من الجُدُد. وفي حديث ابن عباس في قيام الليل: "فقام إلى شَنٍّ مُعَلَّقةٍ" يعني قِرْبة. وفي الحديث الآخر: "**هل عندكم ماءٌ بات في شَنَّةٍ**". لأن الماء البائت يكون أكثر برودة حين تضرب القربة نسمات الليل الباردة [86].

2 – 1 – 27 الماء الجَوَاز

الماء الجَوَاز هو الماء الذي يُسقاه المال من الماشية ونحوه. وقد استجزتُ فلاناً فأجازني إذا سقاني ماءً لأرضي أو لماشيتي. قال القُطامي:

وقالوا: فَقَيْمٌ قَيِّمُ الماء فاستجز   عبادةَ، إن المستجيزَ على قُتْرِ

---

[83] فقه اللغة للثعالبي ص 251.

[84] لسان العرب 13/243، والغريب المصنف للهروي 1/197.

[85] فقه اللغة للثعالبي ص 252.

[86] النهاية في غريب الحديث 2/506، 507.

ومعنى قُتْر أي ناحية وحرف، أما أن يُسقى، وأمَّا أن لا يُسقى. وجَوَّز إبله: سقاها. والجوزة: السقية الواحدة [87].

والجَواز: السَّقي. والمستجيز: المُسْتَسْقِي. قال الراجز:

يا صاحب الماء، فَدَتك نَفسي عَجِّل جوازي، وأقِلَّ حَبْسي[88]

وهذا البيت يصور معاناة الرعاة وأصحاب الإبل والماشية وحاجتهم إلى أصحاب الآبار والحياض، حتى تمنى أن يفديه بنفسه إذا عجَّل سقي إبله وماشيته [89].

قال جرير:

فقد مُنع القين الجواز وقد يُرى لشيبان عين الماء والعطن السهلا

والجِيزة من الماء، مقدار ما يجوز به المسافر من منهل إلى منهل. وبه سميت الجيزة في القاهرة لوفرة ماء النيل عندها، فالمسافر فيها لا يحتاج لحمل ماء كثير، فما تقطع جزيرة ولا خليجاً إلا وجدت غيره.

2 – 1 – 28 الماء البحر

البحر هو الماء الكثير، ملحاً كان أو عذباً، وجمعه أبحر، وبحور، وبحر. وقد غلب استعماله على الملح حتى قلَّ في العَذْب. وماءٌ بحر يعني ملح قلَّ أو كثُر؛ قال نصيب:

وقد عاد ماءُ الأرض بحراً فزادني إلى مرضي، أن أبحر المَشْرَبُ العَذْبُ[90]

قال ابن برِّي: هذا القول؛ لأنه كان يجعل البحر من الماء الملح فقط. وقال: وسمي بحراً لملوحته. وقال غيره: إنما سمي بحراً لسعته وانبساطه، فعلى هذا يكون البحر للملح والعذب، ومنه قولهم: إن فلاناً لبحر، أي واسع المعروف. وشاهد العذب قول ابن مقبل:

ونحن منعنا البحر أن يَشْرّبوا به، وقد كان منكم ماؤه بمكان

---

[87] لسان العرب 5/327، 329.

[88] فقه اللغة للثعالبي ص. 251.

[89] النهاية في غريب الحديث 1/315.

[90] لسان العرب 4/42، والغريب المصنف 1/197.

قال جرير:

أعطـــــــــوا هُنَيْدة تحدوها ثـــمانية ... مـــا في عطائهمُ مَنٌّ ولا سَرَفُ
كُوماً مهاريسَ مثلَ العَضْب لو وردتْ ... ماء الفُرات، لكاد البحر يَنْتَزِفُ

وقال الكميت:

أناسٌ، إذا وَرَدَتْ بحْرَهُمْ ... صوادي الغرائب، لم تُضْرَب[91]

وقد أجمع أهل اللغة أن اليم هو البحر، ومنه قول الله تعالى: **{... فألقيه في اليـــم...}**.[92] قال أهل التفسير هو نيل السودان ومصر. قال ابن سيدة: كل نهر عظيم بحر. قال الزجاج: كل نهر لا ينقطع ماؤه مثل دجلة والنيل وما أشبههما من الأنهار العذبة الكبار، فهو بحر.

وأما البحر الكبير الذي هو مغيض هذه الأنهار، فلا يكون ماؤه إلا ملحاً أُجاجاً، ولا يكـــون ماؤه إلا راكداً. وأما هذه الأنهار العذبة فماؤها جارٍ، وسميت الأنهار بحاراً لأنها مشـــقوقة في الأرض شقاً.

وسمي عبد الله بن عباس، رضي الله عنه، بحراً لسعة علمه وكثرته، وعلمه بالقرآن، وفقهه الدين، وعلمه بالتأويل. وسمي الفرس السريع العدو بحراً، لأنه واسع الجَرْي. ومنه قـــول النبي صلى الله عليه وسلم في "مندوب" فرس أبي طلحة الأنصاري، وقد ركبه عُرْياً، فقال عليه الصلاة والسلام: "**إني وجدته بحراً**" أي واسع الجري.[93]

2 – 1 – 29 الماء الزَّغْرَبُ، والزَّغْرَفُ

الزَّغْرَبُ، والزَّغْرَفُ بالباء والفاء، هو الماء الكثير. وعينٌ زغْرَبة، كثيرة المـــاء، وبئـــر زغربة: كثيرة الماء، وماء زغرب: كثير. قال الشاعر:

بَشِّر بَنِي كعْب بَنْوِء العَقْرب ... من ذي الأهاضيب بماء زَغْرَب

[91] لسان العرب 2/42.

[92] القصص:7

[93] الحديث أخرجه: البخاري في عدة مواضع من كتابه الصحيح: فأخرجه في 51 – كتاب الهبة بـــاب 38، وفي 56 – كتاب الجهاد 24 – باب الشجاعة في الحرب برقم 2820، وفي أبواب 46، 50، 83، 116، 117، ومسلم في صحيحه في كتاب الأدب برقم 48، 49.

والأنواء: هي ثمان وعشرون منزلة ينزل القمر كل ليلة في منزلة منها. وقد غلظ النبي صلى الله عليه وسلم في أمر الأنواء لأن العرب كانت تنسب المطر إليها، وأما من جعل المطر من فضل الله تعالى فإن ذلك هو الحق، وقد أجرى الله العادة أن يأتي المطر في هذه الأوقات.[94]

قال ثعلب وحده: وجمعها الزغارف: البحور والمياه الكثيرة. قال الأزهري: أنشد مزاحم:

كصَعْدَةَ مُرَّان جرى، تحت ظلها   خليجٌ أَمَدَّتُه البحارُ الزغارف

وقال الأصمعي: لا أعرف الزغارف.[95]

2 - 1 - 30 الماء الغدق

الغدق: الماء الكثير وإن لم يكن مطراً. وقال ابن الأعرابي: الغدق المطر الكثير العام.

قال الله تعالى: {**وألّو استقاموا على الطريقة لأسقيناهم ماء غدقاً. لنفتنهم فيه** ...}[96]
والغدق: الماء الكثير.

وغَدِق، يَغْدق، غَدَقاً فهو غدق، إذا كثر الماء في المكان أو الندى. وأرض غَدِقة في غلية الرَّي، وهي النَّدية المبتلة الرُّبى الكثيرة الماء. وغَدِقتِ العين والبئر غَدَقاً، إذا عذُبت وغَزُر ماؤها. وقال أبو عمرو بن العلاء البصري: غيث غيداق: كثير الماء.

وفي الحديث النبوي في دعاء الإستسقاء: "**اللهم أسقينا غيثاً غَدَقاً**" والمراد به هذا المطر الكبار القِطْر[97].

وفي الحديث: "**إذا نشأت بحرية فتشاءمت فتلك عين غدقة**"، يعني إذا ظهرت السحابة من جهة البحر ثم مالت إلى جهة الشام فتلك سحابة تحمل ماءً كثيراً، ومطراً غزيراً. قال الثعالبي: إذا كان الماء كثيراً سُمّي غَدَقٌ[98].

---

[94] لسان العرب 1/451

[95] النهاية في غريب الحديث للهروي 5/122، ولسان العرب 9/136.

[96] سورة الجن: آية رقم 16، و 17.

[97] لسان العرب 10/282، 283، فقه الثعالبي ص. 251.

[98] النهاية في غريب الحديث 3/345

قال المتنبي يمدح عبد الواحد:

كــــبنان عبد الواحد الغدق الذي   أروى وآمن من يشاء وأفزعا

وقال أبو تمام:

أغنيتَ عنّى غناء الماء في الشرق   وكنت منشئَ وبل العارض الغدق

وقال الشريف الرضي:

فتَمَّ بِشرٌ أصفى من الغدق العذبِ   وجودٌ أَندى من السُّحُب

وقال:

الزاخر الغدق الذي يروى به   ظمأُ المنى، والوابلُ المُتَبعِّقُ

وقال صفي الدين الحلى:

وعارض الأرض بالأنوار مكتمل،   قد ظل يشكر صوب العارض الغدق

وقال:

فاستبشرت فئة الإسلام إذ لمعت   لهم بوارق ذاك العارض الغدق

2 – 1 – 31 الماء القَرَاح

الماء القَرَاح، بالفتح: هو الماء الذي لم يخالطه شيءٌ يُطَيَّب به، كالعسل، والتمر، والزبيب. وقريح السَّحاب: ماؤه حين ينزل. والقريح: السحاب أول ما ينشأ. قال ابن مقبل يصف برودة فم معشوقته:

وكأنما اصْطَبَحَتْ قَريحَ سحابة.

وتقول العرب: فلان يَشْوي القَرَاح: أي يسخن الماء.

وقال في لسان العرب: القراح: الصافي البارد. قال أبو سهم الهُذَليُّ:

ومن تَقْلِل حلوبَتُه ويَنْكُلْ   عن الأعداء، يَغْبُقْه القَرَاح

وتقول العرب: إن كنت كاذباً، فشربتَ غبوقاً بارداً. أي لا كان لك لبن حتى تشرب المـــاء القراح[99].

قال أبو تمام:

تأبى مع التصريد إلا نائلاً   إلا يكن ماء قراحاً يمذق

وقال يذم شخصاً:

فوالله لو لم يلبس الدهر فعله   لأفسدت الماءَ القراح معايبُه

وقال يمدح آخر:

عذبٌ اسمُهُ بفمي فظلَّ كأنه   للراح بالماء القراح مُضَاهِ

وقال أبو فراس الحمداني:

أتاني من بني ورقاء قول   ألذ جنى من الماء القراح

وقال:

أغص لذكره أبداً بريقي   وأشرق منه بالماء القراح

وقال جرير:

تعلل وهي ساغبة بنيها   بأنفاس من الشَّبم القراح

وقال عروة بن الورد يصف ناقته:

وآست نفسها وطوت حشاها   على الماء القراح مع السليل

قال أوس بن حجر:

سأرقمُ بالماء القراح إليكمُ   على نأيكم إن كان للماء راقم

وقال حسان بن ثابت:

وإنْ أكُ ذا مــالٍ كـــثير أَجُدْ به   وأنْ يُعتصر عودي على الجهد يحمد

فلا المال ينسيني حيائي وحِفظتي   ولا وقَعات الدهر يفللن مِبردي

أكثّرُ أهلي مــن عــيالٍ سواهُمُ   وأطوي على الماء القراح المبرد

_____

[99] لسان العرب 282/10

وقال بشار بن برد:

ومن يك ذاق من عشقي قراحاً　　فإني قد شربتُ من القراح

وقال ابن زيدون:

فديتك إِن صبري عنك صبري　　لدى عطشي على الماء القراح

وقال ابن خفاجة:

تميَّزت من شيمةٍ شيمةً　　إِن الأُجاج الصرف غير القراح

وقال الأعشى:

ألسنا الفارجين لكل كربٍ　　إِذا ما غُص بالماء القراح

ألسنا نحن أكرم إِن نسبْنا　　وأضرب بالمهنَّدةِ الصفاح

2 – 1 – 32 الماء الغَسَّاق، والغَسَاق

قال تعالى: {**هذا فليذوقوهُ حميمٌ وغسَّاقٌ**}[100]، وقال تعالى: {**لا يذوقونَ فيهابرداً ولا شراباً. إلا حميماً وغساقاً**}[101].

قال مكي بن أبي طالب القيسي: قرأ حفص، وحمزة، والكسائي بالتشديد {**وغسَّاق**} ومثله في {**عمَّ يتسألون**} النبأ: 1، وقرأ الباقون بالفتح والتخفيف {**وغسَاق**}. قال مكي: والحميم الذي بلغ في حره غايته، والغسَّاق: ما يجتمع من صديد أهل النار[102].

وقال ابن الجوزي: الغساق: الزمهرير البارد، وقال مجاهد: الغساق لا يستطيعون أن يذوقوه من برده. وقيل: هو البارد المنتن[103]. وقيل: إنه الشديد البرد يحرق من برده. وقيل: هو ما يسيل من جلود أهل النار من الصديد.

---

[100] سورة ص: آية 57.

[101] سورة النبأ: آية 24، و 25

[102] زاد المسير في علم التفسير 7/149، 150

[103] الكشف عن وجوه القراءات للقيسي 2/232، فقرة 7

وشهَّر الطبري القول الأخير ورجَّحه قال: وهو الأغلب من معنى الغسوق. وإن كان لبقية الأقوال وجه صحيح. قال أبو منصور الثعالبي: إذا كان الماء بارداً منتناً سمته العرب: غساق، وقد نطق به القرآن[104].

قال أبو العتاهية:

إنا من الدنيا لفي طريق ... إلى الغساق أو إلى الرحيق

وقال تأبط شراً:

عاري الظنابيب ممتدٍ نواشره ... مدلاج أَدهم واهي الماء غَسَّاقِ

والظنبوب: حرف الساق اليابس من قده، والمعنى، أنه فرس متلوي لحسنه.

2 – 1 – 33 الماء الأُجاج

الماء الأُجاج: ماء ملح، وقيل: مُرٌّ، وقيل: شديد المرارة.

قال تعالى: {**وهوَ الَّذي مرجَ البحرينِ هذا عذبٌ فراتٌ وهذا ملحٌ أُجاجٌ...**}[105]. قال تعالى: {**... هذا عذبٌ فراتٌ سائغٌ شرابُهُ وهذا ملحٌ أُجاجٌ...**}[106]. قال تعالى: {**أفرأيتمُ الماءَ الَّذي تشربون. أنتم أنزلتموهُ من المُزن أم نحنُ المنزلونَ. ولو نشاءُ جعلناهُ أُجاجاً فلولا تشكرون**}[107]. وهو الشديد الملوحة والمرارة. وقد أَجَّ الماء، يَؤُج، أجوجاً.

وقال الفيروزأبادي: الماء الأُجاج، هو الشديد الملوحة المُحْرِق من ملوحته. وقيل: هو الذي يخالطه مرارة. قال الزجاج: هو المرُّ الشديد المرارة. وقال ابن قتيبة: هو أشد الماء ملوحة[108]. وفي حديث رضي الله عنه: "**وعذبها أُجاج**". وفي حديث الأحنف: "نزلنا سبخة

---

104 فقه اللغة للثعالبي ص. 251

105 سورة الفرقان: آية 53.

106 سورة فاطر: آية 12.

107 سورة الواقعة: آيات 68 إلى 70.

108 زاد المسير في علم التفسير 6/96.

نشَّاشة، طرف لها بالفلاة وطرف لها بالبحر الأُجاج". والنشَّاشة أي نزازة تنز المـــاء، لأن السبخة ينز ماؤها، فينش ويعود ملحاً[109].

قال الفرزدق:

ولو أسقيتهم عسلاً مصفى　　　بماء النيل أو ماء الفرات
لقالـــــوا: إنه ملح أُجـــاج　　　أراد به لنا إحدى الهنـــات

وقال ابن سهل الأندلسي يمدح رجلاً كريماً:

وأَراك لم ترض البسيطة ساحلاً　　　فجعلت ساحلك الخَضِم الأَخضرا
بـــحرٌ، أُجاج، حــالك أَدى إلى　　　بحرِ حلا وِرداً وأَشرق منظرا

وقال سبط ابن التعاويذي:

عَدَلْتُ بهِنَّ عن ثمدٍ أُجاجٍ　　　إلى بحرٍ موارده عِذاب

وقال الشريف الرضي يصف اللؤلؤ في مفرق محبوبته:

جلون لنا لآلئَ واضحاتٍ　　　أَضأَن بها الذوائب والقرونا
عهدنا الدُّرَّ مسكنه أُجاج　　　فكيف تبدل التغب المعينا

وقال صفي الدين الحلى:

إلى مَلِكٍ لا مورد الماء عنده　　　أُجاج ولا مرعى السماح مُصَوِّحُ

وقال بكر بن النطاح:

ولـــم يثنه عن شهد زورٍ معيفُها　　　وَوِرْد أُجاج الشرب غير فرات

2 – 1 – 34 الماء السُّدُمُ

الماء السُّدُمُ: هو الماء الذي وقعت فيه الأقمشة حتى كاد يندفن.

قال أبو محمد الفقعسي:

يشربن من ماوان ماءً مرَّاً
ومن سنامٍ مِثْلَه، أو شراً

---

[109] النهاية في غريب الحديث، 5/57.

سُدْم المساقي المُرْخيات صفراً

وأنشد الفراء:

إذا ما المياه السُّدْم آضت كأنها　　　من الأَجن حناءٌ معاً وصبيب[110]

وقال الأخطل:

حبسوا المَطِيِّ على قليل عَهْدُه　　　طامٍ يَعينُ، وغائر مسدوم

قال جرير:

حمَّلتُ رحلي على الأهوال ناجية　　　مثل الغريق المعنَّى شَفَّهُ السدم

وقال ذو الرُّمة:

وُرَّادُ أَسمال المياه السُّدْم　　　في أُخرياتِ الغبش المِغَمِّ

ويُجمع السدم على أَسدام. قال ذو الرمة

أَواجن أَسْدام، وبعض مغورُ

وقال الحطيئة:

وردا وقد نفضا المَراقِبَ عنهما　　　والماء لا سدم ولا محضورُ

وقال الأعشى يصف برية موحشة

ويهماءُ تعرف جِنَّاتُها　　　مناهلُها آجنات سُدُم

وقال أبو العلاء المعري:

سقى ديارَكِ غادٍ ماؤُه نعم　　　كالقرم سدم فهو الهادر الراغي

قال الفيروزأبادي: والماء السديم المندفق. قال الليث: ماءٌ سُدْم، وهو الذي وقعت فيه الأقمشة والجولان حتى كاد يندفن، وقد سَدَمَ، يَسْدمُ، ومنهل سدوم: يعني مدفوناً. قال الشاعر: ومنهل وردتُه سدوماً[111].

---

[110] فقه اللغة وسر العربية 250.

[111] لسان العرب، 12/285.

2 – 1 – 35 الماء الحُرَاق، والحُرَّاقُ

الماء الحُرَاق، والحُرَّاقُ: هو ماء شديد الملوحة.

قال سليمان بن الإعرابي: ماءٌ حُرَاقٌ، وقُعَاعٌ بمعنى واحد وليس بعد الحراق شيءٌ. وسُمِّي حُرَاقاً وحُرَّاقاً؛ لأنه يحرق أوبار الإبل إذا شربته أو أكثرت الشرب منه. تقول أحرقنا فلان: بَرَّح بنا وآذانا. قال الشاعر:

أحرقني الناس بتكليفهم، ما لقي النَّاس من النَّاس؟[112]

وفَرَّق العلاَّمة أبو منصور الثعالبي بين الماء الحراق والماء القعاع ولم يجعلهما بمعنى واحد كما جنح لذلك ابن الإعرابي. فقال: إذا كان الماء ملحاً سُّمي زعاقاً، فإذا اشتدت ملوحته فهو حراق، فإذا جمع إلى اشتداد الملوحة المرارة في المذاق فهو قعاع.

قال ابن سيده: إذا اشتدت ملوحة الماء قيل: أجاج حُراق، أي يحرق أوبار الماشية إذا شربته من شدة ملوحته[113].

2 – 1 – 36 الماء القُعَاع

تقول: ماءٌ قُعٌ، وقُعَاع: هو الماء المر الغليظ، وقيل: هو الذي لا أشد ملوحة منه تحترق منه أجواف الإبل. الواحد والجمع فيه سواءٌ.

قال ابنُ برّي: تقول قُعاع، وزُعاق، وحُراق، وليس بعد الحراق شيءٌ، وهو الذي يحرق أوبار الإبل. وتقول: أقعَّ القوم إقعاعاً: إذا انبطوه واستخرجوه من باطن الأرض. وأقعَّ الرجل: إذا حفر بئراً فوجد ماءها قعاعاً. وأقعَّتِ البئر: جاءت بهذا الضرب من الماء الذي لا يشرب. ومياه الإملاحات كلها قُعاع[114].

قال الثعالبي: إذا كان ملحاً فهو زعاق، فإذا اشتدت ملوحته فهو حُرَّاق، فإذا كان مُرَّاً فهو قعاع[115].

---

[112] لسان العرب 10/43، فقه اللغة 250.

[113] المخصص لابن سيده 2/137.

[114] لسان العرب 8/286.

[115] فقه اللغة، ص. 252.

2 – 1 – 37 الماء السِّيح

الماء السِّيح: هو الماء الظاهر الجاري على وجه الأرض. قال الأزهري في التهذيب: الماء الظاهر على وجه الأرض وجمعه سيوح. تقول: يسيح، والماضي ساح، والمصدر سيحاناً، إذا جرى الماء على وجه الأرض. وتقول: أساح فلانٌ نهراً، إذا أجراه. قال الفرزدق:

وكم للمسلمين أسَحْتُ بَحْري، بإذن الله من نَهْرٍ ونَهْرِ[116]

قال الثعالبي: فإذا كان الماء ظاهراً جارياً على وجه الأرض يسقي بغير آلة من داليةٍ أو دولاب، أو ساقية، فهو سِيحْ [117].

وفي حديث الزكاة قال صلى الله عليه وسلم: **"ما سُقي بالسيح ففيه العشر"** أي الماء الجاري مثل الينابيع، والقنوات، والترع.

وقال البراء في صفة بئر حفروه: فلقد أُخرج أحدنا بثوب مخافة الغرق، ثم ساحت، أي فاضت وجرى ماؤها. قال ابن الأثير الجزري: السِّيح: هو الماء الجاري المنبسط على وجه الأرض[118].

2 – 1 – 38 الماء المشفوه، والمَضْفُوف، والمثمود

والماء المشفوه، والمَضْفُوف: هو الماء الذي ازدحم الناس عليه، وتضافوا على الماء إذا كثروا عليه.

وقال ابن سيده: تضافوا على الماء تضافواً. وقال اللحياني: إنهم لمتضافون على الماء، أي مجتمعون، مزدحمون عليه.

وماء مشفوه: كثر عليه الناس وازدحموا. وقال اللحياني: ماؤنا اليوم مضفوف كثير الغاشية من الناس والماشية، وأنشد:

لا يَسْتقي في النَّزَحِ المضفوف إلا مدارة الغروب الجوف[119]

وتقول: مضفوف وهي بمعنى مثمود، إذا نفد ما عنده. لأن من شأن المزدحم عليه أن ينفد.

[116] لسان العرب 2/492.

[117] فقه اللغة، ص. 250.

[118] غريب الحديث لابن الأثير 2/32.

[119] لسان العرب 9/207.

قال الثعالبي: فإذا كَثُر عليه الناس حتى نزحوه بشفاههم فهو ماءٌ مشفوه، ثم مثمــود، ثــم مضفوف، ثم مكولٌ، ثم مجموم، ثم منقوص [120].

2 – 2 استعمال كلمة الماء في موضوعات متعددة

لما كانت المياه عزيزة في الجزيرة العربية ولا سيما المياه النقية العذبة، فإن العرب خصوا الماء بجملة وافرة من المفردات اللُّغوية سوى المعنى المعروف للماء المتبادر للذهن، وما ذلك إلا لعظمتها عندهم، وذلك إن كثرة الأسماء تدل على عظمة المسمى، ولما كان ذلــك كذلك، كانت اللغة العربية أغنى لغات الأرض بمدلول كلمة الميــاه، فاستعملوها حقيقــة ومجازاً. ونطقوا بها في معاني الخير وفي معاني الشر، وفي معاني الحياة وفـي معـــاني الموت. وجرت بها ألسنتهم في الأمثال. ومن ذلك قولهم:

إذا السَّراب بالفلاة اطردا   وأبحر الماء الذي توردا [121]

وذلك مثل ضرب لتبدل الأحوال من الحسن إلى القبيح

وقولهم:

إذا غضغض البحر الغطامط ماءَه   فليس عجيباً أن تغيض الجداول

ودلالة البيت واضحة، لأن البحر إذا قلَّ ماؤُه، والكريم إذا حبسـيـده وقبــض رِفْـدَه فلا يستعجب إذاً صدور الشُّح من البخلاء.

وشبهوا الصديق الودود، ذا الخلق الحميد عند كل الناس بالماء العذب حين قالوا:

وكن مثل طعم الماء عذباً بارداً   على الكبد الحَرَّى لكلِ صديق [122]

---

[120] فقه اللغة للثعالبي ص. 252.

[121] المعجم الكبير للطبراني برقم 134163 من حديث حميد بن ثور الهلالي حين أسلم أنشد النبي صلــى الله عليه وسلم:

أصبح قلبي من سليمى مقصدا

إن خطأ منها وإن تعمدا

من ساعة لم تك إلا مقصدا

إذ السراب بالفلاة اطردا

انظر المعجم 4/74

[122] تاريخ بغداد للخطيب البغدادي في ترجمة أحمد بن عطاء برقم 2162.

واعتبروا الماء من الأماني الغالية حين قالوا:

هواءٌ رقيق في اعتدال وصحة ومـاءٌ له طعمٌ أَلذُّ من الخمر[123]

وقال آخر:

ما وَجْدُ صَادٍ في الحبال مُوَثَّقٌ بماء مزنٍ باردٍ مصفَّقٍ[124]

وقال آخر:

فاسقنا ماءً بلا مِنَّةٍ وأنت في حلٍ من الخبز[125]

وعبروا عن المحبة، والتقارب الوجداني، والتمازج الروحي، بتمازج الماء. قال الشاعر:

أو يختلف ماءُ الوصالِ فماؤُنا تحدَّر من غمام واحد[126]

وقال آخر:

مُزِجَتْ رُوحك في روحي كما تُمزج الخَمْرةُ بالماء الزُّلال[127]

وعبروا عن زهرة الحياة، ونضارة الوجه، وحسن البشرة والبشاشة والحياء والعفة بمـــاء الوجه. قال الشاعر:

إذا قلَّ ماءُ الوجه قلَّ حياؤُه ولا خير في وجه إذا قلَّ ماؤُه[128]

وقال آخر:

صُن ماءَ وجْهِك عن إراقته إنَّ القناعةَ عمدةُ الكرم[129]

وقال آخر:

حيائي حافظ لي ماء وجهي ورِفْقي في مطالبتي رَفيقي[130]

---

[123] تاريخ بغداد للخطيب البغدادي 1/44.

[124] تاريخ بغداد للخطيب البغدادي 5/205 ترجمة رقم 2681 أحمد بن يحيى الشيباني

[125] لسان الميزان للحافظ ابن حجر 1/400 برقم 1258.

[126] تاريخ بغداد للخطيب البغدادي في ترجمة حبيب بن أوس 8/248 برقم 4352.

[127] تاريخ بغداد للخطيب البغدادي في ترجمة الحلاج 8/112 برقم 4232.

[128] تاريخ بغداد للخطيب البغدادي في ترجمة إبراهيم بن السري النحوي 6/89 برقم 3126.

[129] الإصابة لابن حجر في ترجمة ضرار بن الخطاب 3/483، برقم 4177.

[130] تاريخ بغداد للخطيب البغدادي في ترجمة محمد بن جرير الطبري 2/162، برقم 589.

واعتبروا من حمل قلالاً ليبيعها في هجر خاسراً في تجارته، وأن مُهدي الماء للبحر لم تقع هديته بالموقع الرفيع المرضي. قال الشاعر:

أراك كمُهْدِي الماءَ للبحر حاملاً إلى الرَّمل من يبرين متجراً رملاً[131]

وعرف العرب أن الماء لا يضر شربه، وأن الناس يستعملونه منذ القدم ولم تؤْثر له أضرار، وأن النبيذ يضر شاربه، ويصدر عنه الخفة، والطيش، والسَّفه. قال الشاعر:

الماء في حياة الناس كلهم وفي النبيذ إذا عاقرته الداء
أما النبيذ فقد يزري بصاحبه ولا أرى شارباً أزرى به الماء[132]

واعتبروا التبكير إلى ورود الماء من المناهل غنيمة وفوزاً، لأنه لا يوجد من يزاحمه عليه سيما إذا كانت له إبل كثيرة تريد السقي. قال شاعرهم:

ومنهلٍ وردته التقاطا
لم ألق إذا وردته فُرَّاطا
إلا الحمام الوَرْق والقطقاطا
فهُنَّ يلقطن به إلقاطا
كالترجمان لقي الأنباطا[133]

والأنباط قوم من العجم سكنوا الشام امتهنوا الزراعة، وحفروا الآبار فاستنبطوا المياه لزرعهم من باطن الأرض يعني استخرجوه فسموا أنباطاً، ولغتهم غير العربية. ومن أجل ذلك شبه العربي شقشقة الطيور والحمام الورق وكثرة إلقاطها بالمترجم الذي ينقل الحديث من الأنباط إلى العربية.

وعبروا عن الفتوة والقوة واكتمال البنية بماء الشباب. قال شاعرهم يصف شيخاً عجوزاً قد ضعف بصره:

إذ قال صحبي يا ربيعُ ألا ترى! أرى شخصاً كالشخصين وهو قريب
فإن يكُ غُصْني أصبح اليومَ بالياً وغصنُك من ماء الشباب رطيبُ[134]

---

[131] الفهرست لابن النديم محمد بن إسحاق ص. 96.

[132] التاريخ للعلامة يحيى بن معين 4/179 برقم 3821.

[133] تاريخ يحيى بن معين 4/179 برقم 3821 أنشده إسحاق بن سويد

[134] الإصابة في تمييز الصحابة لابن حجر 3/389 برقم 3995 وهو قول المخبل.

وإذا أرادوا أن يعبروا عن نقض العهود، والتحلل من المواثيق وهجر الحبيب قالوا:

فلا تُمَسِّكُ بالوصلِ الذَّي زعمتْ إلا كما يمسكُ الماءَ الغرابيلُ قلَّ [135]

وسمَّوا من صان نفسه مهاباً. قال الشاعر:

ومن لم يكن في فيهِ ماءُ صيانةٍ فمن وجهه غصن المهابة ينزع[136]

وسمَّوا الوداد: ماء المحبة. قال الشاعر:

يا سيداً زرع القلوب مهابةً تُسْقَى بماء محبة لم تنضب[137]

وحثوا على التواضع، وشبهوا المطمئن من الأرض بالمتواضع، فقالوا:

تواضع إذا ما طلبتَ العلـــومَ تكن أكثر الناس علماً ونفعــــا
وكلُّ مكانٍ أشدُّ انخفاضـــــــاً يُرى أكثر الأرض ماءً ومرعى [138]

وكنُّوا عن الخمر بماء العناقيد. قال الشاعر:

حبذا ماء العناقيد بريق الغانيات [139]

وعبروا عن حسن النبي صلى الله عليه وسلم والتلقي عنه والاقتراف من حديثه بماء النبوة. قال الشاعر:

شربت بمكة في ذُرى بطحائها ماءَ النُّبوة ليس به مزاج [140]

وكنوا عن الدموع بماء العيون وجرى ذلك في أشعارهم. قال محقبة بـــن نعمـــان الأزدي يحرض عمرو بن العاص على قتال المرتدين:

يا عمرو إن كان النبيُّ محمد أودى به الأمر الذي لا يدفع
فـــلقد أصبنا بالنبي وأنفنا والراقصات إلى الثنية أجدع

---

[135] المستدرك على الصحيحين للحاكم 3/670 برقم 6477.

[136] تاريخ بغداد للخطيب البغدادي 13/296 برقم 7271 في ترجمة نصر بن أحمد البصري

[137] تاريخ بغداد للخطيب البغدادي 5/579 برقم 2906 في ترجمة الباقلاني.

[138] أدب الإملاء والإستملاء ص. 119 عبد الكريم بن محمد.

[139] تاريخ بغداد للخطيب البغدادي 3/380 برقم 1498 في ترجمة محمد بن يزيد.

[140] تاريخ بغداد، سلم الخاسر الشاعر 9/136 برقم 4754.

وقلوبنا قَرْحَى وماء عيوننا جارٍ وأعناق البرية خضع[141]

واعتبروا ورود الماء عشية تفريطاً وكسلاً ومذمةً. قال الشيخ أبو سعد البغدادي لبعض الطلاب الذين تأخروا عن درس العصر ولم يدخلوا إلا عند الاصفرار:

ولا يردون الماء إلا عشية إذا صدر الورَّاد عن كل منهل[142]

وشبهوا الماء العكر المتسخ بقطع الليل. قال الشاعر:

ماء كقطع الليل في لونه تنزحه دلاؤنا من قليب

وقد شبهوا ورود الماء بورود الموت لشدته وصعوبته. قالت جارية من جواري الأنصار وكان قد سقط قدرها في بئر فنزل أخوها يخرجه فأسن فمات، فتتابع اخوته السبعة بعده، فقالت:

اخوتي لا تبعدوا أبداً ويلي والله قد بعدوا

كل من يمشي بصفوتها يرد الماء الذي وردوا[143]

وقال محمد بن طاهر الطاهري البغدادي:

إذا وجدت أذى للحب في كبدي أقبلت نحو سقاء القوم أبترِدُ

هذا بردت ببرد الماء ظاهره فمن لحرٍ على الأحشاء يتقد[144]

وشبهت العرب حسن الحديث الذي احتوى على معانٍ حسنة بالماء الذي له حبب. قال الشاعر:

كَلِمٌ كنظم العقد يحسن تحته معناه حسن الماء تحت حبابه[145]

قال جرير:

مخففة تشابه حين يجري حباب الماء وارتدت القتاما

---

[141] الإصابة في تمييز الصحابة لابن حجر 5/776 برقم 7738 وقائل البيت مجفنة بن النعمان.

[142] أدب الإملاء والإستملاء لعبد الكريم بن محمد ص. 65.

[143] الاعتبار وأعقاب السرور لعبد الله بن محمد ص. 57 برقم 31.

[144] تاريخ بغداد للخطيب البغدادي في ترجمة محمد بن طاهر الطاهري 5/377 برقم 2904.

[145] تاريخ بغداد للخطيب البغدادي في ترجمة محمد بن علي الجبلي 3/101 برقم 1098.

وقال أيضاً

تـــشق حَباب الماء عن واسقاته وتغرس حوت البحر منها الكلاكل

وقال طرفة بن العبد:

يشق حباب الماء حيزومها بها كما قسم الترب المغايل باليد

وقال البهاء زهير:

ويبسم عن ثغر يقولون إنه على صهباء بالمسك تنضح

وقال ابن زيدون:

جسمه في الصفاء والرِّقة الماء فلا غرو أَنْ حَباب علاه

وقال جميل بثينة:

يرين حَباب الماء والموت دونه فهنَّ لأصوات السقاةِ رواني

وقال ابن خفاجة:

تضاحكت عن حَباب يقبِّلُ الماء ثغره

وقال قيس بن ذريح:

يكاد حباب الماء يخدش جلدها إذا اغتسلت بالماء من رقة الجلد

وقال صريع الغواني:

كأَن حباب الماء حين يشجها لآلئ عقد في دماليج أو حجل

وجعلوا موارد المياه أمكنة للقاء الأحبة. قال شاعرهم:

وجعلتُ ماء قُديد موعدي وماء ضجنان ضحى الغد [146]

وجرت أمثلة العرب المتعددة في الماء. قال قائلهم:

وإنك والتماس الأجر بعدي كباغي الماء يتبع السرابا [147]

---

[146] الإصابة لابن حجر في ترجمة معبد بن أبي معبد الخزاعي 6/169 برقم 8113.

[147] الإصابة لابن حجر وقائله أمية بن الأسكر 1/114 برقم 253.

واعتبروا حسن التربية والرعاية وحسن الأدب منذ نعومة أظفار الصغير بالغرس للذي يتعهده صاحبه بالسقي:

وإنَّ من أدبته في الصِّبا   كالعود يسقي الماء في غرسهِ [148]

واعتبر الحطيئة أن فقد الماء والظل ضياع للولد والوليد إذ قال:

ماذا أقول لأفراخٍ بذي مَرَخٍ   زغب الحواصل لا ماءٌ ولا شجرُ [149]

وسمى العرب النطفة ماء الحياة، وحضوا على المحافظة على الحياة والمحيا. وإن كان الشاعر قد اعتبر ماء المحيا أولى عند وجود الضررين في الحفظ:

فإن إراقة ماء الحياة   دون إراقة ماء المحيا

وشبهوا الإغراء والصد في الأنثى بالضدين المجتمعين. قال الشاعر:

ما أبصر الناظر قبلها   ناراً وماءً جمعا في مكان [150]

2 – 3 أسماء الماء وصفاتها من حيث القِلَّة

تقول: ماءٌ قليل، وقُلال، وقَلال. وسميت القُلَّة لِقِلَّةِ مائها. والثمدَّ: الماء القليل، والجمع: ثُماد وهو الذي لا مادة له، وقيل: هو الذي يظهر في الشتاء ويذهب في الصيف. والماء المثمود: الذي كَثُر عليه الناس حتى فَنِيَ، ورجلٌ مثمود إذا نزفت الناس ماءه من كثرة جماعه. وكذلك الماء المشفوه، والمضفوف وهو الذي توارد عليه الناس حتى فَنِيَ. وماء ضحضاح وضحل: إذا كان رقيقاً على وجه الأرض ليس له عمق. وفي الحديث: "**إن في النار أودية في ضحضاح**" [151]. شبَّه قلة النار الضحضاح من الماء (استعارة)، ومنه الحديث الذي يروى في أبي طالب: "**إنه في ضحضاح من نار**". والرقراق: الماء الرقيق في البحر أو الوادي لا غرز له. والفَراشُ: أقل من الضحضاح والرقراق. والنطفة: كل ماء مجتمع ولا يكون إلا قليلاً، وكل سائل أو قاطر من إناء أو غيره فهو ناطف، وبه سمِّيت النطفة. والصُّبةُ والشَّوْلُ: القليل من الماء يكون في أسفل القربة والجمع أشوال. قال

---

[148] لسان الميزان لابن حجر 3/172 برقم 4186.

[149] أدب الإملاء والإستملاء لعبد الكريم بن محمد ص. 148، والإصابة 2/176 برقم 1993.

[150] تاريخ بغداد للخطيب البغدادي في ترجمة علي بن أحمد النعيمي 11/311 برقم 6160.

[151] النهاية في غريب الحديث لابن الأثير الجزري 3/75.

الراجز: وصبَّ رواتها أشوالها [152]. والصُّبابة: البقية من الماء وغيره في السقاء والإناء. والصلاصل: بقية الماء واحدتها صُلْصُلَة. قال ابن السِّكيت:

ولم يكنْ مَلَكٌ للقومِ يُنْزِلهم　　　إلا صلاصل لا تُلوى على حَسَبِ

أي تقسم بينهم بالسوية. يقال: الماء مَلَكٌ أَمْرٍ إذا كان مع القوم ماءٌ ملكوا أمرهم. والزَّرْجون: الماء الصافي يستنقع في الجبل. والنَّفَسُ والجُرْعة: القليل، ويجمع على أنفاس، وأنشد:

تُعَلِّلُ وهي ساغِبةٌ بنيها　　　بأنفاسٍ من الشَّبم القَرَاح [153]

والسؤَر: ما يبقيه الشارب في الإناء، ومنه الحديث: "**سؤَر المؤمن شفاء**". والرَّشف: ماء قليل يبقى في الحوض، وهو وجه الماء الذي ترشفه الإبل بأفواهها. والحَيْل: الماء المستنقع في بطن وادٍ، والجمع أحيال وحيول. والطَّلْح: بقية الماء في الحوض والغدير.

2 – 4 أسماء الماء وصفاتها من حيث العذوبة

الماء العذب: هو ماء عذب بيِّن العذوبة. والنُّقاخُ: الماء العذب الذي ينقخ الفؤاد ببرده ولذته. والماء الفَظِيع: هو الماء العذب الشديد العذوبة، قال الشاعر:

يَرِدْنَ بُحوراً ما يُمِدُّ جِمامها　　　أَتِيٌّ عُيُونٍ ماؤُهن فظيعُ

والفضيض: الماء العذب، وقد افتضضته، ومكان فضيض كثير الماء [154].

والزُّلال: العذب وقيل البارد. وماء فراتٌ: ومياه فرتان عذبة باردة. وماء رُضَاب: ماء عذب قال الشاعر: كالنحل في الماء الرُّضاب العذب. وقيل: الرُّضاب هنا بمعنى البرد، والنحل، كعسل النحل. وماء طُيَّاب: طيب عذب. الشَّريب: العذب، وقيل: هو الذي فيه شئ من عذوبة وقد يشربه الناس على ما فيه. والشروب: دونه في العذوبة، وليس يشربه الناس إلا عند الضرورة، وقد تشربه البهائم [155]. وماء هُجْهُجٌ: هو ماء لا عذبٌ ولاملْحٌ.

---

[152] المخصص لابن سيده 2/133، لسان العرب 11/374.

[153] المخصص لابن سيده 2/134.

[154] فقه اللغة للثعالبي ص. 250.

[155] الغريب المصنف لأبي عبيد القاسم بن سلام الهروي 1/197.

2 – 5 أسماء الماء وصفاتها من حيث مرارة الطعم والمذاق

ماء زُعَاق: هو الماء المرُّ . النَّشغ من الماء: هو ما خَبُث طعمه. والصُّقعرُ: هو الماء المر. والماء الملح: خلاف العذب. ولا يقال مالح وقد يقال مالح. قال الشاعر: يطعمها المالح والطريًّا. والملوحة من الطعم، والمَلاحة والمُلْحة من الحسن. والماء الماج: الماء الملح وأنشد:

فانك كالقريحة عام تُمْهَى شروب الماء ثم تعود ماجا [156]

والماء البحر: الماء الملح والعذب إذا كثر، وقد أبحر الماء، إذا صار ملحاً قال الشاعر:

وقد عاد ماءُ الأرض بحراً فزادني إلى مرضي أن أبحر المشرب العذب

ويقال ماء ملح يفقأ عين الطائر يذهب بذلك إلى المبالغة في ملوحته. وماء خَمْجرير، وخُمَاجِر، وهو الذي تشربه الأنعام ولا يشربه الناس. فإذا اشتدت ملوحته قيل: أُجَاج، وحُرَاق. وماء قُعٌّ وقُعاع إذا اشتدت مرارته [157]. وماء غَمَلَّج: إذا كان غليظاً مراً.

2 – 6 أسماء الماء وصفاته من قبل صفائه

الماء الصفو: نقيض الكدر، وقد صفا الماء صفاءً وصفواً. وتقول: ماءٌ أزرق، وأخضر، وأشهب، وأسود، يعني صافٍ ثم غلب الأسود على الماء وقرنوه بالتمر، فقالوا: الأسودان. تقول: ما سقاني من سُوَيْدٍ قطرةً ولا من أسود، وهو الماء بعينه. قال الشاعر:

ألا إنيّ سُقيتُ أسودَ حَالِكاً الأبجلى من الشَّراب الأبجل

وماء رهراهُ: صافٍ. ومنه قولهم: ترهره الجسم إذا اشتد بياضه من النعمة. وماء مُزْمَهِلٌّ: صافٍ يهتز من صفائه [158]. والرَّعْرَعة: اضطراب الماء الصافي، وربما قالوا: ترعرع السراب. وماءٌ حَنْبريتٌ: صافٍ خالص. والماء القراح: الماء الذي اشتد صفاؤه ونقاؤه، وخَلُص من كل شائبة. عَفْوة الماء وعفاوته: صفوته وصفوه وفي كلام العرب: خذ منه ماءً عفا وصفا [159]. قال عمرو بن هند:

---

[156] فقه اللغة للثعالبي، أبو منصور الثعالبي ص. 251.

[157] لسان العرب 2/207 لابن منظور الأفريقي.

[158] المخصص لابن سيده 2/140.

[159] المخصص لابن سيده 2/140.

ونشرب إن وردنا الماء صفواً ويشرب غيرُنا كَدِراً وطيناً

2 - 7 حَبَاب الماء

الحَباب، والحَبَبُ، تكَسُّره، وطرائقه، فقاقيعه، وقيل معظمه. قال طرفة يصف سفينة تمخر في البحر:

يشق حَبَاب الماء حيزومها بها كما قَسَم التُّربَ المُفَائل باليد [160]

ويروى "عباب الماء".

وأنشد ابن دريد:

كأن صَلا "جهيزةَ" حين تمشي حَبَاب الماء يتَّبع الحَبابا

شبه اهتزاز عجز جهيزة بالحباب الذي يعلو الفقاقيع [161].

وحُبُك الماء: طرائقه. قال البحتري يصف بركة المتوكل:

تَنْصَبُّ فيها وفودُ الماءِ مُعْجِلَةً كالخيلِ خارجةً من حبل مُجْريها

إذا عَلَتْها الصَّبا أبدت لها حُبُكاً مثل الجواشنِ مَصْقولاً حواشيها [162]

وقال ابن دريد يصف ناقة حين وجدت الماء:

حتى استغاثتْ بماءٍ لا رِشاءَ لَهُ مـــن الأباطح في حافاته البُرَكُ

مُكَلَّلٌ بعميم النَّبتِ شُجُــــه ريحٌ خريقٌ لضاحي مائه حُبُكُ [163]

وقال امرؤ القيس:

سموتُ إليها بعدما نام أهلُها سُمو حبابِ الماءِ حالاً إلى حالٍ

2 - 8 أصوات الماء

الخرير: صوت الماء، وقيل: الخرير صوت الماء في مضيق.

قال ابن خفاجة:

ونعسة طرف العين من سِنة الكرى لرجع خرير، أو لشجو هدير

[160] المعلقات السبع، معلقة طرفة بن العبد ص. 32.

[161] المخصص لابن سيده 2/149.

[162] ديوان البحتري ص.320.

[163] المخصص لابن سيده 2/149.

وقال ذو الرُّمة يصف بقر الوحش:

فعرَّضت طلقاً أعانقها فرقاً ... ثم أَطبَّاها خريرُ الماء ينسكب

والأليل والقسيب: هو صوت الماء الشديد، تقول: مررت بنهرٍ وله أليلٌ وقسيبٌ شديد. قال عبيد بن الأبرص:

أو فَلَجٍ ببطنِ وادٍ ... للماء من تحته قَسيبُ

قال أبو العلاء المعري: ينعى الخليل وسيبويه ويونس النحوي:

تولى سيبويه وجاش سيب ... من الأيام فاختل الخليل
ويونس أوحشت منه المغاني ... وغير مصابه النبأ الجليل
أتت علل المنون فما بكاهم ... من اللفظ الصريح ولا العليل
ولو أن الكلام يُحِسُّ شيئاً ... لكان له وراءهم أَليلُ

القَبقبة: هي صوت الماء بين الصخور[164]. غقيق الماء: تقول: غَقَّ الماء وغقيقه: إذا جرى وله صوت من ضيق إلى سعة، أو من سعة إلى ضيق، وكذلك إذا غلا الماء فسمعت صوته. الطَّبطبة: هي تلاطم أمواج السَّيل. البَقْبقة: صوت حركة الماء إذا خرجت من الأرض إلى أعلى، وكذلك بقبقة القدر إذا غلت. الجخجخة: هي صوت تكسُّر جري الماء. العَجَّاج: تقول: عجَّ الماء يعج عجيجاً، وعجعج الماء عجعجة، ونهر عجَّاج: يسمع لمائه عجعجة، ودوي، وصوت. قال أعرابيٌّ يفاخر قوماً: نحن أكثر ساجاً، وديباجاً، ونهراً عَجَّاجاً. الدَّرْدَرة: هي حكاية صوت الماء في بطون الأودية إذا تدافع[165].

2 - 9 تمارين عامة

1) عرف ما يلي: ماء زلال، ماء شبم، ماء فرات، ماء حشرج.
2) ما الفرق بين الماء الراكد والماء السلسال؟
3) اكتب بإسهاب عن التالي:
   - الماء النمير
   - تسمية الماء بالفضيض.
   - كيفية استعذاب الماء الرنق.

---

[164] لسان العرب 11/25، فقه اللغة للثعالبي ص. 250.

[165] لسان العرب 4/234، المخصص لابن سيده 2/149.

- فوائد الماء المعيون.

4) عرف ما يلي: الماء النقاخ، الماء الضهل، الماء الآجن.

5) كيف يمكن تطييب الماء الآسن؟

6) ما الفرق بين الماء الزعاق والماء الحميم والماء الموغر والماء القعاع؟

7) أيهما تفضل لماء الشرب: الماء المشروب أم ماء الفواصل؟ ولماذا؟

8) كيف يمكن التفريق بين الماء الحميم والماء الموغر والماء الفاتر والماء الحـــراق والماء الزعاق؟

9) متى يسمى الماء بالسجس؟

10) لماذا سميت الجيزة بهذا الاسم؟

11) ما الفرق بين البحر والنهر؟

12) أي التعبيرين يستخدم للماء الكثير: الماء الزغرب أم الماء الغدق أم الماء الســـيح؟ ولماذا؟

13) ما الفرق بين الماء المشفوه والماء المثمود والماء المضفوف والماء المكول والماء المجموم والماء المنقوص؟

14) أكتب عن أهمية الماء لسكان البادية. وكيف يمكنك اســتخدام التجمعـــات حـــول الموارد المائية بالبادية للتوعية والتثقيف المائي والبيئي والإدارة المتكاملة له؟

الفصل الثالث
أقسام المياه وأنواعها وأحكام المياه في الشريعة الإسلامية
طهارة المياه

3 - 1 الماءُ طهور لا يُنَجِّسُهُ شيءٌ

عن أبي سعيد الخُدْرِي قال: قيل يا رسول الله، أنتوضأ من بئر بُضَاعةَ، وهي بئرٌ يُلقى فيها الحِيَض، ولحومُ الكلابِ، والنَّتْنُ. فقال رسول الله صلى الله عليه وسلم: "**إنَّ الماء طهور لا يُنَجِّسُهُ شيءٌ**" [166]. وعن أبي سعيد الخُدْرِي من طريق آخر قال: مررتُ بالنبي صلى الله عليه وسلم وهو يتوضأ من بئر بُضَاعة، فقلت: أنتوضأ منها؟ وبُضَاعة بضم الباء وفتح الضاد، وقد كسر الباء بعض العلماء. وهي بئر معروفة في المدينة المنورة في دار بني

---

[166] حديث بئر بضاعة عن أبي سعيد الخدري أخرجه: أبو داوود في سننه في كتاب الطهارة 1/18 برقم 67، والترمذي في جامعه في أبواب الطهارة 1/95 برقم 66، والنسائي في المجتبى في كتاب الطهارة 1/174 برقم 326 و327، والإمام أحمد بن حنبل في مسنده بتحقيق أحمد محمد شاكر 3/31 برقم 11275 وفي 3/86 برقم 11836، والبيهقي في السنن الكبري في كتاب الطهارة 1/4 برقم 7 وفي 1/257 برقم 1146 وفي 1/265 برقم 1182، وأبو يعلى المَوْصِلي في مسنده 13/511 برقم 7519، والطبراني في المعجم الكبير في أحاديث أبي سعيد الخدري 6/207 برقم 6026، والدارقطني في سننه في كتاب الطهارة 1/29 برقم 10 وبرقم 17، والشافعي في مسنده ص. 165، وأبو الحجاج المِزِّي في كتابه تهذيب الكمال 11/335 برقم 2480، والعلل الواردة في الأحاديث للدارقطني 8/156 برقم 1476، وطبقات المحدثين بأصبهان لأبي لقيم 1/389 برقم 51، وابن سعد في الطبقات الكبرى 1/502، والحاكم في المستدرك في كتاب الطهارة 1/23، ولبن حجر في تقريب التهذيب 1/362 برقم 4313.

درجة حديث بئر بضاعة: قال الحاكم هذا حديث صحيح على شرط الشيخين ولم يخرجاه، وقال الترمذي بعد إخراجه هذا حديث حسن وكما هو مقرر عند علماء الحديث فإن الحديث الحسن قسيم وشريك الصحيح في الاحتجاج به، والحديث صححه الإمام أحمد بن حنبل والإمام يحيى بن مَعين، تصحيحه في كتابه تلخيص الحبير في تخريج أحاديث الرافعي الكبير انظر تلخيص الحبير 1/3 و 1/4 لابن حجر العسقلاني.

ساعدة. قال قتيبة بن سعيد: سألتُ قَيِّمَ بئر بُضاعة عن عمقها؟ قال: أكثر ما يكون فيها الماء إلى العانة. قلت: إذا نقص؟ قال: دون العورة. قال أبو داوود السجستاني صاحب السنن: وقدَّرتُ أنا بئر بُضَاعة بردائي: مددتُه عليها ثم ذرعته، فإذا عرضها ستة أذرع، وسألت الذي فتح لي باب البستان، فأدخلني إليه: هل غُيِّر بناؤها عما كانت عليه؟ قال: لا. ورأيت فيها ماءً متغير اللون[167]. قال الإمام حمد بن حبان البُسْتي الخطابي: قد يتوهم كثير من الناس إذا سمع هذا الحديث، أن هذا كان منهم عادة، وأنهم كانوا يأتون هذا الفعل قصداً وعمداً، وهذا لا يجوز أن يُظن بذمي، بل بوثني، فضلاً عن مسلم.

ولم يزل من عادة الناس قديماً وحديثاً، مسلمهم وكافرهم – تنزيه المياه وصونها عن النجاسات، فكيف يظن بأهل ذلك الزمان، وهم أعلى طبقات أهل الدين، وأفضل جماعة المسلمين، والماء في بلادهم أعز، والحاجة إليه أمسّ: أن يكون هذا صنيعهم بالماء وامتهانهم له؟ وقد لعن رسول الله صلى الله عليه وسلم من تغوط في موارد المياه ومشارعه، فكيف من اتخذ عيون الماء ومنابعه رصداً للأنجاس، ومطرحاً للأقذار؟ هذا ما لا يليق بحالهم[168]. وإنما كان هذا من أجل أن هذه البئر في حدور من الأرض، وأن السيول كانت تكتسح هذه الأقذار من الطرق والأفنية، وتحملها وتلقيها فيها، وكان الماء لكثرته لا يؤثر فيه وقوع الأشياء ولا يغيره، فسألوا رسول الله صلى الله عليه وسلم عن شأنها، ليعلموا حكمها في الطهارة والنجاسة؟ فكان من جوابه لهم: **إن الماء لا ينجسه شيء،** يريد الكثير منه الذي صفته صفة ماء هذه البئر، في غزارته وكثرة جمامه، لأن السؤال إنما وقع عنها بعينها، فخرج الجواب عليها. وهذا لا يخالف حديث القلتين، إذا كان معلوماً

---

167 انظر قول أبي داود وصنيعه في توثيق الحديث، وزيارته إلى هذا البئر حينما قدم من بلده سجستان إلى المدينة المنورة في كتابه السنن في كتاب الطهارة 1/18 برقم 67.

168 ذكره الإمام حمد بن حبان البُسْتي الخطابي في كتابه معالم السنن 1/37، والخطابي منسوب إلى سيدنا زيد بن الخطاب رضي الله عنه والبُسْتي منسوب إلى بلدة بُست (كلبل عاصمة أفغانستان الحالية) وقد كان رضي الله عنه من رفعاء علماء المسلمين في القرن الرابع الهجري وكان مشاركاً في سائر العلوم الإسلامية، واشتهر بأنه كان فقيهاً، محدثاً، شاعراً، وآثاره العلمية تدل على رفعته ورسوخ قدمه. توفي رضي الله عنه مرابطاً على شاطئ هيرمند 388، انظر في ترجمته: أنباء الرواة 1/125، وخزانة الأدب ويتيمة الدهر 4/231، والأعلام للزركلي 2/273.

إن الماء في بئر بضاعة يبلغ القلتين، فأحد الحديثين يوافق الثاني ولا يناقضـــه، والخـاص يقضي على العام، ويبيّنه ولا ينسخه.

ولا ينبغي أن يظن بأحد من أصحاب رسول الله صلى الله عليه وسلم إلا الظن الحسن، وهذا الذي قاله الإمام الخطابي هو عين الصواب، وكبد الحقيقة، ومن زار المدينة المنـــورة – على ساكنها أفضل الصلاة وأزكى السلام – وعرف آثارها، علم يقيناً أن الإمام الخطابي وإن كان يعيش في مدينة بست من بلاد كابل وبينه وبين المدينة آلاف الأميال كأنما هو أحد سكان المدينة المنورة، لأن هذه البئر موجودة إلى اليوم، وهي في مكان منخفض وهي في ديار بني ساعدة، وأن مياه الأمطار والأودية القريبة منها تنحرف إليها، فتأخذ معها جيـف الكلاب، والخرق التي تلقيها النساء، والنتن، لا أنهم يتعمدون ذلك، حاشا أن يكون هـــذا سلوك من صحب أفضل الخلق، وهم أعرف أهل الدنيا بأحكام النظافة الظاهرة والباطنـــة رضي الله عنهم وأرضاهم جميعاً.

3 – 2 أقسام المياه

تنقسم المياه إلى ثلاثة أقسام:

1) الماء الطهور.
2) الماء الطاهر غير الطهور.
3) الماء المتنجس.

3 – 2 – 1 الماء الطهور

وهو الطَّاهر في نفسه المطهر لغيره. وهو كل ماء نزل من السماء أو نبع من الأرض باقياً على أصل خلقته، لم يتغير أحد أوصافه الثلاثة، وهي اللون، والطعم، والرائحة. أو تغيـــر بشيء لا يسلب طهوريته من الأشياء الطاهرة ولم يكن مستعملاً [169].

أما المالكية، فقالوا: إن الماء المستعمل في الوضوء والغسل [170] طهور، لأن الاستعمال لا يخرجه عن الطهورية، وإن كان استعماله مكروهاً عندهم بيد أن مـــن توضـــأ بالمـــاء المستعمل ثم صلى بذلك الوضوء، فالصلاة عندهم صحيحة، خلافاً للحنفية والشـــافعية

---

[169] سبل السلام لمحمد بن إسماعيل الصنعاني 1/18.

[170] رسالة ابن أبي زيد القيرواني – المياه 1/28، وبداية المجتهد ونهاية المقتصد لابن رشد 1/23.

والحنابلة. ومن الطَّهور ماء المطر لقوله تعالى: {**... وأنزلنَا من السَّماءِ ماءً طهوراً**}[171]. وقوله تعالى: {**... وينزلُ عليكُم منَ السَّماءِ ماءً ليطهِّركم بهِ...**}[172] ودليلهم من السنة المطهرة قول سعد بن أبي وقاص رضي الله عنه قال: "لقد رأيتني مع النبي صلى الله عليه وسلم في ماءٍ من السماء، وإني لأدلك ظهره وأغسله" [173].

وماء البحر لقوله صلى الله عليه وسلم أخرجه أصحاب السنن عن أبي هريرة رضي الله عنه قال: سأل رجلٌ رسول الله صلى الله عليه وسلم فقال: يا رسول الله إنَّا نركب البحر ونحمل معنا القليل من الماء، فإن توضأنا به عطشنا أفنتوضأ بماء البحر؟ فقال رسول الله صلى الله عليه وسلم: "**هو الطهور ماؤه الحل ميتته**"[174]. ومن طريق آخر عن أبي هريرة قال: كنا عند رسول الله صلى الله عليه وسلم يوماً فجاءه صياد فقال: يا رسول الله إنا ننطلق في البحر نريد الصيد فيحمل معه أحدنا الإداوة[175] (المَطْهَرة) وهو يرجو أن يأخذ الصيد قريباً فربما وجده كذلك، وربما لم يجد الصيد حتى يبلغ من البحر مكاناً لم يظن أن يبلغه فلعله يحتلم أو يتوضأ، فإن اغتسل أو توضأ بهذا الماء فلعل أحدنا يهلكه العطش، فهل ترى في ماء البحر أن نغتسل به أو نتوضأ به إذا خفنا ذلك فزعم أن رسول الله صلى الله عليه وسلم قال: "**اغتسلوا منه وتوضأوا به فإنه الطهور ماؤه الحل ميتته**"[176].

---

[171] سورة الفرقان: آية رقم 48.

[172] سورة الأنفال: آية رقم 11.

[173] أخرجه البيهقي في السنن الكبرى 1/5 في كتاب الطهارة باب التطهير بماء السماء.

[174] أخرجه أحمد بن عمرو في كتاب الآحاد والمثاني 5/291 برقم 2818، والنسائي في المجتبى 1/50 برقم 59 و7/207 برقم 4350، وابن ماجة في سننه 1/137 برقم 388 و2/1081 برقم 3246، والإمام مالك في الموطأ 1/22 برقم 41، والإمام أحمد في مسنده 2/237 برقم 7232 و2/261 برقم 8720، وابن حبان في صحيحه 4/51 برقم 1244، وابن خزيمة في صحيحه 1/59 برقم 111.

[175] أخرجه البيهقي في السنن الكبرى 1/3 في كتاب الطهارة باب التطهير بماء البحر، والحاكم في المستدرك على الصحيحين 1/237 برقم 490 و497 و498 و499، والطبراني في مجمعه الكبير 2/186 برقم 1759، والدارقطني في سننه 1/35 برقم 10، وصحح هذه الأحاديث الترمذي والحاكم وابن حبان وابن خزيمة وغيرهم.

[176] أخرجه البيهقي في السنن الكبرى 1/3 في كتاب الطهارة باب التطهير بماء البحر.

وكذلك ماءُ الأنهار. وهي المياه الكثيرة الجارية والعرب تسمي الماء الكثير بحراً عذباً كان أم أجاجاً ومنه قوله تعالى: **{وهوَ الَّذي مرجَ البحرينِ هذا عذبٌ فراتٌ وهذا ملحٌ أجاجٌ وجعلَ بينهمَا برزخاً وِحجراً محجوراً}**[177]. وقال تعالى: **{وما يستوي البحرانِ هـذا عذبٌ فراتٌ سائغٌ شرابهُ وهذا ملحٌ أجاجٌ ومن كلٍ تأكلون لحماً طرياً وتستخرجونَ حِليةً تلبسُونهَا وترى الفلكَ فيهِ مواخرَ لتبتغوا من فضلهِ ولعلَّكم تشكرونَ}**[178].

وإن ماء الأنهار مياه كثيرة لا ينجس بنجاسة تحدث فيه ما لم تغيره، ومنه قوله صلى الله عليه وسلم: " **إذا بلغ الماء قلتين لا يحمل الخبث**"[179]. ومياه العيون والآبار، ودليل التطهير منها ما رواه أبو سعيد الخدري رضي الله عنه قال: قيل يا رسول الله: أنتوضأ من بئر بضاعة وهي بئر يلقى فيها النتن، والجيف، والمحيض، والكلاب؟ فقال: "**الماء طهور لا ينجسه شيءٌ**". وماء الثلج، والبرد، والجليد، والندى. فكل ماءٍ ذاب منها فهو ماءٌ طهورٌ، وهو طاهر في نفسه مطهر لغيره لقوله صلى الله عليه وسلم: "**اللهم لك الحمد ملأ السماوات وملأ الأرض، وملأ ما شئت من شيءٍ بعد، اللهم طهرني بالثلج والبرد، والماء البارد، اللهم طهرني من الذنوب، ونقني منها كما ينقى الثوب الأبيض من**

---

177 سورة الفرقان: آية رقم 53.

178 سورة فاطر: آية رقم 12.

179 حديث "**إذا بلغ الماء قلتين**" أخرجه: الترمذي في جامعه الصحيح 1/97 برقم 67 في أبواب الطهارة، أبو داود في سننه 1/17 برقم 63 و64 و65 و66 و67، والنسائي في المجتبى 1/47 برقم 52 و1/175 برقم 328 و1/174 برقم 327، وابن ماجة في سننه 1/172 برقم 517؛ 518 و1/174 برقم 521، والدارمي في سننه 1/202 برقم 731؛ 732، والإمام أحمد بن حنبل في مسنده 2/12 برقم 4605؛ 2/26 برقم 4803؛ 2/28 برقم 4961؛ 2/107 برقم 5855؛ 3/15 برقم 11134، وابن حبان في صحيحه بترتيب ابن بلبان 4/57 برقم 1249؛ 4/63 برقم 1253، وابن خزيمة في صحيحه 1/49 برقم 92، والمستدرك على الصحيحين للحاكم 1/228 برقم 458؛ 1/225 برقم 459؛ 1/225 برقم 460؛ 1/226 برقم 461 و462، والبيهقي في السنن الكبرى 1/74 برقم 50؛ 1/260 برقم 1162 و1163، وأبو يعلي الموصلي في مسنده 9/438 برقم 5590؛ 2/476 برقم 1304؛ 13/511 برقم 7519، والطبراني في المعجم الكبير 6/20 برقم 6026، والدارقطني في سننه 1/13 برقم 1؛ 1/14 برقم 2؛ 1/15 برقم 3، وأبو داود الطيالسي في مسنده 294 برقم 1954 و2199، وابن الجارود في المنتقى من السنن المسندة 23 برقم 47،44، والشافعي في مسنده ص. 7 و165. وهذا الحديث صححه الترمذي وأحمد بن حنبل وابن حبان وابن خزيمة والحاكم وأبو داود وغيرهم.

الدنس والوسخ"[180]. ومنه حديث النبي صلى الله عليه وسلم عندما سأله رجل: كيف أول شأنك يا رسول الله؟ فقال: "**كانت حاضنتي من بني سعد بن بكر، فانطلقتُ وابن لها في بُهْم لنا ولم نأخذ معنا زاداً فقلت: يا أخي اذهب فاتنا بزاد من عند أمنا فانطلق أخي ومكثت عند البُهْم فأقبل طيران أبيضان كأنهما نسرين فقال أحدهما لصاحبه: أهو هو؟ قال: نعم. فأقبلا يبتدراني فأخذاني فبطحاني إلى القفا فشقا بطني ثم استخرجا قلبي فشقاه فأخرجا منه علقتين سوداوين فقال أحدهما لصاحبه: ائتني بماء ثلج فغسلا به جوفي ثم قال: ائتني بماء برد فغسلا به قلبي ثم قال: ائتني بالسكينة فذراها في قلبي . . .**" الحديث [181].

وحديث أبي هريرة رضي الله عنه قال: كان رسول الله صلى الله عليه وسلم يسكت بين التكبير وبين القراءة اسكاتة فقلت: بأبي وأمي يا رسول الله اسكاتك بين التكبير والقراءة ما تقول؟ قال: أقول: "**اللهم باعد بيني وبين خطاياي كما باعدت بين المشرق والمغرب، اللهم نقني من الخطايا كما ينقى الثوب الأبيض من الدنس، اللهم اغسل خطاياي بالماء والثلج والبرد**"[182].

ومن الطهور ملح انعقد من الماء ثم ذاب بنفسه، أو ذوَّبه أحد؛ لأنه طهور تجمد ثم ذاب طهوراً، هذا قول المالكية، والشافعية، والحنابلة. أما الحنفية: فقالوا: إن الماء الذي ينعقد فيه الملح طهور قبل التجمد والانعقاد، أما بعد الانعقاد والتجمد فإنه إذا ذاب يكون طاهراً غير طهور، وبعض الحنفية يقولون: إنه قبل الانعقاد وبعده غير طاهر، لأنه على خلاف طبيعة الماء حيث يجمد شتاءً ويذوب صيفاً.

تغير الماء بما لا يخرجه من الطهورية

قد يتغير الماء بما لا يغير طهوريته، فمن ذلك تغير أوصافه كلها أو بعضها بسبب المكان الذي استقر به، أو مرَّ به؛ كأن استقر الماء، أو جرى على بعض المعادن، مثل الملح، أو الكبريت. فإن جرت مياه الأودية، أو الأنهار، أو الخيران على أرض سبخة أو كثيرة

---

[180] السنن الكبرى للبيهقي 1/5 كتاب الطهارة.

[181] أخرجه الإمام أحمد بن حنبل في مسنده 4/184 واللفظ له.

[182] أخرجه البخاري في صحيحه في 10- كتاب الآذان 79 باب ما يقول بعد التكبير برقم 744.

الملح، أو العطرون، أو الكبريت أو غيرهم فتغيرت به أوصاف الماء كلها أو بعضها، فلا يخرجه من طهوريته. فمياه النيل طاهرة صيفاً وخريفاً ولا يضر تغير لونها إلى الحمرة الداكنة، وطعم التراب والطمي فيها في أوان الخريف. فالماء باقٍ على أصل طهوريته مثل ماء الصيف. ومن ذلك تغير بعض أوصاف الماء، أو كلها بطول مكثها فـي الحيـاض، والترع، والحفائر، أو بما تولد في الماء من سمك، أو طحلب وهي الخضرة التي تعلو المياه الراكدة[183].

ومن ذلك تغير الماء بدابغ إنائه كالقطران والقرض، أو بعض المطهرات والمزيلات التي تغسل بها خزانات المياه (الصهاريج) في بعض أيام السنة للتنظيف والصـيانة، فـإنه لا يخرج الماء من طهوريته وبما يعسر الاحتراز منه كالتبن، وورق الشجر الذي تلقيه الرياح في بئر أو عين أو غدير. وبما جاوره كجيفة ملقاة بشاطئ الماء تغير الماء بريحها الـذي حمله الهواء.

- أما الشافعية فقالوا: إذا أُخرج السمك من الماء، ودُقَّ ثم أُلقي في الماء، فتغير طعم الماء خرج من الطهورية بشرط أن يكون التغير كثيراً يقيناً. ومثـل الطحلـب عندهم في ذلك معدن الزرنيخ[184].
- أما الحنابلة فقالوا: إذا طرح آدمي عاقل قصداً سمكاً مطبوخاً أو غير مطبـوخ وتغير الماء فإنه يخرجه من طهوريته[185]. ومما لا يغير طهورية المـاء تغيـره بتراب طاهر بشرط أن لا يخرجه عن رقته، وسيلانه بحيث يسمى مـاء، ولـو طُرح التراب فيه قصداً وعمداً.
- أما المالكية فألحقوا بالتراب كل أجزاء الأرض، كالكبريت، والحديد، والنحاس وغيرها، فإنها لا تسلب طهورية الماء إذا غيرت أوصافه، ولـو طُرحـت فيـه قصداً. وكذلك لا يضر الطهور تغير الماء بالأواني أو آلات السقي إذا كانت من أجزاء الأرض كنحاس وحديد، فإن كانت آلات السقي من غير أجزاء الأرض

[183] تحفة الفقهاء للسمرقندي 1/33، وبدائع الصنائع للكاساني 1/18.
[184] المهذب للشيرازي 1/95، والأم للشافعي 1/8، وروضة الطالبين للنووي 1/72.
[185] المغني لابن قدامة المقدسي 1/17.

كدلو صُنع من خشب، أو جلد، أو حبل ليف، أو كتان، يُغتفر تغيره بها إذا كــــان يسيراً[186].

-

- ودليل المذاهب الفقهية حديث أم عطية الأنصارية: أنها قالت: توفيت إحدى بنات النبي صلى الله عليه وسلم فأتانا فقال: "**أغسلنها بماءٍ وسدر، أغسلنها ثلاثاً أو خمساً، أو أكثر من ذلك إن رأيتن ذلك، واجعلن في الآخرة كافوراً أو شيئا من كافور**"[187].
- وأما الحنابلة: فاشترطوا كون التراب طهوراً، إذا لم يكن مستعملاً كالمتناثر مــن أعضاء المتيمم. وألحقوا بالتراب الملح المائي وقطع الكافور، وللــدهن، وكــل طاهر غير ممازج[188].
- والشافعية: ألحقوا بالتراب الملح المائي، والتغير بمقر المياه وممره، والطحلب، والمجاورة، فالماء باقٍ على طهوريته[189].
- أما الحنفية فتوسعوا كثيراً في ذلك، فألحقوا بالماء الذي خالطه التراب الصابون، والأشنان، بشرط أن لا يخرجه عن رقته وسيلانه، فإن الماء يبقى على طهوريته عندهم.

وأما المائع الذي خالط الماء ففيه تفصيل في مذهب الأحناف، لأنه إذا كان المــائع موافقــاً للماء، بأن لم يكن له وصف يخالف وصف الماء، كماء الورد، وماء الزعفران، وماء العنب الذي ذهبت ريحه، فالعبرة عندهم بما غلب وزنه، فإن كانت الغلبة للماء فهو طهور، وإن استويا كان الماء طاهراً فقط، وإن كان المخالط مخالفاً كالخل واللبن، فإن الماء يخرج من طهوريته ويصير طاهراً غير مطهر[190].

---

[186] الشرح الكبير للشيخ الدرديري 1/34، والرسالة 1/75، ومختصر الشيخ خليل 1/19.

[187] أخرجه البيهقي في السنن الكبرى 1/7 كتاب الطهارة باب التطهير بالمــاء للــذي خــالطه طــاهر، والبخاري في صحيحه 1/423 برقم 1196، ومسلم في صحيحه 2/646 برقم 939، ولأبــو داودفــي سننه 3/197 برقم 3142، والترمذي في جامعه 3/315 برقم 990.

[188] المغنى لابن قدامة المقدسي 1/16، 17.

[189] مغنى المحتاج لأبي العباس أحمد بن حمزة 1/60، 62.

[190] المبسوط للسرخسي 1/23، وبدائع الصنائع للكاساني 1/19.

3 – 2 – 2 الماء الطاهر غير الطهور

الماء الطاهر غير الطهور هو عند العلماء على ثلاثة أنواع، وعدَّه المالكية وحدهم نوعان. وذلك لأن الماء الطاهر كماء البطيخ وماء الورد، فليس داخلاً في أقسام المياه عندهم، والماء المستعمل عندهم طهور، ويكره فقط الاغتسال أو الوضوء به. وأنواعه عند الحنفية، والشافعية، والحنابلة ثلاثة أنواع:

1)أحدها: الماء الطَّهور في الأصل إذا خالطه طاهر غيَّر أحد أوصافه الثلاثة وكان مما يسلب طهوريته.

- أما الحنفية فقالوا: مما يسلب طهورية الماء فيصيراً طاهراً غير طهور، شيئان طاهران، جامد ومائع. أما الجامد فيسلب الطهورية إذا أخرجه عن رقته وسيلانه أو غيره بالطبخ الذي لم يقصد به التنظيف كالصابون والأشنان، وإلا فهو طهور. وأما المائع فيسلب طهورية الماء بغلبة وزنه إذا وافقته في أوصافه، كالماء المستعمل، وماء الورد الذي ذهب ريحه، أو بظهور أكثر أوصافه إذا خالفه في جميعها كالخل[191].
- أما المالكية فقالوا: يسلب طهورية الماء مخالط طاهر يفارق الماء في غالب الأوقات، ليس من أجزاء الأرض، ولا دابغاً للإناء، ولا مما يعسر الاحتراز منه، كالصابون، وماء الورد، وماء الزعفران، وماء الليمون، وروث الماشية، ودخان شيء محروق وليس من أجزاء الأرض، وورق الشجر أو تبن بئر يسهل تغطيتها، أو ملح صنع من زرع، أو طحلب، أو سمك ميت، فهذه الطاهرات كلها إذا غيَّر شيءٌ منها أحد أوصاف الماء ولو ريحه الخفي، خرج الماء من كونه طهوراً وصار طاهراً فقط[192].
- أما الشافعية فقالوا: الذي يسلب طهورية الماء مخالط طاهر ستغني الماء عنه إذاغيَّره تغيراً كثيراً يقيناً، وذلك كزعفران وتمر ساقط في الماء، وطحلب طُرح في الماء بعد دقِّه وتفتت في الماء[193].
- أما الحنابلة فقالوا: الذي يخرج الماء من طهوريته أشياء:

---

[191] تحفة الفقهاء للسمرقندي 1/34

[192] رسالة ابن أبي زيد 1/76، وحاشية العدوي 1/22، والشرح الكبير للشيخ الدرديري 1/36، والتاج والإكليل 1/43.

[193] الأم للشافعي 1/9، وروضة الطالبين للنووي 1/74.

أولها: طاهر لا يعسر الاحتراز منه إذا خالط الماء فغيَّر أحد أوصافه تغيراً كثيراً، كماء الباقلاء، والحمص، والزعفران. أما إذا كان الطاهر مما يعسر الاحتراز منه كالطحلب، وورق الشجر فلا يخرج الماء من طهوريته.

والثاني: ماء مستعمل في رفع حدث، أو إزالة خبث وانفصل غير متغير ثم خالط طهوراً دون القلتين.

وثالثها: مائع لم يخالف الطهور في أوصافه إذا غلبت أجزاؤه على الطهور، وذلك كماء الورد الذي ذهبت ريحه[194].

2) والثاني: الماء القليل المستعمل، والقليل هو ما نقص عن القلتين بأكثر من رطلين، ومقدار القلتين أربعمائة وستة وأربعون رطلاً وثلاثة أرباع الرطل، ومقدارهما مساحة في مكان مربع، ذراع وربع ذراع طولاً وعرضاً وعمقاً بذراع الآدمي المتوسط.

- أما المالكية فقالوا: إن إستعمال الماء لا يسلب طهوريته ولو كان قليلاً فهو من قسم الطهور[195].
- أما الحنفية فقالوا: إن الماء ينقسم إلى قسمين: كثير وقليل، فالماء الكثير كماء البحر، والأنهار، والترع، والمجاري الزراعية والمياه الراكدة في القني المربعة البالغة مساحتها عشرة أذرع في عشرة أذرع، والمدار في عمقها على أن أرضها لا تنكشف بالإغتراف منها. والقليل من الماء عندهم ما كان دون الكثير.
- وأما المالكية فعندهم أن القليل ما لم يزد عن كفاية الغسل وقُدِّر ذلك بملئ صاع وهو خمسة أرطال وثلث لما ورد أن رسول الله صلى الله عليه وسلم توضأ بمد، واغتسل بصاع[196]، والمُدُّ رطل وثلث.

---

[194] المغني لابن قدامة المقدسي 1/18ـ 19، وكشف القناع للبهوتي 1/19، وزاد المعاد لابن القيم 5/417.

[195] بداية المجتهد ونهاية المقتصد لابن رشد 1/23، 24، وسبل السلام للصنعاني 1/18

[196] أخرجه النسائي في المجتبى 1/179 برقم 346، وأبو داود في سننه 1/23 برقم 92، والبخاري في صحيحه 1/84 برقم 198، ومسلم في صحيحه 1/255 برقم 319، وابن ماجة في سننه 1/99 برقم 267، والدارمي في سننه 1/186 برقم 688.

- الحنفية قالوا: الماء المستعمل هو ما أُدِّيَ به قُربةً، أو رفع به حدث، أو أسقط به فرض، وإن لم يرفع حدثاً كالماء الذي غسل به بعض أعضاء الوضوء قبل إتمامه، فإنه أسقط فرضاً ولم يرفع حدثاً لتوقف رفع الحدث على تمام الطهارة فإنها لا تتجزأ، أو أستعمل لتذكر ما اعتاده من العباده كوضوء الحائض المستحب عند كل وقت صلاة لتتذكر ما اعتادته من الصلاة[197].
- الشافعية قالوا: الماء المستعمل هو القليل الذي أُدِّي به ما لا بد منه من رفع حدث، ولو صورة كوضوء الصبي، ولا يكون مستعملاً إلا إذا انفصل عن العضو. ومن المستعمل أيضاً ما أُزيل به خبث بشرط أن يكون الماء وارداً على النجاسة وقت تطهيرها، وأن ينفصل الماء طاهراً بحيث لم تتغير أحد أوصافه بالخبث، وأن لا يزيد وزنه بعد اعتبار ما تشَّربه المغسول من الماء، وبعد اعتبار ما تحلل في الماء من الأوساخ، ومثَّلوا لذلك أن النجاسة بعشرة أرطال من الماء فيشَّرب المغسول منها رطلاً ويتحلل في الماء من الأوساخ قدر أوقيتين، فإذا كان الماء المنفصل، تسعة أرطال وأوقيتين، أو أقل فالماء طاهر مستعمل، فإن تخلف شرط من ذلك، فالماء متنجس[198].
- وأما الحنابلة فقالوا: المستعمل هو القليل الذي رفع به الحدث، أو أُزيل به خبث، وانفصل غير متغير عن محل طهر بغسله سبعاً. وألحقوا بالمستعمل ما غسل به ميت، أو غمس فيه يده كلها، أو صبه على يده كلها قائمٌ من نومٍ ينقض الوضوء، إذا كان النوم بالليل، فيصير الماء بالغمس والصب مستعملاً.
- وقالت المالكية: الماء المستعمل هو الطهور الذي رفع به حدث أو أُزيل خبث، أو استعمل فيما يتوقف على طهور سواءً كان واجباً كغسل الميت، وغسل المرأة الذمية بعد انقطاع الحيض والنفاس ليحل وطؤها، أو كان غير واجب كالوضوء على الوضوء، وغسل الجمعة والعيدين، والغسلة الثانية والثالثة في الوضوء، ولايحكم باستعمال ما سال على العضو في غير إزالة الخبث إلا إذا تقاطر بعد ذلك، وكذلك ما غمس فيه العضو لا يكون مستعملاً إلا إذا دلك فيه[199].

---

197 المبسوط للسرخسي 1/25، وبدائع الصنائع للكاساني 1/18.

198 المهذب للنووي 1/97، الأم للشافعي 1/10، وروضة الطالبين للنووي 1/75، مغنى المحتاج لابن العباس أحمد بن حمزة 1/65

199 رسالة ابن أبي زيد القيرواني 1/77، وكفاية الطالب الرباني 1/13، والشرح الكبير للدرديري 1/37

استدل المالكية لمذهبهم لما رواه أبو جُحيفة رضي الله عنه قال: "خرج علينا رسـول الله صلى الله عليه وسلم بالهاجرة، فأُتي بوَضوء فتوضأ، فجعل الناس يأخـذون مـن فضـل وضوئه فيتمسحون به، فصلى النبي صلى الله عليه وسـلم الظهـر ركعـتين، والعصـر ركعتين، وبين يديه عنزة" عصا مثل نصف الرمح وفيها سنان[200]. ومن طريق آخر عـن أبي جُحيفة قال: "رأيت النبي صلى الله عليه وسلم في قبة حمراء من أدم، ورأيت بلالاً أخذ وضوء رسول الله صلى الله عليه وسلم، ورأيت الناس يبتدرون ذلك الوضوء، فمن أصاب منه شيئاً تمسح به، ومن لم يصب منه شيئاً أخذ من بلل يد صاحبه. ثم رأيـت بلالاً أخـذ عنزة فركزها، وخرج النبي صلى الله عليه وسلم في حلة حمراء مشمراً صلى إلى العنـزة بالناس ركعتين، ورأيت الناس والدواب يمرون بين يدي العنزة[201]. وبما رواه أبو موسـى الأشعري قال: دعا النبي صلى الله عليه وسلم بقدح فيه ماء فغسل يديه ووجهه فيه، وهـجَّ فيه، ثم قال لهما: **اشربا منه، وأفرغا على وجوهكما ونحوركما**"[202]. والإشارة بالتثنية في الحديث لبلال وأبي موسى الأشعري. واستدل الفقهاء الذين قالوا بعدم استعمال المـاء المستعمل بقوله صلى الله عليه وسلم: "**إذا توضأ العبد المسـلم، أو المـؤمن فغسـل وجهه، خرجت من وجهه كل خطيئة نظر إليها بعينيه مع الماء، أو مع آخر قَطْـرِ الماء، أو نحو هذا، وإذا غسل يَدَيْه خرجت من يديه كلُّ خطيئة بطشتها يـداه مـع الماء، أو مع آخر قَطْرِ الماء، حتى يخرج نقياً من الذنوب**"[203].

---

[200] النهاية في غريب الحديث 3/308 كلمة عنزة

[201] أخرجه البخاري في صحيحه 1/80 برقم 185، وبرقم 477ـ 479، ومسلم في صـحيحه 1/361 برقم 503،والنسائي في المجتبى 1/235 برقم 470، والدارمي في سننه 1/383 برقم 1409، والإمام أحمد بن حبل في مسنده 4/307 برقم 18766، وابن خزيمة في صحيحه 2/26 برقم 840، والـبيهقي في السنن الكبرى 1/235

[202] أخرجه الطبراني في مجمعه الكبير 22/51 برقم 120، والحميدي في مسنده 2/ 393 وابن ماجة في سننه 1/26 برقم 659، والإمام أحمد بن حنبل في مسنده 4/315 برقم 1858

[203] أخرجه الإمام مسلم في صحيحه في 2- كتاب لطهارة حديث رقم 32ـ 33، والترمذي في جـامعه الصحيح في 1- كتاب الطهارة 2- باب ما جاء في فضل الطهور برقم 2 وقال الترمذي: هذا حـديث حسن صحيح، وأحمد بن حنبل في مسنده 1/58، 66، 68، 2/303، 4/112.

والقائلون بعدم جواز استعمال الماء المستعمل، رأوا أن الماء اختلط بالخطايا التي خرجت من الأعضاء، وهذه الخطايا، وإن كانت معنوية، فلها أثر في إفساد نقاء الماء سيما أصحاب كبائر الذنوب والمسرفون على أنفسهم في ارتكاب المعاصي[204].

3) الثالث: هو الماء الذي أخرج من نبات الأرض بعلاج وصنعة كماء الورد، والنبيذ، وماء الليمون، والبرتقال، والتفاح، والعنب، أو بغير معالجة وجهد كماء البطيخ والشمام، وجوز الهند. وهذا النوع من المياه، طاهر في نفسه غير مطهر لغيره، فإذا أصاب ثوب المصلي ماء الورد، أو ماء الليمون، أو البرتقال، أو غيره فالثوب طاهر والصلاة صحيحة، وهذا رأي المالكية، والشافعية، والحنابلة.

وقالوا إذا خالط الماء طاهر لم يغلب عليه فيجوز الوضوء به والاغتسال به. واستدلوا بحديث أم عطية الأنصارية أن النبي صلى الله عليه وسلم قال: "**أغسلنها بماءٍ وسدر وتراً ثلاثاً أو خمساً، أو أكثر من ذلك إن رأيتن ذلك، واجعلن في الآخرة كافوراً أو شيئا من كافور**" فالسدر والكافور طاهران إن لم يغلبا على الماء[205]. وبحديث أم هاني رضي الله عنها قالت: " اغتسل رسول الله صلى الله عليه وسلم وميمونة من إناء واحد، قصعة، فيها أثر العجين"[206]. فالعجين طاهر ولم يغلب على الماء بحيث يخرجه عن صفته فما زال طهوراً.

3 – 2 – 3 الماء المتنجس

والماء المتنجس نوعان:

النوع الأول: ما كان طاهراً في الأصل، وحلت فيه نجاسة غيَّرت أحد أوصافه الثلاثة قليلاً كان أم كثيراً.

---

[204] تحفة الفقهاء للسمرقندي 1/35، والمبسوط للسرخسي 1/27.

[205] تقدم تخريجه.

[206] أخرجه النسائي في السنن الكبرى 1/117 برقم 242، والنسائي أيضاً في المجتبى 1/131 برقم 240، والبيهقي في السنن الكبرى 1/7 برقم 10، والنسائي أيضاً في المجتبى 1/202 برقم 415، وابن خزيمة 1/119 برقم 240، والطبراني في المعجم الكبير 24/42 برقم 1043، وابن حبان في صحيحه 4/51 برقم 1245.

- أما المالكية فقالوا: إن القليل من الماء الطهور إذا حلت فيه نجاسة لم تغير أحد أوصافه، باقٍ على طهوريته، إلا أنه يكره استعماله إن وُجِدَ غيره مراعاة لأدب الخلاف بين العلماء، واحتراماً لاجتهادات بقية العلماء[207].
- أما الشافعية فقالوا بطهورية الماء المطلق القليل إذا حلت فيه نجاسة معفو عنها لعسر الاحتراز، بشرط أن لا يطرحها أحد، كأن ألقتها الرياح، أو وقعت بنفسها. كميتة ما لا دم له سائل، مثل الذباب، والنحل، والبعوض[208].

3 - 3 حكم مياه الآبار

ماء الآبار طاهرة وكذلك ماء العيون والينابيع فكلها ماء طهور في نفسه مطهر لغيره. فإذا كان ماء البئر قليلاً أقل من قلتين بقلال هجر - وزنتها خمسمائة رطل - ومات في هذا البئر حيوان أو ما له دم سائل، فالحكم أن الماء يتنجس، ولو لم يتغير كما إذا سقطت فيه نجاسة.

وإذا كان الماء في البئر بمقدار قلتين وزيادة أو أكثر من ذلك فلا يتنجس الماء إلا بالتغير كقول النبي صلى الله عليه وسلم: "**إذا بلغ الماء قلتين بقلال هجر لم يحمل الخبث**"[209]. ولفظ ابن ماجه:" **إذا بلغ الماء قلتين لم ينجسه شئ**"[210]. ولفظ للدارقطني عن أبي هريرة:"**إذا بلغ الماء قلتين فما فوق لم ينجسه شئ**"[211،212].

- أما المالكية فقالوا: إذا مات في البئر حيوان بري، ذو دم سائل ولم يتغير للبئر، فلا يتنجس، ويندب أن ينزح منها بعد إخراجه من البئر بقدر ما تطيب به النفس، ولا يحد ذلك بمقدار معين[213].

---

207 الرسالة لابن أبي زيد القيرواني 1/78، والمدونة للإمام مالك 1/88، والشرح الكبير للشيخ الدرديري 1/37.

208 تقدم تخريجه.

209 سنن الدارقطني 1/14 برقم 2

210 سنن ابن ماجة 1/172 برقم 517

211 الدارقطني 1/15 برقم 3

212 أخرجه الدارقطني في سننه 1/13 برقم 1، 1/14 برقم 2، 1/15 برقم 3، والطبراني في معجمه الكبير 6/20 برقم 6026، والشافعي في مسنده ص.7، ص. 165

213 الرسالة لابن أبي زيد القيرواني 1/27

- وأما الحنفية فقالوا: إذا مات في ماء البئر حيوان له دم سائل فإنه يتنجس هو وحيطانها، ودلوها، وحبلها، ثم إذا انتفخ الحيوان الذي وقع في البئر، أو تفسَّخ، أو تفرقت أعضاؤه، أو تمعط بأن سقط شعره، فإن البئر لا تطهر إلا بنزح جميع ما فيها إن أمكن ذلك. فإن لم يكن نزح جميعه، تطهر البئر بنزح مائتي دلو بالدلاء المستعملة فيها. ولا يكون النزح إلا بعد إخراج الميتة منها. هذا إذا كان الميت في البئر حجمه كبيراً كالإنسان، والشاة، والغزال، والنعجة والخروف. وإن كان الميت صغيراً، كاللحمامة، والدجاجة، والهرة، تطهر بنزح أربعين دلواً. وإن كان أصغر من ذلك، كالعصفور والفأرة تطهر بنزح عشرين دلواً. وأما إذا سقط في البئر حيوان وأخرج حياً فلا يخلو إما أن يكون نجس العين، أو طاهر العين. فإن كان نجس العين كالخنزير، فإن البئر وما يتعلق بها يكون نجساً ولايطهر إلا بنزحه إذا أمكن، أو بنزح مائتي دلو منه. وإن لم يكن نجس العين، فإن كان على بدنه نجاسة مغلظة فحكمه كذلك - والمغلظة مثل البول والعذرة والدم - وإن لم يكن على بدنه نجاسة فلا ينزح منها شئٌ وجوباً، بل يندب نزح عشرين دلواً ليطمئن القلب.

ولايتنجس الماء بسقوط ما لادم له سائل كالضفدع ونحوها، واستدل الحنفية بنجاسة للبئر والحبل والحائط بما رواه الدارقطني عن محمد بن سيرين أن زنجياً وقع في زمزم فمات، فأمر به ابن عباس رضي الله عنه فأُخرج وأمر أن تُنزح، قال: فغلبتهم عين جاءتهم من الركن فأمر بها فرسمت بالقباطي والمطارف حتى نزحوها، فلما نزحوها انفجرت عليهم. والقباطي والمطارف أنواع من الثياب. وفي رواية جابر الجعفي: "أن غلاماً سقط في زمزم". وجابر ضعيف عند العلماء. وضعَّف القصة سفيان بن عيينة قائلاً: أنا بمكة منذ سبعين سنة لم أر كبيراً ولا صغيراً يعرف حديث الزنجي الذي مات بزمزم[214].

---

[214] سنن الدارقطني 1/33 -كتاب الطهارة باب إذا وقع في البئر حيوان برقم 1، وكتاب التعليق المغنى على الدارقطني 1/33

3 - 4 أحكام المياه

3 - 4 - 1 حكم الماء الطهور

حكم الماء الطهور أنه يرفع الحدث الأصغر والأكبر، ويزيل النجاسة، وتؤَدى به القربات غير الواجبة أيضاً كغسل الجمعة والعيدين والوضوء المجدد. ويجوز استعماله في العادات من شرب، طبخ، وعجن، وتنظيف ثياب، وتنظيف البدن، وسقي الماشية، وسقي الزرع وغير ذلك.

وتتعلق بالماء من حيث الاستعمال الأحكام الخمسة: وهي الوجوب، والندب، والحرمة، والكراهة، والإباحة.

1. فيجب استعمال الماء للتطهر به لأداء فرض يتوقف على الطهارة وجوباً موسعاً إذا اتسع الوقت، ووجوباً مضيقاً إذا ضاق الوقت، لحديث "**لاصلاة لمن لاوضوء له**"[215].
2. ويندب استعمال الماء في الطهارات المندوبة كالوضوء المجدد، وغسل العيدين، وغسل الجمعة. وأما المالكية فقالوا إن غسل الجمعة سنة، فاستعمال الماء الطهور فيه مسنون لامندوب.
3. ويحرم استعماله في حالات:

1. منها أن يكون الماء مسبلاً أو موقوفاً لغير التطهر به مثل الشرب مثلاً، ويجد الانسان ماء غيره فيحرم تحويله من الشرب إلى التطهر به
2. ومنها أن الماء مملوكاً محرزاً داخل ملك صاحبه، ولميأذن باستعماله، فلا يصح استعماله بحالٍ إلا بإذن صاحبه. فإن أخذه عنوة فهو المسروق والمغصوب، لا يصح استعماله في الطهارة.
3. ومنها ما تحقق الضرر باستعماله عادةً أو طباً، كما إذا كان مريضاً وعلم أن استعمال الماء يضره ضرراً بيناً بليغاً، فيحرم استعماله لقول الله تبارك تعالى: {.. **ولاتقتلوا أنفُسَكُم إنَّ اللّه كانَ بكُم رحيماً**}[216]. ولحديث جابر بن عبد الله الأنصاري قال: "خرجنا في سفر فأصاب رجل منا حجر فشجَّه في رأسه ثم احتلم، فقال لأصحابه هل تجدون ليَ رخصة في التيمم؟ قالوا لا نجد لك رخصة وأنت تقدر على الماء. فاغتسل

---

[215] أبو داود في سننه برقم 101 في كتاب الطهارة، وابن ماجة في سننه برقم 398، 400، وأحمد بن حنبل 2/418، والطبراني 6/148، والدارقطني 1/73

[216] سورة النساء: آية رقم 29

فمات. فلما قدمنا على النبي صلى الله عليه وسلم أُخبر بذلك قال: "**قتلوه قتلهم الله، ألا سألوا إذا لم يعلموا، فإنما شفاء العي السؤال، إنما كان يكفيه أن يتيمم ويعصب على جرحه خرقة**"[217]. وفي حديث عمرو بن العاص قال: "احتلمت في ليلة باردة في غزوة ذات السلاسل، فأشفقت أن أغتسل أن أهلك، فتيممتُ ثم صليتُ بأصحابي الصبح. فذكروا ذلك للنبي صلى الله عليه وسلم فقال: **يا عمرو صليت بأصحابك وأنت جنب**، فأخبرته بالذي منعني من الاغتسال، وقلت: إني سمعت الله تبارك وتعالى يقول: {**ولاتقتلوا أنفُسَكُم إنَّ اللَّه كانَ بكُم رحيماً**}[218]. فضحك رسول الله صلى الله عليه وسلم ولم يقل شيئاً[219].والضحك إقرار وتعزيز لفعله، لأنه لا يمكن أن يؤخر المعلم البيان عن وقت الحاجة إليه، ولو كان فعلاً خطأ لأخبره. وكذلك يحرم استعمال الماء شديد الحرارة، وتحقق الضرر باستعماله. أما الماء المسخن سخانة عادية أو تسخين الماء في البرد الشديد والليلة الشاتئة فيجوز لحديث الأسلع بن شريك قال: كنت أُرحل ناقة رسول الله صلى الله عليه وسلم فأصابتني جنابة في ليلة باردة، وأراد رسول الله صلى الله عليه وسلم الراحلة، فكرهت أن أُرحل ناقته ولنا جنب، وخشيت أن أغتسل بالماء البارد فأموت، ثم وضعت أحجاراً فأسخنت فيها ماءً ثم لحقتُ رسول الله صلى الله عليه وسلم، فقال: **يا أسلع: مالي أرى راحلتك تضطرب**، فقلت يا رسول الله لم أرحلها ... وذكر الحديث[220]. ولحديث أسلم العدوي أن عمر بن الخطاب رضي الله عنه كان يسخن له ماءً في قمقمة ويغتسل به[221]. والقمقم الإناء الذي يسخن فيه الماء من نحاس وغيره، ويكون ضيق الرأس[222].

---

217 أخرجه الدارمي في سننه في الطهارة 1/192، والدارقطني في سننه 1/190، وابن ماجة في سننه في كتاب الطهارة 1/226،227، وأبو القيم في حلية الأولياء وتاج الأصفياء 3/317، والبيهقي في السنن الكبرى 1/225، 226، وابن حجر في تلخيص الحبير 1/ 174، وعبد الرازق في مصنفه 3/81، والحاكم في المستدرك وصححه 1/178

218 سورة النساء: آية رقم 29

219 أبو داود في سننه برقم 337، وابن ماجة برقم572، وأحمد بن حنبل في مسنده 1/330

220 أخرجه البيهقي في السنن الكبرى في كتاب الطهارة 1/5.

221 أخرجه البيهقي في السنن الكبرى في كتاب الطهارة 1/6، والدارقطني في سننه في كتاب الطهارة باب الماء المسخن 1/37 برقم 1.

222 النهاية في غريب الحديث لابن الأثير 4/110.

4. ومن الحالات المحرمة: التطهر بماء أُحتيج إليه لإزالة عطش حيوان لا يجوز إتلافه شرعاً.

فكل هذه الحلات يحرم استخدام الماء الطهور فيها، وإن صح التطهير به، لأن الحرمة فيه ليست أصلية وإنما هي عارضة. ومذهب الحنفية: أن ما حَرُم استعماله من الماء لا يصح التطهير به من حدث إذا كان المتطهر به ذاكراً، ويصح التطهر به من الخبث.

4. المياه التي يكره استعمالها: ويكره استعمال الماء في أحوال منها:

1. أن يكون الماء الطهور شديد الحرارة أو البرود، بحيث لا يشتد ضرره، وإنما يكره لأنه مظنة عدم الإسباغ في الوضوء، ومظنة عدم الخشوع.
2. ومنها الماء المشمَّس أي المسخن بالشمس إذا كان تشميسه في إناء منطبع غير الذهب والفضة مثل إناء الحديد، والنحاس، والرصاص في بلد حار، فيكره استعماله في البدن ظاهراً وباطناً وقيَّد الشافعية كراهته بما إذا علته زهومة، وبما إذا استعمل قبل تبريده.

- واستدل الشافعية بما رواه جابر: أن عمر رضي الله عنه كان يكره الإغتسال بالماء المشمس، وقال: إنه يورث البرص[223]. وبما رواه حسان بن أزهر قال: قال عمر رضي الله عنه: لا تغتسلوا بالماء المشمس فإنه يورث البرص. وبما رواه البيهقي بسنده عن عائشة رضي الله عنها قالت: أسخنت ماءً في الشمس فقال النبي صلى الله عليه وسلم: "لا تفعلي يا حميراء فإنه يورث البرص". وقال الإمام البيهقي بعد روايته: وهذا لا يصح. وقال الإمام أحمد: هذا الحديث منكر الإسناد. وقال الدارقطني: هذا حديث منكر ولا يصح[224].
- أما الحنابلة فقالوا: إن استعمال الماء المشمش غير مكروه مطلقاً.
- والحنفية قالوا يكره سؤَر شارب الخمر إن شرب من الإناء بعد زمن تردد لعابه بأن ابتلعه أو بصقه، أما إذا شرب من الماء عقب شرب الخمر مباشرة فسؤُره نجس ويكره عندهم سؤَر سباع الطير، كالحدأة، والغراب، وما في حكمهما كالدجاجة غير المحبوسة - غير دجاج المزارع - وإنما كره سؤُر ما ذُكر لإحتمال أن تكون

---

223 البيهقي في السنن الكبرى في كتاب الطهارة 1/6 باب كراهية الماء المشمس.

224 البيهقي في السنن الكبرى 1/6، والجوهر النقي في الرد على البيهقي 1/6 بهامش السنن.

مست نجاسة بمنقارها[225]. وأما سؤر البهائم وكل ما لا يؤكل لحمه فإنه نجس لاختلاطه بلعابه النجس. ومثل سؤره ما خالط عرقه النجس لتولد كل من اللعاب والعرق من لحمه النجس. وسؤر البغل والحمار مشكوك في طهوريته لا في طهارته فيزيل الخبث، ويتطهر به من الحدث إذا لم يوجد ماء غيره احتياطاً. وسؤر الهرة الأهلية مكروه؛ لأنها لا تتحاشى النجاسة وإنما كان سؤرها مكروهاً، ولم يكن نجساً مع أنها مما لا يجوز أكله لما روته حميدة بنت رفاعة عن كبشة بنت كعب بن مالك أن أبا قتادة دخل عليها (وقتادة زوجها) ثم قالت: فسكبت له وضوءاً فجاءت هرة فشربت منه فأصغى لها الإناء حتى شربت. قالت كبشة: فرآني أنظر إليه فقال: أتعجبين يا ابنة أخي! فقلت: نعم. قال: إن رسول الله صلى الله عليه وسلم قال: **"إنها ليست بنجس إنها من الطوافين عليكم والطوافات"**[226].

- أما الشافعية فقالوا: المياه المكروهة الماء المتغير بمجاورة الملاقي له من مائع أو جامد كالعود والعنبر، والدهن، إذا لم يسلب عنه اسم الماء.
- زاد الحنابلة في المياه المكروهة: ماء البئر التي حفرت بالمقابر، والماء الذي سُخِّن بالوقود المسروق والمغصوب؛ لأن به أثراً محرماً، ويكره كذلك استعمال الماء الذي سُخِّن بوقود نجس، ولو بعد ذهاب سخونته لعدم سلامته غالباً من وصول أجزاء من النجاسة إليه ويكره عندهم استعمال الماء الذي سبق ان لستعمل في

---

225 المبسوط للسرخسي 1/70 كتاب الطهارة

226 حديث: "**إنها ليست بنجس إنها من الطوافين عليكم والطوافات**" أخرجه: الترمذي في جامعه الصحيح 1/153 برقم 92، والنسائي في السنن الكبرى 1/76 برقم 63 و2/408 برقم 3953، والنسائي في المجتبى 1/55 برقم 68 و1/178 برقم 340 و5/235 برقم 2959، والحاكم في المستدرك 1/263 برقم 567، 1/384 برقم 933، وابن الجارود في السنن المسندة (المنتقى) 26 برقم 60، وأبو داود في سننه 1/19 برقم 75، 1/20 برقم 76، وابن ماجة في سننه 1/131 برقم 367، والبيهقي في السنن الكبرى 1/245 برقم 1093،1092، 1094، 1099، 5/107 برقم 9209، والدارقطني في سننه 1/70 برقم 22، والدارمي في سننه 1/203 برقم 736، والطحاوي في شرح معاني الآثار 1/18، وابن حبان في صحيحه بترتيب ابن بلبان 4/114 برقم 1299، وبرقم 2363، وابن خزيمة في صحيحه 1/55 برقم 104 و2/15 برقم 815، واسحاق بن راهويه في مسنده 2/436 برقم 1003، وأحمد بن حنبل في مسنده 5/296 برقم 22581 وبرقم 22633 وبرقم 22689، وأبو بكر الحميدي في مسنده 1/205 برقم 430. والحديث صححه الحاكم وابن حبان وابن خزيمة والترمذي وابن الجارود وغيرهم.

طهارة غير واجبة كالوضوء المجدد، وماءٌ تغير أحد أوصافه بملح منعقد من الماء، وماء بئر حفرت في أرض مغصوبة، أو حفرت غصباً، أو كانت أجرة حفرها مغصوبة، وماء غلب على الظن تنجسه[227].

- المياه المكروه استعمالها عند المالكية: كره المالكية استعمال الماء الذي سبق وقد استعمل، وكرهوا ذلك مراعاة للخلاف المذهبي، واحتراماً لآراء جمهور الأمة، وهو أدب رفيع في مراعاة أدب الخلاف. ويكره عندهم استعمال الماء القليل للذي خالطته نجاسة ولم يتغير أحد أوصافه، ولم يكن جارياً، وليست له مادة كماء للبئر وكانت النجاسة قليلة كقدر قطرة المطر المتوسطة أو أكثر ووجد غير هذا الماء، فإن لم يوجد ماء غيره فلا يكره استعماله. ويكره عندهم استعمال الماء الذي ولغ فيه كلب أو كلاب مراراً ومعنى ولوغ الكلب تحريك لسانه داخل الماء. أما ما ورد من إراقة الماء الذي ولغ فيه، وغَسْل إنائه سبعاً فمحمول عندهم على الندب. ويكره عندهم الماء الذي شرب منه معتاد شرب المسكر، ولو مرتين، أو غسل فيه عضواً من أعضائه، إن كان الماء قليلاً ووجد غيره وشك في طهارة فَمِّه أو عضوه المغسول، فإن كان على فمه أو عضوه نجاسة فغيرت أحد أوصاف الماء الثلاثة فهو نجس وإلا فمكروه عندهم. ويكره استعمال الماء الذي شرب منه حيوان لا يتوقى النجاسة كالطير، والسباع، والدجاج إلا أن يعسر الإحتزاز منه كالهرة، والفأر، فلا يكره استعماله دفعاً للمشقة. وأما الماء الراكد - إن كان كثيراً - فإنه يكره اغتسال الجنب فيه ولو لم يكن بجسده أوساخ. أما الوضوء فيه، أو الإغتسال خارجه بالإغتراف منه فلا كراهة فيه. وإنما كره لقوله صلى الله عليه وسلم: **"لا يُبال في الماء الراكد الذي لا يجري ثم يغتسل منه"**[228]. ويكره أيضاً لستعمال الماء الطهور غير الجاري ولو كان الماء كثيراً إن مات فيه آدمي أو حيوان ميتته

---

[227] المنى لابن قدامة المقدسي 1/17، 18، وكشف القناع 1/27 - كتاب المياه.

[228] حديث: **"لا يُبال في الماء الراكد الذي لا يجري ثم يغتسل منه"** أخرجه: النسائي في المجتبى 1/34 برقم 35، 1/125 برقم 221، وابن ماجة في سننه 1/124 برقم 343، 344، والبيهقي في السنن الكبرى 1/97 برقم 471، 472، والطحاوي في شرح معاني الآثار 1/14 و1/15 و1/16، وابن حبان في صحيحه 4/60 برقم 1250، والإمام مسلم في صحيحه 1/235 برقم 281، والإمام أحمد بن حنبل في مسنده 2/288 برقم 7455 و2/464 برقم 9989 و2/532 برقم 10905 و 3/341 برقم 14709.

نجسة، ولم يتغير أحد أوصافه، قبل أن ينزح منه ما يظن بنزحه زوال الفضلات التي خرجت منه عند خروج روحه. وتزول الكراهة في جميع المياه المكروهة بالإحتياج إليها لعدم وجود ماء غيرها.

3 – 4 – 2 حكم الماء الطاهر

حكم الماء الطاهر أنه لا يرفع الحدث، ولا يزيل الخبث، وقد منع العلماء إزلة النجاسة بسائر المائعات إلا بالماء الطهور لحديث أسماء بنت أبي بكر الصديق رضي الله عنها أنها قالت: سئل رسول الله صلى الله عليه وسلم عن الثوب يصيبه الدم من الحيضة فقال: "**لتحته ثم لتقرصه بالماء ثم لتنضحه ثم لتصلِ فيه**"[229]. وعن أسماء أيضاً بلفظ "سألت النبي صلى الله عليه وسلم عن دم الحيضة يصيب الثوب فقال: "**حتيه ثم أقرصيه بالماء ثم رشيه فصلي فيه**". ولحديث أبي ذر رضي الله عنه مرفوعاً: "**الصعيد الطيب وضوء المسلم ولو إلى عشر سنين فإذا وجد الماء فليمس بشره بالماء فإن ذلك هو خير**"[230].

---

[229] حديث: "**الثوب يصيبه دم الحيضة**" أخرجه: الترمذي في جامعه الصحيح 1/254 برقم 138، والسنن الكبرى للنسائي 1/110 برقم 209، 210، 212، 217، 222، والمجتبى للنسائي 1/116 برقم 201ـ 1/117 برقم 202ـ 204، و 1/195 برقم 395، وأبو داود في سننه 1/99 برقم 361، والمعجم الكبير للطبراني 24/ 108 برقم 295، 24/109 برقم 286، وابن الجارود في السنن المسندة (المنتقى) 40 برقم 120، والبيهقي في السنن الكبرى 1/13 برقم 36ـ 37، وبرقم 644

[230] حديث: "**أن الصعيد الطيب طهور المسلم وإن لم يجد الماء عشر سنين فإذا وجد الماء فليلمسه بشرته فإن ذلك خير**". أخرجه: الترمذي في جامعه الصحيح 1/ 211 برقم 124، والنسائي في السنن الكبرى 1/133 برقم 302، والنسائي في المجتبى 1/ 168 برقم 316، والحاكم في المستدرك على الصحيحين 1/270 برقم 585 و627 و635، والطبراني في معجمه الأوسط 2/198 برقم 1355 و1527، والطبراني في معجمه الكبير 1/298 برقم 875 و601، ولبن الجارود في المنتقى من السنن المسندة ص. 42 برقم 128، وأبو داود في سننه 1/86 برقم 318 و 321 و332 و333، وابن ماجة في سننه 1/189 برقم 571، والبيهقي في السنن الكبرى 1/179 برقم 815 و945 و961 و966، والدارقطني في سننه 1/179 برقم 15 و181 برقم 19، ولبن حبان في صحيحه 4/135 برقم 1311 و1312 و1314، وأبو داود الطيالسي في مسنده 66 برقم 484، والإمام أحمد في مسنده 5/155 برقم 21408 و 5/180 برقم 21608.

- أما الحنفية: فأجازوا إزالة الخبث بالماء الطاهر مثل ماء الورد، وماء الباقلاء، وماء الليمون، وماء الحمص، والنبيذ، وغيرها من سائر الأنواع الطاهرة، واستدلوا بحديث عبد الله بن مسعود رضي الله عنه قال: "لما كانت ليلة الجن تخلف منهم - يعني من الجن - رجلان فقالا: نشهد الصلاة معك يا رسول الله. قال: فلما حضرت الصلاة قال لي رسول الله صلى الله عليه وسلم: "**هل معك وضوء؟**" قلت: لا معي إداوة فيها نبيذ. فقال النبي صلى الله عليه وسلم: "**ثمرة طيبة، وماء طهور، فتوضأ**"[231]. ولو كان هذا الحديث صحيحاً لوجب العمل به، ودلالته على مذهب الشافعية واضحة بيد أن علماء الحديث ضعفوا هذا الحديث جداً. بيد أنهم أجازوا استعمال الطاهر في العادات من شرب، وطبخ، وعجن، وتنظيف ثوب، وبدن، وسقي بهيمة، وزرع ونحو ذلك من أمور المعاش.

3 - 4 - 3 حكم الماء المتنجس

حكم الماء المتنجس أنه لا يرفع الحدث ولا يزيل الخبث، ويجوز الإنتفاع به لضرورة كإزالة غصة لمن لم يجد مائعاً طاهراً. ويحرم استعماله في العبادات بدون ضرورة لقوله تعالى { **.. ويحلُّ لهمُ الطَّيباتِ ويحرمُ عليهمُ الخبائثَ ..** }[232].

ولا يخفى أن الماء المتنجس من الخبائث التي منعنا من شربها أو استعمالها في الطهارة.

وأجاز المالكية استعمال الماء المتنجس في المباني ورش الطرق وسقي المزارع، واستثنوا من ذلك استعماله في بناء المساجد وباطن بدن الآدمي - أما تلطخ بدن الآدمي به فالمعتمد عندهم كراهته لا تحريمه، ويجب ازالة الماء المتنجس من بدنه عند ارادة الصلاة وكلما كان من شرطه الطاهرة، كالطواف وغيره. وأجاز الحنفية الإنتفاع بالماء المتنجس - إذا لم يتغير وصفه - في تخمير الطين، وعمل قوالب الطوب، وسقي الدواب[233].

---

[231] حديث: "**ثمرة طيبة وماء طهور**" أخرجه: الطبراني في معجمه الكبير 10/65 برقم 9964 و 9965 و9966، وأبو داود في سننه 1/21 برقم 84، وابن ماجة في سننه 1/135 برقم 384 و 385، والبيهقي في السنن الكبرى 1/9 برقم 27 وتكلم بتضعيفه من قِبل إسناده.

[232] سورة الأعراف: آية رقم 157.

[233] مختصر الشيخ خليل بن إسحاق 1/13، ورسالة ابن أبي زيد القيرواني 1/76، وبداية المجتهد لابن رشد 1/24، والمدونة الكبرى للإمام مالك 1/84، والتاج والإكليل 1/45.

وأجاز الشافعية استعمال الماء المتنجس في إطفاء التنور وما جرى مجراه من إطفاء الحرائق، وتفرع منها أنهم أجازوا لعمال المطافئ استعمال الماء النجس في إخماد الحرائق، وسقي الماشية وسقي الشجر والزرع[234].

وقال الحنابلة: يجوز استعماله في بَلِّ التراب وجعله طيناً يستعمل في غير المسجد، وغير ما يصلى عليه[235].

3 – 5 استعمال ماء أهل الكتاب في الطهارة

عن زين بن أسلم العدوي قال: لما كنا بالشام أتيت عمر بن الخطاب رضي الله عنه بماء فتوضأ منه. فقال: "من أين جئت بهذا الماء؟ ما رأيت ماءً عذباً، ولا ماء سماءٍ أطيب منه؟ قال: قلت: جئت به من بيت هذه العجوز النَّصرانية. فلما توضأ أتاها. فقال: أيتها العجوز أسلمي تسلمي، بعث الله محمداً صلى الله عليه وسلم بالحق. قال: فكشفت رأسها فإذا مثل الثغامة. فقالت: عجوز كبيرة، وإنما أموت الآن. فقال عمر رضي الله عنه: اللهم أشهد[236].

3 – 6 التطهر في أواني المشركين إذا لم يعلم نجاسة

يجوز التطهر بالماء الذي حملته وحوته آنية المشركين إذا لم يعلم أن في هذه الأولني نجاسة، فعن عمران بن حصين قال: سرى رسول الله صلى الله عليه وسلم في سفر هو وأصحابه فأصابه عطش شديد فأقبل رجلان من أصحابه، أحسبه علياً والزبير أو غيرهما قال: إنكما ستجدان بمكان كذا وكذا إمرأة معها بعير عليه مزادتان فأتياني بها، فأتيا المرأة فوجداها قد ركبت بين مزادتين على البعير فقالا لها: أجيبي رسول الله صلى الله عليه وسلم. قالت: ومن رسول الله، هذا الصابي. قالا: هو الذي تعنين، وهو رسول الله صلى الله عليه وسلم حقاً فجاءا بها فأمر رسول الله صلى الله عليه وسلم فجعل في إناء من مزادتيها ثم قال فيه ما شاء الله أن يقول. ثم أعاد الماء في المزادتين ثم لمر بعزل

---

234 المهذب للنووي 1/73، الأم للإمام الشافعي 1/11، ومغنى المحتاج لأبي العباس أحمد بن حمزة 1/64، والمغنى للشربيني 1/66، وبداية المجتهد ونهاية المقتصد لابن رشد 1/25، وسبل السلام للصنعاني 1/19، 20، وروضة الطالبين للنووي 1/73.

235 المغنى لابن قدامة المقدسي 1/16، 17، 18، وكشف القناع 1/13، 14، وزاد المعاد لابن القيم الجوزية 5/419، 420.

236 أخرجه الدارقطني في سننه 1/22 في كتاب الطهارة باب الوضوؤ بماء أهل الكتاب.

المزادتين، ففتحت ثم أمر الناس فملئوا آنيتهم وأسقيتهم فلم يدعوا يومئذ إناء ولا سـقاء إلا ملئوه. قال عمران: فكان يخيل إليَّ أنها لم تزدد إلا إمتلاء. قال فأمر النبي صلى الله عليه وسلم بثوبها فبسطت ثم أمر أصحابه فجاؤا من زادهم حتى ملئوا ثوبها ثم قال لها: إذهـبي فإنا لم نأخذ من مائك شيئاً ولكن الله سقانا. قال: فجاءت أهلها فأخبرتهم فقالت: جئتكم من أسحر الناس أو إنه لرسول الله حقاً، قال: فجاء أهل ذلك الحواء حتى أسلموا كلهم[237].

3 – 7 الحث والترغيب على سقي الماء وتوفيره للمخلوقات

جاء منهج الإسلام بالحث والحض على سقي الماء والتصدق به وبذله للمخلوقات جميعـاً، ولا شك أنه جعل في هذا السقي الأجر العظيم، فصدقة الماء وبذله للمحتاجين وأبناء السبيل له جزاءٌ عند الله تعالى كبير. قال أبو اسحاق سمعت كدير الضَّبي يحـدث أن رجلاً لَتـى النبي صلى الله عليه وسلم. فقال: أخبرني بعمل يدخلني الجنة. قال:"**قل العـدل، وقـدم الفضل**"، قال: لا أطيق، قال: "**أطعم الطعام، وأفشي السلام، وصل والناس نيام**"، قال: لا أطيق ذلك. قال: "**لك إبل؟**" قال: نعم، قال: "**أنظر بعيراً فيها وسقاءً، ثم انظر إلـى أهل بيت لا يجدون الماء إلا غباً فأقسم، فلعله أن لا يخرق سقاؤك ولا ينفق بعيـراً حتى تجب لك الجنة**"[238]. فسقي الذين لا يجدون الماء إلا غباً، ومن تقل عندهم الماء من غير جريٌّ أن ينتظر صاحبه دخول الجنة.

ومما ورد في سقي الماء عن أبي هريرة أن رسول الله صلى الله عليه وسلم قال: "**بينمـا رجل يمشي فاشتد عليه العطش، فنزل بئراً فشرب منها، ثم خرج فإذا هـو بكلـب يلهث، يأكل الثرى من العطش. فقال: لقد بلغ هذا مثل الذي بلغ بي، فملأ خُفَّه ثـم أمسكه بفيه، ثم رقى فسقى الكلب، فشكر اللهُ له، فغفر له**". قالوا: يا رسول الله، وإن لنا في البهائم أجراً؟ قال: **في كل كبد رطبة أجر**"[239].

وعن عبد الله بن عباس رضي الله عنه مرفوعاً: "**في ابن آدم ستون وثلاثمائة سـلامي أو عظم أو مفصل، على كل واحد في كل يوم صدقة، كل كلمة طيبة صدقة، وعون**

---

[237] أخرجه البيهقي في السنن الكبرى 1/32 في كتاب الطهارة باب التطهير في أواني المشركين.

[238] أخرجه أحمد بن عمرو في كتاب الآحاد والمثاني 5/199 برقم 2728، والمعجم الكـبير للطـبراني 19/187 برقم 422.

[239] أخرجه البخاري في صحيحه في كتاب المساقاة 9 – باب فضل سقي الماء برقم 2363، انظر الفتح 5/40، 41.

الرجل أخاه صدقة، والشربة من الماء يسقيها صدقة، وإماطة الأذى عن الطريق صدقة"[240].

وعن الأعرج عن أبي هريرة رضي الله عنه أن رسول الله صلى الله عليه وسلم قال: **"لا يمنع فضل الماء ليمنع به الكلأ"**[241].

ومما ورد من الترغيب الشديد في سقي الماء، أنه يكفر الذنوب العظام، فقد روى أبو هريرة عن النبي صلى الله عليه وسلم قال: **"غفر الله لإمرأة مومسة مرت بكلب على رأس ركى يلهث قال: قد كاد يقتله العطش، فنزعت خفها فأوثقته بخمارها، فنزعت له من الماء، فغفر لها ذلك"**[242].

ومن حديث أبي هريرة رضي الله عنه أن النبي صلى الله عليه وسلم قال: **"إن أول ما يسأل عنه يوم القيامة يعني العبد من النعيم أن يقال له: "ألم نصح لك جسمك، ونرويك من الماء البارد"**[243].

ولا يقتصر الأجر في سقي الماء على القريب والبعيد بل حتى إذا سقى المرء الأقارب والزوجة فإن فيه أجراً. فقد روى العرباض بن سارية قال: قال رسول الله صلى الله عليه وسلم **"إن الرجل إذا سقى امرأته الماء أُجر"** قال: فقمت إليها فسقيتها من الماء، وأخبرتها بما سمعت من النبي صلى الله عليه وسلم[244]. والماء أفضل الصدقة لما رواه الطبراني بسنده عن سعد بن عبادة أنه أتى النبي صلى الله عليه وسلم فقال: يا رسول الله إن أمي ماتت أفأتصدق عنها؟ قال: **"نعم"** قال: فأي الصدقة أفضل؟ قال صلى الله عليه وسلم:

---

240 أخرجه البخاري في الأدب المفرد ص 152 برقم 422 عن ابن عباس، وأخرجه في الجامع الصحيح عن أبي هريرة في 3/1059 برقم 2734.

241 البخاري في صحيحه في 2/830 برقم 2226، ومسلم في صحيحه في 3/1198 برقم 1566، وأبو داود في سننه في 3/277 برقم 3473، والترمذي في جامعه الصحيح في 3/572 برقم 1272، وابن ماجة في سننه في 2/826 برقن 2472.

242 أخرجه البخاري في صحيحه في 3/1206 برقم 3143، والركى، والبئر.

243 أخرجه الترمذي في جامعه الصحيح في 5/448 برقم 3358، وابن حبان في صحيحه 8/20 برقم 3811.

244 المعجم الكبير للطبراني 8/258 برقم 646.

"**سقي الماء**"[245]. وفي رواية: قلت: يا رسول الله، والدتي كانت تتصدق وتنفق من مالي في حياتها وقد ماتت أرأيت أن أتصدق عنها أو أعتق عنها نرجو لها شيئاً! قال: "**نعم**" قال: يا رسول الله، دلني على صدقة. قال: "**اسق الماء**"[246]. قال الحسن البصري: فما زالت جرار سعد بالمدينة بعد. وعن سعد بن عبادة أن رسول الله صلى الله عليه وسلم قال له: "**يا سعد ألا أدلك على صدقة يسيرة مؤنتها، عظيم أجرها؟**" قال: بلى. قال: "**تسقي الماء**". فسقى سعدُ بعدُ الماء[247].

ومما يؤيد أن أفضل الصدقة الماء ما رواه أبو يعلي الموصلي عن ابن عباس رضي الله عنهما وسئل أيُّ الصدقة أفضل؟ قال قال رسول الله صلى الله عليه وسلم: "**أفضل الصدقة الماء ألم تسمع لأهل النار لما استغاثوا بأهل الجنة قالوا: أن أفيضوا علينا من الماء أو مما رزقكم الله**"[248].

وكما رغب الإسلام في صدقة الماء حذر الذين يمنعون فضل ما عندهم من ماء مع حاجة الناس، واتخذ الإسلام منهج الترغيب حيناً ومنهج الترهيب والتحذير أحياناً أخرى فعن جابر بن عبد الله الأنصاري رضي الله عنه قال: "نهى رسول الله صلى الله عليه وسلم عن بيع فضل الماء"[249].

وعن أبي هريرة رضي اللع عنه عن النبي صلى الله عليه وسلم قال: "**ثلاث لا يمنعن: الماء، الكلأ، والنار**"[250].

وعن أبي هريرة رضي الله عنه قال قال رسول الله صلى الله عليه وسلم: "**ثلاثة لا ينظر الله عز وجل إليهم يوم القيامة، ولا يزكيهم ولهم عذاب أليم: رجل كان له فضل ماء بالطريق فمنعه من ابن السبيل، ورجل بايع إمامه لا يبايعه إلا لدنيا فإن أعطاه منها رضي، وإن لم يعطه منها سخط، ورجل أقام سلعة بعد العصر، فقال: والله الذي لا**

---

245 المعجم الكبير للطبراني 6/20 برقم 5379، وابن ماجة 2/1214 برقم 3684.

246 المعجم الكبير للطبراني 6/21 برقم 5383، والنسائي في سننه المجتبى 6/254 برقم 3664، وأحمد بن حنبل في مسنده 6/7 برقم 23896، وابن خزيمة في صحيحه 4/134 برقم 2496.

247 أخرجه الطبراني في معجمه الكبير 6/22 برقم 5385.

248 مسند أبي يعلي الموصلي 5/77 برقم 2673.

249 أخرجه مسلم في صحيحه في كتاب المساقاة برقم 1565.

250 أخرجه ابن ماجة في سننه في كتاب الرهون برقم 2473.

إله غيره، لقد أعطيت بها كذا وكذا، فصدقه رجل[251]، ثم قرأ هذه الآية: {**إن الذين يشترون بعهد الله وأيمانهم ثمناً قليلاً ..**} آل عمران: 77".

وعن بهيسة قالت: استأذن أبي النبي صلى الله عليه وسلم، فجعل يدنو منه ويلتزمه، ثم قال: يا نبي الله ما الشئ الذي لايحل منعه؟ قال: "**الماء**" قال: يا نبي الله ما الشئ الذي لا يحل منعه؟ قال: "**الملح**" قال: يا نبي الله ما الشئ الذي لا يحل منعه؟ قال: "**أن تفعل الخير خير لك**"[252].

وعن عمرو بن شعيب عن أبيه عن جده رضي الله عنه عن النبي صلى الله عليه وسلم، قال: **"من منع فضل مائه أو فضل كلئه منعه الله فضله يوم القيامة"**[253].

وعن ابن عمر رضي الله عنهما أن رسول الله صلى الله عليه وسلم قال: "**عُذبت امرأة في هرة حبستها حتى ماتت جوعاً، فدخلت فيها النار** قال فقالوا – والله أعلم – **لا أنت أطعمتها ولا سقيتها حين حبستها، ولا أنت أرسلتها فأكلت من خشاش الأرض**"[254].

وفي الأحاديث السابقة الحث والحض على الإحسان إلى الناس والحيوان بسقي الماء، لأنه إذا حصلت المغفرة بسبب سقي الكلب، فسقي المسلم أعظم أجراً، وخرج من الحيوان الذي لا يجوز سقيه الخنزير وكل حيوان جاز أو أمرنا بقتله لضرورة وعموم الأحاديث الماضية مخصوصة بالحيوان المحترم شرعاً، وهو ما لم نؤمر بقتله فيحصل الثواب بسقيه، ويلتحق بذلك إطعامه وغير ذلك من علاجه والإحسان إليه، وأجاز بعضهم سقي الخنزير ثم قتله لأنا أمرنا أن نحسن القتلة ونهينا عن المثلة. لأن الخنزير إذلقُوّي بالسقي، والعلف والإحسان إليه ازداد ضرره.

---

[251] أخرجه البخاري في صحيحه في كتاب المساقاة باب إثم من منع الماء برقم 2358.

[252] أخرجه أبو داود في سننه في كتاب الزكاة، باب ما لا يجوز منعه برقم 1669، وأبو عبيدة في كتاب الأموال ص. 374.

[253] أخرجه الإمام أحمد في مسنده 2/179 و183 و221، وقال إنه حسن الإسناد.

[254] أخرجه البخاري في صحيحه في كتاب المساقاة باب فضل سقي الماء برقم 2364 و2365.

3 – 8 تمارين عامة

1) وضح معنى حديث النبي صلى الله عليه وسلم (أو كما قال عليه أفضل الصلاة وأزكى التسليم) **"إن الماء طهور لا ينجسه شئ"** بالرجوع إلى أمهات كتب الحديث.

2) أذكر أهم أقسام المياه من منظور الكتاب والسنة.

3) ما رأي المالكية والشافعية والأحناف والحنابلة في طهورية المـــاء المسـتعمل فـي الوضوء والغسل؟

4) ما الدليل على جواز استخدام ماء البحر في الوضوء والغسل؟

5) وضح معنى العبارة "من الطهور ملح انعقد من الماء ثم ذاب بنفسه".

6) هل جريان الماء على تربة كبريتية يخرجه من طهوريته؟ ولماذا؟

7) هل يخرج الماء من طهوريته عندما يدق طحلب الإسبيروجيرا *Spirogyra* ويلقى فيه؟

8) ما الفرق بين الماء الطاهر والماء الطهور؟ وضح الإجابة بأمثلة.

9) كيف يخرج الماء من طهوريته في مذهب الأحناف؟

10) هل يؤثر القطران المستعمل لصيانة القربة في طهورية مائها؟

11) ما رأي المذاهب في إعادة استخدام الماء المعالج للشرب ولري الزراعة؟

12) بم استدل القائلون بعدم جواز استخدام الماء المستعمل؟

13) هل يطهر ماء الورد غيره؟

14) ما أنواع الماء المتنجس؟

15) هل ماء البئر الإرتوازي مطهر لغيره؟

16) ما حكم الماء الطهور؟ وما حكم الماء الطاهر؟

17) متى يحرم استخدام الماء الطهور؟

18) عدد انواع المياه التي يكره استعمالها؟ وبين سبب الكراهة.

19) ما حكم الماء المتنجس؟

20) هل أجاز المالكية استخدام الماء المتنجس لبناء العمارات؟

21) هل يجوز استخدام ماء أهل الكتاب في الطهارة؟

22) هل يجوز التطهر في أواني المشركين؟

23) ما معنى الحديث **"لا يمنع فضل الماء ليمنع به الكلأ"**؟

الفصل الرابع
مصادر الماء وصفاتها

4 - 1 مقدمة

الماء هو دعامة الحياة والمرتكز الأول للبقاء والاستمرار ما شاء الله عز وجل. ويستخدم الماء في نمو واطراد قيام المدن وازدهار الحضارة والتقدم والعمران في شتى مناحي الحياة الموجودة على وجه البسيطة. وقال الله سبحانه وتعالى في محكم التنزيل {**أَوَ لَمْ يرَ الَّذينَ كفرُوا أنَّ السَّمواتِ والأرضَ كانتَا رَتْقاً ففتقناهمَا وجعلنَا منَ المآءِ كلَّ شيءٍ حيٍّ أفلا يؤمنونَ**} الأنبياء: 30. وقال جل شأنه {**وهوَ الَّذي أنزلَ منَ السمآءِ مآءً فأخرجنَا بهِ نباتَ كلِّ شيءٍ فأخرجنَا منهُ خضِراً نُخرِجُ منهُ حباً متراكباً ومنَ النَّخلِ من طلعِهَا قِنوانٌ دانيةٌ وجنَّاتٍ منْ أعنابٍ والزَّيتونَ والرمَّانَ مشْتَبِهاً وغَيرَ مُتشابِهٍ انظُرُوا إلى ثمرهِ إذآ أثمرَ وينعهِ إنَّ في ذلِكُمْ لأياتٍ لقومٍ يؤمنونَ**} الأنعام: 99.

ومنذ بدء الخليقة كان الماء وما فتئ الأساس في نمو أو فناء واضمحلال الحضارات والممالك، ومن أوضح الأمثلة على ذلك: قصة قوم سيدنا نوح عليه السلام وما أصاب قومه من عذاب بكفرهم بالمولى عز وجل ونكرانهم رسالة نبيه عليه السلام، ودعاء نبيهم عليهم {**رَّبِّ لا تَذَرْ علَى الأَرضِ مِنَ الكَافِرينَ دَيَّاراً**}؛ وقيام وفناء حضارة ما بين النهرين وسد مأرب وفي التنزيل {**لقد كان لسبأ في مساكنهم** ... }. وقالوا تفرَّقُوا أيدي سَبأ وأيادي سبا. وضَرَبتِ العرب بهم المثل في الفُرقة لأنه لما أذهب الله عنهم جنتهم وغرق مكانهم تبددوا في البلاد {1}. وتحدثنا كتب التاريخ أن الفراعنة قد مجدوا النيل وعبدوه كما وقاموا بزفاف بشرية من العذارى إليه وانظر إلى تصوير هذا الأمر على لسان أمير الشعراء أحمد بك شوقي حين يقول في قصيدته (النيل) {2}:

ونجيبةٍ بين الطفولةِ والصِّبا ... عذراءَ تشرَبُها القلوبُ وتلعق
كان الزفافُ إليكَ غايةَ حظِّها ... والحظ إن بلغ النهايةَ مُوبِق
لاقيتَ أعراساً ولاقتْ مأتماً ... كالشيخ ينعمُ بالفتاة وتزهقُ
في كل عامٍ درةٌ تُلقى بلا ... ثمنٍ إليكَ وحرة لا تُصدَقُ

يمكن إجمال أهمية الماء ودوره الفاعل في الحياة في النقاط التالية {3-6}:

- جعل الله عز وجل منه كل شئ حي من إنسان وحيوان ونبات وغيره مما نعلم ومما الله به عليم حيث قال جل شأنه في محكم التنزيل {**وجعلنَا منَ المآءِ كلَّ شيءٍ حيٍّ أفلا يؤمنونَ**} الأنبياء: 30. وقال جل جلاله: {**واللَّهُ خلقَ كلَّ دآبةٍ من مآءٍ فمنهُم من يمشِي على بطنهِ ومنهُم من يمشِي على رِجلينِ ومنهُم من يمشِي على أربعٍ يخلُقُ اللَّهُ ما يشآءُ إنَّ اللَّهَ على كلِّ شيءٍ قديرٌ**} النور: 45. ويبين جدول (4-1) تقدير للنسب المئوية لكمية الماء في عدة أحياء.

جدول (4-1) النسبة المئوية المقدرة للماء في بعض المناشط {3،4،6}

المنشط	نسبة الماء بالوزن (%)
بروتوبلازم معظم الخلايا الحية	80
بلازما جسم الإنسان	65 إلى 70
خلايا جهاز الإنسان العصبي والمخ	82 إلى 94
العظام والخلايا الدهنية	22 إلى 34
طفل حديث الولادة	81 إلى 97
شيخ هرم	65 إلى 75
الفواكه	78 إلى 97
الأسماك	80
اللحوم	72

- الماء يخرج به الله من الثمرات ما هو رزق للإنسان ولغيره من خلقه؛ ويخرج به الله نبات كل شئ فمنه خضر يخرج منه حباً متراكباً ومن النخل من طلعها قنوان دانية وجنات من أعناب والزَيتون والرَمان مشتبهاً وغير متشابه. وقال المولى عز وجلَّ: {**الَّذي جعلَ لكمُ الأرضَ مهداً وسلكَ لكمْ فيها سبلاً وأنزلَ منَ السَّمآءِ مآءً فأخرجنا بهِ أزواجاً من نباتٍ شتَّى**} طه: 53.
- بالماء تتم طهارة المسلم وإقامته الصلاة. قال جلَّ جلاله: {**وهوَ الَّذي أرسلَ الرِّياحَ بشراً بينَ يدي رحمتهِ وأنزلنا منَ السَّمآءِ مآءً طهوراً**} الفرقان: 48.

- إن الماء من أهم العوامل الأساسية الداخلة في كثير من التفاعلات الحيوية والحياكيميائية للنبات والحيوان.
- يعتبر الماء مذيباً عالمياً لإذابته الكثير من المواد العضوية وغير العضوية.
- يتحكم الماء في تنظيم درجة حرارة الجسم بالعرق. ومن العولمل المؤثرة على تصبب العرق: درجة رطوبة الجو، ونوع العمل ومكانه ومدته، وصحة الفرد العامل، وفترة التعرض للشمس.
- يستخدم الماء لاستصلاح الأراضي، ولري المشاريع الزراعية والصناعية والتنموية لإنتاج المحاصيل والأغذية، وتوليد الطاقة المائية، وعمليات أخرى متنوعة مثل: التبريد ونقل الحرارة والطلاء الكهربائي والرحلان الكهربائي والتخلص من الغازات والتهوية والمحافظة على صحة البيئة وفي مشاريع الزينة وتجميل المدن والقرى والدساكر والسواحل.
- يستغل الماء في وسائل الترفيه (من سباحة وتجديف وصيد وسباق) والاستجمام والسياحة.
- يستخدم الماء في المواصلات والنقل والملاحة البحرية لقلة التكاليف. قال الله جلَّ جلاله: {**اللَّهُ الَّذي خلقَ السَّمواتِ والأرضَ وأنزلَ منَ السَّمآءِ مآءً فأخرجَ بهِ منَ الثَّمراتِ رزقاً لكمْ وسخَّرَ لكمُ الفُلكَ لتجرىَ في البحرِ بأمرهِ وسخَّرَ لكمُ الأنهارَ**} إبراهيم: 32. وقال جلَّ جلاله: {**اللَّهُ الَّذي سخَّرَ لكمُ البحرَ لتجرىَ الفلكُ فيهِ بأمرهِ ولتبتغوا من فضلهِ ولعلَّكمْ تشكرونَ**} الجاثية: 12.
- يعتمد على الماء في كثير من عمليات المعالجة والتخلص النهائي من الفضلات والمخلفات.
- يستخدم الماء في تربية الحيوانات، والنباتات المائية والبرمائية. وقال الحق سبحانه وتعالى: {**أوَ لمْ يروا أنَّا نسوقُ المآءَ إلى الأرضِ الجرزِ فنخرجُ بهِ زرعاً تأكلُ منهُ أنعامهمْ وأنفُسُهم أفلا يبصرونَ**} السجدة: 27. وقال جلَّ من قال: {**أحلَّ لكمْ صيدُ البحرِ وطعامهُ متاعاً لكمْ وللسَّيَّارةِ وحرمَ عليكمْ صيدُ البرِ مادمتمْ حرماً واتَّقوا اللَّهَ الَّذي إليه تحشرونَ**} المائدة: 96.
- الحصول على المعادن النفيسة، والأحجار الكريمة، والحلي للنادرة، وصيد الأصداف. قال تبارك وتعالى: {**وهوَ الَّذي سخَّرَ البحرَ لتأكلوا منهُ لحماً طريَّاً**

وتستخرجوا منهُ حِليةً تلبسونهَا وترى الفلكَ مواخرَ فيهِ ولتبتغوا من فضـــــلهِ لعلَّكمْ تشكرون } النحل: 14.

- الماء مصدر حيوي هام للثروة الغذائية للحصول على البروتين اللازم لبناء الجسم.
- يعتبر الماء من أهم مصادر الموارد الطبيعية (مثل: إنتاج الماغنيسيوم والبوتاسيوم).
- تقوم بجانب الماء الصناعات الإنتاجية المستفيدة من وجود الموانئ (بغية التصـــدير والاستيراد للمواد الخام والمواد الإنتاجية)، كما وأنها قد تستخدم ماء البحر للتبريـــد أو لاستقبال مخلفاتها المعالجة.
- تقوم بجانب الماء الصناعات الغذائية التجارية المحتاجة لمساحة لإنتـــاج أو تربيـــة الكائنات البحرية.

من المعلوم أن الماء النقي يتكون من جزئين من الهيدروجين وجزء من الأكسجين بالحجم، كما يتكون من جزء هيدروجين وثمانية أجزاء أكسجين بالوزن، ورمزه الكيميـــائي H_2O. غير أنه لا توجد مياه نقية مائة بالمائة، إذ لا تلبث المياه أن تتلوث بشوائب وملوثات أثنـــاء عبورها مصادرها إلى مناطق الاستهلاك {7}.

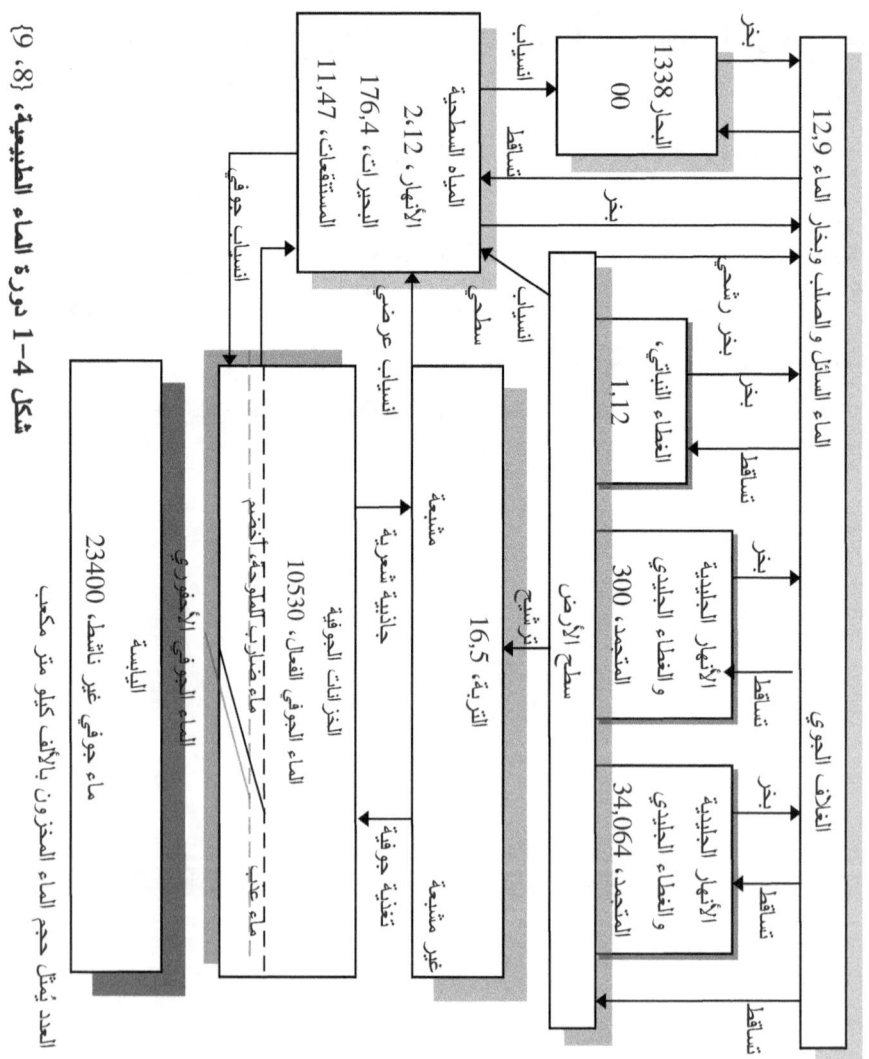

العدد يُمثل حجم الماء المخزون بالألف كيلو متر مكعب

شكل 4-1 دورة الماء الطبيعية، {8، 9}

4 - 2 دورة الماء الطبيعية Hydrological cycle (أنظر شكل 4-1)

تعتبر المياه في حالة حركة ودورة مستمرة عبر الغلاف الجوى وباطن الأرض وسطحها، وتعرف هذه الدورة بدورة الماء الهيدروليجية (الطبعية). وفي هذه الدورة تهطل المياه المكثفة إلى سطح الأرض في شكل أمطار وجليد وصقيع وثلج وبرد وغيرها من أنواع التساقط. قال تعالى: {**إنَّ في خلقِ السّمواتِ والأرضِ واختلافِ الليلِ والنّهارِ والفلكِ الّتي تجرى في البحرِ بما ينفعُ النّاسَ ومآ أنزلَ اللّه منَ السّمآءِ من مآءٍ فأحيا بهِ الأرضَ بعدَ موتها وبثَّ فيها من كلِّ دآبةٍ وتصريفِ الرّياح والسّحاب المسخّرِ بين السّمآءِ والأرضِ لأياتٍ لقومٍ يعقلون**} البقرة: 164. وقال سبحانه وتعالى: {**وهوَ الّذي يرسلُ الرياحَ بشراً بينَ يديْ رحمتهِ حتّى إذآ أقلّتْ سحاباً ثقالاً سقناهُ لبلدٍ ميّتٍ فأنزلنا بهِ المآءَ فأخرجنا بهِ من كلِّ الثمراتِ كذلكَ نخرجُ الموتى لعلّكم تذكّرونَ** } الأعراف: 57. وقال الحق جلَّ شأنه: {**ألمْ ترَ أنَّ اللّهَ يُزجى سحاباً ثمّ يؤلفُ بينهُ ثمَّ يجعلهُ رُكاماً فترى الودقَ يخرجُ من خلالهِ وينزّلُ منَ السّمآءِ من جبالٍ فيها من بردٍ فيصيبُ بهِ من يشآءُ ويصرفهُ عن من يشآءُ يكادُ سنا برقهِ يذهبُ بالأبصارِ**} النور: 43.

ثم ينساب التساقط على سطح التربة ليمثل الجريان السطحي مكوناً البحيرات وللبرك والبحار والأنهار والخيران. ويتسرب جزء آخر منه إلى داخل الأرض ليكون خزانات المياه الجوفية. ويعمل البَخر من المسطحات المائية والغطاء النباتي على إتمام للدورة المائية للغلاف الجوى لتبدأ من جديد. ومما ينبغي ذكره أن هذه الدورة قد تختل وتقطع في أي جزء من أجزائها وليس لها نظام زمني ثابت، وتعتمد كثافة وفترات للدورة على عوامل الجغرافيا والمناخ ومتغيراتها[10]. ويجب التأمل والتدبر في قول الله عزَّ وجلَّ: {**أنزلَ منَ السّمآءِ مآءً فسالتْ أوديةٌ بقدرها فاحتملَ السّيلُ زبداً رابياً وممّا يوقدونَ عليهِ في النّار ابتغآء حليةٍ أو متاعٍ زبدٌ مثلهُ كذلكَ يضربُ اللّهُ الحقَّ والباطلَ فأمّا الزّبدُ فيذهبُ جُفآءً وأمّا ما ينفعُ النّاسَ فيمكثُ في الأرضِ كذلكَ يضربُ اللّهُ الأمثالَ** } الرَّعد: 17. وقال الحق تبارك وتعالى: {**هوَ الّذي أنزلَ منَ السّمآءِ مآءً لكم منهُ شرابٌ ومنهُ شجرٌ فيهِ تُسيمونَ**} الرَّعد: 10. وقال سبحانه وتعالى: {**ألمْ ترَ أنَّ اللّهَ أنزلَ من السّمآءِ مآءً فتصبحُ الأرضُ مخضرةً إنَّ اللّهَ لطيفٌ خبيرٌ** } الحج:

63. وقال جلَّ شأنه: {**أمَّنْ خلقَ السَّمواتِ والأرضَ وأنزلَ لكم من السَّماءِ ماءً فأنبتنا بهِ حدائقَ ذاتَ بهجةٍ ما كانَ لكم أن تنبتوا شجرها أءلةٌ معَ اللَّهِ بلْ همْ قومٌ يعدلونَ**} النمل: 60. وقال الحق تبارك وتعالى: {**ولئن سألتهم من نزَّلَ من السَّماءِ ماءً فأحيا بهِ الأرضَ من بعدِ موتها ليقولنَّ اللَّهُ قلِ الحمدُ للهِ بلْ أكثرهمْ لا يعقلونَ**} العنكبوت: 63. وقال جلَّ شأنه: {**ألمْ ترَ أنَّ اللَّهَ أنزلَ منَ السَّماءِ ماءً فأخرجنا بهِ ثمراتٍ مُختلفاً ألوانها ومنَ الجبالِ جددٌ بيضٌ وحمرٌ مختلفٌ ألوانها وغرابيبُ سودٌ**} فاطر: 27. وقال المولى عزَّ وجلَّ: {**ألمْ ترَ أنَّ اللَّهَ أنزلَ منَ السَّماءِ ماءً فسلكهُ ينابيعَ في الأرضِ ثمَّ يخرجُ بهِ زرعاً مختلفاً ألوانهُ ثمَّ يهيجُ فتراهُ مصفراً ثمَّ يجعلهُ حطاماً إنَّ في ذلكَ لذكرى لإولي الألبابِ**} الزمر: 21. وقال تعالى: {**هوَ الَّذي يريكم اياتهِ وينزِّلُ لكم منَ السَّماءِ رزقاً وما يتذكرُ إلا من ينيبُ**} غافر: 13. وقال الحق جلَّ وعلا: {**والَّذي نزَّلَ منَ السَّماءِ ماءً بقدرٍ فأنشرنا بهِ بلدةً ميتاً كذلكَ تُخرجونَ**} الزّخرف: 11. وقال جلَّ شأنه: {**واختلافِ الليلِ والنَّهارِ وماَ أنزلَ اللَّهُ منَ السَّماءِ من رزقٍ فأحيا بهِ الأرضَ بعدَ موتها وتصريفِ الرِّياحَ آياتٌ لقومٍ يعقلونَ**} الجاثية: 5. وقال المولى تبارك وتعالى: {**ونزَّلنا منَ السَّماءِ ماءً مباركاً فأنبتنا بهِ جنَّاتٍ وحبَّ الحصيدِ**} ق: 9. وقال تعالى: {**قلْ أرأيتمْ إنْ أصبحَ ماؤكمْ غوراً فمن يأتيكم بماءٍ معينٍ**} (الملك: 30. وقال جلَّ شأنه: {**يرسلِ السَّماءَ عليكم مدراراً**} نوح: 11. وقال عزَّ وجلَّ: {**وألَّو استقاموا على الطريقةِ لأسقيناهم ماءً غدقاً**} الجن: 16. وقال المولى تعالى: {**وأنزلنا منَ المعصراتِ ماءً ثجاجاً**} النبأ: 14.

يبين الجدول (4-2) تقديرات نسبة الماء الكلي للغطاء المائي المتواجد في كل أجزاء الدورة الطبعية {4،11}

جدول (4-2) النسب المئوية للماء في الأرض{4،11}

الموقع	النسبة للمياه الكلية (%)
بحيرات المياه العذبة والأنهار ومياه التربة والماء الجوفي	0.62
البحيرات المالحة والبحار الداخلية	0.008
الغلاف الجوى	0.001
المياه المتجمدة القطبية والجليد	2.1
البحار والمحيطات	97.25

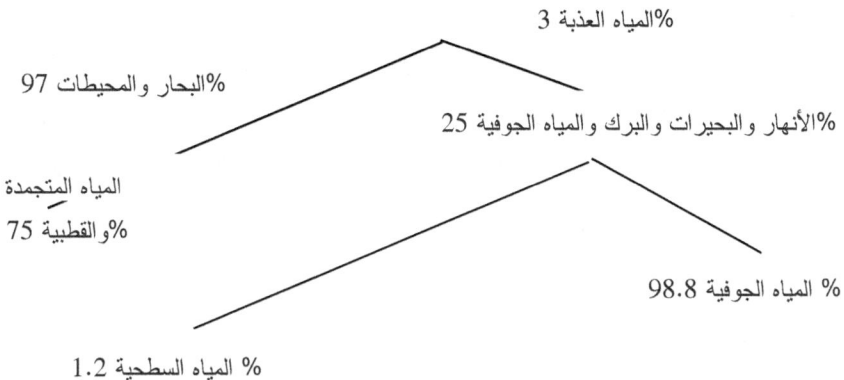

المياه العذبة 3%

البحار والمحيطات 97%

الأنهار والبحيرات والبرك والمياه الجوفية 25%

المياه المتجمدة والقطبية 75%

المياه الجوفية 98.8%

المياه السطحية 1.2%

إن جزيء الماء يدور مع الدورة المائية في فترات زمنية مختلفة. ويبين جــدول (3-4) تقدير لزمن مكث جزيء الماء residence time في صور مختلفة في الدورة المائية. ويوضح الجدول أن جزيء الماء يعاد بصورة أسرع في بعض مراحل للــدورة المئيــة، فمثلاً يدور الجزيء في الهواء في مدة 9 أيام، ويحتاج الماء الجوفي العميق إلــى بضــع آلاف من السنوات ليتم دورانه، أو يتم تجديده.

جدول (3-4) تقدير الزمن المتوسط (المتجدد) لبقاء جزئ الماء في البيئة المائية

الموقع	زمن التجديد
الهواء	9 يوم
الأنهار	12 إلى 20 يوم
التربة ورطوبة التربة التحتية	280 يوم
البحيرات المالحة	10 إلى 1000 سنة
البحيرات العذبة	1 إلى 100 سنة
المياه الجوفية الضحلة	10 إلى مئات السنوات
المياه الجوفية العميقة	قد تصل إلى 10000 سنة
قشرة انتاركتيكا الثلجية	10000 سنة
طبقات المحيطات المختلفة لأعماق 50 متراً	120 سنة
البحار والمحيطات	3000 سنة

4 – 3 الموارد والمصادر المائية

يقال: فلان يُورد ولا يصدر: يأخذ في الأمر ولا يتمه. المَصْدَرُ ما يَصْدُرُ عنه الشيء. والمَصْدَر (عند علماء اللغة) صيغة اسم تدل على الحدث فقط. المَوْرِدُ لغةً المنهلُ، والمَوردة هي الطريق إلى الماء، المَوْرِدُ مصدر الرزق (ج) موارد. المَوارِدُ: المناهل، واحدها مورد. "**اتقوا البراز في الموارد**" أي المجاري والطرق إلى الماء. واحدها: مورد وهو مَفْعِل من الورود. يقال: وردتُ الماءَ أرِدُهُ ورُوُداً، إذا حضرته لتشرب. والورْدُ: الماء الذي ترد عليه {12}.

من أهم الموارد المائية المتاحة للاستخدام العام مياه التساقط، والمياه السطحية، والمياه الجوفية، والماء المستعذب. وتعتمد كمية الماء التي يمكن الحصول عليها من مياه التساقط Precipitation على كمية التساقط بالمنطقة وفترة الهطلان وكثافته، وعوامل المناخ (من رياح ورطوبة وحرارة وبَخر .. الخ)، وطبغرافية وجيولوجية المنطقة، والغلاف النباتي، وخواص المنطقة الجابية لهذه الأمطار، وطرق تجميع المياه وحفظها، وسبل الاستخدام ومضاربها، ونوع الماء المجمع.

يقصد بالمياه السطحية: Surface water تلك المياه الجارية أو المستقرة على سطح الأرض ومنها: المحيطات والبحار والبحيرات والبرك والأنهار والجداول الصغيرة والترع والخيران والأودية الموسمية والدائمة وما ماثلها. وتؤثر عدة عوامل على كمية ونوع الماء بها ومضارب استخدامها. ومن هذه العوامل المؤثرة: شدة وكثافة وفترة هطلان الأمطار بالمنطقة، ومقدار الجريان السطحي، وتضاريس وطبوغرافية الموقع الجغرافي، وعوامل الطقس والمناخ، وخواص المنطقة الجابية، واحتمالات التلوث، وتقانة الاستعذاب المستدامة، والإمكانات المحلية المتاحة، وفعالية التشريعات والمعايير الضابطة للاستغلال المحلى والإقليمي، والاتفاقيات الثنائية أو المشتركة والبروتوكولات الموقعة، والادارة المتكاملة لموارد الماء.

يقصد بالمياه الجوفية Groundwater : تلك المياه المتكونة داخل الأرض من جراء تسرب المياه السطحية عبر التربة. وتعتمد كمية المياه في الخزان الجوفي على عدة

متغيرات منها: كمية التساقط والنسبة المتسربة منه للتربة،ذ وطبوغرافيـــة وجيولوجيـــة وجغرافية الموقع.

يقصد بالماء المستعذب والماء المعاد استعماله Reclaimed and Treated water and Wastewater تلك المياه المستخلصة من مصادر غير مباشرة مثل: تحلية الماء الملح السطحي أو الجوفي، وإعادة استخدام مياه المجارى والصرف الصـــحي بعـــد خضوعها للمعالجة الملائمة.

يبين جدول (4-4) أهم الفروق بين المياه السطحية والجوفية.

جدول (4-4)   أهم الفروق بين المياه السطحية والجوفية {13}

الخاصية	المياه السطحية	المياه الجوفية
درجة الحرارة	تتغير موسمياً	ثابتة نسبياً
العكر والمواد الصلبة العالقة (الحقيقيـــة والغروانية)	يتغير المستوى، وأحياناً عالي	قليل وربما لا يوجد (عدا في التربة الكارست: منطقة أحجار جيرية ذات مجـــار جوفية)
اللون	بسبب المواد الصـــلبة العالقة (الطين والطحالب) عدا في المـــاء اليسر أو الحامض (أحماض دبال)	بسبب المواد الصلبة الذائبة مثل الأحماض الدبالية
المحتوى المعدني	يتغير مع التربة والأمطار والدفق الخارج	ثابت بصورة أكبر مـــن المياه الســـطحية لنفس المنطقة
الحديدوز والمنجنيـــز (الذائب)	لا يوجد عدا في قعر البحيرات والبرك المتخمة	عادة يوجد
ثاني أكسيد الكربـــون الحارق	عادة لا يوجد	غالباً يوجد بكميات
الأكسجين الذائب	عادة يقارب درجة التشـــبع ولا يوجد في المياه الشديدة التلوث	لا يوجد عادة

كبريتيد الهيدروجين	يوجد في المياه الملوثة	عادة يوجد من غير أن يكون مؤشر لوجود تلوث بكتيري
نترات	توجد بتركيز قليل	توجد بتركيز أحياناً عالٍ
سليكا	توجد بكميات متوسطة	عادة توجد بتركيز عالٍ
المعادن والملوثات العضوية الدقيقة	توجد في مياه المناطق المتقدمة الصناعية ولا تلبث أن تضمحل عند إزالة مصدرها	لا توجد إلا في حالة التلوث الطارئ والحوادث أو التلوث المستمر لفترة طويلة
الأحياء المجهرية	بكتريا (ربما جرثومية)، فيروسات (حمات)، عوالق	توجد أحياناً بكتريا الحديد
التخمة	تزداد مع ازدياد درجة الحرارة	لا توجد
المذيبات المكلورة	نادرة الوجود	توجد في الغالب الأعم

4 – 4 اختيار المورد المائي Water source selection

من العوامل التي تتحكم في اختيار مورد الماء: نوع الماء وكميته المتاحة للاستغلال، واستمرارية المورد، والطاقة الإنتاجية، وقرب المصدر أو بعده من منطقة الاستهلاك، ورغبة الجمهور في استخدام المورد وغيرها من العوامل المجتمعية، وللنواحي الأمنية والسياسية. ويحدد بعد المصدر وقربه من المستهلك كمية الماء المستهلكة، إذ كلما بعدت المسافة كلما قل الاستهلاك، وبالتالي ربما حدث تدني في مستوى الصحة العامة. وعليه يجب العمل على أن لا يبعد مصدر الماء أكثر من 250 متر من المستهلك والمستعمل له.

ومن الأنسب المحافظة على المصدر وضمان إيفائه باستمرار المتطلب ذي النوع الجيد على مدار السنة ليعتمد عليه. وربما كان من الصعوبة بمكان القيام بإجراء الاختبارات الدورية المستمرة لمعرفة النوع ومن ثم الاختيار الأمثل لمصدر الماء المناسب؛ وعليه ربما استعاض عنها بالمسح الصحي لجمهور المواطنين بالمنطقة والمسئولين في الأجهزة الرسمية الموجودة والمنظمات العاملة في المنطقة. ويهدف المسح الصحي الحقلي لتقويم الحالة الصحية المحلية، والظروف البيئية المحيطة، ومعرفة كل مصادر الماء الموجودة

ودرجة تلوثها ومدى مناسبتها وإمكانية الاعتماد عليها كمصدر للماء للمجتمع المحيط؛ وذلك بالأسئلة والمقابلات الشخصية وأخذ العينات وتحليلها وغيره.

ويبين الجدول (4-5) مفاضلة بين موارد الماء الأكثر وجوداً. ويعد الماء الجوفي من أفضل الموارد المائية لجودة مائه مقارنة بالمياه السطحية خاصة عند غياب التلوث وعند وجود الكميات الكافية من المخزون الجوفي (4).

جدول (4-5) المفاضلة بين المياه الجوفية والسطحية {14،15}

المنشط	المياه الجوفية	المياه السطحية
التغذية الطبعية	تحتاج إلى مدة طويلة من الزمن	مستمرة
التواجد	متغيرة من منطقة لأخرى	متغيرة من منطقة لأخرى
النوع	النوع الحيوي: جيد النوع الكيميائي: تزداد فيها الأملاح الذائبة	النوع الحيوي: غير جيد النوع الكيميائي: تقل فيها الأملاح الذائبة
تكلفة الإنتاج	تعتمد على العمق من سطح الأرض، وتكلفة الضخ، وإصلاح وتنمية الآبار	تعتمد على نوع المياه
التخزين	زهيد الثمن. لا تقفل بالغرين والطمي (عدا في مناطق المياه الضحلة). لها درجة حرارة ونوع معادن ذائبة ثابتة. لا تنتشر في سطح الأرض مما يقلل من الاستخدام الأمثل للأرض. لا تتعرض لمخاطر تلوث مباشر.	يعتمد الثمن على نوع الماء. تتعرض لمخاطر التلوث المباشر
الخواص	غير ملوثة. غير عكرة	عادة ملوثة وعكرة

وترتكز المفاضلة بين الموارد المائية المتاحة للاستغلال بمنطقة معينة على الكثير من المؤثرات منها: النواحي الاجتماعية (مثل: الاستساغة، وقرب المصدر من جمهور المستهلكين)، والنواحي الفنية (مثل كمية ونوع الماء، وسبل استخدام المصدر)، والنواحي الاقتصادية (مثل: تكلفة الإنتاج، والتوزيع، والطاقة المستهلكة)، والنواحي الإدارية (مثل: التقانة المحلية المستدامة، وأساليب وأطر التدريب، والعمالة، ومتطلبات التشغيل والصيانة)، والنواحي السياسية (مثل: إمكانية التنمية والزيادة على المدى القصير والطويل طبقاً لخطط التنمية السارية، ومحددات الإستراتيجية القومية) والنواحي البيئية (مثل: أثر تنمية المورد المائي على البيئة المحلية، والبيئة المُمَكِّنة).

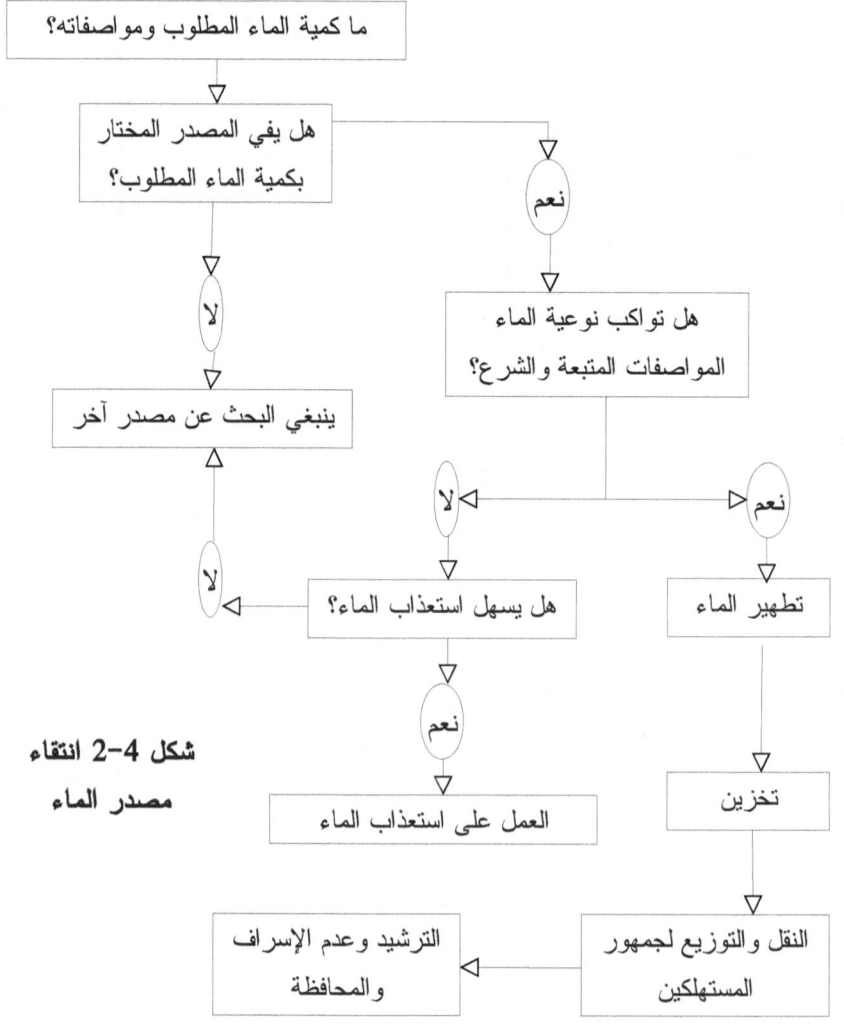

شكل 4-2 انتقاء مصدر الماء

اتخاذ القرار لاختيار المصدر

الإنتاج المقبول؟
الطلب
الإنتاج الحالي
الإنتاج المتوقع مستقبلاً
والإنتاج الفصلي

الإحتياجات للحصول على نوعية مقبولة من الماء؟
النوعية الحالية: المستقبل
المتوقع والفصالي
احتمال الحماية
النوعية المطلوبة
عجلة التنمية المطلوبة

محددات الإدارة والقانون والأمن والإجتماع والسياسة والثقافة؟
مواضيع الإدارة
مواضيع القانون
مواضيع الأمن
مواضيع اجتماعية وسياسية
مواضيع ثقافية

نتاج التنمية؟
على الخزانات الجوفية
على المستهلكين الحاليين والمجتمع الحالي
على النباتات والتعرية
لتنمية الماء والتخلص من الفضلات
تقليل آثار النشاطات
التعويض والدعم المطلوب

سهولة التشغيل والصيانة؟
احتياجات التشغيل والصيانة؟
الحماية
طرق الاستخلاص والمنشآت
التقنية متضمنة تخزين الماء الخام
مسافة النقل وطرفه
التوزيع
احتياجات اضافية

زمن التركيب؟
احتياجات التقانة؟
الحماية
طرق الاستخلاص والمنشآت
التقنية متضمنة تخزين الماء الخام
مسافة النقل وطرفه
التوزيع
احتياجات اضافية

محددات المصدر ومحددات تمويل اللوازم
الأجهزة والمواد
العمالة

التكاليف؟
رأسمال/تشغيل وصيانة

محددات المصدر ومحددات تمويل اللوازم
الأجهزة والمواد
العمالة

شكل 4-3 العوامل الأساسية لاختيار المصدر

شكل 4-4 اختيار مصدر الماء لإمداد الإغاثة ووحدات تنقيته {16}

منشور بإذن

113

لنوع الماء أثر كبير في أنماط استخدامه كماً وكيفاً. ويختلف نوع الماء المطلوب باختلاف الغرض من استخدام الماء، فمثلاً تصلح نوع مياه الأنهار لأعمال الري والزراعة، غير أنها لا تصلح للاستخدام المنزلي من غير استعذابها وخضوعها لنوع معين من أنواع التنقية. كما وأن المياه قليلة الملوحة تصلح للاستخدام المنزلي بعد تطهيرها، غير أنها لا تصلح للاستخدام الصناعي لوجود مخاطر الإئتكال والتحات، كما وأن مثل هذه المياه القليلة الملوحة ربما أتت بمشاكل نفاذية التربة عند استخدامها للري الزراعي. ويبين شكل (4-2) مقترح نظام ملائم لانتقاء مصدر الماء لمجموعة من السكان. كما يوضح شكل (4-3) العوامل الأساسية المؤثرة في اختيار المصدر المائي، ويعرض شكل (4-4) مقترح مفاضلة لاختيار مصدر الماء، ووحدات تنقية الماء لإمداد الإغاثة للوحدات العاملة فيها.

4 - 5 مياه التساقط Precipitation

يقصد بالتساقط كل أنواع الهطلان على سطح الأرض من البخار في الغلاف الجوي. وأهم أنواعه النوع السائل (المطر: الماء النازل من السحاب وللرذاذ: المطر الضعيف، أو الساكن الدائم الصغير القطر كأنه الغبار) والنوع الصلب (البرد: الماء الجامد ينزل من السحاب قطعاً صغاراً، ويسمى حبُّ الغمام، وحبُّ المزن والقِطْقِط : خليط من المطر والبرد - والثلج: ما جمد من الماء)؛ وفي بعض الأحيان يعتبر التكثف على سطح الأرض تساقطاً غير أن كمياته قليلة (الندى: بخار الماء يتكاثف في طبقات الجو الباردة في أثناء الليل ويسقط على الأرض قطرات صغيرة. والصقيع: الجليد، وهو الندى يسقط من السماء فيجمد على الأرض) {12،17}. وعليه يتواجد الماء في حالات ثلاث تضم: أحوال التجمد المختلفة، وحالة السيولة، والحالة الغازية أو بخار الماء. وتوضح معادلة كليبرون Claypeyron's equation تغير الضغط مع درجة الحرارة لتغير حالة الماء من السيولة إلى الغازية كما في المعادلة 4-1.

$$\frac{dP}{dT}=\frac{L}{T\left(V_f-V_i\right)} \qquad (4\text{-}1)$$

حيث:

$\frac{dP}{dT}$ = تغير الضغط مع درجة الحرارة

T = درجة الحرارة المطلقة (كلفن)

L = الحرارة الكامنة لكل مول من تغير حالة الماء

V_f = الحجم المولاري النهائي لحالتي السيولة والغازية

V_i = الحجم المولاري الابتدائي لحالتي السيولة والغازية.

أما بالنسبة للاتزان في حالة الصلابة والغازية (أو حالة السيولة والغازية)، لدرجات حرارة أقل كثيراً من درجة الحرارة الحرجة، فإن الحجم المولاري V_i للصلب أو السائل يمكــن تجاهله بالنسبة للحجم المولاري النهائي V_f ، كما وأن بخار الماء يفترض أن يماثل الغاز المثالي كما في المعادلة 4-2.

$$V_f = \frac{RT}{P}$$
(4-2)

حيث:

R = ثابت الغاز = 0.08205 لتر×ضغط جوى/كلفن.

وعليه تصبح المعادلة 4-1 كما مبين في المعادلة 4-3.

$$\frac{dP}{dT} = \frac{LP}{RT^2}$$
(4-3)

والتي يمكن تكاملها لتعطى قانون ضغط البخار 4-4.

$$P = P_o\, e^{-\frac{L}{RT}}$$
(أ4-4)

$$Ln\frac{P}{P_o} = -\frac{L}{RT}$$
(ب4-4)

وعند رسم (Ln P) مع ($\frac{1}{T}$) ينتج خط مستقيم، يمثل ميله قيمة الحرارة الكامنة.

أنواع التساقط: عندما يتم حمل الهواء الملامس لسطح الأرض إلى طبقات الجـو العليـا (بفعل تيارات الحمل أو غيرها من الطرق) فإنه يتمدد نسـبة لانخفـاض الضـغط مــع الارتفاع. وهذا التمدد يكون كاظم للحرارة (أديباتي[255]) على سطح الأرض. غير أن درجة الحرارة تنخفض بسبب الطاقة الحرارية المتحولة إلى شغل أثناء عمليـة التمـدد. وهـذا النقصان في درجة الحرارة يدعى البرودة الديناميكية أو البرودة الأديباتية. وتمثـل هـذه

---

[255] لا تضاف للهواء حرارة من مصادر خارجية ولا تُفقد حرارة

أساس التكثيف ومسئولة بطريقة مباشرة عن كل الأمطار {17}. ويشير هذا إلى وجـوب ارتفاع عمود الهواء ليحدث التساقط. وهناك التبريد باختلاط الكتل الهوائية[256]، والتبريـد بالتلامس، والتبريد بالإشعاع[257]{12}. ثم قد تأتى هذه السحب بالأمطار. وعليه يمكن تقسيم التساقط على حسب الحالات التي تقود إلى ارتفاع الهواء و تصاعد البخار إلـى: جبلـي (ميكانيكي) وإعصاري (بشقيه الأمامي وغير الأمامي) وحمل (تقليدي).

التساقط الجبلي (التساقط الآلي أو التضاريسي): Orographic precipitation: يحدث هذا النوع من التساقط بسبب اعتراض حواجز طبغرافية (جبال ومرتفعات طبيعية) لرياح محملة بالرطوبة ورفعها إلى طبقات عليا ومن ثم تمددها وتبريدها مما ينتج عنـه انهمـار المطر. وعليه توجد أمطار غزيرة عند سلاسل الجبال العالية علي الجهات المقابلة للرياح. أما الأجزاء الأخرى فتقع في ظل المطر وتكون جافة. كما وقد يرتفع الهواء عند مـروره من الماء إلى المنطقة اليابسة دون أن تساعده الجبال، مثلما يحدث في فصل الشتاء أو ليلاً عندما تكون اليابسة أبرد من الماء فيرتفع الهواء المحمل بالماء فوق اليابسة وتنتج الأمطار بعاملين أساسيين: انخفاض درجة حرارة الهواء بالتلامس مع اليابسة الباردة إلـى أدنـى نقطة الندى، وازدياد اضطراب واحتكاك الهواء بسبب زيادة خشونة اليابسة مما يقلل مـن سرعة الهواء ويزيد من عمق تيار الهواء ليحمله إلى طبقات الجو العليا ليتم تبريده بطرق ديناميكية. ومن العوامل المؤثرة في هذا النوع من التساقط: ارتفاعات المنطقـة، وميـل الأرض، والبعد من مصادر النداوة والماء.

التساقط الإعصاري Cyclonic precipitation: له صلة بالمرور على مناطق منخفضة الحرارة أو الارتفاع، مما ينتج معه رفع كتل الهواء الساخن فوق الكتل البـاردة. ويقـوم الإعصار السريع الحركة بالإتيان بأمطار متوسطة في منطقة واسعة، أما الإعصار الثابت فيعمل على الإتيان بأمطار غزيرة في مساحات قليلة. وينقسم هذا النوع من التساقط إلى {4}: ـ التساقط الأمامي Frontal: وينتج من صعود الهواء الساخن على جانب محددمـن سطح أمامي فوق هواء بارد أعلى منه كثافة في الجانب الآخر من السـطح. وإذا سـارت الكتل الهوائية بحيث أن الهواء الساخن يزيح الهواء البارد يسمى التساقط تسـاقط أمـامي

---

256 حيث تختلط كتلتان من الهواء على درجات حرارة مختلفة

257 يحدث الندى والجليد والثلج والضباب: سحاب يغشى الأرض كالدخان، ويكثر في الصباح البارد

ساخن Warm front . أما إذا أزاح الهواء البارد الهواء الساخن فيطلق عليه تساقط أمامي بارد {18} Cold front. التساقط غير الأمامي Non-frontal أيضاً يسمى التساقط الثابت Stationary front ويظل فيه الهواء الرطب الساخن ساكناً ريثما يلتقي بالهواء البارد المتحرك {4}.

تساقط الحمل Convective precipitation أو التساقط التصاعدي (التساقط التقليدي Conventional precipitation): من أكثر أنواع التساقط حدوثاً في المناطق المدارية، ويقل في مناطق أخرى أثناء الصيف. يتم تسخين سطح الأرض والهواء الملامس لها بصورة غير متساوية في اليوم الحار. ويقود هذا الوضع لرفع الهواء الخفيف الساخن من منطقة لأخرى، ثم يبرد بطرق ديناميكية في طبقات باردة أكثر كثافة. ومن ثم يتمدد هـذا الهواء الساخن مسبباً انخفاضاً في الوزن. وفي هذا الأثناء، تصعد كميات كبيرة من بخـار الماء مما يجعل الهواء الساخن الرطب غير متزن. وينتج هذا الوضع تيارات رأسية، ثـم يحدث تبريد ديناميكي يسبب التكثيف والتساقط {4}. وتنتشر زخات المطر في مسـافة 10 كيلومترات. وهذا النوع من التساقط موضعي، وتتفاوت شدته من زخات أمطار خفيفة إلى عواصف رعدية مدمرة.

أما عملياً فتوجد الصور المختلفة للتساقط المذكورة آنفاً متداخلة فيما بينها لتكون التسـاقط الهاطل بالمنطقة {4، 19}. ويبين جدول (4-6) تقدير شدة التساقط من خفيفة، ومتوسطة، وغزيرة.

جدول (4-6) شدة التساقط {4،5،19}

شدة التساقط	معدل الهطلان (ملم/ساعة)
خفيف	2.5
متوسط	2.8 إلى 7.6
غزير	أكثر من 7.6

قياس التساقط: يعتمد قياس التساقط على الارتفاع العمودي للماء المتجمـع فـي سـطح مستو، وذلك عند استمرار تواجد التساقط بمنطقة سقوطه {4}. وتؤثر عدة عوامل في قياس

التساقط خاصة الصلب منه، ومن هذه العوامل: نوع مقياس التساقط وأسلوب عمله وموضعه، ودرجة بلل الجهاز، والبَخر، والرياح، وغيرها من العوامل المؤثرة. تشير البيانات التي يسجلها مقياس التساقط إلى تساقط في نقطة محددة. وتسمى الأمطار بأمطار لنقطة، أو أمطار محطة، أو أمطار محلية. وفي المقاييس الهيدرولوجية يجب حساب الأمطار للمنطقة. وتوجد عدة أنواع من مقاييس الأمطار مستخدم منها التالي:

أجهزة القياس اليدوية Manual gauges: يتم في أجهزة القياس اليدوية حساب التساقط للمدة الزمنية السابقة (24 ساعة) بقياس مباشر للتساقط المتجمع في المقياس. ويتكون مقياس المطر من إناء نحاسي به أسطوانة نحاسية قطرها في حدود 5 بوصات (12.7 سم) وذات حافة مشطوفة. تقوم هذه الأسطوانة بتجميع التساقط وتسمح بانسيابه عبر قمع إلى إناء معدني أو زجاجي يسهل تحريكه وتفريغ ما به من ماء في أسطوانة مدرجة {4}.

أجهزة قياس غير تسجيلية Non-recording gauges (pluviometers): يتكون جهاز قياس المطر اليومي من مستقبِل فوق قمع يؤدى إلى مستودع. وللمستقبل حافة حادة هابطة رأسياً إلى أعلى للخارج. ولابد من وضع المستقبل أفقياً، إذ أن أي ميل على المستوى الأفقي بدرجة واحدة يمكن أن يحدث معه اختلاف في كمية الأمطار المجمعة بحوالي ± 1% وعادة يستخدم ارتفاع 1.5 متر أعلى سطح الأرض لوضع مقياس المطر. ويقوم هذا الجهاز بقياس مقدار الأمطار الكلية. وفي حالة غياب التسجيل التلقائي للأمطار تؤخذ القراءة يومياً.

أجهزة قياس تخزينية Storage gauges: وتستخدم هذه الأجهزة لقياس المطر الكلي الموسمي في مناطق نائية قليلة السكان. ويتكون الجهاز من مستقبل فوق قمع يقود إلى مستودع كبير لحفظ المطر. ويمكن وضع مادة مانعة للتجمد[258] في الجهاز في المناطق الباردة.

أجهزة قياس تسجيلية (المقياس العداد) Recording gauges (Pluviographers): في هذه الأجهزة يتم التسجيل آلياً بمساعدة ساعة وأوزان أو جهاز عائم يقوم بإرسال القراءات إلى رسام بياني ليسجل المطر الكلي المتراكم أثناء هطلانه. كما ويمثل المنحنى البياني المتحصل عليه تغير التساقط مع الزمن. وتستخدم هذه الأجهزة لمعرفة شدة الأمطار لفترات قصيرة ولإعطاء قراءات مستمرة مسجلة. ويمكن لبعض هذه الأجهزة تسجيل

---

[258] مثل كلوريد الكالسيوم.

المعلومات عددياً أو بيانياً أو إرسالها إلى أجهزة حاسوب. وتوجد أنواع عدة من هذه النظم منها:

- المقياس الوزني Weighing-type يتم فيه تسجيل الوزن الكلي لكمية الأمطار أو الجليد الهاطل في الوعاء المستقبل والتساقط المتجمع فيه منذ بداية التسجيل في وعاء موضوع فوق نابض أو ميزان رافع. وتسجل الزيادة في وزن الوعاء ومحتوياته في مخطط مثبت على طبل مدار بساعة؛ وبالتالي يعطى التسجيل الكميات المتراكمة من الأمطار. ولا يحتوي مثل هذا الجهاز على نظام ذاتي للتفريغ، غير أن القلم المعد به يقوم بالتنقل في البطاقة أي عدد من المرات. ويفيد هذا الجهاز في تسجيل الثلج، والبرد، ومخلوط النتح والمطر إذ أنه لا يتطلب ذوبان التساقط للتسجيل.
- المقياس العائم (الطافي) Float type: وفيه يقاد التساقط إلى حجرة عائمة تحوي عوامة خفيفة. وترسل الحركة الأسية للعوامة كلما ارتفع مستوى الماء، بنظام معين لقلم التسجيل. ويستخدم نظام سايفون لتفريغ محتويات الوعاء المجمع للأمطار كلما امتلأ بعد هطلان أمطار ارتفاعها 10 ملم. ويسجل مستوى العوامة الطافية على طبل للحصول على منحنى كتلة؛ والذي يمكن بوساطته إيجاد شدة هطلان الأمطار. ويمكن إضافة نظام للتسخين للجهاز أثناء فترة الشتاء لتفادى احتمال التجمد.
- المقياس ذو الوعاء القلاب Tipping-bucket type يقوم الوعاء المجمع للمطر بصبها في وعاء ذي حجرتين. ويملأ ربع ملم (20 جم) من المطر حجرة من الوعاء ثم يرجح بها فتنقلب، وبالتالي يتم تفريغها في حوض. ثم تتحرك الحجرة الثانية من الوعاء في حيز تحت الصبابة. وكلما تغيرت حجرة بواسطة ربع ملم من المطر تقوم بتفعيل دائرة كهربائية، ويقوم قلم بالتسجيل (في فترة زمنية محددة) على طبل دوار في المسجل الكهربائي. غير أن مثل هذا الجهاز لا يصلح لقياس الجليد دون تسخين المجمع.
- استخدام الرادار RADAR : توجد عدة طرق لاستخدام الرادار للمساعدة في قياس المطر خاصة لتغطية الأعاصير في منطقة معينة.

من أهم مصادر الخطأ عند تسجيل القراءات وحفظ السجلات بمقياس التساقط للتالي: أخطاء قراءة تدريج المقياس، وضياع بعض الماء أثناء الجمع وتسجيل للقراءة، وفقدان

بعض الماء لبلل أجزاء الجهاز الداخلية، وأي تغير في منطقة استقبال التساقط، وميلان جهاز القياس، وعطب الجهاز بسبب الرياح أو خلافه، أو غياب الصيانة الدورية {3،4}.

استكمال بيني لسجلات التساقط Interpolation of rain fall records: قد تفقد أحياناً السجلات من محطة قياس أو رصد معينة ليوم أو عدة أيام بسبب غياب مشغل المحطة، أو خلل في أجهزة التسجيل، أو لأي سبب آخر. ولكي لا تضيع المعلومات فمن الأفضل استخدام طريقة مناسبة لتقدير كمية المطر الهاطل في هذه الأيام لحساب الكميات الشهرية والسنوية. وفي هذا المحور يتم إتباع طريقتين للتقدير تعتمدان على سجلات متتالية لثلاث محطات بالقرب من المحطة التي افتقدت سجلاتها بحيث تبعد المحطات عنها بعداً متساوياً تقريباً بشرط:

1) إذا كان التساقط السنوي في كل من المحطات الثلاث في حدود عشرة بالمئة من التساقط في المحطة الفاقدة السجلات، يمكن استخدام متوسط حسابي بسيط لتقدير سجل المحطة المفقود.

2) إذا كان التساقط السنوي في أي من المحطات الثلاث يختلف عن المحطة الفاقدة للسجلات بأكثر من عشرة بالمائة تستخدم طريقة النسبة الطبيعية. وتعتمد هذه الطريقة على تراكم قيم التساقط على حسب نسب قيم التساقط السنوي كما مبين في المعادلة 4-5.

$$P_x = \frac{\frac{N_x P_a}{N_a} + \frac{N_x P_b}{N_b} + \frac{N_x P_c}{N_c}}{3} \qquad (4-5)$$

حيث:

N   = التساقط السنوي العادي

a,b,c = محطات رصد وقياس التساقط الهيدروليكية

P_x =السجل المفقود من المحطة x

ومن العوامل المؤثرة في تحديد التساقط السنوي لمنطقة معينة: ارتفاع المنطقة وطبغرافيتها، واتجاه الرياح الممطرة، والبعد عن البحر.

مثال 4-1

يبين الجدول التالي المطر السنوي للمحطة (س) والأمطار والسجلات السنوية (بالملم) لثلاث محطات مجاورة لها أ، ب، جـ. إذا كانت مقادير سجلات الأمطار قد طرأ عليها تغير أثناء فترة حفظها لسبب ما في المحطة (س)، جد

أ) متى بدأ حدوث التغير في السجلات.

ب) معامل تصحيح البيانات باستخدام طريقة منحنى الكتلة الثنائي.

السنة	ارتفاع المطر السنوي (ملم)			ارتفاع المطر السنوي في المحطة س (ملم)
	المحطة أ	المحطة ب	المحطة جـ	
1985	914	867	946	689
1986	898	952	961	686
1987	992	1129	937	855
1988	997	1051	989	916
1989	1175	896	698	994
1990	1098	769	516	542
1991	1622	868	823	652
1992	1128	798	998	840
1993	938	768	757	353
1994	652	756	519	273
1995	607	426	550	210
1996	312	468	419	188

الحل

1) المعطيات: تقديرات الأمطار لكل المحطات.

2) يمكن استخدام طريقة منحنى الكتلة الثنائي كما مبين في الجدول التالي.

التعديل المقترح لمطر المحطة س	المطر التراكمي للمحطة س	ارتفاع المطر السنوي في المحطة س (ملم)	التساقط التراكمي لكل المحطات	متوسط التساقط السنوي لكل المحطات	ارتفاع المطر السنوي (ملم)			السنة
					المحطة جـ	المحطة ب	المحطة أ	
785	689	689	909	909	946	867	914	1985
781	1375	686	1846	937	961	952	898	1986
974	2230	855	2865.3	1019.3	937	1129	992	1987
1043	3146	916	3877.7	1012.3	989	1051	997	1988
1132	4140	994	4800.7	923	698	896	1175	1989
617	4682	542	595	794.3	516	769	1098	1990
743	5334	652	6699.3	1104.3	823	868	1622	1991
957	6174	840	7674	974.7	998	798	1128	1992
402	6527	353	8495	821	757	768	938	1993
311	6800	273	91337.3	642.3	519	756	652	1994
239	7010	210	9665	527.7	550	426	607	1995
214	7198	188	10064.7	399.7	419	468	312	1996

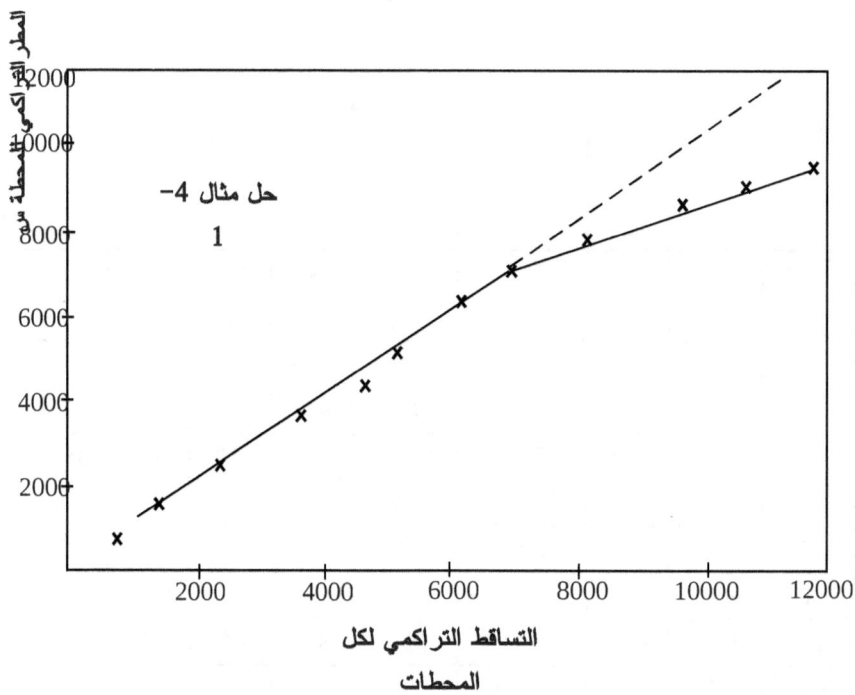

المطر الكمي بالمحطة س

حل مثال 4-1

التساقط التراكمي لكل
المحطات

3) أرسم تغير المطر التراكمي السنوي للمحطة (س) مع المطــر للـــتراكمي المتوســـط للمحطات أ، ب، جـ.

4) جد من الرسم السنة التي حدث فيها التغير في الميل وذلك منذ عام 1992. وهذا يشير إلى أنه منذ هذا الزمن ظهر التغير في طريقة قياس أو تسجيل بيانات الأمطـار بالمحطـة (س). ويمكن استخدام معامل تصحيح للبيانات منذ العــام مقــداره = ص÷ ع = 1.14. وبالتالي يمكن تصحيح سجلات المحطة س كما مبين في الجدول أعلاه.

برنامج 4-1

```
Public Class Form1
    Dim g As Graphics
    Dim cumulativeX(), cumulativeS() As Double

    '*****************************************
    'get_max(): Gets the largest number of an
    '           array, given a reference to
    '           the array and member count.
    '*****************************************
```

```
Private Function get_max(ByRef array() As Double, _
        ByVal count As Integer) As Double
    Dim i As Integer
    Dim max As Double = 0
    For i = 0 To count - 1
        If max < array(i) Then
            max = array(i)
        End If
    Next
    Return max
End Function

'*************************************************
'Draws a straight line from the scattered
'point data. The algorithm used is simple:
'(1) Divide data into two sets
'(2) Find a mid-point in each set
'(3) Find line equation from these two points
'(4) Find the first and last points in this line
'(5) Draw the line!
'*************************************************
Private Sub draw_straight_line()
    Dim count As Integer = _
        DataGridView1.Rows.Count - 1
    Dim w As Integer = PictureBox1.Width - 4
    Dim h As Integer = PictureBox1.Height - 4
    Dim max_st_X As Double = _
        get_max(cumulativeX, count)
    Dim max_st_All As Double = _
        get_max(cumulativeS, count)
    Dim scaleY As Double = h / max_st_X
    Dim scaleX As Double = w / max_st_All
    Dim zeroX As Integer = 2
    Dim zeroY As Integer = h + 2
    Dim mid_count As Integer = count / 2
    Dim sum1X, sum1Y, sum2X, sum2Y As Double
    Dim i As Integer
    sum1X = 0 : sum2Y = 0
    sum1Y = 0 : sum2Y = 0
    For i = 0 To mid_count - 1
        sum1X += cumulativeS(i)
        sum1Y += cumulativeX(i)
    Next
    sum1X /= mid_count
    sum1Y /= mid_count
    For i = mid_count To count - 1
        sum2X += cumulativeS(i)
        sum2Y += cumulativeX(i)
    Next
    sum2X /= (count - mid_count)
    sum2Y /= (count - mid_count)
```

```vb
    Dim m As Double
    Dim a, b, k, n As Double
    m = (sum2Y - sum1Y) / (sum2X - sum1X)
    'find straight line equation:
    'y = a + bx
    'y2 = mx2 - mx1 + y1
    a = -(m * sum1X) + sum1Y
    b = m
    n = 1 / b
    k = Math.Pow(10, a)
    '************************************
    'find first and last points 'from the
    'equation to draw the line.
    '************************************
    Dim x1, y1, x2, y2 As Double
    x1 = cumulativeS(0)
    x2 = cumulativeS(count - 1)
    y1 = m * x1 - (m * sum1X) + sum1Y
    y2 = m * x2 - (m * sum1X) + sum1Y
    Dim j1, j2, l1, l2 As Integer
    j1 = zeroX + (x1 * scaleX)
    j2 = zeroX + (x2 * scaleX)
    l1 = zeroY - (y1 * scaleY)
    l2 = zeroY - (y2 * scaleY)
    g.DrawLine(Pens.Black, j1, l1, j2, l2)
End Sub

Private Sub draw_graph()
    Dim count As Integer =
        DataGridView1.Rows.Count - 1
    Dim bmp As Bitmap =
  New Bitmap(PictureBox1.Width, PictureBox1.Height)
    g = Graphics.FromImage(bmp)
    g.Clear(Color.White)
    Dim w As Integer = PictureBox1.Width - 4
    Dim h As Integer = PictureBox1.Height - 4
    Dim max_st_X As Double =
        get_max(cumulativeX, count)
    Dim max_st_All As Double =
        get_max(cumulativeS, count)
    Dim countX As Integer = 5
    Dim countY As Integer = 5
    Dim scaleY As Double = h / max_st_X
    Dim scaleX As Double = w / max_st_All
    Dim zeroX As Integer = 2
    Dim zeroY As Integer = h + 2
    Dim i, j, k As Integer
    Dim f As Font = New Font("Arial", 8)
    'Draw X axis
    g.DrawLine(Pens.Black, zeroX, zeroY,
```

```vb
                    zeroX + w, zeroY)
        Dim x As Double = max_st_All / 5
        For i = 1 To countX
            j = zeroX + (i * x * scaleX)
            g.DrawLine(Pens.Black, j, zeroY, j, zeroY - 2)
            g.DrawString(FormatNumber(i * x, 0), f,
                    Brushes.Black, j, zeroY - 12)
        Next
        'Draw Y axis
        g.DrawLine(Pens.Black, zeroX, zeroY, zeroX, 2)
        Dim y As Double = max_st_X / 5
        For i = 1 To countY
            j = zeroY - (i * y * scaleY)
            g.DrawLine(Pens.Black, zeroX, j, zeroX + 2, j)
            g.DrawString(FormatNumber(i * y, 0), f,
                    Brushes.Black, 4, j)
        Next
        'Draw major points
        For i = 1 To count
            j = zeroX + (cumulativeS(i - 1) * scaleX)
            k = zeroY - (cumulativeX(i - 1) * scaleY)
            g.DrawEllipse(Pens.Black, j - 2, k - 2, 4, 4)
        Next
        draw_straight_line()
        PictureBox1.Image =
            Image.FromHbitmap(bmp.GetHbitmap)
        g.Dispose()
        bmp.Dispose()
    End Sub

    Private Sub Form1_Load(ByVal sender As System.Object,
            ByVal e As System.EventArgs)
            Handles MyBase.Load
        Button1.Text = "احسب"
        Me.Text = "مثال 4-1"
        Me.FormBorderStyle =
            Windows.Forms.FormBorderStyle.FixedSingle
        DataGridView1.Columns.Clear()
        DataGridView1.Rows.Clear()
        DataGridView1.RightToLeft =
            Windows.Forms.RightToLeft.Yes
        DataGridView1.Columns.Add("yrCol", "السنة")
        DataGridView1.Columns.Add("aCol", "مطر محطة أ")
        DataGridView1.Columns.Add("bCol", "مطر محطة ب")
        DataGridView1.Columns.Add("cCol", "مطر محطة ج")
        DataGridView1.Columns.Add("xCol", "مطر محطة س")
    End Sub

    Private Sub Button1_Click(ByVal sender As
        System.Object, ByVal e As System.EventArgs)
        Handles Button1.Click
```

126

```
        Dim count As Integer =
            DataGridView1.Rows.Count - 1
        ReDim cumulativeS(count), cumulativeX(count)
        Dim i As Integer
        Dim sum As Double
        Dim lastX As Double = 0
        Dim lastS As Double = 0

        If DataGridView1.Columns.Count < 6 Then
            DataGridView1.Columns.Add("scCol",
                "تساقط تراكمي لكل المحطات")
            DataGridView1.Columns.Add("xcCol",
                "تساقط تراكمي محطة س")
        End If

        For i = 0 To count - 1
            'Calculate sum for three stations
            sum =
      Val(DataGridView1.Rows(i).Cells("aCol").Value)
            sum +=
      Val(DataGridView1.Rows(i).Cells("bCol").Value)
            sum +=
      Val(DataGridView1.Rows(i).Cells("cCol").Value)
            sum /= 3
            cumulativeS(i) = lastS + sum
            lastS = cumulativeS(i)
            DataGridView1.Rows(i).Cells("scCol").Value =
             FormatNumber(cumulativeS(i), 1)
            'Calculate sum for X station
            sum =
      Val(DataGridView1.Rows(i).Cells("xCol").Value)
            cumulativeX(i) = lastX + sum
            lastX = cumulativeX(i)
            DataGridView1.Rows(i).Cells("xcCol").Value =
             FormatNumber(cumulativeX(i), 1)
        Next
        draw_graph()
    End Sub
End Class
```

مثال 2-4

فقد من سجلات التساقط لإحدى محطات الرصد الهيدروليكية (a) سجل المطر في أحد الأيام المطيرة. وتشير البيانات إلى أن تقديرات الأمطار في ثلاثة محطات (b) و(c) و(d) مجاورة للمحطة (a) تساوي: 73، 58، 41 ملم على الترتيب. إذا كان التساقط السنوي

العادي في المحطات (a) و(b) و(c) و(d) يبلغ: 960، 450، 706، 319 ملم على الترتيب، جد قيمة التساقط أثناء الزوبعة المطرية في المحطة (a).

الحل

1- المعطيات: $P_b = 73$ ملم، $P_c = 58$ ملم، $P_d = 41$ ملم ، $N_a = 960$ ملم، $N_b =$ 450 ملم، $N_c = 706$ ملم، $N_d = 319$ ملم.

2- جد قيمة التساقط أثناء الزوبعة في المحطة x باستخدام المعادلة 4-5.

$P_a = (1 \div 3) \times \{(960 \times 73 \div 450) + (960 \times 58 \div 706) + (960 \times 41 \div 319)\} = 119$ ملم

برنامج 4-2

```
Public Class Form1

    Private Sub Form1_Load(ByVal sender As System.Object,
      ByVal e As System.EventArgs) Handles MyBase.Load
        Label1.Text = "Na (mm)"
        Label2.Text = "Nb (mm)"
        Label3.Text = "Nc (mm)"
        Label4.Text = "Nd (mm)"
        Label5.Text = "Pb (mm)"
        Label6.Text = "Pc (mm)"
        Label7.Text = "Pd (mm)"
        Label8.Text = "Pa (mm)"
        Button1.Text = "احسب التساقط"
        Me.Text = "2-4 مثال"
        Me.FormBorderStyle =
            Windows.Forms.FormBorderStyle.FixedSingle
    End Sub

    Private Sub Button1_Click(ByVal sender As
      System.Object, ByVal e As System.EventArgs)
      Handles Button1.Click
        Dim Na, Nb, Nc, Nd As Double
        Dim Pa, Pb, Pc, Pd As Double

        Na = Val(TextBox1.Text)
        Nb = Val(TextBox2.Text)
        Nc = Val(TextBox3.Text)
        Nd = Val(TextBox4.Text)
        Pb = Val(TextBox5.Text)
        Pc = Val(TextBox6.Text)
        Pd = Val(TextBox7.Text)
```

```
        Pa = ((Na * Pb) / Nb)
        Pa += ((Na * Pc) / Nc)
        Pa += ((Na * Pd) / Nd)
        Pa /= 3

        TextBox8.Text = FormatNumber(Pa, 2)
    End Sub
End Class
```

قانون الارتفاع (القانون الخطي): يرتفع الهواء المحمل بالرطوبة لارتفاعات أعلى عند وجود حاجز طبغرافي عمودي على اتجاه الرياح الممطرة. وعليه تحظى المنطقة في اتجاه الرياح بأمطار غزيرة، بينما تكون المنطقة في ظل المطر جافة. ويمكن إيجاد ارتفاع التساقط في الاتجاه الذي يميل في اتجاه الرياح من المعادلة 4-6.

$$P = \quad az + b \qquad\qquad\qquad (4\text{-}6)$$

حيث:

P = كمية المطر

z = الارتفاع

a = ثابت ميل المطر (يساوى 50 إلى 60، وأحياناً قد يصل إلى 100 ملم لكل 100 متر في فرق الارتفاع).

قانون المسافة (القانون الأسي): تقوم السحب بإلقاء حمولتها من رطوبة في شكل أمطار عند تحركها إلى داخل الجناح القاري. وعليه تقل حمولتها من الرطوبة وبالتالي تقل كمية المطر في المحطات البعيدة. ويمكن توضيح هذا النقص كما في المعادلة 4-7.

$$P' = \lambda\, e^{\mu\, D^2} \qquad\qquad\qquad (4\text{-}7)$$

حيث:

D = المسافة من المحيط

P' = نقصان المطر

ويمكن ضم المعادلتين 4-6 و 4-7 كما مبين في المعادلة 4-8.

$$P = Az + B^{-(az+b)^2} \qquad\qquad\qquad (4\text{-}8)$$

التوزيع المساحي للأمطار Aerial Distribution of rainfall

تضم الطرق المستخدمة لإيجاد ارتفاع التساقط التالي: طريقة المتوسط الحسابي، وطريقة مضلع ثايسن، وطريقة خطوط الأمطار المتساوية.

المتوسط الحسابي للتساقط لكل المحطات في المنطقة: تعتمد طريقة المتوسط الحسابي على إيجاد متوسط ارتفاع التساقط في كل المحطات بالمنطقة لتقدير مناسب للتساقط المتوسط في حالة التوزيع المنتظم للمحطات عبر المنطقة وفي حالة عدم وجود تغير كبير في ارتفاع الأمطار في كل من هذه المحطات. غير أن هذه الشروط قلما يتم الإيفاء بها مما يحد من طريقة استخدام التساقط المتوسط لتقدير ارتفاعه في المنطقة. ويمكن استخدام المعادلة 4-9 لحساب المتوسط الحسابي لمياه الأمطار.

$$P_{av} = \sum_{i=1}^{n} \frac{P_i}{n} \qquad (4\text{-}9)$$

حيث:

P_{av} = متوسط الأمطار الهاطلة (ملم)

P_i = مقدار الأمطار الهاطلة في المحطة i (ملم)

n = عدد المحطات

طريقة مضلع ثايسن Thiessen method: تستخدم هذه الطريقة المساحة المؤثرة لكل محطة في حساب مقدار التساقط طبقاً للطريقة التالية:

1) يرسم موقع كل محطة في خارطة مناسبة.

2) تحدد المساحة المؤثرة لكل محطة كالآتي:

- يتم توصيل كل محطة مع عدة محطات مجاورة بخطوط مستقيمة.
- تنشأ أعمدة منصفة لكل من هذه الخطوط، وتمد هذه الأعمدة لتقاطع بعضها البعض مكونة مضلع حول كل محطة.

3) يتم إيجاد مساحة المضلع المؤثرة المحيطة بكل محطة بواسطة ممساح أو بأي طريقة أخرى مقبولة. وفي حالة وقوع أجزاء من المضلع خارج المنطقة الجابية أو في منطقة أخرى يفترض فيها ارتفاع التساقط يتم قياس المساحة لأجزاء المضلع الواقعة ضمن المساحة قيد البحث.

4) يضرب ارتفاع التساقط في المحطات المختلفة في مساحة المضلع المرتبط بها، ثم يتم جمع هذه الحسابات ويقسم الناتج على المساحة الكلية لإيجاد التساقط المتوسط.

تصلح طريقة ثايسن لإيجاد عدد من الارتفاعات المتوسطة لمنطقة معينة تخدم بشبكة من المحطات الثابتة في عددها ومواضعها. وتفقد صلاحيتها في حالة إضافة محطات جديدة، أو إخراج محطات من الشبكة، أو في حالة تغير مواضع المحطات، أو فقدان بيانات أي محطة. وتقتضي مثل هذه التغيرات إعادة تحديد مضلعات ثايسن لكل المنطقة والمحطات. ومن المفترض عدم استخدام هذه الطريقة في منطقة جبلية للتغير في التساقط المواكب لارتفاع المنطقة. وتبين المعادلة 4-10 العملية الحسابية المتبعة في هذه الطريقة.

$$P_{mean} = \frac{\sum_{i=1}^{n} A_i P_i}{\sum_{i=1}^{n} A_i} \qquad (4\text{-}10)$$

حيث:

P_{mean} = متوسط الأمطار الهاطلة في المنطقة (ملم)

P_i = تسجيل الأمطار الهاطلة في المحطة i (ملم)

A_i = مساحة المضلع المحيط بالمحطة i الواقعة في منتصفه (م^2)

<u>طريقة خرائط تساوي توزيع المطر Isohyetal method:</u> هذه الطريقة من أفضل الطرق المتاحة لتقدير التساقط المتوسط لمنطقة معينة في بحوث الأعاصير. ويتم فيها رسم خرائط تساوى توزيع المطر باستخدام البيانات من المحطات وأي معايير أخرى لتقويم أو استكمال البيانات بين محطات المراقبة لتقدير كمية الأمطار {20}. ويمكن إيجاز هذه الطريقة في النقاط التالية:

1- تختار وتحضر خارطة مناسبة تبين عليها مواقع المحطات. ويبين على الخارطة أيضاً كميات التساقط في كل المحطات. ومن ثم يتم رسم خطوط الأمطار المتساوية بطريقة تماثل تلك المتبعة لرسم الفواصل الكنتورية في الخرط الطبغرافية.

2- يتم تقدير المساحة المحاطة بخطوط الأمطار المتساوية بواسطة الممساح أو غيره من الطرق.

3- يضرب التساقط المتوسط – بين كل زوجين من خطـوط الأمطـار المتساوية – بالمساحة – بين الخطوط –لتقدير الحجم المرحلي.

4- يجمع حاصل الضرب للمساحات والتساقط لكل الخطوط، ثم يقسـم النلتـج علــى المساحة الكلية بين خطوط الأمطار المتساوية، لتقـدير التسـاقط المتوسط لهـذه المحطات، كما موضح في المعادلة 4-11.

$$P_{av} = \frac{\sum\limits_{i=1}^{N} \frac{A_i(P_i + P_{i+1})}{2}}{\sum\limits_{i=1}^{N} A_i} \qquad (4\text{-}11)$$

مثال 4-3

جد التساقط المتوسط في منطقة جابية طبقاً للمعلومات والبيانات الموضحةفــي الجــدول التالي باستخدام طرق مختلفة لتقديرها.

المساحة (%)	مقياس المطر (سم)	المحطة
9	50	1
13	62	2
17	75	3
20	100	4
30	106	5
11	95	6

الحل:

1- المعطيات: تقديرات الأمطار في المحطات.

2- جد متوسط الأمطار الهاطلة بالمنطقة باستخدام طريقة المتوسط الحسابي من المعادلة:

$$P_{av} = \Sigma(P_i/n)$$

$P_{av} = (50 + 62 + 75 + 100 + 106 + 95) \div 6 = 81.3$ سم.

3- جد متوسط الأمطار الهاطلة بالمنطقة باستخدام طريقة تايسن: $P_{mean}=(A_1/A)P_1$
$+(A_2/A)P_2+..+ (A_n/A)P_n$

التساقط المتوسط = (9×50 + 13×62 + 17×75 + 20×100 + 30×106 + 11×95) ÷ 100 = 87.6 سم.

برنامج 3-4

```
Public Class Form1

    Private Sub Form1_Load(ByVal sender As System.Object,
      ByVal e As System.EventArgs) Handles MyBase.Load
        Label1.Text = "متوسط المطر الحسابي"
        Label2.Text = "متوسط المطر تايسن"
        Button1.Text = "احسب المتوسط"
        Me.Text = "مثال 3-4"
        Me.FormBorderStyle =
            Windows.Forms.FormBorderStyle.FixedSingle

        DataGridView1.RightToLeft =
            Windows.Forms.RightToLeft.Yes
        DataGridView1.Rows.Clear()
        DataGridView1.Columns.Clear()
        DataGridView1.Columns.Add("columnP",
            "مقياس المطر-سم")
        DataGridView1.Columns.Add("columnA",
            "المساحة-%")
    End Sub

    Private Sub Button1_Click(ByVal sender As
      System.Object, ByVal e As System.EventArgs)
      Handles Button1.Click
        Dim Pmean, Pav As Double
        Dim count As Integer = DataGridView1.Rows.Count
        Dim i, j As Integer
        Dim A(count) As Double
        Dim P(count) As Double

        j = 0
        For i = 0 To count - 1
            P(j) =
             Val(DataGridView1.Rows(i).Cells(0).Value)
            A(j) =
             Val(DataGridView1.Rows(i).Cells(1).Value)
            If P(j) = 0 And A(j) = 0 Then
                Continue For
            Else
                j += 1
            End If
        Next
```

```
          'there might be missed values we ignored,
          'so correct the count.
          If count <> j Then count = j
          'calculate mean: method #1
          Pav = 0
          For i = 0 To count - 1
              Pav += P(i)
          Next
          Pav /= count
          'calculate mean: method #2
          Dim totalA As Double = 0
          For i = 0 To count - 1
              totalA += A(i)
          Next
          If totalA <> 100 Then
              MsgBox("مجموع المساحات لا يساوي 100!!",
                     vbInformation Or vbOKOnly)
              Exit Sub
          End If

          Pmean = 0
          For i = 0 To count - 1
              Pmean += (A(i) * P(i))
          Next
          Pmean /= 100

          TextBox1.Text = FormatNumber(Pav, 2)
          TextBox2.Text = FormatNumber(Pmean, 2)
      End Sub
End Class
```

مطر الإعصار الصافي Net storm rain: يعبر مطر الإعصار الصافي عن كميــة
هطلان المطر باستثناء الفاقد منه، ويمثل الانسياب السطحي المباشر أو الدفق فوق التربة.
وأحياناً تؤدي الأمطار الغزيرة إلى انسياب سطحي متوسـط، كمــا وربمــا أدت أمطار
متوسطة في أحيان أخرى إلى انسياب كبير وفيضان. وعليه فلا تعطي بيلنــات الأمطــار
لوحدها صورة كاملة ما لم يعرف معها الجزء المنساب على السطح مباشــرة للمجــاري
المائية. وتمثل المعادلة الهيدرولوجية 4-12 تقديرات الأمطار

$$\text{الدفق الداخل} = \text{الدفق الخارج} + \text{المخزون} \qquad (4-12أ)$$

$$P = (I + Ea + Pe) + (F + S_d) \qquad (4-12ب)$$

حيث:

P = الأمطار الهاطلة

134

I = الجزء المعترض أو المحبوس

Ea = البَخر من الأرض ومن الخزن في المناطق المنخفضة (ذو كمية قليلة ومتغيرة بحيث يمكن تجاهلها)

F = التسرب

S_d = الخزن في المناطق المنخفضة

Pe = المطر الصافي ويمثل الجزء من الأمطار التي تصل إلى المصارف المائية لدفق سطحي مباشر. ويمكن تقدير المطر الصافي بعدة طرق مثل طريقة سعة التسرب f-capacity أو معامل فاى –index ط.

التسرب (التخلخل): يعنى التسرب تحرك الماء عبر سطح التربة إلى داخلها. ويؤثر التسرب على الدفق السطحي والنباتات ونداوة التربة والبَخر والنواحي الزراعية والبيئية. ومن العوامل المؤثرة على التسرب {3،4}: النفاذ السطحي خلال التربة، والنقل داخل التربة، والسعة التخزينية للتربة (تعتمد على مسامية التربة وعمق طبقات التربة ومحتوى النداوة الموجود وتركيز المواد العضوية والنشاط الحيوي وتغلغل جذور النبات والمواد الغروية المنتفخة)، وخواص الطبقة النفاذية (المسامات، والنفاذية، وطبيعة التربة، وخواص الانتفاخ، وتركيز المواد العضوية، والنباتات)، وخواص السائل المتخلخل (العكر، وكمية الطين، والمواد الغروية، ونوع وكمية الأملاح بالتربة، ودرجة الحرارة، واللزوجة).

تعبر سعة التسرب (f-Capacity) عن أقصى معدل يحدث عنده التخلخل عند سطح التربة في مدة زمنية محددة، ويقاس بالسنتيمتر على الساعة أو ما يماثلهامن الوحدات. عموماً يبدأ التخلخل بمعدل عال في تربة الطفل (الطُفال) الرملي Sandy-loam ليقل بعد مدة من الزمن بمعدل مستقر. ولمعدل سعة التسرب أهمية كبيرة في الزراعة (يحتاج إلى مقدار كبير من سعة التسرب للسماح بسهولة دخول الأمطار ومياه الري، غير أنه ليس بالكبر إلى المدى الذي تناسب فيه المياه بسرعة متجاوزة منطقة جذور النبلتات)، والمحافظة على التربة والمياه الجوفية والتحكم في الفيضان (يجب أن يكون مقدار سعة التسرب عالي جداً لمنع تعرية التربة، أو لزيادة المياه الجوفية، ولزيادة الصرف من التربة)، وفي المحافظة على المياه السطحية (يحتاج إلى أقل معيار من سعة التسرب

للحصول على أكبر انسياب سطحي يساعد في ملء الخزانات السطحية) {21}. وتبين معادلة هورتون 4-13 طريقة حسابية لتقدير منحنى سعة التسرب.

$$f = f_c + (f_o - f_c) e^{k_f t}$$ (4-13)

حيث:

f = سعة التخلخل (التسرب) للزمن t

f_o = سعة التسرب الابتدائية

f_c = سعة التسرب النهائية

k_f = معدل تناقص سعة التسرب

e = أساس الخوارزم الطبيعي

وبتكامل معادلة هورتون ينتج معادلة 4-14.

$$F = \int_0^t f \, dt = f_c t + \left(\frac{(f_o - f_c)}{k_f} \right) \left(1 - e^{k_f t} \right)$$ (4-14)

حيث:

F = معدل التخلخل الكتلي للزمن t

وعند الزمن t = ما لانهاية

$$F_c = \frac{(f_o - f_c)}{k_f}$$ (4-15)

مثال 4-4

جد معادلة منحنى سعة التسرب إذا كانت قيمة F_c = 2.7 سم، f_o = 9.9 سم/ساعة، f_c = 0.6 سم/ساعة. ثم جد قيمة سعة التسرب عند الزمن 20 دقيقة.

الحل

1- المعطيات: F_c = 2.7 سم، f_o = 9.9 سم/ساعة، f_c = 0.6 سم/ساعة، t = 20 دقيقة.

2- جد قيمة معدل التناقص لسعة التسرب = k_f = (f_o - f_c) ÷ F_c = (9.9 - 0.6) ÷ 2.7 = 3.44

3- استخدم معادلة هورتون لتقدير منحنى سعة التسرب: $f = f_c + (f_o - f_c) e^{-k_f t}$

$$f = 0.6 + (9.9 - 0.6)e^{--3.44\times t} = 0.6 + (9.3)\ e^{--3.44\times t}$$

4- جد قيمة سعة التسرب عند الزمــــن 20 دقيقـــة، 20 = t دقيقة = 20÷60 = 0.333ساعة

وعليه: $f = 0.6 + (9.3)\ e^{-3.44\times 0.333} = 3.55$ سم/ساعة

برنامج 4-4

```
Public Class Form1

    Private Sub Form1_Load(ByVal sender As System.Object,
      ByVal e As System.EventArgs) Handles MyBase.Load
        Label1.Text = "Fc (cm)"
        Label2.Text = "fo (cm)"
        Label3.Text = "fc (cm)"
        Label4.Text = "t (min)"
        Label5.Text = "معدل التناقص"
        Label6.Text = "معادلة هورتون"
        Label7.Text = "سعة التسرب"
        Button1.Text = "احسب"
        Me.Text = "4-4 مثال"
        Me.FormBorderStyle =
             Windows.Forms.FormBorderStyle.FixedSingle
    End Sub

    Private Sub Button1_Click(ByVal sender As
      System.Object, ByVal e As System.EventArgs)
      Handles Button1.Click
        Dim Fc, fo, fc1, t As Double
        Dim kf, f As Double
        Fc = Val(TextBox1.Text)
        fo = Val(TextBox2.Text)
        fc1 = Val(TextBox3.Text)
        t = Val(TextBox4.Text)

        kf = (fo - fc1) / Fc
        'çonvert min to hr
        t /= 60
        f = fc1 + ((fo - fc1) *
             Math.Pow(Math.E, -(kf * t)))
        TextBox5.Text = FormatNumber(kf, 2)
        TextBox7.Text = FormatNumber(f, 2)
        TextBox6.Text = FormatNumber(fc1, 1) + "+(" _
                 + FormatNumber(fo - fc1, 1) + ")e^(-" _
                 + FormatNumber(kf, 1) + "t)"
    End Sub
End Class
```

قياس التسرب: تقوم أجهزة مقياس التسرب بتقدير مقادير للنوع أكثر منها للكم. ويفيد المقياس في تقدير أثر استخدام الأرض، وتقدير الميل، والغطاء العشبي. كما يفيد في منع تعرية التربة، وتقليل الفيضان، وتقدير المخزون الجوفي. ومن أهم الطرق المتبعة لقياس التسرب ما يلي {3،4}:

أجهزة مقياس التسرب Infiltrometers : تستخدم في منطقة جابية صغيرة أو لإجراء التجارب. ويبين شكل 4-5 رسم تخطيطي لمقياس تسرب بسيط يمكنه قياس توتر النداوة والتربة من درجة التشبع إلى توتر يبلغ 1 جو. يوضع الجهاز في حالة اتزان مع التربة وعندما تنخفض نداوة التربة (أدنى درجة التشبع) ينساب الماء من الكوب مما يولد ضغط سالب يظهر على المانومتر. ويمكن تقسيم أجهزة مقياس التسرب إلى: مقارنات المطر Rainfall Stimulators التي تقوم بقياس المياه بطريقة تسمح بمقارنتها مع الأمطار الطبيعية، ومقياس الفيضان Flooding Type الذي يسمح بالحصول على فاقد سمت ثابت، وتحليل الهيدروجراف Hydrograph Analysis لتقدير قياس التغير في الأمطار؛ وتضم تأثير عدة عوامل عملية (مثل: معدل الدفق، والميلان، والتربة، والغطاء النباتي، والمخزون، وزمن الجريان). وتستخدم هذه الطريقة أحد أو عدة صيغ أساسية مثل: علاقة زمن الهطلان والدفق، وعلاقة الزمن والتكثيف، وعلاقة متوسط التسرب وغيرها من المعادلات {4}.

يمكن تقدير سعة التسرب من منحنياتها، أو باستخدام أجهزة مقياس التسرب، أو بتحليل الهيدروجراف للمنطقة، أو بتحليل منحنى الكتلة؛ كما يمكن استخدام دليل افتراضي وتقدير المعدل. وفي مثل هذه الطرق التقديرية يستخدم معدل بدلاً عن سعة التسرب باختيار قيم من أعاصير طبعية فوق منطقة صرف حقيقية. ويمكن إيجاد علاقة بين المعدل والعوامل المؤثرة عندما توجد قيم لحالات مختلفة للمنطقة مثل: قراءة أجهزة مقياس التسرب الحلقية، ونسج التربة، والغطاء النباتي، وفصل السنة، وطبغرافية المنطقة، والمطر السابق، وشدة العاصفة. وبالنسبة لعاصفة معينة (في منطقة لها خواص معلومة) يمكن اختيار قيمة تصميمية للمعدل لإيجاد المطر الصافي. ومن أهم المعدلات المستخدمة لتقدير التسرب (كمعدل متوسط أثناء مدة الزوبعة والأمطار): طريقة متوسط التسرب، وطريقة فاي، وطريقة دبليو، وطريقة النسبة المئوية للانسياب السطحي.

<u>طريقة متوسط التسرب f_{av} method</u>: هذه الطريقة من أكثر الطرق تفصيلاً وأقربهـا عقلانية ومنطقاً. ويعرّف متوسط التسرب بأنه: متوسط معدل التخلخل في فـــترة إمــداد مستمر للتخلخل والتسرب. وقد تحتوي الأعاصير على عدة فترات مطرية، ومن ثم يوجد المطر الكلي لكل منها على حدة. و تماثل طريقة متوسط التسرب طريقة سعة التسـرب، غير أنها أقل دقة.

<u>أ) معامل فاي φ-index</u>: معامل فاي هو معدل هطلان الأمطار (سم/ساعة) الذي يكـــون بعده حجم الهطلان الأمطار مساوياً لحجم الانسياب السطحي (سيل الأمطار). ويعبر دليل فاي عن متوسط معدل التسرب، ويوجد من منحنى الزمن وشدة الأمطار. ولتحديد دليــــل فاي لزوبعة مطرية يتم حساب كمية الدفق السطحي من الهيدروجراف، ثم يوجد الفرق بين هذه الكمية والمطر الكلي المسجل، ثم يتم تقسيم الفاقد بالتساوي عبر الزوبعة. ومن الجدير بالذكر أن قيمة دليل فاي المحسوبة لزوبعة معينة لا تسرى لغيرها ما لم يتـــم الأخـــذ فـي الاعتبار عوامل المنطقة الأخرى بالإضافة للدفق السطحي {4،20}.

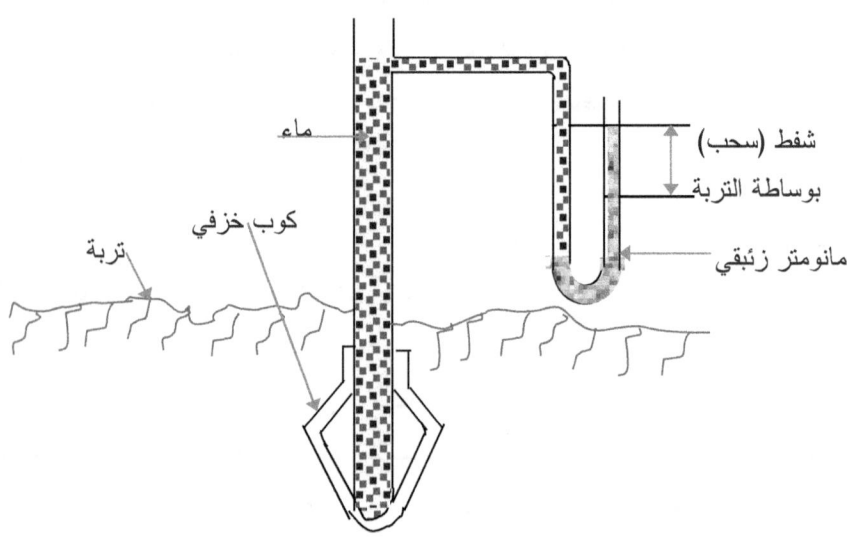

شكل 4-5 جهاز قياس التسرب، 3

139

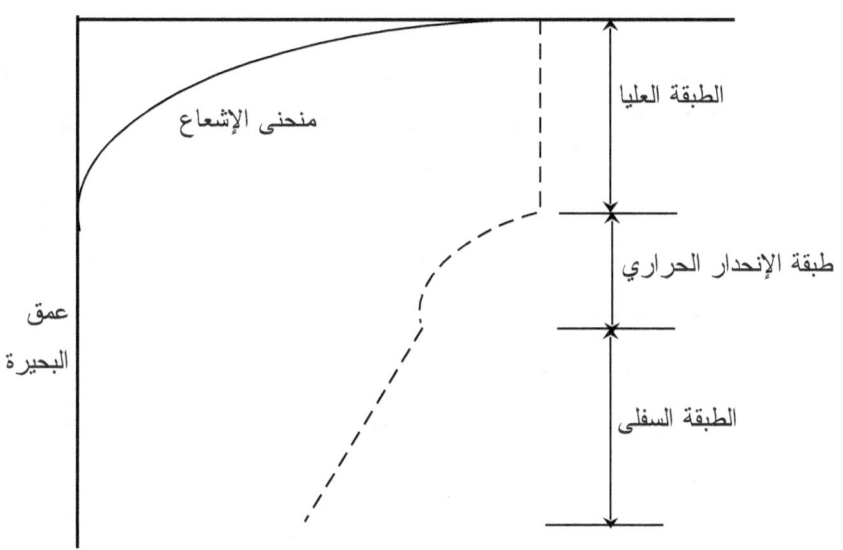

شكل 4-6 أ تغير الحرارة مع عمق البحيرة

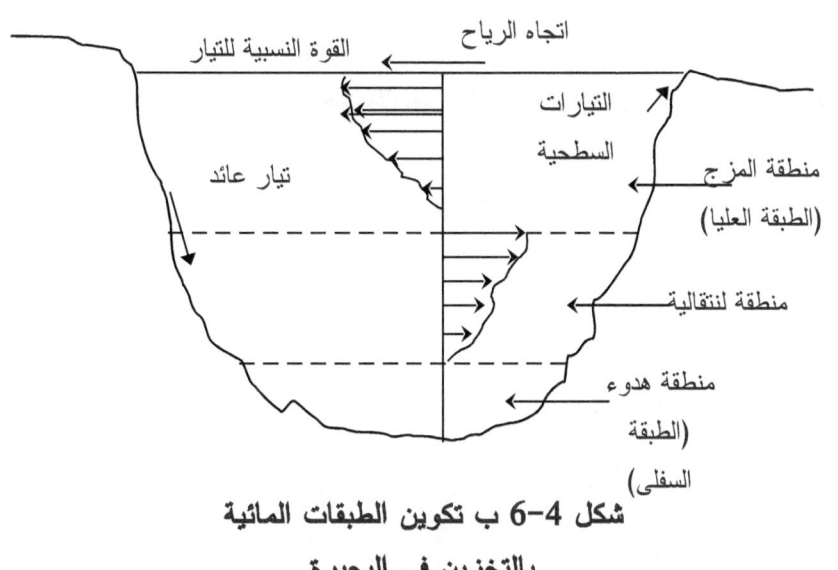

شكل 4-6 ب تكوين الطبقات المائية
بالتخزين في البحيرة

مثال 4-5

جد مقدار دليل فاى للمنطقة الجابية لإحداث انسياب سطحي مقداره 21 ملـــم، إذا علـــم أن قيمة المطر الكلي لموقع ما تساوي 47 ملم حسب التقسيم المبين في الجدول التالي:

الزمن (ساعة)	شدة الأمطار (ملم/ساعة)
صفر	صفر
1	4
2	21
3	9
4	6
5	4

الحل

1- المعطيات: تغير شدة الأمطار مع الزمن، ومعدل الانسياب سطحي = 21 ملم.

2- أرسم شدة الأمطار مع الزمن كما مبين على شكل "حل المثال".

3- جد دليل فاى باستخدام المعادلة:

معدل الأمطار الأعلى من فاى = معدل الأمطار الأدنىمــنفـــاى = معـــدل الانســـياب السطحي

$$21 = 1(21 - \phi) + 1(9 - \phi) + 1(6 - \phi)$$

وعليه يمكن إيجاد دليل فاى ليساوي: $\phi = 5$ ملم/ساعة.

برنامج 4-5

```
Public Class Form1

    Private Sub Form1_Load(ByVal sender As System.Object,
      ByVal e As System.EventArgs) Handles MyBase.Load
        Label1.Text = "الانسياب السطحي-ملم"
        Label2.Text = "معامل فاي-ملم/ساعة"
        Button1.Text = "احسب معامل فاي"
        Me.Text = "مثال 4-5"
        Me.FormBorderStyle =
            Windows.Forms.FormBorderStyle.FixedSingle
        DataGridView1.Rows.Clear()
```

```
    DataGridView1.Columns.Clear()
    DataGridView1.RightToLeft =
        Windows.Forms.RightToLeft.Yes
    DataGridView1.Columns.Add("tCol", "الزمن-ساعة")
    DataGridView1.Columns.Add("rCol",
        "شدة المطر-ملم/ساعة")
End Sub

Private Sub Button1_Click(ByVal sender As
   System.Object, ByVal e As System.EventArgs)
   Handles Button1.Click
    Dim phi, runoff As Double
    Dim i, phi_index As Integer
    Dim count As Integer =
        DataGridView1.Rows.Count - 1
    Dim rain(count) As Double
    runoff = Val(TextBox1.Text)
    For i = 0 To count - 1
        rain(i) =
   Val(DataGridView1.Rows(i).Cells("rCol").Value)
    Next
    reorder_ascend(rain, count)
    phi_index = -1
    For i = 0 To count - 1
        If rain(i) = runoff Then
            phi_index = i - 1
            Exit For
        End If
    Next
    If phi_index = -1 Then
        MsgBox("تعذر حساب معامل فاي.",
            vbCritical Or vbOKOnly)
        Exit Sub
    End If

    Dim a, b, c As Double
    If phi_index = 0 Then
        a = 0
    Else
        a = rain(phi_index - 1)
    End If
    b = rain(phi_index)
    c = rain(phi_index + 1)
    phi = (runoff - (a + b + c)) / (-3)
    TextBox2.Text = FormatNumber(phi, 1)
End Sub

'*******************************************
'Uses a simple bubble algorithm to reorder
'an array given reference to it and it's
'member count.
```

```
'****************************************
    Private Sub reorder_ascend(ByRef array() As Double,
            ByVal count As Integer)
        Dim i As Integer
        Dim shuffled As Boolean = True
        Dim tmp As Double = 0
        While shuffled = True
            shuffled = False
            For i = 0 To count - 2
                If array(i) > array(i + 1) Then
                    tmp = array(i)
                    array(i) = array(i + 1)
                    array(i + 1) = tmp
                    shuffled = True
                End If
            Next
        End While
    End Sub
End Class
```

ب) معامل دبليو W-index: هو عبارة عن متوسط التخلخل في زمن هطلان الأمطار الذي تزيد فيه شدة الأمطار عن معدل سعة التسرب. وعادة يكون معيار دبليو أقل من معامل فاي بمقدار متوسط الماء المحجوز والتخزين في المناطق المنخفضة، وعندما تشتد الرطوبة تصل سعة التسرب إلي أقل قيمة لها، وعندما يقل معدل الحجز يتساوى مقدار فاي ومعامل دبليو تقريباً، وحينئذٍ يسمى مقدار دبليو بمقدار دبليو الأقل (الأدنى). ويستخدم هذا المعيار خاصة في بحوث أقصى فيضان. ويمكن إيجاد دليل دبليو من المعادلة 4-16.

$$W = \frac{F}{t_f} = \frac{P-Q-S}{t_f} \qquad (4\text{-}16)$$

حيث:

W= دليل دبليو

F = التسرب الكلي

t_f = الزمن الكلي الذي تكون فيه شدة الأمطار أكبر من W

P = المطر الكلي

Q = الدفق السطحي

S = المخزون السطحي الفعال.

جـ) دليل دبليو الأدنى: Wmin Index ويصلح هذا الدليل عند الظروف شديدة البلل وعند وصول سعة التسرب إلى أدنى معدل ثابت لها، أي عندما يتساوى دليل دبليو ودليل فـاى. ويستخدم دليل دبليو الأدنى عادة لقياس أقصى فيضان. إن كمية الأمطار الممتصة بالتربة والتي تنساب كدفق سطحي تعتمد على درجة بلل التربة في بداية الأمطار وسعة الخـــزن ومحتوى الندى الأولي للتربة {4،20}.

د) دليل التساقط: Antecedent Precipitation Index يفيد هذا الدليل في تقدير الدفق السطحي المتوقع لمنطقة جابية لها سجلات مكتملة {4}. ويفترض في هـذا الـدليل نقصان محتوى ندى التربة بمعدل يتناسب مع الكمية المخزونة في التربة كما مـبين فـي المعادلة 4-17.

$$I_t = I_0 * k^t \qquad (4-17)$$

حيث :

I_t = قيمة الدليل المخفضة بعد t يوم (ملم)

I_0 = قيمة الدليل الأولية (ملم)

k = ثابت يتراوح بين 0.85 إلى 0.98 وعادة تؤخذ قيمته لتساوي 0.92 .

t = الزمن (يوم).

شدة هطلان المطر وفترته Rainfall intensity and duration: تشير شدة الأمطار إلى مقياس كمية الهطلان في منطقة معينة في فترة هطلان الأمطار. وكلمــا زادت شـدة المطر كلما قلت الفترة الزمنية لاستمراره. وتتفاوت الأعاصير الممطرة في شدتها أثنـاء الإعصار المعين (ويعتمد على هذا التغير لإيجاد علاقة الزمن وشدة المطر أو فترة هطلانه للإعصار المعين)، ومن إعصار إلى آخر (ويستخدم هذا التغير لتحديـد تـردد الأعاصـير ذات الشدة وفترة الهطلان المعينة)، وعبر منطقة تغطيها أعاصير معينة: (وهـذا التغيـر يستخدم لتحديد توزيع الأعاصير للمنطقة. وكلما زادت شدة الإعصار كلما قل حـدوثه أو كلما قل تردده). وتبين المعادلة 4-18 العلاقة الرياضية بين شدة المطر وفترة هطلانه { 4 }.

$$i = \frac{a}{t+b} \qquad (4-18)$$

حيث:

i = شدة الأمطار (ملم/ساعة)

t = زمن الأمطار (ساعة)، (عادة يكون بين 5 إلى 120 دقيقة)

a, b = ثوابت مكانية.

ويمكن استخدام المعادلة 4-19 لفترة هطلان المطر التي تزيد عن الساعتين.

$$i=\frac{c}{t^n} \qquad (4\text{-}19)$$

حيث:

c, n = ثوابت مكانية.

أما العلاقة بين شدة الأمطار وفترة هطلانها وترددها فيمكن إيجادها من المعادلة 4-20.

$$P=\left(\frac{1.214\times10^5}{600}\times Nt\right)^{0.282}-2.54 \qquad (4\text{-}20)$$

حيث:

P = كمية الأمطار (منسوب الأمطار)

N = التردد الحادث، وعادة يقدر مرة كل N سنة، حيث N = 10/n

n = عدد مرات التردد كل عشرة سنوات.

t = فترة الهطلان (دقيقة)

i = شدة الأمطار (ملم/ساعة).

ويمكن تقدير شدة الأمطار من المعادلة 4-21.

$$i=\frac{60P}{t} \qquad (4\text{-}21)$$

يمكن تقدير شدة الأمطار من المعادلات السالفة (ملم/ساعة) كما مبين في المعادلة 4-22.

$$i=\left(\frac{60}{t}\right)\times\left[(202.3\,Nt)^{0.282}-2.54\right] \qquad (4\text{-}22)$$

<u>البَخر والنتح Evaporation and Transpiration</u> (البَخْرُ مجزوم: فِعل البخار. وبخار القدر ما ارتفع منها، بَخَرَتْ تَبْخَرُ بَخْراً وبُخاراً، وكذلك بخار الدخان، وكل بخار يسطع من ماء حار، فهو بخار، وكذلك من الندى. وبُخار الماء ما يرتفع منه كالدخان.

وفي حديث معاوية أنه كتب إلى ملك الروم: لأجعلنَّ القسطنطينية البَخْراء حُمَمَةً سوداءَ، وصفها بذلك لبخار البحر {1}).

البَخر هو عبارة عن تحول العنصر من الحالة السائلة إلى الحالة الغازية بانتقال الطلقة الحرارية. ويعني النتح فقد الماء من الأسطح الرطبة والنباتات بالبَخر السطحي. ويؤثر البَخر في دراسة الموارد المائية بفضل تأثيره عل ى إنتاج الحوض النهري، وسعة الخزانات، وعلى حجم محطات ضخ السوائل، واستهلاك المياه بواسطة النباتات، وإنتاج المياه الجوفية {3،4}. أما آلية ضغط البخار فتتأتى من حركة الجزئيات عبر سطح الماء. كما وتتصادم الجزئيات المنطلقة من سطح الماء مع جزئيات الهواء المجاورة، مما يعمل على ارتدادها إلى سطح الماء كرة ثانية. وعند تساوي عدد الجزئيات الخارجة وعدد الجزئيات المرتدة للماء، يحدث اتزان بين الضغط المبذول بالجزئيات المنطلقة والضغط المبذول بالهواء المحيط. كما ولجزء من الجزئيات في الحالة الغازية طاقة حركية تمكنها من التغلغل داخل السائل، ويتكثف جزء آخر منها إلى الحالة الصلبة. ويجعل هذا الوضع من عمليات البَخر من السائل والتكثيف على سطحه عمليات مستمرة. غير أن البَخر يكون أسرع من التكثيف إذا كان الفراغ أعلى سطح الماء غير مشبع. وعليه يمكن إيجاد معدل البَخر بإيجاد الفرق بين ضغط بخار الماء وضغط الهواء أعلى سطح الماء {3،4}. و يعتمد ضغط البخار على درجة حرارة الماء والهواء، وسرعة الرياح، والضغط الجوي، ونوع وطبيعة المياه، وشكل السطح، والإشعاع الشمسي {4،20}.

تقدير كمية البَخر: يتم تقدير كمية البَخر أو النتح بعدة طرق منها: كفة البَخر، والصيغ التجريبية، وطرق ميزانية الماء، وطرق انتقال الكتلة، وطرق ميزانية الطلقة { 4،20،22،23}.

<u>طريقة كفة البَخر Evaporation Pan Method</u>: تحظى كفة البَخر بإقبال كبير لقياس معدل البَخر، غير أنه لابد من أخذ العوامل المؤثرة على قياس البَخر من الكفة في الحسبان مثل: عوامل المناخ (حركة الرياح، والضغط الجوي)، وخواص كفة البَخر (القطر، وارتفاع الحافة، واللون، والعمق، والشكل والموقع)، وخواص السائل المبَخر (فرق ضغط البخار، ودرجة الحرارة)، وعوامل الطاقة (طرق انتقال الحرارة في كل الاتجاهات عبر جدران الكفة، وتخزين الطاقة في المستودع أو البحيرة، والغطاء النباتي).

<u>طريقة ميزانية الماء (أو معادلة التخزين)</u> Water Budget Approach (Storage
<u>Equation)</u> تعد هذه الطريقة مقياس لاستمرارية انسياب دفق الماء. حيث يتم تقدير
البَخر باستخدام قانون بقاء الكتلة الذي ينص على أن البَخر يساوي الداخل ناقص مجموع
الخارج والمخزون، وحاصل جمع التساقط والبَخر الرشحي والدفق الصحي ودفق المياه
الجوفي والمخزون يساوي الصفر على حسب المعادلة 4-23.

$$ET = P + I + Q_u + Q_s + S \qquad (4\text{-}23)$$

حيث:

ET = البَخر الرشحي

P = التساقط الكلي

Q_u = دفق المياه الجوفية

I = الدفق السطحي الداخل

Q_s = الدفق السطحي الخارج

S = التغير في المخزون (للمياه السطحية والجوفية)

<u>طريقة انتقال الكتلة</u> Mass Transfer Method: يمكن وضع علاقة البَخر وضغط
البخار في صورة نقل أدنى ميل التركيز كما موضح في المعادلة 4-24.

$$EV = b(e_s - e) \qquad (4\text{-}24)$$

حيث:

EV = البَخر

e_s = ضغط البخار المتشبع عند درجة حرارة السطح

e = ضغط البخار الحقيقي على الارتفاع المطلوب أعلى السطح

b = ثابت تجريبي.

<u>طريقة ميزانية الطاقة</u> Energy Budget Method: تفترض ميزانية الطاقة استمرار
دفق الطاقة بدلاً عن دفق الماء. وهى طريقة معقدة نسبة لصعوبة إيجاد العوامل المؤثرة
عليها (الإشعاع الجوي، والإشعاع طويل الموجة من الماء، وحفظ الطاقة) وبسبب الحل
الرياضي لمعادلة ميزانية الطاقة. ويمكن تمثيل البَخر بالمعادلة 4-25.

$$EV = \frac{E_s - E_r - E_b + E_v - E_o}{rL\,(1+R)} \qquad (4\text{-}25)$$

147

حيث:

EV = البَخر الرشحي

E_s = الإشعاع الشمسي المسقط على سطح الماء

E_r = الإشعاع الشمسي المنعكس

E_b = الطاقة الكلية المفقودة بالماء عبر تبادل الإشعاع طويل الموجة بين الجو والماء

E_v = الطاقة الكلية داخل الماء

E_o = الزيادة في الطاقة المخزونة في الماء

r = كثافة الماء

L = الحرارة الكامنة للبَخر

R = نسبة بوين Bowen والتي يمكن إيجادها من المعادلة 4-26.

$$R = \frac{0.61 P \left(T_w - T_a\right)}{1000 \left(e_s - e_a\right)}$$
(4-26)

حيث:

P = الضغط الجوي (مللبار)

T_w = درجة حرارة سطح الماء

T_a = درجة حرارة الهواء

e_s = ضغط البخار المتشبع (مللبار) عند درجة الحرارة T_w

e_a = ضغط بخار الهواء (مللبار)

الصيغ التجريبية Empirical Formulae: معظم هذه الصيغ التجريبية تبنى على علاقات الديناميكا الغازية عند استخدامها لبيانات الأرصاد الجوي مفترضة وجود كثير من الماء. وتوضح المعادلة 4-27 الإطار العام للصيغ التجريبية.

$EV_a = C(e_s - e)f(u)$
(4-27أ)

حيث:

EV_a = البَخر من سطح الماء المكشوف على وحدة الزمن (ملم/يوم)

C = ثابت تجريبي

e_s = ضغط بخار الهواء المتشبع (مللبار) عند درجة الحرارة (t) درجة مئوية (ملم زئبق)

e = ضغط بخار الهواء الحقيقي (مللبار) عند درجة الحرارة (t) درجة مئوية (ملم زئبق)

148

$f(u)$ = دالة لسرعة الرياح على ارتفاع قياس أعلى السطح.

وتوجد حالتان تعتمدان على التغير في درجة حرارة سطح الماء ودرجة حرارة الهواء على النحو التالي:

• الحالة الأولى: عند تساوي درجة حرارة سطح الماء ودرجة حرارة الهواء يمكن استخدام المعادلة 4-27ب:

$$EV_a = 0.35(e_s - e)(0.5 + 0.5u_2)$$ (4-27ب)

حيث:

u_2 = سرعة الرياح على ارتفاع 2 متر (م/ث)

• أما الحالة الثانية فعند اختلاف درجة حرارة سطح الماء ودرجة حرارة الهـــواء يمكن استخدام المعادلة 4-27جـ:

$$EV_a = 0.345(e_w - e)(1 + 0.25\ u_6)$$ (4-27جـ)

حيث:

u_6 = سرعة الرياح على ارتفاع 6 متر أعلى السطح (م/ث).

<u>نظرية بنمان Penman's Theory</u>: تعتمد نظرية بنمان على فرضين أساسيين للحصول على بَخر مستمر وهما: وجود مصدر طاقة للحصول على الحرارة الكامنة للبَخر، ووجود عامل لإزاحة ما يحدث من بَخر {4}. أبان بنمان أن فقد الماء (بالبَخر الرشحي والبَخر من الأرض) للنباتات الخضراء المغطية للأرض والمروية بصورة جيـــدة يحـــدد بالعوامـــل المناخية ولا يعتمد على نوع النباتات. ولخواص النباتات أثر هام في معدل البَخر للنباتات الطويلة (مثل الأشجار) أو النباتات التي لا تجد كفايتها من الماء. وفي هذا المنحى يـــؤثر البَخر من أوراق النباتات (ثغيرات stomata) على معدل البَخر {24}. وتبين المعادلة 4-28 معادلة بنمان للبَخر.

$$E_T = \frac{\Delta H + \gamma E_a}{\Delta + \gamma}$$ (4-28)

حيث:

E_T = البَخر المتوقع من سطح الماء أو ما يعادله من طاقة حرارية

H = مكافئ البَخر للإشعاع الكلي على سطح النباتات (مقدار الطاقة النهائية المتبقية على سطح الماء)

Δ = ميل منحنى ضغط بخار التشبع مع حرارة الماء على درجة حرارة الهواء

γ = ثابت جهاز قياس الرطوبة (= 0.66 إذا كانت درجة الحرارة مقاسة بالمئوية و e مقاسة بالمللبار)

E_a = مصطلح ديناميكي هوائي (مصطلح تهوية) يعتمد على الهواء وانخفاض ضغط البخار

وقد عدل مونتيث {25} Monteith طريقة بنمان بإلحاق تحكم فسيولوجي (أو ما يسمى بالمقاومة السطحية) لمعادلة بنمان للبَخر. إذ أدخل مصطلح تهوية ليأخذ في الاعتبار الاحتكاك الديناميكي الهوائي للبَخر السطحي. وتشير المعادلة 4-29 إلى معادلة مونتيث وبنمان.

$$E_T = \frac{\Delta H + \frac{\rho_a C_p}{\lambda \rho_w} \times \frac{e_s - e}{r_a}}{\Delta + \lambda \left[1 + \frac{r_s}{r_a}\right]} \qquad (4\text{-}29)$$

حيث:

E_T = معدل البَخر

ρ_a = كثافة الهواء

ρ_w = كثافة الماء

c_p = الحرارة النوعية للهواء عند ضغط ثابت

λ = الحرارة الكامنة لبَخر الماء

r_a = مقاومة ديناميكية هوائية

r_s = المقاومة الفسيولوجية الكلية

e_s = ضغط البخار المشبع

e = ضغط البخار

عند r_s = صفر (والموازنة لسطح رطب) فإن معظم الفرق بين المعادلتين يقع في حد التهوية.

ويمكن استخدام بياني معادلة بنمان لتقدير البَخر من سطح الماء الحر والتي تغني عن الحسابات المطولة المطلوبة، كما ويمكن استخدام برنامج حاسوب ليؤدي نفس الغرض. وفي هذا الشأن يمكن الركون إلى الكتب المتخصصة في الهيدرولوجيا.

تجميع مياه الأمطار: هناك طريقتان لتجميع مياه الأمطار: تجميع سقفي وتجميع أرضي. والتجميع السقفي Roof catchments: نظام بسيط وزهيد الثمن، يهدف لإيفاء المنازل المنفردة باحتياجاتها المائية. ويمكن تصميم السقف بحيث يسمح بتجميع المياه عبر مرشح لتتجمع في خزان غير مسامي. ومن محاسن هذا النظام: وجودمفي المنزل، ووقوع مسئولية الإنشاء والتشييد والصيانة على صاحب المنزل دون غيره. ويجب تغطية الخزان لتفادي التلوث، ومن المستحسن العمل على كلورته دورياً. ويفضل تشييد السقفمن الخارصين (الزنك) أو الصفيح أو الألومونيوم أو من أي معدن آخر لتقليل التلوث والتجميع الأمثل للماء. ويعتمد هذا المصدر على عدة عوامل متداخلة فيما بينها ومنها: كمية الأمطار وكثافة انهمارها (شدتها) وأوقات الهطلان. ويمكن تصميم خزان المياه ليقوم بتجميع أكبر كمية من المياه لتستخدم في الأوقات غير المطيرة. ولا يحتاج النظام إلى صيانة كبيرة غير أنه يجب المحافظة على الأنابيب ونقاط التجميع من الانسداد والقفل.

مثال 4-6

جد كمية المياه (لتر/يوم) التي يمكن الحصول عليها من تجميع سقفي لمياه أمطار هطلانها السنوي 900 مليمتر؛ علماً بأن مساحة السطح المجمع للمياه 8×4 متر؛ وأن 80 بالمئة من مياه الأمطار يمكن الحصول عليها بوساطة البَخر والعوامل الأخرى المؤثرة.

الحل

1- المعطيات: كمية المطر = 900 ملم/سنة، م = 8×4 م^2، الماء المتجمع = 80%

2- جد مساحة السطح = 8×4 = 32 م^2

3- جد كمية مياه الأمطار المجمعة = 0.9×32×0.8 = 23.04 م^3 = (23.04× 1000) ÷ 365 = 63.1 لتر/يوم.

برنامج 6-4

```
Public Class Form1

    Private Sub Form1_Load(ByVal sender As System.Object,
      ByVal e As System.EventArgs) Handles MyBase.Load
        Label1.Text = "كمية المطر-ملم/سنة"
        Label2.Text = "مساحة السطح-م2"
        Label3.Text = "نسبة الماء المتجمع"
        Label4.Text = "كمية المطر المتجمع-لتر/يوم"
        Button1.Text = "احسب المطر"
        Me.Text = "مثال 6-4"
        Me.FormBorderStyle =
             Windows.Forms.FormBorderStyle.FixedSingle
    End Sub

    Private Sub Button1_Click(ByVal sender As
      System.Object, ByVal e As System.EventArgs)
      Handles Button1.Click
        Dim rain_y, rain_d, A, perc As Double
        rain_y = Val(TextBox1.Text)
        'Convert to m/yr
        rain_y /= 1000
        A = Val(TextBox2.Text)
        perc = Val(TextBox3.Text)
        'Convert to percentage
        perc /= 100

        rain_d = rain_y * A * perc
        'Convert to L/day
        rain_d = (rain_d * 1000) / 365
        TextBox4.Text = FormatNumber(rain_d, 2)
    End Sub
End Class
```

أما في حالة التجميع الأرضي Ground Catchments فيمكن استخدام مناطق منخفضة ذات ميل مناسب وذلك بعد نظافتها وتمهيدها وتسويتها ورصفها لتمثل منطقة تجميع جيدة، ولتقليل الفاقد بالبَخر والتسرب، ولتقليل التعرية. ويمكن وضع مصرف في أدنى المنطقة لتجميع مياه الأمطار وإيصالها لخزان التجميع الأرضي. وهذا النظام مكلف الإنشاء ولابد من صيانته، كما أنه يحتاج إلى مساحة كبيرة من الأرض قد يصعب تواجدها في بعض المجتمعات المدنية أو المزدحمة بالسكان. ويعتمد اختيار مصدر الماء على عدة عوامل منها: توفر المياه وخواصها بالمصدر، وتفضيل اختيار الجمهور المستهلك له، وبعده من

مناطق الاستهلاك، وسهولة أخذ الماء منه، ودرجة الاعتماد عليه، ونوع التربة والمواد المستخدمة للمنشأة، وعوامل المناخ والطقس السائد بالمنطقة.

4 - 6 المياه السطحية

يرمز للماء الذي لا يتسرب إلى داخل الأرض بالماء السطحي، ويظهر مباشرة في شكل سريان سطحي فوق تربة غير مسامية مشبعة. ثم لا تلبث المياه أن تتجمع في شكل بحيرات أو خزانات كبيرة وأنهار، أو قد تظهر من المياه الجوفية على سطح الأرض في شكل ينبوع وغدير. وبعد انسياب المياه على السطح تحمل معها ملوثات كثيرة والتي ربما أضرت بصحة الإنسان وحيواناته مما يحتم معالجتها وتنقية المياه منها.

البحر: الماء الكثير، ملحاً كان أو عذباً، وهو خلاف البر، سمي بذلك لعمقه واتساعه. وقد غلب على الملح حتى قل في العذب، (ج) أبحر وبحور وبحار. وماء بحر: ملح،قل أو كثر. وقيل: إنما سمي البحر بحراً لسعته وانبساطه. ومنه قولهم إن فلان لبحر أي واسع المعروف. وكل نهر عظيم بحر. قال الأزهري: كل نهر لا ينقطع ماؤه مثل دجلة والنيل، وما أشبههما من الأنهار العذبة الكبار، فهو بحر. وأما البحر الكبير الذي هو مغيض هذه الأنهار فلا يكون ماؤه إلا ملحاً أجاجاً، ولا يكون ماؤه إلا راكداً، وأما الأنهار العذبة فماؤها جار، وسميت هذه الأنهار بحاراً لأنها مشقوقة من الأرض شقاً. ويسمى للفرس الواسع الجري بحراً، ومنه قول النبي صلى الله عليه وسلم في "مندوب" فرس أبي طلحة وقد ركبه عرياً: "**إني وجدته بحراً**" أي واسع الجري. والبحر والاستبحار: الانبساط والسعة. وسمي البحر بحراً لاستبحاره وهو انبساطه وسعته. ويقال: إنما سمي البحر بحراً لأنه شُق في الأرض شقاً وجعل ذلك الشق لمائه قراراً. والبحر في كلام العرب: الشق. وفي حديث عبد المطلب: وحفر زمزم ثم بحرها بحراً أي شقها ووسعها حتى لا تنزف {1}.

<u>البرك والبحيرات</u>: (البركة كالحوض، والجمع البِرَكُ، يقال سميت بذلك لإقامة الماء فيها. والبركة: شبه حوض يحفر في الأرض لا يجعل له أعضاء فوق صعيد الأرض {1}. البركة: مستنقع الماء ج بِرَكٌ{12}).

توجد البرك والبحيرات حيث تم تجميع وحجز السريان السطحي في مناطق منخفضة، أو حيثما تم إنشاء سد لتكوين خزان. وتعتمد نوع المياه في البركة أو البحيرة على المياه

المستقبلة من المنطقة الجابية وما بها من مواد ملوثة أو مناشط جالبة لأي تلوث صناعي أو زراعي أو بشري أو غيره. وبفضل التخطيط الجيد يمكن المحافظة علي مياه البركة أو العمل علي تنقيتها واستعذابها لما فيه خير الجمهور المستهلك. كما وأن كمية المياه متاحة بسهولة وبينة للعيان مقارنة بالمياه الجوفية. غير أن نوع المياه قد تأتي بمشاكل أو تتطلب تنقية معينة خاصة بالنسبة للبرك والبحيرات ذات الحجم الصغير. كما ولابد من ضخ المياه لشبكة المياه مما يتطلب معه تصميم مأخذ جيد لمياه البركة، وتوفير المواد وقطع غيار آليات الضخ، وإيجاد هيئة كفؤة لتشغيل وصيانة برنامج توزيع المياه وتوفير الطاقة اللازمة لعمله.

<u>البحيرات</u>: البُحَيْرةُ مجتمع الماء تحيط به الأرض {12}.

يعتبر الإشعاع الشمسي أهم عامل يعمل على رفع درجة حرارة البحيرات وخزلنات وأحواض المياه. ويبين الشكل (4-6أ) التغير في درجة الحرارة والإشعاع مع العمق، ويلاحظ من الشكل أن الإشعاع يقل باطراد مع عمق البحيرة، حيث يقل إلى 40% في أول متر من العمق. ويحدد منحنى الحرارة ثلاث طبقات في البحيرة لكل البحيرات عند منتصف الصيف (أنظر شكل 4-6ب) حيث يحدث معظم الانخفاض في درجة الحرارة في طبقة الانحدار الحراري Thermocline أو ما يسمى Metalimnium أما الطبقة العليا Eplimnium فلها تقريباً نفس درجة الحرارة، وتثبت درجة الحرارة بمقدار منخفض في الطبقة السفلى (للدنيا Hypolimnium). وتلعب التيارات السطحية واضطراب الدفق وحركة الحمل دوراً رائداً في تغير درجة الحرارة في البحيرة. وتنتج هذه التيارات السطحية بفعل الرياح من جراء دفع جزيئات الماء السطحية. وينتج من هذه التيارات دوامات مضطربة Turbulent eddies تقود بدورها إلى تغيرات في جزيئات الماء على المستوى الرأسي، مما يؤدي إلى مزج كامل أو جزئي في الطبقة العليا Eplimnium. كما تلعب قوى البَخر والإشعاع والحمل (أثناء الليل وفي المناخ البارد) دوراً ريادياً في اتزان الحرارة في الطبقة العليا. وتعتمد هذه الأحوال على الظروف المناخية، ومؤثرات الأرصاد الجوي بالمنطقة، وخواص البحيرة وشكلها وحجمها ووضعها الجغرافي، ومدخلات ومخرجات الأنهار إليها ومنها، وعمر البحيرة.

تعتمد حياة الحيوانات والنباتات وتكاثرها في البحيرة على كمية مواد التغذية الموجودة (وعلى وجه الخصوص: النتروجين والفسفور). ويطلق على البحيرات التي يقل بها النمو الحيوي (قليلة النمو) Oligotrophic وعلى تلك التي يكثر بها النمو الحيوي بحيرة متخمة Eutrophic. وعموماً تحتوي البحيرات الأولى Oligotrophic على مياه شفافة ذات لون أزرق غامق أو أزرق مخضر. أما البحيرات من نوع البحيرة المتخمة فتقل فيها شفافية المياه ويميل لونها إلى الأصفر المخضر. ومن المعلوم أن نمو النبلتات ووجود البكتريا يؤدي إلى تغير في مواد التغذية وإنتاج نواتج النمو الحيوي في وجود الضوء على الطبقة العليا Eplimnium. وعليه فمن منطلق النمو الحيوي يمكن إيجاد طبقتين في البحيرة إحداهما أدنى الأخرى. حيث تمثل الطبقة الأولى طبقة الإنتاج الحيوي Tophogenic zone عن طريق التمثيل الضوئي. أما الطبقة أسفلها فتمثل طبقة التحليل الغذائي Tropholytic zone.

وتتراوح درجات تركيز المواد الذائبة الكلية في المياه العذبة العادية بين 50 و 400 ملجم/لتر. ومن الأملاح التي قد توجد فيها: كربونات وكبريتات (سلفات) وكلوريد الكالسيوم والمغنيسيوم والصوديوم والبوتاسيوم، والحمض السّليكي silicic مع نسب قليلة من مركبات النتروجين والفسفور، بالإضافة إلى مركبات الحديد والمنجنيز. كما توجد نسب قليلة من المواد العضوية الذائبة، هذا بالإضافة إلى كمية من الغازات الذائبة وعناصر ثقيلة. وعامة فإن أهم عشرة مواد للنمو الحيوي تضم: الكربون C والهيدروجين H والأكسجين O والنتروجين N والفسفور P والكبريت S والكالسيوم Ca والمغنسيوم Mg والبوتاسيوم K والحديد Fe. كما وأن هناك نوع آخر من حالة البحيرة يوجد به كميات كبيرة من مواد التغذية، غير أن ظروف الماء لا تسمح بالنمو الحيوي لوجود مواد دبللية، أو لقلة تغلغل الضوء، أو ارتباط مواد التغذية مع حمض الدبال وتكوين للدبال، أو لقلة الرقم الهيدروجيني أو ما على شاكلتها، وتسمى هذه الحللة رديئة (سيئة) التغذية dystrophic. ويبين جدول (4-7) مقارنة بين أنواع البحيرات {26}.

جدول (4-7) مقارنة بين أنواع البحيرات {26}

المنشط	بحيرة قليلة النمو	بحيرة متخمة	بحيرة رديئة التغذية
العمق	عميقة	ضحلة نسبياً أو عميقة	ضحلة
درجة الحرارة	عالية في طبقة الانحدار الحراري. وباردة في الطبقة السفلى	تقل أو لا توجد في الشتاء البارد	متغيرة
المواد العضوية	تقل في القعر أو عالقة	تكثر في القعر وعالقة	تكثر في القعر وعالقة
مواد الإلكتروليت	قليلة أو متغيرة	متغيرة، عادة عالية	قليلة
مواد التغذية Ca, P, N	قليلة نسبياً	كثيرة	ضئيلة جداً
مواد دبالية	قليلة أو لا توجد	قليلة	كثيرة
الأكسجين الذائب	عالٍ عبر كل العمق على مدار السنة	يوجد في البحيرة العميقة ذات الطبقات، قليل أو منعدم في الطبقة السفلى	لا يوجد في المياه العميقة
الأحياء المائية الكبيرة	ضئيلة	كثيرة	ضئيلة
العوالق المائية	محددة وتكثر أنواعها	كثيرة ومتغيرة النوع	متغيرة ، عادة قليلة في النوع والكم
وحيش fauna	غنية نوعاً وكماً	كثيرة، متغيرة نوعاً وكماً	قليلة أو منعدمة
الأسماك	سالمون، التروتة (سلمون مرقط)، السيسك، تكثر أسماك المياه الباردة	لا توجد أسماك مياه باردة. تكثر أسماك الفرخ الرامح والفرخ وسمك ذئب البحر، وأسماك المياه الدافئة	قليلة أو لا توجد

الأنهار والروافد: النَّهْرُ والنَّهَرُ: واحد الأنهار، وفي المحكم: النَّهْرُ والنَّهَرُ من مجاري المياه، والجمع أنهارٌ ونُهُرٌ ونُهُورٌ. وفي الحديث: نهران مؤمنان ونهران كافران، فالمؤمنان النيل والفرات، والكافران دجلة ونهر بَلْخٍ. ونَهَرَ الماء إذا جرى في الأرض وجعل لنفسه نهراً. ونَهَرتُ النهر: حفرته. ونَهَرَ النهر ينهره نهراً: أجراه. واستنهر النهر إذا أخذ لمجراه موضعاً مكيناً {1}. الرافد: ما يمد النهر بالماء من قناة أو نهير {12}. والرافدان: دجلة والفرات {12}.

تتكون الأنهار والروافد من الدفق والجريان السطحي لمياه الأمطار، أو من الجليد والصقيع الذائب في المناطق الباردة، أو ربما كان مصدرها من الينابيع. وتختلف كمية ونوع مياه الأنهار طبقاً لعدة عوامل مختلفة تتعلق بالظروف المناخية والديمغرافية والجغرافية والجيولوجية والهيدروجيولوجية بالمنطقة. وربما قلت مياه الأنهار في زمن التحاريق مما يجعل الناس المعتمدين عليها يواجهون ظروف صعبة. هذا بالإضافة إلي أن الأنهار عرضة للتلوث بالفضلات والمخلفات الإنسانية والحيوانية والزراعية والصناعية والتربة، مما يحتم العمل على معالجتها قبل استخدامها. كما وتحتاج مياه الأنهار إلي منشأة لأخذ الماء (Intake) ونظام ضخ مناسب. ومن المعروف أن الأنهار والروافد عادة لها تغيرات موسمية كبيرة مما يؤثر كثيراً على موضع منشأة مأخذ الماء ونوع المياه عبرها. ففي موسم الأمطار تكثر المياه غير أن حدوث أي فيضان قد يهشم منشأة مأخذ الماء، مما يجب معه العمل على تفادي هذه المشكلة. ويقل دفق الماء في موسم التحاريق (الجفاف)؛ بل ربما جف النهر تماماً مما يتحتم معه التفكر في مصدر آخر للماء. و تكثر في الأنهار السريعة الجريان مشاكل النحر والهدام، مما يجب معه تصميم منشأة أخذ الماء ووضع التخطيط المناسب لكل حالة.

ومن أنواع منشأة أخذ الماء ما يلي: نظام التسرب Infiltration System: يمكن عمل بئر بالقرب من النهر لتتسرب إليها المياه النظيفة على مدار العام، لاسيما عند وضعها تحت مستوى قعر النهر. وعادة تكون نوع المياه جيدة إذ يعمل ضخ المياه من البئر على نفاذ الماء خلال طبقة الأرض مما يسمح بترشيح المواد العالقة والبكتريا.

وتعتمد عوامل الترشيح على نوع التربة، والمسافة بين البئر والنهر. وينصح بوضع البئر على مسافة تبعد حوالي 2 إلى 3 متراً من النهر في حالة التربة الناعمة والمضغوطة من طين الغرين والرمل، وذلك نسبة لبطء انسياب الماء خلالها مما يسمح بسهولة الترشيح لمسافة قصيرة. أما في التربة الخشنة فيمكن وضع البئر على بعد 20 إلى 25 متراً من النهر لكي يتسنى الترشيح الجيد للماء. أما في التربة شبه الخشنة فتوضع البئر على بعد 10 إلى 15 متراً من النهر. ولا ينصح بوضع البئر في التربة الطينية المضغوطة لبطء الدفق وقلة مردود البئر وإنتاجيتها. ومن فوائد بئر الترشيح أنها تعطي مياه حتى في زمن التحاريق، وذلك لأن الماء يحفظ داخل البئر. وتستخدم ممرات (أروقة) الترشيح بوضع أنابيب حيث تمثل ضفاف الأنهار ذات التربة المتماسكة أماكن جيدة لممرات الترشيح، ويتم بناء الممرات على الضفاف بموازاة النهر. عادة تحفر خنادق (أخاديد) لعمق أقل من منسوب المياه ثم توضع أنابيب تجميع عليها، لتصب هذه الأنابيب في بئر تعمل لتجميع المياه النظيفة وتستخدم كجهاز ترسيب وتخزين. وتعتمد مسافة الخنادق من النهر على طبغرافية المنطقة وطبيعة التربة. وتحافظ طبقة الرمل والحصى حول الأنابيب عليها. غير أن هذه الطريقة لا تصلح كثيراً في التربة الرملية لأسباب منها: أن الرمال تعمل على انسداد الأنابيب ووقف دفق الماء، كما ولا تسمح الرمال بالحفر عليها. ويمكن وضع الأنابيب داخل الأنهار القليلة الدفق أو في زمن الجفاف والتحاريق، أو وضعها بطريقة عمودية على قعر النهر إذا أمكن دفعها داخله، ويمكن إطالة الدهليز للتمكن من الحصول على الكمية المطلوبة من الماء.

مأخذ الماء المباشر Direct river intake: يضمن المأخذ المباشر استمرارية دفق الماء من النهر. ويوضع عادة في منطقة غير مأهولة بالسكان. ويوضع في منطقة مستقيمة متزنة من ضفة النهر أو في منحنى محدب من جانب النهر. كما ويجب وضع مأخذ الماء ليكون مغموراً طيلة العام ولا يصل إلى القعر كيلا يجذب المترسبات وقطع الصخور التي تعمل على قفله. ويعمل على حماية مأخذ الماء من سرعة جريان الماء، والعوالق، والرياح، والهوام، والظروف المحيطة المؤثرة، والإنسان، والحيوان، والعوامل الطبيعية.

ومن أمثلة الأنهار نهر النيل الذي يعد ثاني أكبر أنهار العالم حيث يبلغ طوله من أقصى نقطة عند منبعه من بحيرة تنجانيقا إلى البحر الأبيض المتوسط حوالي 4000 ميلاً ولا

يفوقه طولاً إلا نهر المسيسبي الذي يبلغ طوله نحو 4200 ميلاً. غير أن هناك عدة أنهـــار تفوق نهر النيل في التصرف السنوي إذ يبلغ متوسط الدفق السنوي له 84 ملليارد مقاســة في أسوان، ويبلغ التدفق السنوي لنهر الأمازون في أمريكا اللاتينية 2500 ملليارد، ونهر الكنغو 1250 ملليارد. ويمثل متوسط الدفق السنوي لنهر النيل حوالي 6% مـــن كميـــة المطر الكلي الهاطل في حوض النيل. ويوجد تغير كبير في تصريف المياه في النهر حيث نجد أن أكثر من 80% من الدفق المتوسط يحدث خلال الشهور من أغسطس إلى أكتوبر، و 20% منه يحدث في بقية الأشهر التسعة الباقية من العام. وتشارك روافد النهر بنسـب مختلفة من مجموع الدفق السنوي الكلي حيث يسهم النيل الأزرق بحـــوالي 59% و14% لنهر سوباط و13% لنهر عطبرة و14% لبحر الجبل. ويتضح من هذه النســب أن 85% من الإيراد السنوي للنهر يأتي من الهضبة الإثيوبية، و 15% من شرق أفريقيـــا. وخلال موسم الفيضان تتغير نسب المشاركة من الروافد على النحو التالي: 68% النيل الأزرق، و 22% عطبرة، و 5% سوباط، و 5% بحر الجبل {27}. وتقدر نسب مشاركة روافـــد نهر النيل كما في الجدول (4-8).

جدول (4-8) نسب مشاركة روافد نهر النيل {27،28}

النسبة المئوية أثناء موسم الفيضان	النسبة المئوية المتوسطة	الرافد
68	59	النيل الأزرق
22	14	سوباط
5	13	عطبرة
5	14	بحر الجبل

ويعني هذا أنه خلال موسم الفيضان إن 59% من المياه تأتي من المرتفعات الإثيوبية، و5 % من شرق أفريقيا. أما خلال موسم التحاريق فتأتي 60 % من الميـــاه مـــن الهضبـــة الإثيوبية، و20 % من شرق أفريقيا. وتنسب التقديرات المتدنية للنيل الأبيض مقارنة مـــع النيل الأزرق إلى البَخر الكبير للمياه في منطقة السدود ولضياع المياه في المنطقة حـــوله لعدم وجود ضفاف عالية على جانبيه {29}. وللنيل الأبيض دفق مستقر نسبياً عند مقارنته بالنيل الأزرق، مما يستدعي معه القيام بالتخزين لمياه النيل الأزرق لأغـــراض الزراعـــة وغيرها. كما تقوم منطقة السدود بحجز الطمي في النيل الأبيض الشيء الذي يقلـــل مـــن

درجة تركيز المواد الصلبة في مياهه. وتوجد أعلى كمية من المواد الصلبة في مياه النيـل الأزرق إذ تتراوح قيمة المواد الصلبة العالقة أثناء الفيضـان بيـن 1600 إلـى 5400 ملجم/لتر، منها حوالي 45% رمل و15% غرين وطمي و40% طين. ويؤثر الـطمي كثيراً على عمل وأداء الخزانات والسدود وقني الري. ونسبة لزيادة الرقعة الزراعية فـي دول حوض النيل كان لابد من عمل منشآت ضبط وتخزين لتفـي باحتياجـات الزراعـة المروية أثناء فترات الجفاف والتحاريق. ومن ثم إنشاء خزانات على نهر النيل حيث تـم بناء خزان أسوان في عام 1904م لتخزين ملليارد واحد من الماء، ثم تمت تعليته في عامي 1912م و1938م ليسمح بتخزين ثلاثة ملليارد. وتم إنشاء خزان جبل أولياء فـي عـام 1937م على النيل الأبيض بتخزين كلي 2.5 مليارد من المياه. وفي عام 1925م تم إنشاء خزان سنار لري مشروعي الجزيرة والمناقل ومشاريع الضخ في مجرى النيل وروافده.

وقد أتاحت اتفاقية مياه النيل بين مصر والسودان الموقعة في عام 1929م زيـادة حصة السودان من أربعة ملليارد (كحق مكتسب) إلى 18.5 ملليارد {28}. وعليه تم الشروع في يناير من عام 1960م في بناء خزان خشم القربة على نهر عطبرة لتخزين 1.3 ملليـارد ليتم إنجاز العمل فيه في عام 1966م. وخزان الروصيرص على النيل الأزرق لتخزيـــن ثلاثة ملليارد ثم ليرتفع إلى 7.6 ملليارد بعد زيادة حقلية الخزان بحوالي 10 متر {27}.

قياس الانسياب السطحي: توجد عدة طرق لقياس دفق المياه السطحية مثـل: طريقـة السرعة، والمساحة، وإنشاءات قياس الانسياب (مثـل: الهدارات والخزلنـات)، والقيـاس الكيماوي، والقياس بالتموجات فوق الصوتية وغيرها من الطرق العملية. أمـا طريقـة السرعة والمساحة Velocity-area method فتصلح لأحواض الأنهـار المتوسـطة والكبيرة. وتقاس سرعة الماء بمقياس التيار (بتحديد سرعات لعدة نقاط تحسب منها السرعة المتوسطة للنهر)، ثم تقدر مساحة مقطع النهر. وتصلح إنشاءات قياس الانسياب (إنشاءات التحكم) للأنهار الصغيرة والجداول نسبة لكبر تكاليفها. وتسـتخدم فـي هـذه الأنظمة الهدارات Weirs والقنوات المعنقة Flumes والبرابخ Culvert. وتستخدم في تقدير الدفق وسرعته عدة معادلات وصيغ مثل: صيغة شيزى-ماننق، والصيغة العقلية، وغيرها من المعادلات التجريبية {3،4}.

نسبة الانسياب السطحي المئوية Runoff percentage method: تقوم هذه الطريقة بحساب المطر الصافي أو إمداد الدفق السطحي (أو الانسياب السطحي المباشر) وتعطى النتيجة كمطر إجمالي، كما وقد يستخدم أحياناً كنسبة مئوية. وفي أحيان أخرى يجعل النسبة المئوية تتغير بمعدل هطلان الأمطار وغيرها من العوامل المؤثرة.

تصريف الذروة Peak discharge: عند التصميم الهندسي يحتاج إلى معرفة تصريف الذروة (قمة التصريف) الذي يمكن أن تتحمله المنشآت المائية (مثل السدود، والقناطر، والخزانات، والمطافح Spillways، وقني الفيضان، وقني التصريف تحت الجسور، ونظم الصرف والري في المدن والمطارات وغيرها). وهناك عدة طرق لتقدير تصريف الذروة والفيضان؛ ويعتمد استخدام أي من هذه الطرق على درجة الدقة المطلوبة، وأهمية المشروع، وحجم منطقة التصريف ونوعها، وحجم البيانات المتاحة ودقتها وجودتها. كما ويحتاج أحياناً إلى معرفة توزيع الزمن لأقصى فيضان. وتعتمد قيمة العاصفة التصميمية (أو الدفق التصميمي Design flow) على فترة الرجوع والتي لها علاقة بأهمية المنشأة وعمرها الافتراضي. ومن هذه الطرق:

- تقديرات عقلية: تستخدم للانسياب السطحي والأمطار التي يستفاد منها عند تصميم شبكات الصرف لمناطق معينة وتغيراتها مع الزمن أو إلحاق مصارف لها مستقبلاً.

- معادلات افتراضية (تجريبية): وهذه حسابات يمكن استخدامها عند التصميم للمناطق الجابية. وتختلف هذه المعادلات فيما بينها اختلافاً بيناً، ولذا لابد من فهم محدداتها ومجالات تطبيقها قبل اختيارها والعمل بها، غير أنه يمكن استخدامها للتحقيق من تقديرات الطرق العقلية أو الإحصائية. ومن هذه المعادلات: المعادلة العقلية، ومعادلة كريج، ومعادلة بيركلي-زيقلر. وتوجد معادلات أخرى مثل طريقة شاو Chow، والهيدروجراف الوحدي، والطرق الإحصائية ويمكن الرجوع إليها في مظانها الأصلية من كتب الهيدرولوجيا وعلوم نواميس المياه.

- تحليل إحصائي: يعتمد على البيانات المشاهدة لفترة مناسبة من الزمن. وهنا يجب التأكد من الحصول على بيانات جيدة وبالحجم الذي يؤهل الاعتماد عليها

- والعمل بها للتكهن باحتمال تردد أو إمكانية حدوث الدفق التصميمي في الفــــترة الزمنية المتوقعة.

- تراكم المعلومات الإحصائية المتاحة عبر مقارنتها بخبرات بيانية فـــي منطقة مجاورة أو مناطق مماثلة بها معلومات لعدة سنوات، أو عبر استنتاج إحصـــــائي لقيم أخرى.

- العمل على استخدام أي معلومات هيدرولوجية للحصول على قيم تصميم مأمونة وذات جدوى اقتصادية وذلك لتلافي إمكانية حدوث انهيار هندسي للمنشأة ممـــــا يترتب عليه خسائر في الأرواح أو المنشآت.

- استخدام النماذج الهيدروليكية.

الطريقة العقلية (المنطقية) طريقة زمن التركيز The Rational method, Time of Concentration method: يسمى الجزء من الانسياب السطحي المتدفق (عبر سطح الأرض) للمجرى المائي بالدفق فوق الأرض. ومن الأهمية معرفة حجم هذا الدفق خاصة للتصريف لمناطق صغيرة (مثل المطارات ومباني البلـــديات) ومـــن منـــاطق عريضة للمصارف. ويمكن إيجاد تصريف الذروة بهذه الطريقة من الصيغة العقلية الخاصة بعلاقة الأمطار وانسياب الذروة كما موضح في المعادلة 4-30.

$$Q = 27.78 \, C \, I \, A \qquad\qquad (4\text{-}30)$$

حيث:

Q = تقدير تصريف الذروة المتوقع حدوثه عقب أمطار غزيرة في منطقة جابية (لتر/ث)

C = معامل عقلي للانسياب السطحي (وتقدر من خواص المنطقة الجابية)

I = كثافة انهمار المطر rainfall intensity (سم/ ساعة)

A = مساحة منطقة التصريف الجابية (هكتار) وتوجد مـــن خارطـــة المنطقة أو مـــن المساحة، وعادة تكون أقل من 40 هكتاراً وربما 80 هكتاراً كأعلى قيمة.

$$Q = 2.78 \, C \, I \, A \qquad\qquad (4\text{-}31)$$

وفي المعادلة 4-31 يقدر الدفق Q بالمتر المكعب علـــى الثانيـــة وتقـــدر المســـاحة A بالكيلومتر المربع.

وتفترض الصيغة العقلية التالي {3،4،20}:

- إن معدل الانسياب (الناتج من أي كثافة انهمار مطر) يصل أقصاه عندما تستمر كثافة انهمار المطر لمدة تساوي أو تفوق زمن التجميع (زمن تركيز الجابية).

- أقصى معدل انسياب (ناتج من كثافة انهمار أمطار لها فترة هطلان تساوي أو تفوق زمن التجميع) هو عبارة عن نسبة بسيطة من شدة الأمطار. أي أن هنالك علاقة خطية بين (Q) و (I) بحيث أن Q = صفر عند I = صفر.

- يماثل تردد انسياب الذروة كثافة انهمار الأمطار لزمن التجميع.

- تماثل العلاقة بين انسياب الذروة ومقاس مساحة الجابية تلك العلاقة بيـــن فـــترة الهطلان وكثافة انهمار الأمطار.

- يتماثل معامل الانسياب للزوابع ذات التردد المختلف.

- يتساوى معامل الانسياب لكل الزوابع في منطقة الجابية.

ويستمر تصريف الذروة المتوقع حدوثه عقب أمطار غزيرة في منطقة جابية لفترة تسـمى زمن تركيز الجابية. ويقصد بهذا الزمن: الزمن اللازم لأول قطرة تهطل من الأمطار في أقصى جزء من المنطقة الجابية لتنتقل إلى منطقة الخروج. وهذه الطريقـة يقـال بأنهـا اقترحت بواسطة مهندس ايرلندي في عام 1851م يسمى توماس مولفاني .Thomas J Mulvany. ويكون زمن التركيز من جزأين يمثلان: زمن الدخول (أو الزمن المطلـوب لدخول الانسياب السطحي إلى المجرور – المصرف)، وزمن الدفق داخل نظام المجاري. ويعتمد زمن الدخول على ميلان السطح ومداه، وطبيعة السطح، والغطاء عليه، والأمطار والعوامل المؤثرة عليها، وسعة التخلخل والتخزين في المناطق المنخفضة. وعامة فكلمـا زادت شدة الأمطار كلما قل زمن الدخول. ويتراوح زمن الدخول المستخدم بين 5 إلى 30 دقيقة، وعادة تستخدم مقادير 5 إلى 15 دقيقة في المناطق الحضـرية. وفـي المنـاطق المزدحمة بالسكان وفي وجود الرصيف وتغطية السطح بمواد غير مسامية (ممـا يسـمح بانسياب كل الدفق إلى المصرف عبر فتحات متقاربة من بعضها البعض) يؤخـذ زمـن الدخول ليساوي 5 دقائق ويبين الجدول (4-9) تقديرات لزمن الدخول لبعض المناطق.

جدول (4-9) تقديرات زمن الدخول لبعض المناطق

المنطقة	زمن الدخول (دقيقة)
مناطق مزدحمة، أسطح مرصوفة	5
مناطق متقدمة قليلة الميلان	10 إلى 15
مناطق سكنية، وطرق عريضة	20 إلى 30

ويمكن استخدام المعادلة 4-32 لحساب زمن الدخول.

$$t_c^{2.14} = \frac{2.19 L.n}{\sqrt{S}}$$ (4-32)

t_c = زمن الدخول (دقيقة)

L = المسافة لأقصى منطقة دخول ($L \geq 365$)

S = الميل المطلق (م/م)

n = معامل الحجز ويوازي معامل الاحتكاك. ويبين الجدول (4-10) بعض قيم n.

جدول (4-10) قيم معامل الحجز

نوع السطح	n
سطح غير مسامي	0.02
تربة خالية ملساء مضغوطة	0.1
أسطح خالية، متوسطة الخشونة	0.2
عشب ضعيف ومحاصيل زراعية	0.2
عشب أو حشائش متوسطة	0.4
أراضي أخشاب، وأشجار طارحة للأوراق	0.6
أراضي أخشاب، وأشجار طارحة للأوراق، وأوساخ عميقة	0.8
أراضي الأخشاب الصنوبرية	0.8

أما زمن الدفق داخل المصرف فيمكن تقديره من الخواص الهيدروليكية للمصرف. ويمكن إيجاد كثافة انهمار المطر (شدة المطر) من المعادلة 4-33.

$$i = \frac{c\, T^m}{(t+d)^n}$$ (4-33)

حيث:

i = شدة المطر

d , n = ثابت (d أكبر من صفر و n أقل من أو تساوي 1)

T = احتمال تواتر الحدوث (سنة)

m = معامل ثابت

عادة يكون معامل الانسياب السطحي أقل من الوحدة، ويصل إلى الوحدة في منطقة الصرف غير المسامية عند استمرار الزوبعة والأمطار لمدة طويلة {14}. كما وقد يزيد مقدار المعامل عن الوحدة، مثلاً عندما يذوب الجليد والثلج المتراكم بواسطة الشمس، أو بالأمطار أو بالضباب. وفي الغالب تستخدم مقادير متوسطة لمعامل الانسياب السطحي كما مبين في جدول (4-11)، والتي تسري لعواصف قليلة الحدوث وذات تردد من 5 إلى 10 سنوات.

ومن الطرق التجريبية الأخرى لمعرفة أقصى دفق:

• معادلة كريج Creage formula:

$$Q = 1.3 \, C' \left(0.386 \, A \right)^{\frac{0.938}{A^{0.048}}}$$ (4-34)

• معادلة بيركلي-زيقلر Burkly-Ziegler formula:

$$Q = 0.7 CIA[S/A]^{0.25}$$ (4-35)

حيث:

C = معامل الانسياب السطحي

I = كثافة انهمار المطر

A = مساحة منطقة التصريف الجابية

S = الميل المتوسط للأرض.

أما قياس التخفيف أو القياس الكيماوي فهو مناسب للجداول ذات الانسياب القليل الاضطراب، وحيث لا تلائم الأعماق والانسياب جهاز قياس التيار، وعندما تكون إنشاءات القياس باهظة الثمن. وتستخدم المواد الكيماوية لسهولة قياس المادة المستخدمة، وعدم

165

وجودها في المجرى المائي، كما وأنها لا تفقد بالاتحاد الكيماوي مع مواد أخرى موجودة في المجرى المائي. ومن الطرق الكيماوية المستخدمة: سرعة الملح Salt Velocity، وتخفيف الملح Salt Dilution، وحقن المواد المشعة الإستشفافية Radioactive Tracers {4،19}.

أ) طريقة الحقن ذو المعدل الثابت Constant rate injection method: وفي هذه الطريقة يتم حقن محلول (عبر مقطع النهر) يحتوي على عنصر استشفاف من نظير مشع بمعدل معلوم وثابت. ثم يتم قياس عنصر الاستشفاف في نقطة أدنى النهر لضمان المـزج الكامل لها مع ماء النهر {30}. وبفرض أن دفق النهر ثابت أثناء القياس وبفـرض عــدم وجود فقد لعنصر الاستشفاف بين الحقن والقياس وأن المزج كامل، فيمكن استخدام المعادلة 4-36.

$$QC_b + qC_i = (Q +q)C_m \qquad (4\text{-}36)$$

حيث:

Q = دفق النهر

q = معدل دفق عنصر الاستشفاف المحقون للجدول

C_b = درجة تركيز عنصر الاستشفاف في النهر عند بداية الحقن

C_i = درجة تركيز عنصر الاستشفاف المحقون (الداخلة للجدول)

C_m = درجة تركيز عنصر الاستشفاف عند نقطة القياس (عند الاتزان)

جدول (4-11) معامل الانسياب السطحي {14}

معامل الانسياب السطحي	وصف المنطقة
	<u>أعمال حرة</u>
0.7 إلى 0.95	مناطق مركز المدن
0.5 إلى 0.7	مناطق مجاورة
	<u>مناطق سكنية</u>
0.3 إلى 0.5	مناطق سكنية منفردة
0.4 إلى 0.6	مناطق سكنية لمجموعة منفصلة
0.6 إلى 0.75	مناطق سكنية لمجموعة متصلة
0.25 إلى 0.4	مناطق سكنية بالضواحي
0.5 إلى 0.7	

	مناطق الشقق السكنية
	صناعية
0.5 إلى 0.8	مناطق الصناعات الخفيفة
0.6 إلى 0.9	مناطق الصناعات الثقيلة
0.1 إلى 0.25	حدائق عامة، مقابر
0.2 إلى 0.4	ملاعب
0.2 إلى 0.4	مناطق ساحات السكك الحديدية
0.1 إلى 0.3	مناطق غير مطورة وغير محسنة
	الشوارع
0.7 إلى 0.95	مسفلتة
0.8 إلى 0.95	خرسانة
0.7 إلى 0.85	طوب
0.75 إلى 0.95	ممشى وممرات
0.75 إلى 0.95	أسطح
	حدائق، وتربة رملية
0.05 إلى 0.1	مسطحة، 2%
0.1 إلى 0.15	متوسطة، 2 إلى 7 %
0.15 إلى 0.2	منحدرة، 7%
	حدائق، تربة ثقيلة heavy soil
0.13 إلى 0.17	مسطحة، 2%
0.18 إلى 0.22	متوسطة، 2 إلى 7 %
0.25 إلى 0.35	منحدرة، 7%

ب) طريقة الحقن اللحظي Instantaneous injection method: يتم في هذه الطريقة حقن عنصر الاستشفاف لحظياً عبر موقع النهر. ويتم متابعة تركيز عنصر الاستشفاف أدنى النهر بعد ضمان المزج الكامل وبفرض نفس الشروط المذكورة لطريقة الحقن الثابت فإن اتزان عنصر الاستشفاف يمكن صياغته بالمعادلة 4-37.

$$A_o = \int_0^\infty Q.C.dt \qquad (4\text{-}37)$$

حيث:

A_0 = كمية عنصر الاستشفاف المحقون

Q = دفق النهر

C = درجة تركيز عنصر الاستشفاف

وبعد المزج الكامل فإن قيمة حد التكامل تظل ثابتة لنقط مختلفة مقاسة عبر مقطع النهر. ويمكن أخذ قراءات مختلفة لتحديد قيمة حد التكامل بالرسم. ومن أمثلة عناصر الاستشفاف المستخدمة البروم (^{82}Br) والصوديوم (^{24}Na) والتريتيوم. وتستخدم طرق عنصر الاستشفاف عند العجز عن استخدام الطرق التقليدية الأخرى لقياس الدفق، أو لصعوبتها، أو عدم فعاليتها، أو لوجود دفق مضطرب وتركيز عالٍ من المواد مما يشكل مخاطر لأجهزة قياس التيار. ومن عيوب هذه الطريقة التكاليف العالية، كما ويحتاج إلى أخذ الحيطة والحذر لتجنب مخاطر التعرض للإشعاع {3،4}.

ويعتمد قياس الدفق السطحي بالتموجات فوق السمعية على الآثار المترتبة على مرور الموجات فوق السمعية عبر الماء، وأثر درجة الحرارة، والانعكاسات العشوائية، ولأثر سطح الماء. وتتضمن هذه الطريقة نقل إشارة من جهاز إرسال التموجات فوق السمعية إلى جهاز استقبال يبعد عنها بمسافة أعلى النهر. حيث يتم ضغط التموجات فوق السمعية المتحركة أعلى النهر كما وتوهن التموجات المرتدة. ويمكن تسجيل مقدار هذا الأثر ومقارنته مع سرعة الماء {4،20}.

تقدير معدل الانسياب: يعتمد في تقدير معدل الانسياب من البيانات وقراءات أجهزة القياس على تدريج (منحنى) التعديل Rating Curve للمحطة قيد الذكر. ويتم استخدام هذا المنحنى لإيجاد تقدير لمعدل الانسياب بين قراءتين {4،10}. ويمثل منحنى التعديل رسم بياني لمنسوب ارتفاع الماء (المرحلة) لمجرى النهر في قطاع معين والتصرف الموازي على هذا القطاع. وتعزى التغيرات التي قد تظهر في المنحنى إلى تخزين المجرى، وتغيرات ميل السطح. وغالباً تستخدم طرق التحليل الإحصائي لدراسة التغيرات في معدل الانسياب مثل: منحنى استدامة الانسياب، ومنحنى انسياب الكتلة، والهيدروجراف {3،4}.

منحنى استدامة الانسياب Flow Duration Curve: يبين هذا المنحنى (لنقطة محددة على النهر) جزء الزمن الذي يساوي فيه الانسياب –أو يزيد عن– قيمة محـددة. ومـن المفهوم الإحصائي فإن منحنى استدامة الانسياب يمثل منحنى تكراري تجمعي لمتواليـات زمنية مستمرة تبين الاستدامة النسبية لعدة قيم. ويعتمد ميلان المنحنى (بصـورة كـبرى) على فترة المراقبة المدرجة في التحليل. وقد ينتج من متوسط البيانات اليومي منحنى أكـثر ميلاً من البيانات السنوية. وذلك لأن البيانات السنوية لها قابلية التجمع وتدمج التغيرات في الفترة اليومية القصيرة للبيانات.

منحنى انسياب الكتلة (مخطط ربل) Flow mass curve (Ripple diagram, S-curve): (أنظر شكل 4-7) يمثل هذا المنحنى رسـم بيـاني لقيـم تجمعيـة للمقـادير الهيدرولوجية مثل: رسم الانسياب بالنسبة للزمن (أو البيانات). ويمكن تمثيل هذا المنحنى بالمعادلة 4-38.

$$V = \int Q_t . dt = \sum Q_t . \Delta t \qquad (4-38)$$

حيث:

V = حجم الانسياب

Q = التصرف كدالة في الزمن، حيث يتغير من الزمن t_1 للزمن t_2

يمثل منحنى الانسياب أسلوب لدراسة أثر التخزين في نظام المجرى المائي وإيجاد تصرفه المنتظم. وفي هذا المنحنى يمثل الإحداث الصادي (لأي نقطة فيه) كميـة الميـاه الكليـة المنسابة عبر محطة معينة في النهر. ويمثل الإحداث السيني لنفس النقطة فـي المنحنـى الفترة الزمنية. ولإيجاد سعة الخزان (المطلوب للحفاظ على تصرف منتظم في المجـرى المائي) يرسم خط مماسي (Draft line) لنقطة بداية الفترة الحرجة على منحنى الكتلة. ويساوي ميل هذا الخط التصرف المنتظم المنضبط. وتمثل أقصى مسـافة (فـي اتجـاه الإحداث الصادي) بين هذا الخط ومنحنى الكتلة سعة التخزين المطلوبة للحفاظ على هـذا المعدل. ويمثل الإحداث الصادي بين الخط المماسي ومنحنى الكتلة (لأي زمـن) قيـاس الماء في الخزان لهذا الزمن. ويبين شكل 4-7 المعلومات الهامة التالية {3،4،23}:

- من النقطة (أ) إلى النقطة (ب) يفوق معدل التصرف الداخل معدل الاستهلاك، وعليـــه يمتلئ الخزان ويفيض.

- عند النقطة (ب) يساوي معدل التصرف الداخل معدل الاستهلاك، وعليه يمتلئ الخزان غير أنه لا يفيض.

- من النقطة (ب) إلى النقطة (د) يفوق معدل الاستهلاك معدل التصرف الداخل، ويزداد مقدار هبوط منسوب الماء بالخزان.

- في النقطة (د) يساوى معدل الاستهلاك معدل التصرف الداخل، ويصل هبوط مستوى الماء إلى أقصاه.

- من النقطة (د) إلى النقطة (جـ) يزيد معدل التصرف الداخل عن معدل الاســـتهلاك، كما يقل هبوط منسوب الماء.

- في النقطة (جـ) يمتلئ الخزان مرة أخرى.

- من النقطة (جـ) إلى النقطة (هـ) فإن الظروف تماثل تلك من النقطة (أ) إلى النقطـــة (ب).

- أعلى مسافات رأسية بين النقاط (ب) و (جـ) و (ب) (د) (جـ) والتي تحدث عنـــد النقطة (د) تمثل التخزين المطلوب للحفاظ على معدل استهلاك منتظم أثناء انخفـــاض التصرف من (ب) إلى (د). وأن أكبر قيمة لكل فترة السجلات هي أدنى حجم للخـــزان يمكنه أن يحافظ على انتظام معدل الاستهلاك.

170

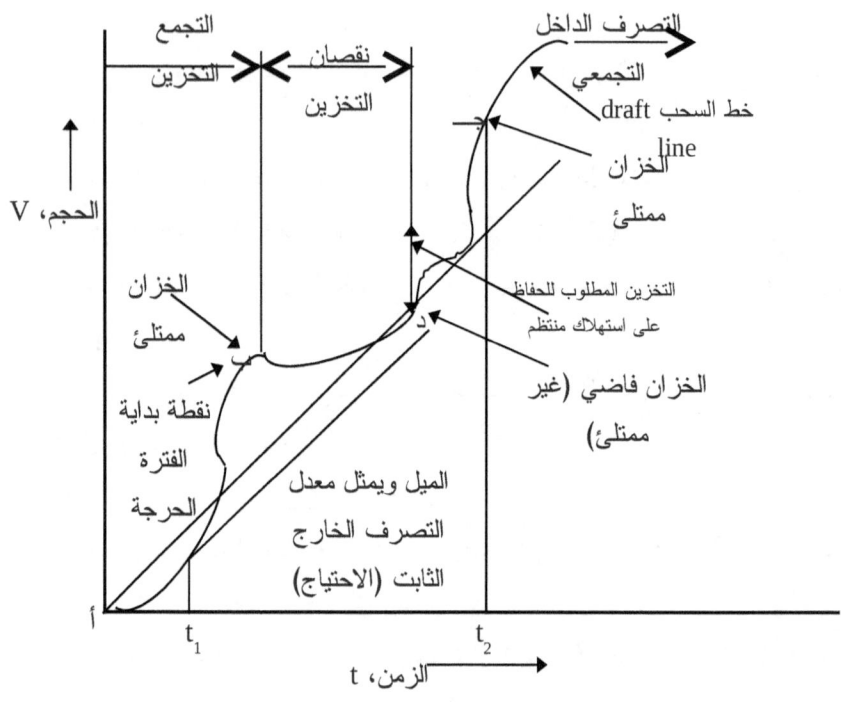

شكل 4-7 مخطط ربل، منحنى انسياب الكتلة، 4

مثال 4-7

تم تصميم مستودع مائي لتجميع كميات المياه الهاطلة في المنطقة الجابية المجاورة له، ولتنظيم الإمداد بمتوسط دفق منتظم يعادل 230 متراً مكعباً على الدقيقة. ويوضح الجدول التالي سجلات دفق المجرى المائي الشهرية مقدرة بالمتر المكعب. جد مقدار التخزين اللازم لمواكبة الاستهلاك المنتظم بافتراض عدم فقدان للماء.

الشهر	حجم الماء (مليون متر مكعب)	الشهر	حجم الماء (مليون متر مكعب)
يناير	6	فبراير	40
مارس	26	إبريل	28

مايو	24	يونيو	7
يوليو	2	أغسطس	1
سبتمبر	15	أكتوبر	47
نوفمبر	62	ديسمبر	67

الحل

1- المعطيات: الاستهلاك المنتظم 230 م^3/دقيقة، وبيانات دفق الماء الشهرية.

2- جد الدفق التراكمي الكلي كما موضح في الجدول التالي:

الشهر	حجم الماء (مليون متر مكعب)	الدفق التراكمي (مليون متر مكعب)	الشهر	حجم الماء (مليون متر مكعب)	الدفق التراكمي (مليون متر مكعب)
يناير	6	6	فبراير	40	46
مارس	26	72	إبريل	28	100
مايو	24	124	يونيو	7	131
يوليو	2	133	أغسطس	1	134
سبتمبر	15	149	أكتوبر	47	196
نوفمبر	62	258	ديسمبر	67	325

3- ارسم منحنى دفق الكتلة (مخطط ربل) للبيانات برسم قيم الدفق التراكمي كمتغير بالنسبة للزمن كما مبين على رسم حل المثال.

4- جد قيمة معدل الاستهلاك المنتظم السنوي (لشهر ديسمبر) =

230(م^3/ دقيقة) × 60 (دقيقة/ ساعة) × 24 (ساعة/ يوم) × 365 (يوم/ سنة) = 120.89×10^6 م^3/ سنة.

5- ارسم خط السحب المنتظم من نقطة الأصل إلى النقطة (أ) على منحنى دفق الكتلة.

6- ارسم خطاً موازياً لخط السحب من النقطة التي يكون فيها الخزان ممتلئاً (ب)، ثم جد قيمة أقل تخزين مطلوب للمستودع لمواكبة الاستهلاك = 20×10^6 م^3.

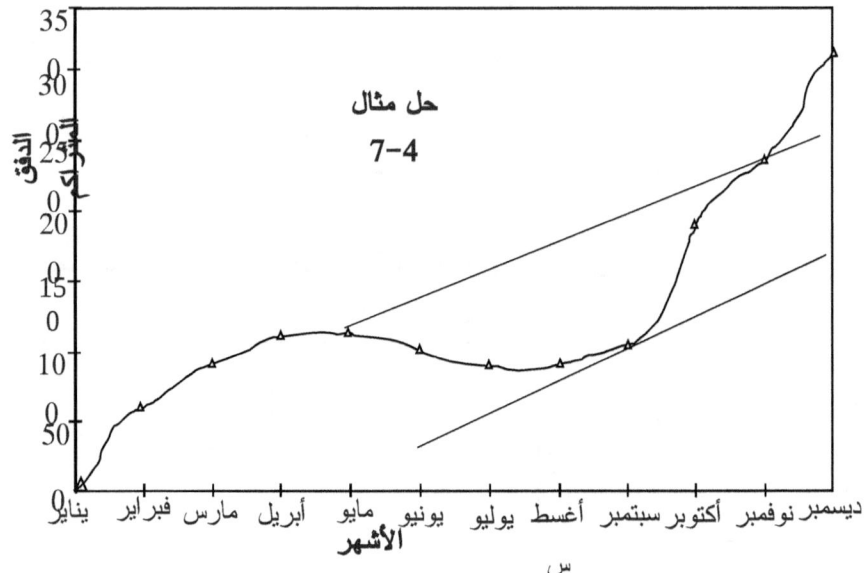

حل مثال
7-4

برنامج 7-4

```
Public Class Form1
    Dim g As Graphics
    Dim mult_factor As Integer
    Dim vAcc() As Double
    Dim month_str() As String = {"Jan", "Feb", "Mar",
"Apr", "May", "Jun", "Jul", "Aug", "Sep", "Oct", "Nov",
"Dec"}

    Private Function get_max_vol() As Double
        Dim count As Integer = 12
        Dim i As Integer
        Dim max As Double = 0
        For i = 0 To count - 1
            If vAcc(i) > max Then max = vAcc(i)
        Next
        'numbers may be smaller than picture height,
        'we can't
        'use them for drawing, as points will be
        'so near. So
        'multiply to make them bigger.
        mult_factor = 1
        While max < PictureBox1.Height
            max *= 10
            mult_factor *= 10
```

```
        End While
        Return max
End Function

Private Sub draw_graph(ByVal flowDec As Double)
    Dim count As Integer = 12
    Dim bmp As Bitmap =
  New Bitmap(PictureBox1.Width, PictureBox1.Height)
    g = Graphics.FromImage(bmp)
    g.Clear(Color.White)
    Dim w As Integer = PictureBox1.Width - 4
    Dim h As Integer = PictureBox1.Height - 4
    Dim max_v As Double = get_max_vol()
    Dim countX As Integer = count
    Dim countY As Integer = 10
    Dim scaleY As Double = h / max_v
    Dim scaleX As Integer = w / countX
    Dim zeroX As Integer = 2
    Dim zeroY As Integer = h + 2
    Dim i, j, k As Integer
    Dim f As Font = New Font("Arial", 8)
    'Draw X axis
    g.DrawLine(Pens.Black, zeroX, zeroY,
        zeroX + w, zeroY)
    For i = 1 To countX
        j = zeroX + (i * scaleX)
        g.DrawLine(Pens.Black, j, zeroY, j, zeroY - 2)
        g.DrawString(month_str(i - 1), f,
             Brushes.Black, j, zeroY - 12)
    Next
    'Draw Y axis
    g.DrawLine(Pens.Black, zeroX, zeroY, zeroX, 2)
    Dim y As Double = max_v / 10
    For i = 1 To countY
        j = zeroY - (i * y * scaleY)
        g.DrawLine(Pens.Black, zeroX, j, zeroX + 2, j)
        g.DrawString(FormatNumber(i * y /
        mult_factor, 0), f, Brushes.Black, 4, j)
    Next
    'Draw major points
    Dim last_j, last_k As Integer
    For i = 1 To count
        j = zeroX + (i * scaleX)
        k =
  zeroY - (vAcc(i - 1) * mult_factor * scaleY)
        g.DrawEllipse(Pens.Black, j - 2, k - 2, 4, 4)
        'Draw joining lines
        If i > 1 Then
            g.DrawLine(Pens.Black, last_j, last_k,
                    j, k)
        End If
```

```vb
            last_j = j
            last_k = k
        Next

        PictureBox1.Image =
            Image.FromHbitmap(bmp.GetHbitmap)
        g.Dispose()
        bmp.Dispose()
End Sub

Private Sub Form1_Load(ByVal sender As System.Object,
    ByVal e As System.EventArgs) Handles MyBase.Load
    Label1.Text = "الدفق المنتظم-م3/د"
    Label2.Text = "معدل الاستهلاك-م3/سنة"
    Button1.Text = "احسب"
    Me.Text = "مثال 7-4"
    Me.FormBorderStyle =
        Windows.Forms.FormBorderStyle.FixedSingle
    DataGridView1.Columns.Clear()
    DataGridView1.Rows.Clear()
    DataGridView1.RightToLeft =
        Windows.Forms.RightToLeft.Yes
    DataGridView1.Columns.Add("monthCol", "الشهر")
    DataGridView1.Columns.Add("volCol",
        "حجم الماء مليون م3")
    DataGridView1.Columns("monthCol").ReadOnly = True
    DataGridView1.AllowUserToAddRows = False
    DataGridView1.AllowUserToDeleteRows = False
    DataGridView1.Rows.Add(12)
    DataGridView1.Rows(0).Cells("monthCol").Value =
        "يناير"
    DataGridView1.Rows(1).Cells("monthCol").Value =
        "فبراير"
    DataGridView1.Rows(2).Cells("monthCol").Value =
        "مارس"
    DataGridView1.Rows(3).Cells("monthCol").Value =
        "أبريل"
    DataGridView1.Rows(4).Cells("monthCol").Value =
        "مايو"
    DataGridView1.Rows(5).Cells("monthCol").Value =
        "يونيو"
    DataGridView1.Rows(6).Cells("monthCol").Value =
        "يوليو"
    DataGridView1.Rows(7).Cells("monthCol").Value =
        "أغسطس"
    DataGridView1.Rows(8).Cells("monthCol").Value =
        "سبتمبر"
    DataGridView1.Rows(9).Cells("monthCol").Value =
        "أكتوبر"
    DataGridView1.Rows(10).Cells("monthCol").Value =
        "نوفمبر"
```

```
       DataGridView1.Rows(11).Cells("monthCol").Value =
            "ديسمبر"
    End Sub

    Private Sub Button1_Click(ByVal sender As
       System.Object, ByVal e As System.EventArgs)
       Handles Button1.Click
       Dim count As Integer = 12
       Dim flow As Double = Val(TextBox1.Text)
       Dim i As Integer
       ReDim vAcc(count)
       Dim v As Double = 0
       For i = 0 To count - 1
           vAcc(i) = v +
       Val(DataGridView1.Rows(i).Cells("volCol").Value)
           v = vAcc(i)
       Next
       Dim flowDec As Double
       flowDec = flow * 60 * 24 * 365
       TextBox2.Text = FormatNumber(flowDec, 2)
       draw_graph(flowDec / 1000000)
    End Sub
End Class
```

الهيدروجراف Hydrograph: الهيدروجراف رسم بياني لتغير حجم الانسياب (أو
المرحلة، أو الانسياب، أو التصرف، أو السرعة، أو أي خاصية من خواص انسياب الماء)
مع الزمن. ويمكن أن يمثل هيدروجراف {3،4} الانسياب القلعدي Base Flow
بالتقريب بالمعادلة 4-39.

$$Q_t = Q_a * e^{-\alpha t} \qquad\qquad (4-39)$$

حيث:

Q_t = التصرف عند نهاية الزمن t

Q_a = التصرف في بداية الفترة

α = معامل حوض الماء الجوفي

e = قاعدة الخوارزمات الطبيعية.

غالباً يستخدم هيدروجراف الوحدة (هيدروجراف الانسياب المباشر) Unit
Hydrograph الناتج من هطلان واحد مليمتر من أمطار فعالة منتظمة الحدوث عبر
مساحة الجابية وبمعدل منتظم طيلة فترة زمنية (أوفترة هطلان) محددة {3،4،20}.

ويمثل هيدروجراف الوحدة الانسياب السطحي الناتج من واحد مليمتر من أمطار زائدة عن التسرب وأي فقد آخر حـادثـفـي وحـدة الزمـن {15}. ويمكن أن يسـتخدم هـذا الهيدروجراف لحساب انسياب الذروة، ومعدلات التصريف السطحي الأخرى من أمطـار مرصودة {4،10}. وللمزيد من المعلومات عن الهيدروجراف والنظريات المواكبـة لـه وطرق استخدامه وتحليله فيرجى الرجوع إلى الكتب المتخصصة في الهيدرولوجيا وعلوم نواميس الماء.

مثال 4-8

يبلغ معدل الانسياب في مجرى مائي يقوم بتصريف مياه منطقة جابية 3810 م^3/دقيقة بعد مضى عشرة أيام غير مطيرة، كما ويبلغ معدل الانسياب فيه 1100 م^3/دقيقة بعد مضـى شهر من غير هطلان أمطار.

أ) جد معادلة هيدروجراف الانسياب القاعدي.

ب) جد مقدار معدل الانسياب بعد مضى فترة شهرين، وفترة خمسـة أشـهـر بـالمجرى المائي.

الحل

1- المعطيات: قيم معدل الانسياب Q_t و Q_a بعد مضى ثمانية أيـام وشـهـر، = Q_{10} 3810، Q_{30} = 1100 م^3/دقيقة

2- جد معادلة هيدروجراف الانسياب القاعدي باستخدام المعادلة: $Q_t = Q_a * e^{-\alpha t}$ عوض القيم المعطاة في المعادلة كما موضح أدناه في المعادلتين 1 و2.

$3810 = Q_a \times e^{-10 \times \alpha}$ (1)

$1100 = Q_a \times e^{-30 \times \alpha}$ (2)

بقسمة المعادلتين 1 و2 يمكن إيجاد قيمة معامل الحوض α ليساوى: a = 0.06

3- عوض في إحدى المعادلتين 1 أو 2 لإيجاد قيمة التصرف الابتدائي Q_a كالآتي:

$Q_{60} = (3810 \div 60) \div e^{-10 \times 0.06} = 118.2$ م^3/ث

4- تصبح معادلة هيدروجراف الانسياب القاعدي : $Q_t = 118.2 * e^{-0.06 * t}$

177

5- جد مقدار معدل الدفق بعد مضى فترة ثلاثة أشهر بالمجرى المائي بـــالتعويض فـــي معادلة هيدروجراف الانسياب القاعدي التي تم الحصول عليها في الخطوة 4 أعلاه: $Q_t = 118.2*e^{-0.06*t}$

$Q_{60} = 118.2 \div e^{-60\times0.06} = 3.2$ م³/ث

6- بتكرار الخطوة 5 أعلاه يمكن إيجاد معدل الدفق بعد مضى فترة ستة أشهر بـــالمجرى المائي:

وعليه $Q_{150} = 118.2 \div e^{-150\times0.06} = 0.01$ م³/ث.

برنامج 4-8

```
Public Class Form1

    Private Sub Form1_Load(ByVal sender As System.Object,
      ByVal e As System.EventArgs) Handles MyBase.Load
        Label1.Text = "معدل انسياب 1-م3/د"
        Label2.Text = "الزمن 1-يوم"
        Label3.Text = "معدل انسياب 2-م3/د"
        Label4.Text = "الزمن 2-يوم"
        Label5.Text = "التصريف الإبتدائي-م3/ث"
        Label6.Text = "معادلة هيدروجراف الانسياب"
        Button1.Text = "احسب التصريف"
        Me.Text = "مثال 4-8"
        Me.FormBorderStyle =
             Windows.Forms.FormBorderStyle.FixedSingle
    End Sub

    Private Sub Button1_Click(ByVal sender As
      System.Object, ByVal e As System.EventArgs)
      Handles Button1.Click
        Dim Qa, Q1, Q2, t1, t2, alpha As Double
        Q1 = Val(TextBox1.Text)
        t1 = Val(TextBox2.Text)
        Q2 = Val(TextBox3.Text)
        t2 = Val(TextBox4.Text)

        'Qt = Qa * e ^(-alpha * t)
        alpha = Q1 / Q2
        'Log(e) = 1, but we include it for clarity
        alpha = Math.Log(alpha) / Math.Log(Math.E)
        alpha = alpha / (-t1 - (-t2))
        Qa = (Q1 / 60) / (Math.Pow(Math.E, (-t1 * alpha)))

        TextBox5.Text = FormatNumber(Qa, 2)
        TextBox6.Text = "Qt = " + FormatNumber(Qa, 1)
```

```
        TextBox6.Text += "e^(-" + FormatNumber(alpha, 2)
            + "*t)"
    End Sub
End Class
```

تلوث البيئة البحرية: يمكن تعريف التلوث البحري بأنه إدخال مواد أو طاقة في البيئة البحرية بوساطة الإنسان، بطرق مباشرة أو غير مباشرة، الشيء الذي ينجم عنه آثار ضارة للموارد الحية، أو مخاطر لصحة الإنسان وحيواناته، أو تقليل للنشاطات البحرية (بما فيها من صيد)، وتدهور نوع مياه البحار، والحيلولة دون الاستخدام الأمثل لها {3،4}. قال الله عز وجل **{وهوَ الَّذي مرجَ البحرينِ هذا عذبٌ فراتٌ وهذا مِلحٌ أجاجٌ وجعلَ بينهما برزخاً وحجراً محجوراً}** الفرقان: 53. وقال جل **شأنه** **{ظهرَ الفسادُ في البرِ والبحرِ بما كسبتْ أيدي النَّاسِ ليذيقهم بعضَ الَّذي عمِلوا لعلَّهمْ يرجعونَ}** الروم: 41. وقال جل القائل **{وما يستوي البحرانِ هذا عذبٌ فراتٌ سآئغٌ شرابهُ وهذا ملحٌ أجاجٌ ومن كلٍ تأكلونَ لحماً طريّاً وتستخرجونَ حِليةً تلبسونهَا وترى الفلكَ فيهِ مواخرَ لتبتغوا من فضلهِ ولعلَّكمْ تشكرونَ}** فاطر: 12.

ومن أهم طرق ترحيل المواد الملوثة وجلبها من اليابسة إلى البحار الطرق الطبيعية (الأنهار والرياح وجرف الجليد)، والطرق المصنعة والمستحدثة (مصبات الفضلات المنزلية والصناعية والزراعية والتلوث بوساطة السفن والمواخر). ومن أمثلة تلوث البحار والمسطحات المائية: التلوث الحيوي (بكتريا وفيروسات وغيرها من الأحياء المجهرية الجرثومية)، والتلوث الكيماوي (المواد الكيماوية السامة والمبيدات الحشرية)، والتلوث الحراري، والتلوث الإشعاعي، والتلوث الهوائي، والتلوث الزيتي (النفطي).

إن تلوث المسطحات المائية ربما أدى إلى كوارث وخيمة ومخاطر كبيرة ربما لم تكن معروفة من قبل. وتأخذ معالجة مثل هذه المخاطر حيزاً زمنياً كبيراً لمعرفة مصدر التلوث، وإيجاد العلاقة بين العنصر الملوث الجالب للمرض أو الكارثة، ثم الأثر في المدى البعيد، ومحاسبة الملوث والمصدر المنتج للتلوث. ويحاول هذا الأخير، جهد المستطاع، حجب المعلومة، وإبعاد الشبهة أو الجنحة عنه، أو تأخير صدور الحكم لمدة طويلة تتفاوت والتقدم العلمي بالمنطقة ووجود التكنولوجيا (التقانة) الملائمة والعنصر البشري ذي الكفاءة والقدرة العلمية لمواكبة المشكلة قيد البحث {3،4}.

4 - 7 المياه الجوفية

تمثل المياه الجوفية ذلك الجزء من المياه المحجوز في الخزان الجوفي المسامي، والناتج من تسرب وتخلخل مياه الأمطار إلى التربة والطبقات السفلى. ومن المصادر الهامة للمياه الجوفية: تسرب مياه الأمطار أو المياه السطحية إلى المخزون الجوفي، والتغذية الصناعية لزيادة المخزون الجوفي، والتسرب من الخزانات وشبكات المياه وأحواض التحليل وغيرها من المنشآت، وتسرب مياه الري والبحيرات أو الآبار المثقوبة التي تستخدم للتخلص من الفضلات السائلة. ومن أهم العوامل المؤثرة على زيادة المخزون الجوفي: خواص الماء (مثل: الكثافة، واللزوجة) وخواص الوسط الذي تتساب من خلاله المياه (مثل: المسامية، والنفاذية) والشروط الحدودية. ومن الطبيعي الاعتماد على المياه الجوفية لاسيما وتمثل مصدر مياه جيد خاصة من النواحي البكتريولوجية، كما ويقل تأثير التغيرات الموسمية علي كمياتها. ويمكن تقسيم الماء الجوفي طبقاً لمصادره إلى:

1. ماء جوي Meteoric water وهذا يتعلق بالمياه في الغلاف الجوي.
2. ماء وليد Juvenile water ويعبر عن مياه صهيرية تخرج إلى سطح الأرض مع مقذوفات البراكين.
3. ماء متجدد Rejuvenated water ويعبر عن الماء المستخرج مؤقتاً من الدورة الطبيعية (بفعل التجوية) ثم عاد إليها (بوساطة التحول والإنضغاط).
4. ماء حبيس Connate water عند حدوث الانخفاض العظيم في قشرة الأرض تمتلئ مسامات الصخور الرسوبية بالماء المالح. وعند رفع الصخور تخرج المياه العذبة لتحل محل الماء المالح. وعادة تزداد ملحية الماء الحبيس أكثر من مياه البحار نسبة لإذابة مواد معدنية أخرى عبر الحقب الزمنية الطويلة.

كما يمكن تقسيم المياه الجوفية على حسب فتحات الصخور على النحو التالي:

1. مياه مسامية Pore water حيث أن المسامات فيها عبارة عن فتحات في الصخور الرسوبية والمواد الحبيبية الأخرى. وهذه المسامات في حجم شعيرات مرتبطة مع بعضها مما يسمح معه بتطبيق قانون دارسي عليها.
2. ماء شقوق (أو ماء صدعي) Fissure or fault water وتحدث التشققات والتصدعات في الصخور الرسوبية الكثيفة التبلور. ويمكن أن يكون للتشققات

الرئيسة حجم أكبر من الشعيرات أما التشققات الفرعية فيكون لها حجم الشعيرات. ويمكن أحياناً تطبيق قانون دارسي عليها.

3. ماء فتحات كبيرة أنبوبية أو متكهفة Large tubular or cavernous openings water يختص بالفتحات الكبيرة الحجر الجيري (وتسمي المياه متكهفة أو كارست: منطقة أحجار جيرية ذات مجار جوفية) وأحياناً في الصخور البركانية؛ وعادة يكون دفق الماء مضطرب.

يمكن تقسيم الخزانات الجوفية إلى: مسامية ومتشققة وكارست (جيرية). ومن أمثلة الخزانات الجوفية المسامية Pore aquifers الخزانات في الرمل والحصى. ومن خواص هذه الخزانات وجود مسامات صغيرة بها، لتنساب المياه خلالها بسرعات تتراوح بين بضع سنتيمترات في اليوم إلى بضع أمتار في اليوم، وعادة تكون أقل من 40 م/يوم.

أما الخزانات الجوفية المتشققة Fissured aquifers فتختص بمجموعة من تشققات وتصدعات وأنابيب طبيعية ناتجة من جراء عوامل ميكانيكية على الصخور أو انكماشها أثناء عمليات تبريد الصخور البركانية. وتتراوح سرعة الماء فيها بين متر على اليوم إلى 8 كيلومتر/يوم.

تتكون الخزانات الجوفية الكارست (الجيرية) Karstic aquifers في الحجر الجيري والدلوميت حيث تقوم المياه بعمل كهوف عند إذابتها للصخور، وعامة تعلو فيها سرعات الماء وربما وصلت إلى 30 كيلومتر/يوم.

استكشاف المياه الجوفية Ground water exploration

من الأنسب وضع موازنة للماء الجوفي الحاضر والمستقبل لدراسة احتمال استخراج المياه الجوفية. وفي حالة الظروف الثابتة فإن مجموع كل الماء الداخل يساوي كل الخارج، وهذا ما يعرف بميزانية الماء الجوفي. وتعطى هذه الموازنة تقديرات عن احتمالات استخراج الماء الجوفي. أما الموازنة المستقبلة فيؤخذ فيها ميزانية الماء الجوفي الجديدة (المستقبلة) أكبر من (أو على الأقل مساوية) للموازنة الحاضرة. وتعمل ميزانية الماء الجوفي لمنطقة معينة ذات حدود جغرافية معلومة ولمدة معينة من الزمن (ربما عام) للتخلص من التغيرات الموسمية. وعليه يمكن تعريف ميزانية الماء بالمعادلة 4-40.

الداخل = الخارج + الزيادة في المخزون (4-40أ)

$$f + i + r + a = o + q + p + s \qquad (4\text{-}40ب)$$

حيث:

f = التغذية الطبيعية: وتعني الأمطار ناقص النتح والانسياب السطحي والتسرب.

i = انسياب الماء الجوفي عبر حدود المنطقة قيد الذكر.

r = إضافة وازدياد للماء الجوفي بسبب دخول مياه سطحية من أنهار وقني وخنادق، وهذه تحدث عندما يكون منسوب الماء الجوفي (أو السمت البيزومتري) أقل من منسوب الماء السطحي.

a = التغذية الاصطناعية (مثل محطات التغذية: تسطيح الأرض، البرك، القني، لآبار التغذية) أو من فاقد الري.

o = الماء الجوفي الخارج من حدود المنطقة.

q = إنتاج أو استخراج الماء الجوفي بوساطة الآبار أو قني الصرف.

s = الزيادة في المخزون.

وتمثل هذه الموازنة الوضع الراهن (الحاضر). أما الفرق بين معادلتين من هذا القبيل للحالة الراهنة والمستقبلة فيعطي الموازنة المستقبلة.

انسياب الماء الجوفي:

استخدم دارسي قاعدة هيزن وبواسيلي لانسياب المائع خلال الأنابيب الشعرية لسريان الماء عبر الوسط النفاذي كما موضح في المعادلة 4-41.

$$v = k*i \qquad (4\text{-}41)$$

حيث:

v = سرعة انسياب الماء (= السرعة النسبية)

k = الميل الهيدروليكي (ميل التدرج السائلي) = ميل السمت المقاس في اتجاه سريان الماء

i = معامل النفاذية = التوصيلية الهيدروليكية = $\frac{d\varphi}{dl}$

l = المسافة في اتجاه خط الانسياب

ϕ = السمت الممكن.

أما معدل السريان لحوض الماء الجوفي فيوجد من المعادلة 4-42.

$$Q = v*A \qquad \text{(4-42)}$$

حيث:

Q = معدل سريان الماء

A = مساحة حوض الماء الجوفي العمودية على اتجاه سرعة دفق الماء فيه.

غالباً تكون السرعة الحقيقية للماء عبر المسامات (السرعة المسامية) أكبر مـــن الســـرعة النسبية، وذلك نسبة لأن مسار الماء خلال الوسط المسامي لا يتبع خطاً مستقيماً. ويمكـــن إيجاد السرعة الحقيقية بين المسامات من المعادلة 4-43.

$$v' = \frac{v}{n_e} \qquad \text{(4-43)}$$

حيث:

'v = متوسط السرعة المسامية أو السرعة الحقيقية (م/ث)

v = السرعة النسبية (م/ث)

n_e = المسامية الفعالة (لا بعدي)

<u>دفق الماء في الحوض الجوفي المحجوز Confined Aquifer</u>: يمكن إيجاد سرعة دفق الماء خلال حوض الماء الجوفي المحجوز باستخدام قاعدة دارسي كما مبين في المعادلـــة 4-44.

$$V_x = -k \cdot \frac{d\varphi}{dx} \qquad \text{(4-44)}$$

حيث:

v_x = السرعة النسبية في اتجاه x (م)

k = معامل نفاذية الحوض (م/ث)

ϕ = السمت المتوقع (م)

x = المسافة في اتجاه خط الانسياب (م)

ويتم تقدير دفق الماء خلال عرض حوض الماء الجوفي من المعادلة 4-45.

$$q = -kH \cdot \frac{d\varphi}{dx} \qquad \text{(4-45)}$$

حيث:

q = معدل الانسياب في حوض الماء الجوفي على وحدة عرض الحوض (م^3/ث/م)

H = عمق حوض الماء الجوفي (م)

ويتعلق هذا الانسياب بحالتين لاستقرار الدفق على النحو التالي:

(1) الانسياب في حالة الإستقرار Steady flow state: في حالة استقرار الدفق تتلاشى المشتقة الأولى لمعدل السريان كما مبين في المعادلة 4-46.

$$\frac{dq}{dx}=0 \qquad (4\text{-}46)$$

وبمفاضلة المعادلة 4-44 بالنسبة إلى x وتعويضها في المعادلة 4-46 تنتج المعادلة 4-47.

$$\frac{dq}{dx}=-kH\,\frac{d^2\varphi}{dx^2}=0 \qquad (4\text{-}47)$$

أو:

$$\frac{d^2\varphi}{dx^2}=0 \qquad (4\text{-}48)$$

ويمكن حل المعادلة التفاضلية 4-48 لتعطي المعادلة 4-49.

$$\phi = bx + a \qquad (4\text{-}49)$$

حيث:

ϕ = السمت أعلى مرجع مناسب

a و = b ثوابت التكامل.

وبافتراض أن ϕ = صفر عند x = صفر في معادلة دارسي تنتج المعادلة 4-50.

$$\varphi=-\frac{vx}{k} \qquad (4\text{-}50)$$

مما يشير إلى تناقص السمت تناقصاً خطياً في الاتجاه الموجب للمسافة xمع معدل انسياب الماء.

إن الحل التحليلي لمعادلات انسياب وحيد البعد One-dimensional flow غير ممكن في حوض ماء جوفي غير محجوز، نسبة لأن منسوب المياه الجوفية يمثل الحد الأعلى،

ولأن خط الانسياب يحكمه توزيعه. وعليه تستخدم افتراضات ديبوت Dupuit للحصول على حل تقريبي. وتتضمن افتراضات ديبوت التالي:

- تتناسب سرعة انسياب الماء عبر الحوض مع مماس الميل الهيدروليكي (أي أن $\frac{d\varphi}{dl}=\frac{d\varphi}{dx}$ بالنسبة لقيم $d\phi$ الضئيلة).
- ينساب الدفق أفقياً عند أي نقطة غير أنه ينتظم في الاتجاه الرأسي (عدا بالقرب من نقاط السحب).

وتبين المعادلة 4-51 طريقة تقدير الانسياب بافتراضات ديبوت وباستخدام معادلة دارسي.

$$q=-kh\frac{dh}{dx} \qquad (4\text{-}51)$$

وبتكامل المعادلة 4-51 للحدود $h = h_o$ عندما تكون x = صفر، تنتج المعادلة 4-52، مشيرة إلى أن منسوب المياه الجوفية له شكل قطع متكافئ.

$$q=\frac{k\left(h_o^2-h^2\right)}{2x} \qquad (4\text{-}52)$$

(2) الانسياب في الحالة غير المستقرة Unsteady flow أما بالنسبة للحالة غير المستقرة في حوض الماء الجوفي فيستخدم معامل التخزين (S) لإيجاد معادلة عامة تبين انسياب الماء الجوفي. ويعادل هذا المقدار (لحوض ماء جوفي غير محجوز) الإنتاج النسبي للحوض. أما بالنسبة لحوض ماء جوفي محجوز فيمثل معامل التخزين مقياس إنضغاطية الحوض والماء {3،4}. وعليه يمكن صياغة معادلة عامة توضحها المعادلة 4-53.

$$\frac{\partial^2 h}{\partial x^2}+\frac{\partial^2 h}{\partial y^2}+\frac{\partial^2 h}{\partial z^2}=\frac{S}{kH}\frac{\partial h}{\partial t} \qquad (4\text{-}53)$$

حيث:

H = عمق حوض الماء الجوفي المحجوز.

وتكون المعادلة المماثلة لحوض ماء جوفي غير محجوز معادلة لاخطية، غير أن المعادلة 4-53 يمكن تطبيقها عندما تقل التغيرات في العمق المتشبع {3،4،20}. أما بالنسبة

لانسياب الماء عبر حوض ماء جوفي له سطح ماء جوفي Phreatic Surface فيمكن إيجادها باستخدام معادلة دارسي واعتبار فرضيات ديبوت كما في المعادلة 4-54.

$$q = -kh\frac{dh}{dx}$$ (4-54)

وينتج تفاضل هذه المعادلة بالنسبة إلى x المعادلة 4-55.

$$\frac{dq}{dx} = -\frac{k}{2}\frac{d^2(h^2)}{dx^2}$$ (4-55)

وبتعويض معادلة الاستمرارية تنتج المعادلة 4-56.

$$\frac{dq}{dx} = 0$$ (4-56أ)

$$\frac{d^2h^2}{dx^2} = 0$$ (4-56ب)

أما في حالة تغذية الحوض الجوفي بأمطار تهطل على سطح الأرض بافتراض أن معــــدل التسرب الكلي للمياه للحوض الجوفي تساوى N تنتج المعادلة 4-57.

$$\frac{d^2h^2}{dx^2} = -\frac{2N}{k}$$ (4-57)

حيث:

N = معدل التسرب الكلي للمياه الناتجة من الأمطار.

وبالتكامل الثنائي لهذه المعادلة تنتج المعادلة 4-58.

$$h^2 = -\frac{Nx^2}{k} + ax + b$$ (4-58)

حيث:

a و b = ثوابت التكامل.

الينابيع

الينبوع: عين الماء (ج) ينابيع {12}. نَبَعَ الماء ونَبِعَ ونَبُعَ ، نَبْعاً ونُبُوعاً: تفجـرَّ. وقيـل خرج من العين، ولذلك سميت العين ينبوعاً. والينبوع الجدول الكثير الماء، وكذلك العين، ومنه قوله تعالى {**وقالوا لن نؤمن لك حتى تفجر لنا من الأرض ينبوعـاً**} الإسـراء: 90، والجمع الينابيع {1}.

الينبوع هو دفق مركَّز للماء الجوفي المنساب فوق سطح الأرض في شكل تيار من الماء. ويمكن تقسيم الينابيع إلى ينابيع تحت الجاذبية وينابيع لا تخضع للجاذبية. وهذه الأخيـرة تنتج بفعل الحرارة وغازات تحت أرضية. كما يمكن تقسيم الينابيع على أنها: دائمـة (إذا كان الدفق منها طيلة أيام السنة) ومؤقتة أو منقطعة (إذا كان دفقها غير مستمر)، و دورية (إذا كان دفقها على فترات ليست لها علاقة بحدوث السقيط). ويمكن تقسيم الينابيع أيضـاً طبقاً لنوع الطبقة الحاملة للمياه. وربما انبثقت الينابيع عند اقـتراب قعـر الطبقـة غيـر المسامية من السطح لتنتج الخزانات الضحلة، أو عندما يتقاطع السطح ومنسـوب المـاء الجوفي في حالة الخزانات الجوفية العميقة، وعلى هذا الأساس يمكن تقسيم اليـنابيع إلـى الأقسام التالية:

- الينابيع التلامسية Contact springs: (أنظر شكل 4-8أ) ومنشأ هذه الينابيع مـن التكوينات المسامية الضحلة ومعظمها صغير، ومنها: اليـنابيع الانحداريـة (Talus springs)، والينابيع الجاثمة (Perched springs)، والينابيع الميسة (Mesa, euesta springs)، والينابيع العازلة (Barrier springs)، والينابيع الصحراوية (Desert springs).
- الينابيع من التكوينات الرسوبية السميكة (ينابيع المنخفضات Depression springs ,Water-table): (أنظر شكل 4-8ب) عادة لا تكون مثل هذه الينابيع كبيرة، وتتكون كلما تقاطع منسوب الماء الجوفي مع سطح الأرض، وتكويناتها عادة سميكة للدرجـة التي لا تتأثر فيها حركة الماء بالمواد غير المسامية الواقعة تحتها. ومن هذه الأنـواع: ينابيع المنخفضات، والينابيع الرسوبية المائلة (Alluvial-slope)، والينابيع المنحدرة (Cliff).

- ينابيع محجوزة: (أنظر شكل 4-9) وهذه ينابيع كبيرة قد تتواجد من الخزانات الجوفية المحجوزة عند تقاطع التكوينات النفاذية الواقعة بين طبقتين شبه مساميتين مع سطح الأرض. وبعض هذه الينابيع ارتوازي.
- الينابيع الصدعية الأنبوبية Tubular & fracture springs : وتتكون هذه الينابيع في التشققات والمجاري الذوبانية في الصخور غير المسامية أو شبه المسامية. ومما يجدر ذكره أن معظم الينابيع الكبيرة من هذا النوع.

أما من وجهة النظر الجيولوجية فيمكن تقسيم الينابيع إلى ما يلي:

- ينابيع منسوب الماء الجوفي Water table (Emergency) springs : عادة تتفجر هذه الينابيع من الطبقات الرسوبية، والترسبات المنزلقة أو الركامية، أو الترسبات المروحية، أو الكثبان الرملية، أو الرماد البركاني، أو الحجر الجيري أو من كتل مختلطة. ويمكن أن تتواجد الينابيع في المجاري والوديان وحواف الجرف، ودكة الجرف المنحدر، أو على الحدود بين الطبقات الناعمة والخشنة، أو أدنى ميل الرسوبيات المروحية والمخروطية. ويتحكم في نظام الينبوع تقاطع منسوب الماء الجوفي مع طبغرافية السطح، وذلك تماشياً مع التغير في ارتفاع منسوب الماء الجوفي. وتتفجر هذه الينابيع في أي منطقة منخفضة تصل تحت منسوب الماء الجوفي، أو عندما تدفع التربة الناعمة الماء لسطح الأرض.
- الينابيع الفياضة Overflow springs: وعندها تفيض المياه في أقل نقطة، ويمكن أن تتواجد في الصخور والصخور المضغوطة.
- ينابيع التلامس Contact springs: وهى من أكثر الينابيع تواجداً عندما تقوم الطبقة السفلية غير المسامية بطرد الماء خارجاً لسطح الأرض؛ ومنها: الينبوع الجاثم (عندما تقع طبقة مسامية فوق طبقة غير مسامية في قمة جبل)، أو الينبوع الانحداري، والمنزلق، والركامي.
- ينابيع عازلة Barrier springs: ويمكن أن تكون بسبب قفل وانسداد الخزان الجوفي مثلاً عند القطع الناتج من السدود الصخرية، أو جسم شبه بركاني، أو تصدع، أو غيره من العوامل المؤثرة.
- ينابيع الصدوع Fissure springs: وهى تحدث بسبب الصدوع في الصخور النفاذية القابلة للتصدع أو لأي ظاهرة أخرى. وتتواجد هذه الينابيع في الصخور النارية، أو في

الجسيمات البلوتونية (نايس – صخر غرانيتي متحول)، أوفي الحجر الجيري والدولوميت (كربونات الكالسيوم والمغنيسيوم البلورية).

- الينابيع الحارة والمعدنية Thermal & mineral springs: تتبع أهمية هذه الينابيع منظور طبي وإعلامي أكثر منه هندسي. ففي الينابيع الحارة تكون درجة الحرارة أعلى من المعدل الطبيعي. ومصدر هذه الحرارة ربما كان من أصل بركاني، أو منصهر، أو من إنتاج الماء الوليد (مياه صهيرية تخرج إلى سطح الأرض مع مقذوفات البراكين)، أو من التغيرات الحرارية الداخلية للأرض، أو ميل جيولوجي حراري. وكثيراً ما تحتوي المياه الحرارية على معادن وعناصر مثل: البورون، والفلور، ومواد مشعة ناجمة من الصخور التي تمر عليها. وربما ارتفعت هذه المياه الحارة طبيعياً إلى سطح التربة بسبب خفتها مقارنة بالماء البارد وبسبب احتوائها على غازات وأبخرة.

الينابيع والسرف Springs & Seeps: سَرَفُ الماء ما ذهب منه في غير سقي ولا نفع {1}.

تمثل الينابيع والسرف ظهور المياه الجوفية إلى سطح الأرض في شكل بقع رطبة في سفوح الجبال، أو على ضفاف الأنهار عبر فتحات مسامية في الأرض، أو عبر مفاصل وشقوق في الصخور الصلدة. ويوجد نوعان من الينابيع: الينابيع تحت الجاذبية (ينابيع منخفضة، وتلامسية، وينابيع شقوق) والينابيع الارتوازية:

<u>(أ) الينابيع تحت الجاذبية Gravity springs:</u> (أنظر شكل 4–10)، ومنها:

أ–1 ينابيع المنخفضات Depression springs: وتتكون هذه الينابيع عندما يهبط سطح الأرض ويلامس منسوب المياه الجوفية في تربة مسامية. ويعلو مردود الينبوع بارتفاع المنسوب الجوفي، غير أن كمية المياه المتاحة تتغير موسمياً. وربما لا يصلح مثل هذا الينبوع للاستخدام لمياه الشرب لاسيما وربما نضب معينه سريعاً.

أ–2 ينبوع تلامس تحت الجاذبية Gravity contact spring: تتكون هذه الينابيع عندما يمنع سريان المياه الجوفية بطبقة غير مسامية، مما يرفع المياه إلى سطح الأرض. وعادة يكون لهذا الينبوع دفق جيد طوال العام ونوعية جيدة من المياه.

أ–3 ينبوع الصدوع أو الينبوع الأنبوبي Fracture & tubular springs: تتكون هذه الينابيع عندما ينساب الماء عبر الشقوق أو التصدعات في الصخور. عادة يكون الدفق

في نقطة واحدة مما يسهل معه المحافظة علي الينبوع وحمايته. وعادة تعطـــي هـــذه الينابيع مياه جيدة.

أ-4 ينبوع ارتوازي: يتكون الينبوع الارتوازي عند حصر الماء الجوفي بيـــن طبقـــتين غير مساميتين تحت الضغط. ومن هذا النوع: ينبوع الصدوع الارتوازي Artesian fissure spring (يتكون من مياه تحت الضغط لتصل المياه الجوفية عبر الصـــدع. عادة للينبوع مردود جيد ويشكل مصدر ممتاز للماء)، وينبوع الانسياب الارتـــوازي Artesian flow spring (يتكون عندما يخرج الماء المحجوز في منطقة منخفضة في سفوح الجبال، وله مياه ممتازة).

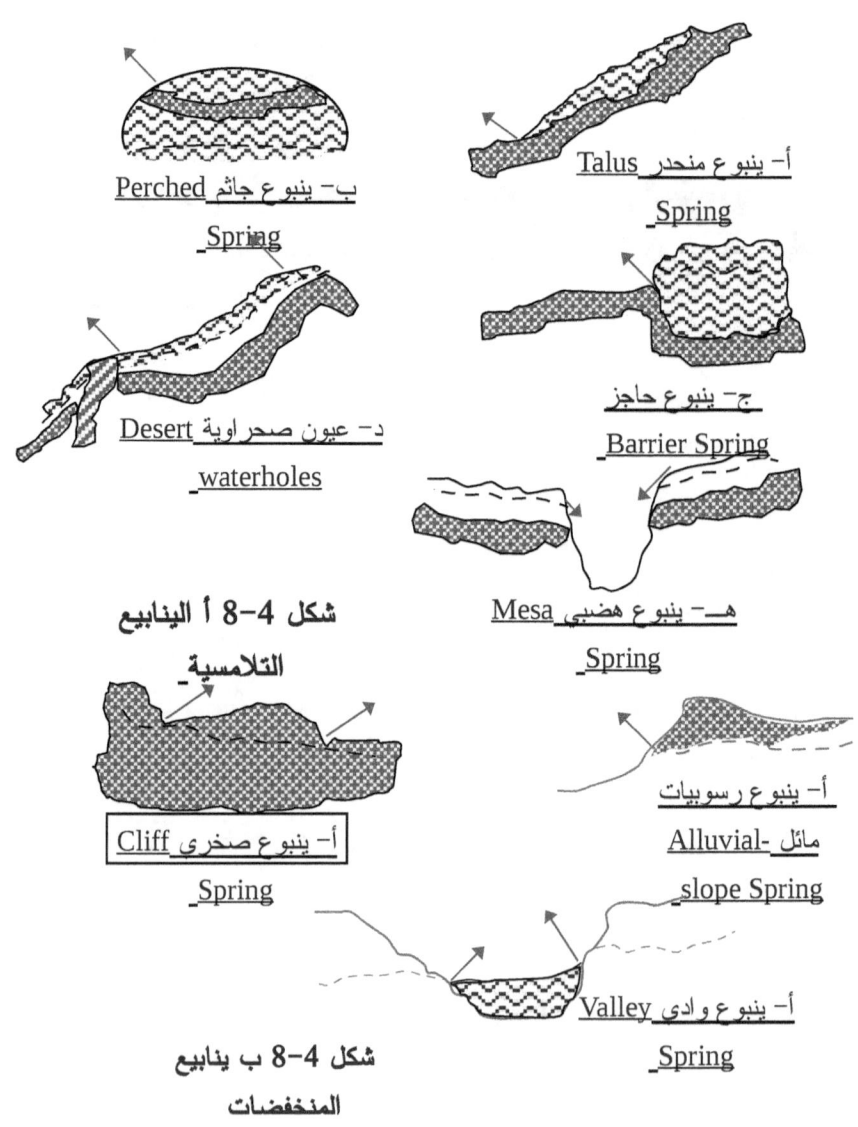

أ- ينبوع منحدر Talus Spring
ب- ينبوع جاثم Perched Spring
ج- ينبوع حاجز Barrier Spring
د- عيون صحراوية Desert waterholes
هـ- ينبوع هضبي Mesa Spring

شكل 4-8 أ الينابيع التلامسية

أ- ينبوع رسوبيات مائل- Alluvial-slope Spring
أ- ينبوع صخري Cliff Spring
أ- ينبوع وادي Valley Spring

شكل 4-8 ب ينابيع المنخفضات

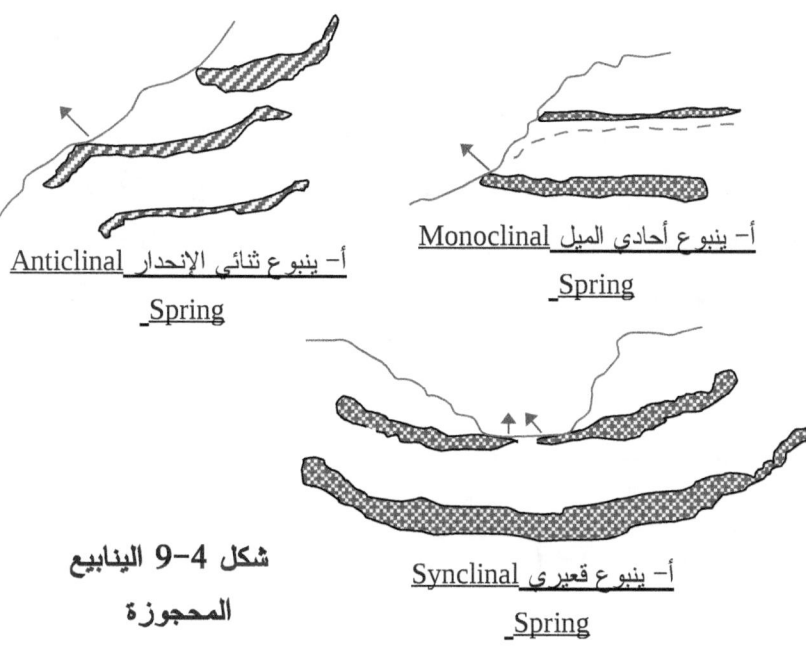

أ– ينبوع أحادي الميل Monoclinal
Spring

أ– ينبوع ثنائي الإنحدار Anticlinal
Spring

أ– ينبوع قعيري Synclinal
Spring

شكل 4-9 الينابيع المحجوزة

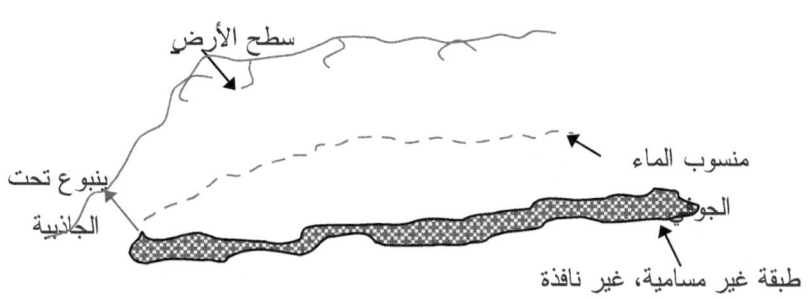

سطح الأرض

منسوب الماء الجوفي

ينبوع تحت الجاذبية

طبقة غير مسامية، غير نافذة

شكل 4-10 ينبوع تحت الجاذبية

حماية الينبوع: قبيل أن تصل مياه الينبوع إلى سطح الأرض فإن نوعية المياه جيدة وخالية من الملوثات الضارة. وعليه لابد من حماية الينبوع في منطقة انبثاق المياه منه مع ملاقاته سطح الأرض، وفي هذا المنحى هناك عدة طرق لتنمية وحماية واستخدام مياه الينبوع منها:

1) صندوق الينبوع Spring box: (أنظر شكل 4-11) وهنا يتم حفر منطقة صغيرة حول الينبوع ثم تبطن بالحصى. ويوضع صندوق خرساني لتجميع المياه وحفظها. وللصندوق غطاء متحرك يحول دون دخول الملوثات الخارجية، ويتوخى الثقل لتصعب إزاحته بوساطة المستهلك. ثم يوضع أنبوب لأخذ الماء ونظام تصريف مناسب للمياه المهدرة. أما نظام الحماية فزهيد في تكلفته الأساسية وعند صيانته، ويندر استخدام التطهير بالكلورة. وعادة يكون الينبوع في سفح الجبل مما يعني أن المياه تنساب تحت الجاذبية الشيء الذي يسهل معه وضع نظام لأخذ الماء منه. ومن عيوب استخدام مياه الينبوع التغير الموسمي لنوعية الماء.
2) آبار أفقية Horizontal wells: (أنظر شكل 4-12) عندما يكون للينبوع منسوب ماء مائل شديد الانحدار (ميلان هيدروليكي كبير) يمكن استخدام الآبار الأفقية. وهنا يتم إرسال أنابيب مفتوحة من الجانبين، أو لها نهايات منساقة مخرمة، أو يمكن استخدام مصاف الآبار التي يتم إدخالها أفقياً أو بميلان بسيط لتصل إلى الماء الجوفي في نقطة أعلى من مستوى الدفق الطبيعي. ولا تصلح هذه الطريقة للينبوع ذي منسوب الماء الجوفي الأفقي.
3) تنمية مياه السرف Seep development: (أنظر شكل 4-13) إذا انسابت المياه الجوفية لتغطي مساحة بضع أمتار مربعة يمكن استخدام طريقة تنمية مياه السرف بوضع أنابيب لتجميع المياه ثم حملها إلى صندوق تجميع. غير أن هذه الطريقة ترتفع تكلفة صيانتها وتشغيلها لا سيما والأنابيب عرضة للانسداد بوساطة جزيئات التربة والصخور، هذا بالإضافة لتكلفة الإنشاء. وعليه ينبغي عدم الاعتماد الكلي على مياه السرف ما لم تبشر بمردود ممتاز. ويمكن رفع الكفاءة بصب حائط خرساني أدنى الأنابيب لحجز مياه السرف.

الآبار:

تؤخذ المياه من الخزان الجوفي بوساطة الآبار. والبئر عبارة عن حفرة داخل الأرض تتصل بالخزان الجوفي، وتنزح منها المياه يدوياً أو باستخدام المضخات. ويمكن تقسيم الآبار طبقاً لطريقة إنشائها إلى: آبار محفورة، وآبار مساقة، وآبار مثقوبة، وآبار نافورية. وتتكون البئر أساساً من خمسة أجزاء تضم (أنظر شكل 4-14): عمود إدارة (Shaft)، وغلاف (Casing)، وساحب (Intake)، ورأس البئر، وجهاز رفع الماء. يمثل عمود الإدارة الحفرة الداخلة من سطح الأرض إلى داخل التربة (أو إلى داخل الخزان الجوفي)، وفائدته السماح بسهولة الدخول إلى المياه الجوفية. و تختلف طريقة وضع عمود الإدارة باختلاف نوع البئر. ويقوم الغلاف بتبطين جوانب عمود الإدارة ومنعه من الانهيار، كما ويعمل لحجز الماء الجوفي وفصله من أي ماء ملوث خارجي. ويُنشأ الغلاف من الخرسانة أو المعدن، أما بالنسبة للآبار المحفورة فيمكن استخدام الطوب أو الحجارة. وعادة يتم تركيب الغلاف بعد غمر (أو أثناء غمر) عمود الإدارة. أما الساحب فيمثل الجزء السفلي من الغلاف ويكون مخرماً أو من مواد مسامية. وفي كلا الحالتين فإنه يظل داخل الخزان الجوفي ويسمح بدخول الماء الجوفي إلى الغلاف. أما رأس البئر فهو عبارة عن بناء خرساني في الغلاف (أو حوله) على سطح التربة، ومهمته إعطاء قاعدة لنظام رفع الماء، ولمنع الملوثات من الدخول، ولصد الناس والحيوانات من الوقوع في البئر، ولتصريف أي ماء سطحي. وعادة يتم بناؤه في تل ترابي أعلى السطح الأصلي للأرض بما يربو على 15 إلى 20 سم لصرف المياه المهدرة بعيداً عن البئر. أما نظام رفع الماء فيمكن أن يكون مضخة، أو مرفاع، أو طاحونة هوائية، أو أي طريقة أخرى لنزح الماء من البئر.

<u>الآبار المحفورة Hand dug wells:</u> (أنظر شكل 4-15) هذه الآبار أكثر شيوعاً لرخص ثمنها وسهولة إنشائها وصيانتها. وعادة يكون قطرها بين 1 إلى 1.3 متر، وفي الغالب لا يزيد عمقها عن عشرة أمتار. ويتم حفرها يدوياً باستخدام معول ومجرفة، وينزح تراب الحفر بجذبه بواسطة جردل (أو أي إناء مناسب) إلى أعلى سطح الأرض. من الأفضل أن يعمل على تبطين البئر بالخرسانة، ويعمل الغلاف إما بغمر عمود الإدارة و بناء الغلاف في موضعه، أو بناء الغلاف في شكل مقاطع على سطح الأرض، وكلما تم حفر مقطع من التربة يوضع مقطع من الغلاف داخلها. وعادة تستخدم كلتا الطريقتين

لتبطين البئر ، حيث تستعمل الطريقة الأولى حتى يصل الحفر إلى مستوى الماء الجوفي ، ثم يلجأ إلى الطريقة الأخرى لغمر البئر في الخزان الجوفي ويطلق عليها عمل القيسون (Caissoning). كما ويستخدم الطوب والحجارة لتبطين البئر ، غير أنه يصعب عمل وصلات غير نافذة للماء. ويتم تصميم الساحب لمثل هذه البئر ليواكب طبيعة الخزان. وعادة تعمل مقاطع الغلاف داخل الخزان من خرسانة مسامية لتسمح بنفاذ الماء إلى داخل البئر ؛ غير أنه يلجأ إلى الخرسانة العادية للمقاطع السفلى إذا كان الخزان الجوفي من رمال ناعمة، لكي لا تغلق بهذه الرمال، ويترك قطر عمود الإدارة مفتوح ويبطن بطبقات من حصى منتقى لا يسمح بسهولة نفاذ الماء. وبعد وضع الغلاف في موضعه يتم إنشاء رأس البئر من الـتلة حول حافة البئر . وعادة يوضع معه ساتر خرساني لصرف المياه السطحية. وعند وضع مضخة في البئر يعمل لرأس البئر غطاء خرساني به فتحة للمضخة وغرفة تفتيش للمراقبة.

آبار مساقة (آبار أنبوبية) Driven wells: هذه من أسهل الآبار إنشاءً، إذ يتم إدخال مقاطع من أنابيب في رأس مصفاة مدببة تسمى رأس البئر ، إلى أن تصـل إلـى الخـزان الجوفي. وعادة يكون قطر رأس البئر والأنابيب 30 إلى 35 ملم، ويتم إدخال البئر إلـى عمق لا يتجاوز 8 أمتار . ويعمل رأس البئر كمدخل للبئر ، كما تخدم الأنابيب كغطاء لهـا. أما عملية إدخال الأنابيب إلى باطن الأرض فيمكن أن تتم باستخدام غطاء منساق يربط في الطرف الأعلى من الأنبوب وتتوالى عليه الطرقـات مـن مطرقـة ثقيلـة (Sledge hammer)، أو باستخدام أنبوب منساق يركب على أنبوب البئر ، أو باستخدام قضـيب منساق يدفع على رأس البئر أو غيرها من الطرق. ومن أكثر أنواع رأس البئر اسـتخداماً أنبوب مخرم محاط بمصفاة وغلاف من نحاس أصفر مخرم، أو أنبوب فولاذي مخدد بدون غطاء. وبعد إدخال رأس البئر داخل الخزان يتم إزالة التربة من حول الأنبوب لعمـق لا يقل عن 2.5 متراً، ثم يتم وضع مونة سائلة في الحيز حول الأنبوب، وعنـدما تتماسـك المونة السائلة يتم التحام السطح لتفادي أي تلوث، ولتثبيت الأنبوب في موضعه. ثم يتم بناء كومة ورصيف خرساني، ويمكن إضافة مضخة عند قمة الأنبوب.

آبار نافورية Jetted wells: يتم حفر الآبار النافورية بضخ ماء عبر أنبوب حزم مثبت في وضع رأسي ومزود بجهاز قطع معين. ويتم تدوير الأنبوب يدوياً مما يتيـح سـهولة

ولوج الأنبوب داخل الأرض. ويضاف أنبوب آخر في نهاية الأول إلى أن تصل البئر إلى الخزان الجوفي. ويمكن غمر أنبوب قطره 38 ملم إلى عمق 60 مــتراً، كمـا وقــد تـم استخدام أنابيب أخرى قطرها 250 إلى 380 ملم إلى أعماق 100 مترا. وتحتـاج هـذه الأنابيب الأخرى إلى مضخات أكبر وكميات أكبر من الماء. وعند الوصول إلى الخـزان يمكن جذب الأنبوب من الحفرة، وفي حالة تفضيل استخدام الأنبوب كـغلاف يمكن إزالة جهاز القطع واستبداله بمصفاة. وبعد إتمام عملية إنزال الأنبوب يتم ضغط المسـافة بيـن أنبوب البئر وعمود الإدارة بطين أو خرسانة. ثم تبنى تلة خرسانية ورصيف أو سـاتر للصرف، ثم توضع المضخة. وتستخدم هذه الطريقة في التربة المتفككة التي يمكن وضعها في حالة عالقة وإزالتها بفيض من الماء. غير أن هذه الطريقة لا تصلح للأرض الصخرية أو الطين المتماسك.

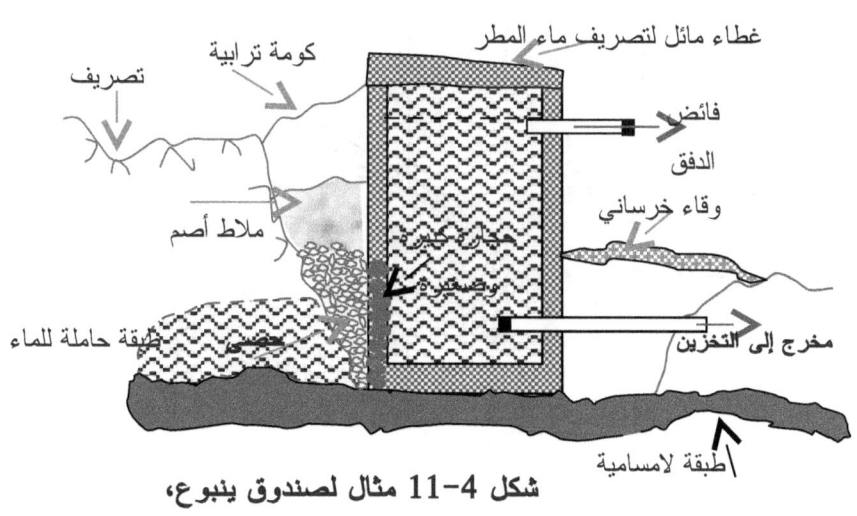

شكل 4-11 مثال لصندوق ينبوع،

31

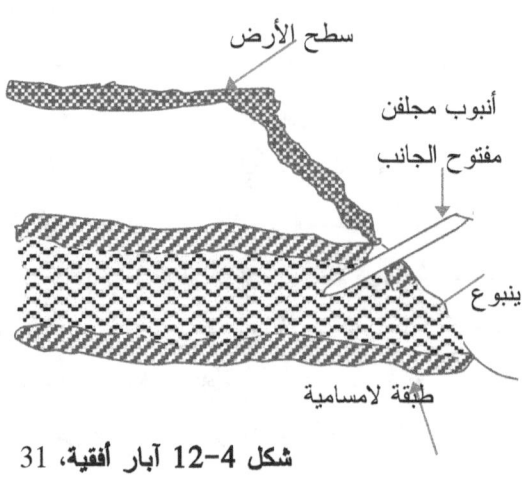

سطح الأرض

أنبوب مجلفن
مفتوح الجانب

ينبوع

طبقة لامسامية

شكل 4-12 آبار أفقية، 31

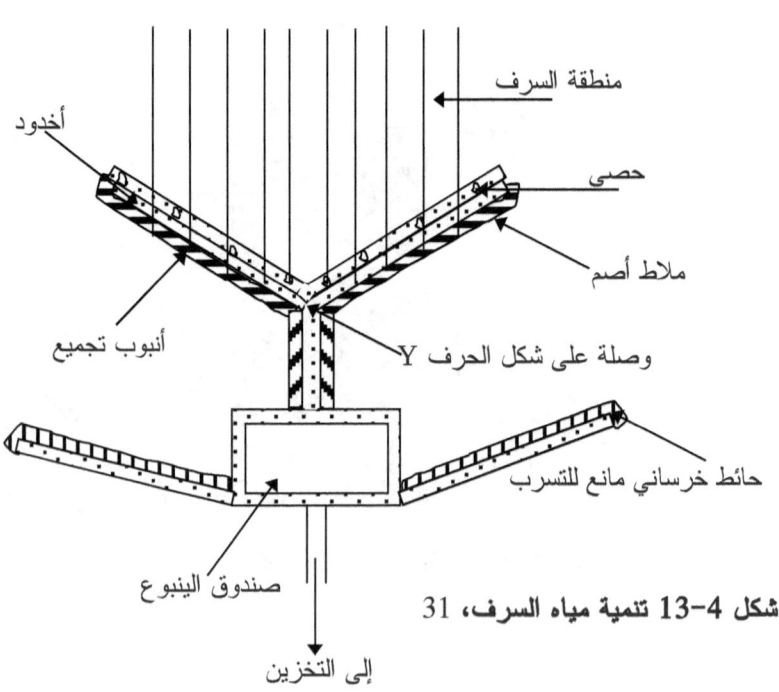

منطقة السرف

أخدود

حصى

ملاط أصم

أنبوب تجميع

وصلة على شكل الحرف Y

حائط خرساني مانع للتسرب

صندوق الينبوع

شكل 4-13 تنمية مياه السرف، 31

إلى التخزين

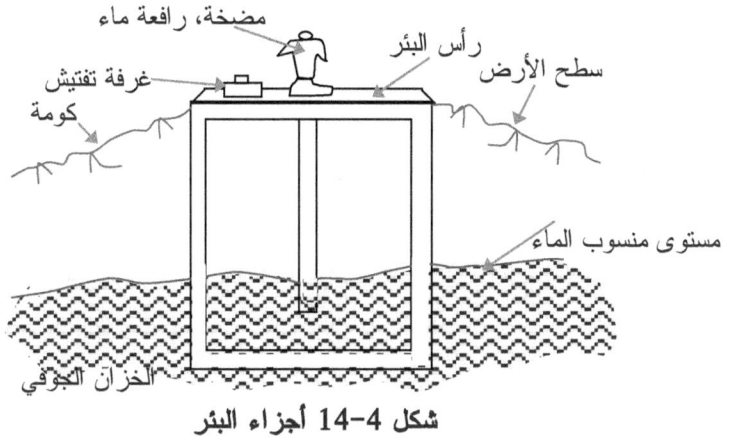

شكل 4-14 أجزاء البئر

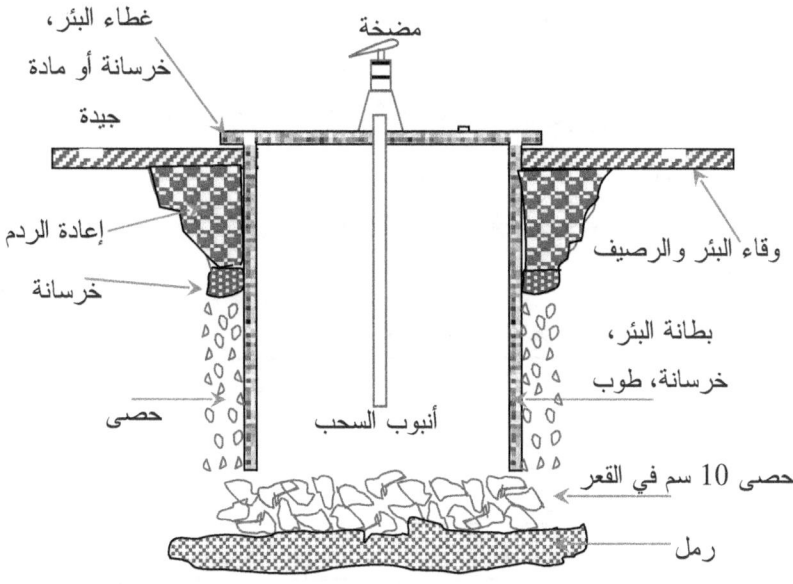

شكل 4-15 الآبار المحفورة

آبار مثقوبة Bored wells (Augered or tube wells): يتم حفر هذه الآبار يدوياً بمثقاب دوار يلج إلى باطن الأرض ليمتلئ بالتراب، ثم يتم إخراجه ليفرغ ثم تعاد العملية. وعندما يصل إلى الخزان الجوفي يتم سحب الــمثقاب ثم يتم إنزال غلاف البئر ومصــفاة

البئر في عمود الإدارة. أما في حالة التربة الرخوة أو التربة الرملية فيتم إنزال الغلاف أثناء تعميق البئر بطريقة مناسبة. ثم يملأ الفراغ بين الغلاف وعمود الإدارة الترابي بمونة خرسانية لعمق حوالي 3 أمتار. ثم تبنى تلة ورأس البئر الخرساني أو ساتر للصرف ثم توضع المضخة. عادة يكون قطر الآبار المثقوبة في حدود 50 إلى 200 ملم ولا يتجاوز عمقها 15 متراً. وقد تم حفر آبار أعمق وأكثر اتساعاً باستخدام مصدر طاقة ونوع معين من أجهزة التثقيب.

آبار محفورة بالدق Cable tool wells (Percussion drilled wells): يتم حفر هذه الآبار بمعدات أكثر تعقيداً وأغلى ثمناً، حيث يتم استخدام أجهزة ومعدات وسيارات للحفر ويتم تجهيز البئر بصورة جيدة.

إنتاجية البئر: تتأثر إنتاجية البئر بعدة عوامل منها: هبوط منسوب المياه الجوفية داخل حوضه، وأبعاد الحوض وإنتاجيته النوعية، والمخزون الجوفي، والمنقولية، وطبيعة الانسياب (مستقر أو غير مستقر)، وعمق البئر، وإنشاء البئر وطرق تشييدها وخواصها ونوعها {3،4}. وهناك عدة نظريات لتقدير إنتاجية البئر واستمراريتها وتغذية الخزان الجوفي طبقاً لنوع الانسياب الجوفي (مستقر وغير مستقر)، ونوع الحوض الجوفي (محجوز وغير محجوز) ويمثل جدول (4-14) إنتاجية تقديرية متوقعة للبئر طبقاً لقطرها.

جدول (4-14) تقدير إنتاجية البئر

قطر البئر (سم)	الإنتاجية المتوقعة ($م^3$/يوم)
15	أقل من 500
20	400 إلى 1000
25	800 إلى 2000
30	2000 إلى 3500
35	3000 إلى 5000
40	5000 إلى 7000
50	6500 إلى 10000
60	8500 إلى 17000

سجل البئر Well log: السِّجِلُ: الكتاب يدون فيه ما يراد حفظه (ج) سِجِلاَّت {12}.

يعبر سجل البئر عن تدوين كامل لحفر البئر معطياً البيانات الأساسية للبئر والتي يمكن استخدامها كمرجع مستقبلاً، ولتساعد في تصميم آبار جديدة. كما ويعطي سجل البئر الخواص الفيزيائية للبئر، وطبقات التربة الموجودة أثناء الإنشاء، ومردود (إنتاجية) البئر، ومواصفات البئر.

يبين جدول (4-12) محاسن ومساوئ بعض الآبار. كما يبين جدول (4-13) مقارنة بين أنواع الآبار.

جدول (4-12) محاسن ومساوئ الآبار

نوع البئر	المحاسن	المساوئ
آبار محفورة	* المواد متاحة وسهلة * طرق الإنشاء تقليدية * يمكن أن تعمل كمستودع تخزين * يمكن أن تستخدم فيها أنواع مختلفة من روافع الماء	* طريقة الحفر صعبة * العمق محدود * تتأثر بالتغير في منسوب الماء الجوفي * لا تصلح للأراضي الصخرية أو الجلمود الكبير
آبار مساقة	* سهلة الإنشاء * لا تتأثر بالتغير في منسوب الماء الجوفي	* تحتاج إلى رأس بئر خاص * العمق محدود * لا تصلح للأراضي الصخرية أو الطينية الجلمودية أو الحصى الخشن
آبار نافورية	* يمكن تعميق الحفر * تزداد فرصة إيجاد الماء الجوفي * لا تتأثر بالتغيرات في منسوب الماء الجوفي	* التكلفة متوسطة إلى عالية * تحتاج إلى أجهزة متخصصة * تحتاج إلى عمالة ماهرة * لا تصلح للأراضي الصخرية أو الجلمودية
آبار مثقوبة	* سهلة التشييد عند وجود	* تحتاج إلى أجهزة معينة

	الأجهزة والخبرة * لا تتأثر بالتغير في منسوب الماء الجوفي	ومهارة *لا تصلح للأراضي الصخرية أو جلمود أكبر من المثقاب
آبار محفورة بالدق	* تصلح لجميع أنواع التربة * يمكن تعميق الحفر * تزداد فرصة النفاذ إلى الماء الجوفي وإيجاده * لا تتأثر بالتغير في منسوب الماء الجوفي	* ثمن الجهاز باهظ * تحتاج إلى عمال ذوي خبرة للتشغيل والصيانة * يصعب حمل الأجهزة إلى مناطق معزولة وبعيدة

جدول (4-13) مقارنة بين أنواع الآبار

المنشط	نوع البئر				
	آبار محفورة	آبار مساقة	آبار نافورية	آبار مثقوبة	آبار محفورة بالدق
طريقة إدخال عمود الإدارة	تحفر التربة بواسطة معول ومجرفة، وترفع للخارج بالجردل والحبل	ترسل رأس البئر والأنبوب الفولاذي إلى داخل التربة	يرفع الأنبوب إلى داخل الأرض بنافورة من الماء وحركة المثقاب الدائرية	يدور المثقاب ويمتلئ بالتربة ثم ترفع وتفرغ خارج الحفرة	تكسر التربة والصخور وتزال بخلطها بالماء بمضخة
القطر المتوسط	1-1.3 ملم	30-50 ملم	40 ملم	50 -200 ملم	50-100 ملم
أقصى عمق عملي	10م	8م	60م	15م	75م
مواد الغلاف	أسمنت، رمل، حصى، ماء (للخرسانة)	أنبوب فولاذي	أنبوب فولاذي	أنبوب فولاذي أو خرساني	أنبوب فولاذي

الساحب	مقاطع خرسانة مسامية، تبطين القعر بالحصى	نوع معين من رأس البئر	مصفاة بئر	مصفاة بئر أو أنبوب مخرم	مصفاة بئر
العمالة الماهرة المطلوبة	قليلة	قليلة	متوسطة	متوسطة	لها خبرة
ماء خارجي للإنشاء	لا يوجد	لا يوجد	يوجد	لا يوجد	يوجد
التكلفة	متوسطة	قليلة	قليلة إلى متوسطة	متوسطة إلى عالية	عالية
الاحتياج إلى مهارة إنشائية خاصة	لا توجد	لا توجد	توجد	لا توجد	توجد
الاحتياج إلى أجهزة متقدمة	لا توجد	لا توجد	توجد	لا توجد	توجد
احتمال عملها كمستودع تخزين	نعم	لا	لا	لا	لا
تشغيل أنواع مختلفة من روافع الماء	نعم	لا	لا	لا	لا
التأثر بالتغيرات في منسوب الماء الجوفي	نعم	لا	لا	لا	لا
التربة التي لا تصلح فيها البئر	الصخور الصماء والجلمودية	الصخور الصماء، الطين الثقيل الجلمودي، الحصى الخشن	الصخور الصماء، الجلمود	الصخور الصماء، الجلمود أكبر من المثقاب	لا توجد

تلوث المياه الجوفية: لَوَّث الشيء بالشيء خلطه به. ولَوَّث الماء: كدَّره. تلوث ثوبه بالطين: تلطخ به. وتلوث الماء أو الهواء ونحوه: خلطته مواد غريبة ضارة {12}. وكل ما خَلَطْتَه ومَرَسْتَه: فقد لُثْتَه ولَوَّثته، كما تلوثُ الطين بالتبن والجِصَّ بالرمل. ولَوَّث ثيابه بالطين أي لطخها، ولَوَّث الماء: كدَّره {1}.

يمكن تعريف التلوث اصطلاحاً على أنه تغير في الخواص الطبيعية والكيميائية والحيوية للماء، مما يمنع أو يحد من استخدامه للأوجه المختلفة التي يستعمل فيها عادة ويلعب فيها دوراً هاماً. يرجع تلوث المياه الجوفية إلى بضع محاور تضم: الصناعة، والاستخدام المنزلي، والري الزراعي، وعوامل البيئة، وطبغرافية وجيولوجية المنطقة. أما الملوثات من المحور الصناعي فتأتي إلى الخزان الجوفي عبر: الفضلات السائلة الحاوية على مواد كيماوية، أو عناصر ثقيلة، أو مواد مشعة، أو مواد خطرة، أو من جراء التلوث الحراري، وتسرب مياه الأمطار المارة على مخلفات ملوثة، والحوادث (مثل تهشم أنابيب الماء)، واستخراج النفط، ومناجم التعدين. أما التلوث المنزلي فقد يصل إلى الخزان الجوفي من: مياه الأمطار المتسربة من مناطق الدفق الصحي المنبعث من النفايات الصلبة، والحوادث (مثل تشقق أحواض التحليل اللاهوائي). أما التلوث الزراعي فينتج من استخدام للري، أومن مياه الأمطار التي تحمل الأسمدة والمواد المعدنية والأملاح والمبيدات الحشرية والعشبية ومحسنات التربة وغيرها. ويختص التلوث البيئي بتغلغل مياه البحار في المناطق الساحلية. وتؤثر طبغرافية وجيولوجية المنطقة على نوعية الماء ومحتوياته من معادن ذائبة موجودة بالتربة والصخور الحاوية لها.

يمكن أن يكون تلوث المياه الجوفية مستمراً أو لحظياً. حيث يكون للتلوث المستمر أثر كبير ومخاطر على عدة آبار جوفية بالمنطقة. ويتأثر مثل هذا التلوث باستراتيجية ضخ المياه. ويجب المعالجة الفورية لأي تلوث لحظي من جراء الحوادث بأفضل السبل المتاحة. ومن العوامل المؤثرة على تلوث المياه الجوفية {15}:

- عوامل ميكانيكية: تضم: سرعة دفق الماء، وكثافة الملوثات ولزوجتها وطبيعتها، وفترة التلامس، والمسافة بين مصدر التلوث والماء، ونظم الضخ، والإدارة المتكاملة لموارد المياه.

- عوامل جيولوجية وإنشائية وجغرافية: تضم: جيولوجية التربة، وطبغرافية المنطقة، ونوع الخزان الجوفي، وعوامل المناخ، والعوامل الهيدرولوجية المعتمدة على الزمن والمسافة.
- عوامل كيماوية وحيا-كيماوية: منها الخواص الكيماوية للتربة والملوثات، والتنقية الذاتية (مثل التفتت الحيوي)، والترسيب الكيماوي والادمصاص والامتصاص، وتبادل الغازات، والترشيح الميكانيكي، والتخفيف، وأثر الأحياء المجهرية.

ومما يجدر ذكره أن عوامل التنقية الطبيعية (المتطلبة لتخفيف درجات تركيز الملوثات الكيماوية الموجودة بالمياه الجوفية) تحتاج إلى عشرات بله مئات السنين لتقوم بالتنظيف والتنقية اللازمة، وذلك عبر انسياب المياه وقطعها لمسافات شاسعة. كما وأن أساليب التنظيف والتنقية باهظة الثمن وغير عملية {3،4}. ومن العوامل المؤثرة في عملية الإزالة للمواد الملوثة: الترشيح، والامتصاص والامتزاز، والتفاعلات الكيماوية والحياكيماوية، والتخفيف. وتعتمد الإزالة على: نوع الملوث ودرجة تركيزه، والخواص الهيدرولوجية والجيولوجية للمنطقة المعنية. يعمل الترشيح للتخلص من المواد الصلبة العالقة والحديد والمنجنيز. أما قوى الامتصاص والإمتزاز فتعتمد على نوع الملوث، والخواص الكيماوية والطبيعية للمحلول، والمياه الجوفية، وطبقات التربة. ويقوم الطين وأكاسيد وهيدروكسيد المعادن والمواد العضوية بدور المواد الممتصة والممتزة. حيث يتم امتزاز وامتصاص عدة ملوثات تحت ظروف معينة باستثناء الكلوريد وللنترات والكبريتات. أما التفاعلات الكيماوية فتعمل على التخلص من عدة ملوثات عند تواجد أيوناتها بتراكيز مناسبة. ونسبة لعدم تكاثر معظم الأحياء المجهرية في التربة فتضمحل أعدادها طبقاً لنوعها والظروف البيئية المحيطة. كما وأن البكتريا والفيروسات تتحرك ببطء عبر مسامات التربة مقارنة بتحركها عبر الماء {3،4}. وقد أشارت بعض الأبحاث {32} إلى استخلاص هذه الجراثيم بصورة كبيرة عبر التربة لعمق متر بافتراض وجود كميات كبيرة من الطين والغرين أو الطمي بالمنطقة. ومن الأفضل العمل على منع التلوث بعمل الآتي {3،4،18،32-34}:

- ♦ سن واستنباط وتطبيق ومراجعة وتقويم القوانين واللولئح والمعايير والمؤشرات التوجيهية والتشريعات الملائمة والرادعة للتخلص من الفضلات والمخلفات والنفايات.

- سن التشريعات الملزمة للاختيار الأمثل لتحديد منطقة أنظمة التحليل اللاهوائي المنتقاة للتخلص من الفضلات السائلة ووضعها وتصميمها وتشييدها ومراقبة أدائها وترميمها وصيانتها.
- وضع آبار للمراقبة الدورية والدائمة والمستمرة.
- الإدارة الجيدة من قبل جهات الاختصاص لاستخدام الأراضي واستصلاحها، والحد من استغلال أراضي تغذية الخزان الجوفي.
- ترشيد ومراقبة استخدام المبيدات، والأسمدة، ومحسنات التربة واختبار صلاحيتها في المناطق الزراعية.
- إتباع أساليب مناسبة للرقابة، وأخذ العينات، وتحليل المياه الجوفية، ومتابعة ارتفاع وهبوط منسوب المياه الجوفية، وسرعة واتجاه دفقها، وتحديد محتوى النداوة، وعمل المسوحات الجيولوجية، وعمل التصوير الجوي، وتحديد الملوثات، واستخدامات المياه الجوفية.
- زيادة الوعي البيئي للجمهور والعامة والخاصة.

يبين جدول 4-15 مقارنة بين أنواع المياه من حيث النظام، والنوعية، والكمية، والسهولة، والاعتمادية والوثوقية، والتكلفة.

4 - 8 خواص ونوع المياه

الخَاصَّةُ: خلاف العامة. وخَاصَّةُ الشيء: ما يميزه من صفات. (ج) خواص {12}. النَّوع: الصنف من كل شئ. (ج) أنواع{12}. النوع: كل ضرب من الشيء وكل صِنْفٍ من الثياب والثمار وغير ذلك حتى الكلام، وقد تَنَوَّعَ الشيء أنواعاً{1}.

يمكن أن تحدد نوع المياه بالمشاهدة والملاحظة، وعمل المسح الصحي، وتحليل مياه المورد المائي. وبالمشاهدة والملاحظة لمصدر المياه يتم البحث عن علامات تشير إلى وجود تلوث: مثلاً عدم وجود حماية للمصدر، أو وجود حيوانات به، أو ظهور سوء استعمال له بوساطة الجمهور، أو صب الفضلات به كلها مؤشرات تقود إلى احتمال وجود تلوث ميكروبي. كما وتشير بعض الملاحظات الفيزيائية إلى مؤشرات تلوث مثلاً: وجود عكر عالٍ به ربما كان بسبب وجود وتحلل مواد عضوية، ووجود طحالب

في المصدر قد يشير إلى وجود أوساخ ويؤدي إلى انبعاث روائح وطعم غير مرغوب. كما وقد تشير إلى وجود كميات كبيرة من النترات التي قد تؤثر على الأطفال الرضع، ويشير اللون الصدئ أو الأسود بالماء إلى وجود كميات كبيرة من الحديد والمنجنيز والتي قد تترك مترسبات في الأنابيب، ومعدات الطبخ، وتؤثر على الغسيل الأبيض. ووجود هذه المؤشرات يملي عمل المسح الصحي لتقويم ومراقبة الظروف البيئية، والنواحي الصحية، ومعرفة نوع المياه الحالية، وتقدير التلوث الموجود والمتوقع. ويهتم بعمل المسوحات الصحية خاصة عند حدوث الأوبئة والكوارث الصحية. ويحتاج في المسح الصحي إلى الخبرة والتقانة والعلم والحكم الجيد. وعندما يشير المسح الصحي إلى وجود تلوث طبيعي أو كيميائي أو حيوي ينبغي التفكر في إجراء الاختبارات العلمية المكلفة.

جدول (4-15) مقارنة بين أنواع المياه

النظام	النوعية	الكمية	السهولة	الاعتمادية والوثوقية	التكلفة
الينابيع والسرف	جيدة (حملية المصدر والتطهير)	جيدة مع قليل من التغير للدفق الارتوازي. متغيرة مع تغير موسمي للدفق تحت الجاذبية من الينبوع	يجب التخزين، يستخدم الدفق تحت الجاذبية	جيدة للدفق الارتوازي وتحت الجاذبية، مناسبة للمناطق المنخفضة قليلاً وتحتاج إلى صيانة بعد الإنشاء	قليل التكلفة نوعاً ما، غير أن التكلفة تزيد مع نظام الأنابيب
البرك والبحيرات	مناسبة إلى جيدة للموارد الكبيرة، ضعيفة إلى مناسبة	جيدة غير أنها تقل في فصل الجفاف	ممتازة باستخدام مأخذ الماء، تحتاج إلى ضخ لتوصيل	مناسبة إلى جيدة، يحتاج إلى برنامج تشغيل وصيانة للضخ ونظام التنقية	متوسطة إلى عالية نسبة للضخ والتنقية

	للموارد الصغيرة (تحتاج إلى تنقية)		المياه، يجب التخزين		
الروافد والأنهار	جيدة للروافد الجبلية، ضعيفة لروافد المناطق المنخفضة، يحتاج إلى تنقية	متوسطة: تغير موسمي، بعضها تجف في زمن التحاريق	جيدة، تحتاج إلى مأخذ ماء للدفق بالجانبية والأنابيب	يحتاج إلى صيانة، تكلفة عالية للضخ، الآبار بالقرب من النهر مصدر جيد	متوسطة إلى عالية اعتماداً على الطريقة، التنقية والضخ فادحة الثمن
الأمطار	ضعيفة إلى مناسبة، تحتاج إلى تطهير	متوسطة ومتغيرة، لا توجد أثناء فترة الجفاف، التخزين ضروري	جيدة، الخزانات بالقرب من المستهلك، مناسبة للخزانات الأرضية	لابد من أمطار، يحتاج لبعض الصيانة	قليلة إلى متوسطة للتجميع السقفي، عالية للتخرين الأرضي

أما التحليل الكلي لمياه المورد فيهدف لمعرفة نوع وكمية المواد الملوثة أو الممرضة الموجودة به. ويجب الحذر عند التفكر في نتائج التحليل المعملي للمياه إذ أنها تشير إلى حالة العينة في زمن محدد، وهنا يجب الحكم على ضوء نتائج المسح الصحي الكلي. وللاعتماد على نتائج التحليل المخبري يجب أخذ العينات من مناطق مختلفة، وعلى فترات زمنية متباينة لتمثل كل المورد. كما ومن الأنسب الإجراء الروتيني للاختبارات وتكرارها للمراقبة الجيدة. أما في حالة الشك في تلوث معين فلابد من أخذ عينات محددة وإجراء التجارب عليها. ومن العوامل المؤثرة على تحديد عدد العينات وفترات أخذها وتكرار التجارب عليها: أعداد المستخدمين للمصدر، ونوع مياه المصدر، ونوع التلوث المتوقع، وتاريخ الملوثات السالفة، واحتمالات ومخاطر أي تلوث في المستقبل.

إن معرفة خواص الماء والإلمام بها له أهمية قصوى في عدة محاور في إدارة واستخدم الماء. ومن هذه المحاور التالي {3-36،35،6}:

- المحور الديني والعقائدي: فبالنسبة للمسلم تتدخل خواص الماء في الطهارة والتي تتأتى باستعمال الماء المطلق وهو الباقي على أصل خلقته بحيث لم يخالطه شئ نجساً كان أم طاهراً، مثل مياه الآبار والعيون والأودية والأنهار والثلوج الذائبة والبحار المالحة لقوله تعالى {**وهوَ الذي أرسلَ الرِّيحَ بُشراً بينَ يَدَي رحمتِهِ وأنزلنا منَ السَّمآءِ ماءً طهوراً**} الفرقان: 48. وقول الرسول صلى الله عليه وسلم "**الماءُ طهورٌ إلا إن تَغَيَّرَ ريحُهُ أو طعْمُهُ أو لونُه بنجاسة تحدُثُ فيه**" (البيهقي وهو ضعيف {37،4} ويقول الجزائري أن له أصل صحيح والعمل به عند عامة الأمة الإسلامية {37}). والطهارة واجبة بالكتاب والسنة {37،38}. وورد في صحيح مسلم {38} في كتاب الطهارة: "حدّثنا اسْحقُ بْنُ مَنْصُورٍ حَدَّثَنَا حَبَّانُ بْنُ هِلالٍ حَدَّثَنَا أَبَانٌ حَدَّثَنَا يَحْيَى أَنَّ زَيْداً حَدَّثَهُ أَنَّ أبا سَلاَّم حَدَّثَهُ عَنْ أَبِي مَالِكٍ الأشْعَرِيِّ قَالَ قَالَ رَسُولُ اللَّهِ صَلَّى اللَّهُ عَلَيْهِ وَسَلَّمَ: "**الطُّهُورُ شَطْرُ الإِيمَانِ وَالْحَمْدُ لِلَّهِ تَمْلأُ الْمِيزَانَ وَسُبْحَانَ اللَّهِ وَالْحَمْدُ لِلَّهِ تَمْلآنِ أَوْ تَمْلأُ مَا بَيْنَ السَّموَاتِ وَالأَرْضِ وَالصَّلاةُ نُورٌ وَالصَّدَقَةُ بُرْهَانٌ وَالصَّبْرُ ضِيَاءٌ وَالْقُرْآنُ حُجَّةٌ لَكَ أَوْ عَلَيْكَ كُلُّ النَّاسِ يَغْدُو فَبَائِعٌ نَفْسَهُ فَمُعْتِقُهَا أَوْ مُوبِقُهَا**"

- المحور الفني والتقاني: تقدير وتقويم حجم التلوث الحالي والمستقبل، وتحديد طبيعة العينات المأخوذة لإجراء الاختبارات، والتحكم الجيد والإدارة الهادفة في معدل للدفق والتخلص النهائي، وإنشاء وتصميم وحدات الاستعذاب والتنقية والمعالجة المستدامة، وتقويم كفاءة عمل وحدات الاستعذاب والتنقية وإمدادات المياه والتخلص النهائي من السوائل، وتفعيل أوجه القياس والتحكم وضبط الجودة.
- المحور القانوني: سن اللوائح والمؤشرات والمعايير والتشريعات والقوانين والخطوط التوجيهية ووضع الأطر الكفيلة بتنفيذها وتطبيقها.

وتضم خواص الماء الرئيسة الخواص الطبيعية، والإشعاعية، والكيماوية، والحيوية (البيولوجية).

4 – 8 – 1 الخواص الطبيعية (الفيزيائية): تخضع الخواص الطبيعية للماء لقوى طبيعية مما يسهل معه قياسها وتحديد قيمها وآثارها. وتضم الخواص الطبيعية: درجة تركيز المواد الصلبة، والعَكَر، والطعم، والرائحة، وللون، والحرارة، والموصلية الكهربائية، ودرجة الملوحة، والكثافة بأنواعها، والمعيار الحجمي، ودرجة اللزوجة، والتوتر السطحي، ومحتوى النداوة، والرطوبة، والإشعاعية.

<u>المواد الصلبة</u>**:** يقصد بالمواد الصلبة تلك المواد الكلية المتبقية عند تبخر وتجفيف عينة معينة عند درجة حرارة 103 إلى 105 درجة مئوية. ويتم قياس المواد الصلبة بمقارنة كتلة المواد الصلبة المتبقية مع حجمها {4،39}. وتؤثر المواد الصلبة على استساغية الماء، وتساعد نمو الأحياء المجهرية، وتمتز الملوثات العضوية والمعادن الثقيلة، ولها أثر ملين على المستهلكين غير المعتادين عليها، وربما أثرت سلباً على عملية التطهير بعمل غلاف حول الجراثيم الممرضة. وتستخدم تقديرات المواد الصلبة عند تقويم عمليات الاستعذاب والتنقية.

ومن أقسام المواد الصلبة الرئيسة: المواد الصلبة الذائبة، والعالقة، والطيارة، والثابتة، والمترسبة. أما المواد الصلبة الذائبة فتتكون من أملاح غير عضوية (مثل: بعض المعادن، والفلزات، والغازات)، وبعض تركيزات المواد العضوية (مثل: النبلتات الميتة، والمواد الكيميائية العضوية) المتواجدة في المياه الصالحة للاستعمال. وبعض من هذه المواد سام، وبعضها مسرطن، وربما أثرت على استخدام الماء أو التخلص

من الفضلات السائلة، فمثلاً تقل درجة قبول واستساغة المياه التي تحتوي على كميات عالية من المواد الصلبة الذائبة، وتؤثر على عدة صناعات إذا احتوت على نسب عالية من المعادن.

أما المواد الصلبة العالقة فهي إما غير عضوية (مثل: الطين والغريـن والتربـة)، أو عضوية (مثل الألياف النباتية، ومكونات حيوية: طحالب، بكتريـا ..للـخ، وزيـوت ودهون وشحوم). وهذه العوالق عبارة عن مواد يسهل فصلها بالترشيح من خلال ورقة ترشيح ذات مواصفات معلومة. ووجود هذه المواد في الماء يقلل من استخدامه علــى المحور الشخصي، كما وتمثل هذه المواد مناطق امتزاز للمواد الكيماويــة والعناصــر الحيوية، غير أنه يمكن استخدام هذه العوالق لتقدير التلوث. ويستفاد من المواد الصلبة الطيارة والثابتة كمقياس لتقدير المواد العضوية. ويتم قياس هذه المواد بحرق المـواد العضوية لتتحول إلى ثاني أكسيد كربون وماء عند درجة حرارة متحكم بها (تصل إلى 550 درجة مئوية) لمنع تحلل وتطاير المواد غير العضوية. أمـا المـواد المترسبة فيعنى بها المواد العالقة المترسبة في حالة سكون تحت تأثير قوى الجاذبية الأرضية.

مثال 9-4

ما مقدار تركيز كل من المواد الصلبة الكلية والمواد الطيارة وتلك الثابتة لعينة من مــاء عكر على حسب المعطيات المبينة في الجدول التالي.

القيمة	البيان
57.4182 جم	وزن البوتقة الفارغة
57.4809 جم	الوزن الثابت للبوتقة وما بها من مواد صلبة مجففــة علــى درجة حرارة 104 درجة مئوية
57.4471 جم	وزن البوتقة والمواد المجففة علي درجة حرارة 550 درجة مئوية
100 مللتر	حجم العينة التي تم تبخيرها من البوتقة

الحل

1- المعطيات: بيانات الأوزان وحجم العينة.

2- جد كتلة المواد الصلبة الكلية = (كتلة البوتقة الفارغة + المواد الصلبة) - (كتلة البوتقة الفارغة) = 57.4809 - 57.4182 = 0.0627 جم

كتلة المواد الصلبة = 0.0627 جم = 62.7 ملجم

3- جد درجة تركيز المواد الصلبة الكلية = كتلة المواد الصلبة ÷ حجم العينة = (62.7×1000) ÷ 100 = 627 ملجم/لتر

4- جد كتلة المواد الصلبة الثابتة = (كتلة البوتقة الفارغة + المواد الصلبة الثابتة) - (كتلة البوتقة الفارغة) = 57.4471 - 57.4182 = 0.0389 جم

كتلة المواد الصلبة الثابتة = 0.0389 جم = 38.9 ملجم/لتر

5- جد درجة تركيز المواد الصلبة الثلبتة = 38.9×1000÷100 = 389 ملجم/لتر

6- جد درجة تركيز المواد الصلبة الطيارة = تركيز المواد الكلي - تركيز المواد الثابتة

= 627 - 389 = 238 ملجم/لتر

برنامج 4-9

```
Public Class Form1

    Private Sub Form1_Load(ByVal sender As System.Object,
      ByVal e As System.EventArgs) Handles MyBase.Load
        Label1.Text = "وزن البوتقة الفارغة-جم"
        Label2.Text = "الوزن شامل المواد الصلبة على 104م"
        Label3.Text = "الوزن شامل المواد الصلبة على 550م"
        Label4.Text = "حجم العينة المبخرة-مل"
        Label5.Text = "كتلة المواد الصلبة الكلية-مج"
        Label6.Text = "تركيز المواد الصلبة الكلية-مج/لتر"
        Label7.Text = "كتلة المواد الصلبة الثابتة-جم"
        Label8.Text = "تركيز المواد الصلبة الثابتة-جم/لتر"
        Label9.Text = "تركيز المواد الصلبة الطيارة-جم/لتر"
        Button1.Text = "احسب التراكيز"
        Me.Text = "مثال 4-9"
        Me.FormBorderStyle =
            Windows.Forms.FormBorderStyle.FixedDialog
    End Sub
```

```
    Private Sub Button1_Click(ByVal sender As
       System.Object, ByVal e As System.EventArgs)
       Handles Button1.Click
         Dim Wt, Ws, Wf, V As Double
         Dim Ms, Mf, Cs, Cf As Double
         Wt = Val(TextBox1.Text)
         Ws = Val(TextBox2.Text)
         Wf = Val(TextBox3.Text)
         V = Val(TextBox4.Text)

         Ms = (Ws - Wt) * 1000
         Cs = (Ms * 1000) / V
         Mf = (Wf - Wt) * 1000
         Cf = (Mf * 1000) / V

         TextBox5.Text = FormatNumber(Ms, 2)
         TextBox6.Text = FormatNumber(Cs, 2)
         TextBox7.Text = FormatNumber(Mf, 2)
         TextBox8.Text = FormatNumber(Cf, 2)
         TextBox9.Text = FormatNumber(Cs - Cf, 2)
    End Sub
End Class
```

العَكَرُ: والعَكَرُ : دُردِيٌّ كل شيء (ودردي الزيت وغيره: ما يبقى في أسفله). وَعَكَّر الشراب والماء والدهن: آخره وخاثره، وقد عَكِرَ، وشرابٌ عَكِرٌ. وعَكِرَ الماءُ والنبيذُ عَكَراً: إذا كَدِرَ. وعَكَّره وأعكره: جعله عَكِراً. وعَكَّره وأعكره: جعل فيه العكر {1}. عَكَرَ الماءُ ونحوه – عَكراً: كَدُرَ. فهو عَكِرٌ ويقال: فلان يصطاد في الماء العَكِر: يستفيد من اضطراب الأمور. عَكَّرَ الشيء: جعله عَكِراً. اعتكر الليل: اشتد سوادُهُ. العَكَرُ: الرواسب من كل شئ {12}.

يتأتى عكر الماء بسبب وجود مواد عالقة به مثل: الطين، والطين الغروي العالق، والغرين، والصخور المتكسرة، والمواد المتفتتة (عضوية وغير عضوية)، وبعض معادن المواد العضوية الذائبة الملوثة، وأكاسيد المعادن الترابية، وألياف الخضراوات، وبعض الأحياء المجهرية (مثل البلانكتون). والعَكَر عبارة عن مقياس للمواد العالقة المؤثرة على مسار حزمة ضوئية مسقطة عبر عينة الماء. إذ تقوم هذه المواد العللقة بنشر الضوء وامتصاصه مما لا يسمح معه بتوصيل الضوء في خطوط مستقيمة عبر العينة المراد قياس درجة عكرها. وعليه يستخدم جهاز قياس العَكَر لمقارنة توصيل الضوء عبر حبيبات

المحلول مع توصيله للضوء عبر محلول قياسي من السيليكا أو الكاولين أو الفورمازين المبلمر.

ويسهل قياس العَكَر لعينة ماء رائقة أو لعينة من الفضلات السائلة المعالجة، غير أنه ربما احتاج إلى تخفيف المحلول قبل قياس درجة العَكَر للعينة العكرة. وتؤثر عوامل انتشار الضوء بدورها على قياس درجة العَكَر، ومن هذه العوامل: عدد الحبيبات وحجمها ووزنها ومظهرها ونوعها ودليل انكسارها، وطول موجة الضوء الساقطة من جهاز القياس، وخواص جهاز قياس العَكَر ونوعه. وبما أن الحبيبات الغروية لها مقاسات أكبر من متوسط طول موجة الضوء الأبيض فإنها تؤثر على مسار الضوء. وعليه فإن الضوء المسقط على هذه الحبيبات ينكسر مما يسهل للمشاهد (الواقف في اتجاه عمودي على مسار حزمة الضوء) من رؤية الحبيبة (ظاهرة تندال). تستخدم ظاهرة تندال لإثبات وجود الحبيبات الغروية نسبة لانعدام هذه الظاهرة في كل من المحاليل الحقيقية والخشنة. كما وتستخدم ظاهرة تندال كأحد المعايير الأساسية لقياس درجات العَكَر القليل في المياه المرشحة، ويطلق عليها الطريقة النيفلوميترية {2،4،40}.

يؤثر العَكَر على نوع الماء وعلى عمليات التنقية والمعالجة (مثل الترشيح والتطهير). ويمنع العَكَر من تغلغل الضوء مما يؤدى إلى انخفاض نمو النباتات المنتجة للأكسجين، وربما أثر سلباً على الأحياء المائية، ويؤثر على درجة استساغة وقبول الماء للاستهلاك، وربما عمل على إمتزاز المواد الكيماوية. غير أن المياه الحاوية على ألياف الاسبستس والفيروسات والمواد الدبالية (ذات قطر أقل من 0.1 ميكرومتر) ربما حوت تراكيز عالية من هذه المواد رغم قلة درجة عكرها. كما وأن الحبيبات الكبيرة (مثل الطين والبلانكتون ذات القطر المقارب لطول موجة الضوء المرئي) تقوم بنشر الضوء بكفاءة أكثر مما ينتج معه درجات كبيرة من العَكَر {2،4،40}.

<u>الطعم</u>: الطعم: ما تدركه حاسة الذوق من طعام وشراب، كالحلاوة والمرارة والحموضة وما بينها، وما هو بذي طعم إذا كان غثّاً. وهو لا طعمَ له: إذا لم يكن مقبولاً. (ج) طُعومٌ {12}. والطَّعم بالفتح: ما يؤديّه الذوق. يقال: طعمه مُرٌّ. وطَعْمُ كل شيءٍ: حلاوته ومرارته وما بينهما، ويكون ذلك في الطعام والشراب، والجمع طُعومٌ. وطَعِمَه طَعْماً وَتطَعَّمَه: ذاقه فوجد طعمه. وفى التنزيل: {**إن الله مبتليكم بنهر فمن شرب منه فليس منى ومن لم**

يطعمه فإنه منى} البقرة: 249، أي من لم يذقه. يقال طَعِمَ فلان الطعام يَطْعَمَه طَعْماً إذا أكله بمُقَدَّمِ فيه ولم يُسرف فيه، وطَعِمَ منه إذا ذاق منه، وإذا جعلته بمعنى الذوق جاز فيما يؤكل ويشرب. {1}.

يؤثر الطعم في ماء الشرب على الاستساغة والقبول من الجمهور المستهلك. وينتج الطعم بسبب وجود مواد عضوية أو غير عضوية. ومن أمثلة المواد العضوية: الفينول، والفينول المكلور، والزيوت، والشحوم، والدهون، والمواد الكربونية غير المشبعة. ومن أمثلة المواد غير العضوية: الأملاح الذائبة، والحديد، والمنجنيز، والكلوريدات، والغازات الناتجة من تفسخ المواد العضوية بفعل الأحياء المجهرية[259] مثل كبريتيد الهيدروجين. ومن الممكن أن ينتج الطعم والرائحة من جراء تفسخ النبلتات المائية وأوراق الأشجار والأعشاب والحشائش والخضراوات أو من النشاط المجهري ووجود المواد الكيميائية في الفضلات الصناعية والمنزلية. ونسبة لصعوبة قياس الطعم، يتبع تقسيم مناطق الذوق في اللسان لتحديده. وهذه المناطق تعنى بالطعم الحامض، واللاذع، والمر، والحلو.

الرائحة: الرائحة: النسيم طيِّباً أو نَتِناً {12} وفى الحديث: **من أعان على مؤمن أو قتل مؤمناً لم يُرِح رائحة الجنة**. وفى حديث النبي صلى الله عليه وسلم: **من قتل نفساً معاهدة لم يَرِحْ رائحة الجنة**، أي لم يَشُمَّ ريحها). رائحة الماء لها أهمية خاصة لاسيما ويحثنا ديننا الحنيف على الاستنشاق (جذب الماء بالأنف) والإستنثار (طرح الماء بنفس) لقوله صلى الله عليه وسلم "**وبَالِغ في الاستنشاقِ إلا أن تكون صائماً**" (أحمد وأبو داود والترمذي) {37}.

وانبثاق الرائحة في الماء ربما كان بسبب تفسخ المركبات النيتروجينية والفسفورية والكبريتية العضوية وغير العضوية، أو موت الطحالب والأحياء المجهرية وتفتتها، أو إنتاج بعض الغازات أو المواد مثل: الأمونيا والكبريتيات والكلور والسيانيد وكبريتيد الهيدروجين. ومن أهم مخاطر استمرار الروائح الكريهة: الإجهاد النفسي، والصداع، والإغماء، والإستفراغ، والإحباط النفسي، والتعب، وفقدان الشهية، وصعوبة التنفس، وتهيج العيون، وعدم وضوح الرؤيا، والأرق، وقلة الإنتاج، وانخفاض كفاءة العمل، وربما أثر سلبياً على الاقتصاد القومي، وربما فقدان صفات معينة مثل الفخر والنخوة. أما قياس

[259] مثل الطحالب والفطريات والحيوانات الأوالى [البروتوزوا] والبكتريا

الروائح فيركز على الشدة والطبيعة والتحديد والمواءمة. ويبين جدول (4-16) أهم أنواع الروائح الكريهة.

جدول (4-16) أهم أنواع الروائح البغيضة {3،4،41}

نوع الرائحة	المواد المسئولة عن الرائحة
أمونيية	غاز النشادر والأمونيا NH_3
بيض فاسد	كبريتيد الهيدروجين H_2S
برازية	مواد الأسكاتول $C_8H_5\ NH\ CH_3$
لحم متفسخ	الأمينات الثنائية ،$NH_2(CH_2)_4NH_2$ $NH_2(CH_2)_5NH_2$و الطحالب والحيوانات الأوالي
ملفوف (كرنب) فاسد	الكبريتيدات العضوية ($CH_3SSCH_3(CH_3)$ ،$_2S$
سمكية	الأمينات $N(CH_3)_3$ ، CH_3NH_2 ، الطحالب، الحيوانات الأوالي
عشبية	الطحالب
ظربان (حيوان)	مركبتان CH_3SH ، $CH_3(CH_2)_3SH$

توجد طرق مختلفة لتقليل الروائح الكريهة والطعم البغيض منها على سبيل المثال: التحكم في الروائح في مناطق الإنتاج والمصادر، والتهوية، والإمتزاز عبر الكربون النشط، والتخثر (الترويب) والترشيح، والأزونة أو الكلورة والأكسدة بمركبات الكلور (مثل الكلورامين وأكاسيد الكلور المختلفة).

<u>**اللون:**</u> اللّون: صفة الجسم من السواد والبياض والحُمرة ونحوها. (ج) ألوان و-: النوع. يقال: أتى بألوان من الحديث والطعام {12}. اللون: هيئة كالسواد والحمرة، ولَوَّنْتُه فتلون. ولون كل شئ: ما فَصَل بينه وبين غيره، والجمع ألوان، وقد تَلَّونَ ولَوَّنَ ولَوَّنَه. والألوان: الضُروب. واللون: النوع. وفلان مُتَلَوِّنٌ إذا كان لا يَثْبتُ على خُلُقٍ واحد {1}.

ومن المفترض أن الماء المطلق لا لون له، غير أن اللون في المياه الطبيعية ينتج من عدة جزيئات عضوية كبيرة. ويمكن تقسيم اللون إلي حقيقي وظاهري، حيث يقاس للون

الحقيقي لعينات من الماء المرشح، ويتأتى من وجود مواد ذائبة أو ومستخلصات مواد عضوية غروانية في الماء. ومن أهم المواد المنتجة للون الحقيقي:

- أيونات المعادن الطبيعية الذائبة مثل: مركبات الحديد (مثل أكاسيد وأملاح الحديديك والحديدوز، والتي تنتج مختلف الألوان الصفراء). وأكسيد المنجنيز (والذي قد يأتي باللون البني أو الأسود).
- مواد الدبال Humic substances (من أكبر مصادر اللون النباتية) والتي قد تأتي بألوان زرقاء وخضراء وصفراء وبنية عند زيادة تركيز هذه المواد ووجودها بكميات كبيرة. والأحماض الدبالية عبارة عن مواد ناتجة من النباتات وهي مركبات متبلمرة مع مجموعات كاربوكسيلية وفينولية وتوجد كجزيئات كبيرة أو كمواد غروية.
- كربونات الكالسيوم، والتي تنتج لوناً أخضراً عند وجودها بكميات كبيرة.
- مستخلصات نواتج تفسخ المواد العضوية كأوراق الأشجار والخشب والبلانكتون والأعشاب وفحم المستنقعات Peat.
- فضلات المناجم، والتكرير، وصناعة النسيج والورق والأصباغ والكيماويات، وصناعة الأغذية، والمسالخ، ومواد الدباغة، والدبال الناتج من تفسخ اللجنين.
- الحمأة المنزلية التي قد تجد طريقها للماء بصورة ما، وبقليا وفضلات النبلتات والحيوانات والمواد المتفتتة.
- مركبات عضوية معقدة يطلق عليها الأحماض الفولفية Fulvic acids.

أما اللون الظاهري فهو ذاك الذي يظهر للمشاهد وينسب إلى وجود مواد عضوية عالقة في المحلول؛ وعادة ينتج من: الحبيبات العالقة (عضوية، غير عضوية، أو من كائنات حية)، والضوء البيئي (مثل لون السماء والساحل) واللون الحقيقي للماء. إن وجود اللون في الماء غير مستساق ولا يجد قبولاً من الجمهور المستهلك له، كما وأن اللون ينتج بقعاً غير مرغوبة للغسيل والطعام وصناعة النسيج والورق وإنتاج المواد اللدنة. ويمكن أن تتحد المواد العضوية والكيماوية الملونة مع الكلور، كما وتأتى بعض من المواد الملونة بطعم ورائحة (مثل اتحاد الفينول مع الكلور) وبعضها الآخر مسرطن.

من المعلوم أن شدة اللون تزيد بزيادة الرقم الهيدروجيني. ويمكن إيجاد اللون بعدة طرق منها: طريقة نيسلر[260]، وطريقة المطياف الضوئي Spectrophotometer، والجهاز الحقلي المتحرك Field kit. وتعتمد وحدة اللون على محلول قياسي يحتوي على بلاتينات البوتاسيوم المكلورة وكلوريد الكوبالت المذابين في محلول حمض الهيدروكلوريك. أما المحلول القياسي المستخدم لمعايرة اللون فيحضر بإذابة 500 مليجرام من بلاتينات البوتاسيوم المكلورة مع 250 مليجرام من كلوريد الكوبالت $CoCl_2$ في 100 مللتر من حمض الهيدروكلوريك المركز وتخفف إلى لتر، ليمثل هذا المحلول 500 وحدة لون حقيقي True Colour Units (TCU) أو ما يسمى بوحدة الهيزن Hazen . أما بالنسبة لمياه الشرب فلا تتجاوز أعلى قيمة للون 15 وحدة لون حقيقي، وتفضل 5 وحدات لون حقيقي به {3،4}.

درجة الحرارة: الحَرارةُ: ضِّد البُرودَة. حَرَّ النهارُ وهو يَحِرُّ حَرّاً وقد حَرَرْتَ يا يوم تَحُرُّ، وحَرِرْتَ تَحِرُّ بالكسر، وتَحَرُّ حَرّاً وحَرَّةً وحرارةً وحُرُوراً أي اشتدَّ حَرُّكَ، وقد تكون الحرارة للاسم، وجمعها حينئذ حرارات، قال الشاعر {1}:

بِدّمْعٍ ذي حَراراتٍ على الخَدَّينِ، ذي هَيْدَب

الهيدب: خَمْلُ الثوب. و–: السحاب المتدلي الذي يدنو من الأرض ويرى كأنه خيوط عند انصبابه {12}.

تشير درجة الحرارة إلى بيانات مفيدة عن المورد والمصدر المائي، ونوع مائه، والتغيرات التي تطرأ عليه. كما وتؤثر درجة الحرارة على المناخ، ودورة الماء الطبيعية، وانتقاله وتفاعلاته المختلفة، وتحوله من صورة إلى أخرى. ويمكن أن تعزى الزيادة في درجة حرارة الماء (التلوث الحراري) إلى: التغيرات اليومية والفصلية، والتغير في دوائر العرض، والمسطحات المائية، والارتفاع عن سطح البحر، وصب المياه الحارة، والتخلص من الحمأة والفضلات الصناعية، والمحطات الحرارية، ومحطات تحلية المياه، وأي وحدات منتجة للمياه الحارة، وتأثير الغطاء المائي والنباتي، والتربة، وتأثير المدن. وقد يؤدي التلوث الحراري إلى: زيادة التفاعلات الكيميائية، ونقصان درجة تركيز الأكسجين

[260] حيث تتم مقارنة العينة نظرياً مع محاليل ذات درجات لون معروفة بواسطة أنابيب نيسلر، أو بمقارنتها مع أقراص اللون الزجاجية المدرجة والمخصصة لقياس اللون

والغازات الذائبة، وزيادة الحاجة الحيا–كيميائية للأكسجين، وزيادة معدلات الإئتكال والتحات، وزيادة حساسية الكائنات المائية للمواد السمية الذائبة في بيئتها، وزيادة مشاكل الطعم والرائحة، وتغيير زمن هضم المواد العضوية داخل الهاضم.

ولتحويل درجات الحرارة من وحدة إلى أخرى يمكن استخدام المعادلة 4–59.

$$^{o}C = \frac{5}{9}(F - 32)$$

$$^{o}F = \frac{9}{5}C + 32$$

$$K = {}^{o}C + 273.16 \qquad (4\text{-}59)$$

حيث:

C = درجة الحرارة مقاسة بالتدرج المئوي (أو السنتغريد)

F = درجة الحرارة مقاسة بالفهرنهايت

K = درجة الحرارة مقاسة بالكلفن

الموصلية الكهربائية: وَصَلَ الشيء بالشيء – (يَصِلُهُ) وَصْلاً، وَصُلَتَّ (وَصِلَتَّ): ضَمَّه إليه وجمعه ولَأَمَهُ. المُوَصَّلُ – يقال: خيطٌ موصَّلٌ: إذا كان فيه وَصْلٌ كثير. المُوَصِّلاتُ – (في علم الطبيعة): الأجسام التي تنتقل خلالها الكهربية {12}. والوَصْلُ ضد الهجران. والوصل خلاف الفصل. وفى التنزيل {**ولقد وَصَّلنا لَهُمُ القول لعلهم يتذكرونَ**} القصص: 51 أي وَصَّلْنا ذِكرَ الأنبياء وأقاصيص من مضى بعضها ببعض لعلهم يعتبرون {1}. وفى الحديث "**من أراد أن يَطول عُمره فَلْيَصِلْ رَحِمَه**" وهي كناية عن الإحسان إلى الآخرين من ذوى النسب والأصهار والعطف عليهم والرفق بهم والرعاية لأحوالهم، وكذلك إن بَعُدُوا أو أساؤوا، وقطع الرحم ضد ذلك كله. يقال: وَصَل رَحِمَه يَصِلُها وصلاً فكأنه بالإحسان إليهم قد وَصَل ما بينه وبينهم من علاقة القرابة والصِهر. والمَوْصِل: ما يُوَصل من الحبل، ومَعْقِد الحبل في الحبل {1}.

تعبِّر الموصلية الكهربائية عن قابلية المحلول المائي لحمل تيار كهربائي. وتعرف وحدة الموصلية على أنها الموصلية الكهربائية لموصل ذي وحدة طول ووحدة مساحة مقطع (ميكروموهوس على السنتيمتر). فمثلاً تكون الموصلية لماء حديث التقطر بين 5,. إلى 2 ميكروموهوس/السم، ثم يزداد مقدار الموصلية إلى ما بين 2 إلي 4 ميكروموهوس/السم بعد بضع أسابيع من تخزينه. وتعزى هذه الزيادة لامتصاص ثاني أكسيد الكربون من الجو وبنسبة أقل من جراء امتصاص الأمونيا {3،4}.

تعتمد الموصلية الكهربائية على عدة عوامل منها: نوع الأيونات في المــاء ودرجــة تركيزها وحركتها وتكافؤها، ودرجة حرارة المحلول. وعـــادة تكـــون لمعظــم محاليــل الأحماض غير العضوية والقواعد والأملاح موصلية كهربائية جيدة. وقد تشير الموصلية الكهربائية إلى وجود مواد صلبة ذائبة، وزيادة عسر الماء، ومدى نقاء المــاء أو تلـــوثه، وزيادة الشوائب والأملاح الذائبة. وتتناسب الموصلية مع درجة تركيز المواد الصلبة كما مبين في المعادلة 4-60.

$$TDS = a*EC \qquad\qquad (4\text{-}60)$$

حيث:

TDS = درجة تركيز المواد الصلبة (ملجم/لتر)

a = حد ثابت.

EC = الموصلية الكهربائية للمحلول (ميكروموهوس/سم)

مثال 4-10

تبلغ درجة تركيز كلٍ من المواد الصلبة والموصلية الكهربائية في عينة من الماء 1470 ملجم/لتر و2100 ميكروموهوس/سم على الترتيب. جد الموصلية الكهربائية لعينة مــاء تصل فيها درجة تركيز المواد الصلبة 3850 ملجم/لتر.

الحل:

1- جد الحد الثابت باستخدام المعادلة $TDS = a*EC$

$a = 1470 \div 2100 = 0.7$

2- جد الموصلية الكهربائية للعينة الثانية من الماء باستخدام نفس القانون:

$EC_2 = TDS_2 \div a = 3850 \div 0.7 = 5500$ ميكروموهوس/سم.

برنامج 4-10

```
Public Class Form1

    Private Sub Form1_Load(ByVal sender As System.Object,
    ByVal e As System.EventArgs) Handles MyBase.Load
        Label1.Text = "تركيز المواد الصلبة-مج/لتر"
        Label2.Text = "الموصلية الكهربية-ميكروموهوس/س"
        Label3.Text = "التركيز المطلوب-مج/لتر"
        Label4.Text = "الموصلية المطلوبة-ميكروموهوس/س"
```

```
        Button1.Text = "احسب الموصلية"
        Me.Text = "مثال 10-4"
        Me.FormBorderStyle =
            Windows.Forms.FormBorderStyle.FixedDialog
    End Sub

    Private Sub Button1_Click(ByVal sender As
      System.Object, ByVal e As System.EventArgs)
      Handles Button1.Click
        Dim TDS, EC, a As Double
        Dim TDS2, EC2 As Double
        TDS = Val(TextBox1.Text)
        EC = Val(TextBox2.Text)
        TDS2 = Val(TextBox3.Text)

        a = TDS / EC
        EC2 = TDS2 / a
        TextBox4.Text = FormatNumber(EC2, 2)
    End Sub
End Class
```

الملوحة: مَلُحَ الماء – مُلُوحَةً: صار مِلحاً. فهو مالح. و– الشيء مَلاحَة: بَهُجَ وحَسُنَ منظرُه. فهو مليح {12}. المِلح: ما يطيب به الطعام. والمِلح والمليحُ خلاف العذب من الماء، والجمع مِلْحِة ومِلاح وأملاح ومِلَح، وقد يقال: أمواهٌ مِلْح ورَكيَّة مِلْحة وماء مِلْح، ولا يقال مالح إلا في لغة رديئة. وقد مَلُحَ مُلُوحة ومَلاحة ومَلَح يملح مُلوحاً بفتح اللام فيهما {1}. وقال عمر بن أبى ربيعة:

ولو تَفلتَ في البحرِ، والبحرُ مالحٌ   لَأصْبَحَ ماء البحرِ من ريقها عَذْباً {1}

عادة تحتوى المياه المستخدمة للري الزراعي على نسب من الأملاح الذائبة الناتجة من إذابة أو تعرية ونض الصخور والتربة الحاوية على الكلوريد وإنلبة الجير والجبس وغيرها من مصادر الأملاح التي تمر عبرها أو من خلالها المياه، ومن الفضلات السائلة الزراعية والصناعية والمنزلية، ومن الماء الملح (خاصة في المناطق الساحلية).

أما مشاكل الملوحة فتنتج عندما تكون الأملاح الكلية في مياه الري عالية بدرجة أنها تتراكم في منطقة جذور النبات لتزيد من أملاح التربة لدرجة أنها تؤثر على إنتاجية المحصول، مما يحد النبات من استخلاص المياه المطلوبة ويقلل من السعة الأسموزية للتربة. ويترتب على عدم حصول النبات على المياه المطلوبة: قلة في النمو والإنتاج، وظهور أعراض الجفاف في مراحل النمو الأولية، والسمية لبعض النباتات، وقد يظهر علي بعض النباتات

اللون الأخضر المائل إلى الزرقة، وربما ترسبت كميات من الشمع في أوراق النباتات. ومن المتوقع أن تتراكم الأملاح في المناطق العلوية من منسوب المياه مما قد يفاقم من مشاكل الأملاح لمناطق جذور النبات.

تؤثر الملوحة أيضاً على الاستخدام المنزلي والصناعي للمياه. وتعرف الملوحة "بالمواد الصلبة الذائبة في الماء بعد أن يتم تحويل كل الكربونات إلى أكاسيد وبعد تغيير كل البروميد واليوديد إلى كلوريد وبعد أكسدة كل المواد العضوية". ويمكن إيجاد الملوحة من المعادلة 4-61.

ملو = 3.,. + 1.805×كلو (61-4)

حيث:

ملو = درجة ملوحة العينة (جم/كلجم)

كلو = الكلورة (جم/كلجم)

الكثافة: الكثافة: الكثرة والالتفاف، والفعل كثُفَ يَكْثُفُ كَثافة، والكثيف اسم كثرته يوصف به العسكر والماء والسحاب. والكثافة: الغِلْظُ {1} كَثثفَ الشيء – كثافةً: غَلُظ وثَخُنَ. و–: كثر مع الالتفاف والتراكب {12}.

تتغير كثافة الماء والجليد مع درجة الحرارة: فمثلاً يتمدد الماء عندما يتجمد بمقدار 8 %، وللماء السائل أقصى كثافة عند درجة حرارة + 4 ^{o}م. وبما أن النشاط الجزيئي والمسافة بين الجزيئات تزداد بازدياد درجة الحرارة فيوجد (في حجم من المائع) القليل من الجزيئات عند زيادة الحرارة. وبناءً على هذا فإن الكثافة تقل بازدياد درجة الحرارة. كما وأن زيادة الضغط تؤدي إلى تداخل عدد كبير من الجزيئات إلى داخل الحجم المعين مما يؤدي إلى زيادة الكثافة {3،4}. وتعرف كثافة السائل بنسبة كتلة السائل إلى حجمه كما موضح في المعادلة 4-62.

$$\rho = m/V \qquad (4\text{-}62)$$

حيث:

ρ = كثافة السائل (كجم/م^3)

m = كتلة السائل (كجم)

V = حجم السائل ($م^3$)

ويطلق على مقلوب الكثافة الحجم النوعي، ويعرف على أنه "حجم السائل للـــذي يحـــوي وحدة كثافته"، كما مبين في المعادلة 4-63.

$$\kappa = 1/\rho \qquad (4\text{–}63)$$

حيث:

κ = الحجم النوعي ($م^3$/كجم)

ρ = كثافة السائل (كجم/$م^3$)

أما نسبة الوزن على وحدة الحجم فتسمى الوزن النوعي، ويمكن إيجادها من المعادلـــة 4-64.

$$\gamma = \rho * g \qquad (4\text{-}64)$$

حيث:

γ = الوزن النوعي (نيوتن/$م^3$)

ρ = كثافة السائل (كجم/$م^3$)

g = عجلة الجاذبية الأرضية (م/$ث^2$)

أما نسبة كثافة المادة إلى كثافة حجم مماثل لها من الماء (في الظروف القياســية) فيســمى الثقل النوعي، كما مبين في المعادلة 4-65.

$$s.g = \frac{\rho}{\rho_w} \qquad (4\text{-}65)$$

حيث:

s.g. = الثقل النوعي (لا بعدي)

ρ = كثافة السائل (كجم/$م^3$)

ρ_w = كثافة الماء (كجم/$م^3$)

المعاير الحجمي (أو معامل المرونة الحجمي): يمكن إيجاد المعاير الحجمي من المعادلة 4-66.

$$E_v = -\frac{dP}{\left(\frac{dV}{V}\right)} = -\frac{dP}{\left[\frac{\rho}{d\rho}\right]} \qquad (4\text{-}66)$$

حيث:

E_v = المعاير الحجمي (نيوتن/م^2)

dP = التغير التفاضلي في الضغط (باسكال)

dV = التغير التفاضلي في الحجم (م^3)

V = الحجم (م^3)

ρ = كثافة المائع (كجم/م^3)

وعلامة السلب في المعادلة 4-66 تعني أن زيادة الضغط تؤدي إلى انخفاض في الحجم. كما وأن القيم العالية للمعاير الحجمي تعني أن المائع غير انضغاطي نوعاً ما، أي أنه يحتاج إلى تغير عالي في الضغط لإنتاج تغير طفيف في الحجم.

درجة اللزوجة (الخواص الانسيابية للموائع): لَزِجَ الشيء لَزَجاً ولُزُجَةً وتَلَزَّجَ عليك، وشئ لَزِجٌ مُتَلَزِجٌ، ولَزِجَ به أي غَرِي به {1}.

يمكن تعريف اللزوجة (للدفق الصفحي لسائل لزج) على أنها الحد الثابت لقوى الاحتكاك وميل السرعة العمودية على طبقة من السائل تنزلق على أخرى طبقاً لمعادلة اسحق نيوتن 4-67.

$$F = \tau . A = \mu . A . \frac{dv}{dy} \qquad (4\text{-}67)$$

حيث:

F = قوى الاحتكاك، قوة القص (نيوتن)

τ = إجهاد القص (نيوتن/م^2)

A = مساحة التلامس بين الطبقتين (م^2)

μ = معامل اللزوجة التحريكية (الديناميكية) (نيوتن×ث/م^2)

$$\frac{dv}{dy}$$ = معدل القص = ممال السرعة (/ث)

من المعادلة 4-67 يمكن تعريف معامل اللزوجة التحريكية (الديناميكية) "بقوة للقص العاملة على وحدة المساحة المطلوبة لسحب طبقة واحدة من المائع بوحدة سرعة عبر طبقة أخرى خلال وحدة مسافة في المائع". كما ويعرف معامل اللزوجة الحركية (الكينماتية) بنسبة اللزوجة التحريكية (الديناميكية) إلى الكثافة طبقاً للمعادلة 4-68.

$$\nu = \mu/\rho \qquad (4\text{–}68)$$

حيث:

ν = درجة اللزوجة الحركية (الكينماتية) (م^2 /ث)

μ = درجة اللزوجة التحريكية (الديناميكية) (نيوتن×ث/م^2)

ρ = كثافة المائع (كجم/م^3)

من العوامل المؤثرة على درجة اللزوجة: التغير في درجة الحرارة، ومعدل تغير إجهاد القص، وحالة انسياب المائع ودفقه، وخواص المائع. أما بالنسبة لدرجة الحرارة فتقل لزوجة السوائل بازدياد درجة الحرارة، غير أن لزوجة الغازات تزيد بازدياد درجة الحرارة {3،4}. وتختلف لزوجة الماء مقارنة مع السوائل الأخرى، إذ أنها تقل في درجة الحرارة المنخفضة مع زيادة الضغط حتى ضغط 1000 ضغط جوي، ثم لا تلبث أن تزيد أسوة بأي سائل آخر{14}.

ومن المعلوم أن درجة اللزوجة لسائل معين (على درجة حرارة ثابتة) من الخواص الطبيعية للسائل، غير أن علاقة الإجهاد ومعدل القص للعديد من السوائل ليست نسبة بسيطة، ويطلق على هذه السوائل مصطلح سوائل غير نيوتونية ومن أمثلتها الحمأة المنبثقة بعد معالجة الفضلات السائلة المنزلية. ومن ثم يتم تقسيم الموائع بناءً على معدل انسيابها ودرجة لزوجتها إلى موائع نيوتونية وموائع غير نيوتونية (أنظر شكل 4-16أ). أما الموائع النيوتونية فلا تظهر أي بنية داخلية مترابطة، مما يجعل القص يبدأ مباشرة مع عمل الإجهاد، كما ولا تعتمد اللزوجة على معدل القص.

وتنقسم الموائع غير النيوتونية إلى موائع لا تعتمد على الزمن وأخرى تعتمد عليه. أما الموائع التي لا تعتمد على الزمن فيمكن تقسيمها إلى عدة أقسام تحوي اللدائن الكاذبة) أو

ترقيق القص)[261] واللدائن اللزجة (أو الموائع المتمددة أو تغليظ القص)[262]. أمـــا اللـــدائن اللزجة (أو لدائن بنجهام) فهي موائع لا بد من إدخال إجهاد فيها ليبدأ المائع في الانسياب عند وجود طور صلب للعوالق وبدرجة تركيز مناسبة لتكوين بنية مستمرة وغير موجهة. وللموائع التي تعتمد على الزمن في انسيابها آثار ربما كانت عكسية آنياً أو غير عكســـية. كما ويمكن تقسيم هذا النوع من الموائع إلى موائع تكسوتروبية، وموائع غير تكسوتروبية. تحتوى الموائع التكسوتروبية على بنية يسهل كسرها مع الزمن وذلك عند قصـــها بمعـــدل معين حتى بلوغ الاتزان (أنظر شكل 4-16ب). إن القوى الداخليـــة[263] تســـاوي للقـــوى العاملة عند حدوث الاتزان. ويظهر في هذا النوع من الموائع تخلف أنشوطي عند زيـــادة معدل القص، إلى أن يصل أقصاه عندها يبدأ في التناقص مع الزمن إلى أن يصل إلى أقـــل قيمة. وتعمل الموائع غير التكسوتروبية (أو الموائع المتلبنة) في اتجاه معـــاكس للمولئـــع التكسوتروبية.

مثال 4-11

جد درجة اللزوجة الديناميكية لسائل معين بافتراض أن درجة اللزوجة الكيناميتية والثقـــل النوعي له يساويان: 3.8×10^{-4} م^2/ث و 0.78 على الترتيب.

الحل

1- المعطيات: $\nu = 3.8\times10^{-4}$ م^2/ث، $sg = 0.78$

2- جد كثافة السائل بافتراض أن كثافة الماء تساوى 1000 كجم/م^3

وباستخدام العلاقة: كثافة السائل = الثقل النوعي للسائل × كثافة الماء

$\nu = 0.78\times1000 = 780$ كجم/م^3

3- جد درجة اللزوجة الديناميكية للسائل باستخدام المعادلة $\nu = \mu/\rho$

$\mu = 3.8\times10^{-4} \times 780 = 0.296$ نيوتن×ث/م^2

---

[261] تصبح أقل لزوجة بإزدياد معدل القص

[262] معاكسة للدائن الكاذبة. وهى ظاهرة غير شائعة كما ولها علاقة بالعوالق ذات الجسيمات المتنافرة

[263] التي تعمل على إعادة البناء الذاتي

برنامج 11-4

```
Public Class Form1
    Const rho_W = 1000

    Private Sub Form1_Load(ByVal sender As System.Object,
      ByVal e As System.EventArgs) Handles MyBase.Load
        Label1.Text = "اللزوجة الكينمتيكية-م2/ث"
        Label2.Text = "الثقل النوعي"
        Label3.Text = "اللزوجة الدينميكية-ن.ث/م2"
        Button1.Text = "احسب اللزوجة"
        Me.Text = "مثال 11-4"
        Me.FormBorderStyle =
            Windows.Forms.FormBorderStyle.FixedSingle
    End Sub

    Private Sub Button1_Click(ByVal sender As
      System.Object, ByVal e As System.EventArgs)
      Handles Button1.Click
        Dim v, sg, mu, rho As Double
        sg = Val(TextBox1.Text)
        v = Val(TextBox2.Text)

        rho = sg * rho_W
        mu = v * rho
        TextBox3.Text = FormatNumber(mu, 3)
    End Sub
End Class
```

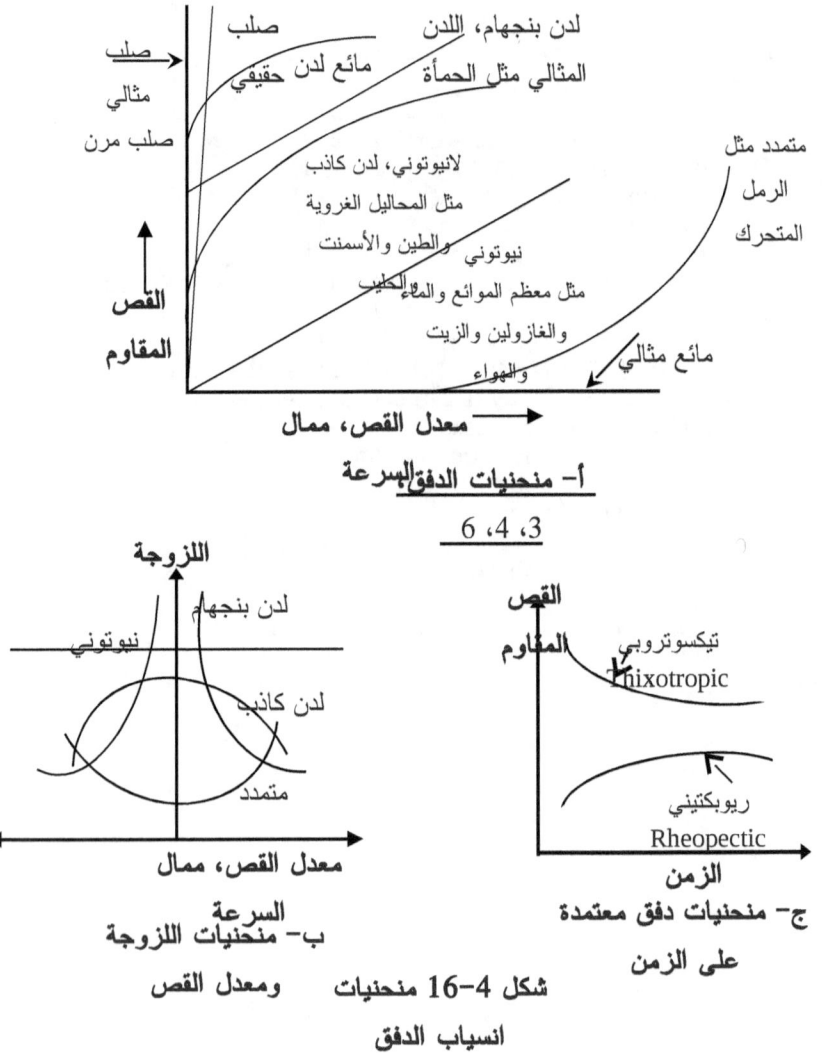

السرعة

أ- منحنيات الدفق

3، 4، 6

السرعة

ب- منحنيات اللزوجة ومعدل القص

ج- منحنيات دفق معتمدة على الزمن

شكل 4-16 منحنيات انسياب الدفق

التوتر السطحي: تَوَتَّرَ العَصَب والعِرق: اشتد {12} وتَوَتَّر عَصَبُه فصار مثل الوتر. وَتَتَّرتْ عروقه: كذلك {1}.

يعمل التوتر السطحي للسائل على جذب الجزيئات لتكون طبقة تخيلية تمكنها من مقاومة الشد على السطح الرقيق بين سائلين غير ممتزجين، أو على السطح بين سائل وغاز. ويبين شكل 4-17 أثر التوتر السطحي داخل أنابيب شعرية. ويمكن إيجاد قيمة للتوتر السطحي من المعادلة 4-69.

$$\sigma = h(\rho_1 - \rho_2)\frac{g.r}{2\cos\varphi} = h(\rho_1 - \rho_2)\frac{g.D}{4\cos\varphi} \qquad (4\text{-}69)$$

حيث:

σ = قوة التوتر السطحي (نيوتن/م)

h = الارتفاع (أو الانخفاض الشعري) للسائل عبر الأنبوب (م)

ρ_1 = كثافة السائل (كجم/م^3)

ρ_2 = كثافة الغاز (أو السائل الأخف وزناً) (كجم/م^3)

g = عجلة الجاذبية الأرضية المحلية (م/ث^2)

r = نصف قطر الأنبوب الداخلي (م)

ϕ = زاوية التلامس بين الأنبوبة والمائع الأثقل (ولمعظم السوائل العضوية والماء (مع الزجاج) = صفر متى ما ابتل الزجاج برقاقة من السائل؛ كما وأن زاوية التلامس تساوى 140° لتلامس الزئبق مع الزجاج)

D = قطر الأنبوب (م)

مثال 4-12

يصل ارتفاع الماء داخل أنبوب زجاجي شعري نظيف بفضل الجاذبية الشعرية إلى أقل من 0.95 مليمتر. جد قطر الأنبوب علماً بأن درجة حرارة الماء تبلغ 18 درجة مئوية.

الحل

1- المعطيات: $h = 0.95$ ملم، $T = 18^\circ$م

2- جد من جدول خواص الماء قيم التوتر السطحي والوزن النوعي للماء علــى درجــة
حرارة 18° م

$\sigma = 7.31 \times 10^{-2}$ نيوتن/م، $\gamma = 9.793 \times 10^{-3}$ ⁻ نيوتن/م^3

3- بافتراض أن كثافة الهواء قليل مقارنة بالماء، جد قطر الأنبوب المطلوب من معادلــة
التوتر السطحي:

$D = 4*\sigma*\cos\phi/g*h$

$D = (4 \times 7.31 \times 10^{-2}$ جتا صفر$) \div (9.793 \times 10^{-3} \times 0.95 \times 10^{-3}) = 0.031$ م =
31 ملم.

برنامج 4-12

```
Public Class Form1

    Private Sub fill_combo()
        ComboBox1.Items.Clear()
        ComboBox1.Items.Add("0")
        ComboBox1.Items.Add("2")
        ComboBox1.Items.Add("4")
        ComboBox1.Items.Add("5")
        ComboBox1.Items.Add("6")
        ComboBox1.Items.Add("7")
        ComboBox1.Items.Add("8")
        ComboBox1.Items.Add("9")
        ComboBox1.Items.Add("10")
        ComboBox1.Items.Add("11")
        ComboBox1.Items.Add("12")
        ComboBox1.Items.Add("13")
        ComboBox1.Items.Add("14")
        ComboBox1.Items.Add("15")
        ComboBox1.Items.Add("16")
        ComboBox1.Items.Add("17")
        ComboBox1.Items.Add("18")
        ComboBox1.Items.Add("19")
        ComboBox1.Items.Add("20")
        ComboBox1.Items.Add("25")
        ComboBox1.Items.Add("30")
        ComboBox1.Items.Add("35")
        ComboBox1.Items.Add("40")
        ComboBox1.Items.Add("45")
        ComboBox1.Items.Add("50")
        ComboBox1.Items.Add("55")
        ComboBox1.Items.Add("60")
```

```
        ComboBox1.Items.Add("65")
        ComboBox1.Items.Add("70")
        ComboBox1.Items.Add("75")
        ComboBox1.Items.Add("80")
        ComboBox1.Items.Add("85")
        ComboBox1.Items.Add("90")
        ComboBox1.Items.Add("95")
        ComboBox1.Items.Add("100")
End Sub

Private Function find_sigma()
    Select Case ComboBox1.SelectedIndex
        Case 0 : Return 7.56
        Case 1 : Return 7.54
        Case 2 : Return 7.51
        Case 3 : Return 7.49
        Case 4 : Return 7.48
        Case 5 : Return 7.46
        Case 6 : Return 7.45
        Case 7 : Return 7.43
        Case 8 : Return 7.42
        Case 9 : Return 7.41
        Case 10 : Return 7.39
        Case 11 : Return 7.38
        Case 12 : Return 7.36
        Case 13 : Return 7.35
        Case 14 : Return 7.33
        Case 15 : Return 7.32
        Case 16 : Return 7.31
        Case 17 : Return 7.29
        Case 18 : Return 7.28
        Case 19 : Return 7
        Case 20 : Return 7.12
        Case 21 : Return 7.04
        Case 22 : Return 6.96
        Case 23 : Return 6.88
        Case 24 : Return 6.79
        Case 25 : Return 6.71
        Case 26 : Return 6.62
        Case 27 : Return 6.53
        Case 28 : Return 6.44
        Case 29 : Return 6.35
        Case 30 : Return 6.26
        Case 31 : Return 6.17
        Case 32 : Return 6.08
        Case 33 : Return 5.99
        Case 34 : Return 5.89
    End Select
    'no item selected?
    Return 0
End Function
```

```
Private Function find_gamma()
    Select Case ComboBox1.SelectedIndex
        Case 0 : Return 9.807
        Case 1 : Return 9.807
        Case 2 : Return 9.808
        Case 3 : Return 9.807
        Case 4 : Return 9.807
        Case 5 : Return 9.807
        Case 6 : Return 9.806
        Case 7 : Return 9.805
        Case 8 : Return 9.805
        Case 9 : Return 9.804
        Case 10 : Return 9.803
        Case 11 : Return 9.802
        Case 12 : Return 9.801
        Case 13 : Return 9.8
        Case 14 : Return 9.799
        Case 15 : Return 9.795
        Case 16 : Return 9.793
        Case 17 : Return 9.791
        Case 18 : Return 9.789
        Case 19 : Return 9.778
        Case 20 : Return 9.765
        Case 21 : Return 9.749
        Case 22 : Return 9.731
        Case 23 : Return 9.711
        Case 24 : Return 9.69
        Case 25 : Return 9.666
        Case 26 : Return 9.642
        Case 27 : Return 9.616
        Case 28 : Return 9.589
        Case 29 : Return 9.56
        Case 30 : Return 9.53
        Case 31 : Return 9.499
        Case 32 : Return 9.467
        Case 33 : Return 9.433
        Case 34 : Return 9.399
    End Select
    'no item selected?
    Return 0
End Function

Private Sub Form1_Load(ByVal sender As System.Object,
  ByVal e As System.EventArgs) Handles MyBase.Load
    Label1.Text = "ارتفاع الماء-ملم"
    Label2.Text = "درجة حرارة الماء"
    Label3.Text = "قطر الأنبوب-ملم"
    Button1.Text = "احسب القطر"
    Me.Text = "مثال 12-4"
    fill_combo()
```

```
    End Sub

    Private Sub Button1_Click(ByVal sender As
       System.Object, ByVal e As System.EventArgs)
       Handles Button1.Click
         Dim h, T, gamma, sigma As Double
         Dim D, phi As Double
         h = Val(TextBox1.Text)
         h /= 1000
         T = ComboBox1.SelectedIndex
         If T = -1 Then
             MsgBox("الرجاء اختيار حرارة الماء.",
                    vbInformation Or vbOKOnly)
             Exit Sub
         End If

         gamma = find_gamma() / 1000
         sigma = find_sigma() / 100
         phi = 0
         'D = [4 * sigma * cos(phi)] / (gamma * h)
         Dim a, b As Double
         a = 4 * sigma * Math.Cos(phi)
         b = gamma * h
         D = a / b
         TextBox2.Text = FormatNumber(D, 2)
    End Sub
End Class
```

الرطوبة والرطوبة النسبية والندى: رَطِبَ الشيء - رُطُوبَةً، ورَطابَةً:نَدِيَ وابْتَلَّ. رَطُبَ الهواء، رُطُوبةً: تشَبَّع بالبخار. والغصن: لَان ونَعُم. فهو رَطْبُ، ورَطِيبٌ {12}.

إن كل غاز يبذل ضغط غاز جزئي من غير أن يتأثر بالغازات الأخرى في أي خليط من الغازات. وبالنسبة للماء يطلق على هذا الضغط الجزئي المبذول بوساطة بخار الماء "ضغط بخار الماء" أو "ضغط البخار". وإذا تم نزح كل الماء من هواء رطب بداخل وعاء مغلق، يصبح ضغط الهواء الجاف أقل من الضغط الكلي للهواء الرطب كما مبين في المعادلة 4-70.

$$e = P - P' \qquad (4\text{-}70)$$

حيث:

e = ضغط البخار

P = الضغط الكلى للهواء الرطب

P' = ضغط الهواء الجاف

غير أن أقصى قيمة لبخار الماء (الذي يمكن أن يوجد على أي حيز) تعتمد علــى درجــة الحرارة، ولا تعتمد (عملياً) على وجود الغازات الأخرى. وعليه فعندما يتم حجز أقصــى كمية من بخار الماء (على درجة حرارة معلومة) في حيز معين، يصبح هذا الحيز مشــبعاً به. ويطلق على هذا الضغط المبذول بالبخار في الحيز المشبع "ضغط البخار المتشــبع". وتعرف نسبة ضغط البخار الحقيقي إلى ضغط البخار المتشبع بالرطوبة النسبية. وعليـــه فإنها عبارة عن "نسبة محتوى الندى في حيز ما إلى محتوى الندى الذي يمكن أن يحتـــويه الحيز عند التشبع" {3،4}. وتبين المعادلة 4-71 طريقة تقدير الرطوبة النسبية.

$$h = \frac{100e}{e_s}$$ (4-71)

حيث:

h = الرطوبة النسبية (%)

e = ضغط البخار الحقيقي

e_s = ضغط البخار المتشبع.

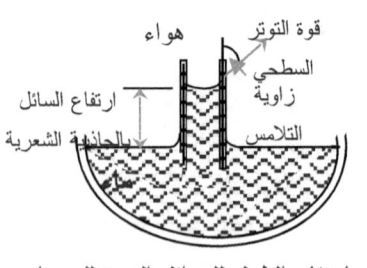 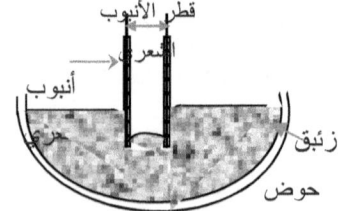

أ- انخفاض الطول للسوائل التي لا تبلل جدار الأنبوب الشعري

ب-ارتفاع الطول للسوائل التي تبلل جدار الأنبوب الشعري

شكل 4-17 التوتر السطحي، 4

أما درجة الحرارة التي يتشبع عندها الحيز عندما يتم تبريد الهواء تحت ضغط ثابت وضغط بخار ثابت فيطلق عليها نقطة الندى . وتعرف نقطة الندى أيضاً على أنها "درجة الحرارة التي يتساوى عندها ضغط البخار المتشبع وضغط البخار الحقيقي" {3،4}. ولتحديد قيمها يستخدم مقياس الرطوبة Psychrometer. ويتكون مقياس الرطوبة من مقياسي درجة حرارة، أحدهما ذو مستودع مغطى بنسيج نظيف ومشبع بالماء. ثم يتم وضع مقياس درجة الحرارة في منطقة جيدة التهوية. ومن المتوقع أن تقل قراءة الترمومتر الرطب المغطى عن قراءة الترمومتر الجاف بسبب البخر. ويعرف هذا للفرق في القراءتين بالانخفاض في البصيلة الرطبة. وبالمقارنة مع جداول مناسبة يمكن تقدير نقطة الندى والرطوبة النسبية وضغط البخار. ويمكن قياس الرطوبة بإحدى الطرق التالية :{3،4،42}

- طريقة وزن البخار: يتم في هذه الطريقة نزع بخار الماء من حجم معين من الهواء ثم وزنه، وذلك بتمرير هواء رطب عبر مجفف حبيبي ، وتعبر الزيادة الناتجة في وزن المادة المجففة عن وزن البخار الموجود في الهواء.
- طريقة نقطة الندى: يتكون جهاز قياس نقطة الندى من كوب مصقول يحوي سائل طيار (مثل الإيثر Ether). ويتم تبريد سطح الكوب بتمرير تيار من الهواء عبر السائل، ليقوم بدوره بتبريد بخار الماء الملامس للكوب. وعند تكوين نقطة الندى يتكثف الماء في الكوب. وتسجل درجة الحرارة المقابلة بغمر ترمومتر في السائل. وتؤخذ نقطة الندى على أنها درجة الحرارة المتوسطة بين تلك للتي يظهر فيها التكثيف خلال التبريد ودرجة الحرارة التي يختفي فيها التكثيف عندما يتم تدفئة السائل مرة أخرى.
- استخدام جهاز قياس الرطوبةPsychrometer : يتيح هذا الجهاز التحكم في طريقة تهوية مقاس درجة الحرارة.

أما قيمة بخار الماء عند درجة حرارة معينة فيمكن إيجادها من المعادلة 4−72.

$$e_W - e = \gamma (t - t_W) \qquad (4\text{-}72)$$

حيث:

e_W = ضغط الغاز الجزئي لمقياس الحرارة الرطب

e = ضغط الهواء

t_W = درجة حرارة مقياس الحرارة الرطب

γ = ثابت جهاز قياس الرطوبة. وبافتراض أن سرعة الهواء عبر بصيلة مقياس الحرارة تزيد عن 3 م/ث وأن درجة الحرارة مقدرة بالتدرج المئوي ولقيمة e المقدرة بالمللبار فإن $\gamma = 0.66$، وبالنسبة لقيمة e المقدرة بالمليمتر زئبق فإن قيمة $\gamma =$ 0.485 {11}.

4 – 7 – 2 الخواص الإشعاعية: شَعَّ الشيء – شَعًّا: تفرق وانتشر. والإشعاع: انبعاث الطاقة وامتدادها في الفضاء، أو في وسط عادي، على هيئة موجات أي كان نوعها {12}.

توجد الإشعاعية في نوى مواد محددة تشع منها جسيمات وتصدر عنها إشعاعات لها مقدرة لإزالة إلكترون من مدار الذرة التي يتصل بها، أو عند الإنشطار اللحظي للذرة. ويحدث التأين عند نقل طاقة كافية لإزالة الإلكترون. ويعتبر الإشعاع بالتأين نوع خاص يضم: الأشعة السينية، وأشعة جاما، والجسيمات السريعة ذات الطاقة الحركية العالية مثل جسيمات ألفا وبيتا. ويمكن لهذا النوع من الإشعاع التفاعل مع ذرات إضافية وإتمام تأينها. ويسمى الإلكترون المداري والذرة التي انفصل عنها زوج أيوني Ion pair.

يمكن تقسيم الإشعاعية إلى إشعاعية مصنعة، وإشعاعية مستحثة، وإشعاعية طبيعية {3-6،36}. تنتج الإشعاعية المصنعة من جراء قصف ذرة بجسيم، أو عند التشعيع الكهرومغنطيسي. أما الإشعاعية المستحثة فتتولد في مادة معينة بعد قصفها بنيترون جسيمات أخرى. وتوجد الإشعاعية الطبيعية طبيعياً في أكثر من 50 مادة مشعة {43} مما أوجد الله عز وجل في الأرض. ويقال أن ذراتها في حالة غير مستقرة عندما تكون نسبة البروتونات والنيترونات في النواة مختلفة من النسب المعرفة للنوى المستقرة. وتنتهج هذه النوى غير المستقرة إعادة تنظيم ذري لحظي منتجة ومحررة لطاقة على شكل جسيمات أو إشعاع كهرومغنطيسي {4} للوصول للاتزان عبر بث جسيمات وطاقة، ومن ثم تتحول الذرة إلى ذرة أخرى بما يعرف بالانحلال الإشعاعي (أو التلاشي الإشعاعي) {44}.

تنتج المادة المشعة جسيمات ألفا وبيتا وإشعاع كهرومغنطيسي (إنبعاثات جلما) (أنظر شكل رقم 4-18). تعبر إنبعاثات ألفا عن جسيمات بطيئة الحركة، وتقل بها نسبة الشحنة الكهربائية إلى الكتلة. وتمثل إنبعاثات ألفا بذرة هليوم فقدت اثنين من إلكتروناتها المدارية، وعليه فإنها تحمل شحنة كهربائية موجبة. وتقذف هذه الجسيمات من المادة المشعة بنفس السرعة تقريباً (تعادل 10 بالمائة من سرعة الضوء). ويبلغ مدى إنبعاثات ألفا بضع سنتمترات في الهواء، ويمكن إيقاف معظمها في الهواء أو باستخدام صفيحة رقيقة من رقائق الألمونيوم أو بوساطة ورقة عادية؛ ولهذه الإنبعاثات قوة تأين عالية في حيز مداها. ولجسيمات بيتا سرعة كبيرة تتراوح بين 30 إلى 99 بالمائة من سرعة الضوء، كما وأنها عالية في نسبة الشحنة الكهربائية إلى الكتلة. وجسيمات بيتا عبارة عن سريان من إلكترونات ذات طاقة عالية منبعثة من مصدر مشع، وتتحرك بسرعات متباينة تقارب سرعة الضوء (3×10^{8} م/ث). أما تلك الجسيمات الأكثر طاقة فقادرة على اختراق طبقة من الألمونيوم سمكها بضع ملليمترات. غير أن طبيعة تأين جسيمات بيتا تقل كثيراً عن جسيمات ألفا. وعندما تفقد ذرة مشعة جسيم ألفا تتغير طبيعتها الكيميائية فيقل رقم كتلتها بمقدار 4 ويقل رقمها الذري بمقدار 2 (مثل تحول عنصر الراديوم لعنصر الرادون عند فقده جسيم ألفا) كما مبين بالمعادلة الكيميائية التالية:

$$X_A^Z \rightarrow Y_{A-2}^{Z-4} + He_2^4$$

حيث:

X = الذرة الأم

Y = الذرة البنت

Z = رقم الكتلة (= مجموع عدد البروتونات والنيوترونات في نواة الذرة)

A = الرقم الذري (= عدد البروتونات أو عدد الإلكترونات في الذرة)

He = جسيم ألفا (نواة ذرة هليوم)

لا يتبع فقدان جسيم بيتا تغير في رقم الكتلة للذرة المشعة، غير أن الرقم للذري يزيد بمقدار الوحدة كما موضح في المعادلة الكيميائية التالية:

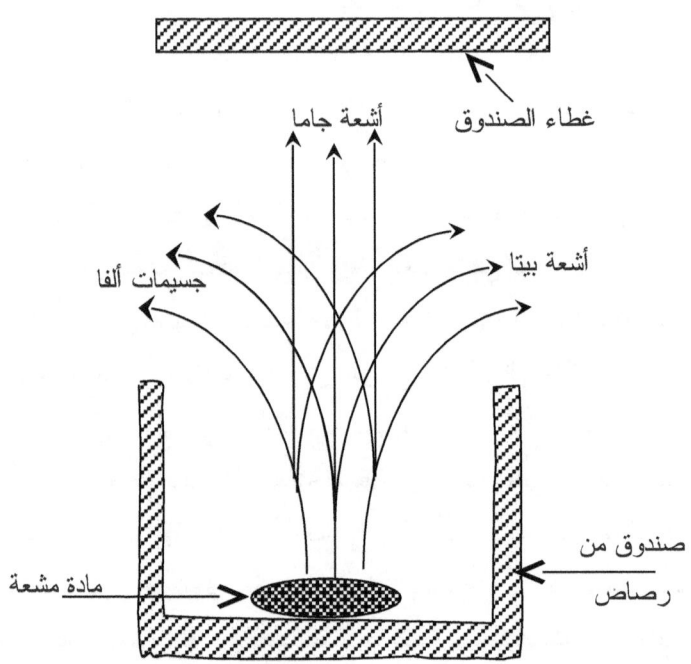

غطاء الصندوق

أشعة جاما

أشعة بيتا

جسيمات ألفا

صندوق من رصاص

مادة مشعة

يؤثر مجال مغناطيسي في اتجاه عمودي على سطح الورقة

شكل 4-18 إشعاعية المواد، 3، 4، 6

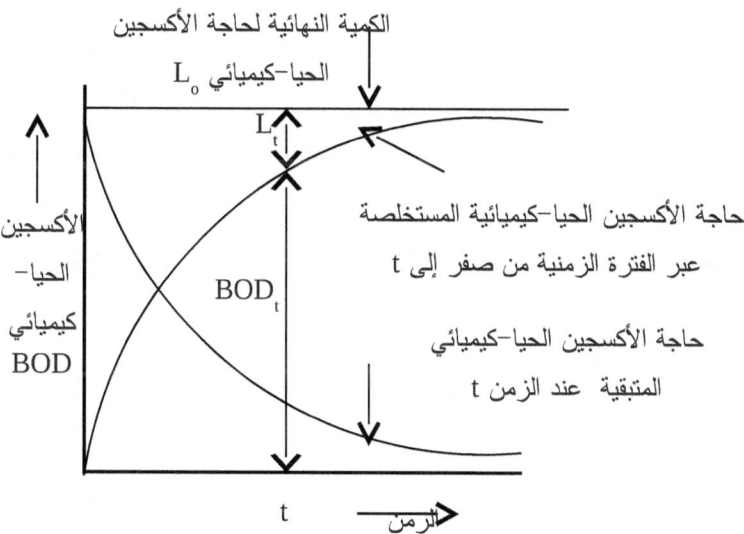

الكمية النهائية لحاجة الأكسجين

الحيا-كيميائي L_o

L_t

حاجة الأكسجين الحيا-كيميائية المستخلصة

عبر الفترة الزمنية من صفر إلى t

حاجة الأكسجين الحيا-كيميائي

المتبقية عند الزمن t

BOD_t

الأكسجين

الحيا-

كيميائي

BOD

t

الزمن

شكل 4-19 منحنى حاجة الأكسجين الحيا-كيميائي

$$X_A^Z \rightarrow Y_{A+1}^Z + e_{-1}^0$$

حيث:

e = جسيم بيتا (إلكترون)

يعطي تحول نظير اليورانيوم إلى نبتونيوم مثال لإشعاع بيتا، وذلك عندما تقصف نواة ذرة بجسيم {مثل: ألفا $\left(He_2^1\right)$ أو بيتا $\left(e_{-1}^0\right)$ أو نيترون $\left(n_0^1\right)$ أو بروتون $\left(H_1^1\right)$ أو ديوتيروم{ $\left(D_1^2\right)$ ، فتقوم النواة بإمساك الجسيم المقذوف. وكنتيجة لهذا فإن الذرة تتحول إلى عنصر جديد أو نظير للعنصر الأصلي. ويمكن أن يتبع عملية القبض هذه قذف جسيمات من نواة الذرة {4}. أما جسيمات جاما فهي عبارة عن إشعاعات كهرومغنطيسية تتحرك بسرعة الضوء. وتحتل هذه الأشعة حزمة بين الأشعة السينية بموجة قصيرة الطول، وعليه فإن لها قدرة كبيرة للاختراق. ولأشعة جاما (الحاوية على أكبر قدر من الطاقة) قدرة فائقة للتغلغل والاختراق مما يحتاج معه إلى عدة سنتمترات من الرصاص لتعمل كدرع لصدها.

ومن الوحدات المستخدمة لقياس الإشعاعية {44}:

1) الرونتجن (R) Roentgen: وهو عبارة عن وحدة التعرض الإشعاعي أو شدته، ويساوي شدة الإشعاع التي تنتج 2.89×10^{9} زوج أيوني في كل سنتمتر مكعب من الهواء:

1 R = 2.58×10^{-4} C/kg

2) جرعة الإشعاع الممتص Radiation absorbed dose (rad) : تستخدم هذه الوحدة الإشعاعية بكثرة عند وصف كمية الإشعاع المستقبل بوساطة الكائنات الحية من إنسان أو حيوانات التجارب.

1 rad = 100 ergs/g = 10^{-2} Gy (Gray)

3) جرعة الإشعاع الممتص المكافئ للإنسان Rad equivalent man (rem) : وتستخدم هذه الوحدة لمراقبة الأجهزة الشخصية. وتعبر هذه الوحدة عن الجرعة المكافئة أو التعرض المهني لكمية الإشعاع المستقبل بوساطة العامل في المفاعلات النووية ومراكز الإنتاج التسارعي للجسيمات:

1 rem = 0.01 Sv (Seivert)

4) كوري (Ci) Curie : وهو وحدة إشعاعية لنوع الإشعاع المنبثق من المواد المشعة وليس كمية الإشعاع الصادر منها. والكوري هو كمية المادة التي ينتج عنها $3.8×10^{10}$ ذرة كل ثانية.

1 Ci = 3.7x10^{10} Bq (Becquerel)

5) فولتية الإلكترون electron volt (eV) : ويستخدم لقياس الطلقة الإشعاعية.

تقاس الفترة الإشعاعية لكل عنصر إشعاعي بعمر النصف، والذي يعرف بـــالزمن اللازم لفقدان نصف كتلة الذرات في أي عينة من العنصر. ويبين جدول (4-17) عمر النصف لعدد من الذرات المشعة.

جدول (4-17) بعض الأمثلة لنظائر عناصر مشعة {3،4}

الجسيم المنبعث	عمر النصف	الرمز	العنصر
بيتا	28.1 سنة	Sr 90	استرونسيوم
بيتا	$1.28×10^{9}$ سنة	K 40	بوتاسيوم
ألفا	3.05 دقيقة	Po 218	بولونيوم
بيتا وجاما	6.4 دقيقة	^{78}Br	بروم
بيتا	12.3 سنة	^{3}H	هيدروجين
ألفا	$2.48×10^{5}$ سنة	u 234	يورانيوم
ألفا	$4.51×10^{9}$ سنة	U 238	يورانيوم
بيتا وجاما	5.3 سنة	Co 60	كوبالت
بيتا	5730 سنة	C 1 4	كربون
بيتا	30 سنة	Cs 1 37	سيزيوم
بيتا وجاما	8 يوم	F 13	فلور
بيتا	14.3 يوم	p 32	فسفور
بيتا وجاما	15 ساعة	Na 24	صوديوم
ألفا	1600 سنة	Ra 226	راديوم

رصاص	214 Pb	26.8 دقيقة	بيتا
ثوريوم	234 Th	24.1 يوم	بيتا

للمواد المشعة آثار وخيمة ومضار لحظية، وأخرى دائمة، وثللثة متوارثة للإنسان وممتلكاته وما ذلل له الله عز وجل من أنعام. ومن ثم يجب التعلمل الحذر المدروس والممنهج والمستبصر عند استخدام المواد المشعة، وحدوث التفاعلات النووية لأي أعمال مهما كانت طبيعتها من سلمية أم غيرها. وهناك الكثير من العبر التاريخية التليدة والطارفة ومنها: قنبلة هيروشيما وناجازاكى، وحادثة تشرنوبيل وغيرها الكثير.

تسمى الوحدة الإشعاعية كوري، وتعرف بأنها عبارة عن "عدد التلاشي الحادث في الثانية لجرام واحد من الراديوم النقي". ويمكن تمثيل معدل التلاشي للنواة بالمعادلة 4-73.

$$\ln\frac{\Pi_t}{\Pi_o}=-kt \qquad (4\text{-}73)$$

حيث:

n_0 = عدد النوى الموجودة عند الزمن صفر

n_t = عدد النوى الموجودة عند الزمن t

k = ثابت التلاشي لتفاعل محدد ($k=\dfrac{0.693}{t_{1/2}}$)

$t_{1/2}$ = عمر النصف للعنصر المعين

مثال 4-13

يزن عنصر مشع 4 كيلوجرام وعمر نصفه 8 أيام. جد المقدار المتبقي من العنصر بعد مضي فترة حفظ قدرها 32 يوم وفترة 49.6 يوم. ما مقدار الفترة الزمنية اللازمة لفقدان مقدار 2.45 كيلوجرام من هذا العنصر؟

الحل

1- المعطيات:= 4 n_0 كجم، $t_{1/2} = 8$ يوم.

2- جد قيمة ثابت التلاشي لتفاعل محدد: $k = 0.693 \div 8 = 0.0866$ /يوم

3- جد القيمة المتبقية من العنصر بعد مضي 32 و 49.6 يوم علي الترتيب:

$$\ln \frac{\Pi_t}{\Pi_o} = -kt$$

وعليه: $n_{32} = n_o \times e^{-kt} = 4\times e^{-0.0866\times 32} = 0.25$ كجم

وكذلك: $n_{49.6} = 0.054$ كجم

4- الكمية الموجودة في الزمن المطلوب = n_t 4 - 2.45 = 1.55 كجم

جد المدة الزمنية المطلوبة لفقد 2.45 كجم من العنصر: $t = -(\ln n_t/n_o) \div k$

t = - لو (4÷1.55) ÷0.0866 = 10.94 يوم.

برنامج 4-13

```
Public Class Form1

    Private Sub Form1_Load(ByVal sender As System.Object,
       ByVal e As System.EventArgs) Handles MyBase.Load
         Label1.Text = "وزن العنصر المشع-كجم"
         Label2.Text = "عمر النصف-يوم"
         Label3.Text =
              "جد المتبقي بعد مضي الفترة الآتية-أيام"
         Label4.Text = "المتبقي يساوي-كجم"
         Label5.Text = "جد الفترة اللازمة لفقدان الآتي-كجم"
         Label6.Text = "الفترة اللازمة-يوم"
         Button1.Text = "احسب المتبقي"
         Button2.Text = "احسب الفترة"
         Me.Text = "مثال 13-4"
         Me.FormBorderStyle =
              Windows.Forms.FormBorderStyle.FixedSingle
    End Sub

    Private Sub Button1_Click(ByVal sender As
       System.Object, ByVal e As System.EventArgs)
       Handles Button1.Click
         Dim no, t_half As Double
         Dim t, k, n2 As Double
         no = Val(TextBox1.Text)
         t_half = Val(TextBox2.Text)
         t = Val(TextBox3.Text)
         k = 0.693 / t_half
         n2 = no * Math.Pow(Math.E, -(k * t))
         TextBox4.Text = FormatNumber(n2, 2)
    End Sub

    Private Sub Button2_Click(ByVal sender As
       System.Object, ByVal e As System.EventArgs)
       Handles Button2.Click
         Dim no, t_half As Double
```

```
        Dim t, k, n2, nt As Double
        no = Val(TextBox1.Text)
        t_half = Val(TextBox2.Text)
        n2 = Val(TextBox5.Text)
        nt = no - n2
        k = 0.693 / t_half
        t = -Math.Log(nt / no) / k
        TextBox6.Text = FormatNumber(t, 2)
    End Sub
End Class
```

4 – 8 – 2 الخواص الكيماوية

تلعب الخواص الكيماوية دوراً كبيراً في نظم استعذاب الماء وتوصيله واستخدامه. ومـــن أهم الخواص الكيماوية فيهـذا الصــدد: المــواد العضــوية، والرقــم الهيـدروجيني، والحامضية، والقلوية، والكلوريد، وعسر الماء، والأكسجين الذائب، وحاجـة الأكسـجين الحيا–كيميائي، وحاجة الأكسجين الكيميائي، والغازات الذائبــة، والنــتروجين، ومــواد التغذية، والبروتينات، والكربوهيدرات، والشحوم والزيوت، والفينول، والفلور، والعناصر الثقيلة السامة.

المواد العضوية: إن تصنيف المواد إلى عضوية وغير عضــوية بوســاطة برزليــوس Berzelius تصنيف عشوائي، فمثلاً حمض الكربونيك H_2CO_3 وثاني أكسيد الكربون CO_2 تعتبر مواد غير عضوية، على أن حمــض الفورميـك H_2CO_2 والميثـان CH_4 تصنف مواد عضوية. ويعتبر المركب عضوي إذا احتوى على رابطة واحدة أو أكثر بين ذرات الكربون، وعليه فيحتوي المركب العضوي على ذرتين كربون على الأقل. ومعظم المواد العضوية قابلة للاحتراق، أي أنها تتفحم وتتحلل عند تسخينها، كما وأنها قابلة للتحلل بواسطة الأحياء المجهرية.

يوضح الجدول (4-18) ملخص لأهم الخواص الطبيعية للماء.

جدول (4-18) ملخص لأهم الخواص الطبيعية للماء

الخاصية	الأهمية
اللون	يمكن أن تتفاعل المواد الكيميائية والعضوية الموجودة في الماء مع الكلور مما يقود إلى مشاكل (مثلاً في صناعة الورق)
الموصلية الكهربائية	تدل على وجود مواد كلية صلبة ذائبة، وعسر الماء
محتوى النداوة	يؤثر على الخواص الانسيابية للماء والفضلات السائلة خاصة الحمأة
الرائحة	مخاطر صحية (ألم الرأس، والإغماء، والقيء، والاكتئاب الجسمي والذهني، وغشاوة البصر، وإجهاد، وفقدان شهية، وأرق، وضيق تنفس)، وتقلل من كفاءة العمل، ولها آثار اقتصادية
الملوحة	تؤثر على الاستخدام الزراعي والصناعي والمنزلي، وتراكم الأملاح في التربة، وتؤثر على الإنبات ومعدل نمو النبات، وتدهور المحصول، وسمية ضوئية في النبات، وتؤثر على المقدرة الأزموزية في التربة
درجة المواد الصلبة	يمكن أن تؤثر على التجاوب الفسيولوجي للمستهلك، ويمكن أن تساعد على نمو الأحياء المجهرية، ويمكنها امتزاز الملوثات العضوية والمعادن الثقيلة، ويمكن أن تتداخل مع التطهير
درجة الحرارة	تؤثر على ذوبانية الغازات، وتزيد من المعدل الثابت لتفاعلات الأكسجين الحياكيميائي، وتزيد من معدل الإئتكال والتحات، وتزيد من السمية للنمو المائي، وتؤثر على الطعم والرائحة، وتؤثر على الهضم الهوائي واللاهوائي
العكر	يتداخل مع التنقية والمعالجة (خاصة التطهير والترشيح)
درجة اللزوجة	تؤثر على الخواص الانسيابية للموائع

<u>الرقم الهيدروجيني</u>: يحدد الرقم الهيدروجيني حمضية أو قلوية المحلول، إذ يتراوح مقداره بين صفر و 14 ليمثل فيه العدد 7 درجة التعادل وما ينقص عن 7 فهو حامض، أما ما يزيد على 7 فهو قلوي. ويؤثر الرقم الهيدروجيني على: مياه الشرب، وقلوية التربة، ومعدلات الإئتكال والتحات، وذوبانية المعادن، وحياة وتكاثر معظم الأحياء المجهرية، وتقانات المعالجة والتنقية والاستعذاب (مثل: التطهير وإزالة العسر والترويب)، والنمو الحيوي. ويمكن معادلة الرقم الهيدروجيني بإضافة حمض أو قلوي على حسب

المتطلب (مثل: حمض الكبريتيك وحمض الهيدروكلوريك HCl وثاني أكسيد الكربون وهيدروكسيد الكالسيوم وكربونات الصوديوم وهيدروكسيد الصوديوم). ويمكن إيجاد الرقم الهيدروجيني باستخدام المعادلة 4-74.

$$pH = - Log [H^+] = Log \left[\frac{1}{H^+} \right]$$ (4-74)

حيث:

pH = الرقم الهيدروجيني

[H$^+$] = درجة تركيز أيون الهيدروجين

الحمضية: تتعلق الحمضية بالمحاليل التي يقل رقمها الهيدروجيني عن 7، وتنتج الحمضية من وجود ثاني أكسيد الكربون الذائب، أو من الأحماض العضوية المنبثقة من التربة، أو من تلوث الهواء. وقد تقود الحمضية إلى تفتيت وائتكال الحديد والخرسانة والمعادن.

القلوية: تحدد القلوية كمية الأيونات في الماء التي تتفاعل لتعادل أيونات الهيدروجين. وتؤخذ القلوية كمقياس لسعة المحلول المنظم، وقدرة الماء لتعادل الأحماض، ودرجة الاستساغة للماء. وتؤثر القلوية على الطعم والمذاق وقد تتفاعل مكونات القلوية مع الشوارد الموجبة في الماء مما ينجم عنه انبثاق الروائح في الأنابيب والأجهزة والمعدات وغيرها. وتنتج القلوية بسبب مركبات المواد الكيميائية الذائبة من الصخور والتربة. أما أهم الأيونات المسببة للقلوية فهي أيونات الهيدروكسيل، والكربونات، والبيكربونات، والسليكات، والفوسفات، والأمونيا. وعادة تتكون هذه المركبات من كربونات وبيكربونات الصوديوم والبوتاسيوم والماغنسيوم والكالسيوم. كما وقد تساهم في القلوية (بدرجات تركيز أقل) أيونات الفوسفات والسليكات والكبريتيد {3,4}.

الكلوريد: من أهم مصادر الكلوريد في المياه الطبيعية: نض الكلوريد من الصخور والتربة الحاوية له، وزحف المياه المالحة على المياه الجوفية خاصة في المناطق الساحلية، وتسرب المياه الجوفية المالحة لأنابيب المياه الأرضية وشبكات المجاري، وتصريف الفضلات السائلة الزراعية والصناعية والمنزلية. ويعتبر أيون الكلوريد Cl$^-$ أحد أهم

الأيونات غير العضوية الموجودة في الماء. يخضع الطعم الملح للكلوريد لخواص الماء الكيماوية، فمثلاً تشتد ملوحة بعض المياه التي تحتوي على 250 ملجم/لتر أيون كلوريد خاصة عندما يكون شارده الموجب هو الصوديوم، غير أن هذا الطعم الملح يضمحل في مياه تحوي درجات تركيز تصل إلى 1000 ملجم/لتر من أيون الكلوريد إذا كانت الكاتيونات الموجودة هي الكالسيوم أو الماغنسيوم.

ويزيد تركيز الكلوريد في مياه المجاري عنها في الماء الخام نسبة لأن كلوريد الصوديوم (والذي يعد عنصر أساسي في تحضير الوجبة الغذائية للفرد السوي) يمر دلخل الجهاز الهضمي دون حدوث أي تغير له. وتضر درجات تركيز الكلوريد العللية بالأنابيب المعدنية والإنشاءات والنباتات، وتفاقم من مشاكل الشيخوخة المبكرة للمنشآت الخرسانية المسلحة خاصة في المناخ الدافئ الرطب. وعند استخدام ثنائي أكسيد الكلور في كلورة الماء (كجزء من التنقية والمعالجة) يتكون أيون الكلوريت كناتج ثانوي، ومن المعلوم أن هذا الأيون قد يسبب مرض زرقة الأطفال {3،4،39}.

<u>**عسر الماء:**</u> العسْر والعُسُر: ضد اليُسر، وهو الضيق والشدة والصعوبة. قال الله تعالى: {... **سيجعل الله بعد عسر يسراً**} الطلاق: 7، وقال: {**فإن مع العسر يسرا. إن مع العسر يسرا**} الشرح: 5،6، روى عن ابن مسعود أنه قرأ ذلك وقال: لا يَغلِبُ عُسرٌ يَسْرَين {1}.

عسر الماء يعنى عدم مقدرة الماء على تكوين رغوة مع الصابون. وتسبب عسر الماء أيونات المعادن الموجبة ثنائية التكافؤ، مثل أيونات الكالسيوم والمغنسيوم والإسترونسيوم والحديد والمنجنيز (أنظر جدول 4–19).

جدول 4–19 أهم الشوارد (الأيونات) الموجبة والسالبة المسببة لعسر الماء {3،4،33}

الشوارد الموجبة	الشوارد السالبة
كالسيوم Ca^{++}	بيكربونات HCO_3^-
حديد Fe^{++}	نترات NO_3^-

ماغنيسيوم Mg^{++}	كبريتات (سلفات) SO_4^{--}
منجنيز Mn^{++}	كلوريد Cl^{-}
استرونسيم Sr^{++}	سليكات SiO_3^{-}

يمكن تقسيم عسر الماء إلى عسر مؤقت (عسر كربونd) وعسر دائم (عسر غير كربوني). حيث يحتوي العسر المؤقت على بيكربونات الكالسيوم وكربونات وبيكربونات المغنيسيوم. أما العسر الدائم فيحتوي على كبريتات وكلوريد كل من الكالسيوم والمغنيسيوم. وعندما تكون القيمة العددية لعسر الماء أكبر من مجموع الكربونات والبيكربونات القلوية يسمى عسر الماء الذي يعادل القلوية الكلية بعسر الكربونات، أما العسر الذي يزيد عن هذا فيطلق عليه العسر غير الكربوني. وعندما يساوي العسر أو يقل عن القلوية الكلية، فإن كل العسر هو عسر كربونات، وينعدم حينها العسر غير الكربوني. ويمكن إيجاد عسر الماء {39} من المعادلة 4-75.

$$Hard = 2.497*[Ca^{++}] + 4.118*[Mg^{++}] \quad (4\text{-}75)$$

حيث:

Hard = عسر الماء (مللمكافئ من كربونات الكالسيوم/لتر)

$[Ca^{++}]$ = درجة تركيز أيون الكالسيوم (ملجم/لتر)

$[Mg^{++}]$ = درجة تركيز أيون المغنسيوم (ملجم/لتر)

ويبين جدول (4-20) التقسيم المتبع لتحديد درجات عسر الماء طبقا لمعايير قياسه، مقدرة بالمليجرام كربونات كالسيوم على اللتر. ولتقدير عسر الماء الكلي لعينة ما يتم إجراء التحاليل العيارية المناسبة طبقاً للطرق القياسية العالمية المتبعة والمدونة {3،4،39}.

جدول (4-20) درجة عسر الماء {6،40-3}

عسر الماء (ملجم/لتر $CaCO_3$)	درجة العسر
صفر إلى 75	يسر
76 إلى 150	معتدل اليسر
151 إلى 175	معتدل العسر

176 إلى 300		عسر
أكثر من 300		شديد العسر

للماء العسر محاسن تتمثل في النقاط التالية:

- يساعد الماء العسر في نمو وتكلس الأسنان والعظام.
- يقلل عسر الماء من سمية أكسيد الرصاص (في الأنابيب المصنعة مــن الرصـــاص) وذلك بترسيب كربونات الرصاص (ظاهرة ذوبانية السباكة).
- يشتبه في أن الماء اليسر له علاقة بأمراض القلب والشرايين.

أما الآثار الضارة لعسر الماء فيمكن إجمالها في النقاط التالية:

- ازدياد استهلاك الصابون (مضار اقتصادية). يستهلك الماء العسر كميات كبيرة من الصابون حيث يفقد ما يقارب 25 ملجم من الصابون لكل 1 ملجم من العسر. ومع أن المياه المستخدمة للاستعمال المنزلي في حدود 10 إلى 15% من جملة المياه المستهلكة غير أن تكلفة الصابون المستهلك تقارب ضعف تكلفة التخلـــص من عسر الماء.
- تكوين مترسبات في أجهزة وتوصيلات المياه الساخنة والغلايــات والمراجــل والمعدات المنزلية وأحواض المطبخ وغسالات الصــحون وأحــواض غسـيل الأيدي وما إليها. ولقد وجد أن مترسبات كربونات الكالسيوم تقلل مــن كفـــاءة انتقال الحرارة بحوالي 17 ضعفاً، وأن مترسبات كبريتات الكالسيوم تخفضــها بحوالي 48 ضعفاً. والماء الشديد اليسر حارق وأكال، وعليه يهدف لتقليل العسر إلى حوالي 150 إلى 250 ملجم/لتر.
- تكوين ترسبات كلسية في محطات توليد الكهرباء الحرارية.
- صبغ الملابس والصحون وغيرها من الأوعية والمعدات المنزلية.
- ملين ومسهل للمستهلكين الجدد خاصة عند وجود كبريتات المغنسيوم (قد تكــون هذه فائدة لبعض المرضى).
- يمكن أن تمكث بقايا مترسبات العسر والصابون في فتحات الأحواض مما يكسبها الملمس الخشن غير المرغوب فيه.
- يسبب عسر الماء إصابات معوية وجلدية في بعض الحالات.

• تأثير على نسبة امتزاز الصوديوم.

طرق تيسير الماء (إزالة العسرة) Methods of water softening: يمكن التحكم في عسر الماء بعدة طرق من أهمها الترسيب: سواء بالغليان بالنسبة للعسر المؤقت، أو بالطرق الكيميائية عن طريق إضافة الجير والصودا الكاوية بالنسبة للعسر المؤقت والدائم. ومما يجدر ذكره أن عملية إزالة عسر الماء تساعد في قتل الجراثيم وذلك نسبة لعلو الرقم الهيدروجيني المواكب لهذه العملية، كما وتساعد في إزالة الحديد، وينتج منها شبه إزالة للمركبات العضوية، وتساعد في انخفاض درجة تركيز العناصر السامة (مثل الزئبق والرصاص والخارصين) {3،4}. ومن أهم طرق التيسير المستخدمة:

أ) الغلي: يقلل غلي الماء من عسر كربونات الكالسيوم فقط ولا يؤثر على كربونات المغنيسيوم، وعليه لا يعول عليه كثيراً إلا في حالات محددة للمنازل. ويمكن تمثيل التفاعل الكيماوي بالتسخين على النحو التالي:

$$Ca(HCO_3)_2 \rightarrow CaCO_3\downarrow + H_2O + CO_2$$

تتبقى كربونات الكالسيوم غير القابلة للذوبان إلى درجة تركيز 35 ملجم/لتر. ويمكن إزالة المترسبات المتكونة من هذه العملية في جهاز ترسيب.

ب) المعالجة بالجير Lime treatment: إضافة الجير إلى الماء العسر تعمل على تحويل البيكربونات الذائبة إلى كربونات الكالسيوم غير القابلة للذوبان. أما إذا احتوى الماء على ثاني أكسيد الكربون فيتفاعل مع الجير مكوناً كربونات الكالسيوم. وعليه يجب أخذ كمية ثاني أكسيد الكربون في الحسبان عند حساب كمية الجير المطلوبة لإزالة عسر الماء.

$$CO_2 + Ca(HCO_3)_2 \rightarrow CaCO_3\downarrow + H_2O$$
$$Ca(HCO_3)_2 + Ca(OH)_2 \rightarrow 2CaCO_3\downarrow + 2H_2O$$
$$Mg(HCO_3)_2 + Ca(OH)_2 \rightarrow MgCO_3\downarrow + 2H_2O + CaCO_3\downarrow$$

وتعمل إضافة المزيد من الجير على تكوين أيون الهيدروكسيل الذي يعمل على تحويل كربونات الماغنسيوم إلى هيدروكسيل الماغنسيوم غير القابل للذوبان.

$$MgCO_3 + Ca(OH)_2 \rightarrow Mg(OH)_2\downarrow + CaCO_3\downarrow$$
$$MgSO_4 + Ca(OH)_2 \rightarrow Mg(OH)_2\downarrow + CaSO_4$$
$$MgCl_2 + Ca(OH)_2 \rightarrow Mg(OH)_2\downarrow + CaCl_2$$

ويتم التخلص من هيدروكسيد المغنيسيوم وكربونات الكالسيوم غير القابلين للذوبان بالترسيب,

ج) طريقة الجير والصودا الكاوية Lime-soda treatment: يتم في هذه الطريقة إزالة عسر الماء الكربوني وغير الكربوني بتحويلها إلى كربونات كالسيوم وهيدروكسيل مغنيسيوم مكونة عوالق متلبدة يسهل إزالتها بالترسيب والترشيح. وتفاعلات الجير كما ورد أعلاه، أما تفاعلات الصودا الكاوية فعلى النحو التالي:

$$CaSO_4 + Na_2CO_3 \rightarrow CaCO_3\downarrow + Na_2SO_4$$
$$CaCl_2 + Na_2CO_3 \rightarrow CaCO_3\downarrow + 2NaCl$$

أما كبريتات (سلفات) الصوديوم وكلوريد الصوديوم المتكونة فهي أملاح متعادلة ذائبة ولا تأتي بمشاكل العسر، غير أن كبريتات الصوديوم تنتج مشاكل رغوة في الغلايات والمراجل. ويمكن إتمام عملية الجير والصودا الكاوية لإزالة العسرة في درجات حرارة عالية أقرب إلى درجة الغليان مما يزيد من الكفاءة ويقلل من المواد الكيماوية المطلوبة، كما وأن ثاني أكسيد الكربون المتكون يخرج من الماء المغلي مما لا يحتاج معه لزيادة الجير لإزالته. أما الأوساخ المتكونة من عملية إزالة العسر فيمكن لستخدامها لملء المنخفضات، أو لتحسين تربة ناقصة الجير، أو يمكن حرقها لاستعادة الجير، أو يمكن استخدامها كمادة مرشحة في الأصباغ. غير أن هذه الطريقة لا يمكنها تقليل العسر إلى أقل من 30 ملجم/لتر.

د) تبادل الأيونات: يمكن استخدام الزيوليت لتبادل شق الصوديوم بها مع كاتيونات (شوارد موجبة) الكالسيوم والمغنيسيوم. ويوجد الزيوليت في الرمل الأخضر والجلوكون أو غيرها من الزيوليت الطبيعي من خلق الله سبحانه وتعالى. ويمكن أن يحوي الزيوليت المصنع نوع من الراتينج الكاتيوني من أصل غير عضوي (مثل بيرميوتيت أو فورمالدهيد الفينول) أو من أصل عضوي، ويتم تحضير الزيوليت المصنع بخلط الفلدسبار والكاولين والطين والصودا، ثم تصهر في فرن، ثم تبرد وتسحق الحبيبات لمقاس 0.25 إلى 0.5 ملم. ولهذه المواد شغف كبير للكاتيونات الثنائية.

$$Ca^{++} (or\ Mg^{++}) + Na_2R \rightarrow CaR + 2Na^+$$
$$Ca(HCO_3)_2 + Na_2R \rightarrow CaR + 2NaHCO_3$$
$$Mg(HCO_3)_2 + Na_2R \rightarrow MgR + 2NaHCO_3$$
$$CaSO_4 + Na_2R \rightarrow CaR + Na_2SO_4$$

$MgSO_4 + Na_2R \rightarrow MgR + Na_2SO_4$

$CaCl_2 + Na_2R \rightarrow CaR + 2NaCl$

$MgCl_2 + Na_2R \rightarrow MgR + 2NaCl$

حيث:

R = جزء أنيونات (شوارد سالبة) من مادة الزيوليت التي لا تدخل في التفاعل.

وبعد مدة من التشغيل يفقد الزيوليت فعاليته لانخفاض شق الصوديوم منه وعليه تقل عملية إزالة العسر. وبإضافة محلول الملح يمكن للوسط إستعادة سعته وكفاءته، وذلك بتبادل شق الكالسيوم والمغنسيوم في الزيوليت المستخدم مع الصوديوم على حسب المعادلات التالية:

$CaR + 2NaCl \rightarrow CaCl_2 + Na_2R$

$MgR + 2NaCl \rightarrow MgCl_2 + Na_2R$

بهذه الطريقة يمكن الحصول على ماء خال من العسر أي ماء يسـر (عسـره = صـفر ملجم/لتر). غير أن الماء اليسر حارق وعليه يمكن إضافة ماء خام للحصول على كمية من العسر المرغوب والمناسب.

مثال 4-14

تم الحصول على النتائج المبينة في الجدول التالي عند تحليل عينة من الماء:

درجة التركيز (ملجم/لتر)	الشوارد السالبة	درجة التركيز (ملجم/لتر)	الشوارد الموجبة
72	SO_4^{--}	36.5	Mg^{++}
42.6	Cl^-	46	Na^+
152.5	HCO_3^-	4.4	Sr^{++}
؟	NO_3^-	50	Ca^{++}

أ) أحسب درجات تركيز الشوارد بالمللمكافئ/لتر.

ب) جد قيمة كل من العسر الكلي والكربوني وغير الكربوني لعينة الماء.

ج) بافتراض عدم وجود أي خطأ في التجارب المخبرية المجراة علي عينة الماء، جد قيمة درجة تركيز أيون النترات

هـ) ارسم المخطط الخطي للعينة.

و) بين الاتحادات الكيميائية المحتملة للشوارد الموجبة والسالبة للعينة.

الحل

1- المعطيات: درجات تركيز الشوارد الموجبة والسالبة للعينة.

2- جد درجات تركيز العناصر مقدرة بالمللمكافئ على اللتر وذلك باستخدام المعادلة 4-76.

$$C = \frac{C_o}{EW} \qquad\qquad (4\text{-}76)$$

حيث:

C = درجة تركيز العنصر (مللمكافئ/لتر)

C_o = درجة تركيز العنصر المعطاة (ملجم/لتر)

EW = الوزن المكافئ للعنصر

$$EW = \frac{MW}{Z} \qquad\qquad (4\text{-}77)$$

MW = الوزن الجزيئي للعنصر (يمكن إيجاده من الجدول الدوري للعناصر)

Z = تكافؤ العنصر

3- حول درجات التركيز المقدرة بالمللمكافئ/لتر إلى ملجم $CaCO_3$/لتر، وذلك بضرب درجات التركيز في الوزن المكافئ لكربونات الكالسيوم بحيث:

الوزن المكافئ لكربونات الكالسيوم = الوزن الجزيئ ÷ التكافؤ = (16× 3 + 12 + 40) ÷ 2 = 50

يبين الجدول أدناه هذه التقديرات.

المكونات	الوزن المكافئ	الوزن	مللمكافئ/لتر	ملجم/لتر $CaCO_3$
الشوارد الموجبة (كاتيون)				
Ca^{++}	20	50	2.5	125
Mg^{++}	24.3	36.5	1.5	75.1
Sr^{++}	43.8	4.4	0.1	5
Na^{+}	23	46	2	100
الشوارد السالبة (أنيون)				
HCO_3^{-}	61	152.5	2.5	125
SO_4^{-}	48	72	1.5	75

60	1.2	42.6	35.5	Cl^-
45	0.9	55.8	62	NO_3^-

4- جد قيمة عسر الماء من المعادلة:

العسر الكلي = مجموع (أيونات الكالسيوم + أيونات المغنسيوم + أيونات الإسترونسيوم) = 2.5+1.5+0.1 = 4.1 ملليمكافئ/لتر = 4.1×50 = 205 ملجم $CaCO_3$/لتر

العسر الكربوني = مجموع أيونات الكربونات والبيكربونات = 2.5 ملليمكافئ/لتر = 2.5×50 = 125 ملجم/لتر $CaCO_3$

العسر غير الكربوني = العسر الكلي - عسر الكربونات = 205 - 125 = 80 ملجم/لتر $CaCO_3$

5- بافتراض عدم وجود أي خطأ في التجربة فإن: مجموع الكاتيونات = مجموع الأنيونات

وعليه: 6.1 = 5.2 + NO_3^+

ومنها: درجة تركيز أيون النترات NO_3^+ = 0.9 ملليمكافئ/لتر = 0.9×62 = 55.8 ملجم NO_3^+/لتر = 0.9×50 = 45 ملجم $CaCO_3$/لتر

6- أرسم المخطط الخطى للماء. ومنه يمكن إيجاد الاتحادات الكيميائية المحتملة للعينة على النحو التالي:

بيكربونات الكالسيوم = 2.5 ملليمكافئ/لتر = 125 ملجم/لتر $CaCO_3$

كبريتات المغنسيوم = 1.5 ملليمكافئ/لتر = 75 ملجم/لتر $CaCO_3$

كلوريد المغنسيوم = 0.1 ملليمكافئ/لتر = 5 ملجم/لتر $CaCO_3$

كلوريد الإسترونسيوم = 0.1 ملليمكافئ/لتر = 5 ملجم/لتر $CaCO_3$

كلوريد الصوديوم = 1 ملليمكافئ/لتر = 50 ملجم/لتر $CaCO_3$

نترات الصوديوم = 0.9 ملليمكافئ/لتر = 45 ملجم/لتر $CaCO_3$

برنامج 14-4

```
Public Class Form1

    Private Sub Form1_Load(ByVal sender As System.Object,
      ByVal e As System.EventArgs) Handles MyBase.Load
        DataGridView1.Columns.Clear()
        DataGridView1.Rows.Clear()
        DataGridView1.RightToLeft =
            Windows.Forms.RightToLeft.Yes
        DataGridView1.Columns.Add("ionCol", "الأيونات")
        DataGridView1.Columns.Add("mgLCol", "ملجم/لتر")
        DataGridView1.Columns("ionCol").ReadOnly = True
        DataGridView1.Rows.Add("Mg++")
        DataGridView1.Rows.Add("Na+")
        DataGridView1.Rows.Add("Sr++")
        DataGridView1.Rows.Add("Ca++")
        DataGridView1.Rows.Add("SO4--")
        DataGridView1.Rows.Add("Cl-")
        DataGridView1.Rows.Add("HCO3-")
        DataGridView1.Rows.Add("NO3-")
        Label1.Text = "العسر الكلي-ملجم/لتر"
        Label2.Text = "العسر الكربوني-ملجم/لتر"
        Label3.Text = "العسر غير الكربوني-ملجم/لتر"
        Button1.Text = "احسب العسر"
        Me.Text = "14-4 مثال"
        Me.FormBorderStyle =
            Windows.Forms.FormBorderStyle.FixedSingle
    End Sub

    Private Sub Button1_Click(ByVal sender As
      System.Object, ByVal e As System.EventArgs)
      Handles Button1.Click
        DataGridView1.Columns.Add("EWCol",
            "الوزن المكافئ")
        DataGridView1.Columns.Add("mEqLCol",
            "مللمكافئ/لتر")
        DataGridView1.Columns.Add("CaCO3Col",
            "ملجم/لتر CaCO3")
        DataGridView1.Columns("EWCol").ReadOnly = True
        DataGridView1.Columns("mEqLCol").ReadOnly = True
        DataGridView1.Columns("CaCO3Col").ReadOnly = True

        Dim EW(8), mg(8) As Double
        Dim mEQ(8), CaCO3(8) As Double
        Const EW_CaCO3 = 50

        EW(0) = 24.3    'Mg++
        EW(1) = 23      'Na+
        EW(2) = 43.8    'Sr++
```

```vbnet
        EW(3) = 20        'Ca++
        EW(4) = 48        'SO4--
        EW(5) = 35.5      'Cl-
        EW(6) = 61        'HCO3-
        EW(7) = 62        'NO3-

    Dim i As Integer
    For i = 0 To 7
        mg(i) =
Val(DataGridView1.Rows(i).Cells("mgLCol").Value)
        If mg(i) <> 0 Then
            mEQ(i) = mg(i) / EW(i)
            CaCO3(i) = mEQ(i) * EW_CaCO3

DataGridView1.Rows(i).Cells("mEqLCol").Value =
        FormatNumber(mEQ(i), 1)

DataGridView1.Rows(i).Cells("CaCO3Col").Value =
        FormatNumber(CaCO3(i), 1)
        Else
            mEQ(i) = 0
            CaCO3(i) = 0
        End If
        DataGridView1.Rows(i).Cells("EWCol").Value =
              FormatNumber(EW(i), 1)
    Next
    'Total hardness = Ca + Mg + Sr
    Dim tot_hard As Double =
        (mEQ(3) + mEQ(0) + mEQ(2)) * EW_CaCO3
    TextBox1.Text = FormatNumber(tot_hard, 1)
    'Carbonic hardness
    Dim carb_hard As Double = mEQ(6) * EW_CaCO3
    TextBox2.Text = FormatNumber(carb_hard, 1)
    'Noncarbonic hardness = Total - Carbonic
    Dim ncarb_hard As Double = tot_hard - carb_hard
    TextBox3.Text = FormatNumber(ncarb_hard, 1)
    'find the missing ion
    Dim missing As Double
    Dim tot_cation As Double =
        mEQ(0) + mEQ(1) + mEQ(2) + mEQ(3)
    Dim tot_anion As Double =
        mEQ(4) + mEQ(5) + mEQ(6) + mEQ(7)
    missing = Math.Abs(tot_anion - tot_cation)
    For i = 0 To 7
        If mg(i) = 0 Then
            mEQ(i) = missing
            mg(i) = mEQ(i) * EW(i)
            CaCO3(i) = mEQ(i) * EW_CaCO3

DataGridView1.Rows(i).Cells("mgLCol").Value =
        FormatNumber(mg(i), 1)
```

```
        DataGridView1.Rows(i).Cells("mEqLCol").Value =
              FormatNumber(mEQ(i), 1)

        DataGridView1.Rows(i).Cells("CaCO3Col").Value =
              FormatNumber(CaCO3(i), 1)
                 Exit For
              End If
          Next
      End Sub
End Class
```

الغازات الذائبة: تختلف ذوبانية الغازات في المياه الطبيعية طبقاً لخواص كل غاز في الماء ومقدار ذوبانيته فيه. فمثلاً يتواجد غاز الأمونيا وكبريتيد الهيدروجين وغاز الميثان عندما تكون بيئة الماء لاهوائية، وعند وجود نشاط أحياء مجهرية. وتؤثر الغازات الذائبة على معدلات النحر والتحات، كما وتفاقم من مشاكل الروائح ومخاطر السمية. وللماء المشبع بالأكسجين طعم مستساق، غير أن الماء الخالي من الأكسجين له طعم غير مستحب. ويؤثر الأكسجين المذاب على معدلات التفاعلات الحيوية وحياة الأحياء المائية، كما ويؤثر على عمليات النحر والتحات. وتعتمد كمية الأكسجين الذائب في الماء على عوامل مختلفة تضم: ذوبانية الغاز، والضغط الجزيئي للغاز في الحيز الهوائي، ودرجة الحرارة، ونقاء الماء وكمية ما به من شوائب. ويمكن تقدير درجة تركيز الغاز من المعادلة 4-78.

$$C_g = \frac{P_g MW}{RT} \qquad (4\text{-}78)$$

حيث:

C_g = درجة تركيز الغاز في حيز الغاز (جم/م^3)

P_g = الضغط الجزيئي للغاز في حيز الغاز (باسكال، أو نيوتن/م^2)

$$P_g = x_g * k_H \qquad (4\text{-}79)$$

حيث:

k_H = ثابت هنري

x_g = جزء مول الغاز

$$x_g = \frac{n_g}{(n_g + n_w)} \qquad (4\text{-}80)$$

ng = مولات الغاز

n_W = مولات الماء

R = الثابت العالمي للغاز = 8.3143 جول/كلفن×مول

T = درجة الحرارة المطلقة (كلفن)

ويمكن إيجاد درجة تركيز الغاز عند التشبع من المعادلة 4-81.

$$C_s = kD*Cg \qquad (4-81)$$

حيث:

C_s = درجة تركيز التشبع للغاز (جم/م^3)

kD = معامل التوزيع.

ويمكن حساب درجة تركيز الغاز عندما يتغير الضغط باستخدام المعادلة 4-82.

$$C' = \frac{C_s(P - p_w)}{(760 - p_w)} \qquad (4-82)$$

حيث:

C' = ذوبانية الغاز عند الضغط P ودرجة الحرارة المعطاة (ملجم/لتر)

C_s = درجة تركيز الغاز عند التشبع (ملجم/لتر)

P = الضغط القياسي (البارومتري) (ملم)

p_w = ضغط بخار الماء المتشبع عند درجة حرارة الماء (ملم)

مثال 4-15

جد درجة تركيز التشبع لغاز الأكسجين المذاب في عينة من الماء غير مالحة عند درجـــــة حرارة 22 °م وضغط جوى 690 ملم زئبق، علماً بأن درجة تركيز الأكســـجين 8.33 ملجم/لتر.

الحل

1- المعطيات: T = 22° م، P = 690 ملم، C' = 8.33 ملجم/لتر.

2- جد من الجداول ضغط بخار الماء المتشبع عند درجة حرارة 22° م ليساوي 19.94 ملم زئبق

3- أستخدم المعادلة 4-82 لإيجاد درجة تركيز الغاز عند التشبع:

$$8.33 = C_S \times (690 - 19.94) \div (760 - 19.94)$$

وعليه: = 9.2 C_S ملجم/لتر

برنامج 4-15

```
Public Class Form1
    '************************************
    'Table from appendix (1)
    '************************************
    Dim Table(,) As Double =
        {
            {-10, 2.2, 0, 0, 0, 0, 0, 0, 0, 0, 0},
            {-9, 2.3, 2.3, 2.29, 2.27, 2.26, 2.24, 2.22,
2.21, 2.19, 2.17},
            {-8, 2.5, 2.49, 2.47, 2.45, 2.43, 2.41, 2.4,
2.38, 2.36, 2.34},
            {-7, 2.7, 2.69, 2.67, 2.65, 2.63, 2.61, 2.59,
2.57, 2.55, 2.53},
            {-6, 2.9, 2.91, 2.89, 2.86, 2.84, 2.82, 2.8,
2.77, 2.75, 2.73},
            {-5, 3.2, 3.14, 3.11, 3.09, 3.06, 3.04, 3.01,
2.99, 2.97, 2.95},
            {-4, 3.4, 3.39, 3.37, 3.34, 3.32, 3.29, 3.27,
3.24, 3.22, 3.18},
            {-3, 3.7, 3.64, 3.62, 3.59, 3.57, 3.54, 3.52,
3.49, 3.46, 3.44},
            {-2, 4.0, 3.94, 3.91, 3.88, 3.85, 3.82, 3.79,
3.76, 3.73, 3.7},
            {-1, 4.3, 4.23, 4.2, 4.17, 4.14, 4.11, 4.08,
4.05, 4.03, 4},
            {-0, 4.6, 4.55, 4.52, 4.49, 4.46, 4.43, 4.4,
4.36, 4.33, 4.29},
            {0, 4.6, 4.62, 4.65, 4.69, 4.71, 4.75, 4.78,
4.82, 4.86, 4.89},
            {1, 4.9, 4.96, 5, 5.03, 5.07, 5.11, 5.14,
5.18, 5.21, 5.25},
            {2, 5.3, 5.33, 5.37, 5.4, 5.44, 5.48, 5.53,
5.57, 5.6, 5.64},
            {3, 5.7, 5.72, 5.76, 5.8, 5.84, 5.89, 5.93,
5.97, 6.01, 6.06},
            {4, 6.1, 6.14, 6.18, 6.23, 6.27, 6.31, 6.36,
6.4, 6.45, 6.49},
```

        {5, 6.5, 6.58, 6.54, 6.68, 6.72, 6.77, 6.82,
6.86, 6.91, 6.96},
        {6, 7.0, 7.06, 7.11, 7.16, 7.2, 7.25, 7.31,
7.36, 7.41, 7.46},
        {7, 7.5, 7.56, 7.61, 7.67, 7.72, 7.77, 7.82,
7.88, 7.93, 7.98},
        {8, 8.0, 8.1, 8.15, 8.21, 8.26, 8.32, 8.37,
8.43, 8.48, 8.54},
        {9, 8.6, 8.67, 8.73, 8.78, 8.84, 8.9, 8.96,
9.02, 9.08, 9.14},
        {10, 9.2, 9.26, 9.33, 9.39, 9.46, 9.52, 9.58,
9.65, 9.71, 9.77},
        {11, 9.8, 9.9, 9.97, 10.03, 10.1, 10.17, 10.2,
10.31, 10.38, 10.45},
        {12, 11, 10.58, 10.66, 10.72, 10.79, 10.86,
10.9, 11.0, 11.08, 11.15},
        {13, 11, 11.3, 11.38, 11.75, 11.53, 11.6,
11.7, 11.76, 11.83, 11.91},
        {14, 12, 12.06, 12.14, 12.22, 12.96, 12.38,
12.5, 12.54, 12.62, 12.7},
        {15, 13, 12.86, 12.95, 13.03, 13.11, 13.2,
13.3, 13.37, 13.45, 13.54},
        {16, 14, 13.71, 13.8, 13.9, 13.99, 14.08,
14.2, 14.26, 14.35, 14.44},
        {17, 15, 14.62, 14.71, 14.8, 14.9, 14.99,
15.1, 15.17, 15.27, 15.38},
        {18, 15, 15.56, 15.66, 15.76, 15.96, 15.96,
16.1, 16.16, 16.26, 16.36},
        {19, 16, 16.57, 16.68, 16.79, 16.9, 17.0,
17.1, 17.21, 17.32, 17.43},
        {20, 18, 17.64, 17.75, 17.86, 17.97, 18.08,
18.2, 18.31, 18.43, 18.54},
        {21, 19, 18.77, 18.88, 19.0, 19.11, 19.23,
19.4, 19.46, 19.58, 19.7},
        {22, 20, 19.94, 20.06, 20.19, 20.31, 20.43,
20.6, 20.69, 20.8, 20.93},
        {23, 21, 21.19, 21.32, 21.45, 21.58, 21.71,
21.8, 21.97, 22.1, 22.23},
        {24, 22, 22.5, 22.63, 22.76, 22.91, 23.05,
23.2, 23.31, 23.45, 23.6},
        {25, 24, 23.9, 24.03, 24.2, 24.35, 24.49,
24.6, 24.79, 24.94, 25.08},
        {26, 25, 25.45, 25.6, 25.74, 25.89, 26.03,
26.2, 26.32, 26.46, 26.6},
        {27, 27, 26.9, 27.05, 27.21, 27.37, 27.53,
27.7, 27.85, 28.0, 28.16},
        {28, 28, 28.49, 28.66, 28.83, 29.0, 29.17,
29.3, 29.51, 29.68, 29.85},
        {29, 30, 30.2, 30.38, 30.56, 30.74, 30.92,
31.1, 31.28, 31.46, 31.64},

```
        {30, 32, 32.0, 32.19, 32.38, 32.57, 32.76,
33.0, 33.14, 33.33, 33.52}
    }
Const row_count = 42
Const col_count = 10

'*********************************************
'Find water vapor pressure from Appendix (1)
'*********************************************
Private Function find_pw(ByVal t As Double) As Double
    Dim i As Integer
    'get the integer only
    Dim t1 As Integer = Math.Floor(t)
    'get the fraction and convert it to integer
    Dim t2 As Integer = (t - t1) * 10
    For i = 0 To row_count - 1
        If Table(i, 0) = t1 Then
            Return Table(i, t2+1)
        End If
    Next
    'Temp not in table?
    Return -1
End Function

Private Sub Form1_Load(ByVal sender As System.Object,
  ByVal e As System.EventArgs) Handles MyBase.Load
    Label1.Text = "الضغط الجوي-ملم زئبق"
    Label2.Text = "تركيز الأكسجين-ملجم/لتر"
    Label3.Text = "درجة الحرارة مئوية"
    Label4.Text = "تركيز التشبع-ملجم/لتر"
    Button1.Text = "احسب التركيز"
    Me.Text = "مثال 15-4"
    Me.FormBorderStyle =
        Windows.Forms.FormBorderStyle.FixedSingle
End Sub

Private Sub Button1_Click(ByVal sender As
  System.Object, ByVal e As System.EventArgs)
  Handles Button1.Click
    Dim P, Pw, Cs, C, t As Double
    P = Val(TextBox1.Text)
    C = Val(TextBox2.Text)
    t = Val(TextBox3.Text)
    Pw = find_pw(t)
    If Pw = -1 Then
        MsgBox("الرجاء ادخال حرارة بين 10- و30.",
              vbOKOnly Or vbInformation)
        Exit Sub
    End If
    Cs = (C * (760 - Pw)) / (P - Pw)
    TextBox4.Text = FormatNumber(Cs, 2)
```

```
    End Sub
End Class
```

الحاجة للأكسجين: الحاجة للأكسجين تعنى كمية الأكسجين المطلوبة لموازنة المواد العضوية. ويمكن تقدير احتياجات الأكسجين بطرق مختلفة تضم:

1. الحاجة الحيا-كيمائية للأكسجين: وهى قياس لدرجة التلوث بالمواد العضوية الموجودة في الماء. ويعرف بأنه كمية الأكسجين التي تحتاج إليها الأحياء المجهرية لأكسدة الملوثات العضوية.
2. قيمة البيرمنجنات : وتعبر عن الأكسدة الكيمائية لعينة ما باستخدام محلول بيرمنجنات البوتاسيوم.
3. الحاجة الكيمائية للأكسجين: وتعنى الأكسدة الكيمائية لعينة من الماء باستخدام حمض الكبريتيك (H_2SO_4) وثنائي كرومات البوتاسيوم.

حاجة الأكسجين الحيا-كيميائي: يقيس هذا المعيار كمية الأكسجين التي تستهلكها الأحياء المجهرية عند أكسدتها الهوائية للمواد العضوية. ويفيد المعيار في تحديد كمية الأكسجين التقريبية المطلوبة للتفتيت الحيوي للمواد العضوية، ولتصميم وحدات المعالجة، ولقياس كفاءة وتقويم عمل وحدات المعالجة المختلفة، ولتقدير التلوث العضوي. إن الأكسدة الحيوية للمواد العضوية طريقة بطيئة، وتتطلب (نظرياً) زمن لانهائي لبلوغ مداها. غير أن الاختبار يتم أجراؤه عادة عند درجة حرارة 20° م ولمدة 5 أيام. وقد اختيرت درجة حرارة 20° م لأنها تمثل متوسط درجة حرارة الأنهار ذات السرعة البطيئة في المناخ المعتدل، كما ويسهل مماثلتها في جهاز الحضانة بالمخبر. وغالباً تصل الأكسدة إلى 95 أو 99 بالمائة في مدة عشرين يوماً، وتتراوح الأكسدة بين 60 إلى 70 بالمائة في مدة الخمسة أيام المعمول بها في الاختبار. وتختلف نتائج الاختبار باختلاف درجة الحرارة التي تؤثر على معدلات التفاعلات الحيوية. كما ويفضل إجراء الاختبار في معزل عن الضوء أثناء فترة الحضانة، لمنع الطحالب من إنتاج الأكسجين.

أما المحددات المتوقعة عند إجراء اختبار حاجة الأكسجين الحيا-كيميائي تضم: احتياج الاختبار إلى أعداد مناسبة من الأحياء المجهرية النشطة، وإخضاع الفضلات السامة إلى معالجة أولية، وتقليل أثر بكتريا النترتة، وقياس الاختبار فقط للمواد العضوية القابلة

للتفسخ، وعدم إتيان الاختبار بدقة متكافئة بعد استخدام المـــواد العضـــوية المذلبـــةفـــي المحلول، والاحتياج إلى زمن أطول لعمل الاختبارات والحصول علـــى النتائـــج، وعـــدم مطابقة فترة الخمسة أيام للنقطة التي تقل فيها المواد العضوية الذائبـــة والموجـــودةفـــي المحلول. وافترض (لأغراض عملية) أن حاجة الأكسجين الحيا-كيميائي تتبع تفاعل مـــن الدرجة الأولى. وفي مثل هذه التفاعلات يتناسب معدل الأكسدة تناسباً طردياًمـــع درجـــة تركيز المواد العضوية المتبقية والقابلة للتحلل عند وجود للنـــوع الأمثـــل مـــن الأحيـــاء المجهرية اللازمة لإتمام الأكسدة. وتحكم هذا التفاعل كمية المواد العضوية الموجـــودة {3-33،6}. ويمكن تمثيل هذا النوع من التفاعل بالمعادلة 4-83.

$$\frac{dL}{dt}=-k'L \qquad (4\text{-}83)$$

حيث:

L = كمية المواد العضوية المتبقية في العينة

t = الزمن

k' = ثابت تفاعل الدرجة الأولى (= ثابت معدل التفاعل)

وبتكامل المعادلة ($\int_{L_o}^{L}\frac{dL}{dt}=\int_{0}^{t}-kL$) 4-84 ينتج :

$$\frac{L_t}{L_o}=e^{-k't}=10^{-k_1 t} \qquad (4\text{-}84)$$

حيث:

L_t = حاجة الأكسجين الحيا-كيميائي المتبقية في العينة عند الزمن t

L_o = حاجة الأكسجين الحيا-كيميائي المتبقية عند الزمن صفر

= الكمية النهائية أو الكلية لحاجة الأكسجين الحيا-كيميائي.

k_1 = ثابت، حيث: $k_1 = 0.4343*k'$

ويمكن إيجاد كمية الأكسجين المأخوذة كما في المعادلة 4-85.

$$BOD_t=L_o-L_t=L_o\left(1-10^{-k_1 t}\right) \qquad (4\text{-}85)$$

ويمكن إيجاد حاجة الأكسجين الحيا-كيميائي في مدة خمس أيام من المعادلة 4-86.

$$BOD_5^{20}=L_o\left(1-10^{-5k_1}\right)=L_o\left(1-e^{-5k'}\right) \qquad (4\text{-}86)$$

مثال 4-16

تبلغ حاجة الأكسجين الحيا-كيميائي لعينة معينة بعد مضي 5 أيام 670 ملجم/لتر عند درجة حرارة 20° م. أحسب حاجة الأكسجين الحيا-كيميائي القصوى للعينة علماً بأن ثابت معدل التفاعل يساوى 0.14 على اليوم (للأساس 10).

الحل

1- المعطيات: t = 5 يوم، $k_1 = 0.14$ /يوم، $BOD_5^{20} = 670$ ملجم/لتر.

2- أستخدم معادلة الدرجة الأولى لمعدل التفاعل: $BOD_5^{20} = L_o(1 - 10^{-5k_1})$

$$L_o(1 - 10^{-5\times 0.14}) = 670$$

وعليه: $L_o = 837$ ملجم/لتر.

برنامج 4-16

```
Public Class Form1

    Private Sub Form1_Load(ByVal sender As System.Object,
      ByVal e As System.EventArgs) Handles MyBase.Load
        Label1.Text = "الزمن-يوم"
        Label2.Text = "حاجة الأكسجين-ملجم/لتر"
        Label3.Text = "ثابت معدل التفاعل"
        Label4.Text = "حاجة الأكسجين القصوى-ملجم/لتر"
        Button1.Text = "احسب الحاجة القصوى"
        Me.Text = "مثال 16-4"
        Me.FormBorderStyle =
            Windows.Forms.FormBorderStyle.FixedSingle
    End Sub

    Private Sub Button1_Click(ByVal sender As
      System.Object, ByVal e As System.EventArgs)
      Handles Button1.Click
        Dim t, k1, BOD, Lo As Double
        t = Val(TextBox1.Text)
        BOD = Val(TextBox2.Text)
        k1 = Val(TextBox3.Text)
        Lo = BOD / (1 - Math.Pow(10, -5 * k1))
        TextBox4.Text = FormatNumber(Lo, 2)
    End Sub
End Class
```

ويمكن إيجاد كل من قيمتي (Lo) و (k') بإجراء مجموعة من الاختبارات لحاجة الأكسجين الحيا-كيميائي، ثم تستخدم طريقة توماس لتقدير الحسابات. وتعتمد طريقة توماس على توافق دالتين، إذ يتم تحليل دالة ($1 - e^{-k't}$) ودالة $\left(k't\left(1+\dfrac{k't}{6}\right)^{-3}\right)$، مما أتاح لتوماس الإتيان بالطريقة التقريبية المبينة في معادلة 4-87.

$$BOD = L_o\,k't\left(1+\frac{k't}{6}\right)^{-3} \qquad\qquad (4\text{-}87)$$

ويمكن وضع المعادلة 4-87 بالصورة الخطية التقريبية الموضحة في المعادلة 4-88

$$\left(\frac{t}{BOD}\right)^{\frac{1}{3}} = \left(k'L_o\right)^{-\frac{1}{3}} + \frac{\left(k'\right)^{\frac{2}{3}}t}{\left(6L_o\right)^{\frac{1}{3}}} \qquad\qquad (4\text{-}88)$$

حيث:

BOD = حاجة الأكسجين الحيا-كيميائي التي بذلت في الزمن t

t = الزمن

k' = ثابت معدل التفاعل (للأساس e)

Lo = حاجة الأكسجين الحيا-كيميائي النهائية

تمثل المعادلة 4-88 خطاً مستقيماً تتوافق معادلته مع الصورة العامة المبينة في المعادلة 4-89.

$$y = a + bx \qquad\qquad (4\text{-}89)$$

بحيث أن:

$$y = \left(\frac{t}{BOD}\right)^{\frac{1}{3}}$$

$$a = \left(k'L_o\right)^{-\frac{1}{3}}$$

$$b = \frac{\left(k'\right)^{\frac{2}{3}}}{\left(6L_o\right)^{\frac{1}{3}}}$$

وعليه يمكن رسم (y) كدالة في (x)، ومن الرسم تمثل (b) ميل الخط المستقيم، ويمثل (a) مقطع الخط المستقيم مع المحور الصادي. ومن ثم يمكن إيجاد قيمة k' وقيمة Lo، كما موضح في معادلة 4-90.

$$k' = \frac{6b}{a}$$ (4-90أ)

$$L_o = \frac{1}{k' a^3}$$ (4-90ب)

كما ويمكن كتابة المعادلة 4-88 كما مبين في المعادلة 4-91.

$$\left(\frac{t}{BOD}\right)^{\frac{1}{3}} = \left(2.3 k_1 L_o\right)^{-\frac{1}{3}} + \frac{\left(k_1'\right)^{\frac{2}{3}} t}{3.43\left(L_o\right)^{\frac{1}{3}}}$$ (4-91)

حيث:

$$k_1 = \frac{2.61b}{a}$$ (4-92)

k_1 = ثابت معدل التفاعل (للأساس 10)

$$L_o = \frac{1}{2.3 k_1 a^3}$$ (4-93)

<u>حاجة الأكسجين الكيميائي</u>: عند اختبار حاجة الأكسجين الكيميائي تجرى الأكسدة بالحامض وإضافة مقدار محسوب من ثنائي كرومات البوتاسيوم. ثم تغلى العينة المحمضة لمدة ساعتين ومن ثم تبرد لتقدير كمية ثنائي الكرومات المتبقية بالمعايرة مع 25,.. محلول عياري من كبريتات حديد (III) الأمونيوم باستخدام دليل الفيروين لتحديد النقطة النهائية للمعايرة. عادة تكون نتائج حاجة الأكسجين الكيميائي أكبر من حاجة الأكسجين الحيا- كيميائي، لاسيما ويقوم الاختبار الأخير أيضاً بأكسدة المواد بطيئة التحلل الحيوي (مثـل الشحوم واللجنين). ومن السرد الموضح أعلاه نجد أنه كلما زادت كميـة الملوثـات فـي الفضلات السائلة، كلما زادت شدة التلوث فيها، وبالتالي تزداد قيمة حاجة الأكسجين الحيا- كيميائي أو حاجة الأكسجين الكيميائي كما مبين في جدول 4-21.

جدول (4-21) شدة درجة تلوث الفضلات السائلة على حسب حاجة الأكسجين

الشدة	حاجة الأكسجين الحيا-كيميائي BOD_5 (ملجم/لتر)	حاجة الأكسجين الكيميائي COD (ملجم/لتر)	المواد الصلبة العالقة SS (ملجم/لتر)
ضعيف	أقل من 200	أقل من 400	أقل من 200
متوسط	200 إلى 350	400 إلى 700	200 إلى 300
قوى	351 إلى 500	701 إلى 1000	300 إلى 1000
قوى جداً	أكبر من 750	أكبر من 1000	أكبر من 1000

مثال 4-17

في تجربة لقياس حاجة الأكسجين الحيا-كيميائي لعينة مخففة من الفضلات السائلة تم الحصول على البيانات المدرجة في الجدول التالي:

الزمن	حاجة الأكسجين الحيا-كيميائي (ملجم/لتر)	الزمن	حاجة الأكسجين الحيا-كيميائي (ملجم/لتر)
1	17	5	46
2	30	6	49
3	37	7	50
4	44	8	51

أ) أرسم منحنى تغير حاجة الأكسجين الحيا-كيميائي مع الزمن.

ب) جد ثابت معدل التفاعل مستخدماً طريقة توماس.

ج) حد قيمة حاجة الأكسجين الحيا-كيميائي النهائية مستخدماً طريقة توماس.

د) جد قيمة ثابت معدل التفاعل للأساس 10

الحل

1- المعطيات: نتائج اختبار تغير حاجة الأكسجين الحيا-كيميائي للعينة المخففة.

2- أرسم منحنى حاجة الأكسجين الحيا-كيميائي مع الزمن للقيم المبينة في الجدول المعطى.

3- جد قيمة $\left(\dfrac{t}{BOD}\right)^{\frac{1}{3}}$ في معادلة توماس كما موضح في الجدول التالي:

$(t/BOD)^{1\div3}$	BOD (ملجم/لتر)	الزمن (يوم)
0.38891	17	1
0.40548	30	2
0.43282	37	3
0.44964	44	4
0.47724	46	5
0.49658	49	6
0.51925	50	7
0.53931	51	8

4- أرسم الخط المستقيم للدالة $(t/BOD)^{1\div3}$ مع الزمن t. ومن الرسم جد ميـل الخـط المستقيم b = 0.0219 ومقطعه مع المحور الصادي a = 0.3651

5- جد قيمة الثابت k' = 6b/a

وعليه: k' للأساس e= 6×0.0219 ÷ 0.3651 = 0.36 /يوم

6- جد قيمة الحاجة الحيا-كيميائية القصوى للأكسجين من المعادلة: $L_0 = 1/k'a^3$

L_0= 1 ÷ (0.36×(0.3651)³) = 57 ملجم/لتر

7-وجد قيمة k_1 للأساس 10 من المعادلة $k_1 = 0.434 k'$ ، وعليه: k_1 = 0.16 على اليوم

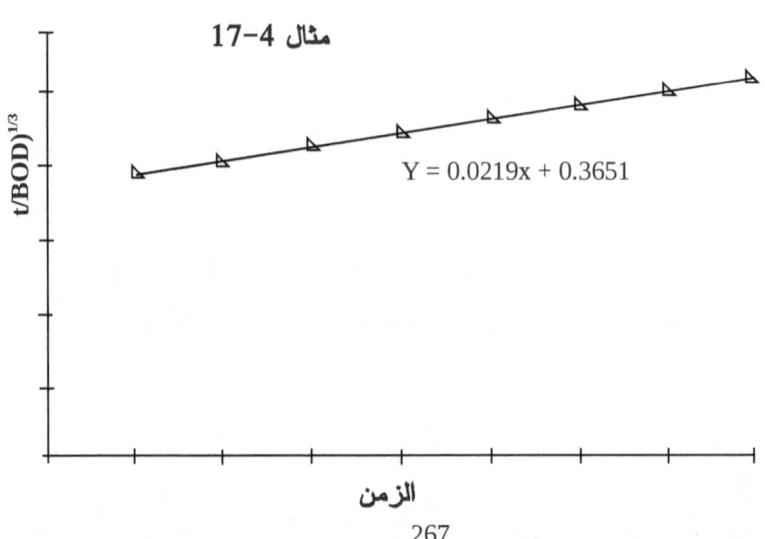

مثال 4-17

Y = 0.0219x + 0.3651

$(t/BOD)^{1/3}$

الزمن

8- أرسم الخط المستقيم للدالة $(t/BOD)^{1\div3}$ مع الزمن t. ومن الرسم جد ميـــل الخـــط المستقيم $b = 0.0219$ ومقطعه مع المحور الصادي $a = 0.3651$

9- جد قيمة الثابت $k' = 6b/a$

وعليه: 'k للأساس $e= 6\times0.0219 \div 0.3651 = 0.36$ /يوم

10- جد قيمة الحاجة الحيا-كيميائية القصوى للأكسجين من المعادلة: $L_O = 1/k'a^3$

$L_O= 1 \div (0.36\times(0.3651)^3) = 57$ ملجم/لتر

11- جد قيمة k_1 للأساس 10 من المعادلة $k_1 = 0.434\ k'$ ، وعليه: $k_1 = 0.16$ على اليوم

برنامج 4-17

```
Public Class Form1
    Dim tBOD() As Double
    Dim g As Graphics
    Dim mult_factor As Integer
    Dim a, b As Double

    Private Function get_max_BOD() As Double
        Dim count As Integer =
             DataGridView1.Rows.Count - 1
        Dim i As Integer
        Dim max As Double = 0
        For i = 0 To count - 1
            If tBOD(i) > max Then max = tBOD(i)
        Next
        'numbers are smaller than zero, we can't use them
        'for drawing, as points will be so near. So
        'multiply to make them bigger.
        mult_factor = 1
        While max < PictureBox1.Height
            max *= 10
            mult_factor *= 10
        End While
        Return max
    End Function

    '***********************************************
    'Draws a straight line from the scattered
    'point data. The algorithm used is simple:
    '(1) Divide data into two sets
    '(2) Find a mid-point in each set
    '(3) Find line equation from these two points
```

```vbnet
'(4) Find the first and last points in this line
'(5) Draw the line!
'***************************************************
Private Sub draw_straight_line()
    Dim count As Integer =
        DataGridView1.Rows.Count - 1
    Dim w As Integer = PictureBox1.Width - 4
    Dim h As Integer = PictureBox1.Height - 4
    Dim max_BOD As Double = get_max_BOD()
    Dim countX As Integer = count + 1
    Dim countY As Integer = 10
    Dim scaleY As Double = h / max_BOD
    Dim scaleX As Integer = w / countX
    Dim zeroX As Integer = 2
    Dim zeroY As Integer = h + 2
    Dim mid_count As Integer = count / 2
    Dim sum1X, sum1Y, sum2X, sum2Y As Double
    Dim i As Integer
    sum1X = 0 : sum2Y = 0
    sum1Y = 0 : sum2Y = 0
    For i = 0 To mid_count - 1
        sum1X += (i + 1)
        sum1Y += tBOD(i)
    Next
    sum1X /= mid_count
    sum1Y /= mid_count
    For i = mid_count To count - 1
        sum2X += (i + 1)
        sum2Y += tBOD(i)
    Next
    sum2X /= (count - mid_count)
    sum2Y /= (count - mid_count)

    Dim m As Double
    m = (sum2Y - sum1Y) / (sum2X - sum1X)
    'find straight line equation:
    'y = a + bx
    'y2 = mx2 - mx1 + y1
    a = -(m * sum1X) + sum1Y
    b = m
    '*************************************
    'find first and last points 'from the
    'equation to draw the line.
    '*************************************
    Dim x1, y1, x2, y2 As Double
    x1 = 1
    x2 = count
    y1 = m * x1 - (m * sum1X) + sum1Y
    y2 = m * x2 - (m * sum1X) + sum1Y
    Dim j1, j2, l1, l2 As Integer
    j1 = zeroX + (x1 * scaleX)
```

```
            j2 = zeroX + (x2 * scaleX)
            l1 = zeroY - (y1 * mult_factor * scaleY)
            l2 = zeroY - (y2 * mult_factor * scaleY)
            g.DrawLine(Pens.Black, j1, l1, j2, l2)
End Sub

Private Sub draw_graph()
    Dim count As Integer =
        DataGridView1.Rows.Count - 1
    Dim bmp As Bitmap =
  New Bitmap(PictureBox1.Width, PictureBox1.Height)
    g = Graphics.FromImage(bmp)
    g.Clear(Color.White)
    Dim w As Integer = PictureBox1.Width - 4
    Dim h As Integer = PictureBox1.Height - 4
    Dim max_BOD As Double = get_max_BOD()
    Dim countX As Integer = count + 1
    Dim countY As Integer = 10
    Dim scaleY As Double = h / max_BOD
    Dim scaleX As Integer = w / countX
    Dim zeroX As Integer = 2
    Dim zeroY As Integer = h + 2
    Dim i, j, k As Integer
    Dim f As Font = New Font("Arial", 8)
    'Draw X axis
    g.DrawLine(Pens.Black, zeroX, zeroY,
               zeroX + w, zeroY)
    For i = 1 To countX
        j = zeroX + (i * scaleX)
        g.DrawLine(Pens.Black, j, zeroY, j, zeroY - 2)
        g.DrawString(FormatNumber(i), f,
               Brushes.Black, j, zeroY - 12)
    Next
    'Draw Y axis
    g.DrawLine(Pens.Black, zeroX, zeroY, zeroX, 2)
    Dim y As Double = max_BOD / 10
    For i = 1 To countY
        j = zeroY - (i * y * scaleY)
        g.DrawLine(Pens.Black, zeroX, j, zeroX + 2, j)
        g.DrawString(FormatNumber(i * y /
        mult_factor, 5), f, Brushes.Black, 4, j)
    Next
    'Draw major points
    For i = 1 To count
        j = zeroX + (i * scaleX)
        'numbers are smaller than zero, we
        'can't use them
        'for drawing, as points will be so near. So
        'multiply to make them bigger.
        k = zeroY - (tBOD(i - 1) * mult_factor
                * scaleY)
```

```vbnet
            g.DrawEllipse(Pens.Black, j - 2, k - 2, 4, 4)
        Next
        draw_straight_line()
        PictureBox1.Image =
            Image.FromHbitmap(bmp.GetHbitmap)
        g.Dispose()
        bmp.Dispose()
    End Sub

    Private Sub Form1_Load(ByVal sender As System.Object,
        ByVal e As System.EventArgs) Handles MyBase.Load
        Label1.Text = "ثابت معدل التفاعل"
        Label2.Text = "حاجة الأكسجين النهائية-ملجم/لتر"
        Label3.Text = "ثابت معدل التفاعل للأساس 10"
        Button1.Text = "احسب"
        Me.Text = "مثال 17-4"
        Me.FormBorderStyle =
            Windows.Forms.FormBorderStyle.FixedSingle
        DataGridView1.Columns.Clear()
        DataGridView1.Rows.Clear()
        DataGridView1.RightToLeft =
            Windows.Forms.RightToLeft.Yes
        DataGridView1.Columns.Add("BODCol",
            ("حاجة الأكسجين-ملجم/لتر")
    End Sub

    Private Sub Button1_Click(ByVal sender As
        System.Object, ByVal e As System.EventArgs)
        Handles Button1.Click
        Dim i As Integer
        'if the [t/BOD] column is already added,
        'don't insert a new one.
        For i = 0 To DataGridView1.Columns.Count - 1
            If DataGridView1.Columns(i).Name =
            "tBODCol" Then
                GoTo DontAddCol
            End If
        Next
        DataGridView1.Columns.Add("tBODCol",
            "(t/BOD)^(1/3)")
DontAddCol:
        Dim count As Integer =
            DataGridView1.Rows.Count - 1
        ReDim tBOD(count)
        Dim BOD As Double
        For i = 0 To count - 1
            BOD =
    Val(DataGridView1.Rows(i).Cells("BODCol").Value)
            If BOD = 0 Then
                tBOD(i) = 0
            Else
```

```
                Dim x As Double = (i + 1) / BOD
                Const y As Double = 1 / 3
                tBOD(i) = Math.Pow(x, y)
            End If
            DataGridView1.Rows(i).Cells("tBODCol").Value
                   = FormatNumber(tBOD(i), 5)
        Next

        draw_graph()
        Dim k, k1, Lo As Double
        k = (6 * b) / a
        Lo = 1 / (k * Math.Pow(a, 3))
        k1 = 0.434 * k
        TextBox1.Text = FormatNumber(k, 2)
        TextBox2.Text = FormatNumber(Lo, 2)
        TextBox3.Text = FormatNumber(k1, 2)
    End Sub
End Class
```

النتروجين: يتم في دورة النتروجين تحويل نتروجين الغلاف الجوي بوساطة الأحياء المجهرية (في النبات والتربة ووحدات عدة في الجو ووحدات صناعية) لإنتاج مركبات مثل الأمونيا والنترات والنتريت. يستخدم النبات جزء من للنترات الموجودة بالتربة، وجزء آخر يجد طريقة للمياه الجوفية والأنهار، والبقية منه تخضع لعملية اختزال نتروجين. وعملية اختزال النتروجين عملية حيا-كيميائية طبيعية لتفتيت النترات لنتروجين أو لأكاسيد نتروجين تنفث للهواء والتربة والماء. وتستخدم النترات الممتصة بالنبات في نهاية المطاف لتكوين الجزئيات الحيوية خاصة البروتين. ثم تقوم مخلفات النبات والحيوان بإعادة النتروجين المثبت للتربة، لتبدأ إعادة استخدام جزء منه ويجد جزء آخر طريقه للغلاف الجوي لتستمر الدورة {45}.

تحتاج تقانات المعالجة الحيوية إلى النتروجين، كما ويعتبر من المواد الغذائية الرئيسة، غير أن وجوده قد يفاقم من مشاكل تلوث المياه الجوفية. ويتواجد النتروجين في الماء والفضلات السائلة في أربع صور تضم: النتروجين العضوي، والأمونيا، والنتريت، والنترات {3-6}: يشمل النتروجين العضوي مركبات عضوية مثل: الأحماض الأمينية، والبروتينات، واليوريا، والببتيد، والحمض النووي، بالإضافة إلى عدة مواد عضوية مصنعة.

يوجد النشادر طبيعياً على سطح الفضلات السائلة. كما ويوجد بدرجات قليلة في المياه الجوفية، لأنه يمتز لحبيبات التربة والطين، ولا ينض بسهولة من التربة. وتنتج الأمونيا بصورة كبيرة من عملية أكسدة المركبات العضوية النتروجينية وتميؤ اليوريا. يتكون النتريت طبيعياً بعمل البكتريا المُنَتْرِتة (بضم الميم وفتح النون بعدها راء مكسورة)، غير أن تراكيزها في النبات والماء قليلة جداً.

وتزيد تراكيز النترات باستخدام الأسمدة النتروجينية التجارية، ومن فضلات حيوانات المزارع. أما تركيز النترات في المحاصيل فيتأثر بنوع النبات، والعوامل الوراثية والبيئية، ونظم الزراعة. ومن المتوقع أن تخفض وحدات المعالجة الثانوية تراكيز النتروجين بما يقل عن النصف، مما يعني زيادة احتمال مشاكل تلوث المياه. وفي بعض المناطق ربما تصل درجة تركيز النترات في الماء الجوفي (خاصة مياه الآبار) إلى 50 إلى 450 ملجم /لتر.

تضم الصناعات التي قد تفاقم من مشاكل تلوث النتروجين: الوقود، والنفط، وصناعة الأغذية، والسيارات، واحتراق الوقود الطمري، ومن صناعات اللحوم وحفظ الأسماك. وفى معالجة اللحوم يمكن استخدام النتروجين للحماية من المِطَثِّيَّة الوَشِيقِيَّة *Colstridium botulinus* (بكسر الميم وفتح الطاء وفتح المثلثة المشددة وفتح المثناة تحت وتشديدها) التي تجلب التسمم الوشيقي (وشيقية) Botulism ومن المحتمل الحماية من غيرها من البكتريا الضارة. ويمكن أن تدخل النتريت (نترات III) مرحلة أكسدة متوسطة للنتروجين إلى إمدادات المياه عبر استخدام مثبطات الإئتكال في المجالات الصناعية، كما يكِّون النتريت حمض النتريك (Nitrous acid) في بيئة حمضية. ويمكن أن يتفاعل هذا الحمض مع الأمينات لتكوين مركبات معظمها تعد من المواد المسرطنة. وتنتج النترات من أكسدة الأمونيا.

من المعروف أن كميات النترات العالية في الماء (أكثر من 10 ملجم/لتر نترات-نتروجين) يمكن أن تسبب مرض زرقة الأطفال عند الأطفال الرضع الذين يقل عمرهم عن 6 أشهر. وعادة توجد النترات بكميات بسيطة في المياه السطحية، غير أنها قد توجد بكميات كبيرة في المياه الجوفية {3-6}. يتم امتصاص النترات والنتريت في الإنسان السوي من الجهاز الهضمي، وتخرج النترات بسرعة غير أن النتريت يتفاعل مع

الهمقلوبين ليكون مِيتيمُوغلوبين (خضاب مُتَبَدِّل) Methaemoglobin والـ ذي يتحـول بسرعة عند البالغين إلى أُكسـي هيموغلـوبين Oxyhaemoglobin بوسـاطة نظـم الاختزال مثل N A DH-methaemoglobin reductase أما في الرضع (إلى سن ثلاثة اشهر)، وفي الحيوانات صغيرة السن، فإن نظام الإنزيم هذا لم يتم تطويره بعد. وفي هذه الظروف يزيد مقدار مِيتيمُوغلوبين المتكون مما ينتج عنه حالة سريرية تسمى زرقـة الأطفال (وجود الميتيوغلوبين في الدم) Methaemoglobinaemia . والأطفال الصغار معرضون لخطورة زرقة الأطفال للأسباب التالية {45}:

- قلة الحمضية في بطن الطفل والتي تسمح بنمو بعض الأحياء المجهريـة للـتي تحوي إنزيم قادر على اختزال النترات للنتريت.
- الهمغلوبين الجنينd والكريات الحمراء في الأطفال ربما كانت أكـثر اسـتعداداً للتحول إلى مِيتيمُوغلوبين بفعل النتريت.
- قلة نظام الإنزيم القادر على تخفيض مِيتيمُوغلوبين إلى همقلوبين عند صـغار الرضع.
- أخذ السوائل بالنسبة إلى وزن جسم الطفل أكبر من ذلك بالنسبة للفرد البالغ.

من الموصى به أن لا يزيد تركيز النترات في الماء المستخدم لمزج اللبن الجاف للطفل عن 45 ملجم/لتر، وان تستخدم خضراوات قليلة النترات لتحضير غـذاء الطفـل ووجبـاته اليومية.

<u>مواد التغذية أو المواد الحيوية المنبهة</u>: يعد النتروجين والفسفور مـن أهـم المـواد الغذائية لنشاط الأحياء المجهرية، هذا بالإضافة إلى بعض العناصر المطلوبة بكميات قليلة جداً مثل: الحديد، والبوتاسـيوم، والمغنيسـيوم، والكالسـيوم، والكوبـالت، والنحـاس، والكبريت، والخارصين.

<u>البروتين</u>: يمثل البروتين عناصر عضوية أزوتية (نتروجينية) ذات أوزان جزيئية عالية متواجد في مملكة الحيوان وبدرجة أقل في مملكة النبـات. يتغيـر تركيـز البروتينـات الموجودة من نسب مئوية بسيطة في الخضراوات الحاوية للماء (مثل: الطماطم)، والخلايا الدهنية (في اللحوم)، إلى نسب عالية جداً في الفول واللحوم الهزيلة. ويتكون البروتين من

مجموعات ضخمة من الأحماض الأمينية، متحدة مع روابط ببتيد، تضم الكربون والهيدروجين والأكسجين والنتروجين والكبريت وأحيانا الفسفور.

يتحكم البروتين في الخواص الكيماوية والطبيعية للجسيمات ويؤثر على خواصها وحبها وشرهها للماء. وتتعقد البروتينات في تكوينها الكيماوي، كما وأنها غير ثلبتة، وبعضها قابل للذوبان في الماء، وبعضها غير قابل للذوبان فيه. ويتراوح الوزن الجزيئ منها بين 20 ألف إلى 20 مليون. ويتم تحلل البروتينات بفضل البكتريا، مما ينتج عنه روائح كريهة. فمثلاً عند معالجة الحمأة فإن البروتينات يمكن حلمأتها إلى بولي ببتيد، ومن ثم إلى أحماض أمينية، والتي لا تلبث أن تتفتت إلى أمونيا وكبريتيد الهيدروجين ومركبات عضوية بسيطة {3–6}.

الكربوهيدرات: الكربوهيدرات مواد عضوية تجمع المواد النشوية والسيليولوزية والسكر. وتتركب من الكربون والهيدروجين والأكسجين. وتوجد بكثرة في الطبيعة في كل من مملكتي الحيوان والنبات. بعض الكربوهيدرات يذوب في الماء مثل السكر، والآخر غير قابل للذوبان فيه كالنشا مثلاً. ويمكن تصنيف الكربوهيدرات لسكر بسيط (أحادي السكر) وسكر معقد (ثنائي السكر أو متعدد السكر).

تعمل الكربوهيدرات في الحيوانات العليا كمصدر للطاقة لاسيما وتستهلك البكتريا المواد الكربوهيدراتية لتكوين الشحوم والبروتينات والطاقة. وبما أن معظم الكربوهيدرات تتواجد في الفضلات السائلة في شكل جزيئات كبيرة الحجم[264]، فإن البكتريا تقوم بتفكك هذه الجزيئات الكبيرة إلى أجزاء سهلة الانتشار داخل الخلية، ومن ثم يسهل تحللها. وتقوم البكتريا بحلمأة الكربوهيدرات إلى سكر سهل الذوبان وبروتينات وأحماض أمينية وشحوم. وباطراد التحلل الهوائي يتكون ثاني أكسيد الكربون والماء. أما في حالة غياب الأكسجين فتتكون أحماض عضوية وكحول وغازات[265] كناتج ثانوي لعملية تحلل الكربوهيدرات بوساطة الأحياء المجهرية. والجدير بالذكر أن تكوين الأحماض العضوية بنسب كبيرة يؤثر سلباً على النشاط والنمو الحيوي في الفضلات السائلة وذلك نسبة لانخفاض الرقم الهيدروجيني {3–6}.

---

[264] مما يعوق تغلغلها إلى غشاء خلية الأحياء المجهرية

[265] مثل ثاني أكسيد الكربون والميثان وكبريتيد الهيدروجين

الشحوم والزيوت: إن الزيوت والشحوم مركبات لا تذوب في الماء، غير أنه يمكن إذابتها في مذيبات عضوية مثل: النفط، والكلوروفورم، والإيثر. وتعتبر والشحوم مركبات استر الكحول أو الجليسرول والأحماض الدهنية، وتتكون من الكربون والهيدروجين والأكسجين بنسب مختلفة. وتعد الشحوم والزيوت أكثر ثباتاً ضد التحلل البكتيري من بقية المركبات العضوية، غير أنه يسهل تحطيمها بالأحماض المعدنية مما يساعد على تكوين الجلسرين والأحماض الدهنية. وتؤثر الزيوت والشحوم سلباً علي عمليات المعالجة الحيوية، كما وأنها تكوِّن مناظر غير مستحبة عندما يتم التخلص منها على ضفاف الأنهار وسواحل البحار وشواطئ المسطحات المائية. وعند تواجد الشحوم بكميات كبيرة - عند تنقية المياه - فإنها تقفل المرشحات وفتحات الوسط الترشيحي ومسامه، كما وأنها تغطي حوائط أحواض الترسيب، وتتفكك لتزيد من كمية الزبد والرغوة والغثاء. وتتأثر سلباً مرشحات النضيض وأحواض الحمأة النشطة بالزيوت والشحوم وذلك لأنها تحد من النشاط والنمو الحيوي، مما يحول دون انتقال الأكسجين من السائل إلى داخل الخلية الحية، وعليه فمن الواجب استخلاصها قبل البدء في مرحلة المعالجة الحيوية {3-46،6}.

الفينول: يمثل الفينول مجموعة من المركبات الأروماتية؛ وتتكون من واحد أو أكثر من مجموعة الهيدروكسيل متصلة بحلقة بنزين. ويمكن الحصول على الفينول من قطران الفحم، ويُلجأ للتصنيع للحصول على كميات كبيرة منه. أما وجود الفينول في الفضلات السائلة فربما نتج من مصادر صناعية مثل الفحم والغازات، أو من صناعة النفط. يغير الفينول من طعم الماء عند تواجده فيه خاصة عند تواجد الكلور ولو بتركيز بسيط جداً وذلك نسبة لتكوين الكلوروفينول المسرطن.

العناصر الثقيلة: تتفاوت درجة السمية للمعادن طبقاً لمؤثرات عديدة مثل: درجة تركيز المادة، وفترة التعرض، ودرجة الحرارة، ونوع المعدن. ومن المعادن ذات السمية: الرصاص، والنحاس، والفضة، والكروم، والزرنيخ، والبورون. ولابد من معرفة كمية هذه المعادن خاصة عند استخدام طرق المعالجة الحيوية في محطات المعالجة وذلك لآثارها السلبية عليها. كما وتوجد معادن أخرى سامة تضم: النيكل، والمنجنيز، والزئبق. وهذه العناصر سامة للنبات والحيوان، كما ويمكنها التراكم في البيئة. ومن هذه العناصر

مواد تؤثر على عمليات التنقية والمعالجة، وقد تحد من إعادة استخدام المياه ودورانها، وبعض من هذه العناصر يؤثر سلباً على الأعصاب {3،4}.

الفلور: توجد عدة معادن تحوي عنصر الفلور والتي قد تجد طريقها للماء الجوفي من إذابة الصخور الرسوبية. عادة لا تحتوي المياه السطحية على درجة تركيز أكبر من 0.3 ملجم من الفلور في اللتر. وعند وجود الصخور البركانية الغنية بالفلور فقد تحتوي المياه الجوفية على درجات تركيز تربو على 1000 ملجم/لتر {47}. وعند فلورة الماء يعمل على التحكم الجيد لتبقى درجة التركيز مقاربة 1 ملجم/لتر، ويعتمد هذا على درجات الحرارة لاسيما وتؤثر على كمية المياه المستهلكة. وتعد درجة تركيز 1.5 ملجم/لتر مفيدة لصحة الفم للأطفال، غير أن درجات تركيز أعلى من هذا المقدار لها آثار غير مرغوبة. وتعمل درجة تركيز أكثر من 1.5 ملجم فلور/لتر علي تلون الأسنان، كما وتؤدي درجات التركيز العالية إلى تلف الأسنان. أما درجات تركيز التي تتراوح بين 3 و 6 ملجم فلور في اللتر فقد تأتي بمخاطر تسمم الهيكل العظمي بالفلور (دَغْمُوس بفتح الدال المهملة وضم الميم) للأثر البيّن على العظام. ودرجات تركيز أعلى من 10 ملجم فلور على اللتر تأتي بدَغْمُوس شديد مما قد يؤدي إلى شلل تام.

ويجب الأخذ في الاعتبار تعاطي أي جرعات من الفلور من مصادر أخرى غير الماء. ومن المؤثرات الهامة: الظروف المناخية المحيطة، والظروف الاجتماعية والاقتصادية، وعوامل التغذية، والحمية الغذائية، وأي مصدر آخر للفلور.

طرق التحكم في الفلور: من الخيارات التي يمكن إتباعها للتحكم في درجة تركيز الفلور في الماء التالي {47}:

- استخدام مصدر ماء (جديد أو بديل) يحوي مقادير مناسبة من الفلور: ويمكن اللجوء لهذا الخيار عندما تسمح الظروف الجيولوجية، والهيدرولوجية، والاقتصادية بذلك. وربما كانت التكلفة الابتدائية عالية (خاصة إذا اقتضى الأمر ضخ الماء)، غير أن فوائده المجتمعية دائمة ومستمرة.

- المزج مع مصدر به كمية مناسبة من الفلور: يمكن الخلط مع مصدر بديل به درجة تركيز مناسبة من الفلور ما لم توجد مشاكل تفاعلات كيماوية أو فيزيائية

مع الماء الممزوج. وهذا الخيار جيد لعدم احتوائه على تكلفة معالجة إذا وجد ماء الخلط المناسب بالنسبة للفلور والمكونات الأخرى.

- التمويل بالماء المعبأ في زجاجات: تعتبر هذه من أمثل الطرق للتحكم في الفلور، غير أنها كخيار طويل الأجل فادحة الثمن، كما وأنها لا تمثل أحسن خيار خاصة في الدول النامية والفقيرة.
- استعذاب الماء: يمكن استخدام تقانة التناضح العكسي، والألمونيا النشطة، وربما العظام السابقة المعالجة كمواد مازة للتحكم في الكميات الزائدة من الفلور في مياه الشرب في نقاط محددة بالمنازل. ورغماً عن أن مستوى الفلور يمكن التحكم فيه بسهولة غير أن هناك مخاطر تكاثر الأحياء المجهرية في النظام، كما وأن تكلفة الجهاز وتشغيله وصيانته غالية الثمن نوعاً ما {47}.
- تنقية مياه المصدر: توجد عدة طرق يمكن أن تستخدم للتحكم في درجات التركيز العالية للفلور في مياه الشرب، وتهتم في مجملها بتخفيض الفلور إلى المدى المسموح به باستخدام طرق كيماوية وفيزيائية مثل: الترسيب، والإمتزاز، وتبادل الأيونات وإزالتها. وتعتمد هذه الطرق على: نوع الماء، ونوع المواد المستخدمة، ودرجة حرارة الماء، والمهارات البشرية وكفاءاتها، وازدهار التقانة. وعليه فمن المقترح إجراء التجارب العملية لمعرفة صلاحية الطريقة المعينة للتحكم في الفلور في الماء، ومن هذه الطرق:
  - تبادل الأيونات بواسطة ديفلورون 2 Defluoron-2: إن مادة ديفلورون من الشوارد الموجبة (كاتيون) وقد استخدم في الهند كوسط للتبادل. ويحصل على ديفلورون بسلفنة الفحم ويستخدم الشب لإعادة استرجاعه. وتحتاج الطريقة إلى عمالة ماهرة للتشغيل.
  - استخدام بوكسيت Bauxite: يعتقد أن استخدام بوكسيت لتقليل الفلور من الماء أفضل من استخدام الكربون النشط؛ غير أن الطريقة تتأثر بالرقم الهيدروجيني ونوع الماء.
  - المعالجة بماء الجير والشب (طريقة نالجوندا Nalgonda): وفي هذه الطريقة يضاف على الترتيب ألمونات الصوديوم أو ماء الجير ثم شد ب الترشيح، وقد تضاف بدرة التبييض للتطهير. ومما يجدر ذكره أن هذه

الطريقة تتأثر بقلوية الماء. ويتم استخدام الترويب (الخثورة) والترسيب والترشيح كوحدات معالجة.

- استخدام فحم العظام: {رأي الشرع في العظام: إن كانت هذه العظام لحيوانات ميتة، فعظامها القديمة نجسة. وإن كانت هذه العظام لحيولنات مأكولة اللحم مذكاة فعظامها طاهرة. وإن كانت عظام حيوانات لا تعرف سواء كانت ميتة أو مجهولة ثم أُحرقت بالنار حتى تفحمت فهي عند لبي حنيفة ومتأخري المالكية طاهرة – واستعمالها لا شئ فيه. وعليه العمل الآن وهم يقولون (أبو حنيفة ومتأخرو المالكية): رماد النجس طاهر، فلو حُرقت نجاسة أصبحت طاهرة. وغيرهم يقول: رماد النجس نجس بقاء على الأصل. والعمل الآن على رأي أبي حنيفة ومتأخري المالكية في العادات والعبادات. فالطوب الأحمر الذي نبني منه المنازل أصبح ط اهراً بعد أن حًرق فيه السرجين "الزبالة وهي نجسة"، وكل شئ حُرِق فهو طاهر، ودخلت في اجتهاده: الأواني الفخارية (الأزيار والقلل والدواك وغيرها). فلو حرقت هذه العظام يصبح الماء المستعمل بها طاهراً. ودليل أبي حنيفة: أن النار يوم القيامة تحرق ذنوب عصاة المؤمنين ثم يطرحون بعد ذلك في نهر الحياة. فلو أحرقت النار الذنوب المعنوية فهي من باب أولى تطهر الحسية}. وفحم العظام عبارة عن عظام حيوانات تفحمت، ويستخدم لإزالة المواد العضوية، ويعتقد بأنه أفضل من العظم لعدم وجود طعم في الماء المنقى به. وتتأثر هذه الطريقة بنوع الماء، كما ويؤثر وجود الزرنيخ في الماء عليه، وذلك نسبة لسهولة امتزاز الزرنيخ في فحم العظام مما يقود إلى تغيرات ثابتة في تكوينه ويحد من فعاليته وقدرته على إزالة الفلور.
- استخدام العظم الصناعي: ويتم تحضير هذه المادة بتفاعل حمض الفسفور مع الجير لتكوين ثلاثي فوسفات الكالسيوم وهيدروكسيل الأباتيت (خام فسفوري – العظم الصناعي) Hydroxyapatite ويمكن إنتاجه في شكل حبيبات لإمتزاز الفلور.
- الأسموزية العكسية (التناضح العكسي): وهنا يتم استخدام غشاء شبه مسامي لحجز المواد الصلبة الذائبة في الماء. وهي طريقة غالية الثمن كما

وأنها تتأثر بالرقم الهيدروجيني، ودرجة الحرارة، ونوع الغشاء المستخدم. وتضم الأغشية المستخدمة: مواد أساسها السيلولوز، والنايلون. وقد تنجم مشاكل اتساخ الغشاء بسبب العناصر الغرولنية وبعض الأملاح الذائبة والتحكم الضعيف في الماء الخام. وتقوم الطريقة بالتخلص من أيونات أخري غير مرغوبة بالإضافة للفلور.

- استخدام الألومينا النشطة (أكسيد الألمونيوم) Activated alumina: وهذه من أكثر الطرق شيوعاً واستخداماً. والألومينا النشطة هي نوع خاص من الألمنيوم المعالج بالحمض ولها فعالية كبيرة لإمتزاز الفلور. وتتأثر الطريقة بالرقم الهيدروجيني وقلوية الماء.
- طرق أخرى: ومن الطرق الأخرى التي يمكن استخدامها لتقليل الفلور من الماء: إضافة أيون الحديديك، وتيسير[266] الماء بالجير لإزالة الفلور (ترسيب الفلور مع هيدروكسيد المغنسيوم) في المياه التي بها كميات كبيرة من المغنسيوم، واستخدام كبريتات الألمنيوم (الشب)، والإمتزاز بوساطة الكربون النشط، وتبادل الأيونات، والمعالجة بالعظم (مشاكل الطعم!)، والديلزة، بالإضافة لاستخدام عوامل أخرى للمعالجة (مثل: أملاح المغنسيوم، وفوسفات الكالسيوم، وبنتونيت وتراب القصّار Fuller's earth ، والتراب الدياتومي، وجل السليكا، وسيليكات الصوديوم، وألومينات الصوديوم، وسربنتين (سليكات المغنسيوم الصخرية المُمَيّأة)، وراتينج كاتيوني). غير أن هذه الطرق تحتاج إلى إجراء بحوث أخرى عليها لمعرفة فاعليتها وتأثرها بالعوامل المختلفة الأخرى. ويبين الجدول 4-22 أهمية بعض الخواص الكيميائية للماء.

4 – 8 – 3 الخواص الحيوية والبكتريولوجية

تعتبر الخواص الحيوية والبكتريولوجية من أهم الخواص لأثرها المباشر على صحة المستهلك. ومن أهم العوامل المؤثرة على زمن تكاثر الأحياء المجهرية: مواد التغذية، والعوامل البيئية المحيطة (مثل: درجة الحرارة، ووجود مواد سامة، ووجود أحياء أخرى

---

[266] إزالة ما به من عسر

منافسة ونوعها، وغازات ذائبة، والرقم الهيدروجيني، ومحتوى النداوة، والضغط الحلولي، والإشعاع، والضغط الهيدروستاتيكي)، ونوع الماء ودرجة نقاوته وعذوبته، والموسم الفصلي، والزمن مذ افراز الكائن المجهري، وبيئة التكاثر (مثل: الماء، والهواء، والتربة، والنبات، والمحصول). ومن أهم أنواع الأحياء المجهرية المؤثرة في مجالات المياه والفضلات السائلة: البكتريا، والحمات (الفيروسات)، والطحالب، والفطريات، والحيوانات الأوالي (البروتوزوا)، والديدان.

ولتحديد أفضل المعايير لسلامة وصلاحية المياه للاستعمال تجرى التجارب والقياسات البكترولوجية للماء. وهناك أنواع من الأحياء المجهرية يعزى إليها الطعم البغيض في الماء والروائح الكريهة، وأنواع أخرى تساعد في تآكل الخرسانة والمعادن المصنع منها المنشآت، كما ويؤدي تكاثر الأحياء المجهرية إلى تغير في نوع الماء وتلوث البيئة المائية. وتوجد أنواع أخرى من الأحياء المجهرية تسبب الأمراض. وعليه لا بد من تحديد نوع الميكروبات وكميتها في الماء للتمكن من إزالتها والقضاء عليها. غير أن هناك أسباب عملية وعلمية يصعب معها عمل التحاليل المتكاملة لتحديد وجود كل كائن حي على حدة. ولذا فقد اصطلح عالمياً على تحديد استخدام مؤشر، عند وجوده تزيد احتمالات وجود أحياء مجهرية أخرى ضارة. ومن خواص الكائن كمؤشر مثالي: لأنه يتواجد طبيعياً، وبدرجات تركيز أعلى من الجراثيم والممرضات، كما وأنه يظهر في كل أنواع المياه، ويتواجد عند تواجد الجراثيم، ويسهل اكتشافه وتعداده، ويتعايش مع الجراثيم والممرضات دون أن يجلب المرض. ومن أهم الكائنات المستخدمة في هذا السياق: الإشريكية القولونية *Escherichia coli* من عائلة البكتريا القولونية[267]، والتي توجد عادة في جهاز هضم الحيوانات ذات الدم الحار. ومن المعروف أن الإشريكية القولونية والإستربتوكوكاي البرازية Fecal streptococci (enterococci) تعيش في جهاز أمعاء الإنسان والحيوانات ذات الدم الحار وفى التربة، وتفرز بكميات كبيرة جداً في البراز (50×10^6 مستعمرة لكل جرام من البراز). ومن الأنسب البحث عن الإستربتوكوكاي البرازية خاصة نوع *Streptococcus faecalis* لتأكيد التلوث البرازي. وإذا ظهر في الاختبار الحيوي

---

[267] كائنات القولونيات هي فصيلة من البكتريا توجد في السبيل المعوي لذوات الثدي وهي تنتمي إلى الإمعائيات، وبعض من هذه الكائنات خاصة القولونيات البرازية *Faecal coliforms* عادة توجد في براز الإنسان وروث الحيوان وتستخدم كمؤشر للتلوث البرازي

وجود هذه البكتريا يمكن الافتراض أن هذه المياه ملوثة بفضلات بشرية، الشـيء للـذي يستدعى تنقية الماء قبل شربه. وقد تستدعي الضرورة أحياناً إجراء تحاليل أخرى لنـوع معين من البكتريا أو الفيروسات أو غيرها من مسببات المـرض. ولابـد مـن ذكـر أن الإشريكية القولونية غير كافية لوحدها لتعكس وجود أو إعطاء تقـدير لـدرجات تركيـز الممرضات والجراثيم الفيروسية (الحمات) أو الحيوانات الأوالي {3-6}. ويبين جـدول 4-23 أمثلة متوقعة لأحياء مجهرية في دورة كل من الكربون والنتروجين والكبريت.

جدول (4-22) أهمية بعض الخواص الكيميائية للماء

الخاصية	الأهمية
القلوية	قياس سعة الماء buffering capacity وتؤثر علـى الهضـم اللاهوائي
الأكسجين الحياكيميائي	يستخدم لتصميم محطات المعالجة وتقويمها، يقيس حمولة الملوثات
المواد الكربوهيدرتية	مصدر للطاقة لتفاعلات الأحياء المجهرية، وتؤثر على السعة للماء والفضلات السائلة
الكلوريد	ضار للأنابيب المعدنية والمنشآت والحياة النباتية
المنظفات detergents	عوامل منظفة وعوامل للرغوة تقوم بتخفيـض أخـذ الأكسـجين وتتداخل مع عمليات المعالجة، وتقلـل مـن للتـوتر السـطحي، وتستحلب الزيوت والشحوم، وتزيل تلبـد الغروانيـات، وتضـر بالأحياء المجهرية
الغازات الذائبة	تأتي بروائح، ويمكن أن تأتي بالإئتكال والتحات
الأكسجين الذائب	يهيئ ظروف هوائية، ويؤثر على الحياة المائيـة، ويـؤثر علـى الإئتكال والتحات
الفلور	يمكن أن يؤثر على تفريخ بيض الأسماك في النظم المائية
عسر الماء	يؤثر على نسبة لمـتزاز الصـوديوم SAR لوجـ ود الكالسـيوم والمغنسيوم والصوديوم، ويأتي بطعـم، ويمنـع تكـوين رغـوة الصابون، ويكون مترسبات كلسية (خثارة الصابون)
النتروجين	هام لنظم المعالجة الحيوية، ومغذي للأحياء المجهرية، ويمكـن أن يفاقم من تلوث المياه الجوفية (النترات)
الزيوت والشحوم	مشاكل الانسداد، ويزيد من الزبد، ويؤثر سلباً على النظم الحيوية، ويؤثر على أخذ الأكسجين والذوبانية في الماء
الرقم الهيدروجيني	الحمضية، ويؤثر على قلوية التربة وحيـاة الأحيـاء المجهريـة

	والمعالجة (التطهير والتيسير والترويب) ومعدل الإئتكال وذوبانية المعادن، ويغير من إنزيمات البروتينات
الفسفور	مغذي، ويساعد النمو الحيوي والتخمة
المعـــادن الثقيلـــة (النحـــاس والرصاص والحديد والخارصين والألمونيوم والكادميوم والنيكل والزئبق)	سامة على درجة تركيز عالية للنبات والحيوان، وتتراكم في التربة، ومواد غذائية micronutrients ، وتأتي بالسمية الضوئية، وتؤثر على المعالجة الحيوية، وتحد من إعادة استخدام الماء، وربما كانت سامة للأعصاب (مثلاً يتلف الكادميوم الكلي)
المواد المشعة	غثيان وضعف وفتور وفقدان شهية وفقدان الشعر وإغماء وصرع والتهاب الحنجرة ونزف والتهاب وفرفرية وحَبَر وإســـهال وتلـــف للأعضاء المكونة للدم وضرر للجهاز الهضمي وضـــرر للجهـــاز العصبي المركزي

جدول (4-23) أمثلة لأحياء مجهرية في دورات الكربون والنتروجين والكبريت

الدورة	أمثلة متوقعة للأحياء المجهرية
دورة الكربون	
حلمأة متعدد السكر	أنواع مختلفة من العضوية
تخمر ثنائي وأحادي السكرايد + تخمر الكحوليات * تخمر حمض اللبن # تخمـــر حمـــض بيـــوتري وبيوتانول-اسيتون ^ تخمر خليط أحماض	+ الفطرية السكرية الجعوية - الرزمية * التخمير المتجانس: العقدية اللبنية. التخمير المختلف: الملبنـــة المخمرة # المِطَثيّة ^ الإشريكية القولونية - البكتريا المعوية
حلمأة الدهون إلى جليســـرول وأحماض دهنية	أحياء مجهرية مكسرات الدهن
التحلـــل اللاهـــوائي للكحـــول والأحماض لاكتات طرطرات ميثانول وخلات	عصويات مزيلة الكبريت الزائفة بكتريا الميثان
التفتت الهوائي لمتعدد السكرايد والسكر والكحول والأحمـــاض	

الأمينية ومتعدد ببتيد وهيدروكربونات + سكسينات واسباراجين وبنزوين وايثانول * جلكوز # جلكوز ومالتوز ^ متعدد الببتيد وأحماض أمينية * هيدروكربونات: أقار لقار وسيليلوز	+ الزائفة * بكتريا أزوتية # الفطرية السكرية والعفن ^ كل الأحياء المجهرية التي تنمو في أقار-لقار مثل الزائفة والعصوية والإشريكية القولونية والأمعائية *أحياء مجهرية ملاحظة في المستنبت قيد البحث
تحول عدة مركبات عضوية إلى عناصر خلايا في تفاعلات التمثيل	أحياء مجهرية غيري الإغتذاء
إنشاء متعدد السكرايد	بعض العصويات – دكستران
تمثيل ثاني أكسيد الكربون + في الظلام * في الضوء	المُنَتِّرة والمُنَتَرِتّة وأحياء مجهرية مؤكسدة للكبريت والكبريتيت *الطحالب الزرقاء المخضرة، والبكتريا الأرجوانية الكبريتية واللاكبريتية، والبكتريا الخضراء الكبريتية
دورة النتروجين	
التحلل للبروتيني للببتيد والأحماض الأمينية	الزائفة
التفتت الهوائي للببتيد والأحماض الأمينية المحتوية على تكوين الأمونيا	كل الأحياء المجهرية التي تنمو في أقار الببتون
التفتت الهوائي للاسباراجين	الزائفة
التفتت الهوائي لليوريا	العصوية الباسترية
أكسدة الأمونيا للنتريت	المُنَتِّرة
أكسدة النتريت للنترات	المُنَتَرِتّة
اختزال النترات للنتروجين	الزائفة
تثبيت النتروجين	المُنَتَرِتّة والطحالب الزرقاء المخضرة
استخدام عدة مركبات نتروجين	أحياء مجهرية غير مثبتة للنتروجين

لإنشاء بروتين الخلية	
دورة الكبريت	
استخدام الكبريتات لإنشاء أحماض أمينية محتوية على كبريت لتضمن لبروتين الخلية	أحياء مجهرية مستغلة للكبريتات كمصدر للكبريت والزائفة والبكتريا الأزوتية والأمعائية
اختزال الكبريتات إلى كبريتيد الهيدروجين	عصويات مزيلة الكبريت
أكسدة كبريتيد الهيدروجين والكبريت + في الظلام * في الضوء	+عصوية الكبريت * بكتريا الكبريت الأرجوانية والبكتريا الخضراء الكبريتية
تحرر كبريتيد الهيدروجين عند تحلل البروتين بتفتت الأحماض الأمينية المحتوية على كبريت	الإشريكية القولونية

4 – 9 تمارين نظرية وعملية

4 – 9 – 1 تمارين نظرية

1) أذكر دور المياه في ازدهار الحضارات واندثارها. مع إعطاء أمثلة مناسبة.
2) أي الأشياء التالية تحوي كمية أكبر من المياه: بروتوبلازم الخلية الحية وبلازما الجسم والعظام واللحوم والفواكه؟
3) أذكر خمسة مناشط يستخدم فيها الماء لخدمة الإنسان.
4) ما المقصود بدورة الماء الطبيعية؟ وما الرأي الشرعي في ذلك؟
5) ما نسبة تقدير المياه العذبة بالنسبة لكل المياه بالكرة الأرضية؟
6) ما أهم الموارد المائية؟ وأي منها أكثر عرضة للتلوث؟ ولماذا؟
7) عدد العوامل المؤثرة على نوع وكمية المياه السطحية.
8) ما المقصود بالمصطلحات التالية : ماء مستعذب وماء عذب وماء صرف صحي وماء قعاع؟
9) بين أهم الفروق الطبيعية والكيماوية والحيوية بين المياه السطحية والجوفية.
10) كيف يمكن اختيار مصدر الماء ومفاضلته مع مصادر أخرى بالمنطقة؟

11) ما الفرق بين أنواع التساقط التالية: التساقط الجبلي والإعصاري وتساقط السهل؟
12) بين كيفية كل من التساقط السائل والصلب.
13) كيف يمكن تقدير السقيط لعاصفة معينة فقد سجلها علماً بوجود بيانات لثلاث محطات رصد مجاورة لها؟
14) ما الفرق بين الطرق التالية لإيجاد ارتفاع السقيط: طريقة التساقط المتوسط الحسابي، وطريقة ثايسن، وطريقة خرائط توزيع المطر؟ وأيها تفضل؟ ولماذا؟
15) ما العوامل المؤثرة على تسرب وتخلخل مياه الأمطار عبر سطح التربة للمخزون الجوفي؟
16) تحدث بإيجاز عن أهم المعادلات المستخدمة لتقدير التسرب. مع تبيان الفروق بينها.
17) كيف تستخدم المعادلة التالية لتقدير شدة الأمطار: $i = a / (t+b)$
18) ما الفرق بين البخر والنتح؟
19) عدد طرق تقدير كمية البخر. وأيهما أفضل؟
20) ما التعديل الذي أجراه مونتيث لطريقة بنمان؟ وما فائدة هذا التعديل؟
21) ما الفرق بين التجمع السقفي والأرضي لمياه الأمطار؟ وأيهما أكثر عرضة للتلوث؟ ولماذا؟
22) ما الأثر الذي ينتج من زيادة مواد التغذية في البحيرات؟
23) ما الفرق الهيدروليكي بين الأنهار السريعة والبطيئة الجريان؟
24) ما فائدة المأخذ المباشر لمياه النهر؟ وما أهم معايير وأسس تصميمه؟
25) ما أسباب تدني دفق النيل الأبيض مقارنة بالنيل الأزرق؟ وأي منهما تسهل معالجة مائه (مع توضيح الأسباب)؟
26) ماذا تعني المصطلحات التالية: تصريف الذروة، ومعادلة تجريبية، وتحليل إحصائي، وبرابخ؟
27) ما أهم الافتراضات التي بنيت عليها الطريقة العقلية لتقدير الانسياب السطحي؟
28) أذكر أهم العوامل المؤثرة على معامل الانسياب السطحي؟
29) عين الفرق بين طريقة الحقن الثابت واللحظي عند استخدام المواد المشعة الإستشعافية لتقدير الدفق.
30) أكتب بإسهاب عما يأتي:

أ) استخدام منحنى انسياب الكتلة لتقدير معدل الانسياب.

ب) تلوث البيئة البحرية.

ج) تلوث المخزون الجوفي.

د) استكشاف الماء الجوفي.

31) بين أهم أقسام المياه الجوفية على حسب المصادر.

32) ما أهم سمات فرضيات ديبوت لانسياب الماء عبر حوض جوفي؟

33) كيف يمكن التفرقة بين الينابيع التلامسية، والفياضة، والعازلـــة، وينـــابيع الصـــدوع؟ استعن بالرسم لتوضيح إجابتك.

34) ما أهم فوائد الينابيع الحارة والمعدنية؟

35) كيف يمكن حماية نوع ماء الينبوع وكميته؟

36) عرف أجزاء البئر التالية: عمود الإدارة، والغلاف، والساحب، ورأس البئر.

37) بين أهم أقسام الآبار الجوفية.

38) عدد أهم سبل تلوث ماء الآبار. وكيف يمكن منع التلوث ومكافحته؟

39) أذكر أهم محاسن ومساوئ الآبار النافورية وتلك المحفورة بالأيدي.

40) أذكر العوامل المؤثرة على إنتاجية البئر؟

41) ما المقصود بسجل البئر؟

42) قارن بين أنواع المياه التالية: الينابيع، والبرك، والأنهار، والأمطار. أيهما أفضل لماء الشرب؟

43) أذكر أهم خواص الماء.

44) ما المقصود بالماء الطهور والماء المطلق؟

45) بين وجوب الطهارة بالكتاب والسنة.

46) ما أهم أقسام المواد الصلبة التي قد توجد في الماء؟

47) ما أهم منتجات الطعم والرائحة في الماء؟

48) كيف يمكن قياس التالي: المواد الصلبة العالقة، وعكر المـــاء، والملوحـــة، وللتـــوتر السطحي، والموصلية الكهربائية؟

49) عدد أهم أنواع الروائح البغيضة في الماء ومصادرها الرئيسة.

50) ما أهم مشاكل الملوحة للإنسان وللنبات؟ وكيف يمكن معالجتها؟

51) ما أهم العوامل المؤثرة على الخواص الانسيابية للماء ودرجة لزوجته؟

52) ما الفرق بين الرطوبة والرطوبة النسبية؟

53) ما المضار الصحية للمواد المشعة؟

54) أذكر الجسيم المنبعث من النظائر المشعة التالية: بولونيوم، وكوبــــالت، ويورانيــــوم، وراديوم، وثوريوم.

55) ما الفرق بين المواد العضوية والمواد غير العضوية؟

56) ما فائدة قياس الرقم الهيدروجيني للماء؟ وكيف يؤثر في أداء وحدات الاستعذاب؟

57) ما الفرق بين عسر الماء الدائم والمؤقت؟ وكيف يمكن إزالته؟

58) أكتب بإيجاز عما يلي:

- الطرق الكيماوية لتيسير الماء.

- تبادل الأيونات لتيسير الماء.

- ذوبانية غاز الأكسجين في الماء.

- حاجة الأكسجين الحياكيميائي.

59) بين أهم العناصر المؤثرة في دورة النتروجين.

60) عرف التالي: الخضاب المتبدل، والوشيقية، وزرقة الأطفال.

61) ما أثر وجود كل مما يلي بكميات كبيرة في الماء: البروتين، والمواد الكربوهيدرلتيــــة، والشحوم، والفينول، والنحاس؟

62) عدد أهم طرق التحكم في الفلور الموجود في الماء.

63) "يجب التركيز علي الخواص الحيوية للماء خاصة لإنسان الريف". ناقش هذه العبارة.

4 – 9 – 2 تمارين عملية

1)جد التالي لكتلة من الهواء على درجة حرارة 21.4° مئوية، ورطوبة نسبية 84%

أ) ضغط البخار المتشبع.

ب) ضغط البخار الحقيقي.

جـ) العجز في التشبع.

د) نقطة الندى. (الإجابة: 19.11، 16.05، 3.06 ملم زئبق، 18.6° م)

2)قدر أن المتوسط الحسابي للأمطار بمنطقة معينة يساوي 187 ملم على حسب البيانات المدرجة في الجدول التالي للأمطار المسجلة في محطات رصد هيدرولوجية مجاورة لبعضها البعض:

رقم المحطة	مقدار الأمطار (ملم)
أ	117
ب	202
جـ	؟
د	309

جد متوسط الأمطار في المحطة (د). (الإجابة: 120 ملم)

3)توجد في منطقة معينة خمس محطات رصد هيدروليكية لقياس الأمطار. جد متوسط الأمطار مستخدماً طريقة ثايسن لحساب متوسط الأمطار الهاطلة بالمنطقة، علماً بأن رسم مضلعات ثايسن كما موضح في الجدول التالي:

رقم المحطة	متوسط الأمطار (ملم)	مساحة مضلع ثايسن المحيط بالمحطة (كلم^2)
أ	20	15
ب	24	28
جـ	28	34
د	19	12
هـ	44	22

(الإجابة: 28.1 ملم)

4) ضاع أحد سجلات الأمطار من محطة رصد هيدرولوجية (ي) لأحد الأيام العاصفة. غير أن تقديرات الأمطار في ثلاثة محطات (أ) و(ب) و(ج) محيطة بالمحطة (ي) تعادل 28، 32، 47 ملم على الترتيب. جد قيمة السقيط أثناء الزوبعة في المحطة (ي)، علما بأن السقيط السنوي العادي في المحطات (ي) و(أ) و(ب) و(ج) يساوى 306، 514، 428، 626 ملم على الترتيب. (الإجابة: 63 ملم)

5)يبين الجدول التالي الأمطار التي هطلت على مدى أسبوع لمحطة رصد هيدرولوجية يساوي دليل السقيط في المحطة 69 ملم في اليوم الأول من يوليو:

التاريخ	كمية الأمطار الساقطة (ملم)
7 يوليو	40
9 يوليو	75
15 يوليو	39

أ) جد دليل السقيط ليوم 20 يوليو.

ب) جد دليل السقيط ليوم 20 يوليو بافتراض عدم سقوط أمطار بالمنطقة.

(يمكن أخذ الثابت k ليساوي 0.81). (الإجابة: 25، 1.3 ملم)

6)استخدم ضغط مقداره 1600 كيلو نيوتن/م^2 لضغط سائل حجمه 914 سم^3 في أسطوانة حجمها لتر. جد معامل المرونة الحجمي للسائل (الإجابة: 18.6×10^6 نيوتن/م^2)

7)ما نوع انسياب المواد التالية طبقاً لبيانات القص وميل السرعة المبينة بالجدول التالي لدرجة حرارة ثابتة:

المادة الأولى		المادة الثانية	
ميل السرعة dv/dy (زاوية نقية/ث rad/s)	القص (كيلو باسكال)	ميل السرعة dv/dy (زاوية نقية/ث rad/s)	القص (كيلو باسكال)
0	0	0	0
3	1.3	3	0.6
4	2.5	4	1.2
5	3.6	8	1.8
6	5	12	2.4
7	10	18	3
8	22		

(الإجابة: سائل متمدد، سائل نيوتوني) (ملحوظة: نقية = نصف قطرية)

8)تم غمر أنبوب زجاجي نظيف مفتوح داخل حوض به زئبق على درجة حرارة 20° م. جد الانخفاض في طول عمود الزئبق داخل الأنبوب علماً بأن قطر الأنبوب 3.8 ملم

وقوة التوتر السطحي للزئبق لدرجة حرارة $20°$ م تبلغ 0.466 نيوتن/م، وكثافته 13600 كجم/م^3 ووزنه النوعي 133 كيلونيوتن/م^3 ودرجة لزوجته الكينامتيكيـــة $1.15×10^{-7}$ م^2/ث. (الإجابة: 1.8 ملم)

9) أي من البيانات التالية يوجد شك لاختبار تركيز المواد الصلبة لعينة من الماء العكر:

تركيز المواد الصلبة الكلية = 211 ملجم/لتر

تركيز المواد الصلبة العالقة الثابتة = 94 ملجم/لتر

تركيز المواد الصلبة العالقة المتطايرة = 202 ملجم/لتر

تركيز المواد الصلبة العالقة = 296 ملجم/لتر؟

10) إذا علم أن نصف العمر لنواة مادة مشعة يساوى 5.3 سنة، جد المدة اللازمة لتخزين 4 كيلوجرامات من هذه المادة ليصل وزنها إلى 0.6 كيلوجرام. كم من الزمن يلزم للتخلص من 96 بالمائة من هذه المادة؟ (الإجابة: 14.5 سنة، 24.6 سنة)

11) يتفاعل العنصران "أ" و"ب" لإنتاج العنصرين "جـ" و "د" علـــي حســب المعادلـــة الكيماوية التالية:

أ + ب ⇔ جـ + د

بافتراض أن ثابت التفاعل يساوي 0.2، جد تركيز كل من العنصرين "أ" و"ب" عند اتزان التفاعل، علماً بأن درجتي تركيزهما عند بداية التفاعل تساويان 5 و 3 مول/لتر على الترتيب، (الإجابة: 3.82، 1.82، 1.18، 1.18 مول/لتر)

12) كم يبلغ تركيز أيون الهيدروكسيل بالمليجرام علـــى للـــتر لعينة معينة رقمهـــا الهيدروجيني يساوي 3.36. (الإجابة: $3.9×10^{-2}$ ملجم/لتر)

13) يبين الجدول التالي تركيز الأيونات في عينة من الماء مقدرة بالملليجرام على اللتر:

درجة التركيز	الشوارد السالبة	درجة التركيز	الشوارد الموجبة
183	HCO_3^-	42	Ca^{++}
81.6	SO_4^-	25.5	Mg^{++}
17.75	Cl^-	36.8	Na^+
18.6	NO_3^-		

جد :

أ – كل من العسر الكلي والكربوني والدائم للماء.

ب – جد مقدار الخطأ في التجربة بافتراض أن الخطأ المقبول يجب ألا يتجاوز 10 بالمائة.

جـ– أرسم المخطط الخطي لعينة الماء.

د – أذكر الاتحادات المحتملة لكل من الشوارد الموجبة والسالبة لعينة الماء.

(الإجابة: 210، 150، 60 ملجم/لتر 5%، $CaCO_3$)

14) يحتوي ماء على 5000 ملجم/لتر من أيون الكلوريد عند درجة حرارة 19° م وتحت ضغط جوى 70 سم زئبق.

أ) جد قيمة درجة تركيز الأكسجين المذاب في الماء.

ب) ما مقدار الزيادة المئوية لتركيز الأكسجين المذاب عند رفع الضغط إلى 60 سم زئبق؟ (الإجابة: 8.2 ملجم/لتر، 14%)

15) يبين الجدول التالي نتائج اختبار حاجة الأكسجين الحيا–كيميائي لعينة ما:

حاجة الأكسجين الحيا–كيميائي (ملجم/لتر)	الزمن (يوم)
94	1
141	2

جد قيمة ثابت التفاعل وحاجة الأكسجين الحيا–كيميائي بعد مضي 5 أيام بافتراض تفاعل من الدرجة الأولى. (الإجابة: 0.693 /يوم، 182 ملجم/لتر)

16) أشار اختبار حاجة الأكسجين الحيا–كيميائي لعينة مخففة من الفضلات السائلة للنتائج المبينة في الجدول التالي:

الزمن	حاجة الأكسجين الحيا–كيميائي (ملجم/لتر)	الزمن	حاجة الأكسجين الحيا–كيميائي (ملجم/لتر)
1	18	5	51
2	31	6	53
3	41	7	54
4	47	8	56

أ) أرسم منحنى حاجة الأكسجين الحيا–كيميائي مع الزمن.

ب) جد ثابت معدل التفاعل وقيمة حاجة الأكسجين الحيا–كيميائي النهائية مستخدما طريقة توماس.

جـ) جد قيمة ثابت معدل التفاعل للأساس 10. (الإجابة: 0.34/يوم، 63 ملجم/لتر، 0.15 /يوم)

17) جد قيمة الأكسجين الحيا-كيميائي الكلي لمحلول 0.2 مولار من الإيثانول CH_3CH_2OH ومحلول 0.1 مولار من حمض الأوكسالي COOHCOOH. (الإجابة: 20.8 جم/لتر)

4 - 10 المراجع والمصادر

1. ابن منظور، لسان العرب، مكتب تحقيق التراث، دار إحياء التراث العربي، مؤسسة التاريخ العربي، بيروت، لبنان، الطبعة الثانية، 1993.
2. أحمد محمد الحوفي، ديوان شوقي: توثيق وتبويب وشرح وتعقيب، الجزء الأول، دار نهضة مصر للطبع والنشر، الفجالة، القاهرة، 1977، ص. 232 - 244.
3. عصام محمد عبد الماجد، الهندسة البيئية، دار المستقبل للطباعة والنشر، عمان، الأردن، 1995.
4. عصام محمد عبد الماجد، التلوث المخاطر والحلول، المنظمة العربية للتربية والثقافة والعلوم (حائز على جائزة)، القباضة الأصلية، تونس، تحت الطبع.
5. عصام محمد عبد الماجد وبشير محمد الحسن، إمدادات المياه بالسودان، دار جامعة الخرطوم للنشر، المجلس القومي للبحوث، الخرطوم، السودان، 1986.
6. Rowe, D. R. and Abdel-Magid, I. M., Handbook of Wastewater Reclamation and Reuse, CRC Press\Lewis Publishers, Boca Raton, 1995.
7. Raju, B. S., Water Supply and Wastewater Engineering, Tata McGraw - Hill Publishing Co. ltd., New Delhi, 1995
8. Murakami, M., Managing Water for Peace in the Middle East Alternative Strategies, United Nations University Press, Tokyo 1995.
9. Korzun, V. I., et al., World Water Balance and Water Resources of the Earth, UNESCO, USSR Committee for international hydrological decade, 1976.
10. Hammer, M. J. and MacKichan, K. A., Hydrology and Quality of Water Resources, John Wiley and sons, New York, 1981.

11.   Wilson, E. M., Engineering Hydrology, 3rd Ed., Macmillan Education, Hong Kong, 1987.

12. مجمع اللغة العربية، المعجم الوجيز، طبعة خاصة‏بـــوزارة التربيـــة والتعليـــم، جمهورية مصر العربية، الهيئة العامة لشؤون المطابع الأميرية، 1995.

13.   Paisson, M. L., The Water Cycle with Emphasis on Recycling, Seminar held at the College of Engineering, Civil Eng. Dept., Sultan Qaboos University on 4th March 1996, Muscat, Sultanate of Oman.

14.   DePaz, M., The Properties and Structure of Water, International Center of Hydrology, Padova University, 1972.

15.   Mostafa M. Soliman و Engineering Hydrology of Arid and Semi-Arid Regions, CRC Press; 1 Edi, 2010

16.   House, S., Reed, B., Emergency Water Sources: Guidelines for Selection and Treatment, Water Engineering and Development Centre (WEDEC), Loughborough University, Leicestershire, 1997.

17.   Serra, L., Precipitation, Padova, International Center for hydrology Dino Tonini, 1977.

18.   Viessman, W., Lewis G. L. and Knapp, J. W., Introduction to Hydrology, 3rd Edi., Harper and Row, Publishers, New York, 1989.

19.   Linsely, R. K., Kohler, M. A. and Paulhus, J. L. H., Hydrology for Engineers, McGraw Hill Book Co., New York, 3rd Ed. 1982.

20.   Brooks, K. N. Ffolliott, P. F. and Magner, J. A., Hydrology and the Management of Watersheds, Wiley-Blackwell; 4 edi., 2012

21.   Horton, R. E., A Simplified Method of Determining the Constants in the Infiltration Capacity Equation, Trans. Am. Geophys. Union, XXIII, Part II 1942 p. 575 - 577

22.   Raudkivi, A. J., Hydrology - an Advanced Introduction to Hydrological Processes and Modeling, Pergamon Press, Oxford, 1979.

23.   Hendriks, M., Introduction to Physical Hydrology, Oxford University Press; 1 edi., 2010

24.   Penman, H. L., Natural Evaporation from Open Water, Bare soil and Grass, Proc. Roy. Soc.-Ser. A., 1948, 193, 120-145

25.   Monteith, J. L., Evaporation and Environment, Symp. Soc. Exp. Biol., 19, 1965, 205-234.

26. Zanovello, A., Behavior of Lake Waters, Padova University, Instituto di Idrauliga, 1977

27. Ibrahim, A. M., Likely Irrigated Agriculture of 2000 AD, (Unpublished report)

28. Permanent Joint Technical Commission for Nile waters: Agreement between the republic of the Sudan and United Arab Republic for the Full Utilization of the Nile waters

29. Soghayroon El Zein, An approach to water conservation: Projects for reduction of losses in some tributaries of the Nile, Sudan Energy Society J., No. 21 (1974) 1-16

30. Singh, B. P., Isotopes in Hydrology, Hydrogeology, and Water Resources, Alpha Science Intl Ltd; 1 edi., 2005

31. Water for the World, US Agency for International Development, National demonstration project, Institute for Rural water, National Environmental Health Association 1982, Tecnical Notes, RWS, Rv1 1.p. 1-4.

32. Todd, D. K. and Mays, L. W., Groundwater Hydrology, Wiley; 3 edi., 2004.

33. Nathanson, J. A., Basic Environmental Technology: Water Supply, Waste Disposal, and Pollution Control, John Wiley and Sons, New York, 1986.

34. Viessman, W. and Hammer, M. J., Water Supply and Pollution Control, Prentice Hall; 8th Edi., 2008

35. Abdel-Magid, I. M., Problem Solving in Environmental Engineering, Dammam University Press, Dammam, KSA, 2012.

36. Abdel-Magid, I. M., Hago, A., and Rowe, D. R., Modeling Methods for Environmental Engineers, CRC Press/Lewis Publishers, Boca Raton, FL, 1997.

37. أبو بكر جابر الجزائري، منهاج المسلم: كتاب عقائد وآداب وأخلاق وعبادات ومعاملات، دار السلام للطباعة والنشر والتوزيع والترجمة، القاهرة، 1994.

38. صحيح مسلم بشرح النووي، الدار الثقافية العربية، بيروت، الطبعة الأولــــى، 1929.

39. American Public Health Association and AWWA (American Water Works Association), Standard Methods for the Examination of Water and Wastewater, American Water Works Assn; 22 edi., 2012

40. Berger, B. B. Ed., Control of Organic Substances in Water and Wastewater, Noyes Data Co., New Jersey 1987.

41. Inc. Metcalf & Eddy and Tchobanoglous, G., Wastewater Engineering: Treatment and Resource Recovery, McGraw-Hill Education; 5 edi., 2013

42. Fetter, C.W. Jr., Applied Hydrogeology, Prentice Hall; 4 edi., 2000

43. US Department Health Education And Welfare, Radiological Health, US Printing Office, Washington, DC, 1970, 413-441.

44. Bushong S. C., Radiologic Science for Technologists: Physics, Biology, and Protection, Mosby; 10 edi., 2012

45. Assembly of Life Sciences (U.S.). Commit, The Health Effects Of Nitrate, Nitrite, And N- Nitroso Compounds: Part 1 Of A 2-part Study, Volume 1 Nabu Press, 2012

46. Sawyer, C. N. and McCarty, P. L., Chemistry for Environmental Engineering and Science, McGraw-Hill Education; 5 edi., 2002.

47. Bryson, C. and Colborn, T., The Fluoride Deception, Seven Stories Press; 1 edi., 2006

48. Sundaresan, B. B., Guidelines on Technologies for Water Supply Systems for Small Communities, Eastern Mediterranean Region, Alexandria, 1984.

الفصل الخامس
الماء والصحة العامة

"اللهمّ ربَّ النَّاسِ مُذهِبَ البأسِ اشفِ أنتَ الشَّافي لا شافي إلا أنتَ شِفاءً لا يُغادِرُ سقماً". "بسمِ اللَّه تُرْبَةُ أرضِنا ورِيقَةُ بَعْضِنا يُشْفَى سقِيمُنا بإذْنِ رَبِّنا".

5 - 1 الصحة بين اللغة والدين

ورد في لسان العرب {1} الصُّحُ والصِّحَّةُ والصَّحاحُ: خلاف السُّقْمِ، وذهاب المرض، وقد صَحَّ فلان من علته واستصح. وقد صَحَّ يصح صِحَّة، ورجل صحاح وصحيح من قوم أصِحاء وصِحاح فيهما، وامرأة صحيحة من نسوة صِحاح وصَحائح. وأصح الرجل، فهو مصح: صح أهله وماشيته، صحيحاً كان هو أو مريضاً. وأصَحَّ القوم أيضاً، وهم مُصِحون إذا كانت قد أصابت أموالهم عاهة ثم ارتفعت. وفى الحديث: "**لا يُورِدُ المُمْرِضُ على المُصِحّ**"، المُصِحُّ الذي صَحَّتْ ماشيته من الأمراض والعاهات، أي لا يورد من إبله مرضى على من إبله صِحاح ويسقيها معها، كأنه كره ذلك أن يظهر بمال المُصِح ما ظهر بمال المُمْرِض، فيظن أنها أعدتها فيأثم بذلك، وقد قال صلى الله عليه وسلم: "**لا عدوى**"، وفى الحديث الآخر: "**لا يورِدَنَّ ذو عاهة على مُصِحّ**" أي أن الذي قد مرضت ماشيته لا يستطيع أن يورد على الذي ماشيته صحاح. وفى الحديث: "**الصوم مَصَحَّةٌ ومَصِحَّةٌ**"، بفتح الضاد وكسرها، والفتح أعلى، أي يصح عليه، هو مَفْعَلة من الصَّحَّة والعافية، وهو كقوله في الحديث الآخر: "**صوموا تَصِحُّوا**". والسفر أيضاً مَصِحَّة. وأرض مَصَحَّة ومَصِحَّة: بريئة من الأوباء صحيحة لا وباء فيها، ولا تكثر فيها العلل والأسقام {1}. وقد عرّفت منظمة الصحة العالمية الصحة على أنها: حالة من المعلفاة الكاملة الطبيعية، والعقلية، والاجتماعية، وليس فقط عدم وجود المرض أو العجز أو الإعاقة.

وقد ورد في صحيح البخاري {2} الحديث 546 كتاب المرضى والطب "حدَّثني عبدُ اللَّهِ بنُ محمَّدٍ حدثنا عبدُ الملكِ بنُ عمرو حدثنا زهيرُ بنُ محمَدٍ عنْ محمَّدٍ بن عمرو بنِ حَلْحَلَة عنْ عِطاءِ بنِ يَسار عنْ أبى سعيدٍ الخُدْرِيِّ. وعنْ أبى هريرةَ عنِ النبيِّ صلى الله عليه

وسلم قال: **ما يصيبُ المسلمَ منْ نَصَبٍ ولا وصَبٍ ولا هَمٍّ ولا حُزْنٍ ولا أذى ولا غَمٍّ حتَّى الشَّوْكَةِ يُشاكُها إلا كَفَّر اللَّه بها منْ خطاياهُ**". وقد ورد أيضاً في صحيح البخاري {2} الحديث 549 كتاب المرضى والطب "حدَّثنا عبدُ اللَّهِ بنُ يوسفَ أخبرنا مالكٌ عن محمَّد بن عبدِ اللَّهِ بن عبدِ الرَّحمنِ بن أبي صَعْصَعَةَ أنَّهُ قال سمعتُ سعيدَبن يسارٍ أبا الحُبابِ يقولُ سمعتُ أبا هريرةَ يقولُ قال رسولُ اللّه صلى الله عليه وسلم : **من يُرِدِ اللَّه به خيراً يُصِبْ منهُ**". كما ورد في صحيح البخاري {2} الحديث 582 كتاب المرضى والطب "حدَّثنا إسماعيلُ حدَّثني مالكٌ عنْ هشامِ بنِ عروةَ عنْ أبيهِ عنْ عائشةَ رضي اللَّه عنها قالت لما قدمَ رسولُ اللَّهِ صلى الله عليه وسلم وُعِكَ أبو بكرٍ وبلالٌ قالت فدَخَلتُ عليهما فقُلتُ يا أبتِ كيفَ تَجدُكَ ويا بلالُ كيفَ تجدكَ قالتْ وكانَ أبو بكرٍ إذا أخذتهُ الحمَّى يقولُ:

كلُّ امرئٍ مُصَبَّحٌ في أهلِهِ والموت أدنى منْ شِراكِ نعلِهِ

وكان بلالٌ إذا أُقلِعَ عنهُ يرفعُ عقيرتهُ فيقول:

ألا ليتَ شِعري هلْ أبيتنَّ ليلةً بوادٍ وحَولي إذْخِرٌ وجليلُ

وهلْ أرِدَنْ يوماً مِياهَ مِجَنَّةٍ وهلْ تَبْدُونْ لي شَامَةٌ وطَفِيلُ

قال قالت عائشةُ فجئتُ رسولَ اللَّهِ صلى الله عليه وسلم فأخبرتهُ فقال: **اللَّهُمَّ حَبِّبْ إلينا المدينةَ كحُبِّنا مكَّةَ أو أشدَّ وصَحِّحها وباركْ لنا في صاعِها ومُدِّهَا وانقُلْ حُمَّاها فاجعَلها بالجُحْفَةِ**".

لقد ورد في السنة النبوية الشريفة في صحيح البخاري {2} الحديث 616 كتاب الطب "حدَّثنا عبدُ العزيزِ بنُ عبدِ اللَّهِ حدثنا إبراهيمُ بنُ سعدٍ عنْ صالحٍ عنِ ابن شِهابٍ قال أخبرني أبو سَلمةَ بنُ عبدِ الرَّحمنِ وغَيرُهُ أنَّ أبا هريرةَ رضي اللَّه عنه قال إنَّ رسولَ اللّه صلى الله عليه وسلم قال" **لا عدوى ولا صَفَرَ ولا هامةَ** فقال أعرابيٌّ يا رسولَ اللَّهِ فمابالُ إبلي تَكُونُ في الرَّمْلِ كأنها الظِّباءُ فَيأتي البَعيرُ الأجْرَبُ فيَدْخُلُ بينها فَيُجْرِبُها فقال **فمنْ أعْدَى الأوَّلَ**". وقد ورد في صحيح البخاري {2} الحديث 620 كتاب الطب "حدَّثني يحيى بن سُليمان حدَّثني ابنُ وهبٍ قال حدَّثني مالكٌ عنْ نافعٍ عنِ ابنِ عمرَ رضي اللَّه عنه عنِ النبَّي صلى الله عليه وسلم قال: **الحمَّى منْ فَيْحِ جَهَنَّمَ فأطْفِئوها بالماءِ**". وقد ورد أيضاً في صحيح البخاري {2} الحديث 674 كتاب الطب "حدَّثنا قُتيبةُ حدَّثنا إسماعيلُ بنُ جعفرٍ عنْ عُتبةَ بنِ مسلمٍ مولى بني تميمٍ عنْ عُبيدِ بنِ حُنينٍ مولى بني زُريقٍ عنْ أبي هريرةَ رضي

اللّه عنه أنَّ رسولَ اللّه صلى الله عليه وسلم قال: **إذا وقعَ الذُّبابُ في إناءِ أحدِكُمْ فَلْيَغْمِسْهُ كُلَّهُ ثُمَّ لِيَطْرَحْهُ فإنَّ في إحدى جناحيهِ شِفاءً وفى الآخَرِ داءً**".

5 – 2 المخاطر الصحية ذات الصلة بالماء

5 – 2 – 1 مقدمة

لابد من العمل على إيفاء المستهلك بالكميات المطلوبة من الماء في الوقت المعين وبصورة مستمرة مقبولة، كما يجب العمل على استعذاب الماء والمحافظة على نقائه لحين استعماله. ومن المعلوم أن ما يربو على الخمسين بالمائة من كل الأمراض المعروفة لها علاقة باستخدام مياه غير مأمونة صحياً أو ذات نوعية متدنية.

ويقيناً فقد ألهم الله عز وجل الإنسان الاهتداء إلى العلاقة الوثيقة بين الماء والأمراض والصحة العمومية منذ زمن بعيد وتاريخ طويل، وعلى سبيل المثال أشار أبوقراط إلى علاقة الحميات بمناطق المستنقعات، وأشار أنتوني فان ليفن هوك إلى علاقة البكتريا والحيوانات الأوالي (البروتوزوا) بالأمراض، ووصف د. جون سنو العلاقة بين الهيضة (الكوليرا) واستهلاك المياه من بئر في شارع بوند بلندن، وعزى بد Budd انتشار التيفود إلى استهلاك الماء الملوث، وأبان مانسون علاقة الماء بمرض الفلاريا، وأتى لويس باستير وروبرت كوخ بالثورة الصحية وتكوين نظرية الميكروبات وانتشار الأمراض المعدية ذات الصلة بالمياه. وكما تتأثر صحة الإنسان بالجراثيم فإنها تتأثر أيضاً بالمواد الكيماوية السامة والمسرطنة والمُطفِّرة (بضم الميم وفتح المهملة وكسر الفاء المشددة) وغيرها من مشاكل التلوث الكيماوي.

تضم مملكة الأحياء المجهرية الكائنات وحيدة الخلية، والخلايا البسيطة، والكائنات متعددة الخلايا. ولهذه الأحياء المجهرية أثر هام وفاعل في كثير من أوجه التقانة، والحياة العامة، وصحة الإنسان وطعامه ومصنوعاته ومصوغاته ومناشطه الزراعية والصناعية والطبية والجمالية. وعلى وجه الخصوص تدخل في التالي:

- صناعة الأغذية: تخمير العجين لعمل الخبز بواسطة الفطرية السكرية الجعوية *Saccharomyces cerevisiae* وتحضير الخل بمساعدة بكتريا الحمض الخلي، وصناعة الجبن والزبد بمساعدة بكتريا الحمض اللبني والعصيات الملبنة (عصيات

اللاكتوز *Lactobacilli*) وإنتاج مواد التغذية المساعدة لاستخدامها كغذاء للطيور والحيوانات.

- الصناعات الكيميائية: إنتاج الأسيتون والبيتانول بواسطة المطثية اسيتوبوتيليكم *Colstridium aceto-butylicum* وصناعة بعض الأحماض العضوية كحمض الليمون Citric acid والحمض الجلوكوني Gluconic acid التي تنتج بواسطة الرشاشية السوداء *Aspergillus niger* ، وإنتاج بعض الإنزيمات مثل إنتاج إنزيم ستربتوكيناز *Streptokinase* بواسطة العقدية الحالة للدم *Streptococcus hemolyticus* وإنزيم انفيرتاس Invertas والذي تنتجه الفطريات مثل الفطرية السكرية الجعوية *Saccharomyces cervisiae* .
- إنتاج العقاقير الطبية: مثلاً إنتاج المضادات الحيوية وإنتاج البنسلين بواسطة مصنفات المكنسية *Penicillium spp*. وتحضير الاستربتوميسين *Streptomycin* بواسطة الاستربتوميسين ايروفاسينس *S. aureofaciens* والاستربتوميسين رايموسس *S. rimousus*
- التقانات الهندسية: معالجة وموازنة الفضلات والمخلفات، وتنقية المياه، وإنتاج الوقود وغاز الميثان، وتصنيع الغذاء والعلف، وإنتاج الأسمدة، والمدخلات الزراعية لتثبيت النتروجين في التربة والبذور، والتحكم الحيوي في الحشرات والأعشاب، وغيرها.

<u>5 – 2 – 2 الجراثيم الممرضة</u>: يمكن أن تعيش الجراثيم التي تنقل الأمراض المعوية لفترة زمنية طويلة في المياه والمزروعات أو في التربة عندما تجد المناخ المناسب والظروف الملائمة. وتؤثر عدة عوامل في نمو الجراثيم وتكاثرها وحياتها ونشاطها، كما وتتحكم أيضاً في عملها، ومن هذه العوامل: عدد الجراثيم ونوعها، والظروف المؤثرة على معدل تكاثر الأحياء المجهرية (درجة الحرارة، والرطوبة، والمواد المغذية، والرقم الهيدروجيني، وتركيز المواد العضوية بالتربة، وكمية الأمطار والتساقط وشدتها وفترة التهاطل، وضوء الشمس، والحماية بوساطة نباتات الزينة، ووجود أحياء مجهرية أخرى منافسة) {3–9}. ويسود الاعتقاد بوجود عدة طرق تنتقل بها جراثيم الأمراض من الإنسان إذا شاء الله عز وجل، ومن هذه الطرق:

<u>طرق ميكانيكية</u>: بالتلامس المباشر بين شخص وآخر (الأقدام، والأيدي، والجلد)، أو بالبلع والشرب والأكل (الجهاز المعدي المعوي)، أو باستنشاق جراثيم ممرضة، أو

من الهواء مباشرة، أو عن طريق التعرض لأشياء ملوثة، أو باستخدام (أو للدخول في) مصدر مياه ملوثة، أو عند إعادة استخدام الفضلات السائلة ودورانها. ومن أمثلة الأمراض التي قد تنتقل بهذا السبيل: التراكوما، والرمد الصديدي.

طرق حيوية (بيولوجية): وتنتقل الأمراض بهذا الطريق بوساطة نولقل الجراثيم اللافقارية الماصة للدم، أو بواسطة الحيوانات والطيور التي تستضيف بعض جراثيم الأمراض. ومثال لهذه الأمراض: داء المثقبيات (مرض النوم)، وللبرداء (الملاريا)، والحمى الصفراء.

طرق حيوانية: وفيها تقوم بعض الحيوانات بنقل جراثيم المرض، ومن أمثال هذه الأمراض: الطاعون، والحمى التيفوسية.

وتفاقم عدة عوامل من مخاطر الإصابة بمرض معين ومنها: وجود كائن حي مجهري معدي، وعدم تأثر جرثومة المرض بالعلاج، وتعرض الشخص لجرثومة المرض، وتواجد جرثومة المرض بأعداد تؤهلها لنقل المرض وإصابة الفرد المعني {3-9}.

5 – 2 – 3 أقسام الأمراض: يمكن تقسيم الأمراض ذات الصلة بالمياه والإصحاح البيئي إلى: الأمراض المنقولة بالمياه، وأمراض عدم النظافة بالماء، والأمراض التلامسية، والأمراض ذات الصلة بنواقل الجراثيم، والأمراض الناتجة أصلاً من القصور في نظم الإصحاح البيئي {3-9}.

الأمراض المنقولة بالماء (الأمراض ذات المنشأ المائي، أو الأمراض ذات الصلة بنوعية الماء) Water borne diseases (Water quality related diseases)

في مثل هذه الأنواع من الأمراض يتم بلع جرثومة المرض مع الماء الملوث عبر نظام إمداد المياه. وتعمل المياه بصورة قاطعة كعامل خامل لميكروب المرض. وتصل معظم هذه الجراثيم إلى الماء نتيجة التلوث بالفضلات البشرية والحيوانية بطرق مباشرة أو غير مباشرة. ويعتقد أن أهم طرق[268] انتشار المرض من إنسان لآخر تضم التالي:

- انتقال جراثيم المرض من المراحيض المنشأة بالقرب من مصدر مياه الشرب إليه.
- انتقال الجراثيم وانتشارها من المراحيض المائية وحفر الامتصاص وخنادقه إلى خزان الماء الجوفي حيث تصل إلى المستهلك عبر الآبار الجوفية الضحلة أو الينابيع.

---

[268] حيث يتم تلوث الماء بعدة طرق

◆ انتقال الجرثومة من إنسان حامل لها إلى المصدر المائي (بـالتبرز، أو التبـول، أو الانبثاق عبر الجلد والمسامات الأخرى).

◆ انتقال الجراثيم عبر مصارف مياه الأمطار إلى الآبار والينابيع العذبة غير المحمية.

◆ انتقال الجراثيم لعدم وجود نظم الصرف الصحي الجيـدة والمراحيـض المناسبة بالمنطقة، حيثما يتبرز الناس في الأرض بالقرب من مصادر المياه.

ومن أمثلة هذه الأمراض حمى التيفود، والكوليرا (الهيضـة)، والتهـاب الكبـد المعـدي (اليرقان)، والدسنتاريا (الزحـار)، والقارديـا وإصـابات الإسـهال، وداء البريميّـات Leptospirosis (بفتح الموحدة وكسر الراء تتبعها مثناة تحتانية ثم ميم مكسـورة وفتـح المثناة التحتانية المشددة)، والحمى الباراتيفودية، وبعض فيروسـات الحمـات المعويـة Enterviruses.

<u>أمراض عدم النظافة (الأمراض ذات الصلة بكمية المـاء وسـهولة الحصـول عليـه)</u>
<u>Water washed diseases (Water quality and accessibility related)</u>
تنتقل هذه الأمراض لشح أو عدم وجود الماء النظيف للاستحمام، وغسل الأيدي قبل الطعام وبعده، ولعموم النظافة الشخصية، وبعد استخدام المُغتسل والكنيف (المرحاض)، ولغسـيل الملابس والأواني المنزلية، وعدم استخدام كميات الماء المناسبة المطلوبة. وربما انتقلـت هذه الأمراض بطرق مباشرة من إنسان لآخر، أو باستخدام طعـام ملـوث، أو بالأيـدي المتسخة، أو بالذباب إذا شاء الله عز وجل. ومن المجموعة الرئيسة لهذه الأمـراض تلـك التي تؤثر على الأجزاء الخارجية من الجسم والعيون والجلد. ومن أمثلة هذه الأمـراض: الزحار (الدسنتاريا) الباسيلي، والدسنتاريا الأميبية، وتسمم الطعـام، وداء السَّـلْمُونيلات (بتشديد وفتح المهملة تتبعها لام وضم الميـم يتبعهـا واو وكسـر للنـون)، والإسـهال، والباراتيفويد، والأنكلستوما، وداء الصَفَر (الأسكاريا) (بفتح المهملة وفتح الفاء)، وأمراض الجلد وتقرحاته، والرمد الصديدي، والتراكوما، والجرب، والسَعْفَة Tinea (بفتح المهملة والفاء)، والحمى القملية. وهذه الأمراض تنتقل :

◊ عندما لا يفي مصدر الماء بالكميات المطلوبة للاستخدام البشري.

◊ لبعد مصدر الماء عن المستخدمين.

◊ لشح الماء مما يحتم تقليل النظافة الشخصية أو منع النظافة المنزلية.

◊ لعدم التخلص من البراز بطرق صحية مناسبة مما يجعل من المراحيض أو للبراز مرتعاً للذباب (ناقل البكتريا والفيروسات)، أو ربما تم انتقال هذه الأمراض بالإنسان أو بالطعام.

◊ لجهل الناس بمناحي النظافة الشخصية مما يساعد علي انتقال لأمراض معينة مثل التراكوما، والجرب.

الأمراض التلامسية (الأمراض ذات الصلة بالجسم، الأمراض المتركزة بالمياه)

Water contact diseases (Water-based, Body- of - water related) diseases

ينتشر هذا النوع من الأمراض عبر إيصاله بواسطة مضيف مائي لا فقاري (عادة يكون حيوان). وجزء من حياة الميكروب وناقل المرض يأخذ مجراه في حيوان مائي لحين ملامسته لجلد الإنسان أو ولوجه من خلال العين والأنف والأذن وفتحات المخارج إلى المصاب. ومن أمثلة هذه الأمراض البلهارسيا (داء دودة للدم المثقوبة)، ودودة غينيا Kوالتُنَيْنَة Dracunculiasis (بضم المثناة فوق وفتح النون تتبعها مثناة تحتثم فتح النون)، وداء الخيطيات (الفلاريا) ،والفرنديت Guinea worm. أدى قيام مشروع الجزيرة بالسودان وبناء خزان سنار في عام 1924م، وزيادة الرقعة الزراعيةفي 1950م، إلى زيادة في حالات البلهارسيا. فمثلاً زادت المنشقة الدموية (بضم الميم وسكون النون وفتح الشين وتشديد القاف المفتوحة) *S. haematobium* من أقل من 1% في الفترة من عام 1924م إلى عام 1944م إلى ما يربو على 21% للبالغين و 45% للأطفال في عام 1952م. كما أن معدلات المنشقة المنسونية (بفتح الميم وسكون النون وضم السين وتشديد الياء المثناة تحت) *S. mansoni* كانت 5% في عام 1947م ثم ارتفعت إلى ما يقارب 9% في عام 1952م ثم إلى 77 إلى 86% في عمر السبع إلى تسع سنوات في عام 1973م {10}.

الأمراض ذات الصلة بنواقل المرض (الأمراض ذات الصلة بمصدر الماء – لأمراض الحشرة والناقل الحامل للجراثيم)

Water- related / Insect-vector carrier (Water site related) Diseases

تنتقل هذه الأمراض بوساطة نواقل للجراثيم مثل: بعض الحشرات، والحيوانات، أو غيرها من النواقل؛ والتي تعتمد في حياتها على نظام مائي أو تعيش بقربه. عادة هذه النواقل

متحركة وعدائية بالقرب من نظام مائي غير محمي مفتوح وساكن. وقد تحدث العدوى عندما تقوم الحشرة بحمل جرثومة المرض عند عضها لإنسان مبتلى، أو حيوان، ثم تقوم بعض شخص آخر، حيث يتم حقن الجراثيم داخل الجلد أو مجري الدم عند العض، ومن أمثلة هذه الأمراض:

- داء المِثْقَبِيّات (بكسر الميم تتبعها مثلثة وفتح القاف وكسر الموحدة وتشديد المثناة تحت)، أو مرض النوم الأفريقي والذي ينتقل بوساطة ذبابة التسي تسي التي تعيش في المناطق الرطبة العالية وتتكاثر في مناطق الأنهار تحت النباتات المخضرة النامية على ضفاف الماء.
- حمى النهر أو عمى الجور (كُلَّابِيَّة الذَّنَب: بضم الكاف وتشديد اللام وكسر الموحدة وتشديد المثناة تحت ثم فتح وتشديد الذال المعجمة) والتي تنتقل بوساطة الذبابة السوداء (ذبابة الذَلْفاء بفتح المعجمة) والتي تتكاثر عند التصاقها بالصخور والنباتات في الأنهار والمجاري المائية السريعة الجريان.
- داء الملاريا والتي تنتقل بوساطة أنثي بعوض الإنفيل Anopheles والتي تتكاثر في عدة مجمعات مائية مختلفة.
- الحمى الصفراء والتي تنتقل بوساطة بعوض الزاعجة المصرية *Aedes aegypti* التي تتكاثر في المياه الساكنة الشديدة التلوث وعادة تستريح في مناطق بعيدة من مناطق تكاثرها.
- الفلاريا وهذا مرض من دودة تنتقل بوساطة البعوض. ويتكاثر نوع هذا البعوض في البحيرات، والبرك، أو الماء في الأوعية وغلاف جوز الهند والصحون والميزاب gutter التي بها ماء في حالة سكون.

<u>الأمراض ذات الصلة بالإصحاح (أمرض التلوث للبرازي ذات الصلة بالتربة)</u>
<u>Sanitation- related diseases (Fecal polluted soil related)</u>

تنقل هذه الأمراض بوساطة من تنعدم عندهم النواحي الصحية للتخلص من الفضلات، كما يجهلون أهمية التخلص من الفضلات بصورة صحية صحيحة، وبسبب قصور أو انعدام النظم الجيدة للإصحاح. وينمو الطور الأول للدودة المسببة لهذا المرض في تربة ملوثة بالبراز ومن أمثلتها: الدودة الشِصِّية Hookworm بكسر المعجمة وكسر وتشديد المهملة (المَلْقُوة Ankylostoma بفتح الميم بعدها لام ثم ضم القاف وفتح وتشديد الواو)، والدودة

المدوَّرة. أما يرقة الدودة الشِصّية فتنمو وتعيش في التربة الرطبة الملوثة بالبراز الحاوي علي بيض الدودة. وتتغلغل إلى جسم الإنسان الحافي القدمين السائر على التربة الملوثة أو الواقف فيها. كما ويمكن أن تنتقل الدودة عبر الجلد أو الأيدي .أما الدودة المدوَّرة أو داء الصَفَر (الإسكريارس) فتنتقل عند بلع البيض الذي تلوث في التربة. ويقوم الأطفال بأكل البيض عند اللعب في التربة الملوثة، أو عندما يلقون الطعام في هذه التربة ثم يأكلونه، أو عند تعرض غذائهم لأيدي ملوثة، أو عند أكلهم لخضراوات ملوثة. وعادة تنتقل مثل هذه الأمراض عندما لا توجد مراحيض بالمنطقة، أو لعدم استخدام هذه المراحيض، أو لوجود التربة الملوثة، أو عند استخدام البراز غير المعالج كسماد، أو لعدم وجود منلهج التعليم المناسبة.

<u>5 – 2 – 4 ناقل (منتج) الجراثيم</u>: هو كائن حي يمكنه نقل جرثومة المرض، ويضم الناقل الحقيقي والحيوان مستودع الجراثيم. يعنى بالناقل الحقيقي الحشرات اللاسعة أو اللادغة. وتضم الحيوانات التي تعمل كمستودع للجراثيم الديدان التي تعيش في بعض النظم البيئية.

ومن أهم العوامل البيئية المؤثرة على حياة نواقل الجراثيم وتكاثرها وانتقالها: حركة الماء ومعدل دفقه وعمقه واستمراريته. كما وتؤثر أيضاً: خواص الماء (مثل الملوحة)، والتلوث العضوي، ودرجات تركيز الأكسجين، وضوء الشمس، ودرجة الحرارة، ووجود النباتات المائية الملائمة. ومن أهم نواقل الحشرات: الزاعجة المصرية، وبعوض برغش Culicine mosquito (داء الخَيْطِيَّة – الفيلاريا)، وبعوض الإنفيل Anopheline mosquito (البرداء)، والذبابة السوداء (الذلفاء) Simulium blackfly (داء كلابية الذنب)، والذبابة المنزلية (إسهالات)، وذبابة الحصان – ذبابة النعرة اللاسعةTabanid ، والذبابة الرملية (الفاصدة) Phlebotomine sandfly (داء الليشمانية)، وذبابة تسى تسى Tse tse fly (داء المثقبيات الأفريقي) أو الّلاسِنَةGlossina fly ، والديدان مثل الجوادف cyclops ، وديدان المَحّار المُلتوى Bulinus snails (التنينة).

عادة تتوزع نواقل الجراثيم، وجراثيم الأمراض، بغير انتظام عبر منطقة جغرافية معينة. وعليه، فإن نواقل الجراثيم يمكن أن تكثر في مناطق مختلفة دون وجود أي صلة بين بعضها البعض. وتؤثر عدة عوامل على وجود مناطق توالد نواقل الجراثيم وتكاثرها

واستحداثها ونموها؛ ومن هذه العوامل: موطن ناقل المرض، ونمو الناقل وتطوره، وطرق إعادة استخدام المياه وأنماطها وغيرها من المناحي الهيدروليكية والهندسية، وإمدادات ونظم المياه، والمشاريع الإنمائية والتنموية ذات الصلة بالمياه. كما وقد تساعد المشاريع الهندسية ذات الصلة بالمياه على استحداث موطن ملائم لناقل معين لم يعرف له وجـــود بالمنطقة قبلاً.

ومن أهم الفروق بين مواطن نواقل الجراثيم المختلفة: موضع المنطقة، ومنطقة الاتصال بين ناقل الجراثيم والمصاب بها وزمن الاتصال، ومرحلة انتقال المرض، وأسلوب الناقل ونظام راحته، والفروق الموسمية، ودم الإنسان والحيوانات الأليفة. ولكل نوع من نواقـل الجراثيم موطن لا يبدله بغيره، مثلاً: توجد نواقل تفضل نوع معين من ميـاه الأنهـار أو البحار أو البحيرات بخواص معينة من درجة الحرارة، وسرعة دفق المياه، ووجود الظل. كما وهناك أنواع أخرى من نواقل الجراثيم تفضل المياه العذبة، وأخرى تفضل الفضـلات السائلة وغيرها. وعادة لا يوجد تداخل بين الموطن المفضل لأي نوع مـن النواقـل مـع غيره.

5 – 2 – 5 مخاطر المواد الكيماوية: ربما تأتي بعض المواد الكيماوية بأمراض معينة عند دخولها بتراكيز كبيرة وغير مقبولة لجسم الإنسان خلال استعمال الماء، أو عبر السلسلة الغذائية، أو عند إعادة استخدام الفضلات السائلة. وقد توجـد المـواد الكيماويـة منفردة أو متحدة مع مواد أخرى. أما سمية المادة الكيماوية (أو مجموعة مواد كيماويـة) فتعتمد على عوامل متداخلة فيما بينها وتضم: خواص المادة الكيماوية، والجرعة المميتة، والجرعة اليومية المأخوذة من المادة الكيماوية، ومقدرة المادة الكيماوية للتغلغل إلى داخل الأنسجة، وطرق التعرض للمواد الكيماوية، والأهداف التي تتعرض للمادة السامة. ومـن أمثلة بعض المواد الكيماوية الملوثة: الرصاص (التسمم)، والنترات (زرقـة الأطفـال – وجود الميتيموغلوبين في الدم)، والهلوجينات العضوية (سـرطان)، والهيـدروكربونات الأروماتية متعددة النووية (سرطان). ويبين جدول (5-1) أهم المخاطر والآثار المترتبة عند التعرض لبعض المواد الكيماوية.

جدول (5-1) أثر بعض المواد الكيماوية على الإنسان {3-11،8}

المادة الكيماوية	الأثر والمخاطر الصحية
الألمونيوم	له صلة بمرض الخرف Alzheimer، ويزيل اللون
الزرنيخ	له صلة بسرطان الجلد والأورام (الورم: نمو الخلية لتكون كتلة غير طبيعية في الجسم)، ومرض اسوداد الأرجل (فرط التصبغ Hyperpigmentation)، ويؤثر على الجهاز الهضمي والكبد، وأقر بأنه مسرطن، وسم متراكم، ويؤثر على النبات والمحصول.
الباريوم	مهيج للعضلات، وسام للقلب وأوعية الدم والجهاز العصبي.
البورون	سام لكثير من النباتات والمحاصيل الحساسة له (مثل الليمون وتمر العليق) عند درجات تركيز أكبر من 1 ملجم/لتر، كما وأن درجات التركيز العالية من مركباته ق د تحدث الغثيان والمَغَص Cramps والاختلاجات والسبات (الغيبوبة) وأعراض الكآبة
الكادميوم	يحدث الغيبوبة والغثيان، ويتراكم في الكبد والكلى (أمراض المسالك البولية)، وأقر بأنه مسرطن، ويتراكم في السلسلة الغذائية، ويتحرك خلال التربة إلى المياه الجوفية.
الكلوريد	يأتي بطعم عند درجات التركيز التي تربو على 400 ملجم/لتر، ولا تعرف له آثار صحية وخيمة، ويعمل على إئتكال وتحات الأنابيب.
الكروم	الغيبوبة وقرحة بعد التعرض لفترات طويلة، والتهاب الجلد، واحتقان الرئة، وفشل الكلى، وسام ومخرب للعصب غير أن ثلاثي التكافؤ منه غير ضار
النحاس	له طعم بغيض عند درجات تركيز تربو على 1 ملجم/لتر (وعليه فمن غير المتوقع ابتلاعه)، مزيل للون، إئتكال وتحات للفولاذ والأنابيب المجلفنة (مطلاة بالخارصين)، سام للحيوانات المجترة.
السيانيد	غاز سام ينتج على رقم هيدروجيني أقل من 6، ويؤثر على الجهاز العصبي عند درجات التركيز العالية
الفلور	يقلل من تسوس الأسنان على درجات تركيز 1 ملجم/لتر خاصة عند الأطفال ويحدث تبقع للأسنان عند درجات تركيز 4 ملجم/لتر ويحدث تسمم بالفلور (دغموس Fluorosis) عند درجات تركيز أعلى من 15 إلى 20 ملجم/لتر
الحديد	تأتى درجات التركيز العالية بالطعم واللون غير المرغوب فيه ولا تعرف له آثار صحية وخيمة
الرصاص	يتراكم في العظام، ويسبب الإمساك وفقدان الشهية وفقر الدم وآلام في البطن والشلل
المانجنيز	طعم بغيض، ويغير لون الغسيل، ولا يعتقد بأنه ضار للصحة عند وجوده في الماء نسبة للطعم البغيض المواكب ل.
الزئبق	سام جداً للإنسان، ويسبب التهاب اللثة والتهاب الفم والرعاش وآلام الصدر والسعال
النترات	درجات التركيز العالية لها علاقة بوجود الميتيوغلوبين في الدم والإسهالات
السيلنيوم	يعتقد بأن له أعراض مماثلة للتسمم بالزرنيخ وله علاقة بسرطان الأسنان

الفضة	سام على درجات تركيز عالية، ويغير لون الجلد إلى الأسود عند درجات التركيز القليلة
الخارصين	طعم شديد على درجات تركيز تربو على 5 ملجم/لتر، و درجات التركيز العاليةتأتى باللون اللبني (لون الحليب) كما وتكون طبقة دهنية عند الغلي، ودرجات التركيز العالية جداً لها علاقة بالغثيان والإغماء

5 – 2 – 6 مخاطر المواد المشعة: قد تجد المواد المشعة طريقها للإنسان عبر حركة المواد المشعة خلال المحيط الحيوي عبر السوائل، والغازات، والبر. أما مسار المواد المشعة عبر السوائل فيشمل نقل ودخول المواد المشعة إلى السلسلة الغذائية عن طريق الماء. ومسار المواد المشعة عبر البر والغازات يشمل تقدمها إلى المحيط الحيوي عبر الغلاف الغازي. وتعتمد الآثار الصحية الضارة بسبب المواد المشعة على عدة عوامل تضم: مصدر الإشعاع وعلاقته بالجسم المتأثر، ونوع الإشعاعات، والانبعاثات الصادرة من المواد المشعة ، والجرعات الإشعاعية الممتصة، وفترة التعرض للإشعاع، والطاقة الممتصة بالجسم، ونوع ناتج الإشعاع.

وعندما يتعرض الجسم إلى جرعة كبيرة من الإشعاع تظهر عليه أعراض الضرر بالمواد المشعة بعد بضع ساعات من التعرض لها. والأعراض التي تظهر على المصاب قد تضم الغثيان، والإجهاد، والتعب، وفقدان الشهية، وتساقط الشعر، والتهاب الحنجرة، والنزف Hemorrhage ، والإسهال، وأضرار للأعضاء المكونة للدم، وضرر لجهاز المعدة المعوي، ودمار للجهاز العصبي الرئيس، وغيرها من الأعراض والمخاطر. وعندما يتعرض الجسم لجرعات كبيرة من الإشعاع، أو لجرعات صغيرة متكررة عبر حقبة زمنية طويلة، فقد يتأخر ظهور مضار الإشعاع عليه إلا بعد فترات زمنية بعيدة. ويمكن تقسيم الآثار الضارة للإشعاع إلى قسمين رئيسين هما مضار جسدية Somatic effects ، ومضار وراثية Hereditary effects .

أما المضار الجسدية فتظهر في الإنسان المتعرض للمادة المشعة، ومن أمثلة المضار الجسدية: سرطان العظام، وابيضاض الدم Leukemia، وسرطان الرئة، والسادّ Cataract (ضعف البصر)، وسرطان الغدة الدرقية. وقد يقلل هذا النوع من الإشعاع من عمر الإنسان عندما يحين أجله بمشيئة الله سبحانه وتعالى. أما المضار الوراثية فقد تظهر في أحفاد الإنسان المتعرض للإشعاع، وهى ناتجة من تغيرات منقولة بعوامل

وراثية. تقوم المواد المشعة الداخلة في الجسم بتشعيعه وتشعيع أنسجته إلى أن تلفظ خارج الجسم أو تتحطم بالتحول الإشعاعي العادي Radioactive transformation .

عادة نجد أن انبعاثات ألفا من المواد المشعة (مثل تلك الصادرة من الراديوم واليورانيوم) إشعاعات من مصادر طبيعية، وربما وجدت في المياه الجوفية في مناطق التعدين الملائمة. أما معظم إنبعاثات بيتا فهي من صنع الإنسان (عدا تلك الصادرة من الراديوم ^{228}Ra). ومن الطرق التي يمكن إتباعها لتقليل مشاكل الإشعاع: استعمال الجير أو الجير والصودا في عمليات التخلص من الماء، أو باستخدام تبادل الكاتيونات، أو بالتناضح العكسي، كما وقد تم استخدام الانيونات لإزالة اليورانيوم، وربما أفادت التهوية في تقليل الرادون. ولابد من مراعاة اختيار سبل التخلص المناسبة للمواد المشعة المزالة، وضمان مواكبة هذه السبل للتشريعات والقوانين المائية وتلك المتعلقة بالفضلات والحمأة.

5 - 3 خطط وأساليب برامج مكافحة الأمراض

5 - 3 - 1 خلفية

عند وضع خطط برامج مكافحة الأمراض لابد من وضع خطوات مناسبة لضمان نجاح البرنامج ، ولابد من تضمين خطة البرنامج أعلى مستوى من المشاركة الشعبية للمساعدة في تفهم المشاكل وتحريك المجتمع لوضع الحلول الحاضرة والمستقبلة لها. وفى هذا الصدد لابد من تحديد المشكلة الصحية، وتفعيل المشاركة الشعبية، ووضع الأهداف العامة، وجمع البيانات، ووضع البدائل، واختيار الطريقة، وتقويم النظام. أما فيما يتعلق بتحديد المشكلة في برامج مكافحة الأمراض فلابد من: تحديد الأمراض المعينة الواجب مكافحتها (بالملاحظة العامة أو الرجوع إلى مسئول الصحة بالمنطقة)، وتحديد طرق انتقال المرض (مثل: ضعف الخدمات، أو الأساليب الصحية، أو وجود الظروف الملائمة لنمو وتكاثر نواقل المرض، أو لعدم وجود الماء الصحي النظيف). وعند تفعيل المشاركة الشعبية ووضع الأهداف العامة فتوجد عدة طرق لتفعيل التثقيف الصحي ورفع الوعي العام وتفعيل المشاركة الشعبية؛ وفى هذا الإطار:

• لابد من مشاركة السياسيين، ورجال الدين، والرؤساء الرسميين والشعبيين، ومناقشة المشكلة معهم؛ وربما أشار عليّة القوم بطرق مناسبة لحل المشكلة أو تفعيل المشاركة

الشعبية والوعي الاجتماعي عبر اللقاءات والمناشط المجتمعية المختلفة هذا بالإضافة إلى ضمان دعمهم للبرنامج الصحي.

- من الأنسب وضع برنامج تعليمي للمجتمع وذلك بغية التعليم الصحي للمدرسين والطلاب وعامة الناس لرفع الوعي الصحي وتفعيل المشاركة، ليبدأ الناس في التفكير في وضع طرق مناسبة لرفع أحوالهم. وبالإضافة إلى التعليم العام ربما كان من الأنسب استخدام أساليب غير مباشرة للتعليم أثناء الزيارات المنزلية، واستخدام الأندية الشعبية والثقافية، وغيرها من أماكن التجمع.
- من الأنسب تحضير الأهداف العامة وأساليب تحقيقها. ومن الأنسب أن تكون الأهداف عامة في اتجاهها. ثم يمكن وضع الأهداف المتخصصة لأمراض معينة عبر وضع حلول لمياه الشرب أو الصرف الصحي أو الخدمات الصحية وما ماثلها.

جمع البيانات: بجمع البيانات والمسح الصحي يتم الحصول علي المعلومات المطلوبة لوضع خطة مكافحة المرض أو الحد منه. ويمكن جمع المعلومات ن طريق المقابلات الشخصية للرؤساء أو بالمنازل أو لأفراد بعينهم. كما يمكن جمع البيانات من المؤسسات الصحية والجمعيات القائمة بالمنطقة أو بالإقليم حيث توجد المعلومات الاقتصادية والصحية وغيرها. والهدف من جمع المعلومات هو وضع تصور للحالة الاقتصادية والاجتماعية للمنطقة. كما ويبين المسح الصحي الحالة الصحية التي قد تؤثر في انتشار المرض واستفحاله بالمنطقة. وعملية جمع البيانات والمعلومات تمكن المخطط من فهم المشكلة والظروف المحيطة بها، مما يمكنه من وضع الحلول الملائمة مستخدماً الإمكانات المتاحة، والمشاركة الشعبية، والعون الذاتي.

وضع البدائل: بعد جمع البيانات عن صحة المجتمع والأحوال الاجتماعية والاقتصادية يمكن وضع الحلول المناسبة للمشكلة الصحية. والبرنامج الجيد الذي يمكن إتباعه يجب أن يحوي النتائج التالية:

- تنمية برنامج تعليمي عن صحة المجتمع يركز على مكافحة الأمراض.
- اتحاد وتنظيم الجهود لحل مشاكل المجتمع.
- استنباط رغبة في المجتمع لاستمرار الجهود الشعبية لترفيع الظروف المحلية.

♦ وضع استراتيجية ملائمة لمنع زيادة المرض أو انتشاره ومن ثم وضع برنامج مكافحة المرض طبقاً للأولويات المناسبة ومناقشة تكلفة البدائل مع رؤساء المجتمع وتحديد الأولويات واختيار البديل الأنسب.

اختيار الطريقة: لابد من اختيار الطريقة المثلى لحل المشاكل الصحية أو اختيار البدائل المتاحة وهنا تتم المفاضلة بإتباع التالي:

◊ الإيفاء بمتطلبات المجتمع الحالية والمستقبلة: وذلك باختيار البرنامج المحتوي على نظام للتثقيف والتعليم الصحي المقبول من المجتمع والمنمي للمهارات وتطويرها للأحسن.

◊ القبول المجتمعي: وهنا يتم اختيار الطريقة التي تعمل على المشاركة الشعبية لضمان قبول البرنامج، وقبول المجتمع لتحمل المسئولية لوضعه موضع التنفيذ لضمان نجاحه في المدى البعيد.

◊ العوامل الاقتصادية: تحديد مقدرة المجتمع الاقتصادية لتحقيق أهداف البرنامج إذ لا يكفي القبول العاطفي له. ويستخدم المشروع الناجح الإمكانات المحلية من عمال، وأموال، وموارد، ومناشط، وهيئات، ومواد؛ كما يمكن اللجوء للعون الصحي من وزارة الصحة القومية أو من القطاع الصحي الخاص.

◊ وضع خطة وبرنامج: بعد اختيار الطريقة المثلى لابد من وضع خطة عمل البرنامج، والتي تعمل كموجه لمدة المشروع وحمايته وضمان عمله. وفي معظم الأحيان يرفع المشروع لإجازته بوساطة الحكومة المحلية أو الجهة المتبرعة أو للإيفاء بالمستلزمات المالية والنفقات. ولابد أن تحوي خطة العمل: الأهداف، والمعلومات الإحصائية والديمغرافية، والاستفادة المتوقعة والمحاسن للمجتمع، والبرنامج التفصيلي، والتكلفة ووسائل الدعم والتمويل، ونظام التنفيذ والتشييد، والمواد، والعمالة، والتشغيل والصيانة.

تقويم النظام: لابد من تقويم النظام عند الإشراف على انتهاء البرنامج أو في مراحله الأخيرة ومعرفة ما إذا تحققت أهدافه. ويعطي نظام التقويم نتائج إحصائية لنجاح المشروع ويمكن مقارنة الوضع الصحي الحالي بالوضع قبل إنشاء المشروع. كما ويفيد التقويم عند تخطيط مشاريع أخرى مستقبلة أو في مناطق أخرى.

5 – 3 – 2 التحكم بنواقل الجراثيم: من العوامل المؤثرة في التحكم الجيد لنواقل الجراثيم: عمر الناقل، وتردد عض الإنسان والحيوانات الأليفة، وكثافة النلقل بالمنطقة وغيرها من الخواص المواكبة له. ويستخدم التحكم بنواقل الجراثيم للحد من تكاثر نولقل معينة مثل: البعوض، والذباب، والبرغوث، والقمل، والصرصور، والفأر، والحلزون وغيرها.

وتضم أهداف التحكم في نواقل الجراثيم: منع حدوث الأمراض ذات الصلة بنولقل الجراثيم وانتشارها، والتحكم في الأمراض المستوطنة في منطقة معينة، وتقليل أو منع تفشى الأمراض والأوبئة، وتقليل احتمال العض بنواقل الجراثيم (مثل الحشرات، والفئران) وعليه يقل الإزعاج الناتج من الألم، وتقليل الخسارة الاقتصادية التي تنشأ من نولقل الجراثيم التي تتغذى على المحاصيل أو تفسد الأطعمة، أو تلك النواقل التي تلحق الأضرار بالمنشآت والمباني، أو تلك النواقل التي تجعل مناطق الترفيه والاستحمام لا تطاق ولا تحتمل.

ومن أهم أنماط طرق التحكم في نواقل الجراثيم والإدارة المثلى لها: التحكم في مناطق التكاثر والفقس (تصميم وإنشاء نظم التصريف المناسبة والجيدة، والعمل على منع مناطق تكاثر نواقل الجراثيم وغيرها)، والتحكم بالمواد الكيميائية (لقتل الحشرات أو شرانقها أو يرقاتها أو نواقل الجراثيم)، والتحكم البيولوجي أو الحيوي (استخدام الأسماك الآكلة لليرقات Larvivorous fish لتقليل أعداد يرقات نواقل الجراثيم في مواطنها)، والحماية الفردية (استخدام الشريط المنخلي Screen واستخدام طوارد نواقل الجراثيم)، وتثقيف المجتمع، والتعاون الشعبي لتحفيز الناس وضمان مشاركتهم الفعالة والفاعلة في المشاريع وللإدارة المثلى وللتحكم في نواقل الجراثيم. وعادة تستخدم أكثر من طريقة للقضاء على نواقل الجراثيم أو تقليل وجودها.

الطرق الكيماوية للتحكم في نواقل الجراثيم: تستخدم المواد الكيماوية في مناطق راحة نواقل الجراثيم أو مواطن تكاثرها وفقسها. وتضاف المواد الكيماوية في المناطق المختارة بطريقة مثلى، وبجرعات ملائمة، ولمدة زمنية محددة، للقضاء على ناقل الجراثيم المعين. ويتم استخدام المادة الكيماوية بوساطة شخص مدرب جيداً على طرق الاستخدام والإضافة وكيفية منع حدوث أي عواقب وخيمة. ومن محاسن استخدام المواد الكيماوية: فعالية

المواد الكيماوية للقضاء على نواقل الجراثيم بطريقة مثلى وسريعة، والعائد الجيد للمواد الكيماوية عند مقارنة التكاليف والفوائد. أما مساوئ استخدام المواد الكيماوية في التحكم في نواقل الجراثيم فتشمل: مساوئ النواقل (اكتساب المناعة، وإنتاج نواقل لها سلوك مقاوم للمواد الكيماوية ولا تؤثر فيه المعالجة الطبيعية)، ومساوئ بيئية (تلوث بيئي، والتأثير على كائنات أخرى)، ومساوئ للإنسان (مشاكل صحية وأمنية، وزيادة سعر المواد الكيماوية البديلة، ونقصان وتدهور في الإدارة وطرق ونظم الرش، وزيادة في الجرعات المميتة للمواد الكيماوية والمبيدات المختلفة، وزيادة الأجور والرواتب للعاملين، وعدم وجود العمالة المهرة المدربة في مجال التحكم في نواقل الجراثيم وعلم الحشرات الطبي، وتلوث بيئي بعيد المدى).

الطرق الحيوية (الطبيعية) لمكافحة نواقل المرض: كل الطرق التي اختيرت واستخدمت لمكافحة نواقل المرض هي طرق آمنة للإنسان وغير ضارة لمعظم الكائنات غير الهدف (تلك غير المطلوب القضاء عليها). غير أن معظمها تهاجم فقط يرقات الناقل. أما في الطرق الحيوية المستخدمة للقضاء على نواقل الجراثيم فيمكن استخدام الكائنات المفترسة الطبيعية والأعداء الطبيعيين (مفترسات من النباتات وحيولنات لافقارية، والمبيدات الحشرية الطبيعية، والحيوانات الأوالي (البروتوزوا) والفطريات، والحيوانات الفقارية)، أو باستخدام المواد الحيوية السامة، أو بالخمج لنواقل الجراثيم، فمثلاً تستخدم عناصر بكتيرية أو طفيليات اليرقات، وقد تم أيضاً استخدام الأسماك وأسماك المنوةMinnows (سمك أوربي صغير) لأكل البعوض، واستخدم القط وابن مِقْرض Ferret (حيوان شبيه بابن عرس يستخدم خاصة لصيد القوارض) لصيد وقتل الفئران، أو غير ذلك من المفترسة والكائنات المجهرية الجرثومية.

البكتريا: يمكن استخدام البكتريا العَصَوِيَّة (بفتح العين وفتح الصاد وكسر الواو ثم فتح وتشديد المثناة التحتانية) *Bacillus thuring rensis* ونَمَط مَصْلِي *Serotype H-14* لمكافحة البعوض والذبابة السوداء. ويمكن تحضير هذه البكتريا بالتخمير العميق للسوائل. ومن المتوقع من التجارب المعملية نجاح هذه البكتريا عملياً في الحقل {12}.

الأسماك: وقد أثبتت أسماك Indigenous fish (*Oryzias latipes Aplocheilus blochii* وغيرها فعاليتها للتخلص من عدة أنواع من البعوض الناقل للمرض في مناطق توالد مختلفة. فمثلاً أسماك *Oreochromis spilurus spilurus* فعالة في مكافحة

بعوض الإنفيل *Anopheles arabiensis* التي تتوالد في الأحواض الموضوعة تحت الأرض. كما وقد استخدمت القمبوزيا *Gambusia affinis* في عدة مناطق للمكافحة في برامج الملاريا. أما *Poecilia reticulats* فتتعايش بصورة جيدة مع التلوث وذات نفع في مكافحة بعوض برغش Culex quinque fasciatus المسبب لداء الخَيْطِيَّة (الفيلاريا) (بفتح المعجمة ثم مثناة تحتية فطاء مهملة ثم مثناة تحتية مشددة) التي تتوالد في مصارف المياه الملوثة وأحياناً تتوالد في حفرة للقاذورات. كما وأفادت أسماك *Nothobranchius spp.* في مكافحة البعوض الموسمي في مناطق توالده. ويمكن أن تساعد أسماك فايتوفيجس *Phytophagous* في التخلص من النباتات المائية التي تخدم لإيواء أثوياء الحلزون Snail hosts أو لإيواء يرقات البعوض. كما وهناك أنواع من الأسمال آكلة الحلزون والذوانب {12}.

<u>الفُطْرِيّات Fungi:</u> ومنها فُطُور قُدَيرِيَّة (بضم الفاء والقاف وفتح الدال المهملة تتبعها مثناة تحتانية ثم كسر الراء ثم مثناة تحتانية مشددة) *Goelomomyces species (Chytridiomycetes)*. وقد استخدم منها *C. iliensis* لتخفيض أعداد البعوض في مناطقه. كما استخدم *Lagenidium giganteum* لمهاجمة بعوض برغش ويمكنه البقاء والمحافظة على وجوده في غياب مضيف. غير أن معظم الفطريات مازالت في طور الاختبارات المعملية قبل التعقيم والاستخدام الحقلي المكثف {12}.

<u>الطرق الوراثية للتحكم في نواقل الجراثيم:</u> تستخدم هذه الطرق سلوك للذكور للتزاوج اعتماداً على نوع الناقل. ويضمن استخدام هذه الطريقة عدم تأثر وإلحاق أضرار بأنواع أخرى من نواقل غير ضارة. وهنالك عدة سبل يجرى البحث فيها ووضعها موضع الاختبار مثل استخدام الذكور المعقمين، واستخدام التضارب الهيولي Cytoplasmic incompatibility لإيجاد أنواع متشععة أو جراثيم كائنات حية مؤثرة عليها.

<u>طرق الإدارة البيئية للتحكم في نواقل الجراثيم {5-7،12-16}:</u> تعتمد طرق الإدارة البيئية للتحكم في نواقل الجراثيم على التخطيط والتنظيم والمراقبة الجيدة لتطوير أو تعديل المكونات البيئية أو ملحقاتها بغرض منع أو تقليل زيادة أعداد نواقل الجراثيم وتقليل اتصال الإنسان بها. ومن فوائد استخدام هذه الطرق: التخلص من مواطن تكاثر نواقل الجراثيم أو تقليل اتصال الإنسان بها، وعدم الاحتياج إلى احتياطات أمنية لأكثر من الاحتياطات

الطبيعية، وقلة التكلفة خاصة على المدى الطويل، وكفاءة التحكم في عدة نواقل، والحد من انتشار كثير من الأمراض ذات الصلة بالمياه، واستخدام المصادر الطبيعية بصورة أفضل، والتنمية الاجتماعية، والزيادة في مستوى الحياة المعيشية، وتجويد مناحي للترفيه والاستجمام والسياحة، وتنظيم المناحي المنزلية بطريقة أفضل، وقلة المخاطر البيئية السلبية. ومن مساوئ هذه الطريقة: التكلفة العالية المبدئية، والفترة الزمنية الطويلة المطلوبة لإتمام المشروع، والتعقيدات المواكبة لبعض الأعمال الرئيسة. ويمكن تقسيم طرق الإدارة البيئية للتحكم في نواقل الجراثيم إلى أقسام رئيسة تضم: طرق التحكم الدائمة في نواقل الجراثيم، وطرق التحكم المؤقتة في نواقل الجراثيم، وطرق التحكم التكاملية في نواقل الجراثيم، وطرق التحكم في مواطن الاستيطان السكاني.

الطرق الدائمة للتحكم في نواقل الجراثيم: تقوم الطرق الدائمة للتحكم في نواقل الجراثيم بتغيير الخواص الطبيعية للبيئة المحيطة (بصورة دائمة وثابتة على المدى الطويل) بغية تقليل تكاثر واستمرارية نواقل الجراثيم الضارة. وقد يتم هذا التغيير في الأرض أو الماء أو النبات دون إحداث أي تغير بيئي ضار. ومن أمثلة هذه الطرق: إنشاء المصارف الصحية المناسبة في المشاريع الزراعية، وردم الأرض، وتعديل وتغيير الأرض، والتغير في حدود الخزانات والسدود. ورغم ديمومة هذه الطرق وثباتها، غير أنه يجب إجراء الإصلاحات والصيانة اللازمة من فترة لأخرى لضمان استمرار الفعالية والكفاءة.

الطرق المؤقتة للتحكم في نواقل الجراثيم: تعمل هذه الطرق على الحد من والقضاء على نواقل الجراثيم والهوام؛ وذلك باستحداث ظروف مؤقتة تمنع تكاثر نواقل الجراثيم في مواطنها. ومن الأهداف العامة لهذه الطرق: تقليل أو إزالة نواقل الجراثيم في منطقة معينة. وتفيد مثل هذه الطرق في أوقات معينة مثلاً عند التفكر في التحكم في الأوبئة أو الانفجارات أو الثورات عندما يرى السكان أو يخيل إليهم وجود خطر حقيقي أو مفترض. ومثال لهذه الطرق: إدارة المياه، والتغير في ملوحة الماء، ونظافة المسالك المائية، وتنظيم منسوب المياه في الخزانات، ونزح الماء أو غمر المستنقعات والسدود، أو قطع النبلتات والتحكم فيها، أو تظليل المنطقة أو تعرضها لضوء الشمس وغيرها. وتساعد إدارة المياه في استحداث توازن بيولوجي يساعد على إزالة نواقل الجراثيم غير المرغوب فيها. ويمكن الإتيان بإدارة المياه في الخزانات والسدود وغيرها بعدة طرق منها: التغير في

مستوى منسوب المياه، وإقامة السدود وبوابات التحكم وصمامات الدفق، والغسيل والنظافة الدورية لتغيير حالة الدفق المستقر، والتحكم في النباتات.

طرق التحكم في موطن الإنسان وتطويره أو سلوكه حيال نواقل الجراثيم: تهدف هذه الطرق لتقليل الاتصال بين نواقل الجراثيم والإنسان والمصادر الملوثة. ومن أمثلة هذه الطرق: وضع المستوطنات البشرية بعيداً عن موطن نواقل الجراثيم، وصد البعوض عن المنازل، والحماية الشخصية، وعمل ضوابط صحية ضد نواقل الجراثيم، وإنشاء المولنع والأسوار حول المنشآت ومحطات المعالجة، وإمدادات المياه والصرف الصحي، ونظم التخلص من الفضلات البشرية، ووضع ضوابط الترفيه والاستجمام وغيرها، ووضع ضوابط ومحددات لاستخدام الأرض (مثل إعادة الاستيطان البشرى، وترحيل السكان عن مناطق معينة، واستحداث مستوطنات جديدة)، وحماية للمنزل وللشخص (مثل: حماية المنزل من ارتياد نواقل الجراثيم: واستخدام شباك ومناخل البعوض وقفل الثقوب والجحور والشقوق وردم الحفر وما شابهها، وإنشاء الجسور والمعابر والقناطر الملائمة، واستخدام المواد المنفرة والطاردة للحشرات، واستخدام الحيوانات البرية أو الأليفة لجذب انتباه نواقل الجراثيم إليها (خاصة تلك النواقل الماصة للدماء) بدلاً من لجوئها إلى الإنسان).

الطرق التكاملية للتحكم في نواقل الجراثيم: تضم هذه الطرق في مجملها الطرق الملائمة تقانياً والجيدة إدارياً لتصميم النظم الكفيلة بالقضاء على نواقل الجراثيم بأفضل السبل الاقتصادية. وعادة يتم في هذه الطرق استخدام أكثر من وسيلة للتحكم في نواقل الجراثيم، كما يحبذ استخدام السبل التي تدعم بعضها البعض. وكمثال لهذه الطرق: استخدام مبيد مختار دون حدوث أي نتائج ضارة عند استخدامه على الحياة البيولوجية الأخرى المفيدة والموجودة بالمنطقة. وقد استخدمت هذه الطريقة للتحكم في ذبابة تسي تسي، وبعوض الإنفيل، وبعوض الزاعجة المصرية، وبعض أنواع البق، وفي التحكم في داء المنشقات (البلهارسيا) في المشاريع المروية.

تعتمد الطرق التكاملية للتحكم في نواقل الجراثيم على عدة عوامل ومؤثرات منها: نوع الناقل قيد البحث، وخطورة المرض، والظروف المكانية، ونوع ومستوى الخدمات الصحية، وجغرافية المكان، ووجود مشاريع تنموية أخرى بالمنطقة. ومن محاسن استخدام

الطرق التكاملية: التحكم في نواقل الجراثيم، والاستخدام الأمثل للمـــاء والأرض لإنتـــاج محصول أوفر.

وعادة لابد من المفاضلة بين الطرق المختلفة التي يمكن استخدامها للقضاء علــى نواقـل الجراثيم. ولإتمام هذه المفاضلة لابد من أخذ عدة عوامل في الحسبان مثـــل: المتطلبـــات الصحية الملحة، والأسبقيات والأولويات الخاصة بالمجتمع المحلي، والموارد المتاحة من قوة بشرية ومواد خام وموارد مالية واقتصادية، والتقانة المتاحة والملائمـــة والمستدامة، وسهولة الطرق المستخدمة وكفاءتها، والنواحي الأمنية، ونوع الفوائد ووضوحها، والقبول الشعبي، والتعليم والتثقيف الشعبي، والمشاركة الشعبية.

تهدف المشاركة الشعبية إلى تحفيز الإنتاج، والاستخدام الأمثل للموارد المتاحة، وتحفيـــز الإدراك البيئي، وأخذ القرار المناسب عنـد الحاجـــة، والإعلام، والتعليـــم، والارتبـــاط، والاتصال، وتحديد المشاكل والاحتياجات المهمة والقيم الحسنة، والإتيان بالأفكار الجيـــدة والحلول المناسبة، والتفاعل والاسترجاع للمقترحات، وتقويم البدائل، وحل أوجه الاختلاف بالحوار والاتفاق وإكساب الخبرة.

ومن المتوقع ألا تتحقق الأهداف العامة للمشاركة الشعبية بدون استخدام نظم تحليل النتائج عبر تقويم الأثر البيئي Environmental impact assessment . وتقويم الأثر البيئي عبارة عن دراسة تعمل لتحديد الآثار البيئية المتوقعة من المشـــروع التنمـــوي. وينبغـــي استخدام مناحي التأثير البيئي لأخذ الاعتبارات البيئية في الاعتبار في كل مراحل التخطيط، وذلك بهدف أخذ القرارات السليمة والتي تعمل علـــى الحفـــاظ علـــى المـــوارد التقنيـــة والاجتماعية والصحية والمالية للمجتمع. وعادة يحوى مشروع تقويم الأثر البيئي المناشط التالية: تحديد وتقويم الآثار البيئية، وتوضيح أهمية الآثار البيئية، وعرض النتائج الخاصة بتقويم الآثار، واختيار إستراتيجية ملائمة للمراقبة، ونقل المعلومات المتجمعة للمســـتفيدين ولقيادة المجتمع وأفراده. ومن المتوقع أن تكون الآثار البيئية إما مفيدة أو ضارة. وأيضاً يركز مشروع تقويم الأثر البيئي على الصعاب ونقاط الاختلاف وقيود الموارد الطبيعيـــة التي قد تؤثر على ملاءمة ومعقولية المشروع. كما ويتكهن التقويم باحتمالات التطـــوير، وإصلاح العيوب، وتدارك المضار، وتفادي المخاطر التي تؤثر على المجتمـــع والأســـر ومستوى معيشة الفرد. وتساعد عملية التقويم المستمرة على أخذ الاحتياطات الملائمة بغية تقليل المشاكل المتوقعة وتحديد السبل الكفيلة بإصلاح المشروع ليحقق أهدافه المفيدة للبيئة.

5 – 4 الصحة العمومية في بعض المشاريع الهندسية

5 – 4 – 1 سدود التخزين: يستفاد من السدود والخزانات في مناحي مختلفة منها: تخزين مياه الخريف أو الفيضان للاستفادة منها في منشآت أدنى النهر أوفي زمن التحاريق (لإنتاج الطاقة، وإمدادات المياه، والري الزراعي وغيرها). ومن الممكن بناء السد أو الخزان بصورة تقلل من وجود نواقل الجراثيم عبر سواحله وأجزائه المختلفة. فمثلاً من المعروف أن تخزين المياه خلف الخزان قد يفاقم من مشاكل تولد البعوض. وعليه فلا بد من ردم أو غمر كل المناطق المبعثرة والتي يمكن أن تصبح مواطن تولد لنواقل الجراثيم.

ويساعد إنشاء الخزان على غمر منطقة كبيرة خلفه مما يسهل معه تطبيق برامج التحكم في البعوض. إذ أن مناطق توالد البعوض تكون كثيرة ومبعثرة قبل قيام الخزان مما يحد من معالجتها بمبيدات الحشرات، وبعد قيام الخزان فإن هذه المناطق المختلفة والمعقدة تتحول إلى منطقة واحدة كبيرة مما يسهل معه التعامل معها. ومن المعروف أن البعوض قد يتوالد في الخلجان المحمية والمنعطفات وفى الفجوات والتجاويف عبر وعلى طول ضفاف الخزان، وذلك نسبة لوجود مياه ضحلة ونباتات مائية ومواد طافية. وفى هذه المناطق تجد يرقات البعوض الحماية المطلوبة من العوامل العدائية مثل: التيار المائي، والرياح، والأمواج، وغيرها؛ كما وأن اليرقات تتحصل بسهولة على الغذاء والحماية من الأعداء الطبيعيين. والمناطق التي لا يستخدمها البعوض كمناطق توالد في الخزلنات والسدود تضم: المياه العميقة، والمناطق البعيدة من الحدود، والمناطق التي تنعدم فيها النبلتات، وعبر الضفاف الشديدة الانحدار والمعرضة للأمواج وغيرها. وعادة نجد أن حجم مشاكل البعوض في الخزانات يتناسب بصورة غير مباشرة مع طول المستنقع عبر الشاطئ.

5 – 4 – 2 المشاريع المروية: يقصد بالري استخدام المياه أو إعادة استخدام المياه للتربة لرفع محتوى النداوة ومن ثم مساعدة نمو النبات. ومن طرق نقل وتوزيع المياه في المشاريع المروية استخدام القنوات المكشوفة، والتي تتطلب موازنة مناسبة للحفاظ على شكل القناة ومقدرتها على حمل الماء، ولمنع ترسب أو نحر الحبيبات المترسبة في قعرها. ومن محاسن القنوات المفتوحة لنقل وتوزيع المياه: قلة التكاليف المبدئية، وسهولة الإنشاء والتنفيذ، والاستفادة من أعداد كبيرة من العمال غير المهرة للحفر والإنشاء.

أما أهم مساوئ القنوات المفتوحة فتضم: الزيادة في نمو النباتات والأعشاب المائية (عبر القنوات أو على طول سدودها وقناطرها) مما يعيق معدل الدفق، وزيادة تكاليف الصيانة، والاحتياج إلى مسافة أكبر لمثل هذا النظام (خاصة عند تقليل سرعات الدفق)، و زيادة هدر المياه (عن طريق الترسب والبخر)، وانهيار الجسور والسدود (بسبب: علو المياه فوقهـا، والتعرية، والحيوانات، وسوء الاستخدام)، والاحتياج إلى قناطر وجسور (للمساعدة في العبور، وانسياب الحركة، ومنع تحطيم القنوات).

وهذه العيوب أو المساوئ يمكن تقليلها كثيراً بتبطين القنوات. وقد تملى مواصفات الصحة العمومية زيادة سرعة الدفق في القنوات والمصارف في المشاريع المرويــة؛ مثلاً لتقليـل ترسيب وتكاثر الحلزونات وتوالد البعوض. والجدير بالذكر أن استخدام وتبنى أنواع معينة من طرق الري قد يفاقم من نوع معين من الأمراض التي لم تكن متواجدة قبلاً بالمنطقــة، ومثال لذلك زيادة معدلات داء المنشقات والبرداء.

ومن الملاحظ أن أكثر مناطق توالد نواقل الجراثيم في المشاريع المروية توجد في قني التوزيع الثانوية Minor Canals أو في مناطق الدفق القليل عبر مقاطع القنــي غيــر المنتظمة، خاصة عند تراكم المياه لفترة زمنية طويلة. كما وأن مشاكل نواقل الجراثيــم تظهر في مناطق التعرية والنحر والتآكل في القني، أو قد تظهر في مناطق ازدياد وتكــاثر النباتات خاصة عندما تنعدم أو تقل الصيانة الدورية.

وعامة تزداد احتمالات تكاثر نواقل الجراثيم في القنوات الصغيرة، مثل توالد البعــوض أو حلزون داء المنشقات. ويقود هذا الحال إلى التفكر في زيادة سرعة الدفق في القني للحــد من وجود وتكاثر هذه النواقل. ويمكن أن تتم زيادة سرعة الدفق بزيادة الميل الهيدروليكي، أو بتقليل معامل الخشونة، أو بزيادة نصف القطر الهيدروليكي. وبما أن الميل الهيدروليكي يعتمد على طبغرافية منطقة القناة، فيحتم هذا الوضع استغلال ميل القناة للتحكم في سرعة الدفق بطريقة عملية. أما بالنسبة للميل الهيدروليكي فمن المعلوم أن زيــادة الميـل إلــى الضعف لا يزيد سرعة الدفق بمقدار أكثر من 41 بالمائة. وعليه يلجأ (من ناحية عمليــة) لزيادة السرعة إلى تقليل خشونة سطح القناة، والتي يمكن إتمامها بسهولة بتبطين القناة.

ومن فوائد تبطين القناة: توفير المياه (بنقصان معدل تسربها، وبتقليـل فلقـد التوزيــع)، وحماية المنشأة ضد التشوهات والتلف (خاصة في حواجز القناة الترابية وأرضها أو ميلها

الجانبي)، وتقليل تكاليف الصيانة (نسبة لانخفاض معدل نحر القناة، ومنع ترسيب الطمي والغرين، والتحكم في نمو الأعشاب وغيرها)، وتوفير الأرض (نسبة لاستغلال جزء بسيط من الأرض للقني الثانوية، ولإنشاء مصارف ضيقة)، وتوفير أموال (نسبة لنقصان أحجام القني، والمنشآت الثانوية الأخرى)، وزيادة عائد المحاصيل (إذ أن منع تسرب المياه للتربة يحد من زيادة تراكيز الأملاح بها)، ومنع نشوء مناطق توالد البعوض (بتقليل ركود المياه)، ومنع نمو النباتات ذات الجذور والأعشاب الطافية والنباتات المائية (لا تجد بيوض ويرقات البعوض المنطقة الآمنة المحمية للتكاثر).

ويمكن أن يتم تبطين القناة باستخدام أسطح قوية أو مرصوفة (مثل الخرسانة المسلحة أو الطوب والطابوق أو الأسمنت البورتلاندي أو الحجارة)، أو باستخدام الأغشية (مثل صفائح بيوتيل المطاط Butyl rubber sheeting أو اللجنين Lignin[269] ، أو البوليمرات (المكوثرات)، أو متعدد الأثيلين (بولي ايثلين) Polyethylene، أو الفينيل المتعدد Polyvinyl، أو باستخدام التربة الطينية الرملية، أو باستخدام الراتنجات).

وتشير بعض الدراسات إلى أن سرعة دفق الماء في حدود 0.65 م/ث تنزع حلزونات داء المنشقات من أسطح قناة معنقة. ويمكن ليرقات الذلفاء (الذبابة السوداء - الناقل لجرثومة داء كلابية الذنب) العيش في مياه تتغير سرعة الدفق فيها بين 0.5 إلى 2 م/ث في أحسن ظروف فيها رسو وغذاء وتهوية، وعادة يمكنها تحمل سرعات بين 0.7 إلى 1.2 متر/ث. وبما أن الحلزون يحيا وينمو عادة في بيئة هادئة ومياه تنساب ببطء، وأن يرقات ذبابة الذلفاء تحتاج إلى تيار قوى لتصل مرحلة النضوج، فإن زيادة سرعة دفق الماء تزيح الحلزون غير أنها لا تمنع يرقات ذبابة الذلفاء من النضوج وزيادة أعدادها، والعكس صحيح. وعليه فإن مثل هذا الإجراء لا يصلح عند وجود الناقلين في نفس المنطقة.

ومن النظم الهندسية التي يمكن تبنيها لمنع أو التحكم في توالد نواقل الجراثيم (مثل توالد البعوض) في المشاريع المروية ما يلي: استخدام أنابيب مغلقة، أو تبطين القنوات المفتوحة لنقل المياه، واستخدام نظم أفضل للري (مثل: الري بالرذاذ أو الرش، أو الري بالتنقيط أو الري بالنضيض)، واستحداث تصميم أفضل للقنوات يأخذ في الحسبان نواحي الصحة العمومية (مثل: استخدام قنوات لها ميل هيدروليكي ملائم يضمن دفق الماء بسرعة ملائمة

---

[269] الخشبين: مادة عضوية تشكل مع السليلوز قوام النسيج الخشبي

تتحكم في نواقل الجراثيم، واستحداث نظم جيدة لتسوية القنوات ومنع وجود الإنحناءات والمنعطفات الحادة عند تصميمها، والاستخدام الأمثل للأرض والقيام بالتسوية وعمل التدريج الملائم، وإضافة نظام تصريف جيد في المشاريع المروية، واستخدام نظام ملائم لصيانة القني وإصلاح الردميات والتحكم في نمو الأعشاب ونظلفة القني وغيرها)، وتطبيق برامج تعليمية للمزارع خاصة بمناحي الري والتحكم في نواقل الجراثيم وغيرها مما يفيد إنجاح المشروع.

5 – 4 – 3 نظم الترفيه والاستجمام: عند استخدام المياه أو إعادة استخدامها في مناطق الترفيه لابد من وضع تشريع معين لحماية المستخدم وتحديد درجة التلوث المسموح بالتعرض لها. فمثلاً في مناطق الاستحمام نجد أن التلوث الثانوي يمكن أن يأتي بعدة طرق منها: الإفرازات الجسدية مثل: مخاط الأنف واللعاب والعرق وبعض الأجزاء البرازية والبول والجلد الميت وغيرها، وملوثات هوائية مثل الغبار وللذرات العالقة، وأتربة الأرصفة والطرق ومناطق العمل المتراكمة على الجلد، ومختلف المستحضرات الطبية (مثل: الكريم والزيوت والغسول والمراهم)، والاستخدام الكثير للمواد الكيماوية وغياب التحكم في الرقم الهيدروجيني، وأوساخ وفضلات منزلية وصناعية وتجارية وغيرها، ومصادر الحقول والمزارع، والحيوانات. وعليه فمن الأنسب وضع المعايير اللازمة للحد من دخول الملوثات لجسم الإنسان.

ويمكن تقسيم مناطق الترفيه إلى ثلاث أقسام تضم: مياه الترفيه مبدئية التلامس للجسم، ومياه الترفيه ثانوية التلامس للجسم، ومياه الترفيه غير الملامسة للجسم. أما مياه للترفيه مبدئية التلامس للجسم فيقصد بها وجود تلامس لفترة طويلة بين المياه وبين جسم الفرد، مما يزيد من احتمال دخول كميات كبيرة من الملوثات له (مثل ابتلاع السباحين وغير السباحين لكميات من المياه في حدود 10 إلى 15 مللتر عند كل استحمام) وربما ابتلاع فيروسات وجراثيم ميكروبية إذا احتوتها المياه، مما قد ينجم عنه لأمراض معينة مثل: التهابات العيون والتهابات الجيوب الأنفية والتهابات الأذن وبعض التهابات الأمعاء وبعض أنواع الالتهابات الجلدية (مثل إكزيمة Eczemas وحبييوم (ورم حبيبي) Granuloma والفطور البشروية Epidermophytosis) والحمى التيفية والزحار والتهاب الكبد وغيرها من الأمراض.

أما مياه الترفيه ثانوية التلامس للجلد فيقصد بها المياه المستخدمة مثلاً للتجديف والصيد ووضع المخيمات بالقرب من المياه والري وتزيين المناظر الطبيعية ولعب الغولف والحدائق والمراعى. وعادة تكون نوعية المياه المطلوبة لهذا النوع من الاستخدام أقل درجة من المياه مبدئية التلامس.

أما المياه غير الملامسة للجسم فتستخدم في المناحي التي لا يوجد فيها تلامس بين الجسم والماء، وتضم استخدام المياه في النوافير والنمو المائي وغيرها من الاستخدامات. ومن أهم العوامل المؤثرة في هذا النوع من الاستخدام: درجة الحرارة، والأكسجين المذاب، وتراكيز المعادن النادرة، وحمضية الماء، ودرجة القلوية، والرقم الهيدروجيني، ومبيدات الهوام والحشرات، والمواد السامة، والمواد المشعة، ومواد التغذية المحدثة لتخمة الماء، ووجود جراثيم وكائنات مجهرية ممرضة.

5 – 5 تقييم الأثر الصحي Health Impact Assessment, HIA

تعد طريقة تقييم الأثر الصحي مهمة لربط الصحة بالاقتصاد الأخضر وقضايا التنمية المستدامة. ويعنى تقييم الأثر الصحي في المقام الأول بالنتائج المستقبلة للخطط المعنية بصحة المجتمعات والمقترحات المتعلقة بها والسياسات المفردة لها. ومن ثم فإن تقييم الأثر الصحي يتنامى ويتزايد ليكمل تقييم الأثر البيئي Environmental Impact Assessment من قبل المجتمع المحلي والمؤثرات الدولية للآثار البيئية والاجتماعية المحتملة.

يعد تقييم الأثر الصحي وسيلة لتقييم الآثار الصحية المترتبة على السياسات والخطط والمشاريع في القطاعات الاقتصادية المختلفة باستخدام الأساليب الكمية والنوعية والمشاركية مع المجتمع. مما يساعد صناع القرار لاختيار البدائل المناسبة والقيام بالتحسينات الوقائية من الأمراض والإصابات لتعزيز الصحة العمومية.

5 - 6 تمارين عامة

1)ما معنى "صحة" في اللغة والشرع؟

2)اذكر بعض الأمثلة للمخاطر الصحية ذات الصلة بالماء.

3)ما فوائد الأحياء المجهرية للإنسان في رأيك؟

4)اذكر طرق انتقال الجراثيم الممرضة من إنسان إلى آخر.

5)تحدث عن أهم أقسام الأمراض المتعلقة بالماء، مع ذكر الكائنات المسببة لها، وأمثلة لهذه الأمراض وكيفية تخفيفها أو القضاء عليها باستخدام الطرق الهندسية المستدامة.

6)تحدث بإيجاز عن التالي:

أ) أمراض المنشقة.

ب) البورون والنبات.

جـ) البعوض ونواقل الجراثيم.

7)ما مخاطر المواد المشعة؟

8)اذكر بإيجاز خطة لمكافحة مرض معين بمنطقتك. وما أهم الاحتياجات المطلوبة لتطبيق هذه الخطة؟

9)عدد طرق التحكم بنواقل الجراثيم.

10) ما الفرق بين الطرق الدائمة للتحكم في نواقل الجراثيم والطرق المؤقتة؟ وأيهما تفضل للاستخدام في منطقتك للتخلص من ناقل معين؟ ولماذا؟

11) بين (مع الأمثلة) كيفية تطور النظم الهندسية للتصدي لمكافحة الأمراض.

5 - 7 المراجع والمصادر

1. ابن منظور، لسان العرب، مؤسسة التاريخ العربي دار إحياء التراث العربي، بيروت، لبنان، الطبعة الثالثة 1993.

2. الشيخ قاسم الشماعي الرفاعي، صحيح البخاري، دار القلم، بيروت، لبنان، الطبعة الأولى 1987

3. عصام محمد عبد الماجد، تنقية المياه والهندسة الصحية، دار جامعة الخرطوم للنشر، الخرطوم، السودان، 1986.

.4 عصـام محمد عبد الماجد وبشير محمد الحسن، إمدادات المياه بالسودان، دار جامعة الخرطوم للنشر، المجلس القومي للبحـوث والهيئـة القوميـة للميـاه، الخرطوم، السودان، 1986.

.5 عصـام محمد عبد الماجد، الهندسة البيئية، دار المستقبل للطباعة والنشر، عمان، الأردن، 1995.

.6 عصـام محمد عبد الماجد، التلوث المخاطر والحلول، المنظمة العربيـة للتربيـة والثقافة والعلوم (حائز على جائزة)، القباضة الأصلية، تونس، تحت الطبع.

7. Rowe, D. R. and I. M. Abdel-Magid, Handbook of wastewater reclamation and reuse, CRC Press\Lewis Publishers, Boca Raton, 1995.

8. Abdel-Magid, I. M., A. Hago, and D. R. Rowe, Modeling methods for environmental engineers, CRC Press/Lewis Publishers, Boca Raton, FL, 1997.

9. Feachem, R. G., D. J. Bradley, H. Garelick, and D. D Mara, Sanitation and disease: Health aspects of excreta and wastewater management, Published for the World Bank by John Wiley and sons, Chichester, 1983.

10. L. Brauer, R. and Brauer, R., Safety and Health for Engineers, Wiley-Interscience; 2 edi., 2005

11. Tate, C. H. and R. R. Trussel, developing drinking water standards, J. American Water Works Association, 69, 1977, 486.

12. Report of the 6th meeting of the Scientific Working Group on biological control of vectors: The role of biological agents in integrated vector control & the formulation of protocols for field testing of biological agents, UNDP /WB / WHO special program for research & training in tropical diseases, Geneva 13-16 Sept. 1982, TDR / VEC - SWG (6) / 82.3

13. WHO Scientific Group, Vector control in primary health care, WHO, Technical Report Series 755, Geneva, 1987.

14. WHO Expert Committee on Vector Biology and Control, Environmental management for vector control, 4th Report, WHO, Technical Paper Series 649, Geneva, 1980.

15. WHO, Manual on environmental management for mosquito control with special emphasis on malaria vectors, WHO Offset Publication number 66, WHO, Geneva, 1982.

16. WHO/FAO/UNEP Panel of Experts on Environmental Management for Vector Control, Guidelines for forecasting the vector-borne disease implications in the development of a water resource project, VBC/86.3, Geneva 1987.

الفصل السادس
تقانة تنقية الماء

6 – 1 تقانة التنقية بين اللغة والدين

للماء دور أساسي وحيوي في حياة الفرد ومعيشته اليومية وطهارته فقد ورد في صحيح البخاري {1} 214 كتاب الوضوء: "حدَّثنا أبو اليمانِ قالَ أخبرنا شُعيبُ عنِ الزُّهْريِّ قالَ أخبرني عبيدُ اللَّهِ بنُ عبد اللَّه بن عتبةَ بنِ مسعودٍ أنَّ أبا هريرةَ قال: قامَ أعرابيٌّ فبالَ في المسجدِ فتناولهُ النَّاسُ فقالَ لهم النَّبيُّ صلى الله عليه وسلم: **دعُوهُ وهَرِيقُوا على بولهِ سَجْلاً من ماءٍ أو ذَنُوباً من ماءٍ فإنَّما بُعثتُمْ ميسِّرينَ ولم تُبعثُوا مُعسِّرين**".

وورد في صحيح البخاري {1} الحديث 221 كتاب الوضوء: "حدَّثنا محمَّدُ بنُ المثنَّى قالَ حدَّثنا يحيى عنْ هِشامٍ قالَ حدَّثتني فاطمةُ عنْ أسماءَ قالتْ جاءتِ امرأةٌ إلى النبيَّ صلى الله عليه وسلم فقالتْ أرأيتَ إحدانا تحيضُ في الثَّوبِ كيفَ تصنعُ قالَ: **تَحُتُّهُ ثمَّ تَقْرُصُهُ بالماءِ وتنضَحُهُ وتُصلِّي فيهِ**".

وترشيد الماء وحسن استخدامه فيه المنفعة الراهنة والحاضرة والمستقبلة إذ لا يدري أحد متى يأتي المطر كما ورد في صحيح البخاري {1} الحديث 973 كتاب الاستسقاء: "حدَّثنا محمَّدُ بنُ يوسفَ قالَ حدَّثنا سفيانُ عنْ عبدِ اللَّهِ بنِ دينارٍ عنِ ابنِ عمرَ قال قالَ رسولُ اللَّهِ صلى الله عليه وسلم **مِفتاحُ الغيبِ خمسٌ لا يعلمها إلا اللَّه لا يعلمُ أحدٌ ما يكونُ في غدٍ ولا يعلمُ أحدٌ ما يكونُ في الأرحامِ ولا تعلمُ نفسٌ ماذا تكسبُ غداً وما تدري نفسٌ بأيِّ أرضٍ تموتُ وما يدري أحدٌ متى يجئُ المطرُ**".

ويحث ديننا الحنيف على الاقتصاد في استعمال الماء، فقد ورد في فقه السنة للسيد سابق {2} عن الاقتصاد في الماء وإن كان الاغتراف من البحر: "لحديث أنس رضى الله عنه قال "**كان النبي صلى الله عليه وسلم، يغتسل بالصاع إلى خمسة أمداد ويتوضأ بالمد**" متفق عليه. وذكر السيد سابق أن الصاع أربعة أمداد، وأن المد 128 درهما وأربعة أسباع الدرهم (404 سم^3). وعن عبيد الله بن أبي يزيد أن رجلاً قال

لابن عباس رضى الله عنهما: "كم يكفيني من الوضوء؟ قال: مدءقال: كم يكفيني للغسل؟ قال: صاع، فقال الرجل: لا يكفيني، فقال: لا أم لك قد كفى من هو خير منك: رسول الله صلى الله عليه وسلم". رواه أحمد والبزار والطبراني في الكبير بسند رجاله ثقات. وروي عن عبد الله بن عمر رضي الله عنهما أن النبي صلى الله عليه وسلم، مر بسعد وهو يتوضأ، فقال: **ما هذا السرف يا سعد؟** فقال: وهل في الماء من سرف؟ **قال: "نعم، وإن كنت على نهر جار**". رواه أحمد وابن ماجة وفي سنده ضعف. ويقول السيد سابق إن الإسراف يتحقق باستعمال الماء لغير فائدة شرعية، كأن يزيد في الغسل على الثلاث، ففي حديث عمرو بن شعيب عن أبيه عن جده رضي الله عنهم قال: ‘‘جاء أعرابي إلى النبي صلى الله عليه وسلم، يسأله عن الوضوء فأراه ثلاثاً ثلاثاً، قال "**هذا الوضوء من زاد على هذا فقد أساء وتعدى وظلم**"، رواه أحمد والنسائي وابن ماجة وابن خزيمة بأسانيد صحيحة، وعن عبد الله بن مغفل رضي الله عنه قال: سمعت النبي صلى الله عليه وسلم، يقول: **‘‘إنه سيكون في هذه الأمة قوم يعتدون في الطهور والدعاء’’**. رواه أحمد وأبو داود وابن ماجة، قال البخاري: كره أهل العلم في ماء الوضوء أن يتجاوز فعل النبي صلى الله عليه وسلم .

للماء دور كبير في نشء الحضارات وتقدم الأمم وازدهارها وبناء مجدها. ويحدثنا التاريخ عن حضارات سادت ثم بادت بسبب الماء. ومن المتوقع نشوب النزاعات والأزمات السياسية وربما الحروب (لا قدر الله) بين الأمم الراهنة بسبب الموارد المائية المشتركة بينها. وقد فطن الإنسان إلى أهمية تنقية الماء والمحافظة على نقائه قبيل استخدامه للأغراض المختلفة. وعليه فقد طورت كثير من وحدات التنقية واستحدثت سبل متنوعة لفصل الملوثات من الماء للحصول على ماء نقي ونظيف ومأمون يتماشى مع التشريعات والمعايير المختلفة التي تتوخى المحافظة على الصحة العمومية وتنشد سلامة الفرد وممتلكاته ومنشآته والأنعام التي خلقها الله عز وجل. وتنوعت أساليب تنقية الماء طبقاً لتطور العلوم وما يسره الله تبارك وتعالى من فتح علمي لكوكبة علماء الأمم.

6 - 2 أهداف تنقية الماء

من أهم أهداف تنقية الماء التالي{2-7}:

- فصل المواد العالقة والطافية في الماء.
- إزالة المواد الغروانية والمواد ذات الحجم الصغير (مثل: الطين، والرمل).
- التخلص من المواد الصلبة الذائبة العضوية وغير العضوية.
- إزالة الدهون والشحوم والزيوت.
- إزالة الغازات الذائبة غير المرغوبة (مثل غاز كبريتد الهيدروجينH_2S ، وغاز ثاني أكسيد الكربونCO_2 ، وغاز الأمونيا NH_3).
- التخلص من المواد الملونة والأصباغ التي تعمل على تغيير لون الماء.
- إزالة المواد ذات المذاق البغيض التي تعمل على تغيير طعم الماء.
- التخلص من المواد ذات الرائحة النتنة التي تعمل على تغيير رائحة الماء.
- الإيفاء بمتطلبات ماء ذو نوعية (طبيعية وكيماوية وحيوية) مقبولة لاستخدامه في عمليات صناعية محددة، أو للاستخدام الطبي، أو للاستعمالات المنزلية والزراعية المختلفة، وغيرها من ضروب استخدام الماء وأوجهه.
- الحد من ازدياد تلوث المياه ومكافحة التلوث، إن وجد، والعمل على التحكم الأمثل له.
- إزالة البكتريا والحمات والجراثيم وغيرها من الأحياء المجهرية الجالبة للأمراض والتي ربما أضرت بصحة الفرد أو تسببت في إيذائه أو فنائه.
- مواكبة وتطبيق التشريعات والقوانين السارية ذات الصلة بالمياه والمعمول بها في المنطقة المعينة.
- إعادة استخدام ودوران الفضلات السائلة.

6 - 3 تقانة تنقية الماء

إذا تقرر العمل على تنقية المياه بعد إجراء المسوحات المختلفة على المورد، فلابد من أخذ العوامل التالية في الحسبان عند تحديد نوع المعالجة المطلوبة:

- التمويل: ويعني رصد الأموال المتاحة لتمويل المشروع وذلك لتحديد المفاضلة بين استخدام مصدر بدون تنقية وآخر بعد تنقية مائه.

- تكلفة الإنشاء: إن تكلفة إنشاء منشأة تنقية الماء باهظة الثمن، وعليــه يجــب تحديد تكلفة الإنشاء قبل اتخاذ قرار استخدام طريقة معالجة محددة، ومقارنـــة تكلفة استخدام أنماط وأساليب تنقية مختلفة بالإضافة إلى مقارنة تكلفة تنقيــة مصدر آخر.

- وجود الخبرة المدربة والعمالة الماهرة المنوط بها إنشاء وتشـــغيل وصــيانة المشروع. أو وضع تصور لبرنامج تأهيلي للإيفاء بالمهارات المطلوبة لتفادي التشغيل الرديء وتدني نوعية المياه في حال غياب الخبرات المؤهلة.

- تكلفة الصيانة والتشغيل للمواد الكيماوية والطاقة وقطع التيار ورواتب العاملين وغيرها.

يوضح شكل (6-1) عوامل أساسية مقترحة لاختيار عملية تنقية الماء.

أما كميات الماء المطلوبة فتتفاوت طبقاً لأوجه الاستخدام وضروبه، والعوامل المؤثرة فيه. ويبين جدول (6-1) تقديرات لاستهلاك الماء في المنزل ولأوجه معينة أخرى.

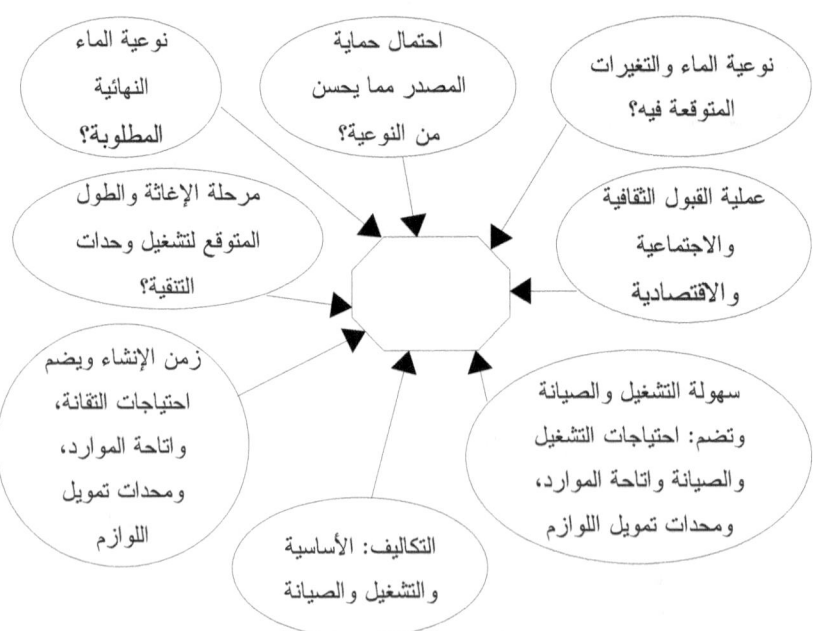

شكل 6-1 عوامل أساسية لاختيار عملية تنقية الماء، {50}

329

جدول (6-1) تقدير احتياجات الماء {10،11}

المنشط	الماء المستهلك (لتر/يوم)
منزل (لتر/فرد/يوم)	
الشرب	5
الطبخ	5
الوضوء	10
نظافة الأدوات والمنزل	10
نظافة الملابس	30
شطف (رحض) دورة المياه	45
الاستحمام	70
غيرها	25
مدرسة	15 إلى 30 /تلميذ
مستشفى	
مع غسيل	200 إلى 300 /سرير
بدون غسيل	120 إلى 220 /سرير
عيادة	15 إلى 30 /مريض
فندق	80 إلى 120 /نزيل
مطاعم	60 إلى 90 /مقعد
مكتب	25 إلى 40 /فرد
محطة بص	15 إلى 20 /مستخدم
الحيوانات	
ماشية	25 إلى 35 /رأس
حصان، بغل	20 إلى 25 /رأس
ضأن	15 إلى 25 /رأس
خنزير	10 إلى 15 /رأس
دواجن	0.15 إلى 0.25 /رأس

6 - 4 تقديرات السكان

يحتاج إلى تقديرات السكان لتصميم ولتشغيل وحدات إمداد المياه والفضلات السائلة. ومن هذه التقديرات المتبعة: تقديرات لفترة قصيرة (في حدود السنة إلى العشر سنوات)، وتقديرات لفترة طويلة (في حدود عشرة إلى خمسين سنة ولأكثر). وتختلف الطرق المستخدمة لإجراء هذه التقديرات فيما بينها اختلافاً بيناً لتضم: الأساليب الرياضية، وطرق الرسم البياني للتقدير المستقبلي للسكان.

يتم التقدير بالاستفادة من بيانات تعداد السكان في سنوات سابقة لتقدير التوقعات المحتملة للظروف الحالية والمرتقبة، دون أن يؤخذ في الحسبان متغيرات غير عادية (مثل هجرة السكان بسبب صناعات جديدة، أو هجرة السكان لاكتشاف النفط وللذهب والمعادن الأخرى القيّمة، أو الهروب والنزوح واللجوء بسبب ويلات الحرب أو من جراء الكوارث والابتلاءات) أو تغيرات الصناعة، والنشاط الحربي.

لإتمام التقدير الأمثل لابد من أخذ عوامل النمو الصناعي والمواليد والوفيات والنشاط الحكومي وغيرها من الاعتبارات في الحسبان. وعادة يتم حساب التقديرات ذات للفترة القصيرة بأحد الطرق التالية: طريقة التوالي الحسابي، وطريقة النمو الهندسي، وطريقة الزيادة المرحلية، وطريقة نقصان معدل الزيادة، وطريقة امتداد الرسم البياني. أما التقديرات لفترة طويلة فعادة تتم بالتالي: المقارنة بالرسم البياني مع معدل النمو لمدن كبيرة متماثلة، واختيار أسلوب رياضي مثل المنحنى المنطقي وتحقيقه للبيانات الملاحظة. ولا يعتمد كثيراً على هذه الطرق المتبعة للتقديرات لفترة طويلة لاحتمال تأثير عوامل غير متوقعة على النتائج والتقديرات.

أ) تقديرات السكان لفترة قصيرة:

<u>(1) طريقة التوالي الحسابي Arithmetic progression method</u>: تتم في هذه الطريقة إضافة زيادة ثابتة للنمو على فترات، ويمكن إيجاد عدد السكان من المعادلة 6–1.

$$P_n = P + ni \qquad (6\text{-}1)$$

حيث:

P_n = عدد السكان بعد n سنة أو عقد (عشر سنوات)

P = عدد السكان الحاضر

i = الزيادة في عدد السكان سنوياً أو كل عقد. كما ويمكن إيجاد عـــدد السـكان مـــن المعادلة 6-2.

$$\frac{dP}{dt} = k_a \qquad\qquad (6\text{-}2)$$

حيث:

t = الزمن

k_a = ثابت، معدل النمو المعتدل

$\frac{dP}{dt}$ = معدل النمو

$$\int dP = \int k_a dt$$

يمكن تكامل المعادلة 6-2 للحدود: P_1 = عدد السكان للتعداد السكاني السابق آخر تعداد سكاني أجري في الزمن t_1، P_2 = عدد السكان في التعداد السكاني السابق عند الزمن t_2، لتنتج المعادلة 6-3.

$$P_2 = P_1 + k_a\,(t_2 - t_1) \qquad\qquad (6\text{-}3)$$

وبتكامل المعادلة 6-2 للحدود: P_d = عدد سكان السنة المرغوب عند الزمـــن t_d يمكــن تقدير عدد السكان بين تعدادين (Inter-censal) كما في المعادلة 6-4.

$$P_d = P_1 + \left(P_2 - P_1\right)\frac{t_d - t_1}{t_2 - t_1} \qquad\qquad (6\text{-}4)$$

وتقدير عدد السكان لما بعد تعدادين Post-censal

$$P_d = P_2 + \left(P_2 - P_1\right)\frac{t_d - t_2}{t_2 - t_1} \qquad\qquad (6\text{-}5)$$

تبين هذه العلاقات أن زيادة عدد السكان (dP) في الفترة الزمنية (dt) للتوالي الحسابي لا تتغير ولا تعتمد على عدد السكان. وتستعمل تقديرات التوالي الحسـابي للمـــدن الكـبيرة الراسخة.

(2) طريقة تقدير النمو الهندسي Geometric progression method : يعني النمو الهندسي للسكان أن معدل زيادة السكان يتناسب مع حجم السكان كما مبين في المعادلة 6-6.

332

$$\frac{dP}{dt} = k_g P \qquad\qquad (6\text{-}6)$$

حيث:

k_g = ثابت التناسب

بتكامل المعادلة 6-6 للحدود P_1 و P_2 في الزمن t_1 و t_2 على الترتيب، تنتج المعادلة 6-7.

$$Ln \, P_2 = Ln \, P_1 + k_g \, (t_2 - t_1) \qquad\qquad (6\text{-}7)$$

تقدير عدد السكان بين تعدادين (Inter-censal):

$$Log \, P_d = Log \, P_1 + \left(Log P_2 - Log \, P_1 \right) \frac{t_d - t_1}{t_2 - t_1} \qquad (6\text{-}8)$$

تقدير عدد السكان لما بعد تعدادين Post-censal

$$Log P_d = Log P_2 + \left(Log P_2 - Log \, P_1 \right) \frac{t_d - t_2}{t_2 - t_1} \qquad (6\text{-}9)$$

كما يمكن استخدام معدل نمو مئوي ثابت لفترات زمنية متساوية بحيث يمكن إيجاد عـدد السكان في نهاية المدة الزمنية(n) كما في المعادلة 6-10.

$$P_n = P \left(1 + \frac{i}{100} \right)^n \qquad\qquad (6\text{-}10)$$

i = معدل زيادة السكان السنوي، أو في عقد (%)

تعطي هذه الطريقة تقديرات عالية عند استخدامها لمدن سريعة النمو في فـــترات زمنيـــة قصيرة. وعادة يتم استخدام الطريقة لمدن ذات مجال امتداد غير محدود.

(3) طريقة الزيادة المرحلية Incremental increase method: في هذه الطريقة يتم حساب متوسط السكان لعقد بطريقة التطور الحسابي المرحلي، ثم تضـــاف القيمـــة إلـــى متوسط الزيادة المرحلية الصافية مرة واحدة لكل عقد مستقبل. وتعطي هذه الطريقة قيمة تقع بين التوالي الحسابي وطريقة النمو الهندسي.

(4) طريقة نقصان معدل الزيادة Decrease rate of increase method: وهذه تماثل طريقة النمو الهندسي فيما عدا التغير في معدل الزيادة بدلاً من ثباتها. وهذا يعطي قيمـــة

منطقية للمدن الكبيرة والمتطورة. ويمكن تقدير نقصان معدل الزيادة بالمعادلة الرياضية 6-11.

$$\frac{dP}{dt} = k_d (Z - P) \qquad (6\text{-}11)$$

Z = القيمة المشبعة أو النهائية المطلوب تقديرها.

وبتكامل المعادلة 6-11 لقيم P_2 و P_1 للزمن t_2 و t_1 على الترتيب تنتج المعادلة 6-12.

$$-Log\left(\frac{Z-P_2}{Z-P_1}\right)=k_d\left(t_2-t_1\right) \qquad (6\text{-}12أ)$$

$$Z-P_2=\left(Z-P_1\right)e^{-k_d\left(t_2-t_1\right)} \qquad (6\text{-}12ب)$$

$$P_2-P_1=\left(Z-P_1\right)\left(1-e^{-k_d\left(t_2-t_1\right)}\right) \qquad (6\text{-}12جـ)$$

<u>(5) طريقة امتداد الرسم البياني Graphical extension method:</u> يمكن عمل رسم بياني لقيم السكان والزمن من السنوات السابقة ثم يمكن امتدادها للسنة المطلوب تقدير السكان لها. غير أنه لا ينصح بالركون إلى هذه الطريقة بمفردها.

(ب) تقديرات السكان لفترة طويلة

<u>(1) المقارنات البيانية مع مدن أخرى:</u> يمكن استخدام الرسم البياني السكاني لمدينة معينة ومجتمع معين لتقدير السكان لمدينة أو مجتمع آخر مماثل له في الأساسيات الهامة تحت ظروف متقاربة.

(2) <u>ضبط المنحنى الرياضي</u> Mathematical curve fitting: ويمكن استخدام منحنى جومبرتز Gompertz ومنحنى نُموِّنِسي Logistic curve (بضم النون وتشديد الواو وكسر النون) لتقدير أنماط تغيرات السكان على المدى الطويل. وهذه الطرق تنتج منحنى له شكل اس (S) الإنكليزي وله خط مقارب أعلى وأدنى، ليساوى الخط المقارب الأدنى الصفر. ويمكن استخدام المعادلة 6-13.

$$P_c=\frac{k}{1+\exp\left(a+bt\right)} \qquad (6\text{-}13)$$

حيث:

P_c = عدد السكان في الزمن t من نقطة أصل مفترضة

t = الفترة الزمنية (سنة)

k, a, b = ثابت

ولضبط هذا المنحنى يمكن اختيار ثلاث سنوات t_2 و t_1 و t_i تبعد بالتساوي من بعضها البعض، ويمكن اختيار السنوات بحيث تكون إحداها أقرب إلى التعداد السكاني الأقدم تسجيلاً للمنطقة، والسنة الثانية في الوسط، أما السنة الثالثة فتكون أقرب إلى نهاية البيانات المتاحة وعليه تنتج المعادلة 6-14.

$$(t_1 - t_i) = (t_2 - t_i) \qquad (6-14)$$

ويمر المنحنى عبر قيم P_i و P_1 و P_2 للسنوات المذكورة السابقة. ونقطة الأصل على المحور السيني هي السنة t_i. وتسمى السنوات بين t_i و t_1 أو بين t_i و t_2 تسمى n سنة. ويمكن إيجاد الثوابت k و a و b من المعادلات 6-15 إلى 6-17.

$$k = \frac{2 P_i P_1 P_2 - P_1^2 (P_1 + P_2)}{P_i P_2 - P_1^2} \qquad (6-15)$$

$$a = Ln \frac{k - P_i}{P_i} \qquad (6-16)$$

$$b = \frac{1}{n} Ln \left[\frac{P_i (k - P_1)}{P_1 (k - P_i)} \right] \qquad (6-17)$$

مثال 6-1

اضبط منحنى النموئسى بواسطة طريقة اختيار النقاط للبيانات التالية: $P_i = 42$، $t_2 = 45$،
$t_1 = 17$، $t_i = 2$، $P_1 = 125$، $P_2 = 238$

الحل

1- المعطيات: $P_i = 42$، $t_1 = 17$، $t_2 = 45$، $t_i = 2$، $P_1 = 125$، $P_2 = 238$

2- جد قيمة المقدار k من المعادلة 6-15:

k = (2×42×125×238-(125)²(125+238)/(42×238-(125)²)= 563.67

3- جد قيمة b من المعادلة 6-17

b = 1 ÷ (17 - 2) [In 42(563.67 - 125) ÷ 125 (563.67 - 42)] = - 0.0843

4- جد قيمة a من المعادلة: a = Ln (k - P_i)/ P_i

335

$a = $ لو $\{42 \div (42 - 563.67)\} = 2.5194$

5- جد معادلة تقدير عدد السكان P_c من المعادلة:

$$P_c = \frac{k}{1+\exp(a+bt)} = \frac{563.67}{1+e^{2.5194-0.843t}}$$

$P_c = 441$ عند الزمن 45

برنامج 6-1

```
Public Class Form1

    Private Sub Form1_Load(ByVal sender As System.Object,
      ByVal e As System.EventArgs) Handles MyBase.Load
        Label1.Text = "Pi"
        Label2.Text = "P1"
        Label3.Text = "P2"
        Label4.Text = "ti"
        Label5.Text = "t1"
        Label6.Text = "t2"
        Label7.Text = "k"
        Label8.Text = "b"
        Label9.Text = "a"
        Label10.Text = "معادلة Pc"
        Label11.Text = "قيمة Pc"
        Button1.Text = "احسب"
        Me.Text = "1-6 مثال"
        GroupBox1.Text = "المخرجات"
        GroupBox1.RightToLeft =
             Windows.Forms.RightToLeft.Yes
    End Sub

    Private Sub Button1_Click(ByVal sender As
      System.Object, ByVal e As System.EventArgs)
      Handles Button1.Click
        Dim Pi, P1, P2 As Double
        Dim ti, t1, t2 As Double
        Dim k, a, b, Pc As Double
        Pi = Val(TextBox1.Text)
        P1 = Val(TextBox2.Text)
        P2 = Val(TextBox3.Text)
        ti = Val(TextBox4.Text)
        t1 = Val(TextBox5.Text)
        t2 = Val(TextBox6.Text)

        Dim k1, k2, k3, n As Double
        k1 = (2 * Pi * P1 * P2)
        k2 = (P1 ^ 2) * (P1 + P2)
```

```
k3 = (Pi * P2) - (P1 ^ 2)
k = (k1 - k2) / k3
n = Math.Abs(ti - t1)
Dim b1, b2 As Double
b1 = Pi * (k - P1)
b2 = P1 * (k - Pi)
b = (1 / n) * (Math.Log(b1 / b2))
a = Math.Log((k - Pi) / Pi)
Pc = k / (1 + Math.Pow(Math.E, (a + (b * t2))))

TextBox7.Text = FormatNumber(k, 2)
TextBox8.Text = FormatNumber(b, 4)
TextBox9.Text = FormatNumber(a, 4)
TextBox11.Text = FormatNumber(Pc, 0)
TextBox10.Text = "Pc = (" +
    FormatNumber(k, 3) + ")/[1+exp("
TextBox10.Text += FormatNumber(a, 4)
If b > 0 Then
    TextBox10.Text += "+"
End If
TextBox10.Text += FormatNumber(b, 4) + "t)]"
    End Sub
End Class
```

6 – 5 العمر التصميمي

يتم تصميم مشاريع إمدادات المياه لمدة زمنية معينة تبدأ بعد إتمـــام إنجـــازات المشـــروع وتسمى العمر التصميمي (أنظر جدول 6-2). ومن المفترض أن تقوم مكونات المشروع ومنشآته والأجهزة بخدمة المشروع لمدة محدودة. ومن العوامـــل المـــؤثرةفـــي العمـــر التصميمي:

العمر الفعال والمفيد للأنابيب والمنشآت والأجهزة المستخدمة في المشروع المائي: إذ كلما زاد العمر الفعال لها كلما زاد العمر التصميمي.

كفاءة الوحدات المستخدمة في المشروع: إذ كلما زادت الكفاءة كلما زاد العمر التصميمي.

معدل زيادة السكان: حيث يقل العمر التصميمي بزيادة معدل زيادة السكان.

معدل التضخم والريع المالي المستخدم لتمويل المشروع خاصة عند غيـــر أهـــل الاقتصاد الإسلامي.

جدول (6-2) العمر التصميمي {13،12،10}

العمر التصميمي (سنة)	وحدة المشروع
50	* سدود التخزين
30	* محطات التسرب
	* المضخات
30	جميع المحركات الرئيسة عدا الكهربائية منها
15	المولدات الكهربائية والمضخات
10	محطات ضخ المياه
15 - 10	* محطات تنقية المياه
30	* أنابيب التوصيل لوحدات التنقية وغيرها من الملحقات الصغيرة
30 - 20	* الأنابيب العمودية للماء الخام والماء المنقى
15	* الخزانات والصهاريج
30	* نظام شبكة المياه
5	* آبار المياه الجوفية

6 – 6 مكافحة الحريق {10}

من الواجب أخذ الحيطة والأسباب لتلافي الحريق ومكافحته عند حدوثه، خاصة في المدن، للحفاظ على الحياة والممتلكات. وعليه يجب تصميم شبكات المياه لتعالج قضايا مكافحة الحريق عند حدوثه. أما متطلبات المياه لمكافحة الحريق فقليلة مقارنة بالاستهلاك العـــام، غير أن معدل الاستهلاك عال جداً أثناء فترة إخماد الحريق. ومن أهم العوامل المســاعدة لانتشار الحريق واستشرائه: نوع المواد المصنع منها البناء، ونـــوع الوقـــود المســتخدم للطهي، وحالة التوصيلات الكهربائية، ووجود الصناعات المستخدمة للمـــواد الملتهبة أو المنتجة لها، والصناعات ذات العلاقات بالمواد المتفجرة.

ولضمان كفاءة مكافحة الحريق يجب وضع الصنبور الرئيس لإطفاء الحريق (Hydrant) على بعد 150 متر من بعضها بطول أنبوب توصيل المياه الرئيـــس. ومـــن المســتحب

استخدام أنبوب عمومي لا يقل قطره عن 15 سم لتوصيل صنبور الحريق الرئيس. ومن العوامل المؤثرة في كمية المياه المطلوبة لمكافحة الحريق: أقل عدد مطلوب من الصنابير الرئيسة لمكافحة الحريق (عادة يؤخذ ثلاثة)، وحجم كل صنبور، وعدد الحرائق. ومن المعادلات والصيغ الرياضية المستخدمة لتقدير كمية المياه المطلوبة لمكافحة الحريق التالي:

1) صيغة الهيئة القومية الهندية للتأمين ضد الحريق National Board of Fire Underwriters formula

أ) لمدينة متطورة ذات وسط متكدس بالسكان

إذا كان عدد السكان يساوي أو يقل عن 200.000 يمكن استخدام المعادلة 6–18، غير أنها تعطي قيم عالية.

$$Q = 4637\sqrt{P}\left(1 - 0.01\sqrt{P}\right) \qquad (6\text{-}18)$$

حيث:

Q = كمية الماء المطلوبة (لتر/دقيقة)

P = عدد السكان (بالآلاف)

عندما يكون عدد السكان أكثر من 200.000 فيمكن اتخاذ احتياطي مائي 54.600 لتر/دقيقة واتخاذ احتياطي إضافي بين 9.100 إلى 36.400 لتر/دقيقة لحريق آخر.

(ب) لمدينة سكنية: يمكن تقدير الكمية المطلوبة لمكافحة الحريق كما يلي:

المباني الصغيرة المنخفضة = 2.200 لتر/دقيقة

المباني الكبيرة العالية = 4.500 لتر/دقيقة

المباني السكنية ذات القيمة والشقق والمساكن والمنازل = 7.650 إلى 13.500 لتر/دقيقة

المباني ذات الثلاثة طوابق في مناطق مزدحمة البناء يصل إلى 27.000 لتر/دقيقة

2) صيغة فريمان Freeman المبينة في المعادلة 6–19.

$$Q = 1136.5\left[\left(\frac{P}{5}\right) + 5\right] \qquad (6\text{-}19)$$

3) صيغة كوشلنق Kuichling's formula المبينة في المعادلة 6–20.

$$Q = 3182\sqrt{P} \qquad (6\text{-}20)$$

Q = الاحتياج لمكافحة الحريق (لتر/دقيقة)

P = عدد السكان (بالآلاف)

4) صيغة بستون Buston's formula المبينة في المعادلة 6-21.

$$Q=5663\sqrt{P} \qquad (6\text{-}21)$$

ومن الأنسب أخذ ثلث الاحتياج لمكافحة الحريق كجزء من التخزين الخدمي، ويمكن الإيفاء بذلك في عدة خزانات في نقاط مهمة.

6 - 7 البصمة المائية Water footprint, WFP

يمكن تعريف "البصمة المائية" في بلد ما على أنها تعادل حجم المياه اللازمة لإنتاج السلع والخدمات التي يستهلكها سكان تلك البلاد. وتقدر بصمة المياه العالمية بحوالي 1240 متر مكعب للفرد في السنة. أما متوسط البصمة المائية العالمية قد تؤخذ للمقارنة على أنها 1385 متر مكعب للفرد الواحد في السنة.

يمكن حساب البصمة المائية وتقديرها للبلد باحدي طريقتين: ال نهج من أعلى إلى أسفل Top-down approach أو النهج من أسفل إلى أعلى Bottom-up approach. ففي النهج من أعلى إلى أسفل تحسب البصمة المائية على النحو التالي:

البصمة المائية = مجموع { (استخدام المياه في البلاد) + (إجمالي واردات المياه الافتراضية في البلاد) − (إجمالي صادرات المياه الافتراضية من البلاد)}

أما في النهج من أسفل إلى أعلى، فتجمع البصمات المائية الفردية لسكان بلد ما للحصول على البصمة المائية الإجمالية لتلك البلاد. تحسب البصمة المائية الفردية بضرب جميع السلع والخدمات المستهلكة مع محتوى المياه الافتراضية لكل منها، أي:

البصمة المائية = (جميع السلع والخدمات المستهلكة) × (محتوى المياه الافتراضية المعنية).

يمكن تحديد البصمة الوطنية للمياه من موقع شبكة بصمة المياه Water footprint network, WFN على الشبكة العنكبوتية (http://waterfootprint.org/en/).

6 - 8 الوحدات الطبيعية لتنقية الماء

تعتمد وحدات تنقية الماء الطبيعية على قوى طبيعية لإزالة الملوثات والشوائب، وتضم هذه الوحدات: المصفاة، والترسيب الابتدائي، والطفو، والترشيح، والتهوية.

6 – 8 – 1 المصفاة:

المِصْفَاةُ: ما يصفَّى به. و–: اسم آلة لكل ما يُصفَّى به الشراب وغيـرُه. (ج) مصـافٍ {48}. الصَّفْوُ والصَّفَاءُ: نقيض الكدر، صَفا الشيء والشراب يصفو صَفَاءً وصُفُواً، وصَفْوُةُ وصَفْوَتُه وصِفوتُه وصُفوَتُه: ما صفا منه، وصَفَّيْتُه أنا تصفيةً. والمِصْفَاةُ: الرَّاوُوقُ {49}. والرَّاوُوق: المِصْفَاةُ وناجُود الشَّراب الذي يُرَوَّق به فيُصَفَّى، والشراب يَتَرَّوقُ منه من غير عصر. وراق الشراب والماء يَرُوقان رَوْقاً وتَرَّوقاً: صَفَوا، ورَوَّقه هو تَرْوِيقاً {49}.

توضع المصفاة (الغربال أو المنخل أنظر شكل 6–2) في محطات التنقية لعـدة أسـباب تضم:

- إزالة المواد الخشنة والمواد الصلبة العالقة والمواد الطافية.
- تقليل قفل وانسداد الأنابيب.
- منع دمار أو تحطيم أو تآكل المضخات وغيرها من الأجزاء الآليـة المتحركـة التي قد توجد بالمنشأة.
- تقليل الأحمال العضوية والمائية (الهيدروليكية) من وحدات التنقية التي تليها.
- إزالة أوراق الأشجار، والخرق البالية، ومخلفـات الخضـراوات، والأحجـار المكسرة، وأغصان الأشجار والعيدان، والأخشاب، وغيرها من الأجسام الكبيرة التي لا تشكل مخاطر بيئية أو تأتي بروائح كريهة.

ويتم تصنيف المصافي بأوجه مختلفة على حسب طبيعة العمل ودورته، أو نظام تنظيـف المصفاة، أو مقاس فتحات المصفاة، أو شكل المصفاة، أو حالة سطح المصفاة. أما بالنسبة لطبيعة العمل ودورته فيتم تصنيف المصفاة إلى: مستمرة، ومتقطعة. وبالنسبة للتقسيم طبقاً لنظام التنظيف المتبع لها فتصنف إلى: يدوية، وشبه يدوية، وآلية. ويبين جـدول (6–3) نظام تقسيم المصفاة على حسب فتحات المصفاة {3–9، 14–19}.

جدول (3-6) تقسيم المصفاة على حسب مقاس فتحاتها

المنشط	مقاس الفتحات (ملم)
كبيرة	أكبر من 40
متوسطة	20 إلى 40
دقيقة	1 إلى 20
ميكرومترية	0.02 إلى 0.06

أما تقسيم المصفاة على حسب شكلها فيضم: مصفاة الحاجز (راك)، ومصفاة القضبان، ومصفاة الشباك. والتقسيم بناءاً على حالة السطح يضم: المصفاة الثابتة، وتلك المتحركة. وتعتبر مصفاة الحاجز (راك – المصفاة الثابتة) من أبسط الأنواع الأكثر استخداماً. وتتكون المصفاة الثابتة من حواجز معدنية متوازية تبعد عن بعضها بمقادير ثابتة حسب نوع المصفاة الخشنة والناعمة. وتوضع الأنواع الخشنة قبل الأنواع الناعمة لتفادى دمار نسيج الشباك الناعمة بوساطة المواد الكبيرة الحجم، ولمنع تهشمها من جراء فقد السمت وذلك عندما تقوم المواد المحجوزة بقفل فتحات المصفاة بمرور الزمن. وعليه، يتم صنع المصفاة من مواد ذات متانة عالية. كما ويعمل على استمرارية عمليات النظافة لتقليل المقاومة. ويمكن أيضاً تقليل هذه المقاومة بوضع مصرف آخر على المصفاة يساعد انبثاق الدفق دون المرور على سطح المصفاة في بعض الحالات.

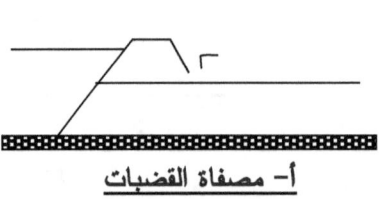

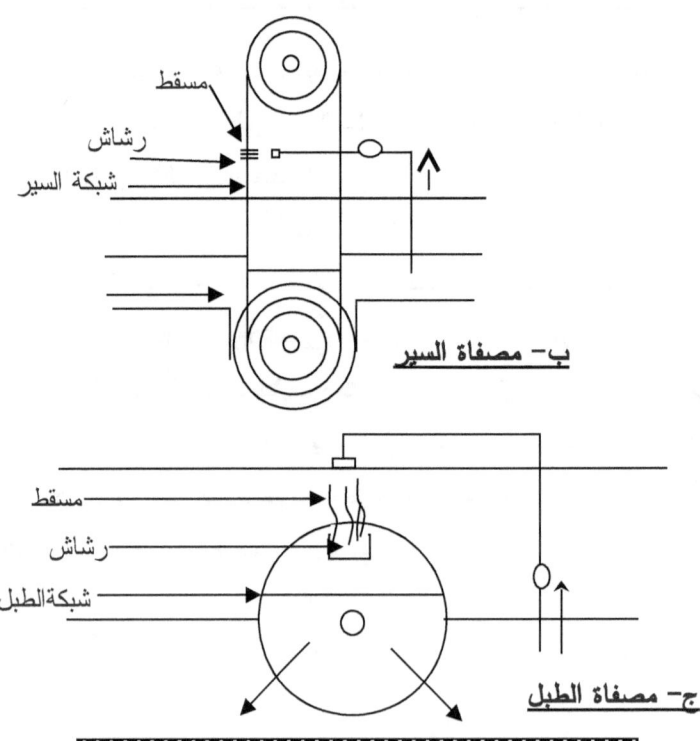

أ- مصفاة القضبات
مسقط
رشاش
شبكة السير
ب- مصفاة السير
مسقط
رشاش
شبكةالطبل
ج- مصفاة الطبل

شكل 6-2 بعض أنواع المصافي، 2-5

وتتم عملية النظافة حتى لا يقل فقد السمت عن 0.5 متر. أما تنظيف المصفاة (مما علق بها من مواد وملوثات) فيتم بالطرق اليدوية في محطات تنقية المياه الصغيرة، ويلجأ إلى استخدام الطرق الآلية لنظافة المصفاة في محطات التنقية الكبيرة. وللحيلولة دون ترسب المواد العالقة والرمل، يجب ألا تقل سرعة دفق الماء الداخل إلى المصفاة عن 0.3 إلى

0.5 متر/الثانية. كما ويجب ألا تزيد السرعة عبر فتحات المصفاة عن حد أقصى بين 0.7 إلى 1 متر/الثانية وذلك لمنع عبور المواد الرخوة عبر فتحات المصفاة.

أما فتحات المصفاة الشبكية فغالباً تكون مربعة الشكل وتتفاوت أضلاعها بين 1 إلى 25 ملم طبقاً للخواص التصميمية للمصفاة واحتياجات التصفية. وتتيح هذه الخواص استخدام هذه الأنواع من المصفاة في المواضع التي تكثر فيها المواد الصلبة الدقيقة، ويتم عادة تنظيفها يدوياً.

أما مصفاة الطبل فتتكون من طبل أجوف يدور حول محوره الأفقي ويتراوح قطره بين 2 إلى 5 أمتار، وهى مصفاة مستمرة، يدخل الماء عن طريق طرف الطبل المفتوح ويخرج عبر فتحات المصفاة، وعندما يدور الطبل في محوره فإن المواد المحجوزة يتم فصلها من سطح الماء لتخزن في حوض تجميع. ويتم نظافة المواد المحجوزة على سطح المصفاة بوساطة نافورة من الماء.

ومصفاة السير فتُصنع شباكها من أسلاك مرنة (أو من مواد أخرى) محكمة الربط مع بعضها. وتتم نظافة المصفاة الدقيقة باهتزاز سيرها.

ويتم التخلص من المواد المحجوزة بالمصفاة في محطات تنقية المياه بالدفن في أرض المحطة، أو بالدفن الصحي في مناطق معينة مصدق بها من قبل الجهات المختصة.

6 – 8 – 2 الترسيب والطفو

الرُسُوب: الذَّاب في الماء سُفْلاً. رَسَبَ الشيء في الماء يَرْسُب رُسُوباً. ورَسُبَ: ذَهَبَ سُفْلاً. ورَسَبت عيناه: غَارَتا. وكان لرسول الله صلى الله عليه وسلم سيف يقال له رَسُوبٌ أي يمضي في الضَّريبة ويغيب فيها {49}. طفا الشيء فوق الماء – طَفْواً: علا ولم يرسُب. الطُّفَاوَةُ: ما طفا من رسم القَدر وزَبَدها {48}. طفا الشيء فوق الماء يطفو طَفْواً وطُفُوّاً: ظهر وعلا ولم يرسُب. وفى الحديث: أنه ذكر الدَّجَّالَ فقال **كأن عَيْنَه عِنَبةُ طافيةٌ**. وسئل أبو العباس عن تفسيره فقال: الطّافية من العِنَبِ الحبَّة التي قد خرجت عن حدّ نِبْتَةِ أخواتها من الحَبِّ فنتأت وظهرت وارتفعت، وقيل: أراد الحبَّة الطافية على وجه الماء، شبَّه عينه بها، ومنه الطافي من السَّمَك لأنه يعلو ويظهر على سطح الماء.

الترسيب هو عملية تنقية طبيعية، يتم فيها فصل المواد الصلبة والمواد العالقة والحبيبات الكبيرة الحجم (ذات الكثافة العالية) بالترسيب (من السائل الحاوي لها) تحت قوى الجاذبية الأرضية. وتفيد عملية الترسيب في التالي:

التخلص من الحبيبات الصلبة غير العضوية.

إزالة النمو الحيوي المجهري بعد المعالجة الثانوية في محطات معالجة الفضلات السائلة، وتغليظ المواد الصلبة في مغلظ الحمأة.

إزالة المواد الصلبة وتقليل درجات تركيزها.

إزالة الملبودات الكيماوية.

لإتمام عملية الترسيب تترك المياه المراد تنقيتها في حوض ترسيب (أنظر شكل 6-3) لفترة زمنية طويلة نسبياً. وتعمل فيه مساحة المقطع الكبيرة على تقليل سرعة الترسيب، مما يسهل معه ترسيب الحبيبات ذات الكثافة الأعلى من السائل المحيط بها. أما الحبيبات القليلة الكثافة فتصعد إلى سطح الحوض مكونة طبقة الخبث Scum ليتم فصلها بالطفو.

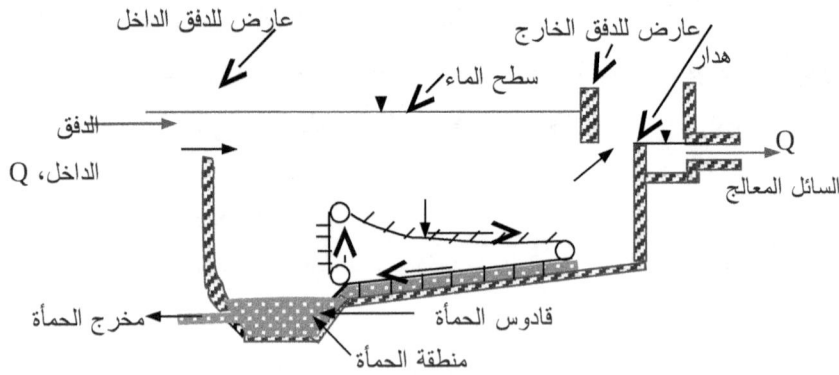

ومن العوامل المؤثرة على عملية الترسيب: عوامل تتعلق بالحبيبة المراد ترسيبها (الحجم والمقاس، والثقل النوعي، والكمية، والنوع، ودرجة التركيز، والشكل)، وعوامل تصميمية (زمن مكث الحبيبات المترسبة داخل حوض الترسيب، وسرعة دفق الماء عبر الحوض، وسرعة ترسيب الحبيبات، وتركيز المواد الصلبة)، ونوعية الماء (الخواص الطبيعية: مثل درجة الحرارة، ودرجة اللزوجة ...الخ، والتفاعلات والتغيرات الكيماوية والحيوية للتي

تحدث بين الحبيبات المترسبة، والوسط الذي يتم فيه الترسيب، والظروف المحيطة بعملية الترسيب).

ويمكن تقسيم الترسيب إلى نوعين رئيسين يضمان: الترسيب الابتدائي، والترسيب النهائي (أو الثانوي). يستخدم النوع الأول من الترسيب (الابتدائي) بعد التصفية وإزالة المواد غير العضوية. أما النوع الثاني من الترسيب (النهائي) فيستخدم في محطات معالجة الفضلات السائلة للسائل المتدفق من وحدات المعالجة الحيوية.

وتقسم أشكال أحواض الترسيب طبقاً لنظام التشغيل، أو على حسب الشكل الهندسي، أو تصنف طبقاً لاتجاه سرعة دفق المياه وسريانها من خلالها. فبالنسبة للتقسيم على حسب نظام العمل يمكن تقسيم أحواض الترسيب إلى: أحواض الترسيب المستمرة (الدائمة التشغيل، وأحواض الترسيب المتقطعة العمل. وبالنسبة للتقسيم على حسب الشكل الهندسي فتوجد الأحواض الدائرية، والمربعة، والمستطيلة. أما التصنيف طبقاً لاتجاه سرعة دفق وسريان المياه خلال الحوض فيضم: الأحواض ذات الدفق الأفقي، ولأخرى ذات دفق قطري، وثالثة ذات دفق رأسي. وتعد أحواض الترسيب ذات الدفق الأفقي من أفضل الأنواع التي يمكن استخدامها للتخلص من المواد المتفردة والحبيبات المتقطعة Discrete. وتفضل الأحواض الضحلة والطويلة والضيقة لزيادة كفاءة إزالة المواد الصلبة لنفس سعة وحجم الحوض. غير أن أحواض الترسيب الدائرية تفضل (اعتماداً على البيئة المحلية) لعدة أسباب منها {6،7}: إمكانية إنشاؤها بطريقة أمثل للمنطقة المصدق لها، وتوفيرها لجزء من تكلفة الإنشاء الكلية، وتقليلها لكميات المواد اللازمة للإنشاء، وسهولة استخدام مواد دائمة لإنشائها (مثل الخرسانة سابقة الإجهاد).

وعادة تصعب المفاضلة العملية بين أنواع أحواض الترسيب المختلفة من حيث تكلفة الإنشاء، ومعايير التصميم وأسسه. غير أن الأحواض التي تعمل باستمرار تستخدم في محطات تنقية المياه الكبيرة الحجم. ويبنى اختيار أي من أنواع أحواض الترسيب على خبرة المصمم، والمعايير الاقتصادية والاجتماعية. وقد تم الحصول على نتائج أفضل عند استخدام الأحواض ذات الدفق الرأسي، والارتفاع الكبير والتي لها مدخل ينظم دخول الماء بانتظام عبر المساحة الكلية للحوض (لزيادة كفاءة الترسيب) {6،7}.

أنواع الترسيب: تنقسم عملية الترسيب إلى عدة أنواع اعتمـــاداً علـــى نـــوع الحبيبـــات المترسبة وشكلها وحجمها وكثافتها، وخواص السائل الذي يتم فيه الترسيب. ومـــن هـــذه الأنواع: الترسيب المتفرد، والمعاق، والملبود، والمنضغط.

الترسيب المتفرد (أو الترسيب المتقطع أو ترسيب المرتبة الأولى) Discrete settling, Class I settling: يحدث هذا النوع من الترسيب عندما تقل قوى التجمع الطبيعية، إذ تتبع كل حبيبة عالقة (خلال فترة الترسيب) مسارها المحدد بسرعة منتظمة دون حدوث أي تغيير في حجمها، أو شكلها، أو وزنها. ولا يحدث في هذا النوع من الترسيب أي اختلاط أو اتحاد بين الحبيبات المترسبة والحبيبات الأخرى المجاورة لها والموجودة في المحلول. كما لا تقوم جدران جهاز الترسيب بعرقلة عملية الترسيب فيه. ومن أمثلة هذا النوع مـــن الترسيب: ترسيب حبيبات الرمل، وترسيب الحبيبات الصلبة غير العضوية.

الترسيب المعاق (ترسيب المنطقة) Hindered (zone) settling: يحدث هذا الترسيب عندما تتداخل الحبيبات وتتقارب مع بعضها البعض بسبب الكثافات العالية، الشيء الـــذي يجعل إزاحة الماء بواسطة إحدى الحبيبات مؤثر على السرعة النسبية للحبيبات المجـــاورة لها. ومن الخواص العامة لهذا النوع من الترسيب: وجود قوى تعمل بين الحبيبات وتؤثر على ترسيب الحبيبات المجاورة لها، وهبوط الحبيبات بسرعة مماثلة لسـ رعة الترسـيب، وترسيب مجموعة من الحبيبات ككتلة واحدة (ترسيب كتلي)، واستمرار بقاء الحبيبات في مناطق ثابتة بالنسبة لبعضها البعض. ويمكن تقدير سرعة الترسيب المعاق من المعادلـــة 6-22، والتي تتحقق لرقم رينولد يقل عن مقدار 0.2.

$$\frac{v'}{v} = (1 - C_V)^{4.65} \qquad\qquad (6-22)$$

حيث:

v' = سرعة الترسيب المعاق (م/ ث)

v = سرعة ترسيب الحبيبة الصلبة (م/ ث)

C_V = النسبة الحجمية = حجم الحبيبات المترسبة ÷ الحجم الكلى للوسط العالق.

الترسيب الملبود Flocculent settling: يحدث الترسيب الملبود عندما تنجح قوى طبيعية بالسائل من تقارب الحبيبات وتجاذبها واتحادها لتتمكن من إتمام ترسيب كتلي. و يتغير في هذا النوع من الترسيب شكل الحبيبة المترسبة وحجمها وكثافتها. كما وأن هذا النوع من الترسيب يزداد بازدياد عمق حوض الترسيب، أو زيادة زمن المكث فيه.

الترسيب المنضغط Compression settling: تقوم الحبيبات المترسبة،في حالة الترسيب المنضغط، بتكوين بنية محددة أثناء ترسبها؛ ومن ثم يتم الترسيب بضغط الحبيبات على بعضها البعض.

نظرية الترسيب للحبيبات المتفردة (المتقطعة) الترسيب:

عندما تترسب حبيبة صلبة في سائل أقل منها كثافة فإنها تهبط بعجلة تسارعية إلى أن تبلغ سرعة منتظمة. يتساوى عند هذه السرعة المنتظمة الوزن المغمور مع قوى الإعاقة الاحتكاكية، كما موضح في المعادلة 6-23.

الوزن المغمور (وزن الحبيبة – قوى الدفع) = قوى الإعاقة الاحتكاكية

$$V \times g \times (\rho_s - \rho) = \rho \times C_D \times A \times \left[\frac{v^2}{2}\right] \qquad (6\text{-}23)$$

حيث:

V = حجم الحبيبة الصلبة المترسبة ($م^3$)

g = عجلة الجاذبية الأرضية ($م/ث^2$)

ρ_s = كثافة الحبيبة المترسبة ($كجم/م^3$)

ρ = كثافة سائل الترسيب ($كجم/م^3$)

A = مساحة مقطع الحبيبة المترسبة ($م^2$)

v = سرعة الترسيب المنتظمة للحبيبة (م/ث)

C_D = معامل الإعاقة الاحتكاكية (معامل السحب). ويعتمد هذا المعامل على رقم رينولد، ومقاس الحبيبة المترسبة، ونوع الدفق (مضطرب، وصفحي، وانتقالي). ويمكن إيجاد معامل الإعاقة الاحتكاكية بالنسبة للدفق الصفحي من المعادلة 6-24.

$$C_D = \frac{24}{Re} \qquad (6\text{-}24)$$

حيث:

Re = رقم رينولدز

ويمثل رقم رينولد النسبة بين قوى القصور الذاتي وقوى اللزوجة كما مبين في المعادلة 6-25.

$$Re=\frac{\rho\times v\times d}{\mu} \qquad (6\text{-}25)$$

حيث:

ρ = كثافة سائل الترسيب (كجم/م^3)

v = سرعة الترسيب (م/ث)

d = قطر الحبيبة المترسبية (م)

μ = درجة اللزوجة المطلقة لسائل الترسيب (نيوتن×ث/م^2)

وبافتراض ترسب حبيبة كروية الشكل، تحت ظروف دفق صفحي، يمكن إيجاد سرعة الترسيب من قانون استوك الموضح في المعادلة 6-26.

$$v=\frac{g\times d^2(s.g-1)}{18\upsilon} \qquad (6\text{-}26)$$

حيث:

v = سرعة الترسيب المنتظمة للحبيبة المترسبة (م/ث)

g = عجلة الجاذبية الأرضية (م/ث^2)

d = قطر الحبيبة الكروية الشكل (م)

$s.g$ = الكثافة النوعية للحبيبة

ν = درجة اللزوجة الحركية (الكينامتكية) (م^2/ث)

أما في حالة ترسيب الحبيبة تحت ظروف دفق بين الصفحي والمضطرب (انتقالي) فإن قيم رقم رينولد تعادل $Re > 0.5 < 10^4$ ومن ثم يمكن إيجاد معامل الإعاقة الإحتكاكية من المعادلة 6-27.

$$C_D=\frac{24}{Re}+\frac{3}{\sqrt{Re}}+0.34 \qquad (6\text{-}27)$$

حيث:

C_D = معامل الإعاقة الإحتكاكية

Re = رقم رينولد

وفى هذه الحالة يمكن إيجاد سرعة الترسيب كما موضح في المعادلة 6-28.

$$v=\sqrt{\left[\frac{4g\times d(s.g-1)}{3C_D}\right]} \qquad (6\text{-}28)$$

أما بالنسبة للدفق المضطرب فيقع رقم رينولد بين 500 > $Re < 10^4$.

وفى حالة الدفق المضطرب يؤخذ معامل الإعاقة الإحتكاكية ليساوى 0.4، ومن ثم يمكن إيجاد سرعة الترسيب بالنسبة للدفق المضطرب من المعادلة 6-29.

$$v=\sqrt{[3.3g\times d(s.g-1)]} \qquad (6\text{-}29)$$

مثال 6-2

تترسب حبيبات صلبة ذات كثافة نوعية 1.24 وقطر متوسط 0.04 ملم في جهاز ترسيب مائي تحت درجة حرارة 25° م . جد سرعة ترسيب هذه الحبيبات.

الحل

1- المعطيات = d 0.04 = ملم، s.g. 1.24، = T25° = م

2- جد قيمة اللزوجة الكينامتيكية من جداولها لدرجة الحرارة 25° م لتساوي = ν 0.898×10^{-6} م^2/ث.

3- جد سرعة الترسيب من معادلة استوك بافتراض أن الدفق صفحي:

$v = \{9.81\times(0.04\times10^{-3})^2\times(1.24 - 1)\}\div(18\times0.898\times10^{-6}) = 0.233$ ملم/ث

4- راجع رقم رينولد على ضوء هذه السرعة من المعادلة $Re = \frac{v\times d}{\upsilon}$

$Re = ((0.233\div1000)\times(0.04\div1000))\div(0.898\times10^{-6}) = 0.01$

ونسبة لأن رقم رينولد يقل عن مقدار 0.5 فيصبح افتراض أن الدفق صفحي افتراضاً صحيحاً، مما يتحقق معه قانون استوك.

برنامج 6-2

```
Public Class Form1
    Const g = 9.81

    Private Sub fill_combo()
        ComboBox1.Items.Clear()
        ComboBox1.Items.Add("0")
        ComboBox1.Items.Add("2")
        ComboBox1.Items.Add("4")
        ComboBox1.Items.Add("5")
        ComboBox1.Items.Add("6")
        ComboBox1.Items.Add("7")
        ComboBox1.Items.Add("8")
        ComboBox1.Items.Add("9")
        ComboBox1.Items.Add("10")
        ComboBox1.Items.Add("11")
        ComboBox1.Items.Add("12")
        ComboBox1.Items.Add("13")
        ComboBox1.Items.Add("14")
        ComboBox1.Items.Add("15")
        ComboBox1.Items.Add("16")
        ComboBox1.Items.Add("17")
        ComboBox1.Items.Add("18")
        ComboBox1.Items.Add("19")
        ComboBox1.Items.Add("20")
        ComboBox1.Items.Add("25")
        ComboBox1.Items.Add("30")
        ComboBox1.Items.Add("35")
        ComboBox1.Items.Add("40")
        ComboBox1.Items.Add("45")
        ComboBox1.Items.Add("50")
        ComboBox1.Items.Add("55")
        ComboBox1.Items.Add("60")
        ComboBox1.Items.Add("65")
        ComboBox1.Items.Add("70")
        ComboBox1.Items.Add("75")
        ComboBox1.Items.Add("80")
        ComboBox1.Items.Add("85")
        ComboBox1.Items.Add("90")
        ComboBox1.Items.Add("95")
        ComboBox1.Items.Add("100")
    End Sub

    Private Function find_viscosity() As Double
        Select Case ComboBox1.SelectedIndex
            Case 0 : Return 1.792
            Case 1 : Return 1.674
            Case 2 : Return 1.568
            Case 3 : Return 1.519
```

```
                Case 4  : Return 1.473
                Case 5  : Return 1.429
                Case 6  : Return 1.388
                Case 7  : Return 1.348
                Case 8  : Return 1.31
                Case 9  : Return 1.274
                Case 10 : Return 1.24
                Case 11 : Return 1.207
                Case 12 : Return 1.176
                Case 13 : Return 1.146
                Case 14 : Return 1.117
                Case 15 : Return 1.089
                Case 16 : Return 1.062
                Case 17 : Return 1.036
                Case 18 : Return 1.011
                Case 19 : Return 0.898
                Case 20 : Return 0.804
                Case 21 : Return 0.725
                Case 22 : Return 0.661
                Case 23 : Return 0.605
                Case 24 : Return 0.556
                Case 25 : Return 0.513
                Case 26 : Return 0.477
                Case 27 : Return 0.444
                Case 28 : Return 0.415
                Case 29 : Return 0.39
                Case 30 : Return 0.367
                Case 31 : Return 0.347
                Case 32 : Return 0.328
                Case 33 : Return 0.311
                Case 34 : Return 0.296
            End Select
            Return 0
        End Function

        Private Sub Form1_Load(ByVal sender As System.Object,
            ByVal e As System.EventArgs) Handles MyBase.Load
            Label1.Text = "الكثافة النوعية"
            Label2.Text = "متوسط القطر-ملم"
            Label3.Text = "درجة الحرارة مئوية"
            Label4.Text = "سرعة الترسيب-ملم/ث"
            Label5.Text = "رقم رينولد"
            Button1.Text = "احسب السرعة والرقم"
            Me.Text = "مثال 6-2"
            Me.FormBorderStyle =
                Windows.Forms.FormBorderStyle.FixedSingle
            fill_combo()
        End Sub


        Private Sub Button1_Click(ByVal sender As
```

```
    System.Object, ByVal e As System.EventArgs)
    Handles Button1.Click
    Dim sg, d, v, Re, visc As Double
    Dim t As Integer
    sg = Val(TextBox1.Text)
    d = Val(TextBox2.Text)
    'convert to m
    d /= 1000
    t = ComboBox1.SelectedIndex
    If t = -1 Then
        MsgBox("الرجاء اختيار الحرارة.", _
                vbInformation Or vbOKOnly)
        Exit Sub
    End If

    visc = find_viscosity() / 1000000
    v = (g * (d ^ 2) * (sg - 1)) / (18 * visc)
    Re = (v * d) / visc
    TextBox3.Text = FormatNumber(v * 1000, 3)
    TextBox4.Text = FormatNumber(Re, 2)
    End Sub
End Class
```

جهاز عمود الترسيب: نسبة لصعوبة تحديد حجم الجسيمات الصلبة المترسبة ووزنها وشكلها فيلجأ إلى تقدير ترسيب الحبيبات بإجراء تجربة مخبرية في عمود أسطواني منتظم المقطع به فتحات تنتهي بصنابير على أبعاد محددة لأخذ البيانات. وتنظم درجة الحـرارة المنشودة باستخدام حمام مائي. ثم يملأ العمود الأسطواني بالمحلول بعد مزجـه جيــداً. تقاس درجة تركيز المواد العالقة الكلية بالمحلول (C_0)، ثم تؤخذ عينات مختلفة مـن المحلول عبر الصنابير في فترات زمنية محددة، وذلك بغية إيجاد درجات تركيز المـــواد العالقة (C_1, C_2,....C_n) للأبعاد المختلفة (h_1, h_2,....h_n). وبعد أخذ العينـة تـترك الجسيمات التي تزيد سرعة ترسبها عن ($v_1 = \frac{h_1}{t_1}$) لتترسب. أما بقيـة الجسـيمات ذات السرعة التي تقل من v_1 فتخرج مع العينة. وتوجد نسبة الجسيمات المترسبة X_1 (والتي تكون سرعة ترسيبها أقل من v_1) من المعادلة: $X_1 = \frac{C_1}{C_0}$. ثم تعاد التجربة لفـترات زمنية مختلفة، وعليه يتسنى رسم مخطط بياني لخواص المواد العالقة كما مبين على شكل (6-4). وتوجد الإزالة الكلية في حوض ترسيب ذي دفق أفقي كما مبين في المعادلـة 6-30.

353

$$X_T = 100 - X_0 + \frac{1}{v_{so}} \int_0^{x_0} v\, dx \qquad\qquad (6\text{-}30)$$

عادة يتم تخفيض سرعة الترسيب التصميمية (المحسوبة من جهاز عمود الترسيب) بمعامل يتراوح بين 0.65 إلى 0.85؛   وذلك بغية إدراج أي ظروف عملية غير مثلى بحــوض الترسيب. كما يتم زيادة زمن المكث بحوض الترسيب بضرب قيمته العدديــة باســتخدام معامل ضرب يقع في حدود 1.25 إلى 1.5 وذلك بناءً على نتائج عدة تجـــارب عمليـــة أجريت لعدد من أحواض الترسيب {19}. أما بالنسبة للترسيب المتفرد بســرعة ترســيب تساوى vso (للحبيبات التي تصل إلى قعر حوض ذي ارتفاع H_T وعرض B وطول L) فيمكن إيجاد هذه السرعة من المعادلة 6-31.

$$\boldsymbol{V}_{so} = \frac{h_T}{t} = \frac{V/A}{V/Q} = \frac{Q}{A} = \frac{Q}{BL} \qquad\qquad (6\text{-}31)$$

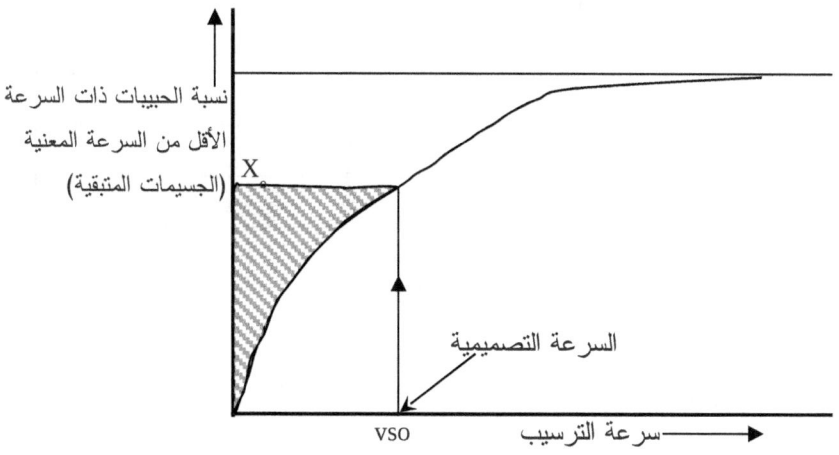

شكل 6-4 مخطط بياني لمنحنى التوزيع المتردد التراكمي للترسيب المتفرد

مثال 6-3

بمحطة معالجة جهازي ترسيب دائريين قطر كل منهما 12 متراً، استخدما لتقليل حمولة المواد الصلبة العالقة الموجودة بالدفق اليومي المقدر بحوالي 2930 متراً مكعباً وأوضحت تجارب جهاز عمود الترسيب النتائج المبينة في الجدول

عمق العينة (م)	الزمن (ساعة)	درجة تركيز المواد الصلبة العالقة المزالة (ملجم/ لتر)
0.6	1	28
0.6	2	52
0.6	3	68
0.6	4	95
1.2	1	20
1.2	2	26
1.2	3	40
1.2	4	53
1.8	1	18
1.8	2	22
1.8	3	27
1.8	4	36

أ) جد الكفاءة الكلية لأي من حوضي الترسيب لإزالة المواد الصلبة العالقة ذات التركيز المبدئي 200 ملجم/لتر.

ب) جد درجة تركيز المواد الصلبة الكلية في السائل النهائي الخارج من أي من حوضي الترسيب.

الحل

1- المعطيات = 2 N حوض، = 2930 Q م^3/يوم، = 12 D م، بيانات تجارب جهاز عمود الترسيب.

2- جد سرعة الترسيب للفترات الزمنية المختلفة:

سرعة الترسيب = ارتفاع نقطة أخذ العينة ÷ زمن المكث

وأحسب النسبة المئوية للمواد الصلبة المتبقية في السائل الخارج كما مبينة في الجدول التالي: (النسبة المئوية للمواد الصلبة العالقة التي لها سرعة ترسيب أقل من السرعة المعينة

= 100 - النسبة المئوية للمواد الصلبة المزالة) (6-32)

العمق (م)	الزمن (ث)	السرعة (ملم/ث)	المواد الصلبة المزالة	النسبة المئوية للمواد العالقة التي لها سرعة أقل من السرعة المعنية (%)
0.6	3600	0.1667	28	72
0.6	7200	0.0833	52	48
0.6	10800	0.0556	68	32
0.6	14400	0.0417	95	5
1.2	3600	0.3333	20	80
1.2	7200	0.1667	26	74
1.2	10800	0.1111	40	60
1.2	14400	0.0833	53	47
1.8	3600	0.5	18	82
1.8	7200	0.25	22	78
1.8	10800	0.1667	27	73
1.8	14400	0.125	36	64

3- أرسم منحنى التوزيع المتردد التراكمي برسم النسبة المئوية للمواد الصلبة المتبقية في السائل الخارج من حوض الترسيب (على المحور الرأسي) مع سرعة الترسيب (على المحور الأفقي).

4- جد الدفق المنساب من كل حوض ترسيب، q = الدفق الكلي ÷ عدد الأحواض

=2930 ÷ (24×60×60×2) = 0.017 م^3/ث

5- جد مساحة كل حوض ترسيب من المعادلة $A = (\pi/4)*D^2$

π =A ×12×12÷4 = 133.097 م^2

6- جد سرعة الترسيب التصميمية للحبيبات من المعادلة $v_S = Q/A$

= $0.017 \div 133.097 = 0.15$ v_S ملم/ث

7- جد من منحنى التوزيع المتردد التراكمي ولسرعة تصميمية = 0.15 ملم/ ث قيمة X_o لتساوي 70%

8- جد الكفاءة الكلية لحوض الترسيب من المعادلة: $X_T = 100 - X_0 + \frac{1}{v_{so}} \int_0^{x_0} v dx$

جد مقدار $\int v \times dX$ بتقدير المساحة المحصورة بين المحور الصادي لمنحنى التوزيع المتردد التراكمي والخط الأفقي من نقطة تقاطع المنحنى مع السرعة التصميمية 5.1×10^{-3}، ثم جد الكفاءة الكلية للحوض:

$X_T = 100 - 70 + (5.1\times10^{-3} \div 1.5\times10^{-3}) = 60\%$

9- جد قيمة تركيز المواد الصلبة في السائل المنبثق من حوض الترسيب من المعادلة: $C_e = C_o*(1 - X_T)$

= $200\times(1 - 0.6) = 80$ C_e ملجم/ لتر.

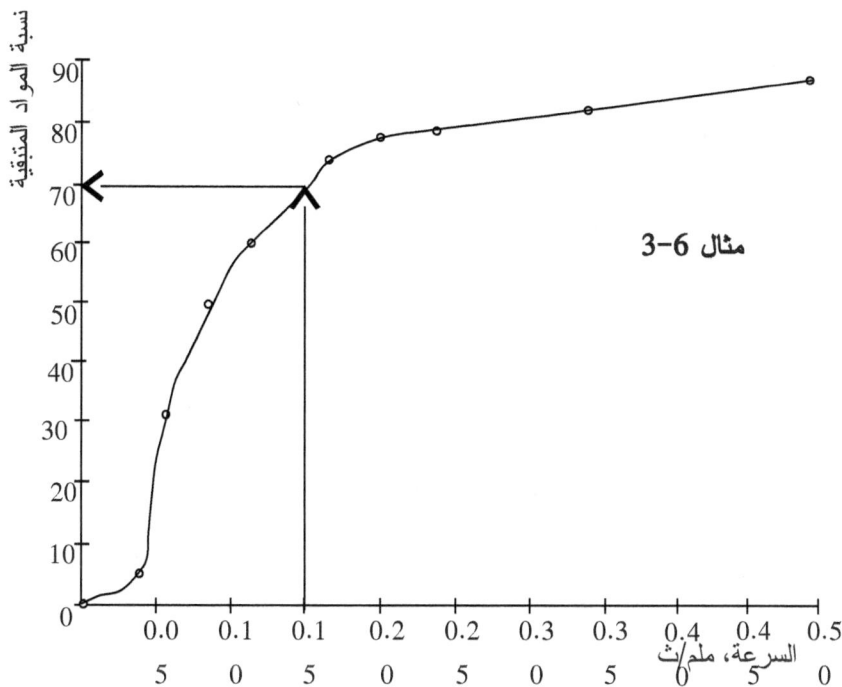

نسبة المواد المتبقية
السرعة، ملم/ث
مثال 6-3

برنامج 6-3

```
Public Class Form1
    Dim g As Graphics
    Dim t() As Integer
    Dim v(), depth() As Double
    Dim perc1(), perc2() As Integer
    Dim mult_factor As Integer

    Private Function get_max_v() As Double
        Dim max As Double = 0
        Dim count As Integer =
             DataGridView1.Rows.Count - 1
        Dim i As Integer
        mult_factor = 1
        For i = 0 To count - 1
            If v(i) > max Then max = v(i)
        Next

        While max < PictureBox1.Width
            max *= 10
            mult_factor *= 10
        End While
```

```vbnet
        Return max
End Function

Private Sub reorder_points()
    Dim count As Integer =
        DataGridView1.Rows.Count - 1
    Dim i As Integer
    Dim tmp As Double
    Dim shuffled As Boolean = True

    While shuffled = True
        shuffled = False
        For i = 0 To count - 2
            If perc2(i) > perc2(i + 1) Then
                tmp = perc2(i)
                perc2(i) = perc2(i + 1)
                perc2(i + 1) = tmp
                tmp = v(i)
                v(i) = v(i + 1)
                v(i + 1) = tmp
                shuffled = True
            End If
        Next
    End While
End Sub

Private Function get_Xo(ByVal vs As Double) As Double
    Dim bmp As Bitmap =
  New Bitmap(PictureBox1.Width, PictureBox1.Height)
    g = Graphics.FromImage(bmp)
    g.Clear(Color.White)
    Dim h = PictureBox1.Height - 4
    Dim w = PictureBox1.Width - 4
    Dim count As Integer =
        DataGridView1.Rows.Count - 1

    Dim max_v As Double = get_max_v()
    Dim countX As Integer = count + 1
    Dim countY As Integer = 10
    Dim scaleY As Double = h / 100
    Dim scaleX As Double = w / max_v
    Dim zeroX As Integer = 2
    Dim zeroY As Integer = h + 2
    Dim i, j, k As Integer
    Dim f As Font = New Font("Arial", 8)
    'Draw X axis
    g.DrawLine(Pens.Black, zeroX, zeroY,
        zeroX + w, zeroY)
    Dim x As Double = max_v / countX
    For i = 1 To countX
        j = zeroX + (i * x * scaleX)
```

```vbnet
        g.DrawLine(Pens.Black, j, zeroY, j, zeroY - 8)
        g.DrawString(FormatNumber(i * x /
        mult_factor, 2), f, Brushes.Black, j,
        zeroY - 12)
Next
'Draw Y axis
g.DrawLine(Pens.Black, zeroX, zeroY, zeroX, 2)
Dim y As Double = 100 / countY
For i = 1 To countY
    j = zeroY - (i * y * scaleY)
    g.DrawLine(Pens.Black, zeroX, j, zeroX + 8, j)
    g.DrawString(FormatNumber(i * 10, 0), f,
            Brushes.Black, 4, j)
Next
'reorder points incrementally
reorder_points()
'Draw major points
Dim last_j, last_k As Integer
For i = 1 To count
    'numbers are smaller than zero, we
    'can't use them
    'for drawing, as points will be so near. So
    'multiply to make them bigger.
    j = zeroX + (v(i - 1) * mult_factor * scaleX)
    k = zeroY - (perc2(i - 1) * scaleY)
    g.DrawEllipse(Pens.Black, j - 2, k - 2, 4, 4)
    'Draw joining lines
    If i > 1 Then
        g.DrawLine(Pens.Black, last_j,
            last_k, j, k)
    End If
    last_j = j
    last_k = k
Next

'Now, find Xo
Dim col As Color
Dim black As Integer = Color.Black.ToArgb
Dim hdc As Int32 = g.GetHdc.ToInt32
j = zeroX + (vs * mult_factor * scaleX)
'avoid the printed numbers on X axis
i = zeroY - 12
While i >= 0
    col = bmp.GetPixel(j, i)
    If col.ToArgb = black Then
        Exit While
    End If
    i -= 1
End While
PictureBox1.Image =
    Image.FromHbitmap(bmp.GetHbitmap)
```

```
        g.Dispose()
        bmp.Dispose()
        Return (zeroY - i) / scaleY
    End Function

    Private Sub Form1_Load(ByVal sender As System.Object,
      ByVal e As System.EventArgs) Handles MyBase.Load
        DataGridView1.Columns.Clear()
        DataGridView1.Rows.Clear()
        DataGridView1.RightToLeft =
            Windows.Forms.RightToLeft.Yes
        DataGridView1.Columns.Add("depthCol", "العمق-م")
        DataGridView1.Columns.Add("timeCol", "الزمن-س")
        DataGridView1.Columns.Add("concCol",
            "المواد الصلبة المزالة")
        Label1.Text = "عدد الأحواض"
        Label2.Text = "قطر الحوض-م"
        Label3.Text = "الدفق اليومي-م3"
        Label4.Text = "الدفق من كل حوض-م3/ث"
        Label5.Text = "مساحة كل حوض-م2"
        Label6.Text = "سرعة الترسيب-ملم/ث"
        Label7.Text = "Xo (%)"
        GroupBox1.Text = "المخرجات"
        GroupBox1.RightToLeft =
            Windows.Forms.RightToLeft.Yes
        Button1.Text = "احسب"
        Me.Text = "مثال 3-6"
        Me.FormBorderStyle =
            Windows.Forms.FormBorderStyle.FixedSingle
    End Sub

    Private Sub Button1_Click(ByVal sender As
      System.Object, ByVal e As System.EventArgs)
      Handles Button1.Click
        Dim i As Integer
        Dim count As Integer =
            DataGridView1.Rows.Count - 1
        ReDim t(count)
        ReDim v(count), depth(count)
        ReDim perc1(count), perc2(count)
        Dim N, Qtotal, Q, D, A, vs, Xo As Double

        'Do not add extra columns if the user
        'pressed the Button before.
        For i = 0 To DataGridView1.Columns.Count - 1
            If DataGridView1.Columns(i).Name = "vCol" Then
                GoTo DonotAddCol
            End If
        Next
        DataGridView1.Columns.Add("vCol", "السرعة-ملم/ث")
        DataGridView1.Columns.Add("conc2Col",
```

```
                        ("نسبة المواد العالقة")
DonotAddCol:
    For i = 0 To count - 1
        t(i) =
    Val(DataGridView1.Rows(i).Cells("timeCol").Value)
        'convert from hr to sec
        t(i) *= 3600
        depth(i) =
    Val(DataGridView1.Rows(i).Cells("depthCol").Value)
        'convert from m to mm
        depth(i) *= 1000
        v(i) = depth(i) / t(i)
        perc1(i) =
    Val(DataGridView1.Rows(i).Cells("concCol").Value)
        perc2(i) = 100 - perc1(i)
        DataGridView1.Rows(i).Cells("vCol").Value =
                FormatNumber(v(i), 4)
        DataGridView1.Rows(i).Cells("conc2Col").Value
                = FormatNumber(perc2(i))
    Next

    N = Val(TextBox1.Text)
    D = Val(TextBox2.Text)
    Qtotal = Val(TextBox3.Text)
    Q = Qtotal / (N * 60 * 60 * 24)
    A = (Math.PI * D * D) / 4
    vs = Q / A
    'convert from m to mm
    vs *= 1000
    Xo = get_Xo(vs)
    TextBox4.Text = FormatNumber(Q, 3)
    TextBox5.Text = FormatNumber(A, 3)
    TextBox6.Text = FormatNumber(vs, 3)
    TextBox7.Text = FormatNumber(Xo)
    End Sub
End Class
```

العوامل المؤثرة على كفاءة الترسيب:

تتأثر كفاءة حوض الترسيب بعدة عوامل تضم: الدفق المضــطرب، والجـــرف (النحـــر) التحتي، وتوزيع السرعة غير المنتظم، ودائرة القصر .

الدفق المضطرب: عند تقدير كفاءة الترسيب أفترض أن الترسيب يحدث بصورة مثاليـــة؛ غير أنه في حالات الدفق المضطرب تتواجد مركبات سرعات عرضية، الشيء الذي يقود إلى تشتت مسار الجسيمات مما يقلل من كفاءة الحوض. ولتحقيق دفق صفحي فلا بــــد أن

يقع رقم رينولد بين 580 إلى 2000 بالنسبة للدفق الأفقي، ويعتمد هذا على طريقة إنشاء مدخل الحوض، ونوع أجهزة إزالة الحمـــأة المتكونـــة وخواصـــها، ووجـــود الأعمـــدة والعوارض والحوائط الخشنة بالحوض، وغيرها من العوامل التي تقلل دفق الماء {6،7}. ويعبر رقم رينولد عن النسبة بين قوى القصور الذاتي وقوى اللزوجة، ويمكن إيجاده مـــن المعادلة 6-33.

$$Re=\frac{\rho V_H r_H}{\mu}=\frac{V_H r_H}{\upsilon} \qquad (6\text{-}33)$$

حيث:

Re = رقم رينولد

ρ = كثافة السائل (كجم/ م^3)

v_H = سرعة الدفق الأفقية (م/ ث)

r_H = نصف القطر الهيدروليكي (م)

μ = درجة اللزوجة التحريكية (الديناميكية) (نيوتن×ث/م^2)

ν = درجة اللزوجة الحركية (الكينامتيكية) (م^2/ ث)

وبالنسبة لحوض مستطيل ذو معدل دفق أفقي تحسب السرعة الأفقية من المعادلة 6-34.

$$v_H=\frac{Q}{A}=\frac{Q}{B\times h} \qquad (6\text{-}34)$$

حيث:

v_H = سرعة الدفق الأفقية (م/ ث)

Q = دفق الماء إلى حوض الترسيب (م^3/ ث)

A = مساحة الحوض العمودية على السرعة الأفقية (م^2)

B = عرض حوض الترسيب (م)

h = عمق ارتفاع حوض الترسيب (م)

أما نصف القطر الهيدروليكي فيُعنى بنسبة مساحة مقطع الحوض العمودي علـــى للـــدفق الأفقي إلى المحيط المبتل كما مبين في المعادلة 6-35.

$$r_H=\frac{A}{W_p}=\frac{Bh}{(B+2h)} \qquad (6\text{-}35)$$

حيث:

r_H = نصف القطر الهيدروليكي (م)

A = مساحة مقطع الحوض العمودي على الدفق الأفقي ($م^2$)

w_p = المحيط المبتل (م)

وعليه يمكن إيجاد رقم رينولد كما مبين في المعادلة 6-36.

$$Re = \frac{Q}{\upsilon (B+2h)} = \frac{V_s BL}{\upsilon (B+2h)} \qquad (6\text{-}36)$$

ويشترط لوجود دفق صفحي أن يقل رقم رينولد. وتبين المعادلات السالفة أن تقليل رقم رينولد يمكن أن يتأتى: بتقليل معدل دفق الماء الداخل لحوض الترسيب، أو بتقليل طول الحوض، أو بزيادة عرض أو عمق الحوض. وهذا يعني أن تقليل مشاكل الدفق المضطرب تتطلب إنشاء حوض ترسيب عريض، وعميق، وقصير.

الجرف (النحر) التحتي: إن كفاءة عملية الترسيب في حالة الترسيب البسيط أو المتفرد تعتمد أساساً على سرعة الترسيب، ولا تعتمد على عمق حوض الترسيب. غير أنه عندما يقل عمق الحوض تزداد سرعة الدفق الأفقية لدرجة أنها تجرف معها المترسبات من قعر الحوض. ويبدأ هذا الجرف على سرعة معينة يطلق عليها سرعة الجرف Scour velocity. وتبدأ سرعة الجرف عندما تتساوى قوى القص الهيدروليكي (بين الماء المتدفق والحبيبات المترسبة) وقوى الاحتكاك الميكانيكي (بين المترسبات في قعر الحوض). ويمكن إيجاد سرعة الجرف كما موضح في المعادلة 6-37 {6،7}.

$$V_{sc} = \sqrt{\left[\frac{40}{3}(s.g.-1) \times g \times d\right]} \qquad (6\text{-}37)$$

حيث:

v_{sc} = سرعة جرف الحبيبات المترسبة (م/ ث)

s.g. = الكثافة النوعية للحبيبات المترسبة (لا بعدي)

g = عجلة الجاذبية الأرضية ($م/ ث^2$)

d = قطر الحبيبات المترسبة (م)

ولا يشكل تدني كفاءة الترسيب بواسطة الجرف التحتي أي مخاطر ما دامت سرعة الترسيب أقل من سرعة الجرف. ويمكن منع إعادة تعليق المواد الصلبة بإنشاء عوارض Baffles في حوض الترسيب.

توزيع السرعة غير المنتظم ودائرة القصر: من المفترض أن تكون سرعة ترسيب الحبيبات في حوض الترسيب منتظمة على المساحة العمودية على اتجاه الدفق. غير أن قوى الاحتكاك (عبر الجدران وأرضية الحوض) تقوم بتقليل سرعة الماء. ومن الملاحظ أن السرعة تقل بالقرب من حدود الحوض، وتزيد عن المتوسط في منتصفه. ويؤثر هذا التوزيع غير المنتظم للسرعة (بدرجة قليلة) على كفاءة الترسيب. ونسبة للتغير في السرعة الأفقية للماء المنساب عبر الحوض فإن بعض الحبيبات تصل إلى مخرج الحوض في زمن أقل من الزمن النظري المتوقع للمكث؛ كما ويأخذ البعض الآخر من الحبيبات زمناً أطول للخروج من حوض الترسيب وتعرف هذه الظاهرة بدائرة القصر {6،7،15}. وتتدهور كفاءة الترسيب مباشرة في مناطق الحوض الراكدة أو التي بها تيار دوامي (تنتج مثلاً: بسبب عدم تساوي توزيع الماء الداخل، أو عن طريق تيارات الرياح المؤثرة على سطح الحوض).

ويمكن تقليل مشاكل دائرة القصر بعدة طرق تضم: استخدام حوض جيد التصميم والإنشاء، والتأكد من انتظام وتساوي دخول وانبثاق الماء عبر كل من عرض وعمق الحوض، ومنع وجود مناطق ذات دفق سريع عند منطقة الدخول، وبالمزج الجيد والمتجانس لمحتويات الحوض. ويمكن تحقيق الاتزان بزيادة نسبة قوى القصر الذاتي وقوى الجاذبية، أو ما يعرف برقم فرود Froude والذي يمكن إيجاده من المعادلة 6-38.

$$Fr=\frac{v_H^2}{g r_H}=\frac{Q^2(B+2h)}{g B^3 h^3}=\frac{v_s^2 L^2\left(1+\frac{2h}{B}\right)}{g h^3} \qquad (6\text{-}38)$$

حيث:

Fr =رقم فرود

vH = سرعة الدفق الأفقية (م/ ث)

g = عجلة الجاذبية الأرضية (م/ ث^2)

r_H = نصف القطر الهيدروليكي (م)

ومن الواضح من المعادلة 6-38 أن تحقيق الاتزان عبر زيادة رقم فرود يمكن أن يتأتى: بزيادة كمية الماء الداخل لحوض الترسيب، أو بزيادة طول الحوض، أو بتقليل عـرض أو عمق الحوض. وعليه يتضح أن تحقيق الاتزان داخل حوض الترسيب يتم عنـد لسـتخدام حوض ضيق، وضحل، وطويل. غير أن هذا الشرط يعاكس كلية شـرط تفـادي للـدفق المضطرب المذكور آنفاً. وعليه فمن المتبع أخذ أرقام كبيرة لرقم فرود ولكنها ليست بالكبر الذي يولد معه مخاطر الدفق أو الجرف التحتي. وقد وجد من كثير من التجارب أن أنسب قيمة لرقم فرود {15} تقع في حدود: $Fr > 10^{-5}$

6 – 8 – 3 الترويب (الخثورة) واللبود

الروب: اللبن الرائب. والفعل: راب اللبن يروب رَوباً ورُؤوباً: خَثُرَ وأدءرَك، فهو رائب. التَّرويب: أن تعمد إلى اللبن إذا جعلته في السِّقاء، فتقلبه ليدركه المَخْض، ثم تَمخَضُه ولـم يَرُبْ حَسَناً. والمِرْوَبُ: الإناء والسقاء الذي يُرَوّب فيه اللبن {49}. خَثُرَ اللبـن ونحـوه – خَثَارةً، وخُثورَة: ثخن وغلُظ. فهو خاثرٌ وخثير {48}. الخُثورة: نقيض الرِّقَة. ومصـدر الشيء الخاثر: خَثَرَ اللبن والعسل ونحوهما، بالفتح يَخْثُر. وخَثِر، وخَثُرَ بالضم، خَثْـراً – وخُثوراً وخَثَارة وخُثُورة وخَثَراناً {49}. ولبود الشعر والصوف والوَبَر والتَبَدَ (للـورق): تداخل ولزق {49}. لبد بالمكان يَلْبُدُ لُبوداً ولَبِدَ لَبَداً وألبَدَ: أقام به ولزق، فهو مُلْبدٌ به.

تستخدم عمليات الترويب (الخثورة) واللبود للتخلص من المواد الغروانية الملونة للمـاء، ولإزالة الحبيبات الصغيرة الحجم والمواد المسببة للعكر والبكتريا، ولترفيع كفاءة ترسيب المواد الصلبة من الماء الخام. وتتم العملية بإضافة كميات بسيطة من مواد مساعدة طبيعية أو مواد مروبة مصنعة (عضوية وغير عضوية) مثل: الطين، أو البنتـونيت، أو بعـض المفتتات الصغيرة، أو مواد كيماوية. كما ويمكن زيادة كفاءة الطفو بإدخال هواء أو غـاز (مثل غاز الكلور) عبر قعر جهاز الترسيب.

ومن أمثلة المروبات المستخدمة: مروبات الألمونيوم[270]، ومروبات الحديد[271]، ومساعدات المروبات (السيلكا النشطة، والمواد المخثرة[272]، والمواد المؤكسدة[273]، والمــــواد متعــــددة الكترو ليت.

تقسم الحبيبات التي تسهل إزالتها بوساطة المروبات إلى: مواد محبة[274] (شــغوفة) للمـــاء Hydrophilic، ومواد كارهة[275] للماء Hydrophobic. تتفاعل المواد الشغوفة بالماء لحظياً معه لتكون عالق يسهل إعادة إزالة الماء منه وإضافته إليه؛ غير أنه يصعب إزالـــة هذه المواد بطرق المعالجة التقليدية. أما المواد الكارهة للماء فلا تتشتت مرة أخرى لحظياً عند إزالة الماء منها؛ كما ولا توجد قوى كبرى رابطة لهذه الجســيمات بالمـــاء لا ســيما ويعتمد اتزانها على التنافر {6،7،10،20}. وتعتبر العوالق الغروانية من أكثر العوالـــق اتزاناً في الماء مما يعطى لهذه الجسيمات الغروانية أشكالاً لأكـــثر تعقيـــداً مـــن أشـــكال الجسيمات الكروية (مثل: شكل الكرة، والأهليليجى، والصفيحة، والقضيب، والشـــعيرة). وتؤثر هذه الخاصية بصورة كبرى على خواص الجسيمات الغروانية {6،7،21}.

ومن الخواص العامة للعوالق الغروانية: صعوبة إزالتها بعملية الترشـــيح العاديـــة، وأن نظامها مستقر، ولها قابلية اللبود والترسيب، وتصعب مشاهدتها وكشفها بالمجهر العـــادي لصغر حجمها (نانومتر إلى ميكرومتر)، وتحول تصادماتها الكثيرة (حركة بـــراون) دون ترسبها تحت فعل قوى الجاذبية الأرضية، وتقوم الغروانيات بتشـــتت الضـــوء (ظـــاهرة تندال)، و تزيد أهمية القوى الكيميائية السطحية فيها (نســبة لكــبر المســاحة الســطحية للغروانيات إلى نسبة حجمها). يتعلق الترويب – لتنقية الماء ومعالجة الفضلات السائلة – بتجمع ديناميكي حراري لغروانيات غير متزنـــة. ويمكـــن تقســيم المـــواد الغرولنيـــة (

---

270 كبريتات الألمونيوم $Al_2(SO_4)_3.18H_2O$ ، وشب النشادر، وشب البوتاسيوم، وألومنات الصوديوم $NaAlO_2$

271 تضم الكوبراس المكلور $FeSO_4.7H_2O + Cl_2$, $Fe_2(SO_4)_3 + FeCl_3$ ، وكلوريد الحديديك $FeCl_3.6H_2O$، وكبريتات الحديديك $Fe_2(SO_4)_3.7H_2O$، وكبريتات الحديدوز $FeSO_4.7H_2O$

272 مثل طين البنتونيت، ودقيق السيلكا، والحجر الجيري، والكربون النشط

273 الكلور، والأوزون، وبرمنجنات البوتاسيوم

274 مثل: النشا المذاب، والصمغ، والصابون، والمنظفات المصنعة، والدم، والبروتين

275 مثل: معظم المواد غير العضوية والمواد العضوية الموجودة في الماء الطبيعي العكـــر، وغرويـــات أكاسيد الفلزات

Colloids) على حسب خواص الديناميكا الحرارية إلى: غروانيات متزنة (عكسية) مثل الصابون والمطهرات والنشا، وغروانيات غير متزنة (لاعكسية) مثل الطين وأكاسيد المعادن (الفلزات) والأحياء المجهرية. وتقسم المواد الغروانية غير المتزنة على حسب التجمع إلى: غروانيات ذات معدل بطئ (Diturnal Colloids)، وغروانيات ذات معدل سريع (Caducous Colloids).

جهد التجاذب وجهد التنافر: (أنظر شكل 6-5) من أهم المؤثرات السطحية بالنسبة للجسيمات الغروانية الإمتزاز (أو قابلية المادة للتجمع على السطح)، والخواص الكهر-حركية (أو قابلية سطح الجسيم الملامس للماء لامتلاك شحنة كهربائية). وعندما تلتقي حبيبتان غرويتان تحملان شحن متماثلة فإن طبقتيهما المنتشرتين تبدآن في التجاذب، وكلما اقتربتا تتولد قوة تنافر الكتروستاتي تزيد بقربهما من بعضهما البعض (قوى كولوم). وتقل طاقة جهد التنافر في مقدارها كلما زادت المسافة الفاصلة بين الحبيبتين (يتناقص مقدارها مع مربع المسافة بين الجسيمات). وتعمل هذه القوة التنافرية على منع الحبيبتين من التجمع. وفي ذات الوقت تتكون قوى تجاذب (عندما تقترب الحبيبتين من بعضهما البعض) ويطلق على هذه القوى التجاذبية قوى فإن دير وولس للتجاذب. ويعتمد مقدارها على تكوين الغروانيات وكثافتها، ولا تعتمد على تكوين الوسط السائل. وتقل هذه القوى بسرعة كلما زادت المسافة بين الحبيبات، كما وتقل طاقة الجهد التجاذبية بزيادة الفاصل بين الحبيبات. تنشأ قوى لندن-فان دير وولس من نقل الشحنات الإلكترونية وتركيزها داخل الجسيمات المحايدة.

ويعمل هذا النقل على تركيز الشحنات الكهربية الموجبة في جهة من الحبيبة والشحنات السالبة في الجهة المغايرة منها (ظاهرة الاستقطاب). ويقوم الاستقطاب بإنتاج قوى جذب بين الحبيبات تتناقص مقاديرها مع مكعب المسافة بين الحبيبات {6،7،21}.

ومن الوسائل العاملة على تلامس الحبيبات مع بعضها لرفع كفاءة اللبود: حركة براون، والترسيب التفاضلي بين الحبيبات، وقوى القص. ويمنع ثبات حركة براون العشوائية التحكم فيها، غير أنها لا تؤثر كثيراً على عملية الترسيب لتساوى المسافات المتوسطة الحادثة في كل الجهات. ويحدث اللبود والترسيب التفاضلي أثناء عملية الترسيب فقط، وتترسب كل حبيبة من الحبيبات العالقة الأحادية التشتت بنفس سرعة الترسيب، دون أن

تترسب حبيبة أسرع من الأخريات. ويقلل هذا الوضع من فرص التلامس، الشيء الذي يحد كثيراً من حدوث اللبود.

وتترسب الحبيبات الكبيرة، في النظام المتعدد التشتت، بسرعات ترسيب أكبر من سرعات ترسيب الحبيبات الصغيرة؛ مما يزيد من فرص تصادم الحبيبات ببعضها البعض. ويمنع وجود الشحنة الكهربائية على سطح الحبيبة لبود الجسيمات نسبة لحمل الحبيبات لشحن كهربائية متماثلة؛ مما يزيد من قوى التنافر بينها ويقلل من فرص تجمعها. غير أن إضافة مواد غروانية لها شحن مضادة للجسيمات يعمل على معادلة الشحن؛ مما يزيد من فرص التصادم بين الحبيبات ومن ثم لبودها.

ويمكن وصف أثر الشحنة على اتزان الغروانيات بإضافة طاقة الجذب وطاقة التنافر لتنتج طاقة كلية تسمى حصن الطاقة، أو حاجز التجمع للحبيبات الغروانية. ويبين الرسم (6-5) طاقة التجاذب والتنافر لعوالق غروانية ذات قوة أيونية منخفضة وعالية. ولترويب (منع اتزان) حبيبة غروانية من الأنسب حث طاقة حركة كافية، بالإضافة إلى طلقة حركة الحبيبات الغروانية للتغلب على حصن الطاقة الموجود.

إن الحبيبات الغروانية والمواد الصلبة العالقة المتواجدة في الماء تحمل شحنة كهربائية سالبة تعمل على حث شحنات موجبة في طبقة مجاورة من المحلول (الطبقة الكهربائية الثنائية Electrical double layer). تعطي هذه الطبقة فرق جهد بين الحبيبات وبقية المحلول يسمى الجهد الكهرحركي، أو الرحلان الكهربي Electrophoretic mobility، أو جهد زيتا Zeta potential. وللتخلص من الجسيمات الغروانية لا بد من تقليل الرحلان الكهربى للتخلص من قوى التنافر بين الجسيمات التي تحمل شحنات كهربلئية سالبة، إذ تعمل قوى التنافر على منع الجسيمات من الوقوع في اللبودات.

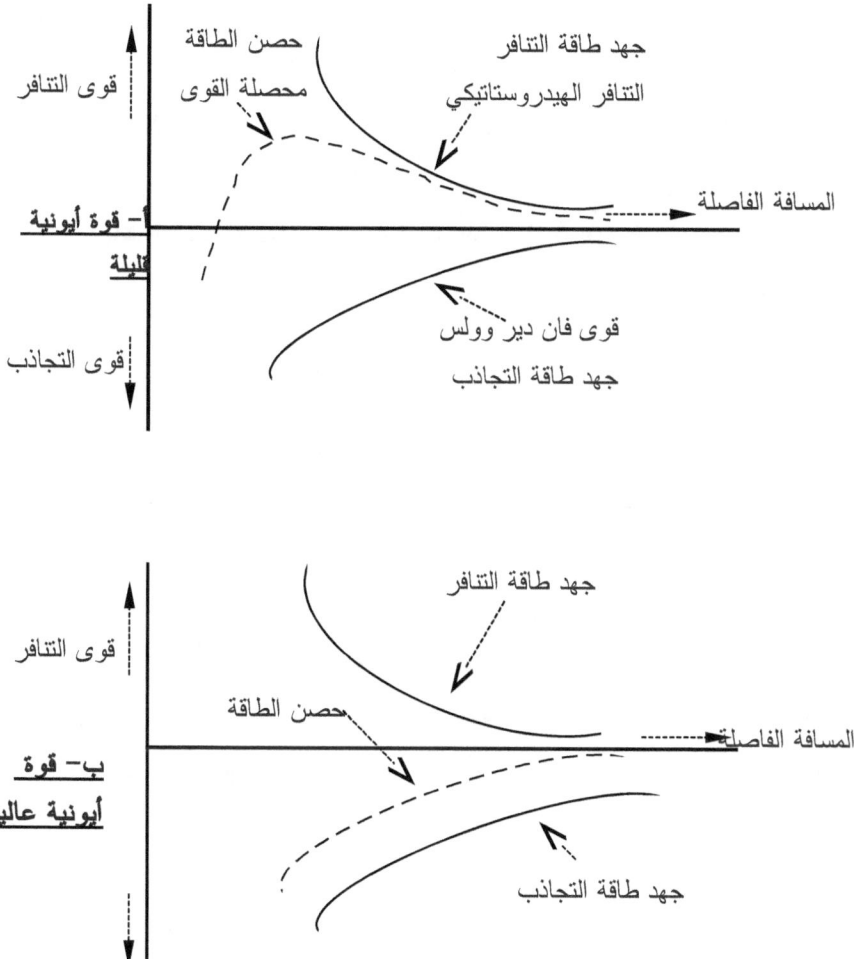

شكل 6-5 جهد التجاذب وجهد
التنافر

وتقليل الرحلان الكهربى، أو جهد زيتا يساعد كثيراً في ترسيب المواد الغروانية الكارهة للماء. وتحمل الجسيمات الغروانية في الماء شحنة كهربائية سالبة على سطحها، يتمركز حول سطحها الخارجي مجموعة من الأيونات السالبة. وتقوم هذه الشوارد السالبة بجذب طبقة حولها من الأيونات الموجبة القادمة من المحلول العالق، أومن سطح الجسيم الغرواني. وتقوم قوى الجذب الإلكتروستاتيكية (ذات الكهربية الساكنة) بجذب هذه الشوارد لتتوزع هذه الأيونات بانتظام عبر المحلول بفضل حركة براون، أو بوساطة التحريك الحراري. ويسمى هذا النظام المشحون (سطح الجسيم الغرواني والأيونات حوله) بالطبقة الكهربائية الثنائية {23،22،17،7،6،} (أنظر شكل 6-6).

عندما تزداد الشحنة السالبة على الجسيم الغرواني يتم جذب عدد من الأيونات الموجبة، مما يسمح بالتصاق الشحنات على سطح الجسيم الغرواني مكوناً طبقة كثيفة قوية الارتباط تسمى طبقة استيرن Stern layer (أنظر شكل 6-6). وتعادل هذه الطبقة جزئياً الشحنات والقوى الكهروستاتيكية الجاذبة للجسيم مما يعمل على تنافر بقية الأيونات وحجزها بالقرب من الجسيم، مكونة الجزء المنتشر من الطبقة الثنائية أو ما يسمى بالطبقة المنتشرة Diffuse layer. ينجذب الجسيم الغرواني الأوسط بقوة بسبب المسافة وبسبب وجود الأيونات المضادة. وتقوم الأيونات المعاكسة المجاورة بتبادل شحنتها الموجبة لتعمل على حماية الأيونات الأخرى البعيدة عنها. وبهذه الطريقة يتم حجز الأيونات المعاكسة المعادلة بقوة بالقرب من الجسيم الغرواني، كما وتطرد الأيونات السالبة (لأي أملاح موجودة) من جوار الجسيم الغرواني. أما سمك الطبقة المنتشرة فيعتمد على درجة تركيز الأملاح الموجودة في المحلول، كما وأن طول الطبقة ينقص إلى بضع أنقسترومات بزيادة تركيز الأملاح.

تنص نظرية طبقة الانتشار الثنائية على أن اتزان الغروانية يعتمد على الشحنة الكهربائية التي تحتويها. والشحنة الأساسية في المادة الغروانية يمكن أن تكون من مجموعات ذات شحنة داخل سطح الحبيبة أو بسبب إمتزاز طبقة من الأيونات من الوسط المحيط. والغرواني المنتشر Colloidal dispersion (صلب أو سائل) لا يمكن أن يحمل شحنة كهربائية كلية في مجمله، وعليه فإن الشحنة الأساسية في الحبيبة تكون من اتزان معاكس لأيونات تحمل شحنة كهربائية مغايرة وتتواجد في الوسط السائل.

ويمكن أن تتكون طبقة ثنائية كهربية على السطح الفاصل بين الصلب والماء. وتتكون هذه الطبقة الثنائية من: الحبيبة الغروانية التي تحمل شحنة، ومن زيادة مكافئة من أيونات تحمل شحنة كهربائية مغايرة معاكسة تتجمع في الماء بالقرب من سطح الحبيبة. ويتم بالكهربية الساكنة جذب الأيونات المعاكسة إلى سطح المادة الصلبة، مما يزيد تركيزها على سطح الصلب، ثم تنتشر وتقل داخل المحلول كلما بعدت عن سطح الصلب. ويمكن أن يكون انتشار الأيونات المعاكسة بسبب المزج الحراري، والإزاحة بوساطة أيونات أخرى. وتقود هذه الحالة إلى ارتفاع ميل تركيز الأيونات المعاكسة. وعندما يحتوي الماء على درجات تركيز عالية من الأيونات المعاكسة فإن طبقة الانتشار يتم ضغطها. وهذا التوضيح لاتزان الغروانيات يسمى نظرية الطبقة الثنائية المنتشرة. وينشأ جهد كهربي بين سطح الحبيبة وغالبية المحلول لوجود الشحنة الأساسية في الحبيبة. كما يقل الجهد أيضاً بقلة زيادة القوة الأيونية.

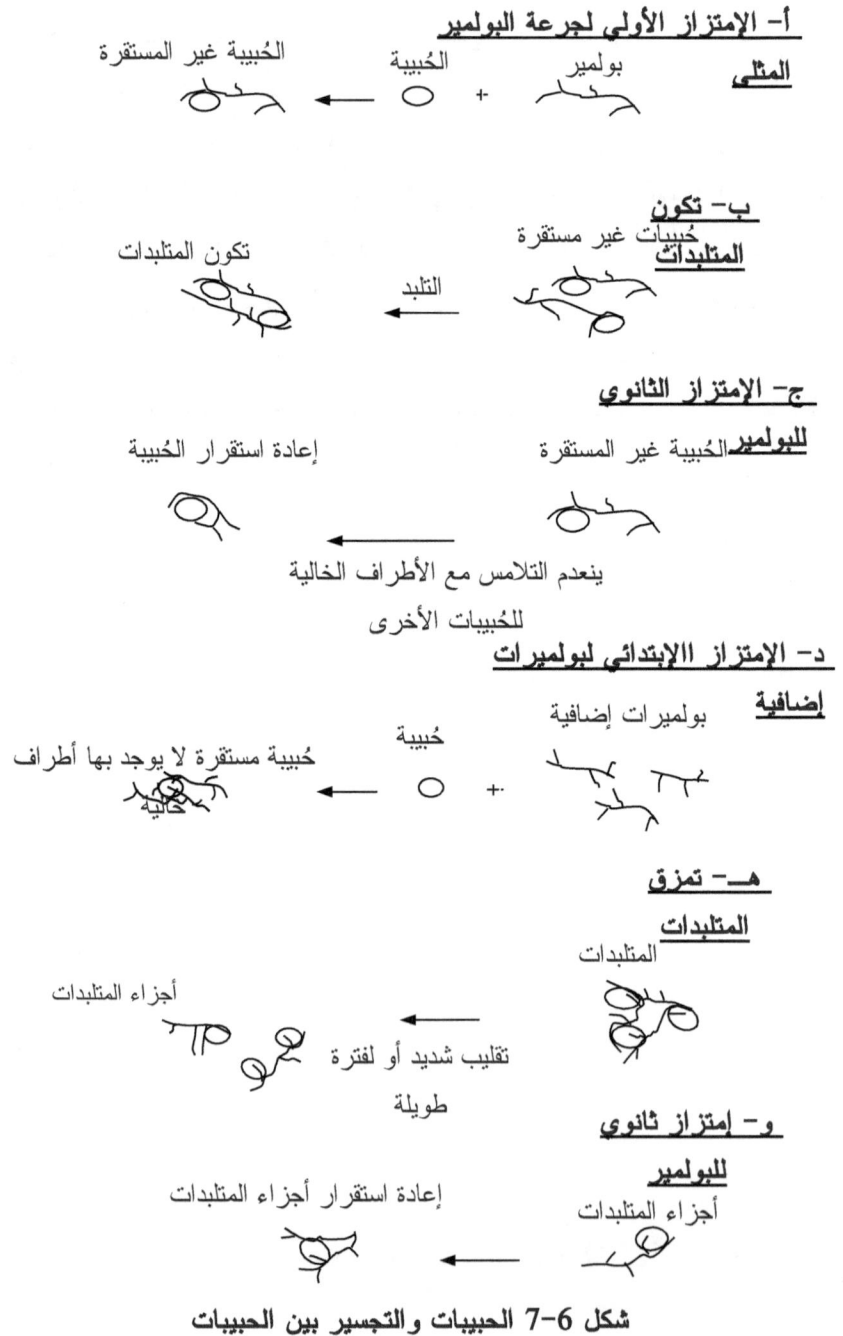

أ- الإمتزاز الأولي لجرعة البولمير المثلى
الحُبيبة
الحُبيبة غير المستقرة
ب- تكون المتلبدات
حُبيبات غير مستقرة
التلبد
تكون المتلبدات
ج- الإمتزاز الثانوي للبولمير
الحُبيبة غير المستقرة
إعادة استقرار الحُبيبة
ينعدم التلامس مع الأطراف الخالية
للحُبيبات الأخرى
د- الإمتزاز االإبتدائي لبولميرات إضافية
بولميرات إضافية
حُبيبة
حُبيبة مستقرة لا يوجد بها أطراف خالية
هـ- تمزق المتلبدات
المتلبدات
تقليب شديد أو لفترة طويلة
أجزاء المتلبدات
و- إمتزاز ثانوي للبولمير
أجزاء المتلبدات
إعادة استقرار أجزاء المتلبدات

شكل 6-7 الحبيبات والتجسير بين الحبيبات

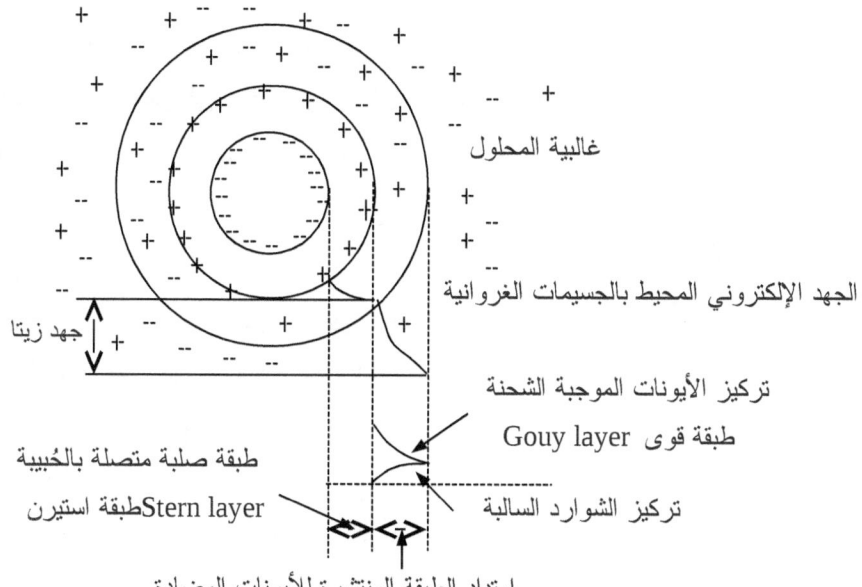

غالبية المحلول

الجهد الإلكتروني المحيط بالجسيمات الغروانية

جهد زيتا

تركيز الأيونات الموجبة الشحنة
طبقة قوى Gouy layer

طبقة صلبة متصلة بالحُبيبة
طبقة استيرنStern layer

تركيز الشوارد السالبة

امتداد الطبقة المنتشرة للأيونات المضادة

شكل 6-6 جهد زيتا

<u>جهد زيتا:</u> ينشأ غطاء ثابت من الأيونات الموجبة من الجذب الإلكتروستاتي. وهذا الحيـــز الساكن من الأيونات الموجبة يطلق عليه طبقة إستيرن، وهو محاط بطبقة منتشرة متحركة لأيونات موجبة. ويقل تركيز هذه الأيونات الموجبة في الحيز المنتشر كلما تغلغلــت إلـــى داخل المحلول. وجهد زيتا هو قيمة الشحنة على سطح القص، ويمكن تقديرها من حســـاب الرحلان الكهربي Electrophoresis كحركة حبيبة في حقل كهربي. ويمكـن تعريـــف جهد زيتا على إنه "ذلك الجهد على سطح الجسيمات الغروانية، والذي يقوم بفصل الجـــزء المتحرك من الطبقة الثنائية عن الطبقة المنتشرة داخل المحلول". وعليه فهو عبـارة عــن "قياس شحنة الطبقة المنتشرة على وحدة مساحة الجسم الغرواني، وقياس لمدى الشحنة من جسم المادة الغروانية". ويمكن إيجاد جهد زيتا من المعادلة 6-39.

$$ZP = (4*\pi*B*q^+) / D_I \qquad (6-39)$$

حيث:

ZP = جهد زيتا (فولت)

B = سمك الطبقة الجدارية ذات التأثير على شحنة الحبيبة

374

q^+ = الشحنة في الجسيم الغرواني (الحبيبة)

D_I = ثابت العزل الكهربي للوسط

أما الرحلان الكهربائي فيمكن تعريفه على أنه "معدل حركة الجسيم الغرواني إلى القطب تحت تأثير جهد كهربائي". ويمكن إيجاد الرحلان الكهربائي من المعادلة 6-40.

$$U = \frac{y \times A}{t \times i \times R_s} \qquad (6\text{-}40)$$

حيث:

U = الرحلان الكهربي (متر/ ث×فولت×م)

y = المسافة المقطوعة في الزمن t (م)

A = مساحة المقطع ($م^2$)

i = كثافة التيار (أمبير)

R_S = المقاومة النوعية للمحلول العالق (Ω×م)

وعملياً يمكن افتراض علاقة بين جهد زيتا والرحلان الكهربائي كما مبينة في المعادلة 6-41.

$$ZP = (4*\pi*\mu*U) / D_I \qquad (6\text{-}41)$$

حيث:

μ = درجة اللزوجة التحريكية (الديناميكية أو المطلقة) (نيوتن×ث/$م^2$)

عادة يستخدم جهد زيتا للتحكم في عملية الترويب عند قياس الشحنة الكهرحركية المحيطة بالمواد الصلبة الغروانية، وقيمة جهد زيتا لمعظم الغروانيات في حدود 30 إلى 60 مللي فولت، وتتراوح قيمة الرحلان الكهربائي بين 2×10^{-4} إلى 4×10^{-4} م/ث×فولت×سم بالنسبة للمياه الطبيعية. ويسهل قياس الرحلان الكهربائي بمشاهدة حركة الجسيمات تحت تأثير حقل تيار كهربائي بواسطة المجهر.

آلية إلغاء توازن الغروانيات Mechanism of destabilization of Colloids:

يمكن تقسيم طريقة إلغاء توازن الغروانيات (أو فصل القابلية القليلة – أو غير الموجودة – لتجمع الغروانيات) بضغط الطبقة الثنائية، وامتزاز وتعادل الشحنة، والتشبك دلخل مترسب، والإمتزاز والتجسير بين الحبيبات.

ضغط الطبقة الثنائية Double - layer compression: إن تعامل بعض المروبات مع الجسيمات الغروانية تعامل الكتروستاتيكي صرف؛ إذ تتنافر أيونات المروبات ذات الشحنة المماثلة للشحنة الأساسية مع المواد الغروية ويتم جذب الشحن المغايرة. وعند إضافة جرعة كبيرة من المروب لعالق غرواني تزيد درجة تركيز الأيونات ذات الشحن المغايرة مما يخفض من سمك الطبقة الثنائية. ويكفى هذا الانخفاض للتغلب على حصن الطاقة مما يساعد على تصادم الحبيبات. وكلما زادت شحنة الأيونات المغايرة كلما زادت سرعة الترويب، ويتناسب معدل الترويب تناسباً طردياً مع شحنة الأيونات المغايرة: مثلاً: $Na^{+} < Ca^{++} < AL^{+3}$

الامتزاز وتعادل الشحنة Adsorption and charge neutralization: يمكن تعادل شحنة الجسيمات الغروانية بوساطة جزئيات تحمل شحن معاكسة، ولها القدرة على الإمتزاز في الجسيمات الغروانية. وتؤدي زيادة جرعة الأيونات المغايرة إلى إيجاد فائض من هذه الأيونات بعد عملية تعادل الشحنة مع الغروانيات. ويتم لمتزاز هذه الأيونات المغايرة في الجسيمات المتعادلة كهربياً، مما يؤدي إلى اتزان شحنة عكسية (إنتاج حبيبة تحمل شحنة موجبة). وهذا يشير إلى أن للقوى الإلكتروستاتية لا تمثل منفردة القوة الدافعة لفض الاتزان، بل يلعب الإمتزاز أيضاً دوراً هاماً لمنع إعادة الاتزان والتشبك داخل مترسب.

وتستخدم أملاح فلزية لتنقية الماء ومعالجة الفضلات السائلة، ومن هذه الأملاح كبريتات الألمنيوم $Al_2(SO_4)_3$ وكلوريد الحديديك $FeCl_3$ وأكسيد الكالسيوم CaO وهيدروكسيد الكالسيوم $Ca(OH)_2$. ويُحتاج إلى جرعات عالية أو كافية من هذه المروبات لترسيب هيدروكسيد الفلز ليسهل تشبك الحبيبة في هذه المركبات المترسبة فتترسب معها. وتقوم الحبيبات الغروانية بالعمل كنُوى لتكوين المترسبات، مما يزيد من الترسيب بزيادة درجة تركيز الحبيبات الغروانية في الماء. وتسمى الطريقة التي يتم بها كنس الغروانيات من العالق بالترويب Sweep coagulation.

الإمتزاز والتجسير بين الحبيبات Adsorption & interparticle bridging : (أنظر شكل 6-7) تستخدم البولميرات العضوية المصنعة كعوامل تقليل الاتزان في عمليات تنقية الماء ومعالجة الفضلات السائلة. وهذه المواد من البلوميرات ذات شحنة وسلسلة

طويلة يمكنها عدم اتزان الغروانيات بعمل جسور فيما بينها. وللبولمير الطويل جهة مشحونة تمكنه من الالتصاق أو الإمتزاز لجهة معينة للحبيبة الغروانية. أما بقية جزئ البولمير فيمتد إلى داخل المحلول. وإذا ما تم التصاق الجزء الممتد لمادة غروانية أخرى يرتبط كلا الغروانيين بكفاءة مع بعضهما وحينئذٍ يطلق عليهما ملبود.

اللبود Flocculation: يمكن أن تحفز عملية اللبود بطرق ميكانيكية لتجميع الحبيبات ولبودها لزيادة ترسيبها. وينتج اللبود (أو المزج الهادئ) من اختلافات السرعة أو الميل في الماء المروب، مما يمكن الحبيبات العالقة الدقيقة المتحركة ملاسة بعضها لتتحد مكونة ملبودة أكبر حجماً وأسهل ترسيباً. وتعتمد عملية اللبود على عدة عوامل تضم:: عمق حوض الترسيب، ومعدل الدفق السطحي، وفرصة التقاء الحبيبات المترسبة، ودرجة تركيز الجسيمات المترسبة ومقاسها، وخواص الوسط المرسب (مثل: معدل درجة الحرارة، والرقم الهيدروجيني، ونوع الأيونات بالمحلول ومقدارها، ودرجة العكر)، ونوع المروبات وطبيعتها وخواصها، وزمن الترويب وسرعته، وميل السرعة في جهاز الترويب. وعادة يتم المزج السريع لانتشار المروب في الماء، ثم يتبعه مزج بطئ ليساعد في نمو المتلبدات.

يمكن تقسيم اللبود إلى نوعين: اللبود حول الحركي (Perkinetic)، واللبود المتحرك في نفس الاتجاه (Orthokinetic). ويرمز إلى اللبود حول الحركي إلى تلامس أو تصادم الحبيبات الغروانية بسبب حركة براون العشوائية الناتجة من التصادم السريع والعشوائي لها مع جزئيات المائع. ونسبة لأن فرصة أي تصادم بين الحبيبات تتناسب مع درجة تركيز الحبيبات، في مثل هذا النوع من اللبود، فمن المتوقع أن يكون هذا اللبود سريعاً في المحاليل المركزة. ويقل الزمن المطلوب لإتمام هذه المرحلة من اللبود عن الدقيقة. أما معدل تغيير التركيز الكلي للحبيبات مع الزمن للبود حول الحركي فيمكن إيجاده من المعادلة 6-42.

$$\frac{dN}{dt}=\frac{-4\,Ek_b N^2}{3\mu} \qquad (6\text{–}42)$$

حيث:

N = العدد الكلي للحبيبات العالقة في الزمن t

E = معامل كفاءة التصادم

k_b = ثابت بولتزمان

T = درجة الحرارة المطلقة

μ = درجة لزوجة المائع

وبتفاضل المعادلة السابقة للحدود: t = صفر عند $N = N_i$ ، و t = t عند N = N تنتج المعادلة 6–43.

$$N = \frac{N_i}{\left[1 + \frac{4\,E k_b N_i}{3\mu} \times t\right]} = \frac{N_i}{\left[1 + \frac{t}{t_{\frac{1}{2}}}\right]} \qquad (6\text{-}43)$$

حيث:

N_i = التركيز المبدئي للحبيبات

$$t_{½} = 4\,EkT\,N_i\,/3\mu \qquad (6\text{–}44)$$

حيث:

$t_{½}$ = الزمن المطلوب لتخفيض تركيز الحبيبات إلى نصف عددها الأصلي.

أما اللبود المتحرك في نفس الاتجاه فيعنى تلامس أو تصادم الحبيبات الغروانية الناتجة من حركة معظم المائع من جراء المزج مثلاً، وحركة الماء الهادئة. ويعتمد معدل اللبود على عوامل عدة منها: طبيعة الجسيمات ومقاسها، ودرجة تركيز المواد الصلبة، وميل سرعة القص للمحلول. وفي نظم المزج تتغير سرعة المائع تغير حيزي (Spatially) من نقطة لأخرى، ومن زمن لآخر (تغير لحظي). والتغيرات الحيزية في السرعة تحدد بميل السرعة. وفي اللبود المتحرك في نفس الاتجاه، لحبيبات وغرولنيات عالقة لها مقياس منتظم، فإن معدل التغير في تركيز الحبيبات مع الزمن ينتج المعادلة التالية 6–45.

$$\frac{dN}{dt} = -2\,EG\,\frac{d^3 N^2}{3} \qquad (6\text{-}45)$$

وينجم ميل السرعة في جهاز اللبود بواسطة بدالات دوارة. وعليه فإن الحبيبات ذات المسار السريع يمكن أن تلحق وتصطدم مع الحبيبات ذات المسار البطيء الدفق. ويمكن إيجاد القدرة اللازمة لتحريك البدال عبر المائع من المعادلة 6–46 {6،7،14}.

$$w = \rho * C_D * (A * v3/2) \qquad\qquad (6\text{-}46)$$

حيث:

w   = القدرة اللازمة لدفع البدال عبر المائع (جول/ث)

ρ   = كثافة المائع (كجم/ م^3)

C_D = معامل السحب

A   = مساحة البدال (م^2)

v   = سرعة البدال مقارنة بالمائع (م/ث)

عادة تكون القدرة المطلوبة في حدود 2 إلى 5 كيلووات على المتر المكعب على الدقيقة.
ويمكن إيجاد ميل السرعة الناتج من القدرة الداخلة كما موضح في المعادلة 6-47.

$$G = \sqrt{\dfrac{w}{\mu \times V}} \qquad\qquad (6\text{-}47)$$

حيث:

G   = ميل السرعة (على الثانية)

μ   = درجة اللزوجة التحريكية (الديناميكية) (نيوتن×ث/م^2)

V   = حجم الحوض (م^3)

ويعتمد ميل السرعة الذي يقع بين 30 إلى 60 (على الثانية) على التصميم الهندسي. وبما
أن الزمن من المعايير المهمة في عملية اللبود، فعادة (في التصميم الهندسي) يؤخذ حاصل
ضرب ميل السرعة في زمن المكث (G*t) ليقع في حدود 1×10^{14} إلى 1×10^5 حيث
t هي زمن المكث في جهاز الترويب {6،7،24}.

مثال 6-4

تضم محطة تنقية ماء أحواض ترويب وترسيب للتخلص مما تحمله من مواد صلبة عالقة.
باستخدام المعلومات التالية جد القدرة المطلوبة للنظام، ومساحة البــدال لإتمــام عمليــة
الترويب علماً بأن السرعة النسبية للبدال تعادل سبعون بالمائة من سرعة طرف البدال.

القيمة	المنشط
19° م	درجة حرارة المائع
1.8	معامل السحب للبدال المستطيل
36 م/دقيقة	سرعة طرف البدال
50 على الثانية	ميل السرعة
3400 متر مكعب	حجم جهاز الترويب

الحل

1- المعطيات: $T = 19°$م، $v_p = 36 \div 60 = 0.6$ م/ث، $C_D = 1.8$، $G = 50$ ث$^{-1}$، $V = 3400$ م^3

2- جد درجة اللزوجة الديناميكية والكثافة من الجدول في الملاحق لدرجة حرارة 19°م:

$\mu = 1.034\times10^{-3}$ نيوتن×ث/م^2، $\rho = 998.4$ كجم/ م^3

3- جد متطلب القدرة النظرية باستخدام المعادلة: $w = \mu * G^2 * V$

$w = 1.034\times10^{-3}\times(50)^2\times3400 = 8.789$ كيلووات.

4- جد سرعة البدال $v = 0.7 \times$ (سرعة طرف البدال) $= 0.7\times0.6 = 0.42$ م/ث

5- جد مساحة البدال المطلوبة من المعادلة : $A = (2w) / (\rho * C_D * v^3)$

$A = (2\times8789)\div(998.4\times1.8\times(0.42)^3) = 132$ م^2

برنامج 6-4

```
Public Class Form1
    Private Sub fill_combo()
        ComboBox1.Items.Clear()
        ComboBox1.Items.Add("0")
        ComboBox1.Items.Add("2")
        ComboBox1.Items.Add("4")
        ComboBox1.Items.Add("5")
        ComboBox1.Items.Add("6")
        ComboBox1.Items.Add("7")
        ComboBox1.Items.Add("8")
        ComboBox1.Items.Add("9")
        ComboBox1.Items.Add("10")
        ComboBox1.Items.Add("11")
        ComboBox1.Items.Add("12")
        ComboBox1.Items.Add("13")
```

```
    ComboBox1.Items.Add("14")
    ComboBox1.Items.Add("15")
    ComboBox1.Items.Add("16")
    ComboBox1.Items.Add("17")
    ComboBox1.Items.Add("18")
    ComboBox1.Items.Add("19")
    ComboBox1.Items.Add("20")
    ComboBox1.Items.Add("25")
    ComboBox1.Items.Add("30")
    ComboBox1.Items.Add("35")
    ComboBox1.Items.Add("40")
    ComboBox1.Items.Add("45")
    ComboBox1.Items.Add("50")
    ComboBox1.Items.Add("55")
    ComboBox1.Items.Add("60")
    ComboBox1.Items.Add("65")
    ComboBox1.Items.Add("70")
    ComboBox1.Items.Add("75")
    ComboBox1.Items.Add("80")
    ComboBox1.Items.Add("85")
    ComboBox1.Items.Add("90")
    ComboBox1.Items.Add("95")
    ComboBox1.Items.Add("100")
End Sub

Private Function find_rho() As Double
    Select Case ComboBox1.SelectedIndex
        Case 0 : Return 999.8
        Case 1 : Return 999.9
        Case 2 : Return 1000
        Case 3 : Return 999.9
        Case 4 : Return 999.9
        Case 5 : Return 999.9
        Case 6 : Return 999.8
        Case 7 : Return 999.7
        Case 8 : Return 999.7
        Case 9 : Return 999.6
        Case 10 : Return 999.5
        Case 11 : Return 999.4
        Case 12 : Return 999.2
        Case 13 : Return 999
        Case 14 : Return 998.9
        Case 15 : Return 998.8
        Case 16 : Return 998.6
        Case 17 : Return 998.4
        Case 18 : Return 998.2
        Case 19 : Return 997.1
        Case 20 : Return 995.7
        Case 21 : Return 994.1
        Case 22 : Return 992.2
        Case 23 : Return 990.2
```

```
            Case 24 : Return 988.1
            Case 25 : Return 985.7
            Case 26 : Return 983.2
            Case 27 : Return 980.6
            Case 28 : Return 977.8
            Case 29 : Return 974.9
            Case 30 : Return 971.8
            Case 31 : Return 968.6
            Case 32 : Return 965.3
            Case 33 : Return 961.9
            Case 34 : Return 958.4
        End Select
        Return 0
    End Function

    Private Function find_mu() As Double
        Select Case ComboBox1.SelectedIndex
            Case 0 : Return 1.792
            Case 1 : Return 1.674
            Case 2 : Return 1.568
            Case 3 : Return 1.519
            Case 4 : Return 1.473
            Case 5 : Return 1.429
            Case 6 : Return 1.378
            Case 7 : Return 1.348
            Case 8 : Return 1.31
            Case 9 : Return 1.274
            Case 10 : Return 1.239
            Case 11 : Return 1.206
            Case 12 : Return 1.175
            Case 13 : Return 1.145
            Case 14 : Return 1.116
            Case 15 : Return 1.087
            Case 16 : Return 1.06
            Case 17 : Return 1.034
            Case 18 : Return 1.009
            Case 19 : Return 0.895
            Case 20 : Return 0.8
            Case 21 : Return 0.721
            Case 22 : Return 0.656
            Case 23 : Return 0.599
            Case 24 : Return 0.549
            Case 25 : Return 0.506
            Case 26 : Return 0.469
            Case 27 : Return 0.436
            Case 28 : Return 0.406
            Case 29 : Return 0.38
            Case 30 : Return 0.357
            Case 31 : Return 0.336
            Case 32 : Return 0.317
            Case 33 : Return 0.299
```

```
            Case 34 : Return 0.284
        End Select
        Return 0
    End Function

    Private Sub Form1_Load(ByVal sender As System.Object,
      ByVal e As System.EventArgs) Handles MyBase.Load
        Label1.Text = "معامل السحب"
        Label2.Text = "سرعة طرف البدال-م/د"
        Label3.Text = "ميل السرعة على الثانية"
        Label4.Text = "حجم جهاز الترويب-م3"
        Label5.Text = "درجة الحرارة"
        Label6.Text = "متطلب القدرة-ك.واط"
        Label7.Text = "سرعة البدال-م/ث"
        Label8.Text = "مساحة البدال-م2"
        Button1.Text = "احسب"
        Me.Text = "مثال 6-4"
        Me.FormBorderStyle =
            Windows.Forms.FormBorderStyle.FixedSingle
        fill_combo()
    End Sub

    Private Sub Button1_Click(ByVal sender As
      System.Object, ByVal e As System.EventArgs)
      Handles Button1.Click
        Dim CD, vp, G, V As Double
        Dim mu, rho, t As Double
        CD = Val(TextBox1.Text)
        vp = Val(TextBox2.Text)
        'convert from min to sec
        vp /= 60
        G = Val(TextBox3.Text)
        V = Val(TextBox4.Text)
        t = ComboBox1.SelectedIndex
        If t = -1 Then
            MsgBox(".الرجاء اختيار الحرارة",
                   vbInformation Or vbOKOnly)
            Exit Sub
        End If
        mu = find_mu() / 1000
        rho = find_rho()
        Dim w, A, velocity As Double
        w = mu * (G ^ 2) * V
        velocity = 0.7 * vp
        A = (2 * w) / (rho * CD * (velocity ^ 3))
        TextBox5.Text = FormatNumber(w / 1000, 3)
        TextBox6.Text = FormatNumber(velocity, 3)
        TextBox7.Text = FormatNumber(A, 3)
    End Sub
End Class
```

طرق إضافة المروبات: تتم إضافة المروبات بالتغذية الجافة، والتغذية الرطبة. ويمتاز نظام التغذية الجافة ببساطة عمله، واحتياجه لمساحة صغيرة نسبياً، كما وأن آلات التغذية غير باهظة التكاليف، غير أنه يصعب التحكم في جرعة المروب فيه {6،7،25}. ويتم في نظام التغذية الرطبة تحضير محلول من المروب بالجرعة المطلوبة ويحفظ في حوض لينساب منه إلى قناة الخلط. ويسهل التحكم في جرعة المروب بوساطة أجهزة آلية، غير أن المواد الكيماوية الحارقة تؤثر على النظام وقد تجلب المشاكل {6،7،14}.

ويستخدم اختبار الوعاء (أو الجرة) لدراسة وتحديد كفاءة عملية الترويب. ومن الأهداف العامة لهذا الاختبار: تحديد كفاءة عمل المروبات المختلفة والمقارنة بينها، وتحديد الجرعة الأمثل لعملية الترويب، وإيجاد الرقم الهيدروجيني المناسب لرفع فعالية أداء عملية الترويب، وتحديد أفضل وأكفأ نمط يتم بموجبه إضافة واستخدام عدد من المروبات المختلفة، وتقويم أداء وحدات الترويب في محطات التنقية والمعالجة.

عمل المروبات المعدنية: إن عمل وأداء المروبات المعدنية كثير التعقيد، ويمكن تلخيص عملها في الخطوات المبسطة التالية {6،7،26}:

1- إذابة الملح: تقلل إذابة الملح من جهد زيتا وذلك بتغيير تركيز الأيونات في الطبقة المحصورة. ويمكن تمثيل التفاعلات الحادثة لإذابة مروب ما بتلك التفاعلات الناتجة عند إذابة كبريتات الألمونيوم كما موضح في المعادلة أدناه:

$$2Al(H_2O)_6^{3+} + 3SO_4^{=} \Leftrightarrow Al_2(SO_4)_3$$

2- الحلمأة (الإذابة بالماء) Hydrolysis تعنى الحلمأة إنتاج هيدروكسيدلات معقدة عالية الشحنة من جسيمات المعدن وحجز الحبيبات المتفردة في المترسب الكيميائي، وكمثال لذلك:

$$\left[Al\left(H_2O\right)_6\right]^{3+} + H_2O \xrightarrow{pH=1.5} \left[Al\left(H_2O\right)_5 OH\right]^{2+} + H_3O^+$$

$$\left[Al\left(H_2O\right)_5 OH\right]^{2+} + H_2O \xrightarrow{pH=2} \left[Al\left(H_2O\right)_4 \left(OH\right)_2\right]^{+} + H_3O^+$$

$$\left[Al\left(H_2O\right)_4 \left(OH\right)_2\right]^{+} + H_2O \xrightarrow{pH=4.5} \left[Al\left(H_2O\right)_3 \left(OH\right)_3\right] + H_3O^+$$

وعلى رقم هيدروجيني عالي (مثلاً رقم هيدروجيني يعادل 8) ينتج التفاعل الممثل بالمعادلة التالية:

$$\left[Al(H_2O)_3(OH)_3\right] + H_2O \xrightarrow{pH=8} \left[Al(H_2O)_2(OH)_4\right]^- + H_3O^+$$

مما يعنى ازدياد القلوية بزيادة الرقم الهيدروجيني.

3- تكوثر البلمرة Polymerization وفي هذه العملية تجمع نولتــــج الحلمـــأة لتكـــون جزيئات مختلفة مثل:

$$^{+3}[Al_6(OH)_{15}] \quad \text{و} \quad ^{+4}[Al_7(OH)_{17}] \quad \text{و} \quad ^{+4}[Al_8(OH)_{20}] \quad \text{و} \quad ^{+5}[Al_{13}(OH)_{34}]$$

وفى الواقع يمكن تمثيل تكوين الأنواع متعددة النووية كما في النموذج الموضح أدناه:

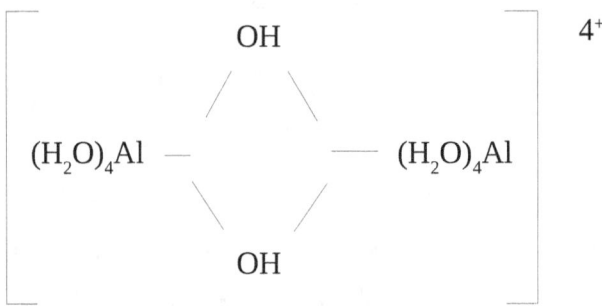

وهذه العمليات المعقدة يمكن تبسيطها في المعادلة التالية:

$$2Al(OH)_3 + 3H_2SO_4 \Leftrightarrow Al_2(SO_4)_3 + 6H_2O$$

ترسيب اللبود: (أنظر شكل 6-8) إن اختلاف كثافة الجسيمات العالقة يجعل لكل حبيبــــة سرعة ترسيب تختلف عن الحبيبات الأخرى، مما يمكّن الحبيبات السريعة (التي لها حجم، أو وزن أكبر) من اللحاق بالحبيبات البطيئة (ذات الكثافة القليلة). وفي وجـــود الظـــروف الملائمة تتولد عدة تصادمات تؤدى إلى اتحاد الحبيبات، ومن ثم تكوين الملبودات. وتزيــد كفاءة الترسيب بنقصان سرعة الترسيب التصميمية للحوض، وبزيادة عمق الحوض لمثل هذا النوع من الترسيب.

ومن العوامل المؤثرة على سرعة ترسيب الحبيبات الملبودة: سرعة الدفق، وانسياب الماء عبر الحوض، وزمن المكث (زمن الترسيب)، وعمق الحوض. ومع هذا النوع من الترسيب فإن عوامل الجرف التحتي، ودائرة القصر لها نفس التأثير المتوقع للترسيب المتفرد أو المتقطع. غير أن أثر الدفق المضطرب يمكن أن يهمل بسبب تشتت الحبيبات العالقة، وعدم وصول بعضها إلى قعر الحوض. كما وأن التشتت يزيد من تجمع الحبيبات الصغيرة الحجم لتكون ملبودات تهبط بسرعة أعلى. وعليه فإن المحصلة الكلية للدفق المضطرب ليست كبيرة.

يمكن استخدام جهاز عمود الترسيب لدراسة الترسيب الملبود. ومن النتائج المستقاة من تجارب عمود الترسيب يمكن حساب نسبة المواد الصلبة العالقة المترسبة. وتستخدم هذه النسب لرسم منحنيات متساوية الإزالة أو ما يسمى بالخطوط متساوية التركيز Isoconcentration lines (أنظر شكل 6–8). ومن هذه الخطوط يمكن إيجاد الإزالة الكلية كما موضح في المعادلة 6–48.

$$R_T = \frac{\Delta h_1}{h_t} \times \frac{[R_1 + R_2]}{2} + \ldots + \frac{\Delta h_n}{h_t} \times \frac{[R_n + R_{n+1}]}{2} \qquad (6\text{-}48)$$

حيث:

R_T = الإزالة الكلية للملبودات (%)

Δh_i = عمق نقطة أخذ العينة رقم i (م)

n = عدد نقاط أخذ العينات

h_t = الارتفاع الكلى لحوض الترسيب (م)

6 – 8 – 4 التهوية

هَوَّى المكانَ: أدخل إليه الهواء النقي {48}.

التهوية طريقة اصطناعية مستمرة تهدف إلى التالي {6،7،27،28،29}:

زيادة نقل جزيئات الهواء عند ملامسته لسطح الماء،

زيادة أكسجين الماء الجوفي (وذلك لأكسدة أي حديد أو منجنيز بغية تسهيل إزالتهما)،

إزالة ثاني أكسيد الكربون (لتقليل تآكل المواد ولموازنة الرقم الهيدروجيني)،

التخلص من الغازات غير المرغوب فيها مثل كبريتيد الهيدروجين (لتفادي الطعم، والرائحة، ولتقليل تآكل الفلزات، وتفتيت المواد الخرسانية)،

إزالة الزيوت الطيارة ومثيلاتها من مسببات الطعم والرائحة،

إزالة غاز الميثان (لتقليل مخاطر الحريق)،

إزالة غاز الأمونيا من الفضلات السائلة (لتقليل أي مخاطر محتملة).

ومن أنواع أجهزة التهوية: التهوية الفقاعية، والتهوية بالمساقط المائية الصناعية، والتهوية بالأبراج (مسقط الصينية)، والتهوية بالرش، والتهوية الآلية (الميكانيكية). وتعتمد التهوية بالمساقط المائية الصناعية أساساً على فارق الضغط، وتتكون من مجموعة من للدرجات تقوم كل درجة منها بنشر الماء في شرائح رقيقة لتسهل تهويته، وغالباً لا تحتاج هذه الأجهزة إلى صيانة كبيرة، كما ولا تحتاج لاهتمام ومراعاة كبرى كتلك للتي تحتاجها أجهزة التهوية الأخرى. وتستخدم المساقط المائية بكفاءة عالية في محطات تنقية الماء بغرض التهوية. وعند إزالة ثاني أكسيد الكربون تقوم كل درجة من المسقط بتكوين مساحة ملامسة جديدة مما يزيد من كفاءة تخفيض الغاز.

أما في أبراج التهوية فيلتقي تيار الهواء الصاعد (داخل البرج) بنقاط الماء الهابطة من أعلاه. وعادة يقسم البرج إلى مجموعة صواني مثقوبة تملأ بوسط تلامس (مثل الفحم الحجري، أو الحجارة، أو الأنابيب اللدنة (البلاستيكية)) لزيادة منطقة تلامس الهواء والسائل. وتتم التهوية في البرج بصورة طبيعية أو بحقن الهواء. وقد استخدمت الأبراج بكفاءة جيدة لإزالة الأمونيا، وثاني أكسيد الكربون، وكبريتيد الهيدروجين من ماء عليه ذوبانية قليلة إلى متوسطة. كما وتم استخدامها لإزالة عدة مواد طيارة جالبة للطعم والرائحة. وتؤثر عدة عوامل في أداء أبراج التهوية منها: نوع البرج وحجمه ومساحته، ومساحة منطقة التلامس، وطول البرج والذي يحدد زمن التلامس بين الغاز وحيز السائل، ومعدل دفق الهواء والماء على وحدة المساحة، واتجاه سريان كل من تيار الهواء والماء داخل البرج.

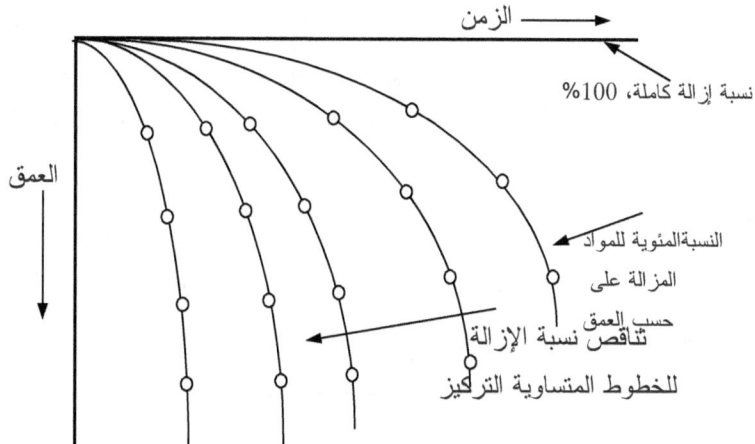

الزمن

نسبة إزالة كاملة، 100%

العمق

النسبةالمئوية للمواد
المزالة على
حسب العمق

تناقص نسبة الإزالة

للخطوط المتساوية التركيز

شكل 6-8 الخطوط المتساوية التركيز للترسيب المتلبد

أما التهوية بالرش فيتم فيها رش الماء في شكل نقاط في حيز الهواء لتكوين حيز كبير يتداخل فيه الماء والهواء بغية انتشار الغاز خلاله. ويصحب توزيع الماء في الهواء ضخ الماء عبر فتحات صغيرة موضوعة على أنابيب ثابتة. ويمكن زيادة نقل الغاز بتصغير الفتحات، وإدخال نقط ذات مساحة تلامس عالية بزيادة فقد السمت للفتحة مما يزيد من زمن التلامس بين الماء والهواء. وعادة تتم التهوية بالرش في العراء نسبة للمساحة الكبيرة المطلوبة؛ ويساعد هذا الوضع أيضاً في إزالة ثاني أكسيد الكربون والتي قد تقارب درجة زيادة الأكسجين.

وبالنسبة للتهوية الفقاعية يتم حقن هواء مضغوط عبر فتحات مختلفة الأحجام في حوض التهوية الذي يحوى الماء المراد تهويته. وينتقل الغاز حال خروج الفقاعة من الفتحة لترتفع بدورها عبر السائل متفرقعة عند السطح ناشرة حيز مشبع بالأكسجين. وتنتج تهوية إضافية بوساطة ميل السرعة على السطح من جراء الدفق المضطرب للفقاعات المرتفعة.

ومن العوامل المؤثرة على هذا النوع من التهوية: حجم الفقاعة وسرعة ارتفاعها بالنسبة للسائل، وحجم جهاز التهوية وشكله، ووضع نقاط التهوية داخل الجهاز، ومعدل دفق الهواء على وحدة التهوية. ويزيد معدل نقل الغاز بنقصان حجم الفقاعة، أو بزيادة العمق ومعدل دفق الهواء.

وتتم عملية التهوية الميكانيكية بوساطة أجهزة دوارة تغمر جزئياً في الماء لتساعد على نشر الماء فوق سطحه. و يتمخض عن هذا الوضع، في ذات الوقت، دفق مائي حلزوني الشكل داخل حوض التهوية. ومن العوامل المؤثرة في عملية تبادل الغازات بالتهوية الميكانيكية: نشر الماء في شكل نقاط أو شرائح فوق السطح مما يولد مساحة تلامس كبيرة، والمزج بإعادة دخول النقاط المائية المنتشرة إلى الحوض، ومساعدة دوران الجهاز لبقاء الفقاعات داخله، ونوع الدفق الناتج من التهوية داخل الحوض والذي يساعد في استحداث تجديد منتظم لسطح الماء به مما يساعد عملية تبادل الغاز.

<u>إذابة الغاز في الماء</u>: تعتمد كمية الغاز الذي يمكن إذابته في الماء على عدة عوامل منها: طبيعة الغاز المذاب، ودرجة تركيز الغاز في حيز الغاز، ودرجة حرارة الماء (المذيب)، وكمية الشوائب الموجودة في الماء. ومن المعروف أن ذوبانية الغاز تزداد بازدياد درجة الحرارة، وتقل بزيادة كمية الشوائب في الماء. وعندما تزداد درجة تركيز الغاز في حيز الغاز، كذلك تزداد درجة تركيز الغاز للتشبع في الماء طبقاً للعلاقة الموضحة في المعادلة 6-49.

$$C_S = k_D * C_g \qquad\qquad (6-49)$$

حيث:

C_S = درجة تركيز الغاز عند التشبع (ملجم/ لتر)

C_g = درجة تركيز الغاز في حيز الغاز (ملجم/ لتر)

k_D = معامل التوزيع (يعتمد على طبيعة الغاز المذاب، والسائل المذيب، ودرجة الحرارة (أنظر جدول 6-4).

جدول (6-4) معامل التوزيع لبعض الغازات المذابة في الماء

الغاز	الوزن الجزيئي (جم/مول)	درجة الغليان (درجة مئوية)	معامل التوزيع K_D لدرجة الحرارة المئوية			
			صفر	10	20	30
الهواء			0.0288	0.0234	0.02	0.0179
الأمونيا	17.03	33-	1.3	0.943	0.763	
ثاني أكسيد الكربون	44.01	78-	1.71	1.23	0.942	0.738
الهيدروجين	2.016	253-	0.0214	0.0203	0.0195	0.189
كبريتيد الهيدروجين	34.08	62-	4.69	3.65	2.87	
الميثان	16.014	162-	0.0556	0.0433	0.0335	0.0306
النتروجين	28.01	196-	0.023	0.0192	0.0166	0.0151
الأكسجين	32	183-	0.0493	0.0398	0.0337	0.0296
الأوزون	48	112-	0.641	0.539	0.395	0.259

ويمكن إيجاد درجة تركيز الغاز في حيز الغاز من المعادلة 6-50.

$$C_g = \frac{P \times MW}{R \times T} \qquad (6\text{-}50)$$

حيث:

C_g = درجة تركيز الغاز في حيز الغاز (ملجم/ لتر)

P = الضغط (باسكال أو نيوتن/م^2)

MW = الوزن الجزيئي للغاز (جم)

R = ثابت الغاز العالمي (جول/ كلفن×مول)

T = درجة الحرارة (كلفن)

كما يمكن إيجاد درجة تركيز الغاز عند التشبع من المعادلة 6-51 (قانون هنري).

$$C_S = k_H * P \qquad (6\text{-}51)$$

حيث:

k_H = ثابت هنري (جم / م^3× باسكال = جم / جول) $\left(k_H = \frac{k_D MW}{RT}\right)$

كما ويمكن إيجاد ذوبانية الغاز من قانون بنزن كما موضح في المعادلة 6-52.

$$C_s = \frac{k_b \, MW \, P}{R \, T_o}$$ (6-52)

حيث:

k_b = ثابت بنزن للامتصاص (جم/ جول) $\left(k_b = \frac{k_D T_o}{T}\right)$

T_o = درجة الحرارة القياسية (273.16 كلفن)

T =درجة الحرارة (كلفن)

تنقص الذوبانية بازدياد درجة الحرارة طبقاً لقاعدة لو شاتيل LeChatelier. ونسبة لأن معامل التوزيع يمثل ثابت اتزان، فيمكن استخدام معادلةفانت هـوف Van't Hoff's equation لإيجاد أثر التغير في درجة الحرارة على معامل التوزيع للماء النقي كما مبين في المعادلة 6-53.

$$(k_D)_2 = (k_D)_1 \times e^{\lambda (T_2 - T_1)}$$ (6-53)

حيث:

$(k_D)_2$ = معامل التوزيع لدرجة الحرارة T2

$(k_D)_1$ = معامل التوزيع لدرجة الحرارة T1

λ = ثابت

أما في حالة وجود شوائب أو عوامل تؤثر على ذوبانية الغاز فيمكن إيجاد ذوبانية الغاز من المعادلة 6-54.

$$C_s = \frac{k_D \, C_g}{\Phi}$$ (6-54)

حيث:

ϕ = حد ثابت (يساوى الوحدة للماء النقي، وتزداد قيمته بزيادة الشوائب الذائبة في الماء، والتي تعمل على تخفيف ذوبانية الغاز).

مثال 5-6

ما درجة تركيز تشبع الأكسجين المذاب في ماء نقي على درجة حرارة 10 درجة مئوية تحت ضغط هواء 101.3 كيلوباسكال. علماً بأن نسبة الأكسجين في الهواء تبلغ 20.948 بالمائة من حجمه. ما مقدار ثابت هنري وثابت بنز لهذه الحالة.

الحل

1- المعطيات: $T = 10^\circ$ م، نسبة الأكسجين = 0.20948، ضغط الهواء = 101.3 كيلوباسكال.

2- جد درجة الحرارة بالكلفن: $T = 10 + 273.16 = 283.16$ كلفن.

3- جد من الجداول معامل التوزيع للأكسجين على درجة حرارة 10° م: $k_D = 0.0398$

4- جد ضغط بخار الماء لدرجة حرارة 10° م، $p_W = 1.59$ كيلوباسكال.

5- جد الوزن الجزيئي للأكسجين = $MW = 16\times2 = 32$

6- جد مقدار الضغط المؤثر = $x(P - p_W) = 0.20948(101.3-1.59)\times1000 = 20964.8$ باسكال.

7- جد درجة تركيز التشبع للأكسجين باستخدام المعادلة: $C_S = k_D*P*MW / R*T$:

$C_S = 0.0398\times20964.8\times32 \div (8.3143\times283.16) = 11.3$ جم/م^3

8- جد ثابت هنري من المعادلة: $k_H = k_D*MW / R*T$

$k_H = 0.0398\times32 \div (8.3141\times283.16) = 5.4\times10^{-4}$ جم/جول

9- جد ثابت بنز من المعادلة: $k_b = k_D *(T_O/ T)$

$k_b = 0.0398\times273.16 \div 283.16 = 0.0384$

برنامج 5-6

```
Public Class Form1
    Dim MW() As Double = {0, 17.03, 44.01, 2.016, 34.08,
16.014, 28.01, 32, 48}
    Dim kD_table(,) =
        {
            {0.0288, 0.0234, 0.02, 0.0179},
            {1.3, 0.943, 0.763, 0},
            {1.71, 1.23, 0.942, 0.738},
            {0.0214, 0.0203, 0.0195, 0.189},
            {4.69, 3.65, 2.87, 0},
            {0.0556, 0.0433, 0.0335, 0.0306},
            {0.023, 0.0192, 0.0166, 0.0151},
            {0.0493, 0.0398, 0.0337, 0.0296},
            {0.641, 0.539, 0.395, 0.259}
        }
    Const total_gases = 9

    '************************************
    'Table from appendix (1)
    '************************************
    Dim Table(,) As Double =
        {
            {-10, 2.2, 0, 0, 0, 0, 0, 0, 0, 0, 0},
            {-9, 2.3, 2.3, 2.29, 2.27, 2.26, 2.24, 2.22,
2.21, 2.19, 2.17},
            {-8, 2.5, 2.49, 2.47, 2.45, 2.43, 2.41, 2.4,
2.38, 2.36, 2.34},
            {-7, 2.7, 2.69, 2.67, 2.65, 2.63, 2.61, 2.59,
2.57, 2.55, 2.53},
            {-6, 2.9, 2.91, 2.89, 2.86, 2.84, 2.82, 2.8,
2.77, 2.75, 2.73},
            {-5, 3.2, 3.14, 3.11, 3.09, 3.06, 3.04, 3.01,
2.99, 2.97, 2.95},
            {-4, 3.4, 3.39, 3.37, 3.34, 3.32, 3.29, 3.27,
3.24, 3.22, 3.18},
            {-3, 3.7, 3.64, 3.62, 3.59, 3.57, 3.54, 3.52,
3.49, 3.46, 3.44},
            {-2, 4.0, 3.94, 3.91, 3.88, 3.85, 3.82, 3.79,
3.76, 3.73, 3.7},
            {-1, 4.3, 4.23, 4.2, 4.17, 4.14, 4.11, 4.08,
4.05, 4.03, 4},
            {-0, 4.6, 4.55, 4.52, 4.49, 4.46, 4.43, 4.4,
4.36, 4.33, 4.29},
            {0, 4.6, 4.62, 4.65, 4.69, 4.71, 4.75, 4.78,
4.82, 4.86, 4.89},
            {1, 4.9, 4.96, 5, 5.03, 5.07, 5.11, 5.14,
5.18, 5.21, 5.25},
```

{2, 5.3, 5.33, 5.37, 5.4, 5.44, 5.48, 5.53,
5.57, 5.6, 5.64},
{3, 5.7, 5.72, 5.76, 5.8, 5.84, 5.89, 5.93,
5.97, 6.01, 6.06},
{4, 6.1, 6.14, 6.18, 6.23, 6.27, 6.31, 6.36,
6.4, 6.45, 6.49},
{5, 6.5, 6.58, 6.54, 6.68, 6.72, 6.77, 6.82,
6.86, 6.91, 6.96},
{6, 7.0, 7.06, 7.11, 7.16, 7.2, 7.25, 7.31,
7.36, 7.41, 7.46},
{7, 7.5, 7.56, 7.61, 7.67, 7.72, 7.77, 7.82,
7.88, 7.93, 7.98},
{8, 8.0, 8.1, 8.15, 8.21, 8.26, 8.32, 8.37,
8.43, 8.48, 8.54},
{9, 8.6, 8.67, 8.73, 8.78, 8.84, 8.9, 8.96,
9.02, 9.08, 9.14},
{10, 9.2, 9.26, 9.33, 9.39, 9.46, 9.52, 9.58,
9.65, 9.71, 9.77},
{11, 9.8, 9.9, 9.97, 10.03, 10.1, 10.17, 10.2,
10.31, 10.38, 10.45},
{12, 11, 10.58, 10.66, 10.72, 10.79, 10.86,
10.9, 11.0, 11.08, 11.15},
{13, 11, 11.3, 11.38, 11.75, 11.53, 11.6,
11.7, 11.76, 11.83, 11.91},
{14, 12, 12.06, 12.14, 12.22, 12.96, 12.38,
12.5, 12.54, 12.62, 12.7},
{15, 13, 12.86, 12.95, 13.03, 13.11, 13.2,
13.3, 13.37, 13.45, 13.54},
{16, 14, 13.71, 13.8, 13.9, 13.99, 14.08,
14.2, 14.26, 14.35, 14.44},
{17, 15, 14.62, 14.71, 14.8, 14.9, 14.99,
15.1, 15.17, 15.27, 15.38},
{18, 15, 15.56, 15.66, 15.76, 15.96, 15.96,
16.1, 16.16, 16.26, 16.36},
{19, 16, 16.57, 16.68, 16.79, 16.9, 17.0,
17.1, 17.21, 17.32, 17.43},
{20, 18, 17.64, 17.75, 17.86, 17.97, 18.08,
18.2, 18.31, 18.43, 18.54},
{21, 19, 18.77, 18.88, 19.0, 19.11, 19.23,
19.4, 19.46, 19.58, 19.7},
{22, 20, 19.94, 20.06, 20.19, 20.31, 20.43,
20.6, 20.69, 20.8, 20.93},
{23, 21, 21.19, 21.32, 21.45, 21.58, 21.71,
21.8, 21.97, 22.1, 22.23},
{24, 22, 22.5, 22.63, 22.76, 22.91, 23.05,
23.2, 23.31, 23.45, 23.6},
{25, 24, 23.9, 24.03, 24.2, 24.35, 24.49,
24.6, 24.79, 24.94, 25.08},
{26, 25, 25.45, 25.6, 25.74, 25.89, 26.03,
26.2, 26.32, 26.46, 26.6},

```
          {27, 27, 26.9, 27.05, 27.21, 27.37, 27.53,
27.7, 27.85, 28.0, 28.16},
          {28, 28, 28.49, 28.66, 28.83, 29.0, 29.17,
29.3, 29.51, 29.68, 29.85},
          {29, 30, 30.2, 30.38, 30.56, 30.74, 30.92,
31.1, 31.28, 31.46, 31.64},
          {30, 32, 32.0, 32.19, 32.38, 32.57, 32.76,
33.0, 33.14, 33.33, 33.52}
      }
    Const row_count = 42
    Const col_count = 10

    '*********************************************
    'Find water vapor pressure from Appendix (1)
    '*********************************************
    Private Function find_pw(ByVal t As Double) As Double
        Dim i As Integer
        'get the integer only
        Dim t1 As Integer = Math.Floor(t)
        'get the fraction and convert it to integer
        Dim t2 As Integer = (t - t1) * 10
        For i = 0 To row_count - 1
            If Table(i, 0) = t1 Then
                Return Table(i, t2+1)
            End If
        Next
        'Temp not in table?
        Return -1
    End Function

    Private Sub Form1_Load(ByVal sender As System.Object,
      ByVal e As System.EventArgs) Handles MyBase.Load
        Label1.Text = "الغاز"
        Label2.Text = "درجة الحرارة مئوية"
        Label3.Text = "ضغط الهواء-ك.باسكال"
        Label4.Text = "نسبة الغاز %"
        Button1.Text = "احسب"
        Label5.Text = "تركيز تشبع الغاز-جم/م3"
        Label6.Text = "ثابت هنري-جم/جول"
        Label7.Text = "ثابت بنز"
        Me.Text = "مثال 5-6"
        Me.FormBorderStyle =
             Windows.Forms.FormBorderStyle.FixedSingle
        ComboBox1.Items.Clear()
        ComboBox1.Items.Add("الهواء")
        ComboBox1.Items.Add("الأمونيا")
        ComboBox1.Items.Add("ثاني أكسيد الكربون")
        ComboBox1.Items.Add("الهيدروجين")
        ComboBox1.Items.Add("كبريتيد الهيدروجين")
        ComboBox1.Items.Add("الميثان")
        ComboBox1.Items.Add("النتروجين")
```

```
        ComboBox1.Items.Add("الأكسجين")
        ComboBox1.Items.Add("الأوزون")
    End Sub

    Private Sub Button1_Click(ByVal sender As
      System.Object, ByVal e As System.EventArgs)
      Handles Button1.Click
        Dim T, P, Pw, x As Double
        Dim Peff, kH, kb, Cs As Double
        Dim gas As Integer
        gas = ComboBox1.SelectedIndex
        If gas = -1 Then
            MsgBox("الرجاء اختيار غاز من القائمة.",
                   vbOKOnly Or vbInformation)
            Exit Sub
        End If
        T = Val(TextBox1.Text)
        P = Val(TextBox2.Text)
        x = Val(TextBox3.Text) / 100
        Pw = find_pw(T)
        If Pw = -1 Then
            MsgBox("الرجاء اختيار حرارة بين -10 و30.",
                   vbOKOnly Or vbInformation)
            Exit Sub
        End If
        'convert to kPa
        Pw *= 0.1333
        'find kD from table
        Dim kD As Double = 0
        Dim index As Integer
        index = CInt(T)
        If index = 0 Then
            kD = kD_table(gas, 0)
        ElseIf index = 10 Then
            kD = kD_table(gas, 1)
        ElseIf index = 20 Then
            kD = kD_table(gas, 2)
        ElseIf index = 30 Then
            kD = kD_table(gas, 3)
        End If
        If kD = 0 Then
            MsgBox("الرجاء اختيار حرارة بين 0 و30.",
                   vbOKOnly Or vbInformation)
            Exit Sub
        End If
        'Convert temp to Kelvin
        T += 273.16
        Const T0 = 273.16
        'Find effective pressure
        Peff = x * (P - Pw) * 1000
        Cs = kD * Peff * MW(gas) / (8.3143 * T)
```

```
        kH = kD * MW(gas) / (8.3143 * T)
        kb = kD * (T0 / T)
        TextBox4.Text = FormatNumber(Cs, 2)
        TextBox5.Text = FormatNumber(kH, 6)
        TextBox6.Text = FormatNumber(kb, 4)
    End Sub
End Class
```

ويمكن إيجاد كتلة انتشار الغاز من قانون فيك Fick's law كما موضح في المعادلة 6-55.

$$\frac{dm}{dt} = -D \times A \times \frac{\partial c}{\partial x} \qquad (6\text{-}55)$$

حيث:

$\frac{dm}{dt}$ = معدل تغير كتلة انتشار الغاز (جم/ث)

D = ثابت الإنتشار الجزيئي (م^2/ث)

A = المساحة (م^2)

$\frac{\partial c}{\partial x}$ = ميل درجة التركيز والتي تتغير بالإنتشار (جم/م^3/م)

x = المسافة من المساحة المبينة (م)

وتدل علامة السلب على أن اتجاه انتشار الغاز يعمل في اتجاه مضاد لميل درجة التركيز.

يبين جدول (6-5) ثابت الانتشار الجزيئي لبعض الغازات على درجات حرارة مختلفة.

جدول (6-5) ثابت الانتشار الجزيئي لبعض الغازات المذابة في الماء

الغاز	الوزن الجزيئي (جم/مول)	الكثافة لدرجة حرارة 20°م وضغط 101.3 كيلوباسكال	ثابت الانتشار الجزيئي لدرجة الحرارة المئوية (= ×10^{-9} م^2/ث)		
			10	20	30
ثاني أكسيد الكربون	44.01	1.98	1.3	1.68	2.26
الهيدروجين	2.016	0.09	3.98	5.13	6.9
كبريتيد الهيدروجين	34.08	1.54	1.09	1.41	1.9
الميثان					

النتروجين	16.014	0.72	1.16	1.5	2.02
الأكسجين	28.01	1.25	1.27	1.64	2.2
	32	1.43	1.39	1.8	2.42

هناك عدة نظريات مطروحة عن انتشار الغاز في الموائع مثل نظرية التغلغل، ونظرية تجديد السطح، ونظرية الشريط، وغيرها من النظريات والتي يمكن الرجوع إليها في مظانها الأصلية.

كفاءة المسقط الصناعي: تفيد المعادلة 6-56 في إيجاد كفاءة المسقط الصناعي للتهوية.

$$K=\frac{C_e-C_o}{C_s-C_o} \qquad (5\text{-}56)$$

حيث:

K = كفاءة المسقط الصناعي (لا بعدي)

C_o = درجة تركيز الغاز الداخل للمسقط (ملجم/لتر)

C_e = درجة تركيز الغاز الخارج من المسقط (ملجم/لتر)

C_s = درجة تركيز الغاز عند التشبع (ملجم/لتر)

أما بالنسبة لمسقط متعدد الدرجات فيمكن إيجاد درجة تركيز الغاز الخارج منه باستخدام المعادلة 5-57.

$$C_N = C_s - (C_s - C_o)*(1 - K_n)^N \qquad (5\text{-}57)$$

حيث:

C_N = درجة تركيز الغاز في السائل النهائي الخارج من المسقط (ملجم/لتر)

K_n = كفاءة درجة المسقط الصناعي

N = عدد الدرجات.

مثال 6-6

استخدم مسقط صناعي لتهوية ماء جوفي على درجة حرارة 17 °م وتصل ذوبانية الأكسجين فيه عشرون بالمائة من درجة التشبع. جد درجة تركيز الأكسجين الذائب في

الماء الخارج من المسقط الصناعي علماً بأن عدد درجاته خمس. وبوسع كل درجة رفـع تركيز الأكسجين لمياه جوفية لاهوائية إلى 40 بالمائة من درجة التشبع.

الحل

1- المعطيات: $T = 17$ °م، $K = 40\%$، $C_e = 0.2 \times C_s$، عدد درجات المسقط $N = 5$

2- جد كفاءة كل درجة من درجات المسقط الصناعي باستخدام المعادلة:

$K = (C_e - C_o) / (C_s - C_o)$: مياه لاهوائية تعني أن $C_o =$ صفر وعليه:

$K = (0.4 \times C_s - 0) \div (C_s - 0) = 40\%$

3- جد درجة تركيز الأكسجين عند التشبع من الجداول لدرجة حرارة 17 °م: $C_s = 9.7$ ملجم/لتر

4- جد درجة تركيز الماء الجوفي الداخل للمسقط: $C_o = 0.2 \times C_s = 0.2 \times 9.7 = 1.94$ ملجم/لتر

5- جد درجة الأكسجين الخارج من الدرجة الأولى باستخدام المعادلة $C_e = C_o + K (C_s - C_o)$

$C_{e1} = 1.94 + 0.4 \times (9.7 - 1.94) = 5.044$ ملجم/لتر

يمثل الماء الخارج من الدرجة الأولى نفس الماء الداخل للدرجة الثانية. وعليه يمكـن إيجاد درجة تركيز الأكسجين في الماء الخارج من الدرجة الثانية على النحو التالي:

$C_{eII} = 5.044 + 0.4 \times (9.7 - 5.044) = 6.906$ ملجم/لتر

ومن ثم تساوى درجة تركيز الأكسجين في الماء الخارج من الدرجة الثالثة:

$C_{eIII} = 6.906 + 0.4 \times (9.7 - 6.906) = 8.024$ ملجم/لتر

أما درجة تركيز الأكسجين في الماء الخارج من الدرجة الرابعة فتساوي:

$C_{eIV} = 8.024 + 0.4 \times (9.7 - 8.024) = 8.694$ ملجم/لتر

ودرجة تركيز الأكسجين في الماء الخارج من الدرجة الخامسة تعادل:

$C_{eV} = 8.694 + 0.4 \times (9.7 - 8.694) = 9.097$ ملجم/لتر

أو يمكن إيجاد درجة تركيز الأكسجين في الماء الخارج من الدرجة الخامسة باستخدام المعادلة:

$C_N = C_s - (C_s - C_o) * (1 - K_n)^N$

وحيث: $C_o = 1.94$، $K_n = 0.4$، $N = 5$ فعليه:

$C_N = 9.7 - (9.7 - 1.94)(1 - 0.4)^5 = 9.097 = $ ملجم/لتر.

برنامج 6-6

```
Public Class Form1

    '************************************************
    'O2 concentration at various temperatures from
    'Appendix (3).
    '************************************************
    Private Function find_Cs(ByVal t As Integer) As Double
        Select Case t
            Case 0  : Return 14.6
            Case 1  : Return 14.2
            Case 2  : Return 13.8
            Case 3  : Return 13.5
            Case 4  : Return 13.1
            Case 5  : Return 12.8
            Case 6  : Return 12.5
            Case 7  : Return 12.2
            Case 8  : Return 11.9
            Case 9  : Return 11.6
            Case 10 : Return 11.3
            Case 11 : Return 11.1
            Case 12 : Return 10.8
            Case 13 : Return 10.6
            Case 14 : Return 10.4
            Case 15 : Return 10.2
            Case 16 : Return 10
            Case 17 : Return 9.7
            Case 18 : Return 9.5
            Case 19 : Return 9.4
            Case 20 : Return 9.2
            Case 21 : Return 9
            Case 22 : Return 8.8
            Case 23 : Return 8.7
            Case 24 : Return 8.5
            Case 25 : Return 8.4
            Case 26 : Return 8.2
            Case 27 : Return 8.1
            Case 28 : Return 7.9
            Case 29 : Return 7.8
            Case 30 : Return 7.6
        End Select
        Return 0
    End Function
```

```
    Private Sub Form1_Load(ByVal sender As System.Object,
      ByVal e As System.EventArgs) Handles MyBase.Load
        Label1.Text = "درجة الحرارة مئوية"
        Label2.Text = "ذوبانية الأكسجين بالمائة"
        Label3.Text = "عدد الدرجات"
        Label4.Text = "كفاءة المسقط بالمائة"
        Button1.Text = "احسب التراكيز"
        Me.Text = "مثال 6-6"
        Me.FormBorderStyle =
            Windows.Forms.FormBorderStyle.FixedSingle
        DataGridView1.Rows.Clear()
        DataGridView1.Columns.Clear()
        DataGridView1.RightToLeft =
            Windows.Forms.RightToLeft.Yes
    End Sub

    Private Sub Button1_Click(ByVal sender As
      System.Object, ByVal e As System.EventArgs)
      Handles Button1.Click
        Dim T, Co, Cs, Ce, K, N As Double
        T = Val(TextBox1.Text)
        Co = Val(TextBox2.Text) / 100
        N = Val(TextBox3.Text)
        K = Val(TextBox4.Text) / 100
        Cs = find_Cs(CInt(T))
        If Cs = 0 Then
            MsgBox("الرجاء ادخال درجة حرارة بين 0-30.",
                   vbInformation Or vbOKOnly)
            Exit Sub
        End If
        Co *= Cs
        DataGridView1.Rows.Clear()
        If DataGridView1.Columns.Count = 0 Then
            DataGridView1.Columns.Add("stepCol", "الدرجة")
            DataGridView1.Columns.Add("O2Col",
                   "الأكسجين الخارج ملجم/لتر")
        End If

        Dim i As Integer
        For i = 1 To N
            Ce = Co + (K * (Cs - Co))
            DataGridView1.Rows.Add()
            DataGridView1.Rows(i - 1).
             Cells("stepCol").Value = FormatNumber(i, 0)
            DataGridView1.Rows(i - 1).Cells("O2Col").
             Value = FormatNumber(Ce, 3)
            Co = Ce
        Next
    End Sub
End Class
```

6 – 8 – 5 الترشيح

التَّرْشِيحُ: تنقية الماء ونحوه من المواد العالقة به. والرَّاشِحُ: السائل الصافي النلتج من الترشيح. الرَّشْحُ: كل ما يرشح من العرق ونحوه. المُرَشِّحُ: جهاز الترشيح {48}. الرَّشْحُ: نَدَى العَرَق على الجسد. وقد رَشَح يَرشَحُ رشحاً ورشحاناً: نَدِيَ بالعرق. والمِرْشَحُ والمِرْشَحَة: البطانة التي تحت لِبْدِ السَّرْج، سمّيت بذلك لأنها تُنَشِّفُ الرَّشح، يعنى العرق. والتَّرَشُّحُ والتَّرْشِيحُ: لَحْسُ الأم ما على طفلها من النُّدُوَّة حين تَلِدُه. والترشيح أيضاً: التربية والتهيئة للشيء. والرَّاشِحُ والرَّواشِحُ: جبال تَنْدى فربما اجتمع في أصولها ماء قليل، فإن كثر سمي وَشَلاً، وإن رأيته كالعَرَق يجرى خلال الحجارة سُمى راشِحاً {49}.

يهدف ترشيح الماء الخام إلى فصل الحبيبات الصلبة العالقة فيه وذلك بحجز العوالق على سطح وسط مسامي، والسماح للراشح النظيف بالمرور خلال مسامه. ومن مهام المرشح: تحسين نوع الماء وترفيع مواصفاته، وإزالة المواد الصلبة العالقة والجسيمات الغروانية، وتقليل أعداد البكتريا الضارة والحمات الممرضة، وإزالة اللون والطعم والرائحة، والتغيير الكيماوي لخواص المواد الموجودة بالماء، وإزالة الحديد والمنجنيز (خاصة من المياه الجوفية العميقة).

ومن أهم خواص الطبقة الترشيحية الجيدة: قلة التكاليف، والتواجد بكميات مناسبة، والخمول الكيماوي، وسهولة الاستخدام والنظافة، وتحمل الضغط. ومن المواد المستخدمة كوسط ترشيحي: الرمل، والأنثرلسيت، والحجارة المكسرة، والزجاج، وللدائن، والخرسانة المسامية، والتراب الدياتومي. وللرمل محاسنه مقارنة بالمواد الأخرى المستخدمة كمادة ترشيحية، نسبة للأسباب المذكورة آنفاً بالإضافة إلى الخبرة الطويلة المستقاة من الاستخدام المكثف له في محطات التنقية والمعالجة.

<u>آلية الترشيح</u>: يقوم المرشح بتحسين نوعية الماء المرشح بفضل عدة عوامل تضم: التصفية الآلية (الميكانيكية)، والترسيب، والإمتزاز، والنمو الحيوي، والتفاعلات الكيماوية. تعمل التصفية الميكانيكية على فصل المواد الصلبة العالقة ذات القطر الأكبر من مسامات الرمل، عبر بضع سنتمترات في الجزء الأعلى من الطبقة الترشيحية. وبمرور الزمن تزداد التصفية الآلية، كما وتؤثر عدة عوامل عليها مثل: السرعة الترشيحية،

والزمن، وكثافة المواد العالقة ونوعها، وطبيعة الوسط الترشيحي وخواصه. أما الترسيب فيعمل على إزالة الحبيبات العالقة الكبيرة الحجم والوزن من سطح حبيبات الرمل.

وتؤثر عوامل عدة على كفاءة الترسيب وعمله مثل: السرعة الترشيحية، وسرعة ترسيب المواد العالقة، ودرجة الحرارة، ودرجة اللزوجة، ومقاس الحبيبات، وعوامل التخثر، وعمق المرشح، والدفق المضطرب خلال المرشح. وترتبط كفاءة الإمتزاز بالخواص السطحية للمادة الصلبة العالقة والشوائب. كما وتعمل قوى الإمتزاز على إزالة الحبيبات العالقة الصغيرة، والمواد الغروانية، والمواد الذائبة في الماء. وتلعب قوى الإمتزاز دورها الأكبر على مسافات صغيرة لا تتجاوز حدود 0.01 إلى 1 ميكرومتر. ويعزى لقوى الإمتزاز الدور الرئيس في إزالة الشوائب من الماء. وتزيد بعض العوامل في كفاءة عمل قوى الإمتزاز، كما وتؤثر على حركة الشوائب وسيرها خلال المرشح. ومن هذه العوامل: قوى الجاذبية الأرضية، والدفق المضطرب، والانتشار، والقصور الذاتي. أما التفاعلات الكيماوية والحيوية فتساعد على إزالة المواد الذائبة عبر المرشح، مما يغير من خواص الحبيبات والشوائب الموجودة بالماء.

وتؤثر عدة عوامل على إزالة المواد العضوية والأمونيا والحديد والمنجنيز. ومن هذه العوامل المؤثرة: نوع الماء الخام وخواصه، وكمية الأكسجين المذاب، والمواد الغذائية، ودرجة الحرارة، وزمن الترشيح وطريقته، وعمق المرشح، ونوع الأحياء المجهرية ووجودها، ووجود عوامل مساعدة {6،7}. وتتفتت المواد العضوية حيوياً (في وجود الأكسجين) منتجة غاز الأمونيا والذي يتأكسد بمساعدة البكتريا للنترات. كما ويتم تحويل المواد الحديدية الذائبة إلى أكاسيد حديد مهدرجة غير قابلة للذوبان، هذا بالإضافة لأكسدة المنجنيز إلى أكاسيده.

أنواع المرشحات: تقسم المرشحات على حسب السرعة الترشيحية بها، وعلى حسب طريقة نظافتها إلى: مرشحات سريعة، وأخرى بطيئة. كما ويمكن تقسيم المرشحات على حسب الوسط الترشيحي بها إلى: أحادية طبقة الترشيح، ومتعددة طبقة الترشيح. كما وتقسم المرشحات أيضاً على حسب نظام انسياب الماء خلالها إلى: مرشحات تعمل تحت الجاذبية، وأخرى عاملة تحت الضغط. ولإيجاد عدد مرشحات الرمل السريع {30،31،32} يمكن استخدام المعادلة 6-58.

$$N = 12\sqrt{Q}$$ (6-58)

حيث:

N = عدد مرشحات الرمل السريع (لابعدي)

Q = معدل دفق الماء (م^3/ ث)

ويمكن تقدير عدد مرشحات الرمل البطيء باستخدام المعادلة التجريبية {33} المدرجة في المعادلة 6-59.

$$N = 15\sqrt{Q} \qquad (6\text{-}59)$$

مثال 6-7

أدخل التصريف الخارج من جهاز ترسيب إلى مرشح رملي سريع بمعدل دفق يعادل 125 متر مكعب في الساعة. علماً بأن سرعة الترشيح تساوي 8 متر مكعب على المتر المربع في اليوم، أحسب عدد المرشحات المطلوبة، ومساحة كل منها.

الحل

1- المعطيات = 125 Q م^3 / الساعة، = 8 vf م^3 / م^2 يوم

2- جد عدد المرشحات باستخدام المعادلة $N = 12\sqrt{Q}$

$N = 12\times(125 \div 3600)^{0.5} \cong 3$

يمكن أخذ 4 مرشحات (مرشح احتياطي)

3- جد المساحة الكلية للمرشحات باستخدام المعادلة $A = Q / vf$

$A = (125\times24)\div8 = 375$ م^2

4- جد مساحة كل مرشح من المعادلة $A_n = A / (N - 1)$

حيث: = A المساحة الكلية = 375 م^2، = A_n وحدة مساحة كل مرشح.

وعليه: = A_n $375 \div (4\text{-}1) = 125$ م^2

برنامج 6-7

```
Public Class Form1

    Private Sub Form1_Load(ByVal sender As System.Object,
      ByVal e As System.EventArgs) Handles MyBase.Load
        Label1.Text = "معدل الدفق-م3/س"
        Label2.Text = "سرعة الترشيح-م3/م2.يوم"
```

```
Label3.Text = "عدد المرشحات المطلوبة"
Label4.Text = "المساحة الكلية-م2"
Label5.Text = "مساحة كل مرشح-م2"
Button1.Text = "احسب"
Me.Text = "مثال 6-7"
Me.FormBorderStyle =
    Windows.Forms.FormBorderStyle.FixedSingle
End Sub

Private Sub Button1_Click(ByVal sender As
    System.Object, ByVal e As System.EventArgs)
    Handles Button1.Click
    Dim Q, vf, A, An As Double
    Dim N As Integer
    Q = Val(TextBox1.Text)
    vf = Val(TextBox2.Text)
    N = Math.Ceiling(12 * Math.Sqrt(Q / 3600))
    N += 1
    A = (Q * 24) / vf
    An = A / (N - 1)
    TextBox3.Text = FormatNumber(N, 0)
    TextBox4.Text = FormatNumber(A, 1)
    TextBox5.Text = FormatNumber(An, 1)
End Sub
End Class
```

فقد السمت عبر الطبقة الترشيحية: يعتبر فقد السمت خلال الوسط الترشيحي من أهم العوامل الواجب تقديرها عند تصميم المرشحات. ويزيد فقد السمت بزيادة قفل مسامات الحبيبات الرملية. ومن المعادلات المستخدمة لتقدير فقد السمت في الرمل النظيف المنتظم الحبيبات: معادلة كارمان وكوزني، ومعادلة روس. وقد افترضت هذه المعادلات تماثل مقاومة دفق الماء عبر المرشح لتلك التي تحدث في الأنابيب الدقيقة أو الشعرية، وتماثل مقاومة السائل على المواد المترسبة.

معادلة كارمان كوزني: يمكن تقدير فقد السمت أثناء العملية الترشيحية لرمل نظيف بافتراض أن المرشح يتكون من أنابيب يتحقق فيها قانون دارسي لفقد السمت كما في المعادلة 6-60.

$$h_1 = \frac{1}{2} f \frac{L}{D} \frac{v^2}{2g} \qquad\qquad (6\text{-}60)$$

405

حيث:

h_1 = فقد السمت (م)

f = معامل الاحتكاك

L = عمق المرشح (م)

v = السرعة الترشيحية (م³/م²/ث)

d = قطر الأنبوب (م)

g = عجلة الجاذبية الأرضية (م/ث²)

ونسبة لأن الأنابيب والمسارات عبر طبقة الرمل غير مستقيمة، ولتغير القطر فمن الأنسب أخذ نصف القطر الهيدروليكي بدل قطر الأنبوب. وتبين المعادلة 6-61 العلاقة بين القطر ونصف القطر الهيدروليكي.

$$d = 4r_H \qquad\qquad (6\text{-}61)$$

حيث:

r_H = نصف القطر الهيدروليكي (م)

وعليه يمكن إيجاد فقد السمت كما مبين في المعادلة 6-62.

$$h_1 = \frac{1}{8} f \frac{L}{r_H} \frac{v^2}{g} \qquad\qquad (6\text{-}62)$$

أما سرعة الماء المقتربة من الرمل فيمكن إيجادها من المعادلة 6-63.

$$V_a = \frac{Q}{A'} \qquad\qquad (6\text{-}63)$$

حيث:

v_a = سرعة الماء المقتربة من حبيبات الرمل (م/ث)

Q = دفق الماء (م³/ث)

A' = مساحة سطح الطبقة الرملية (م²)

وسرعة الماء خلال الطبقة الترشيحية تبينها المعادلة 6-64.

$$v = \frac{v_a}{e} \qquad\qquad (6\text{-}64)$$

حيث:

v = السرعة الترشيحية (م/ث)

e = مسامية الطبقة (جزء المسافات الفاتحة في الرمل)

والحجم الكلي للمسار = مسامية الطبقة×الحجم الكلي $= eV$

حيث:

V = الحجم الكلي (م^3).

أما الحجم الكلي للمواد الصلبة فيساوي $(1 - eV) = nV_p$

حيث:

n = عدد الحبيبات،

V_p = الحجم الذي تأخذه كل حبيبة.

وعليه فيصبح الحجم الكلى مساوياً $nV_p/(1 - e)$،

والحجم الكلي للمسارات يساوي $e(nV_p/(1 - e))$.

والمساحة الكلية المبتلة تعادل nA_p

حيث:

A_p تمثل المساحة السطحية لكل حبيبة.

ومن هذا السرد يمكن إيجاد نصف القطر الهيدروليكي كما موضح في المعادلة 6-65.

$$r_H = \frac{\left(\frac{e \times nV_p}{1-e}\right)}{nA} = \frac{e}{1-e} \times \frac{V_p}{A_p} \qquad (6\text{-}65)$$

وللحبيبة الكرية الشكل يمكن استخدام المعادلة 6-66.

$$\frac{V_P}{A_p} = \frac{d}{6} \qquad (6\text{-}66)$$

أما بالنسبة للحبيبة ذات الشكل غير الكروي فيمكن استخدام المعادلة 6-67.

$$\frac{V_P}{A_P}=\varphi\frac{d}{6} \qquad (6\text{-}67)$$

حيث:

ϕ = معامل الشكل = مساحة السطح للحجم المكافئ للكرة ÷ مساحة السطح الحقيقية.

إن معامل شكل الحبيبات يساوي الوحدة بالنسبة للجسيمات الكروية الشكل، والتي يكون قطر الحبيبات فيها يساوي ستة أضعاف الحجم مقسومة على المساحة. أما بالنسبة للحبيبات غير المنتظمة الشكل فيساوي فيها القطر ستة أضعاف الحجم مقسومة على كل من المساحة ومعامل شكل الحبيبات. ومن ثم يمكن إيجاد نصف القطر الهيدروليكي كما مبين في المعادلة 6-68.

$$r_H=\frac{e}{1-e}\varphi\frac{d}{6} \qquad (6\text{-}68)$$

ومن هذه المعادلة يمكن استنباط علاقة كارمان-كوزني على النحو التالي:

$$h_1=E_1\frac{L}{D}\frac{1-e}{e^3}\frac{v_a^2}{\varphi dg} \qquad (6\text{-}69)$$

وهذه المعادلة يمكن تبسيطها بأخذ ثابت تقريبي كما مبين في المعادلة 6-70.

$$E=\frac{150(1-e)}{\text{Re}}+1.75 \qquad (6\text{-}70)$$

حيث:

Re = رقم رينولد = $\frac{\varphi\rho v_a d}{\mu}$

E = ثابت كارمان-كوزني.

يسري السرد الموجز أعلاه لطبقة ترشيحية تتكون من حبيبات ذات حجم واحد منتظم. أما بالنسبة لطبقة رملية ذات حبيبات غير منتظمة فيمكن إيجاد قطرها من المعادلة 6-71.

$$d = 6\phi(V/A)_{av} = 6\phi(V_{av}/A_{av}) \qquad (6\text{-}71)$$

حيث:

V_{av} = متوسط حجم كل الحبيبات

A_{av} = متوسط مساحة كل الحبيبات

وعليه يمكن تعديل معادلة فقد السمت كما مبين في المعادلة 6-72.

$$h_1 = \frac{EL(1-e)v_a^2}{6e^3 g}\left(\frac{A}{V}\right)_{av} \qquad (6\text{-}72)$$

ويمكن تقريب الحد $av(A/V)$ بأخذ $\Sigma(x/d')(6\phi)$

حيث:

x = جزء وزن الحبيبات المحجوزة بين أي مصفاتين (غربالين)

'd = القطر المتوسط الهندسي بين أي مصفاتين

وبإدخال التقريب الموضح أعلاه لاسيما ولا يتغير معامل الاحتكاك مع عمق المرشح، يمكن إيجاد فقد السمت لأي طبقات ترشيحية غير منتظمة (مثل تلك التي توجد في مرشح الرمل البطيء) كما مبين في المعادلة 6-73.

$$\frac{dh_1}{dL} = \frac{(1-e)v_a^2}{\varphi e^3 g} \times \frac{f}{d'} \qquad (6\text{-}73)$$

وبتكامل هذه المعادلة وبافتراض انتظام الحبيبات بين المصفاة المتجاورة يمكن إيجاد فقد السمت الكلي كما موضح في المعادلة 6-74.

$$h_1 = \frac{L(1-e)v_a^2}{\varphi e^3 g}\sum \frac{\varphi x}{d'} \qquad (6\text{-}74)$$

حيث:

h_1 = فقد السمت للمرشح (م)

e = معامل المسامية (لا بعدي)

v_a = سرعة الترشيح (م/ث)

L = ارتفاع الطبقة الترشيحية (م)

g = عجلة الجاذبية الأرضية (م/ث^2)

d = قطر حبيبات الرمل (م)

ϕ = معامل شكل الحبيبات (لابعدي)

وقد استخدم روس التحليل البعدي Dimensional Analysis لإيجاد فقد السمت خلال المرشح كما مبين في المعادلة 6-75.

$$h_f = 1.067 \, C_D \, \frac{1}{e^4} \frac{v_f^2}{gd\,\varphi} L \qquad\qquad (6\text{-}75)$$

حيث:

h_f = فقد السمت للمرشح (م)

C_D = معامل السحب أو معامل نيوتن للسحب.

وتبين المعادلة 6-76 طريقة تقدير معامل السحب.

$$C_D = \frac{24}{Re} + \frac{3}{\sqrt{Re}} + 0.34 \qquad\qquad (6\text{-}76)$$

حيث:

v_f = سرعة الترشيح (م/ث)

L = ارتفاع الطبقة الترشيحية (م)

g = عجلة الجاذبية الأرضية (م/ث^2)

d = قطر حبيبات الرمل (م)

ϕ = معامل شكل الحبيبات

e = معامل المسامية (لا بعدي)

Re = رقم رينولد = $\dfrac{\rho v d}{\mu}$

مثال 6-8

استخدم مرشح ثنائي الوسط الترشيحي في محطة تنقية ماء. ويحتوي الوسط الترشيحي علي طبقتين من رمل وانثراسايت لهما الخواص المبينة في الجدول التالي:

طبقة الأنثراسايت	طبقة الرمل	الخواص
0.6	0.8	ارتفاع الطبقة الترشيحية (م)
1.2	0.6	متوسط قطر الحبيبات (ملم)
0.85	0.9	معامل شكل الحبيبات
0.55	0.5	مسامية الطبقة (%)
199		سرعة الترشيح (م^3/ م^2×يوم)
18		درجة حرارة الماء ($^\circ$م)

جد فقد السمت خلال المرشح الرملي بواسطة كل من معادلة روس ومعادلة كارمـــان–كوزني.

جد الفرق المئوي بين معادلتي روس وكارمان–كوزني المستخدمتين لتقدير فقد السمت.

الحل

1– المعطيات: طبقة الرمل:= L 0.8 م، $D = 0.6\times10^{-3}$ م، e = 0.5 ،$\phi = 0.9$ ، طبقة الإنثراسايت: L = 0.6 م، $D = 1.2\times10^{-3}$ م، e0.55 = ، $\phi = 0.85$

2– جد قيمة السرعة الترشيحية: = $vf\ 199 \div (60\times60\times24) = 2.303\times10^{-3}$ م/ث.

3– جد من الجداول قيم درجة اللزوجة الديناميكية والكثافة للماء على درجة حرارة °18م كما يلي: $\mu = 1.06\times10^{-3}$ نيوتن×ث/م²، و $\rho = 998.6$ كجم/م³

4– جد فقد السمت عبر الطبقة الترشيحية باستخدام معادلة روس على النحو التالي:

طبقة الرمل:

* جد قيمة رقم رينولد من المعادلة $Re = \frac{\rho v\, d}{\mu}$

$$Re = (998.6\times2.303\times10^{-3}\times0.6\times10^{-3})\div(1.06\times10^{-3}) = 1.302$$

* جد معامل نيوتن للسحب من المعادلة $C_D = \frac{24}{Re} + \frac{3}{\sqrt{Re}} + 0.34$

$$C_D = (24\div1.302) + (3\div(1.032^{0.5})) + 0.34 = 21.406$$

* جد فقد السمت عبر هذه الطبقة باستخدام المعادلة $hf = (1.067*C_D*vf^2*L) / [(g*d*\phi*e^4)$

$$hf = \{1.067\times21.406\times(2.303\times10^{-3})^2\times0.8\}\div\{9.81\times0.6\times10^{-3}\times0.9\times0.5^4\} = 293$$ ملم

طبقة الإنثراسايت:

* جد قيمة رقم رينولد من المعادلة $Re = \rho*v*d/\mu$

$$Re = (998.6\times2.303\times10^{-3}\times1.2\times10^{-3})\div(1.06\times10^{-3}) = 2.6035$$

* جد معامل نيوتن للسحب من المعادلة $C_D = (24 / Re) + (3 / [Re]^{1/2}) + 0.34$

$$C_D = (24\div2.6035) + (3\div(2.6035^{0.5}) + 0.34 = 11.418$$

* جد فقد السمت عبر هذه الطبقة بإستخدام المعادلة $hf = (1.067*C_D*vf^2*L) / [(g*d*\phi*e^4)$

$hf = \{1.067\times 11.418\times(2.303\times 10^{-3})^2\times 0.6\}\div\{9.81\times 1.2\times 10^{-3}\times 0.85\times^4 0.55\} = 42$ ملم

* جد فقد السمت الكلي على الطبقة الترشيحية = فقد السمت عبر طبقة الرمل + فقد السمت عبر طبقة الإنثراسايت = 293 + 42= 335 ملم

5- جد فقد السمت عبر الطبقة الترشيحية بإستخدام معادلة كارمن وكوزنيى كما يلي:

<u>طبقة الرمل:</u>

* جد قيمة رقم رينولد: Re = 1.302

* جد قيمة الثابت E من المعادلة E = [150 (1-e) / Re] + 1.75

$E = \{150\times(1-0.5)\div 1.302\} + 1.75 = 59.35$

* جد قيمة فقد السمت من معادلة كارمان-كوزني / $hf = [E*(1-e)*vf^2*L] / (g*d*f*e^3)$

$hf = \{59.35(1-0.5)\times(2.303\times 10^{-3})^2\times 0.8\}\div\{9.81\times 0.6\times 10^{-3}\times 0.9\times^3 0.5\}$

= 190 ملم

<u>طبقة الإنثراسايت:</u>

* جد قيمة رقم رينولد: Re = 2.6035

* جد قيمة الثابت E من المعادلة E = [150 (1-e) / Re] + 1.75

$E = \{150\times(1-0.55)\div 2.6035\} + 1.75 = 27.677$

* جد قيمة فقد السمت من معادلة كارمان-كوزني / $hf = [E*(1-e)*vf^2*L] / (g*d*f*e^3)$

$hf = \{27.677(1-0.55)\times(2.303\times 10^{-3})^2\times 0.6\}\div\{9.81\times 1.2\times 10^{-3}\times 0.85\times^3 0.55\} = 24$ ملم

فقد السمت الكلى على الطبقة الترشيحية = 190 + 24 = 214 ملم.

6- جد الخطأ بين قيمتي فقد السمت من معادلتي روس وكارمن كوزني كما يلي:

الخطأ = [(335 - 214) × 100] ÷ 335 = 36%

برنامج 6-8

```
Public Class Form1
    Const g = 9.81

    Private Sub fill_combo()
        ComboBox1.Items.Clear()
        ComboBox1.Items.Add("0")
        ComboBox1.Items.Add("2")
        ComboBox1.Items.Add("4")
        ComboBox1.Items.Add("5")
        ComboBox1.Items.Add("6")
        ComboBox1.Items.Add("7")
        ComboBox1.Items.Add("8")
        ComboBox1.Items.Add("9")
        ComboBox1.Items.Add("10")
        ComboBox1.Items.Add("11")
        ComboBox1.Items.Add("12")
        ComboBox1.Items.Add("13")
        ComboBox1.Items.Add("14")
        ComboBox1.Items.Add("15")
        ComboBox1.Items.Add("16")
        ComboBox1.Items.Add("17")
        ComboBox1.Items.Add("18")
        ComboBox1.Items.Add("19")
        ComboBox1.Items.Add("20")
        ComboBox1.Items.Add("25")
        ComboBox1.Items.Add("30")
        ComboBox1.Items.Add("35")
        ComboBox1.Items.Add("40")
        ComboBox1.Items.Add("45")
        ComboBox1.Items.Add("50")
        ComboBox1.Items.Add("55")
        ComboBox1.Items.Add("60")
        ComboBox1.Items.Add("65")
        ComboBox1.Items.Add("70")
        ComboBox1.Items.Add("75")
        ComboBox1.Items.Add("80")
        ComboBox1.Items.Add("85")
        ComboBox1.Items.Add("90")
        ComboBox1.Items.Add("95")
        ComboBox1.Items.Add("100")
    End Sub

    '************************************
    'Viscosity values from Appendix (3).
    '************************************
    Private Function find_mu() As Double
        Select Case ComboBox1.SelectedIndex
            Case 0 : Return 1.792
```

```
            Case 1 : Return 1.674
            Case 2 : Return 1.568
            Case 3 : Return 1.519
            Case 4 : Return 1.473
            Case 5 : Return 1.429
            Case 6 : Return 1.378
            Case 7 : Return 1.348
            Case 8 : Return 1.31
            Case 9 : Return 1.274
            Case 10 : Return 1.239
            Case 11 : Return 1.206
            Case 12 : Return 1.175
            Case 13 : Return 1.145
            Case 14 : Return 1.116
            Case 15 : Return 1.087
            Case 16 : Return 1.06
            Case 17 : Return 1.034
            Case 18 : Return 1.009
            Case 19 : Return 0.895
            Case 20 : Return 0.8
            Case 21 : Return 0.721
            Case 22 : Return 0.656
            Case 23 : Return 0.599
            Case 24 : Return 0.549
            Case 25 : Return 0.506
            Case 26 : Return 0.469
            Case 27 : Return 0.436
            Case 28 : Return 0.406
            Case 29 : Return 0.38
            Case 30 : Return 0.357
            Case 31 : Return 0.336
            Case 32 : Return 0.317
            Case 33 : Return 0.299
            Case 34 : Return 0.284
        End Select
        Return 0
    End Function

    '***********************************
    'Density values from Appendix (3).
    '***********************************
    Private Function find_rho() As Double
        Select Case ComboBox1.SelectedIndex
            Case 0 : Return 999.8
            Case 1 : Return 999.9
            Case 2 : Return 1000
            Case 3 : Return 999.9
            Case 4 : Return 999.9
            Case 5 : Return 999.9
            Case 6 : Return 999.8
            Case 7 : Return 999.7
```

414

```
        Case 8 : Return 999.7
        Case 9 : Return 999.6
        Case 10 : Return 999.5
        Case 11 : Return 999.4
        Case 12 : Return 999.2
        Case 13 : Return 999
        Case 14 : Return 998.9
        Case 15 : Return 998.8
        Case 16 : Return 998.6
        Case 17 : Return 998.4
        Case 18 : Return 998.2
        Case 19 : Return 997.1
        Case 20 : Return 995.7
        Case 21 : Return 994.1
        Case 22 : Return 992.2
        Case 23 : Return 990.2
        Case 24 : Return 988.1
        Case 25 : Return 985.7
        Case 26 : Return 983.2
        Case 27 : Return 980.6
        Case 28 : Return 977.8
        Case 29 : Return 974.9
        Case 30 : Return 971.8
        Case 31 : Return 968.6
        Case 32 : Return 965.3
        Case 33 : Return 961.9
        Case 34 : Return 958.4
    End Select
    Return 0
End Function

Private Sub Form1_Load(ByVal sender As System.Object,
   ByVal e As System.EventArgs) Handles MyBase.Load
    Label1.Text = "سرعة الترشيح-م3/م2.يوم"
    Label2.Text = "درجة حرارة الماء مئوية"
    Label3.Text = "فقد السمت حسب روس"
    Label4.Text = "فقد السمت حسب كارمان-كوزني"
    Label5.Text = "الفرق المئوي"
    Button1.Text = "احسب فقد السمت"
    Me.Text = "مثال 6-8"
    Me.FormBorderStyle =
        Windows.Forms.FormBorderStyle.FixedSingle
    DataGridView1.RightToLeft =
        Windows.Forms.RightToLeft.Yes
    DataGridView1.Rows.Clear()
    DataGridView1.Columns.Clear()
    DataGridView1.Columns.Add("charCol", "الخواص")
    DataGridView1.Columns.Add("sandCol", "طبقة الرمل")
    DataGridView1.Columns.Add("anthCol",
        "طبقة الأنثراسايت")
    DataGridView1.Rows.Add(4)
```

```
        DataGridView1.Rows(0).Cells("charCol").Value =
            "ارتفاع الطبقة الترشيحية-م"
        DataGridView1.Rows(1).Cells("charCol").Value =
            "متوسط قطر الحبيبات-ملم"
        DataGridView1.Rows(2).Cells("charCol").Value =
            "معامل شكل الحبيبات"
        DataGridView1.Rows(3).Cells("charCol").Value =
            "مسامية الطبقة-%"
        DataGridView1.AllowUserToAddRows = False
        DataGridView1.AllowUserToDeleteRows = False
        fill_combo()
    End Sub

    Private Sub Button1_Click(ByVal sender As
      System.Object, ByVal e As System.EventArgs)
      Handles Button1.Click
        Dim LSand, DSand, phiSand, eSand As Double
        Dim LAnth, DAnth, phiAnth, eAnth As Double
        Dim t, vf, mu, rho As Double

        LSand =
Val(DataGridView1.Rows(0).Cells("sandCol").Value)
        DSand =
Val(DataGridView1.Rows(1).Cells("sandCol").Value) / 1000
        phiSand =
Val(DataGridView1.Rows(2).Cells("sandCol").Value)
        eSand =
Val(DataGridView1.Rows(3).Cells("sandCol").Value)
        LAnth =
Val(DataGridView1.Rows(0).Cells("anthCol").Value)
        DAnth =
Val(DataGridView1.Rows(1).Cells("anthCol").Value) / 1000
        phiAnth =
Val(DataGridView1.Rows(2).Cells("anthCol").Value)
        eAnth =
Val(DataGridView1.Rows(3).Cells("anthCol").Value)

        vf = Val(TextBox1.Text)
        vf /= (60 * 60 * 24)
        t = ComboBox1.SelectedIndex
        If t = -1 Then
            MsgBox("الرجاء اختيار درجة الحرارة.",
                   vbInformation Or vbOKOnly)
            Exit Sub
        End If
        mu = find_mu() / 1000
        rho = find_rho()

        Dim ReSand, CDSand, hfSand As Double
        Dim ReAnth, CDAnth, hfAnth As Double
        Dim hfRoss, hfCarman, hfPercent As Double
```

```
'*****************************
'1. Calculate using Ross Equ.
'*****************************
ReSand = (rho * vf * DSand) / mu
CDSand = (24 / ReSand) + (3 / (ReSand ^ 0.5))
        + 0.34
'hf = (1.067*CD*vf^2*L) / (g*d*phi*e^4)]
hfSand = (1.067 * CDSand * (vf ^ 2) * LSand) /
    (g * DSand * phiSand * (eSand ^ 4))
ReAnth = (rho * vf * DAnth) / mu
CDAnth = (24 / ReAnth) + (3 / (ReAnth ^ 0.5))
        + 0.34
hfAnth = (1.067 * CDAnth * (vf ^ 2) * LAnth) /
    (g * DAnth * phiAnth * (eAnth ^ 4))
hfRoss = hfSand + hfAnth
'convert to mm
hfRoss *= 1000
'***********************************
'2. Calculate using Carman-Kozney Equ.
'***********************************
Dim EcSand, EcAnth As Double
'E = [150 (1-e) / Re] + 1.75
EcSand = (150 * (1 - eSand) / ReSand) + 1.75
'hf = [E*(1-e)*vf^2*L] / (g*d*f*e^3)
hfSand = (EcSand * (1 - eSand) *
    (vf ^ 2) * LSand) / (g * DSand * phiSand *
    (eSand ^ 3))
EcAnth = (150 * (1 - eAnth) / ReAnth) + 1.75
hfAnth = (EcAnth * (1 - eAnth) * (vf ^ 2)
    * LAnth) / (g * DAnth * phiAnth
    * (eAnth ^ 3))
hfCarman = hfSand + hfAnth
'convert to mm
hfCarman *= 1000
hfPercent = ((hfRoss - hfCarman) * 100) / hfRoss

TextBox2.Text = FormatNumber(hfRoss, 0)
TextBox3.Text = FormatNumber(hfCarman, 0)
TextBox4.Text = FormatNumber(hfPercent, 0)
    End Sub
End Class
```

<u>الترشيح الرملي السريع:</u> يستخدم الرمل الخشن في المرشحات السريعة كوسط ترشيحي يتراوح قطر حبيباته بين 0.4 إلى 1.2 ملم. ويساعد كبر مسامات الطبقة الترشيحية للرمل الخشن من تغلغل الحبيبات والشوائب لداخل المرشح لزيادة كفاءة المرشح للتخلص

417

من الشوائب وترشيح المياه ذات العكر الكبير. وقد تم استخدام المرشحات الرملية السريعة في مجالات تنقية مياه الشرب والنواحي الصناعية بطرق عدة مثل:

وحدة تنقية متكاملة: للتخلص من الحديد والمنجنيز في المياه الجوفية العميقة، وقد تضاف فيه وحدة تهوية قبل وحدة الترشيح. وبالنسبة للمياه السطحية العكرة والتي تحمل قدر بسيط من المواد الصلبة العالقة يضاف إلى وحدة الترشيح وحدة ترويب سابقة لها ووحدة تطهير لاحقة بها.

وحدة تنقية ابتدائية: للتخلص من معظم المواد الصلبة العالقة في الماء الخام، ثم يدخل الراشح إلى مرشحات رملية بطيئة حيث تتم تنقيته. ومن هذا المنطلق تعمل وحدة الترشيح على تقليل حمل المواد الصلبة العالقة الداخلة للمرشحات البطيئة.

وحدة تنقية نهائية تتبع وحدات تنقية تقليدية: لإزالة آخر الشوائب، ويقتضي الحال استخدام رمل قطره بين 0.5 إلى 1 ملم.

تشغيل المرشح الرملي السريع (أنظر شكل 6-9) يتم إدخال الماء الخام للطبقة الترشيحية عبر الصمام (أ)، ليمر عبر نظام التصريف التحتي منساباً لخارج المرشح عبر الصمام (ب). ونسبة للانسداد التدريجي لمسام الطبقة الترشيحية تزداد المقاومة لانسياب الماء أسفل الطبقة الترشيحية، مما يقلل من السرعة الترشيحية. ويتطلب هذا الوضع زيادة فتح الصمام (أ) للسماح بدفق أكبر للماء، إلى أن يتم فتحه عن آخره بدون الحصول على الراشح المطلوب. وينبغي حينئذٍ نظافة المرشح ليتم الحصول على الدفق المطلوب من الماء النقي. ولإتمام نظافة المرشح يغلق الصمامان (أ) و(ب) ويفتح الصمام (ج) لنزح المياه المتبقية على المرشح. وبعد مدة يتم فتح الصمام (د) ليسمح بدخول مياه النظافة من الاتجاه المعاكس (الاجتراف الخلفي). ولا بد من زيادة الإجتراف الخلفي للسماح بتمدد الوسط الترشيحي، ومن ثم التمكن من كسح حبيبات الرمل وإزالة ما علق بها من شوائب. وقد تطول (أو تقصر) الفترة الزمنية المطلوبة بين نظافة وأخرى اعتماداً على نوع المياه الواجب ترشيحها. ويتم تجميع مياه النظافة في قرارة الماء لتصرف للخارج عبر الصمام (هـ). وبعد إتمام عملية النظافة بالإجتراف الخلفي يغلق الصمامان (د) و (هـ). ثم يعاد فتح الصمام (أ) لتبدأ دورة ترشيحية أخرى.

مسقط أمامي

مسقط جانبي

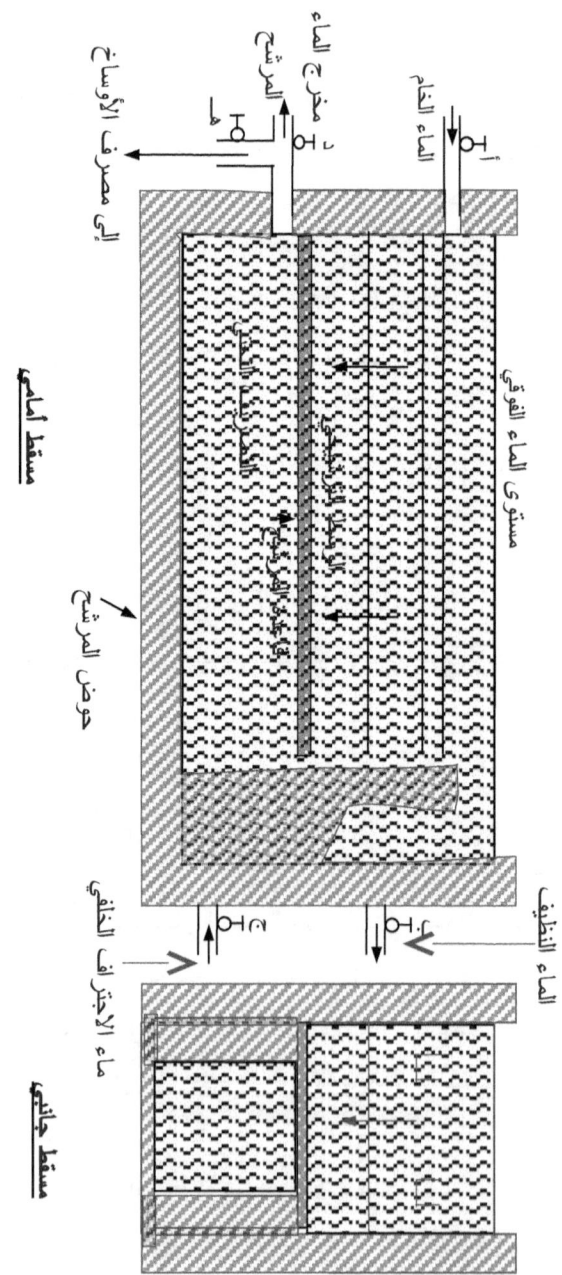

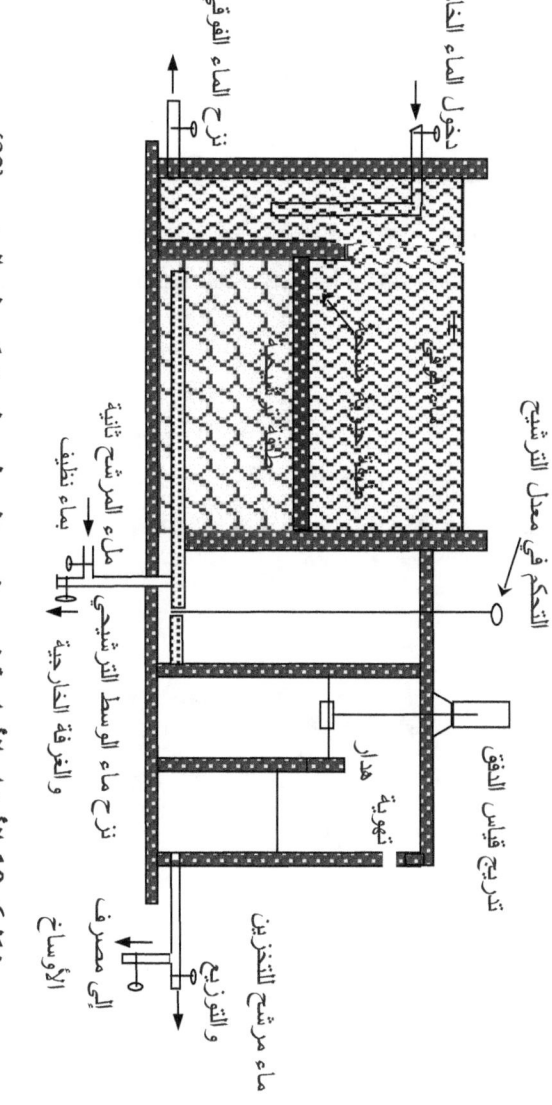

شكل6-10 الأجزاء الأساسية في مرشح رمل بطيء ذي تحكم على المخرج {32}

Source: Visscher, J., T., Paramasivam, R., Raman, A. & Heijnen, H., A., .Slow Sand Filtration for Community Water Supply< TP 24, IRC, The Huge, The Netherland. Reprinted & Translated by courtesy of the publisher IRC.

أنواع المرشحات الرملية السريعة: من أنواع مرشحات الرمل السريعة: مرشحات ضغط المكبس، ومرشحات الدفق الرأسي المنساب إلى أعلى، والمرشحات متعددة الطبقات.

ويتم في مرشحات ضغط المكبس ضم الطبقة الترشيحية ونظام التصريف التحتي داخل وعاء واحد غير نفاذ للماء مصنوع من الحديد أو من مادة مماثلة، ويعمل المرشح تحت ضغط محكم. وعادة تستخدم قوة دفع كبيرة للماء لإتمام العملية الترشيحية والسماح بالحصول على الزمن الترشيحي المطلوب. ومن المعروف أن مرشحات ضغط المكبس ليست سهلة التركيب والتشغيل والترميم والصيانة، مما يحد من استعمالها في المناطق الريفية من الدول النامية.

تساعد مرشحات الدفق الرأسي المنساب إلى أعلى في الحصول على ترشيح متدرج يبدأ من الوسط الترشيحي الخشن، ويتدرج إلى الوسط الترشيحي للناعم. ويساعد الوسط الترشيحي الخشن على إزالة قدر كبير من الشوائب العالقة دون زيادة كبيرة في مقاومة الطبقة الترشيحية.

أما المرشحات متعددة الطبقات فتعمل تحت قوى الجاذبية الأرضية. ويتكون المرشح من عدة طبقات ترشيحية تبدأ بالرمل الخشن، ثم تتدرج إلى الرمل الناعم في اتجاه سريان الماء المرشح.

تصميم المرشحات الرملية السريعة: عند تصميم مرشحات الرمل السريع ينبغي مراعاة النقاط التالية: {6،7،32}

اختيار سرعة ترشيحية في حدود 5 متر/ساعة.

استخدام حبيبات رمل خشن لا يقل قطرها عن 0.8 ملم (ويتراوح بين 0.6 إلى 1 ملم) لتفادي أي مشاكل تشغيلية.

من المستحسن استخدام مرشح عميق، فمن المقترح مثلاً استخدام مرشح يتراوح عمقه بين 60 إلى 80 سم للتنقية الدقيقة التالية للتخثر والترسيب، واختيار عمق 80 إلى 120 سم للتنقية الابتدائية السابقة للترشيح الرملي البطيء، واختيار عمق بين 150 إلى 300 سم لإزالة الحديد من المياه الجوفية.

يؤخذ عمق الماء فوق الطبقة الترشيحية بين 100 إلى 150 سم للمرشحات التي تعمل بزيادة الضغط، وبين 25 إلى 40 سم للمرشحات التي تعمل بنقصان في الضغط مما يساعد في تصميم مرشحات ذات صندوق صغير. غير أن هذه المرشحات ربما أتت بمشاكل ربط الهواء في المرشح، والتي ينتج عنها تدني في نوع الراشح، وتقليل زمن الترشيح، وفقدان الوسط الترشيحي أثناء عملية الإجتراف الخلفي المستخدم لنظافة المرشحات الرملية السريعة.

لا يعمل الترشيح السريع على التخلص من البكتريا والحمات وحبيبات الطين، وذلك لصغر مقاسها (أقل من ميكرون)، مما لا يسمح بإنتاج مياه صالحة للشرب من منطلق الخواص البكتريولوجية. فمثلاً لا يتعدى معدل إزالة الإشريكية القولونية 2 إلى 10، مما يوجب معه إضافة عملية التخثر قبل وحدة الترشيح الرملي البطيء لإزالة الكبريتات، أو إضافة وحدة التطهير بالكلورة لإزالة الأحياء المجهرية الممرضة والجراثيم.

مرشحات الرمل البطيئة: يبين شكل (6-10) رسم تخطيطي لمرشح رمل بطئ يتكون من حوض مفتوح من أعلاه، يحوى بداخله وسط ترشيحي من الرمل الناعم لا يتجاوز عمقه 0.5 إلى 2 سم. أما عمق الحوض فيقع في حدود 3 متر، وتتفاوت مساحته من بضع عشرات إلى مئات من الأمتار المربعة. يوجد في أسفل حوض الترشيح نظام تصريف تحتي يعمل على حمل ثقل الوسط الترشيحي، كما ويساعد في انبثاق الماء بانتظام خارج المرشح. ويجهز المرشح بعدة صمامات وأجهزة تحكم لتنظيم دخول الماء الخام للمرشح، وخروج الراشح النقي منه.

ويقوم مرشح الرمل البطيء بحجز غالبية الشوائب العالقة بالماء في الطبقة العليا من وسطه الترشيحي. ويساعد عمق الطبقة الترشيحية على نظافة المرشح، والتي تتم بكشط الطبقة العليا من الرمل. وبما أن السرعة الترشيحية المستخدمة قليلة فإن الفترة بين نظافة وأخرى تكون طويلة نسبياً، إذ قد تصل إلى بضع شهور اعتماداً على ظروف المناخ، وطبغرافية المنطقة.

ومن محاسن مرشحات الرمل البطيء: إنتاجها لنوع جيد من الماء النقي الخالي من المواد الصلبة والشوائب العالقة، والحصول على ماء صحي خالي من الجراثيم، وسهولة تصميم وإنشاء المرشح باستخدام مواد بناء محلية، وعدم احتياج تشييد المرشح إلى خبرة وكفاءة عالية مما يسمح بالاستفادة من الخبرة المحلية، وعدم احتياج المرشح إلى أجهزة آلية

وكهربائية معقدة (وبالتالي عدم الاحتياج إلى قطع غيار نادرة وباهظة التكاليف)، وقلة تكلفة إنشاء المرشح وصيانته، وسهولة التشغيل خاصة للعامل البسيط ومشغل المحطة في الدول النامية. أما العيب الرئيس للمرشحات البطيئة فيتعلق بالمساحات الكبيرة المطلوبة لها، خاصة في المدن والمناطق الحضرية حيث يرتفع ثمن الأرض ويصعب إقناع المستثمر والسياسي بأهميتها مقارنة بالعائد الواضح الذي يمكن جنيه من مناحي أخرى، لاسيما ويصعب قياس صحة الإنسان.

عمل مرشح الرمل البطيء: للطحالب دور هام وأساسي في تنقية الماء الخام للداخل لمرشح الرمل البطيء، حيث يكثر وجودها في المرشحات المفتوحة وذلك لاحتياجها إلى ضوء الشمس لإتمام عملية التمثيل الضوئي (شأنها في ذلك شأن النباتات). وعن طريق التمثيل الضوئي تتمكن الطحالب من بناء الخلايا من مواد بسيطة مثل: الماء، وثاني أكسيد الكربون، والنترات، والفوسفات، وغيرها. وبعد مضي فترة تكبر الخلايا الطحلبية ويزيد حجمها، الشيء الذي يعوق سريان الماء أسفل المرشح، ويتطلب هذا الوضع الإزالة الدورية للطحالب، والنظافة المستمرة للمرشح. ومن أنواع الطحالب التي يمكن أن تتواجد في المرشحات الرملية البطيئة: الأنواع الشعيرية Filamentous والتي تقوم بتكوين حصيرة جلاتينية (هلامية) على سطح المرشح، تعمل على إزالة المواد العالقة والبكتريا بالتصفية والإمتزاز. كما وتتكاثر البكتريا في المرشح وتقوم بإنتاج وحل بكتيري Bacterial slime يطلق عليه الطبقة المتسخة Schmutzdecke. تعمل هذه الطبقة المتسخة كوسط لاصق للنباتات المائية المغمورة Plankton والحيوانات المجهرية الدياتومية Diatoms، مما يساعد في زيادة كفاءة عمليات التصفية والإمتزاز لإزالة الشوائب ومنعها من التغلغل داخل المرشح، مما يزيد من فترة الترشيح ويقلل من انسداد مسامات المرشحات.

ويجب في مثل هذه المرشحات العمل على تجنب حدوث أي ضغط سالب، نسبة لأن الضغط السالب يعمل على تحرر الغازات الذائبة، مما يسمح بتجمع فقاعات الهواء المتكونة في الوسط الترشيحي. وتعمل هذه الفقاعات على زيادة المقاومة تجاه دفق المياه أسفل المرشح، كما وأن الفقاعات المرتفعة ذات المقاس الكبير تعمل على تكوين ثقوب في الوسط الترشيحي، مما يسمح بمرور المياه خلالها دون خضوعها للتنقية الملائمة {6،7}.

ويبين الجدول (6-6) مقارنة بين مرشحات الرمل البطيئة والسريعة من حيث أسباب التنقية، والوضع في المحطة، والكفاءة المتوقعة، وخواص الماء الخام الذي يسهل تعاملها معه، والعمر المتوقع لها، والخواص التصميمية لها، والفترة التشغيلية، وأساليب النظافة والتقويم.

جدول (6-6) مقارنة بين مرشحات الرمل البطيئة والسريعة

المنشط	مرشحات الرمل السريعة	مرشحات الرمل البطيئة
أسباب التنقية	فصل المواد الصلبة العالقة، والتخلص من الجراثيم	التخلص من الجراثيم، وإتمام المعالجة
الوضع في محطة التنقية	بعد اللبود والترويب، أو بعد الترسيب	مع أو بدون اللبود والترويب، أو بعد مرشحات الرمل السريعة
الكفاءة	تعتمد على خواص الماء الخام، وعلى معايير التصميم	تعتمد على خواص الماء الخام، وعلى معايير التصميم
عكر الماء الخام المسموح به	عالي	متوسط (أقل عن 15 NTU)
العمر التصميمي	من 10 إلى 15 سنة	من 10 إلى 15 سنة
العمر الافتراضي	طويل نسبياً	طويل نسبياً
سرعة الترشيح (م/ساعة)	من 5 إلى 15	من 0.1 إلى 0.2
المساحة الكلية	دفق الماء ÷ سرعة الترشيح	دفق الماء ÷ سرعة الترشيح
مساحة كل وحدة ترشيح	المساحة الكلية ÷ (عدد المرشحات-1)	A/(N - 1) أو A/(N - 2)
الأبعاد		$L = 2A^*/\sqrt{(N + 1)}$ $B = (N + 1)^*L /2N$
مقاس الحبيبات الفعال (ملم)	من 0.4 إلى 3	من 0.15 إلى 0.35
معامل الانتظام C_u	أكبر من 1.2 إلى 1.5	أقل من 3 إلى 5 (2.5 بالمتوسط)
ارتفاع الوسط الترشيحي (م)	من 0.6 إلى 3	من 0.8 إلى 1.2
ارتفاع الماء الفوقي (م)	من 1 إلى 1.5	من 1 إلى 1.5
أقل ارتفاع قبل إعادة وضع الرمل	يعتمد على التنقية	حوالي 0.5 متر
عدد المرشحات (أقل عدد مرشحان)	$12\sqrt{Q}$	$15\sqrt{Q}$
فترة التشغيل	24 ساعة في اليوم (لا يسمح بالتشغيل المتقطع)	24 ساعة في اليوم (لا يسمح بالتشغيل المتقطع)
الفترة الزمنية بين عمليتي		من 20 إلى 60 يوماً أو أكثر
		من 1.5 إلى 4 متر

نظافة	من 12 إلى 72 ساعة	
مقاومة الوسط الترشيحي	من 1.5 إلى 4 متر	
طريقة النظافة	بالإجتراف الخلفي بوساطة الماء أو بالماء والهواء	جرف الطبقة العليا بحدود 0.5 إلى 2 سم
إزالة الحمأة	يدوياً أو ميكانيكياً (آلياً) أو هيدروليكياً	يدويا أو ميكانيكيا (آليا) أو هيدروليكيا
المادة المستخدمة لبناء المرشح	خرسانة، طابوق، طوب، مواد بلاستيكية	خرسانة، طابوق، طوب، مواد بلاستيكية (لدنة)
الترميم والإصلاح	مستمر	مستمر
المخاطر	نمو الطحالب، والتغير في نوع الماء، والانسداد	نمو الطحالب، والتغير في نوع الماء، والانسداد
مقاييس التحكم	فقد السمت، ومعدل الدفق، والعكر	فقد السمت، ومعدل الدفق، والعكر
أهم المعايير النوعية التي يتم اختيارها	العكر، والخواص الحيوية والميكروبولوجية	العكر، الخواص الحيوية الميكروبولوجية

6 – 9 الوحدات المتقدمة لتنقية الماء

6 – 9 – 1 الامتزاز {6-9،35} Adsorption

مَزَّ الشرابَ – مَزّاً ومُزّاً: مصَّه. مزَّ الشراب: – مَزازة ومُزُوزة: اشتدت حموضته. فهو مُزٌّ. تَمَزَّزَ: أكل أو شرب المُزَّ. و– الشراب: تمصَّصَه. المُزُّ: ما كان طعمه بين الحلو والحامض أو خليطاً منهما {48}. ومَزَّه يَمُزَّه مَزّاً أي مَصَّه. والمَزَّة: المرة الواحدة. وفي الحديث: **لا تُحَرِّم المَزَّة ولا المَزَّتان**، يعني في الرضاع {49}.

تقوم عملية الامتزاز بحجز أو فصل أيون أو جزيء من مادة معينة على سطح جزيء مادة ممتزة. ومن ثم فإن الامتزاز ظاهرة سطحية تختلف عن الامتصاص Absorption والذي تتم فيه إزالة الجزيء داخل المادة الممتصة (مَصَّ القصب ونحوه مَصّاً: مضغه بأسنانه وابتلع شرابه. امْتَصَّ الشيء: مَصَّه مُتَمَهِّلاً. مَصِصْتُ الشيء، بالكسر، أَمَصُّه مَصّاً وامتصصته. والتَّمصُّصُ: المَصُّ في مُهلة. والمُصاصُ والمُصاصَةُ: ما تمصصت

منه. والمُصَاصُ: خالص كل شيء وفلان مُصَاصُ قومه ومُصاصتُهم أي أخْلَصُهم نسباً {49}).

وعليه يمكن تعريف الامتزاز على أنه عملية سطحية تتضمن انتقال المادة المذابة (الممتزة) من المائع إلى سطح المادة الصلبة (المازة) عند ملامستها له. وللمواد الجيدة الامتزاز نسبة عالية من مساحة السطح إلى الحجم، كما أن سطحها نشط. وهذا يعني أن المواد المازة ذات مسامية عالية نسبة لامتلائها بشعيرات دقيقة. ويمكن تقسيم عملية الامتزاز إلى طبيعية وكيماوية. ينتج الامتزاز الطبيعي (امتزاز فان دير وولس) من قوى تجاذب (ثنائية القطب أو الكتروستاتية) داخلية واقعة بين جزيئات المادة الصلبة والعناصر الممتزة. وفي هذه العملية العكسية لا تذوب المواد الممتزة في المادة الصلبة المازة، غير أنها تبقى على أسطحها، ليصل سمك الطبقة الممتزة إلى بضع جزيئات. أما في حالة الامتزاز الكيماوي (أو التمزز الكيماوي) يحدث تفاعل كيماوي بين المادة الصلبة المازة وتلك الممتزة، مما يمكن الأولى من الالتصاق بقوة الرابطة الكيماوية على سطح المادة الصلبة المازة، وإنتاج طبقة واحدة من الجزيئات على سطح المادة المازة. وتتغير في هذا النوع من الامتزاز القوى العاملة على المادة الممتزة والأسطح المازة بصورة كبيرة، غير أن قوى الالتصاق أكبر من تلك الموجودة في حالة الامتزاز الطبيعي. عادة، وفى معظم الحالات، لا يمكن الحصول على المادة الأصلية بالمج Desorption. وعند غمر مادة صلبة مازة في سائل تنتج حرارة عند إتمام عملية الامتزاز. ويمكن تحديد الامتزاز الظاهري للمادة المذلبة؛ والذي يعتمد على درجة تركيز المادة المذابة، ودرجة الحرارة، ونوع المادة المازة.

ومن العوامل المؤثرة على عملية الامتزاز: نوع المادة المازة ومساحة سطحها ووزنها وخواصها الكيميائية، وطبيعة المادة الممتزة وحجمها وشحنتها ودرجة تركيزها، وطبيعة المحلول أو الغاز الذي يحدث فيه انتشار الملوث، والنظام الملامس، ودرجة حرارة الوسط، ووجود مواد ممتزة منافسة. وتستخدم عملية الامتزاز في العديد من المشارب في مجال تنقية الماء، وإزالة الملوثات القليلة من سائل أو غاز (مائع) معين بعد تمريرها خلال مادة صلبة مازة. ومن أمثلة المواد المازة: الكربون النشط، والمناخل (الغرابيل) الجزيئية، وهلام السليكا، وبعض أنواع التربة الطبيعية، ويستحسن استخدام الكربون الحبيبي لإزالة الملوثات العضوية من المخلفات الصناعية السائلة.

تقدير كفاءة الإمتزاز: توجد عدة صيغ تجريبية تم استخدامها لمقارنة كمية الملوثات الممتزة من الغاز أو الماء إلى كمية المادة المازة ولتقويم كفاءة المادة المازة. وتعتمد هذه الصيغ على العلاقة بين كمية المادة الممتزة (تحت ظروف الاتزان)، ودرجة الحرارة الثابتة في النظام. ويطلق على هذه العلاقة منحنى تساوى الحرارة. ومنحنى تساوي الحرارة هو عبارة عن تمثيل لسعة المادة المازة، مقارنة بين ضغط المادة الممتزة الجزئي لدرجة حرارة معينة. ومن محاسن منحنى تساوي الحرارة: تقويم كمية الملوث الممتز على درجات تركيز متباينة، وتقدير سعة المادة المازة للتخلص من الملوث ومن عدة ملوثات، وتقويم مساحة سطح المادة المازة. ومن الصيغ المستخدمة لمنحنى تساوي الحرارة: المنحنيات المطورة بوساطة فروندليش، ولانقمير، وبرونير وايمت وتيلر. وتعتبر معادلة فروندليش لمنحنى تساوي الحرارة Freundlich isotherm من أكثر الصيغ استخداماً. وهى صيغة تجريبية تتحقق للامتزاز وحيد الطبقة وللمحاليل المخففة لدرجات تركيز قليلة. وتلعب قوى فان دير وولس دوراً كبيراً فيها. وتبين المعادلة 6−77 الصيغة الرياضية لمعادلة فروندليش لمنحنى تساوي الحرارة.

$$\frac{x}{m}=k\times C^{\frac{1}{n}} \qquad (6\text{-}77)$$

حيث:

x =مقدار كتلة العنصر أو الملوث الممتز من المحلول (مول)

m = كتلة المادة المازة (مول)

k, n = ثوابت توجد من بيانات التجارب المخبرية

C = درجة تركيز أيون الفلز أو الملوث في المحلول عند حالة الاتزان.

وبأخذ اللوغريثم للمعادلة 6−77 يمكن تحويلها لمعادلة خط مستقيم كما مبين في المعادلة 6−78.

$$\text{Log}\,(x/m) = \text{Log}\,k + (1/n)\text{Log}\,C \qquad (6\text{-}78)$$

وإذا أنتجت البيانات خط مستقيم عند رسم Log(x/m) معLogC فيقال أنها تحقق معادلة فروندليش لمنحنى تساوي الحرارة.

يمكن إتمام التنقية بالامتزاز باستخدام الكربون النشط في أعمدة مناسبة يتراوح طولها بين 3 إلى 10 أمتار ليمر عبرها السائل رأسياً، إما من الأعلى أو من الأسفل. ومن الأفضل أن يكون زمن التلامس في حدود 15 إلى 30 دقيقة. وقد استخدمت الأطوال الكبرى لتنقية مخلفات سائلة شديدة التلوث. وبعد إزالة الملوثات بالكربون يمكن تنشيطه مرة أخرى لإعادة استخدامه بتمريره على أفران، يمر عبرها بخار ماء على درجة حرارة 900° م. ويؤدي هذا الوضع إلى تطاير أو تكربن الملوثات العضوية الممتزة، مما يساعد على التخلص منها، ويساعد الكربون على استعادة نشاطه.

مثال 6-9

استخدم الكربون النشط في تجربة لامتزاز مادة ملوثة وتم الحصول علي البيانات التالية: وبافتراض تحقق معادلة فروندليش لمنحنى تساوي الحرارة لعملية الامتزاز، جد قيمة ثوابت المعادلة علماً بأن درجة تركيز المادة عند بداية التجربة 56 جم/م^2.

جد السعة النهائية للكربون النشط المستخدم.

كتلة الكربون النشط (المادة الماازة) (جرام)	درجة تركيز المادة الممتزة المتبقية (جم/م^2)
54	47.6
164	34.1
274	20.7
354	14.3
510	9.2
740	4.2
970	1.7

الحل

المعطيات: $C_O = 56$ جم/م^2، بيانات التجربة لقيم مختلفة من الكربون النشط.

جد قيم x و x/m كما موضح علي الجدول التالي:

كتلة الكربون النشط m (جم)	درجة تركيز المادة الممتزة المتبقية (جم/م^2) C	كتلة المادة الممتزة x = 56 − C (جم/م^2)	قيم (x/m) (/م^2)
54	47.6	8.4	0.15556
164	34.1	21.9	0.13354
274	20.7	35.3	0.12883
354	14.3	41.7	0.1178
510	9.2	46.8	0.09177
740	4.2	51.8	0.07
970	1.7	54.3	0.056

أرسم البيانات لتركيز المادة الممتزة المتبقية (على المحور الأفقي) مع قيم (x/m) ((على المحور الرأسي) في ورقة رسم بياني لوغريثمية المحورين لتعطي البيانات خط مستقيم مما يدل على أنها تحقق معادلة فروندليش لمنحنى تساوي الحرارة (($(x/m) = k^*C^{1/n}$) لامتزاز الكربون للمادة الملوثة.

جد من الرسم البياني قيم الثوابت: = k 0.0469، n = 3.18

جد السعة النهائية للكربون النشط لامتزاز المادة الملوثة:

$x/m = k^*C_o^{1/n} = 0.0469\times(56)^{0.314} = 0.166$، لتساوي 0.166 جم/جم.

وهذا يعني أن 16.6 جرام من المادة الممتزة يمكن امتزازها على 100 جرام من الكربون النشط.

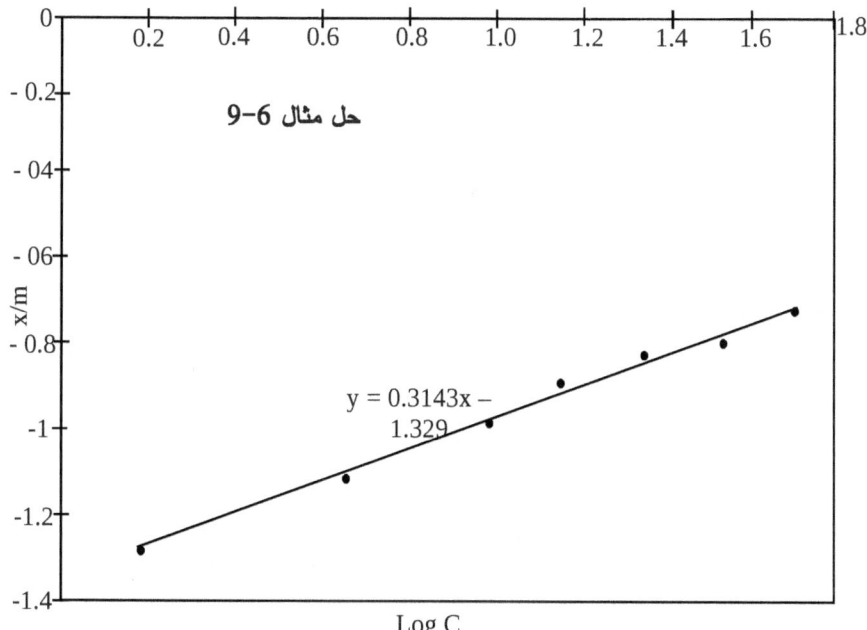

حل مثال 9-6

$y = 0.3143x - 1.329$

Log C

برنامج 9-6

```
Public Class Form1
    Dim logC(), logXM() As Double
    Dim Co As Double
    Dim g As Graphics
    Dim mult_factor_logC, mult_factor_logXM As Integer
    Dim max_logC As Double
    Dim max_logXM As Double

    Private Function get_max(ByRef array() As Double,
        ByVal count As Integer, ByRef mult_factor As
        Integer) As Double
        Dim i As Integer
        Dim max As Double = 0
        Dim min As Double = Math.Abs(array(0))
        'if numbers are negative, we will parse them in
        'reverse, i.e. take the absolute of the numbers
        'and take the smallest one as the largset.
        If array(0) < 0 Then
            max = Math.Abs(array(0))
            For i = 1 To count - 1
                If Math.Abs(array(i)) < max Then max =
```

```
                        Math.Abs(array(i))
             If Math.Abs(array(i)) > min Then min =
                        Math.Abs(array(i))
        Next
        max += min
    Else
        For i = 0 To count - 1
             If array(i) > max Then max = array(i)
        Next
    End If
    'numbers may be small, we can't use them
    'for drawing, as points will be so near. So
    'multiply to make them bigger.
    mult_factor = 1
    While max < PictureBox1.Height
        max *= 10
        mult_factor *= 10
    End While
    Return max
End Function

'***************************************************
'Draws a straight line from the scattered
'point data. The algorithm used is simple:
'(1) Divide data into two sets
'(2) Find a mid-point in each set
'(3) Find line equation from these two points
'(4) Find the first and last points in this line
'(5) Draw the line!
'***************************************************
Private Sub draw_straight_line()
    Dim count As Integer =
        DataGridView1.Rows.Count - 1
    Dim w As Integer = PictureBox1.Width - 4
    Dim h As Integer = PictureBox1.Height - 4
    Dim scaleY As Double = h / max_logXM
    Dim scaleX As Double = w / max_logC
    Dim zeroX As Integer = 2
    Dim zeroY As Integer = h + 2
    Dim mid_count As Integer = count / 2
    Dim sum1C, sum1XM, sum2C, sum2XM As Double
    Dim i As Integer
    sum1C = 0 : sum2C = 0
    sum1XM = 0 : sum2XM = 0
    For i = 0 To mid_count - 1
        sum1C += logC(i)
        sum1XM += logXM(i)
    Next
    sum1C /= mid_count
    sum1XM /= mid_count
    For i = mid_count To count - 1
```

```
            sum2C += logC(i)
            sum2XM += logXM(i)
        Next
        sum2C /= (count - mid_count)
        sum2XM /= (count - mid_count)

        Dim m As Double
        Dim a, b, k, n As Double
        m = (sum2XM - sum1XM) / (sum2C - sum1C)
        'find straight line equation:
        'y = a + bx
        'y2 = mx2 - mx1 + y1
        a = -(m * sum1C) + sum1XM
        b = m
        n = 1 / b
        k = Math.Pow(10, a)
        '************************************
        'find first and last points 'from the
        'equation to draw the line.
        '************************************
        Dim x1, y1, x2, y2 As Double
        x1 = logC(0)
        x2 = logC(count - 1)
        y1 = m * x1 - (m * sum1C) + sum1XM
        y2 = m * x2 - (m * sum1C) + sum1XM
        Dim j1, j2, l1, l2 As Integer
        j1 = zeroX + (x1 * mult_factor_logC * scaleX)
        j2 = zeroX + (x2 * mult_factor_logC * scaleX)
        l1 = zeroY - ((y1 * mult_factor_logXM
            + max_logXM) * scaleY)
        l2 = zeroY - ((y2 * mult_factor_logXM
            + max_logXM) * scaleY)
        g.DrawLine(Pens.Black, j1, l1, j2, l2)

        Dim xm As Double = k * Math.Pow(Co, b)
        TextBox2.Text = FormatNumber(k, 4)
        TextBox3.Text = FormatNumber(n, 2)
        TextBox4.Text = FormatNumber(xm, 4)
    End Sub

    '****************************************
    'Plots point data on the graph
    '****************************************
    Private Sub draw_graph()
        Dim count As Integer =
            DataGridView1.Rows.Count - 1
        Dim bmp As Bitmap = New Bitmap(PictureBox1.Width,
            PictureBox1.Height)
        g = Graphics.FromImage(bmp)
        g.Clear(Color.White)
        Dim w As Integer = PictureBox1.Width - 4
```

```
        Dim h As Integer = PictureBox1.Height - 4
        max_logC = get_max(logC, count, mult_factor_logC)
        max_logXM =
            get_max(logXM, count, mult_factor_logXM)
        Dim countX As Integer = 10
        Dim countY As Integer = 10
        Dim scaleY As Double = h / max_logXM
        Dim scaleX As Double = w / max_logC
        Dim zeroX As Integer = 2
        Dim zeroY As Integer = h + 2
        Dim i, j, k As Integer
        Dim f As Font = New Font("Arial", 8)
        'Draw X axis
        g.DrawLine(Pens.Black, zeroX, zeroY, zeroX + w,
            zeroY)
        Dim x As Double = max_logC / countX
        For i = 1 To countX
            j = zeroX + (i * x * scaleX)
            g.DrawLine(Pens.Black, j, zeroY, j, zeroY - 2)
            g.DrawString(FormatNumber(i * x /
            mult_factor_logC, 1), f, Brushes.Black, j,
            zeroY - 12)
        Next
        'Draw Y axis
        g.DrawLine(Pens.Black, zeroX, zeroY, zeroX, 2)
        Dim y As Double = max_logXM / countY
        For i = 1 To countY
            j = zeroY - (i * y * scaleY)
            g.DrawLine(Pens.Black, zeroX, j, zeroX + 2, j)
            g.DrawString(FormatNumber(((i * y) -
            max_logXM) / mult_factor_logXM, 1), f,
            Brushes.Black, 4, j)
        Next
        'Draw major points
        For i = 1 To count
            j = zeroX + (logC(i - 1) * mult_factor_logC *
                    scaleX)
            'numbers may be small, we can't use them
            'for drawing, as points will be so near. So
            'multiply to make them bigger.
            k = zeroY - (((logXM(i - 1) *
            mult_factor_logXM) + max_logXM) * scaleY)
            g.DrawEllipse(Pens.Black, j - 2, k - 2, 4, 4)
        Next
        draw_straight_line()
        PictureBox1.Image =
            Image.FromHbitmap(bmp.GetHbitmap)
        g.Dispose()
        bmp.Dispose()
End Sub
```

```vb
Private Sub Form1_Load(ByVal sender As System.Object,
    ByVal e As System.EventArgs) Handles MyBase.Load
    Label1.Text = "تركيز المادة عند البداية جم/م2"
    Label2.Text = "k"
    Label3.Text = "n"
    Label4.Text = "السعة النهائية للكربون جم/جم"
    Button1.Text = "احسب السعة"
    Me.Text = "مثال 6-9"
    Me.FormBorderStyle =
        Windows.Forms.FormBorderStyle.FixedSingle
    DataGridView1.Rows.Clear()
    DataGridView1.Columns.Clear()
    DataGridView1.Columns.Add("massCol",
        "كتلة الكربون جم")
    DataGridView1.Columns.Add("concCol",
        "تركيز الماد جم/م2")
End Sub

Private Sub Button1_Click(ByVal sender As
    System.Object, ByVal e As System.EventArgs)
    Handles Button1.Click
    Dim count As Integer =
        DataGridView1.Rows.Count - 1
    Dim x(count), m(count), C(count) As Double
    Dim xm(count) As Double
    ReDim logC(count), logXM(count)
    Dim i As Integer
    Co = Val(TextBox1.Text)
    For i = 0 To count - 1
    m(i) =
    Val(DataGridView1.Rows(i).Cells("massCol").Value)
    C(i) =
    Val(DataGridView1.Rows(i).Cells("concCol").Value)
        x(i) = Co - C(i)
        xm(i) = x(i) / m(i)
        logC(i) = Math.Log10(C(i))
        logXM(i) = Math.Log10(xm(i))
    Next
    draw_graph()
    End Sub
End Class
```

6 – 9 – 2 تبادل الأيونات {4-36،17،8}

هذه طريقة تبادلية عكسية تستخدم لتبادل أيونات معينة من مواد غير ذائبة بأيونات أخرى في المحلول دون حدوث تغير دائم في تكوين المواد الصلبة المستخدمة. أما الراتينجـــات فهي بوليميرات غير ذائبة لها مجموعات نشطة ذات ارتباط ثنـــائي معهـــا{37}. وهـــذه

434

المواد المستخدمة في عملية تبادل الأيونات إما طبيعية (تسمي الزيليت، أو الرمل الأخضر، مثل سيلكات الألمونيوم) أو مصنعة من مواد عضوية. وللمواد المصنعة درجة استقرار أكبر، وسعة وقابلية أعلى للتحكم فيها، وسعة تبادلية أكبر من المواد الطبيعية، كما وأنها تحتاج إلى كميات قليلة من المواد المنظفة، غير أن تكلفتها أعلى.

إن عملية تبادل الأيونات تستمر بمعدل مناسب على درجات الحرارة العادية، وبما أن المبادلات الأيونية مواد زهيدة الثمن فيمكن إعادة استخدامها. ومن العوامل المؤثرة في هذه الطريقة: خواص الراتينجات وعمرها ونوعها وتكوينها، وتكافؤ الأيونات في المحلول ونوعها درجة تركيزها، وخواص المحلول، والعوامل المؤثرة في انتشار الأيونات. وتستخدم عملية تبادل الأيونات كثيراً لإزالة الأيونات غير المرغوبة من الماء، أو لتركيز أيونات هامة من محاليل مخففة، ولإزالة عسر الماء، وإزالة اللون والأيونات من الماء، وإزالة التعدن، وإزالة الحديد والمنجنيز والقلوية والأمونيا والسيليكا (للتي تسبب الرواسب في الغلايات) والمعادن الثقيلة من الفضلات الصناعية وأيون الفلور من مياه الشرب.

كماو تجد طريقة تبادل الأيونات عدة استخدامات في الصناعة مثل: فصل الأيونات من المحاليل وتركيزها، وإنتاج الماء النقي للاستخدامات الصناعية، والتخلص من عسر الماء، وإنتاج المياه المعدنية، والحصول على المعادن الثقيلة من الفضلات السائلة (مثل النيكل، والنحاس، والخارصين، والزئبق، والسيلينيوم)، والتخلص من القلوية والمواد السامة، والحصول على الأحماض المعدنية، وتحلية المياه الجوفية والماء الملح، والحصول على المواد العضوية الهامة مثل الفينول وللبروتين، ولإعادة دوران المياه والمواد الكيماوية الموجودة في الفضلات السائلة، وإزالة أيونات الأمونيوم من السائل النهائي في محطة معالجة الفضلات السائلة {6،7}.

يمكن اعتبار المبادلات الأيونية على أنها أحماض أو قواعد صعبة الذوبان، وتكون أملاح غير قابلة للذوبان. تتكون المبادلات الأيونية من جزيئات عملاقة macromolecules، معها شبكات مواد متبلمرة بروابط متقاطعة، وترتبط بها زمر وظيفية functional groups . و يحتوي كل جزء من المبادلات على أيون متعدد التكافؤ، يمثل الجزء الأكبر منه بالإضافة إلى مجموعة من أيونات صغيرة مرتبطة للزمر الوظيفية. وهذه الأيونات الأخيرة متحركة نوعاً ما، ويمكن إزاحتها بأيونات في المحلول الملامس للمبادلات. ولا

تتمكن هذه الأيونات المتحركة من الدخول في المحلول بحرية دون تغير، لاسيما ولا بد أن يكون المبادل متزناً إلكترونياً. ومن أمثلة مجموعات الزمر الوظيفية: زمرة $-SO_3H$ - COOH - لتمثل مبادلات كاتيونية وزمرة $-N(CH_3)_3OH$ لتمثل مبادلات أيونية. وفي كل منها فإن الزمر الوظيفية تلتصق بقوة إلى مصفوفة البوليمير غير القابل للذوبان R كما موضح في المعادلات التالية:

التبادل الكاتيوني:

$$R - SO_3H + nNa^+ \ \underline{\text{operation}}\ R\text{-}SO_3Na + nH^+$$
$$R\text{-}SO_3Na + nCa^{++} \ \underline{\text{regeration}}\ R\text{-}SO_3Ca + 2nNa^+$$

التبادل الأيوني:

$$R\text{-}N(CH_3)_3OH + nCl^- \text{ ------- } R\text{-}N(CH_3)_3Cl + nOH^-$$

وبما أن هذه التفاعلات تحتوي على حالتين تضمان الصلابة والسيولة، فيصعب وضع تصور رياضي لاتزانها. وعليه فعادة تستخدم فروض أثبتت فوائدها لتحديد اتجاه التفاعل تحت ظروف معينة. ومن هذه القوانين الافتراضية:

الأيونات ذات الشحن العالية (في المحاليل المخففة) تكون أكثر كفاءة لتبادل الأيونات، من الأيونات التي تحمل شحناً منخفضة. فمثلاً يزداد تبادل الأيونات من الألمونيوم إلى الكالسيوم إلى الصوديوم (Al^{+++} أكبر من Ca^{++} أكبر من Na^+)

يزداد تبادل الأيونات في المحاليل المخففة بزيادة الرقم الذري مثلاً

$$< Na^+ < k^+ < Mg^{++} < Ca^{++} < Sr^{++} < Ba^{++} Li^+$$

وهذان القانونان لهما فائدة عند إزالة أيون المغنيسيومMg^{++} وأيون الكالسيوم Ca^{++} لإزالة عسر الماء باستخدام طريقة تبادل الأيونات .

يتم تبادل الأيونات الموجودة بدرجات تركيز كبيرة أكثر من تلك ذات التركيز القليل.

أنواع الراتينجات: يمكن تقسيم المبادلات الأيونية على حسب تكوينها الكيماوي إلى مبادلات كاتيونية، وأخري أيونية، وثالثة لأيونات محددة (مجموعات انتقائية).

1) المبادلات الكاتيونية (مبادلات شوارد موجبة) Cationic exchangers :

مبادلات غير عضوية : مثل مبادلات سليكونية، وتتكون من الزيوليت وهذه عبارة عن مركب من سليكات الألمونيوم المميأة مع الصوديوم أو الكالسيوم أو البوتاسيوم. وهي غير قابلة للذوبان، ويمكن أن تكتب صيغتها الكيماوية العامة على نحو : $Na_2 \ \ OAL_2$

$O_3.nSiO_2.xH_2O$. وتتواجد طبيعياً كمكون أساسي من الطين والرمل الأخضر. وتستخدم هذه المركبات بصورة كبيرة في تيسير الماء بإزالة المغنيسيوم Mg^{++} والكالسيوم Ca^{++} وكميات قليلة من الحديد Fe^{++} من المياه المتوازنة، ومبادلتها بأيون الصوديوم Na^{+} وتتم عملية إعادة الاسترجاع باستخدام محلول مركز من ملح الطعام NaCl. ويمكن تحضير الزيوليت من مصادر طبيعية، أو يمكن تحضيره صناعياً من السليكات والألومينات.

مشتقات الفحم الكبريتية Sulfonated coal derivatives: ويتم تحضيرها بمعالجة الفحم بحمض الكبريتيك المركز H_2SO_4 والتي تقود إلى التصاق مجموعة $-SO_3H$ فيما تظل مصفوفة البوليمير الطبيعي بها. وتستخدم هذه المبادلة لإزالة عسر المياه القاعدية، والحمضية، والمتوازنة. كما يمكن معالجتها لتستخدم لإزالة أيونات الصوديوم Na^{+} والبوتاسيوم k^{+}.

الراتنج العضوي المصنع Organic synthetic resin: ويتم في هذه تصنيع كل من مصفوفة البوليمير والزمرة الوظيفية. وهذه الراتنجات عبارة عن مواد بلاستيكية (لدنة)، مطورة أي أنها مواد بلاستيكية ملتصقة بها زمر وظيفية مثل: $-COOH$ أو $-SO_3H$ ومن أمثلتها البوليسترين الكبريتي. وهذه المبادلات المصنعة لها أهمية عظمى، لا سيما وتحتوي على عدة مبادلات تفيد كل منها في مجالات مختلفة.

<u>2- المبادلات الأنيونية (مبادلات شوارد سالبة) Anion exchangers</u>

المبادلات غير العضوية: ولها صيغة كيميائية علمة $3Ca_3(PO_4)_2.Ca(OH)_2$ hydroxyanetite. وتستخدم لإزالة أيونات سالبة الشحنة ومبادلتها بأيونات هيدروكسيل OH^{-}. ويتم التحضير لإعادة الاسترجاع بواسطة الصودا الكاوية NaOH.

الراتنج العضوي المصنع: وعادة تتكون من مشتقات أمينية.

<u>3- مبادلات لأيونات محددة (المجموعات الإنتقائية):</u> وتبادل هذه المبادلات الشوارد الموجبة والسالبة على حد سواء. كما وتحتوي على كميات انتقائية مناسبة لحجز أيونات محددة تفضلها على أيونات أخرى.

عادة تتم عملية تبادل الأيونات على دفعات أو بطريقة مستمرة. أما في طريقة الدفعات فيخلط الراتينج ويرج مع المحلول المزمع تنقيته. ومن ثم يفصل الراتينج المستخدم في

حوض ترسيب لإعادة دورانه، واستخدامه مرات أخرى. أما في العملية المستمرة فيتــم تغيير الراتينج في مفرش، أو عمود محشو، ويمرر المحلـول المطلـوب تنقيتـه عـبر المفرش، أو العمود {6،7}. وعادة تتم العملية بتمرير الماء المراد معالجته عبر المبــادل الأيوني في عمود رأسي. ويمكن تقسيم مراحل العملية إلى التالي:

يستمر تمرير الماء المراد تنقيته عبر المبادل إلى أن يستنزف لمدة زمنية محددة، تعتمــد على عدة عوامل منها: سعة المبادل لتبادل الأيونات، ومعدل للــدفق، ودرجـة تركيـز الأملاح في الماء. وتوقف العملية عند ملاحظة وجود أيونات غير مرغوبة بدرجة تركيز محددة.

الاجتراف الخلفي: ويستخدم لتخلخل العمود، وإزالة الأوساخ المتراكمة وأي طبقة نمـــو حيوي حادثة.

إعادة الاسترجاع: بوساطة ملح قوي، أو حمض، أو محلول قاعدة.

الغسيل لإزالة عامل إعادة الاسترجاع الزائد.

6 - 9 - 3 تحلية الماء {6-9، 38-40}

تستخدم تحلية الماء عند انعدام أو تعذر استخدام المصادر الأخرى بسبب التلوث، أو علو التكلفة الإنشائية أو التشغيلية، أو لقصور التقانة المحلية. ويمكن تعريف تحلية المياه علــى أنها "عملية إنتاج مياه صالحة للاستهلاك من مياه مالحة". ويبين جــدول (6-7) تقسـيم المياه على حسب درجات تركيز المواد الصلبة الذائبة بها. ولإتمام تحلية الميــاه بفصـل الأملاح عن الماء الخام، لابد من وجود الطاقة اللازمة لذلك والتي يمكن الحصول عليهـا من وحدات مصممة لهذا الغرض.

جدول (6-7) تقسيم الماء علي حسب درجات تركيز المواد الصلبة الذائبة

المواد الصلبة الذائبة الكلية (ملجم/ لتر)	نوع الماء
50.000	مياه البحر (منطقة الشرق الأوسط)
35.000	مياه البحر (بحر الشمال)
1.500 إلى 12.000	ماء مُوَيْلِح

طرق تحلية الماء {6-39،38،9}: من أهم طرق تحلية الماء: التقطير، والتجمد، والنضح العكسي، والفصل الغشائي الكهربائي (الديلزة). كما يمكن تقسيم طرق تحلية الماء اعتماداً على الطاقة الداخلة فيها إلى: عمليات حرارية، وعمليات قدرة. وتضم الطرق الحرارية الوحدات التي تأخذ طاقة الإنتاج في شكل حرارة (مثل التقطير). أما طرق القدرة فتشمل الوحدات التي تأخذ احتياجها من الطاقة في شكل شغل (مثل النضح العكسي، والديلزة، والتجمد). ويبين جدول (6-8) درجة تركيز المواد الصلبة الذائبة التي يمكن فصلها بعدة طريق تحلية.

جدول 6-8 درجة تركيز المواد الصلبة الذائبة التي يمكن فصلها بطرق التحلية

الطريقة	المواد الصلبة الذائبة (ملجم/لتر)
التقطير والطرق الحرارية	10.000 إلى 100.000
الأسموزية العكسية	35.000 إلى 45.000
الديلزة والديلزة العكسية	10.000

التقطير: التقطير: تنقية الماء وتصفيته مما قد يعلق به من مواد غريبة ضارة {48}.
تقطير الشيء: إسالته قطرة قطرة {49}.

يعتمد تقطير الماء أساساً على التغير في حالة المادة لإكمال التحلية. وتجد الطريقة رواجاً في كثير من الدول التي تعاني شح في المياه العذبة خاصة عند الدول الغنية. ويتم في هذه العملية فرز الأملاح بغلي الماء الخام في أجهزة مناسبة لتنتج مسارين للمواد الصلبة، تقل في أحدهما المواد الصلبة الذائبة (مسار الماء النقي)، ويضم المسار الآخر بقية المواد الصلبة الذائبة (مسار المحلول الملحي المركز). وبعد فرز الملح يكثف البخار للحصول على الماء النقي. ويتم في هذه الطريقة استخدام وحدتي مبادلات حرارية، يقوم أحدها بتحويل الماء الخام لبخار، ويساعد المبادل الآخر على تكثيف البخار الناتج. وتوجد عدة أنواع من أجهزة التقطير متعددة المراحل، حيث يتم غلى الماء في الوحدة الأولى تحت ضغط عالي، ليتم البخر في الوحدة الأخيرة تحت الضغط العادي؛ وعادة يحتاج لمعالجات مبدئية لتجهيز الماء الخام للتقطير بغية رفع الكفاءة، وتقليل ترسب الأوساخ والأحياء المجهرية.

ويمكن تقدير الحرارة المتبادلة في أي وحدة من مراحل مرجل التقطير كما مبين في المعادلة 6-78.

$$Q_i = U_i*A_i*DT_i \qquad (6\text{-}78)$$

حيث:

Q_i = الحرارة المتبادلة في وحدة التقطير رقم i

U_i = معامل انتقال الحرارة للمبادل الحراري رقم i

A_i = مساحة المبادل الحراري رقم i

ΔT_i = الفرق بين درجة حرارة الماء في وحدة التقطير، ودرجة حرارة البخار الداخل لمبادل الحرارة.

ويمكن إيجاد هذا الفرق من المعادلة 6-79.

$$\Delta T_i = T_o - T_i \qquad (6\text{-}79)$$

حيث:

T_o = درجة حرارة البخار داخل وحدة التقطير.

T_i = درجة غليان الماء في الوحدة رقم i

أما الحرارة المضافة في الوحدة الأولى فتتحول لطاقة كامنة تتبخر لإنتاج كمية معينة من الماء المقطر. ويستفاد من هذه الكمية المنتجة من الماء المقطر كبخار في وحدة التقطير التالية. وبتكرار هذه الطريقة يمكن الحصول على كمية مماثلة من الحرارة -الموجودة في الوحدة الأولى- في الوحدة التي تليها. وتبين المعادلة 6-80 التناسب العكسي لنقصان فرق درجة الحرارة في أي وحدة تقطير مع معامل انتقال الحرارة (بافتراض مساحات متطابقة لمبادلات الحرارة، وتماثل الكميات من الحرارة المنتقلة في كل وحدة تقطير).

$$U_i*\Delta T_i = c \qquad (6\text{-}80)$$

حيث:

c = حد ثابت.

ومن أهم محاسن استخدام طريقة التقطير لتحلية الماء المالح: إزالة الحمات والأحياء المجهرية (من بكتريا وحيوانات أوالي وغيرها) الضارة بالإنسان أو حيواناته أو ممتلكاته، والتخلص من المواد الصلبة غير الطيارة مثل الغازات الذائبة (وقد توجد نسب من غاز

ثاني أكسيد الكربون، والأمونيا في مياه التحلية). أما أهم أوجه القصور في هذه الطريقة فتتمثل في: الترسبات الناتجة من المواد الكيماوية (مثل كبريتات الكالسيوم (الجبص)، والكربونات، والهيدروكسيل). ومن مخاطر الترسبات الحادثة على أسطح المبادلات الحرارية: الحد من زيادة درجة الحرارة عن قيمة قصوى معينة، وإعلقة أداء وحدات مراحل التقطير، وإهدار الطاقة، وربما اقتضى الحال إغلاق محطة التنقية ليتسنى إزالة المترسبات مما يقود إلى شح إمداد المياه للمستهلك.

ويمكن تقسيم الترسبات الملتصقة بأسطح المبادلات الحرارية إلى الأنواع الرئيسة التالية: ترسبات بلورات صلدة[276] يمكن إزالتها بطرق طبيعية مثل النحت أو الحفر؛ وترسبات رسوبية[277] وتتناقص ذوبانيتها مع ارتفاع درجة الحرارة، و ترسبات بلورية كثيفة متحدة ومرتبطة جيداً بسطح المعدن.

كما يمكن تقسيم الترسبات إلى قلوية، وغير قلوية. تضم الترسبات القلوية أملاح ماء البحر مثل كربونات الكالسيوم وهيدروكسيد الماغنيسيوم، وتحد هذه الترسبات من الدرجة القصوى للحرارة التي يمكن استخدامها في عملية التقطير. أما الترسبات غير القلوية فتضم كبريتات وفوسفات الكالسيوم والسيليكات. وتنتج هذه الترسبات من أيونات غير أيونات القلوية والكربونات والهيدروكسيل المتواجدة في مياه البحر. ويعتمد تكوين هذه الترسبات على مؤثرات تركيزها نسبة لغياب أي تفاعلات ترسبية. تترسب كبريتات الكالسيوم من المحاليل المائية في ثلاثة محاور بلورية متفردة هي: المحور اللامائي $CaSO_4$، والمحور شبه المتبلر $CaSO_4.\frac{1}{2}H_2O$ ، والمحور ثنائي التبلر $CaSO_4.2H_2O$. وتخفض ترسبات كبريتات الكالسيوم كفاءة وحدة التقطير نسبة للخواص العازلة للمترسبات المتكونة على أسطح المبادلات الحرارية. ويصعب إزالة هذه الترسبات لعدم ذوبانيتها في الأحماض المعدنية الشيء الذي قد يقود إلى وقف عمل وحدة التقطير. ومن أنسب الطرق العملية لتقليل مشاكل ترسبات كبريتات الكالسيوم: تشغيل وحدة التقطير على درجة حرارة أقل من 120 °م لمنع تراكم المترسبات.

---

276 تلتصق بأسطح المبادلات الحرارية

277 مترسبات نتجت من محلول المادة

طرق إزالة المترسبات: تضم الطرق المستخدمة لإزالة الترسبات من على أسطح المبادلات الحرارية ووحدات مراحل التقطير التالي:

استخدام الأحماض (مثل حمض الكبريتيك، وحمض الهيدروكلوريك) لإزالة أيونات الكربونات من الماء الداخل إلى وحدة التقطير.

إضافة مواد كيماوية لمنع (أو الحد من) تكوين المترسبات. ومن أمثلة هذه المواد: المواد العضوية (النشا، والدبغ)، وبعض المستخلصات النباتية، والمواد المضافة متعددة الفوسفات (مثل: سداسي فوسفات الصوديوم Sodium hexametaphosphate)

استخدام الكريات الإسفنجية (طريقة تابوراج)،: وتدفع في هذه الطريقة كريات مرنة من الإسفنج (ذات قطر أكبر من قطر أنابيب جهاز التقطير) لتعمل علي كشط المترسبات وجرفها من أسطح الأنابيب. ويمكن ترفيع الكفاءة بإضافة مواد مساعدة للكشط.

إزالة العناصر المكونة للترسب مثل: أيونات الكالسيوم والماغنسيوم والبيكربونات والكبريتات. ويستخدم الراتينج لتبادل كاتيونات الكالسيوم، ويتم ترسيب أيونات الكالسيوم وأيونات البيكربونات بإضافة مركب كربونات الجير والماغنسيوم، أما أيونات البيكربونات فتزال بإضافة أحماض مناسبة.

استخدام الأغشية المنتقاة للأيونات: وتقوم هذه الأغشية بتمرير الأيونات أحادية التكافؤ عبر الغشاء، وفى ذات الوقت تمنع الأيونات ثنائية التكافؤ (مثل أيونات الكالسيوم والماغنسيوم والكبريتات) من العبور خلالها.

استخدام التقانات الآلية والطبيعية لتجنب الترسيب: وفى هذا المنحى تضاف مواد ناعمة للمحلول فوق المشبع لإيجاد سطح يزيد من نمو البلورات. ومن أمثلة هذه المواد الناعمة: كربونات الكالسيوم، وكبريتات الباريوم، وهيدروكسيد الماغنسيوم، والحبيبات الزجاجية وغيرها من المواد.

التقطير الشمسي: تستهلك معظم طرق التقطير التقليدية الطاقة المستمدة من الوقود والكهرباء لأداء دورها. غير أن هذا النوع من الطاقة قد يكون باهظ الثمن اعتماداً على طرق الحصول على الطاقة وتوليدها. غير أنه يمكن استخدام الطاقة الشمسية في أجهزة التقطير (بالرغم من أنها تعتبر طاقة من درجة ثانية) لعدة أسباب منها: بساطة النظام، وإمكانية استخدام العمالة والمواد المحلية في تصميم وحدات التقطير الشمسي وإنشائها، وسهولة إجراء الترميم والصيانة بعمالة محلية غير ماهرة. وبالرغم من لا محدودية

استمرارية الطاقة الشمسية وتجددها، غير أن التكلفة الأساسية لإنشاء وحدة التقطير عالية مما يحد من استخدام هذه الطريقة لتحلية الماء. هذا بالإضافة إلى عدم الحصول على الطاقة الشمسية ليلاً، واعتماد إنتاج هذه الطاقة على عوامل الطقس والمناخ السائد بالمنطقة، وأثر التغيرات الموسمية على النظام.

النضح العكسي (الإسموزية العكسية): (شكل 6-11) نَضَحَ – نَضْحاً: رشح. يقال: نَضَحَ الإناء بما فيه، ونضح الجلد بالعرق. و– العين: فارت بالدمع. و– الشجر: تَقَطَّر ليخرج ورقه. و– الثوبَ ونحوه: رشه بماء أو طيب. ويقال: فلان يَنْضَحُ عن نفسه: يدفع عنها {48}.

اشتقت كلمة الإسموزية من الكلمة الإغريقية Osmos والتي تعني النبض. وتضم نظم الغشاء الشبه مسامي لتحلية المياه: الترشيح الدقيق، والترشيح الغشائي Ultra filtration، والنضح العكسي Loose reverse Osmosis. يتعلق النضح بانتقال المذيب عبر غشاء شبه مسامي إلى المذاب. ويتم الانسياب من المحلول ذي التركيز الأقل إلى المحلول الأكثر تركيزاً. ويمكن منع انسياب المذيب عبر الغشاء شبه المسامي بزيادة الضغط في الجانب الذي يحوى المحلول الأكثر تركيزاً. ويسمى هذا الضغط الذي يمنع انسياب المحلول (ذي التركيز الأقل من المواد الصلبة الذائبة) بالضغط الحلولي (الإسموزي).

ويعرف الضغط الحلولي على أنه "مقياس للقوى الجامعة لجزيئات المذيب والتي تمكنها من المرور عبر الغشاء لتصل إلى المحلول". وتحل جزيئات المذيب محل الجزيئات الأخرى التي حجزت بتداخلها مع المذاب. وعليه يعتمد الضغط الحلولي على عدد حبيبات المذاب في المحلول وليس نوعها. وينتج عن انسياب المذيب عبر الغشاء قوى دافعة تحسب عن طريق الفرق بين ضغط بخار المذيب على جانبي الغشاء. ويستمر انسياب المذيب عبر الغشاء من المحلول الأخف تركيزاً إلى المحلول الأكثر تركيزاً إلى أن يطغى الضغط الهيدروستاتيكي على القوى الدافعة لفرق ضغط البخار. ويمكن إيجاد الضغط الحلولي عند الاتزان بالنسبة لمذيب غير منضغط كما موضح في المعادلة 6-81.

$$P_{osm} = \frac{RT}{V} Ln \frac{P_o}{P} \qquad (6\text{-}81)$$

حيث:

P_{osm} = الضغط الحلولي (ضغط جوي، جو)

R = ثابت الغاز العالمي لكل الغازات = 0.082 (لتر×جو/مول×كلفن) = 8.314 (جول/ كلفن×مول)

T = درجة الحرارة (كلفن)

V = حجم المذيب على المول = 0.018 لتر من الماء

P_0 = ضغط بخار المذيب في المحلول المخفف

P = ضغط بخار المذيب في المحلول المركز

ويمكن إيجاد ثابت الغاز العالمي من المعادلة 6-85.

$$R=\frac{P\times V}{n\times T} \qquad (6\text{-}82)$$

حيث:

P = الضغط (باسكال)

V = حجم الغاز ($م^3$)

n = عدد المولات (لابعدي)

T = درجة الحرارة (كلفن)

يقلل وجود المذاب غير الطيار في السائل من ضغط بخار المذيب نسبة لانسداد طبيعي على سطح السائل عند وجود حبيبات (أو أيونات أو جزيئات) من المذاب. ويفترض قانون رولتRault's law أن هذا النقصان في ضغط بخار المذيب يتناسب تناسباً طردياً مع درجة تركيز الحبيبات في المحلول وذلك بالنسبة للمحاليل المخففة. وينص القانون على "إن مقدار الانسداد الطبيعي، أو نقصان ضغط البخار، يتناسب تناسباً طردياً مع درجة تركيز الحبيبات في المحلول". ولهذه الظاهرة علاقة طردية مع المحلول المولالي للمذاب غير القابل للتأين. وبالنسبة للمواد المذابة القابلة للتأين فإن هذه الظاهرة تتناسب مع حاصل ضرب درجة التركيز المولالي وعدد الأيونات المتكونة على جزيئات المذيب {6،7،40}.

ويمكن إعادة صياغة المعادلة 6-84 لتظهر علاقة الضغط الحلولي للتركيز المولاري للحبيبات في المحلول المركز كما مبين في المعادلة 6-83.

$$P_{osm} = C*R*T \qquad (6\text{-}83)$$

حيث:

P_{osm} = الضغط الحلولي (جو)

C = التركيز المولاري للحبيبات (مولار M)

R = ثابت الغاز العالمي لكل الغازات (لتر×جو/مول×كلفن)

T = درجة الحرارة (كلفن)

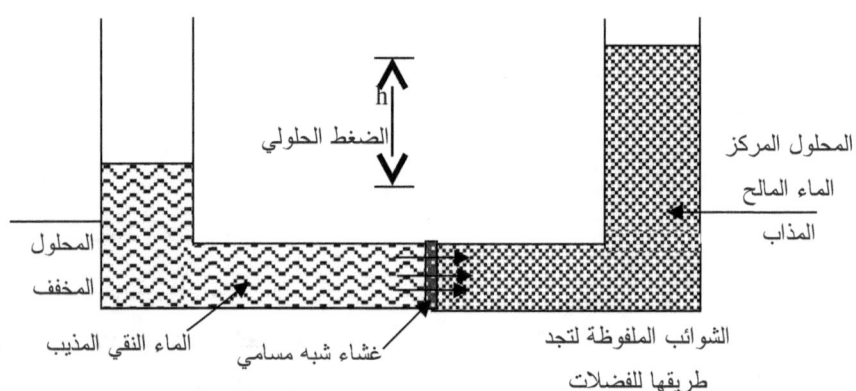

شكل 6-11 الأسموزية العكسية، النضح العكسي

مثال 6-10

جد الضغط الحلولي على الحجم لمحلول قعاع على درجة حرارة °20 م علماً بأن الضغط الواقع عليه يساوي 2.38.

الحل

المعطيات: = °20 T م، = 2.38 P كيلو باسكال

جد قيمة ضغط بخار الماء عند درجة حرارة °20 م من الجدول في الملاحق ليساوي

$P_O = 18.0 \times 0.1333 = 2.3994$ كيلو باسكال.

جد درجة الحرارة بمقياس كلفن: $T = 20 + 273.16 = 293.16$ كلفن

جد الضغط الحلولي من المعادلة: $P_{osm} = (RT/V)*Ln(P_O/P)$

$P_{osm} = 8.314 \times 293.16\ Ln(2.3994 / 2.38) = 19.79$ كيلو باسكال

برنامج 6-10

```
Public Class Form1

    '**********************************
    'Table from appendix (1)
    '**********************************
    Dim Table(,) As Double =
        {
            {-10, 2.2, 0, 0, 0, 0, 0, 0, 0, 0, 0},
            {-9, 2.3, 2.3, 2.29, 2.27, 2.26, 2.24, 2.22,
2.21, 2.19, 2.17},
            {-8, 2.5, 2.49, 2.47, 2.45, 2.43, 2.41, 2.4,
2.38, 2.36, 2.34},
            {-7, 2.7, 2.69, 2.67, 2.65, 2.63, 2.61, 2.59,
2.57, 2.55, 2.53},
            {-6, 2.9, 2.91, 2.89, 2.86, 2.84, 2.82, 2.8,
2.77, 2.75, 2.73},
            {-5, 3.2, 3.14, 3.11, 3.09, 3.06, 3.04, 3.01,
2.99, 2.97, 2.95},
            {-4, 3.4, 3.39, 3.37, 3.34, 3.32, 3.29, 3.27,
3.24, 3.22, 3.18},
            {-3, 3.7, 3.64, 3.62, 3.59, 3.57, 3.54, 3.52,
3.49, 3.46, 3.44},
            {-2, 4.0, 3.94, 3.91, 3.88, 3.85, 3.82, 3.79,
3.76, 3.73, 3.7},
            {-1, 4.3, 4.23, 4.2, 4.17, 4.14, 4.11, 4.08,
4.05, 4.03, 4},
            {-0, 4.6, 4.55, 4.52, 4.49, 4.46, 4.43, 4.4,
4.36, 4.33, 4.29},
            {0, 4.6, 4.62, 4.65, 4.69, 4.71, 4.75, 4.78,
4.82, 4.86, 4.89},
            {1, 4.9, 4.96, 5, 5.03, 5.07, 5.11, 5.14,
5.18, 5.21, 5.25},
            {2, 5.3, 5.33, 5.37, 5.4, 5.44, 5.48, 5.53,
5.57, 5.6, 5.64},
            {3, 5.7, 5.72, 5.76, 5.8, 5.84, 5.89, 5.93,
5.97, 6.01, 6.06},
            {4, 6.1, 6.14, 6.18, 6.23, 6.27, 6.31, 6.36,
6.4, 6.45, 6.49},
            {5, 6.5, 6.58, 6.54, 6.68, 6.72, 6.77, 6.82,
6.86, 6.91, 6.96},
            {6, 7.0, 7.06, 7.11, 7.16, 7.2, 7.25, 7.31,
7.36, 7.41, 7.46},
            {7, 7.5, 7.56, 7.61, 7.67, 7.72, 7.77, 7.82,
7.88, 7.93, 7.98},
            {8, 8.0, 8.1, 8.15, 8.21, 8.26, 8.32, 8.37,
8.43, 8.48, 8.54},
            {9, 8.6, 8.67, 8.73, 8.78, 8.84, 8.9, 8.96,
9.02, 9.08, 9.14},
```

```
                {10, 9.2, 9.26, 9.33, 9.39, 9.46, 9.52, 9.58,
9.65, 9.71, 9.77},
                {11, 9.8, 9.9, 9.97, 10.03, 10.1, 10.17, 10.2,
10.31, 10.38, 10.45},
                {12, 11, 10.58, 10.66, 10.72, 10.79, 10.86,
10.9, 11.0, 11.08, 11.15},
                {13, 11, 11.3, 11.38, 11.75, 11.53, 11.6,
11.7, 11.76, 11.83, 11.91},
                {14, 12, 12.06, 12.14, 12.22, 12.96, 12.38,
12.5, 12.54, 12.62, 12.7},
                {15, 13, 12.86, 12.95, 13.03, 13.11, 13.2,
13.3, 13.37, 13.45, 13.54},
                {16, 14, 13.71, 13.8, 13.9, 13.99, 14.08,
14.2, 14.26, 14.35, 14.44},
                {17, 15, 14.62, 14.71, 14.8, 14.9, 14.99,
15.1, 15.17, 15.27, 15.38},
                {18, 15, 15.56, 15.66, 15.76, 15.96, 15.96,
16.1, 16.16, 16.26, 16.36},
                {19, 16, 16.57, 16.68, 16.79, 16.9, 17.0,
17.1, 17.21, 17.32, 17.43},
                {20, 18, 17.64, 17.75, 17.86, 17.97, 18.08,
18.2, 18.31, 18.43, 18.54},
                {21, 19, 18.77, 18.88, 19.0, 19.11, 19.23,
19.4, 19.46, 19.58, 19.7},
                {22, 20, 19.94, 20.06, 20.19, 20.31, 20.43,
20.6, 20.69, 20.8, 20.93},
                {23, 21, 21.19, 21.32, 21.45, 21.58, 21.71,
21.8, 21.97, 22.1, 22.23},
                {24, 22, 22.5, 22.63, 22.76, 22.91, 23.05,
23.2, 23.31, 23.45, 23.6},
                {25, 24, 23.9, 24.03, 24.2, 24.35, 24.49,
24.6, 24.79, 24.94, 25.08},
                {26, 25, 25.45, 25.6, 25.74, 25.89, 26.03,
26.2, 26.32, 26.46, 26.6},
                {27, 27, 26.9, 27.05, 27.21, 27.37, 27.53,
27.7, 27.85, 28.0, 28.16},
                {28, 28, 28.49, 28.66, 28.83, 29.0, 29.17,
29.3, 29.51, 29.68, 29.85},
                {29, 30, 30.2, 30.38, 30.56, 30.74, 30.92,
31.1, 31.28, 31.46, 31.64},
                {30, 32, 32.0, 32.19, 32.38, 32.57, 32.76,
33.0, 33.14, 33.33, 33.52}
            }
        Const row_count = 42
        Const col_count = 10

        '**********************************************
        'Find water vapor pressure from Appendix (1)
        '**********************************************
        Private Function find_Po(ByVal t As Double) As Double
            Dim i As Integer
```

```
        'get the integer only
        Dim t1 As Integer = Math.Floor(t)
        'get the fraction and convert it to integer
        Dim t2 As Integer = (t - t1) * 10
        For i = 0 To row_count - 1
            If Table(i, 0) = t1 Then
                Return Table(i, t2 + 1)
            End If
        Next
        'Temp not in table?
        Return -1
    End Function

    Private Sub Form1_Load(ByVal sender As System.Object,
      ByVal e As System.EventArgs) Handles MyBase.Load
        Label1.Text = "درجة الحرارة مئوية"
        Label2.Text = "الضغط كيلوباسكال"
        Label3.Text = "الضغط الحلولي كيلوباسكال"
        Button1.Text = "احسب الضغط"
        Me.Text = "مثال 10-6"
        Me.FormBorderStyle =
             Windows.Forms.FormBorderStyle.FixedSingle
    End Sub

    Private Sub Button1_Click(ByVal sender As
      System.Object, ByVal e As System.EventArgs)
      Handles Button1.Click
        Dim P, Po, Posm As Double
        Dim T As Integer
        T = Val(TextBox1.Text)
        P = Val(TextBox2.Text)
        Po = find_Po(T)
        If Po = -1 Then
            MsgBox(
             "الرجاء اختيار درجة الحرارة بين -10 و30.",
                  vbInformation Or vbOKOnly)
            Exit Sub
        End If
        'Convert mmHg to kPa
        Po *= 0.1333
        Dim TKelv As Double = 273.16 + T
        Dim logP As Double = Math.Log(Po / P)
        'Posm  = (RT/V)*Ln (Po/P)
        Posm = 8.314 * TKelv * logP
        TextBox3.Text = FormatNumber(Posm, 2)
    End Sub
End Class
```

مثال 6-11

يفصل غشاء شبه مسامي بجهاز نضح عينة من الماء عن ماء مقطر. ولبانت التجارب المخبرية درجة تركيز الشوارد الموجبة والسالبة بالماء الذي تبلغ درجة حرارته 20° م علي النحو التالي:

الأيونات	درجة التركيز (ملجم أيون/لتر)
الشوارد الموجبة (الكاتيونات)	
Mg^{++}	1
Ca^{++}	1.2
K^{+}	0.4
Na^{+}	0.5
الشوارد السالبة (الأنيونات)	
HCO_3^{-}	0.96
SO_4^{-}	1
Cl^{-}	0.7
NO_3^{-}	0.5

جد فرق الضغط الحلولي عبر الغشاء شبه المسامي.

الحل

المعطيات: $T = 20°$م، تركيز الشوارد الموجبة والسالبة في العينة.

جد درجة تركيز الأيونات المولارية علي النحو التالي:

درجة التركيز المولارية = درجة تركيز الأيون (ملجم/ لتر) ÷ الوزن الجزيئي للأيون

الأيونات	الوزن الجزيئي	درجة التركيز (ملجم أيون/لتر)	درجة التركيز (M)
<u>الشوارد الموجبة (الكاتيونات)</u>			
Mg^{++}	24.3	1	0.041
Ca^{++}	40	1.2	0.03
K^{+}	39	0.4	0.01
Na^{+}	23	0.5	0.022
<u>الشوارد السالبة (الأنيونات)</u>			
HCO_3^{-}	61	0.96	0.015
$SO_4^{=}$	96	1	0.01
Cl^{-}	35.5	0.7	0.02
NO_3^{-}	62	0.5	0.008

جد درجة التركيز الكلية للأيونات في عينة الماء

$$C = Mg^{++} + Ca^{++} + K^{+} + Na^{+} + HCO_3^{-} + SO_4^{=} + Cl^{-} + NO_3^{-} = 0.156$$

بافتراض أن المحلول مخفف، جد الضغط الحلولي باستخدام معادلة رولـــت = P_{osm} C*R*T

$P_{osm} = 0.156 \times 0.082 \times (20 + 273.16) = 3.75$ جو

برنامج 11-6

```
Public Class Form1

    Private Sub Form1_Load(ByVal sender As System.Object,
      ByVal e As System.EventArgs) Handles MyBase.Load
        Label1.Text = "درجة الحرارة مئوية"
        Label2.Text = "فرق الضغط الحلولي-جو"
        Button1.Text = "احسب فرق الضغط"
        Me.Text = "مثال 11-6"
        Me.FormBorderStyle =
            Windows.Forms.FormBorderStyle.FixedSingle
        DataGridView1.Rows.Clear()
        DataGridView1.Columns.Clear()
```

```vb
        DataGridView1.Columns.Add("ionCol", "الأيونات")
        DataGridView1.Columns.Add("mgLCol",
            "التركيز ملجم/لتر")
        DataGridView1.Columns("ionCol").ReadOnly = True
        DataGridView1.AllowUserToDeleteRows = False
        DataGridView1.AllowUserToAddRows = False
        DataGridView1.RightToLeft =
            Windows.Forms.RightToLeft.Yes
        DataGridView1.Rows.Add(8)
        DataGridView1.Rows(0).Cells("ionCol").Value =
            "Mg++"
        DataGridView1.Rows(1).Cells("ionCol").Value =
            "Ca++"
        DataGridView1.Rows(2).Cells("ionCol").Value = "K+"
        DataGridView1.Rows(3).Cells("ionCol").Value =
            "Na+"
        DataGridView1.Rows(4).Cells("ionCol").Value =
            "HCO3-"
        DataGridView1.Rows(5).Cells("ionCol").Value =
            "SO4--"
        DataGridView1.Rows(6).Cells("ionCol").Value =
            "Cl-"
        DataGridView1.Rows(7).Cells("ionCol").Value =
            "NO3-"
End Sub

Private Sub Button1_Click(ByVal sender As
    System.Object, ByVal e As System.EventArgs)
    Handles Button1.Click
    Const count = 8
    Dim T, C, Posm As Double
    Dim MW(count) As Double
    Dim mgL(count), M(count) As Double
    Dim i As Integer
    T = Val(TextBox1.Text)
    'Only add extra rows if user didn't
    'press this button before.
    If DataGridView1.Columns.Count < 3 Then
        DataGridView1.Columns.Add("MWCol",
            "الوزن الجزيئي")
        DataGridView1.Columns.Add("MCol", "التركيز M")
    End If
    MW(0) = 24.3
    MW(1) = 40
    MW(2) = 39
    MW(3) = 23
    MW(4) = 61
    MW(5) = 96
    MW(6) = 35.5
    MW(7) = 62
    C = 0
```

451

```
        For i = 0 To count - 1
            mgL(i) =
      Val(DataGridView1.Rows(i).Cells("mgLCol").Value)
            M(i) = mgL(i) / MW(i)
            C += M(i)
            DataGridView1.Rows(i).Cells("MWCol").Value =
                   FormatNumber(MW(i), 1)
            DataGridView1.Rows(i).Cells("MCol").Value =
                   FormatNumber(M(i), 3)
        Next
        Posm = C * 0.082 * (T + 273.16)
        TextBox2.Text = FormatNumber(Posm, 2)
    End Sub
End Class
```

النضح العكسي: النضح العكسي هو عملية طبيعية يتم بها فصل المواد الذائبة باستخدام غشاء شبه مسامي. ومن محاسن هذه الطريقة استخدامها لمياه غير مستغلة، مما يترك المياه العذبة لتستخدم في ضروب أخرى. غير أن من مشاكلها إنتاج المحلول الملحي. وهذا المحلول الناتج له درجة تركيز عالية من الأملاح (المنبثقة من وحدات التحلية)، الشيء الذي ينجم عنه آثار ضارة تلاحظ عند التخلص منه في البحار وذلك لتأثيره السيئ على الحياة البحرية. ومن المعروف أن تكلفة تحلية الماء المويلح Branchish تراوح بين الخمس إلى الثلث من تكلفة تحلية مياه البحار. ولإتمام العملية يستخدم ضغط يزيد عن الضغط الحلولي العادي للماء الخام. ويسمح الغشاء شبه المسامي بمرور جزيئات المذيب (الماء)، ويمنع مرور جزيئات المذاب والمواد الصلبة الذائبة العضوية.

وتهدف عملية النضح العكسي إلى: تحلية الماء الملح (بفصل المواد الصلبة الذائبة منه)، وتقليل درجة تركيز المواد الصلبة الذائبة الكلية للماء الخام بنسبة إزالة تصل إلى 99%، وإزالة معظم المواد الصلبة العضوية بنسبة إزالة قد تصل إلى 97 %، والتخلص من المواد الحيوية والمواد الغروانية من الماء بنسبة إزالة تصل إلى 98 %، وإزالة الأحياء المجهرية - من بكتريا وحمات وغيرها - بنسبة إزالة كلية. ولرفع كفاءة عملية التحلية بالنضح العكسي لابد من إخضاع الماء الخام المالح إلى معالجة مسبقة أو تحضيرية تضم: إزالة العكر (للتخلص من المواد الصلبة العالقة)، وإزالة الحديد والمنجنيز (لمنع تأكسدها)، وإزالة المواد التي تساعد على تكوين ترسبات كربونات الكالسيوم وغيرها من سطح الغشاء. ويمكن إتمام هذه المعالجة والتهيئة المسبقة: بإضافة حمض لمنع الترسيب، أو منع

حلمأة Hydrolysis الأغشية المصنعة من خلات السيليلوز ونلك بموازنة الرقم الهيدروجيني، أو استخدام وحدات الترشيح (الرملي، أو الكربوني، أو التربة الدياتومية)، أو تبادل الأيونات لإزالة المواد الغروانية. وبعد الاختيار الأنسب لوحدات المعالجة المسبقة يدخل الماء إلى جهاز النضح العكسي لإتمام التحلية. ويعتمد انسياب المذيب (الماء) عبر الغشاء على معايير الديناميكا الحرارية لنظام غير عكسي. وتبين المعادلة 6-84 (أو صورتها المبسطة 6-85) معدل دفق المذيب.

$$Q_W = -D_W*C_W*V_W(\Delta P - \Delta P_{osm})/(R*T*t) \qquad (6\text{-}84)$$

حيث:

Q_W = فيض الماء

D_W = معامل الانتشار

C_W = درجة تركيز الماء في الغشاء

V_W = الحجم الجزئي المولاري للماء في الغشاء

R = ثابت الغاز

T = درجة الحرارة

t = سمك الغشاء

ΔP =فرق الضغط العامل عبر الغشاء

ΔP_{osm} = فرق الضغط الحلولي عبر الغشاء

$$Q_W = k \times A \times \frac{\Delta P - \Delta P_{osm}}{t} \qquad (6\text{-}85)$$

حيث:

k = معامل نفاذية الغشاء لمرور الماء

A = مساحة الغشاء.

أما انسياب الملح عبر الغشاء فيمكن إيجاده من المعادلة 6-87.

$$Q_S = \frac{k_S \times A \times \Delta C_S}{t} \qquad (6\text{-}86)$$

حيث:

Q_S = معدل الدفق الملحي

k_S = معامل نفاذية الغشاء للملح

A = مساحة الغشاء

ΔC_s = فرق درجة تركيز المواد الذائبة عبر الغشاء.

وتشير هذه المعادلات إلى أن زيادة الضغط العامل، تزيد من معدل دفق المـــاء دون أن يحدث تغير في معدل الدفق الملحي. ولاستمرارية عملية النضح العكسي وترفيع كفاءتها، لا بد من استخدام غشاء مناسب من خواصه المفضلة: التكلفة المناسبة، وعلو كفاءته لإزالة الأملاح الذائبة، وسهولة نصبه في وحدات الفرز الغشائي، وقوة تحمله للضغط الواقـع عليه، واحتوائه على متانة ميكانيكية جيدة، واستمرارية بقائه لفترة زمنية مناسبة، واحتوائه على مدى تشغيلي كبير (فيما يتعلق بالأيونات الموجودة في الماء الخام، والضغط، ودرجة الحرارة، ومقاومة التفاعلات الكيماوية والحيوية، وإمكانية التشغيل في ظروف متباينة)، وخلوه من مشاكل الائتكال والرائحة، وسهولة نظافته، ووجود فيض مـاء ملائـم لإتمـام الانسياب.

ومن أمثلة الأغشية المستخدمة: البوليميرات السيللوزية (مثل خلات السـيللوز، وثلاثـى خلات السيللوز، وبيوترات خلات السيللوز)، والبوليميرات التجارية (مثل: النيلـون 66، والكحول متعدد الفينيل، ومتعدد فثالي متعدد الإثيلين، ومتعــدد نـتريلات الأكرولـين)، والبوليميرات المشكلة (مثل: الكحول متعدد الفينيل-للـبيرول متعدد الفينيـل، ومتعدد نتريلات الأكرولين–متعدد الفينيل)، وعدة بوليميرات تحت التجربة (نتريلات الأكرولين– هيدروكسيل الاثيل–أكريلي)، والبوليميرات المتصلـة بالنتروجين (متعــدد الأميـدات الأليفاتية، ومتعدد الأميدات الأروماتية، ومتعدد الأميدات الأروماتية/الأليفاتية).

الفرز الغشائي الكهربائي (الديلزة): تعنى عملية الفرز الغشائـي الكهربـائي بتوصيل الأيونات من محلول إلى آخر عبر غشاء انتقائي للأيونات تحت جهد تيار كهربائي. يتكون جهاز الفرز الغشائي الكهربائي من صفوف تبادلية من أغشية انتقاء شـوارد موجبـة، وأغشية انتقاء شوارد سالبة؛ يمر عبرها تيار كهربائي لجذب الأيونات التي تحمل الشحنة الكهربائية المغايرة. وتفصل الأغشية من بعضها البعض بحشايا لتكون حجـرات يمـر خلالها المحلول كما موضح في شكل 6-12. وتتراوح كفاءة التيار لحمل الشـحنات المضادة بين 85 إلى 95 بالمائة. وفى محلول من ملح الطعام يحمل التيار ما يقارب 60 بالمائة من أيونات الكلوريد و40 بالمائة من أيونات الصوديوم، وعليه فهناك ما يقارب 25

إلى 35 بالمائة من أيونات الكلوريد لا بد من نقلها إلى السطح الفاصل للغشاء والمحلول بوساطة الانتشار والحمل. وعليه فإن هذا القصور في كمية الإلكتروليت المحمول إلى السطح الفاصل بوساطة التوصيلية الكهربائية، تعادل كمية الإلكتروليت المحمولة للسطح الفاصل بوساطة الانتشار {38}. ويمكن وضع هذه العلاقة في صورة معادلة كما مبين في المعادلة 6-87.

$$\frac{i\times\left(Eff_1-Eff\right)}{100\times Far}=\frac{C_{MD}\times\left(C_o-C\right)}{B} \qquad (6\text{-}87)$$

حيث:

i = كثافة التيار (أمبير×جم/ سم^2)

Eff_1 = كفاءة التيار لحمل الأيونات المضادة عبر الغشاء (%)

Eff = كفاءة التيار لحمل نفس الأيونات في المحلول الملامس للغشاء (%)

Far = ثابت فراداي (= 26.8 أمبير×ساعة)

C_{MD} = ثابت الانتشار للالكتروليت على درجة حرارة الحلمأة

C_o = درجة تركيز الالكتروليت في داخل الحجرات

C = درجة تركيز الالكتروليت على السطح الفاصل بين الغشاء والمحلول

B = سمك طبقة الانتشار على السطح الفاصل.

ويمكن إيجاد أقصى قيمة للتيار اللازم لحمل الأيونات عندما تكون درجة تركيز الالكتروليت على السطح الفاصل بين الغشاء والمحلول C = صفر، كما موضح في المعادلة 6-88

$$i_{\max}=\frac{100\times Far\times C_{MD}\,C_o}{B\left(Eff_1-Eff\right)} \qquad (6\text{-}88)$$

حيث:

i_{max} = أقصى كثافة للتيار تنتج عندما يكون تركيز الغشاء مستقطب.

أما عيوب عملية الفرز الغشائي فتضم: عدم اقتصادية العملية لتحلية مياه البحر، والاحتياج إلى معالجة مسبقة ذات تكلفة عالية (لا سيما وهذه الطريقة حساسة بالنسبة إلى الأيونات العضوية)، وحساسية الطريقة للمياه التي تزيد بها تراكيز الكبريتات (إذ أن عملية الفرز الغشائي يسهل فيها تمرير أيونات الكلوريد أكثر من الكبريتات)، وصعوبة إزالة المواد

الغروية والعضوية (لأن الطريقة تفصل الأيونات المعدنية فقط)، والاحتياج إلى عمـــال مهرة وفنيين لإجراء التشغيل والصيانة.

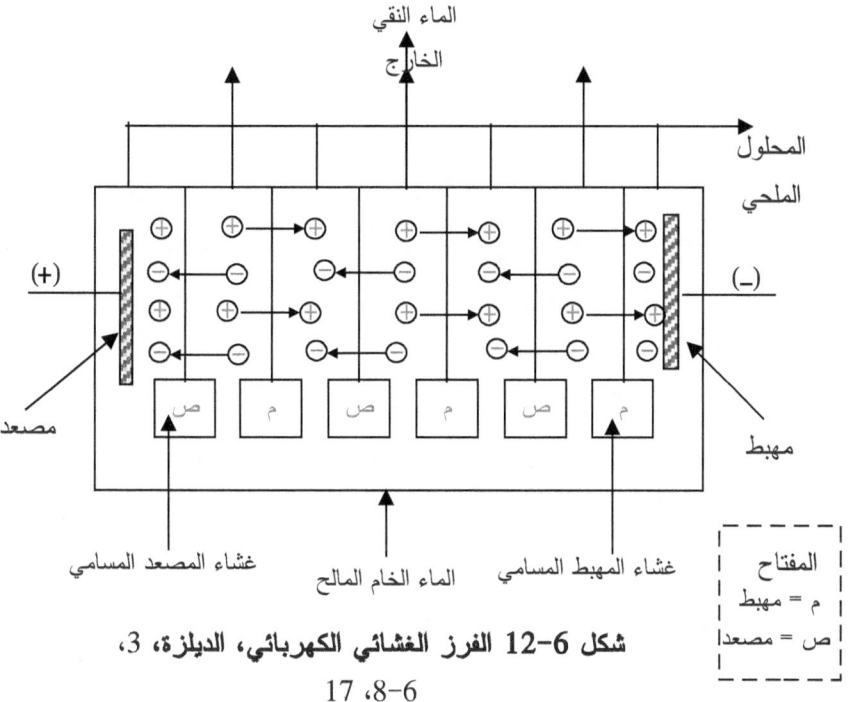

شكل 6-12 الفرز الغشائي الكهربائي، الديلزة، 3، 6-8، 17

<u>التطهير</u>: طَهَر وطَهُر بالضم، طهارة فيهما، وطَهَّرته أنا تطهيراً، وتطَهَّرْتُ بالماء، وطَهره بالماء: غَسَلَه، واسم الماء الطَّهُور. وكل ماءٍ نظيف: طَهور، وماء طَهور أي يُتَطهر به، وكل طهور طاهر، وليس كل طاهر طهوراً {49}.

التطهير اصطلاحاً يعني قتل الأحياء المجهرية الممرضة والمسببة للأوبئة بأفضل طريقة اقتصادية. وبما أنه لا توجد أمراض ذات علاقة بالماء ناتجة من البكتريا مكونة البوغ Spore - forming، فعليه لا يحتاج في التطهير إلى قتل كل الأبواغ. غير أنه لابد من الأخذ في الحسبان خواص المادة المطهرة لقتل الحمات أو الفيروسات. وتختلف عملية التطهير عن التعقيم، إذ يتم في عملية التعقيم قتل جميع الأحياء المجهرية بما فيها الأنواع الضارة والمسببة للأمراض. كما وتهدف عملية التطهير إلى إزالة الغازات غير المرغوبة مثل الأمونيا، وأكسدة المواد غير العضوية للتمهيد لإزالتها: ومن هذه المواد: كبريتيد الهيدروجين، والحديد ثنائي التكافؤ Fe^{++}، والمنجنيز ثنائي التكافؤ Mn^{++}. إن إضافة الكلور ليس فقط لحماية الصحة العامة، ومنع تلوث شبكة توزيع المياه، ولكنه يتم أيضاً لضمان عدم رجوع ونمو البكتريا في شبكات المياه (النمو الثانوي).

ويعتمد قتل الأحياء المجهرية الجرثومية بالتطهير على عدة عوامل منها: طبيعة الأحياء المجهرية وكميتها ونوعها والحالة الفسيولوجية لها، وطبيعة المادة المطهرة ونوعها ودرجة تركيزها ونقائها، والرقم الهيدروجيني، ودرجة الحرارة، ووجود عناصر تؤثر على فعالية التطهير (مثل: مواد أخرى سهلة الأكسدة بالمادة المطهرة)، وزمن التعرض، وخواص المزج، وخواص الماء المراد تطهيره، وزمن التلامس بين المادة المطهرة والمحلول المراد تطهيره.

وتضم مواصفات المادة المطهرة الجيدة: السرعة والفعالية لإزالة الجراثيم ومسببات المرض، وعدم السمية للإنسان والحيوان في حدود الجرعة المستخدمة، والتكلفة المناسبة، وتكوين متبقي بعد انتهاء عملية التطهير، وسهولة الذوبان نسبياً عند درجات التركيز المطلوبة لإتمام عملية التطهير، والخلو من الطعم البغيض أو الرائحة النتنة أو اللون غير المقبول في حدود الجرعة المستخدمة للتطهير، وسهولة الاكتشاف والقياس في الماء، وسهولة التعامل معها، وسهولة الحفظ والنقل والتحكم، والتواجد المحلي.

<u>طرق التطهير</u>: من الطرق المستخدمة للتطهير: الطرق الطبيعية، والطرق الكيماوية. أما الطرق الطبيعية (الفيزيائية) فمنها: المعالجة الحرارية (ترفع درجة الحرارة إلى 100 °م

لمدة 15 إلى 20 دقيقة لقتل الجراثيم، وتختلف هذه العملية عن عملية البسترة المستخدمة في صناعة المأكولات والتي يتم فيها رفع درجة الحرارة إلى 80 °م لمدة عشر دقائق لقتل الخلايا الحية)، واستخدام أيونات المعادن (أيونات الفضة والنحاس)، واستخدام الأشعة فوق البنفسجية (تعرض المياه للأشعة فوق البنفسجية بطول موجة 200 إلى 310 نانومتر). وبالنسبة للطرق الكيماوية فتضاف مواد كيماوية مؤكسدة (مركبات تستقبل إلكترونـــات) لتطهير الماء. ومن أمثلة المواد الكيماوية المستخدمة: غاز الكلور ومركباته، والأوزون، واليود، وبيرمنجنات البوتاسيوم. ويبين الجدول (6-10) محاسن ومساوئ بعض الطـرق المستخدمة لتطهير الماء. ويوضح جدول (6-9) الخواص الأساسية المتعلقة ببعض مركبات الكلور.

جدول (6-9) الخواص الأساسية المتعلقة ببعض مركبات الكلور

المركب	الكلور المتواجد	الخواص الأساسية
تحت (هيبو) كلوريت عالي الاختبار	70%	يحتفظ بخواصه لأكثر من عام في ظروف الحفظ الطبيعية قليل التواجد بالسوق
الجيـــر المكلـــور (بـــدرة التبييض)	33 إلى 37%	غير مستقر يفقد قدرته بسرعة عند التعـــرض للهواء والضوء والرطوبة يجب حفظه في الظلام وفي موضع جاف بارد في إناء مقاوم للصدأ يتواجد أسهل من تحت الكلوريت
محلـــول هيبوكلـــوريت الصوديوم أ) التجاري ب) المنزلـــي (مـــبيض الغسيل)	12 إلى 15% 3 إلى 5 %	مثل بدرة التبييض غير مستقر وتؤخذ نفس الاعتبـــارات في الحسبان يتواجد بسهولة في معظم المناطق

الكلورة: تطلق الكلورة على إضافة الكلور إلى الماء. ومن خصائص الكلور العامة: أنــه غاز سام، قليل الذوبانية في الماء، وله لون أخضر يشوبه اصفرار، ويتبخر على درجــات الحرارة العادية والضغط الجوي، ويوجد في الطبيعة متحداً مع عناصر أخرى من أهمهــا الصوديوم (ملح الطعام)، وله خاصية تغلغل كبيرة ورائحة نفاذة وكثافة أكبر مـــن كثافــة الهواء. ويمكن إنتاج الكلور بالتحليل الكهربائي لمحلول ملحي مـن كلوريـد الصـوديوم والصودا الكاوية والهيدروجين. وعند إضافة الكلور إلى الماء يمكن أن تنتج أحد أو كــل هذه التفاعلات:

أ) تفاعل الكلور مع الماء: ينتـج هـذا التفاعـل حمـض الكلـور HOCl وحمـض الهيدروكلوريك كما مبين في المعادلة الكيميائية التالية:

Cl$_2$ + H$_2$O → HCl + HOCl

وتتأين الأحماض المتكونة إلى:

HCl → H$^+$ + Cl$^-$

HOCl → H$^+$ + OCl$^-$

ويعتبر حمض الكلور HOCl من أكثر المطهرات فعالية (يسمى الكلور المتواجد). كمــا ويتم غالبية التطهير عند الرقم الهيدروجيني الحمضي. ويعطي الجــدول (6-11) فكـرة عامة عن القيم المقترحة لأقل كلور مطلوب لتطهير الماء وقتل البكتريا.

جدول 6-10 الخواص الأساسية المتعلقة ببعض مركبات الكلور محاسن ومساوئ بعض طرق تطهير الماء {42،9،8،7،3}

المساوئ	المحاسن	الطريقة
عدم تكوين باقي في السائل الاحتياج إلى معالجـة مسبقة لمنـع الجراثيم والميكروبات من صنـع درع واق حولهـا مـن المـواد الصـلبة الموجودة بالسائل التكلفة العالية عدم التأثير على كل الجراثيم الاحتياج إلى طاقة كـبيرة وأجهــزة	سهولة الإنشاء والتشغيل لا تتغير بعدها خـواص السـائل المطهر عدم تفاعل الأشعة مع المركبـات الموجودة في السائل الاحتياج إلى زمن تلامس قليل عدم إنتاج روائح أو طعم الزيادة منها لا تولد مخاطر	**طرق طبيعية** الأشعة فـوق البنفسجية

459

		غالية الثمن
أيونات المعادن	استخدام كميات قليلة من الأيون عدم إنتاج مواد سامة إنتاج متبقي يحمى الصحة العامة عدم اعتماد عمل الأيون على تركيز الأحياء المجهرية الموجودة التأثير على عدة أنواع من الجراثيم	الاحتياج إلى معالجة مسبقة مناسبة التأثر بالتغير في درجة الحرارة والرقم الهيدروجيني التكلفة العالية التأثر بالخواص الكيماوية للسائل المعالج
طرق كيميائية الكلورة	الفعالية العالية لإزالة الجراثيم طريقة جيدة يمكن الاعتماد عليها إنتاج متبقي للحماية ضد النمو الثانوي	الاحتياج إلى ضمان للإيفاء بالطلب الاحتياج إلى منطقة معينة ذات مواصفات محددة للتخزين احتمال تفاعل الكلور مع المواد العضوية وتكوين مركبات ضارة بالصحة وجود مخاطر عند الترحيل والنقل
الأزونة	الفاعلية والكفاءة العالية مقارنة بالكلور لمدى أكبر من الحرارة والرقم الهيدروجيني الاحتياج إلى فترات تلامس قليلة عدم تكوين مركبات ضارة بالصحة عدم وجود مخاطر من تخزين المادة أو ترحيلها عدم إنتاج روائح مع مكونات السائل الواجب تطهيره التطهير السريع والجيد للطريقة	صعوبة الترحيل والتخزين لعدم ثبات الأوزون قلة ذوبانية الأوزون في الماء صعوبة قياس تركيز الأوزون في الماء الاحتياج إلى تقلنة عالية لإنتاج الأوزون السمية العالية للغاز عدم إنتاج متبقي يحمي الصحة العامة التكلفة العلية لشراء الأجهزة والتشغيل واحتياجات الكهرباء الاحتياج إلى معالجة مسبقة عندما تكثر المواد العضوية والطحالب الاحتياج إلى عمال مهرة للتشغيل

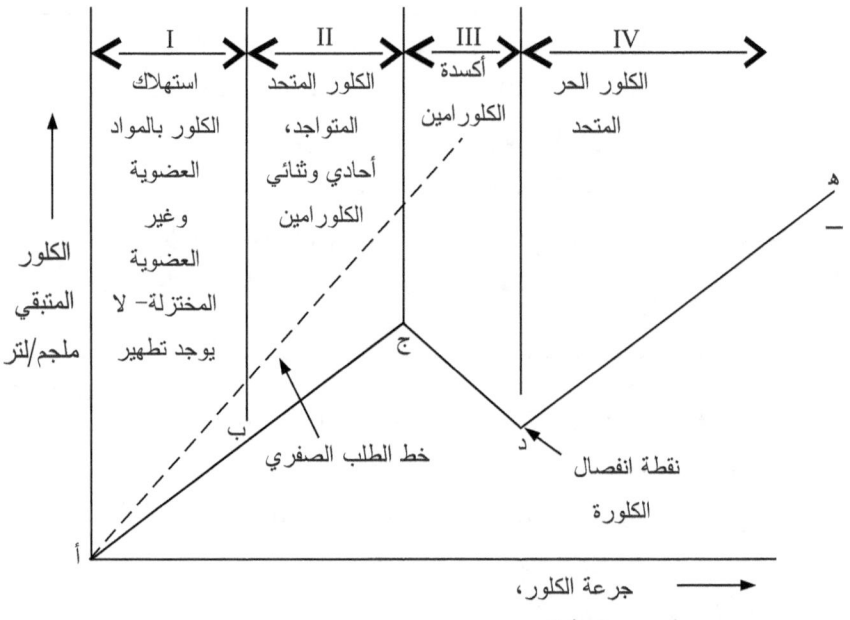

شكل 6-13 تفاعلات الكلور
مع الأمونيا

جدول (6-11) القيم الدنيا المقترحة للكلور المتبقي لتطهير المياه {
41،22،11،7،6}

أقل كلور متحد متواجد ملجم/لتر (المتبقي بعد زمن تلامس 60 دقيقة)	أقل كلور حر متواجد، ملجم/لتر (المتبقي بعد زمن تلامس 10 دقائق)	الرقم الهيدروجيني
1	0.2	6
1.5	0.2	7
1.8	0.4	8
1.8	0.8	9
لا يوجد	0.8	10
لا يوجد	1 <	10 <

461

أكسدة المواد غير العضوية: مثل أكسدة كبريتيد الهيدروجين، والحديد ثنائي التكافؤ Fe^{++}، والمنجنيز ثنائي التكافؤ Mn^{++}.

أكسدة المواد العضوية: وهنا يتفاعل الكلور مع المواد العضوية مكوناً ثلاثي هالوجينات الميثان THM وغيرها من المواد العضوية المكلورة. وتحتوي ثلاثي هالوجينات الميثان على الكلوروفورم ($CHCl_3$)، وثنائي كلوربروم الميثان ($CHBrCl_2$) ، وثنائي بروم كلور الميثان ($CHBr_2Cl$) ، والبروموفورم ($CHBr_3$). وقد وجد أن الكلوروفورم مادة مسرطنة للحيوانات ويحتمل أن يكون مادة مسرطنة أيضاً للإنسان {21}.

تفاعل الكلور مع الأمونيا: تنتج الأمونيا في الماء من حلمأة البول طبقاً للتفاعل المبين في المعادلة التالية:

$$(NH_2)_2CO + H_2O \rightarrow 2NH_3 + CO_2$$

أو ربما تنتج من تفسخ المواد العضوية (مثل البروتين). يتفاعل الكلور مع الأمونيا في وجود الماء ليكون الكلورامينات على حسب التفاعلات التالية:

$NH_4^+ + HOCl \rightarrow NH_2Cl + H_2O$ تكوين أحادي الكلورامين

$NH_2Cl + HOCl \rightarrow NHCl_2 + H_2O$ تكوين ثنائي الكلورامين

$NHCl_2 + HOCl \rightarrow NCl_3 + H_2O$ تكوين ثلاثي الكلورامين (ثلاثي كلوريد النتروجين)

ويمكن وضع التفاعل النهائي علي النحو الموضح في المعادلة التالية:

$$2NH_4^+ + 3HOCl \rightarrow N_2 + 2H^+ + 3H_2O$$

ومن المعادلة الأخيرة يتضح أن كمية الكلور المطلوبة لأكسدة جرام واحد من الأمونيا تعادل 5.9. ويؤدي تفاعل الكلور مع الأمونيا إلى نقطة انفصال الكلورة ، والتي تعرف بأنها كمية الكلور اللازمة للإتيان بأقل كمية من الكلور المتبقي. ويبين الشكل 6-12 رسم تخطيطي لتفاعلات الكلور مع الأمونيا الموجودة في الماء. ويمكن تقسيم شكل 6-12 إلى أربع مناطق علي النحو التالي:

المنطقة من (أ) إلى (ب): ينتج عن إضافة الكلور في هذه المنطقة تفاعلات سريعة بينه وبين والعناصر الموجودة في الماء، ومن ثم يتحول الكلور إلى أيون الكلوريد غير المطهر.

المنطقة من (ب) إلى (ج): إضافة المزيد من الكلور في هذه المنطقة تؤدي إلى الأكسـدة الكلية للمواد المختزلة مكونة الكلورامين وثنائي الكلورامين (تسـمى الكلـور المتحـد المتواجد).

المنطقة (ج) إلى المنطقة (د): وفى هذه المنطقة تقلل إضافة الكلور من الكلور المتواجد بسبب إنتاج ثلاثي الكلورامين والنتروجين والتي لا تعتبر مواد مطهـرة. وعند إضـافة المزيد من الكلور يتم أكسدة كل الأمونيا في النقطة (د)، وللـتي تسـمى نقطـة انفصـال الكلورة. أما إضافة المزيد من الكلور فإنه يتبقى في هيئة كلور متواجد HOCl، ويعمل على أنه متبقياً. وعادة يستحب إتمام الكلورة إلى ما بعد النقطة (د) لضمان وجود الكلـور المتبقي. أما بالنسبة للسائل النهائي الذي يحمل كميات كبيرة من الأمونيا فتكون الكلـورة مكلفة وعليه فإن الكلورة تعمل إلى المنطقة من (ب) إلى (ج).

المنطقة من (د) إلى (هـ): في هذه المنطقة يتم الحصول على الجرعات المضافةمـن الكلور كمتبقي.

ومع أن كمية الكلور الواجب إضافتها في الغالب بسيطة، إلا أن ضبطه والتحكم فيه يجـب أن يتم بعناية وحرص، إذ أن إضافة القليل منه ليست بذات جدوى، كما وأن إضافة الكثير ينتج عنه مذاق غير مستحب ينفر المستهلك من شرب الماء. كما يجب التأكد من تبقي جزء من الكلور في شبكات التوزيع للحد من إعادة النمو الجرثومي.

كفاءة الكلورة: توجد عدة صيغ تبين العلاقة بين قابلية الكلور لقتل الجراثيـم، ودرجـة تركيز المطهر المستخدم، وأثر زمن التلامس بين الجراثيم والمطهر على كفاءة المطهر. ولنظام مثالي تثبت فيه كل العوامل المتغيرة يمكن إيجاد زمن التعرض من قانون جيـك كما مبين في المعادلة 6-89. وينص منطوق قانون جيك على "أن عدد الخلايا الهالكة في وحدة الزمن تتناسب مع عدد الخلايا التي ما تزال حية". غير أن قانون جيـك لا يسـري على كل الجراثيم.

$$-\frac{dN}{dt} = kN \qquad (6\text{-}89)$$

حيث:

N = كتلة الخلايا الحية (عدد الجراثيم الحية في الزمن t)

t = الزمن (يوم)

k = ثابت معدل التفاعل (على اليوم)

وبتكامل المعادلة 6-89 تنتج المعادلة 6-90

$$\int_{N_o}^{N} -\frac{dN}{N} = \int_{0}^{t} kdt \qquad \text{(6-90أ)}$$

$$\ln \frac{N}{N_o} = -kt \qquad \text{(6-90ب)}$$

حيث:

$\frac{N}{N_o}$ = نسبة جزء الخلايا الابتدائية الموجودة غير الهالكة (نسبة عدد الجراثيم الحية في الزمن t إلى عدد الجراثيم الحية في الزمن صفر).

وعند رسم لوغريثم الجزء الحي مع الزمن ينتج خط مستقيم.

وتعتمد درجة هلاك الجراثيم على: عددها الفعلي، وكفاءة المطهر للتغلغل في نوى خلايا الكائنات الحية، والزمن اللازم للمطهر لإتمام هذا التغلغل، وكمية المطهر، وعدد الجراثيم المتواجدة ونوعها. وعندما تكون للجراثيم نفس المقاومة، فإن هلاكها يتبع تنظيم أسي مما لا يحقق الهلاك الكلي لها. وتذكر كفاءة التطهير كنسبة مئوية لنسبة الجراثيم التي تم هلاكها إلى عدد الجراثيم الموجودة أصلاً. كما يمكن أيضاً استخدام المعادلة 6-91 لعلاقة تركيز الكلور وزمن التلامس وتقدير كفاءة عملية التطهير.

$$C^n * t = k \qquad \text{(6-91)}$$

حيث:

C = درجة تركيز المطهر (ملجم/ لتر)

t = زمن التلامس أو الزمن المتاح لتحقيق نسبة هلاك معينة للميكروبات (الزمن المطلوب للحصول على هلاك مئوي ثابت للأحياء المجهرية الجرثومية) (دقيقة)

n = معامل التخفيف

k = ثابت تجريبي يتحقق لنظام معين

ويمكن تقدير أثر درجة الحرارة على عملية التطهير من معادلة هوف أرهيبنيس كما موضحة في المعادلة 6-92.

$$\ln \frac{t_1}{t_2} = \frac{E' \times (T_2 - T_1)}{R} \qquad \text{(6-92)}$$

حيث:

t_1, t_2 = الزمن المطلوب لهلاك الميكروبات (ث)

'E = طاقة التنشيط Activation energy (كالوري)، أنظر جدول (6–12)

T_1 , T_2 = درجات الحرارة المقابلة للزمن t_1 و t_2 على الترتيب (كلفن)

R = ثابت الغاز العالمي = 1 كالوري / كلفن×مو = 0.082 لتر×جو/ كلفن×مول

= 8.314 جول/ كلفن×مول

يبين جدول (6–12) طاقة التنشيط للكلور المائي طبقا للرقم الهيدروجيني.

جدول (6–12) طاقة التنشيط للكلور المائي طبقاً للرقم الهيدروجيني {9،42-6}

الرقم الهيدروجيني	طاقة التنشيط (كالوري)
7	8200
8.5	6400
9.8	12000
10.7	15000

ويمكن تقدير تركيز الأحياء المجهرية من المعادلة 6–93.

$$C^q N_R = b \qquad (6\text{-}93)$$

حيث:

C = درجة تركيز المطهر

N_R = تركيز الأحياء المجهرية المطلوب تخفيضها بنسبة مئوية معينة في زمن محدد

q = معامل قوة المطهر

b = ثابت

مثال 6–12

استخدم مطهر قابل لإزالة الجراثيم من الماء بدرجة 99.98 بالمائة. إذا قدر ثابت التفاعل بحوالي 0.025 على الثانية (للأساس 10)، جد باستخدام قانون جيك زمن التلامس المناسب للمطهر للتخلص من الخلايا الجرثومية بالماء.

الحل

المعطيات: درجة الهلاك = 99.98 % ، k = 0.025 على الثانية.

جد زمن التلامس اللازم لتحقيق درجة الهلاك المعطاة من قانون جيك- = t
$(1/k)*Log(N/N_0)$

= (1 ÷ 0.025) t×لو [(99.98 − 100) ÷ 100] = 148 ثانية = 2.5 دقيقة.

برنامج 12-6

```
Public Class Form1

    Private Sub Form1_Load(ByVal sender As System.Object,
      ByVal e As System.EventArgs) Handles MyBase.Load
        Label1.Text = "درجة الهلاك بالمائة"
        Label2.Text = "ثابت التفاعل على ث"
        Label3.Text = "الزمن المطلوب"
        Button1.Text = "احسب الزمن"
        Me.Text = "12-6 مثال"
        Me.FormBorderStyle =
            Windows.Forms.FormBorderStyle.FixedSingle
    End Sub

    Private Sub Button1_Click(ByVal sender As
      System.Object, ByVal e As System.EventArgs)
      Handles Button1.Click
        Dim k, N, t As Double
        N = Val(TextBox1.Text)
        k = Val(TextBox2.Text)
        Dim a, b As Double
        a = -(1 / k)
        b = (Math.Log10((100 - N) / 100))
        t = a * b
        TextBox3.Text = FormatNumber(t, 0)
    End Sub
End Class
```

تطهير البئر: يتم تطهير البئر بغية إزالة التلوث الناتج من الأجهزة، والمواد، وصرف المياه السطحية أثناء الإنشاء والصيانة والإصلاح. ولأغراض تطهير البئر يمكن استخدام الكلور ومركباته (والتي تحتوي على نسب مختلفة من الكلور المتاح، والمتواجد بها)، كما يمكن استخدام هيبوكلوريت الكالسيوم عالي الاختبار (والذي يتواجد في شكل بدرة، أو حبيبات، أو أقراص). كما يمكن استخدام بدرة التبييض والتي تحتوي على 25 إلى 35

بالمائة كلور متواجد. أما مبيض الغسيل المنزلي العادي (مثل الكلوروكس، والبروكس) فيحتوي فقط على 5 بالمائة كلور متواجد. ويجب حفظ مركبات الكلور في حافظاتها الأصلية في موقع مظلم وبارد. ومن أبسط أنواع الكلورة التي يمكن استخدامها في الآبار للقرى والدساكر في المناطق النامية هي تعليق جهاز (جرة) الكلورة في البئر التي يؤخذ منها الماء.

جرة الكلورة Pot Chlorinator: (أنظر شكل 6-14أ) إن جرة الكلورة فعالة لتطهير ماء الآبار الملوثة الضحلة المحفورة يدوياً. وتتكون أبسط أنواعها من جرة مفتوحة تحوي خليط من الرمل وبدرة التبييض. وتُدلى الجرة في البئر بواسطة حبل، ثم تترك معلقة تحت الماء. وتصنع الجرة عادة من اللدائن (البلاستيك)، أو من الفخار لتبلغ سعتها 7 إلى 10 لتر. وتوضع ثقوب عرضها 6 إلى 8 ملم في أسفل الجرة. ثم تملأ إلى منتصفها بالحصى، وحبيبات زلط قطرها 20 إلى 40 ملم، ثم يوضع خليط من الرمل وبدرة التبييض، بحيث تحوي جزءاً من بدرة التبييض وجزئين من الرمل. ثم توضع طبقة رقيقة من حبيبات زلط أعلى طبقة الرمل والبدرة لتملأ الجرة إلى عنقها. وتكفي الجرة التي تحوي 1.5 كجم من الكلور لكلورة بئر لمدة أسبوع يتم فيها نزح الماء بمعدل 1000 إلى 1500 لتر/يوم.
أما في الآبار الكبيرة فيمكن وضع أكثر من جرة للتأكد من هلاك الجراثيم الممرضة. ويمكن استخدام الجرة أيضاً لتطهير المياه في صهاريج الماء وخزاناته وغيرها من مستودعات ووحدات الخزن.

وتوجد بضع أنواع من جرة الكلورة تضم: جهاز الكلورة وحيد الإناء والذي يمكن أن يخدم ما يناهز الستين شخصاً إذا تمكن من حفظ 50 بالمائة أو أكثر من مسحوق التبييض والرمل، ويحتاج الجهاز إلى تغيير المسحوق كل أسبوعين. ومنها أيضاً جهاز الكلورة المزدوج والذي يمكنه القيام بخدمة ما يناهز العشرين شخصاً؛ ويجب إعادة ملء الجهاز بكيلوجرام واحد من مسحوق التبييض وكيلوجرامين من الرمل الخشن كل ثلاثة أسابيع. وفى هذا النظام تتكون الوحدة من أسطوانتين أو إناءين داخل بعضهما البعض. يتم ملء الإناء الداخلي بمخلوط الرمل والمطهر لارتفاع يقارب الفتحات، ثم يوضع داخل الإناء الخارجي. ويغطى فم الإناء الخارجي بغطاء من البوليثلين ثم يتم تعليق الإناء داخل البئر بواسطة حبل متين. {6-9، 43}

جهاز الكلورة المتقطرة Drip feed chlorinator: (أنظر شكل 6-14ب) جهــاز الكلورة بالتنقيط (المتقطرة) يمكن صنعه من جرة من اللدائن (البلاستيك)، ويوضــع بــه محلول الكلور ثم يسمح بتمريره إلى البئر - أو المستودع أو الخزان - ببطء بــالتنقيط. ويعاد ملء الجرة قبل أن تفرغ من محتوياتها.

جهاز الكلورة ذو الطاسة العائمة Floating bowl chlorinator: يمكن استخدام هذا الجهاز في المنزل للتحكم في كمية الكلور المضاف. وتعتمد مثل هذه النظم على طــرق متقطعة لمزج المطهر والماء في أحواض التخزين والمستودعات. وتُعنى بمــزج حجــم معين من الماء مع جرعة معينة وحجم محدد من المطهر ليضاف إلى الماء عــبر نظــام يعمل بالجاذبية الأرضية. ويعمل على أن يكون التركيز في حدود 1 إلى 2% . ويتكون الجهاز من حوض صغير حجمه في حدود 200 لتر، مزود بجهاز للتحكم في معدل دفقه إلى الخزان. ولتفادي صدأ الطبل المعدني يجب طلاؤه من للــداخل بوســاطة عصــارة مطاطية، أو بطلاء ذي أساس مطاطي. ولا بد من تفريغ النظام دورياً لنظافته، ويمنع منه الضوء بتغطيته. ويتم تصميم الجهاز بحيث يسمح بانسياب محلول الكلور بمعدل منتظم.

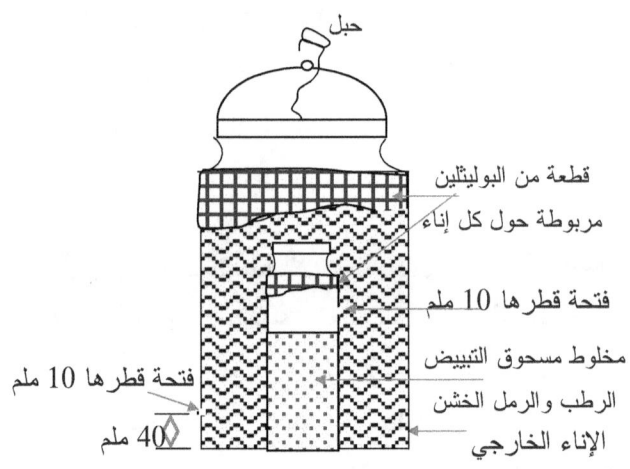

قطعة من البوليثلين مربوطة حول كل إناء

فتحة قطرها 10 ملم

فتحة قطرها 10 ملم

40 ملم

مخلوط مسحوق التبييض الرطب والرمل الخشن

الإناء الخارجي

أ- جهاز الكلورة المزدوج

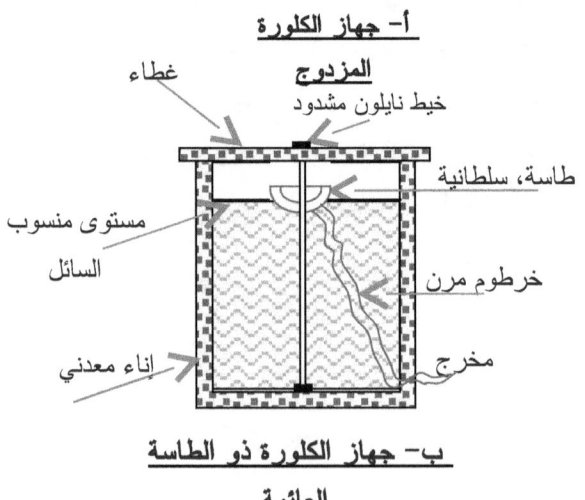

غطاء

خيط نايلون مشدود

طاسة، سلطانية

مستوى منسوب السائل

خرطوم مرن

إناء معدني

مخرج

ب- جهاز الكلورة ذو الطاسة العائمة

شكل 6-14 أجهزة الكلورة

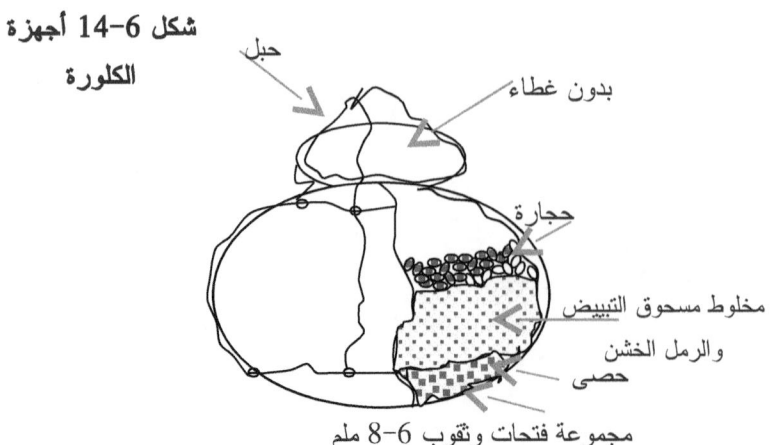

حبل

بدون غطاء

حجارة

مخلوط مسحوق التبييض والرمل الخشن

حصى

مجموعة فتحات وثقوب 6-8 ملم

يوضح جدول 6-13 ملخص لبعض الطرق المستخدمة لاستعذاب الماء وإزالة الملوثات المتوقعة.

جدول (6-13) بعض الطرق المستخدمة لتحسين نوعية المياه {10}

الخاصية	الوحدة المستخدمة للمعالجة والاستعذاب
اللون والعكر	الترويب والترشيح (مع الكربون النشط)، أحياناً أكسدة بالكلورة- الترويب والترشيح (يمكن حذف الترويب إذا كان عكر الماء الخام قليل)
الطعم والرائحة	الامتزاز بالكربون النشط، أوللترويب والترشيح، الكلورة والأزونة، ثاني أكسيد الكلور
النحاس والخارصين	طرق إزالة النحاس الذائب والخارصين تختلف مع طبيعة الشوائب الأخرى المتواجدة
الكالسيوم والمغنسيوم (عسر الماء)	الترسيب لهيدروكسيد المغنسيوم وكربونات الكالسيوم عند إضافة الجير والصودا الكاوية، أو طرق تبادل الأيونات
الحديد والمنجنيز	تتم الإزالة بالأكسدة والترسيب إلى هيدروكسيد
صوديوم وبوتاسيوم	الشوارد السالبة والموجبة لا يمكن إزالتها
سلفات-كلوريد-نترات	تزال بطرق متوسطة التكلفة وتحتاج إلى طرق التحلية الغالية الثمن
الرقم الهيدروجيني	يصحح الرقم الهيدروجيني بإضافة حمض أو قلوي مثل: H_2SO_4 و HCl و CO_2 و $Ca(OH)_2$
المواد الفينولية	ثاني أكسيد الكلور والأزونة، أو الكربون النشط
كبريتيد الهيدروجين	التهوية تحت ظروف حمضية، أو الكلورة والأزونة، أو الترسيب مع أملاح الحديدوز لتكوين كبريتيد الحديدوز
ثاني أكسيد الكربون	التهوية، التحويل إلى بيكربونات بإضافة قلوي
المواد السامة	يصعب إزالة أو تخفيض معظم المواد السامة إلى درجات تركيز قليلة
الرصاص	يمكن ترسيبه تحت ظروف قلوية
الزرنيخ	الترويب والترسيب لإزالة 50% منه، أو التبادل الأيوني مع وسط ألمونيا نشطة لتخفيض تركيزه لدرجة مناسبة

الفلور	يترسب بعض الفلور مع المغنسيوم في زيادة الجير عند تيسير الماء، أو التحلية
البكتريا	قولونيات أقل من 50 لكل 100 مللتر: التطهير بالكلورة أو الأزونة قولونيات من 50 إلى 5000 لكل مائة مللتر: للترويب والترشيح والتطهير قولونيات 5000 لكل مائة مللتر مع تلوث كبير: تحتاج معالجة مكثفة
الإشعاعية	نوع معين من طرق التبادل الأيوني مع ترويب وترشيح متحكم فيه مع امتزاز على كربون نشط لإزالة بعض النوى المشعة
مواد عضوية نزرة، مبيدات عشبية وحشرية، زيوت	الامتزاز في متلبدات أثناء اللبود والامتزاز في الكربون النشط

6 – 10 تمارين نظرية وعملية

6 – 10 – 1 تمارين نظرية:

1) ما فائدة الماء شرعاً؟

2) اذكر أهم أهداف استعذاب الماء.

3) ما أهم العوامل الواجب أخذها في الاعتبار عند تحديد نوع المعالجة المطلوبة لاستعذاب الماء؟

4) كيف يمكن تعديل الأقسام الواردة في جدول (6–1) لتتماشى وأوجه ترشيد الماء من المفهوم الشرعي؟

5) هل في الماء من سرف؟

6) لماذا تتفاوت كميات الماء طبقاً لضروب استخدامه؟

7) ما فائدة تقديرات السكان؟

8) ما الفرق بين طريقة التوالي الحسابي، وطريقة تقدير النمو الهندسي للسكان؟

9) ما المقصود بالمصطلحات التالية: ضبط المنحنى الرياضي، ومعدل النمو المئوي، والعمر التصميمي؟

10) اذكر أهم العوامل المؤثرة في العمر التصميمي للمنشآت الهندسية.
11) ما أهم العوامل المساعدة على انتشار واستشراء الحريق؟
12) بين كيف يمكن استخدام صيغة كوشلنق لتقدير كمية الماء المطلوبة لمكافحة الحريق؟
13) ما الفرق بين الوحدات الطبيعية والكيميائية والحيوية لاستعذاب الماء؟
14) ما فوائد المصفاة في محطات المعالجة؟
15) ما الفرق بين المصفاة الميكرومترية، والمصفاة الكبيرة؟
16) عرف ما يلي: مصفاة الحاجز، ومصفاة الشباك، والمصفاة المستمرة، والمصفاة الثابتة.
17) كيف يتم التخلص من المواد المحجوزة بالمصفاة؟
18) ما الفرق بين الترسيب والطفو؟ معطياً أمثلة لكل منهما.
19) ما أهم فوائد عملية الترسيب في وحدة المعالجة؟
20) عرف ما يأتي: الترسيب الابتدائي، والترسيب الثانوي، والترسيب المتفرد، والترسيب العام. مع إعطاء مثالين لكل منها.
21) كيف تقسم أحواض الترسيب على حسب شكلها الهندسي، ونظام عملها؟
22) ما الفرق بين الترسيب المتفرد، والمتلبد؟ وأي منها يوجد في محطات الترسيب الفعلية؟
23) عرف معامل رينولد، وما أهم العوامل المؤثرة فيه؟ وفيما يتم استخدامه؟
24) عرف ما يلي: درجة لزوجة سائل الترسيب، وسرعة الترسيب المنتظمة، ومعامل الإعاقة الاحتكاكية، وقوى القصور الذاتي.
25) صف جهاز عمود الترسيب. وما فوائده العملية لقياس كل من الترسيب المتفرد والمتلبد؟
26) كيف تتغير كفاءة جهاز الترسيب مع الدفق المضطرب، والنحر التحتي، وتوزيع السرعة غير المنتظم، ودائرة القصر؟
27) عرف رقم فرود، وما فائدته؟
28) أعط أمثلة لمروبات فعالة لإزالة عكر الماء.
29) أيهما أفضل: المروبات الكيميائية أم الطبيعية؟ ولماذا؟

30) ما الفرق بين الغروانيات الشغوفة للماء وتلك الكارهة له؟ معطياً مثالين لكل منهما.

31) ما المقصود بظاهرة تندال؟ وما فوائدها؟

32) ما أثر الإمتزاز والخواص الكهرحركية على الجسيمات الغروانية؟

33) ما أثر قوى كولوم، وقوى فان دير وولس، وظاهرة الاستقطاب على تجمع الجسيمات؟

34) عرف كل مما يلي: الطبقة الكهربائية الثنائية، والجهد الكهرحركي، وجهد زيتا، وطبقة استيرن والطبقة المنتشرة.

35) ما أهم العوامل المؤثرة على جهد زيتا؟

36) تحدث بإيجاز عن كل مما يلي:

- آلية إلغاء توازن الغروانيات.
- الإمتزاز والتجسير بين الحبيبات.
- اللبود حول الحركي.
- عمل المروبات المعدنية.

37) ما الفرق بين اللبود حول الحركي واللبود المتحرك في نفس الاتجاه؟

38) ما العوامل المؤثرة على القدرة اللازمة لرفع البدال عبر المائع في نظم المزج والترويب؟

39) اذكر أهم طرق إضافة المروبات.

40) اذكر أهم أهداف طريقة التهوية الاصطناعية.

41) ما الفرق بين التهوية الفقاعية، والتهوية بالمساقط، والتهوية بالأبراج؟

42) ما أهم العوامل المؤثرة على إذابة الغازات التالية في الماء: الأكسجين، والأمونيا، وثاني أكسيد الكربون، والأوزون، والكلور؟

43)عرف ما يلي: ثابت بنزن للامتصاص، ومعلمل التوزيع، وثابت الانتشار الجزيئي، وثابت المسقط الصناعي.

44) ما أهم فوائد الترشيح في عمليات استعذاب الماء؟

45) ما العوامل المؤثرة في آلية (ميكانيكية) الترشيح؟

46) ما الفرق بين مرشح الرمل البطيء ومرشح الرمل السريع؟

47) كيف تتم المفاضلة بين المواد المستخدمة في الطبقة الترشيحية (الوسط الترشيحي)؟ معطياً أمثلة لمواد ترشيحية أثبتت فعاليتها.

48) كيف يمكن تقدير فقد السمت في مرشح الرمل؟

49) تحدث بإيجاز عما يأتي:

أ) استخدام مرشح ضغط المكسب في المناطق الريفية.

ب) عمل مرشح الرمل البطيء.

جـ) تشغيل مرشح الرمل السريع.

د) التخلص من الحديد والمنجنيز داخل المرشح الرملي.

50) عرف كل مما يأتي: معامل شكل الحبيبات، والطبقة المتسخة، ومعامل الانتظام، والاجتراف الخلفي، والامتزاز، والامتصاص، والمج.

51) كيف يستخدم منحنى تساوي الحرارة لتقدير كفاءة الامتزاز؟

52) عرف كل مما يلي: الراتينج، والزيليت، والزمر الوظيفية.

53) تحدث بإيجاز عن تبادل الأيونات وفوائدها في عمليات استعذاب الماء.

54) ما الفرق بين المبادلات الكاتيونية والأنيونية والانتقالية؟ وأيها تفضل للاستخدام في وحدات المعالجة في منطقتك؟ علل إجابتك.

55) متى يلجأ إلى تحلية المياه؟

56) ما أقسام الماء علي حسب كمية الأملاح الذائبة فيه؟

57) ما أهم طرق التحلية؟ وما الفرق بينها؟

58) ما أهم العوامل المؤثرة في تقطير الماء؟

59) بين محاسن ومساوئ طريقة التقطير لتحلية الماء.

60) عدد الطرق المستخدمة لإزالة الترسبات من أسطح المبادلات الحرارية المستخدمة في مراجل التقطير؟

61) أيهما أفضل لدولة نامية: تقطير الماء أم استخدام النضح العكسي؟ ولماذا؟

62) ما أهم العوامل المؤثرة علي الضغط الحلولي؟

63) ما أثر وجود المذاب غير الطيار في السائل علي ضغط البخار؟

64) كيف يفترق النضح العكسي عن النضح؟ وفيما تستخدم هذه الطريقة؟ وما أهم محاسنها ومساؤها؟

65) بين (مستعيناً بالرسم) طريقة عمل الديلزة.

66) عرف ما يلي: التطهير، والتعقيم، والبوغ، والكلورة، والأزونة، والكلور المتواجــد والمتبقي، والكلوروفورم، وزمن المكث.

67) أذكر أهم طرق التطهير الكيماوية والفيزيائية، وأيهما تفضل لقرية ريفية صــغيرة؟ ولماذا؟

68) أذكر أهم التفاعلات الكيماوية التي يمكن أن تحدث بين الكلور والماء ومكوناته.

69) ماذا يعني تعبير نقطة انفصال الكلورة؟ وما فوائدها وضروب استخدامها؟

70) كيف يمكن استخدام معادلة جيك لتقدير كفاءة الكلورة؟

71) كيف يمكن اختيار مادة ذات كفاءة تطهير عالية؟

72) وضح (مستعيناً بالرسم) طريقة مناسبة يمكن أن تستخدم لتطهير ماء بئر في قرية ريفية.

73) وضح أهم الوحدات المطلوبة في محطة تنقية ماء يحــوي: نحــاس وخارصــين وكربونات كالسيوم وعكر ومنجنيز وقولونيات.

6 – 10 – 2 تمارين تطبيقية:

1) استخدم جهاز ترسيب مائي على درجة حرارة 20°م لترسيب جسيمات صلبة عالقــة ذات كثافة نوعية 1.24 ومتوسط قطر 0.03 ملم. كم تبلغ ســرعة ترسيب الحبيبــات؟ (الإجابة: 0.12 ملم/ث)

2) أستخدم حوض للترسيب البسيط والمتفرد لمواد صلبة عالقة (م) كروية الشكل قطرهــا 0.6 ملم وكثافتها النوعية 1.09 من ماء عكر على درجة حرارة 25° م جد نسبة إزالة جسيمات كروية أخرى (ي) قطرها 0.4 ملم وكثافتها النوعية 1.15 فــي نفس الحوض.

ما مقدار نسبة إزالة الجسيمات (ي) عند تغير درجة حرارة الحــوض إلــى 30° م. (الإجابة: 74%، 83 %).

3) تضم محطة استعذاب ماء وحدة ترسيب بياناتها مدرجة في الجدول التالي:

القيمة	المنشط
28000	عدد السكان المستهلكين للماء
300 لتر	متوسط استهلاك الفرد اليومي من الماء
180 ملجرام/لتر	تركيز المواد الصلبة العالقة
10 م	عرض حوض الترسيب
30 م	طول حوض الترسيب
3 م	عمق حوض الترسيب
1.31×10^{-6} م^2/ث	درجة اللزوجة الحركية (الكينامتيكية)

وأوضحت تجارب عمود الترسيب إلى أن التوزيع المتردد التراكمي للحبيبات يتبع خطــاً مستقيماً له الخواص التالية:

10% من الحبيبات المترسبة لها سرعة ترسيب أكبر من 0.6 ملم/ث

10% من الحبيبات المترسبة لها سرعة ترسيب أصغر من 0.2 ملم/ث

بافتراض أن الترسيب متفرد، جد التالي:

كفاءة حوض الترسيب لإزالة المواد الصلبة العالقة

درجة تركيز المواد الصلبة في السائل الخارج من وحدة الترسيب

أرقام فرود ورينولد للدفق الأفقي للماء

اقتراح محدد لتحسين أداء هذا الحوض

هـ) معدل تراكم الأوساخ علي بعد 25 م من مدخل الحوض.

طول حوض الترسيب اللازم إزالة 75% من الحبيبات الصلبة العالقة

نسبة الحبيبات في الماء الخارج لسرعة ترسيب تقل عن 0.3 ملم/ث

زمن مكث الماء في الحوض

(الإجابة: 91%، 16 ملجم/ لتر، 6×10^{-9}، 4637، 737 كجم/م^3/سنة، 19 م، 99%، 2.6 ساعة)

4) أعطت نتائج تجربة عمود الترسيب لحبيبات عالقة متفردة في محطة معالجة البيلنـــات الموضحة علي الجدول التالي لحوضي ترسيب دائريين قطر كل منهما 10 متر:

عمق الحوض (م)	زمن العينة (دقيقة)	النسبة المئوية للمواد الصلبة المتبقية في السائل النهائي (%)
0.5	60	49
0.5	120	20
0.5	180	9
0.5	240	5
0.5	300	2
1	60	65
1	120	47
1	180	30
1	240	20
1	300	13
1.5	60	66
1.5	120	62
1.5	180	48
1.5	240	34
1.5	300	25

ارسم منحنى التوزيع المتردد التراكمي للعينة للترسيب المتفرد.

ما مقدار النسبة المئوية لكفاءة كل حوض ترسيب لمعدل دفق كلي بالمحطة يســاوي 102 متر مكعب على الساعة. (الإجابة 72%، 73 ملجم/لتر)

جد مقدار المواد الصلبة المتبقية في السائل النهائي الخارج من حــوض الترســيب عنــد استخدامه لمعالجة ماء تبلغ درجة عكورته 260 ملجم/لتر؟

5) توضح البيانات التالية النسبة المئوية للمواد الصلبة المتبقية في السائل النهائي الخارج عند إجراء اختبار الترسيب علي عينة من محلول عكر في جهاز عمود الترسيب للأبعاد الثلاثة:

	زمن الترسيب (دقيقة)										
العمق (سم)	10	20	30	40	50	60	70	80	90	100	110
60	86	81	73	49	33	29	28	24	20	15	-
120	92	88	83	76	60	50	46	30	29	25	20
180	98	91	88	80	70	55	48	40	30	28	25

ما مقدار الإزالة الكلية لحوض ترسيب متلبد عمقه 1.8 متر لزمن مكث 40 دقيقة ولزمن مكث ساعة واحدة. (الإجابة 67%، 43%)

6) تضم محطة استعذاب ماء مسقط صناعي متعدد الدرجات لرفع درجة تركيز الأكسجين في ماء جوفي لاهوائي إلى 7.8 جرام على المتر المكعب. وبمستطاع كل درجة من درجات المسقط رفع درجة ذوبانية الأكسجين من صفر بالمائة من درجة تشبعه إلى 30 بالمائة منها، علماً بأن درجة حرارة الماء الجوفي تعادل 18°م.

جد كفاءة كل درجة من درجات المسقط لتهوية الماء

جد عدد درجات المسقط المطلوبة لإتمام التهوية اللازمة. (الإجابة: 30%، 5 درجات)

7) استخدم مسقط صناعي لتهوية 8000 م^3 من الماء الجوفي يومياً. وتصل درجة تركيز الأكسجين بالماء إلى 2 جم/م^3 ويعمل المسقط علي رفع درجة تركيز الأكسجين إلى 6.9 جم/م^3.

جد كفاءة المسقط الصناعي علماً بأن درجة حرارة الماء الجوفي تعادل 20 °م.

بكم تقدر درجة تركيز أكسجين ماء جوفي لاهوائي له نفس درجة الحرارة عند تهويته بهذا المسقط؟

جد القدرة الكهربائية المطلوبة عندما يكون فقد السمت في جهاز التهوية 1.2 متر وكفاءة المضخة 70% وكفاءة المحرك 85%. (الإجابة: 68%، 6.26 جم/م^3، 1.8 كيلووات)

8) يبلغ ارتفاع الوسط الترشيحي لمرشح رملي 0.8 م، ويتكون من حبيبات منتظمة متوسط قطرها "ق" ملم ومعامل نفاذيتها 45 بالمائة. إذا كان أقصى فقد سمت يساوي 50 ملم طبقاً لتقديرات معادلة روس، وسرعة الترشيح 10.000 لتر/ اليوم/ المتر المربع للماء المرشح علي درجة حرارة 20°م. جد قطر الحبيبات "ق". ماذا تستنتج من إجابتك؟ (الإجابة: 0.35 ملم).

9) مرشح أبعاده 3م×6م استخدم للترشيح المستمر لمياه تنساب يومياً بمعدل 5.000 متر مكعب. ومعدل الاجتراف الخلفي يبلغ 20 متراً مكعباً على المتر المربع على الساعة لمدة خمس دقائق. جد سرعة الترشيح، وكمية المياه المستخدمة في نظافة المرشح بالاجتراف الخلفي. (الإجابة: 3.2 م^3/م^2/ث، 30 م^3).

10) لاستعذاب ماء على درجة حرارة 20°م بانسياب 0.1 متر مكعب في الثانية استخدم مرشح رملي سريع عمق طبقته الترشيحية 1.2 م، وتتكون من رمل ذي حبيبات منتظمة لها قطر فعال 0.7 ملم ومعامل مسامية 40 بالمائة، وارتفاع الماء العلوي بالمرشح 1.5 م، عند سرعة ترشيحية 5 متر مكعب على المتر المربع على الساعة.

جد عدد المرشحات الرملية المطلوبة لاستعذاب الماء.

جد مساحة كل مرشح.

جد المقاومة الأولية للطبقة الترشيحية عندما يحدث أقل ضغط بنهاية زمن الترشيح على عمق 0.3 م تحت منسوب الطبقة الترشيحية.

جد أكبر مقاومة للمرشح مسموح بها.

(استخدم معادلة كارمن-كوزني لإيجاد مقاومة المرشح $H=\dfrac{180\,\gamma(1-e)^2 v}{g e^3 d^2}\times L$.

(الإجابة: 6 اثنان احتياطي، 18 م^2، 0.35 م، 2.06 م)

11) يفصل غشاء شبه مسامي عينة من الماء ذات درجة حرارة 18°م عن ماء مقطر بجهاز نضح عكسي يعمل عليه فرق ضغط حلولي يعادل 3.54 جو. وتم الحصول على النتائج التالية:

درجة التركيز (ملجم)	الأيونات (أيون/لتر)	درجة التركيز (ملجم)	الأيونات (أيون/لتر)
2	الشـــوارد الســالبة (الأنيونات):	1	الشـــوارد الموجبـــة (الكاتيونات):
ص	HCO_3^-	0.8	Mg^{++}
0.2	SO_4^-	0.4	Ca^{++}
0.1	Cl^-	0.7	K^+
	NO_3^-		Na^+

جد درجة تركيز الكبريتات (ص) مقـدر قبـالمليجرام علــى لللــتر. (الإجلبـة: 0.61 ملجم/لتر).

12) استخدم مطهر لإزالة الإشريكية القولونية من ماء مستعذب بدرجة قتل تعادل 99.8 بالمائة. جد زمن التلامس اللازم للمطهر بافتراض تحقق قانون $t = 0.24$ $C^{0.86}$، علما بأن درجة تركيز المطهر تساوى 2 ملجم/لتر. (الإجابة: 0.13 ثانية)

6 - 11 المراجع والمصادر

1. صحيح البخاري، شرح وتحقيق الشيخ قاسم الشماعي الرفاعي، دار القلم، بيروت، مجلد 1-9، 1987.
2. السيد سابق، فقه السنة، الفتح للإعلام العربي، القاهرة، الطبعة الخامسة الشرعية، مجلد 1-3، 1992.
3. عصام محمد عبد الماجد وبشير محمد الحسن، إمدادات المياه بالسودان، دار جامعة الخرطوم للنشر، المجلس القومي للبحوث، الخرطوم، السودان، 1986.
4. عصام محمد عبد الماجد، "تقية المياه والهندسة الصحية، دار جامعة الخرطوم للنشر، الخرطوم، السودان، 1986.
5. بشير محمد الحسن وعصام محمد عبد الماجد، الصناعة والبيئة: معالجة المخلفات الصناعية، معهد الدراسات البيئية، جامعة الخرطوم، الخرطوم، السودان، 1986.
6. عصام محمد عبد الماجد، الهندسة البيئية، دار المستقبل للطباعة والنشر، عمان، الأردن، 1995.
7. عصام محمد عبد الماجد، التلوث المخاطر والحلول، المنظمة العربية للتربية والثقافة والعلوم (حائز على جائزة)، القباضة الأصلية، تونس، تحت الطبع.
8. Rowe, D. R, and Abdel-Magid, I. M., Handbook of wastewater reclamation and reuse, CRC Press\Lewis Publishers, Boca Raton, FL, 1997.
9. Abdel-Magid, I. M., Hago, A., and Rowe, D. R., Modeling methods for environmental engineers, CRC Press\Lewis Publishers, Boca Raton, FL, 1995.
10. Ratnayaka, D. D., R., Brandt, M. J. and Johnson, M., Water Supply, Butterworth-Heinemann; 6 edi., 2009
11. Viessman and M. Hammer, Water supply and pollution control, Prentice Hall; 8 edi.,, 2008.
12. Guyer, J. P., An Introduction to Wastewater Systems, CreateSpace Independent Publishing Platform, 2015
13. Chatterjee, A. K. Water supply, waste disposal and environmental pollution engineering (Including odour, noise and air pollution and its control), Khanna Publishers, Delhi, 1994

14. Punmia, B. C. and Jain, A. K., Comprehensive Basic Civil Engineering, Laxmi Publications 2005

15. Huisman, L., Sedimentation and flotation, Delft University of Technology, Herdruk, 1977.

16. Lin, S. and Lee, C., Water and Wastewater Calculations Manual, McGraw-Hill Professional; 2 edi., 2007

17. George Tchobanoglous, G, and Burton, F. L., Wastewater Engineering: Treatment and Reuse, McGraw-Hill Science/Engineering/Math; 4th edi., 2002

18. Barnes, D.; Bliss, P. J.; Gould, B. W. and Vallentine, H. R., Water and wastewater engineering systems, Pitman International, Bath 1981.

19. Metcalf & Eddy and Tchobanoglous, G., Wastewater Engineering: Treatment and Resource Recovery, McGraw-Hill Education; 5 edi., 2013

20. Masschelein, W. J., Unit operations, International Institute for Hydraulic and Environmental Engineering, Delft, The Netherlands, Vol. 1, 1977.

21. Berger, B. B. Ed., Control of organic substances in water and wastewater, Noyes Data Co., New Jersey 1987.

22. Hammer, M. J., Sr. Water and and Hammer, M. J. Jr. wastewater technology, Prentice Hall; 7 edi., 2011.

23. Nathanson, J. A. Schneider and R. A., Basic Environmental Technology: Water Supply, Waste Management and Pollution Control, Prentice Hall; 6 Edi., 2014

24. Vesilind, P. A. Morgan, S. M. and Heine, L. G., Introduction to Environmental Engineering, CL Engineering; 3 edi., 2009

25. Al-Layla, M. A., Ahmed, S., and Middlebrooks, E. J., Water supply engineering design, Ann Arbor Science, Michigan, 1980.

26. McGhee, T. J., and Steel, E. W., Water supply and sewerage, 6th Ed., McGraw- Hill, New York 1991.

27. Popel, H. J., Aeration and gas transfer, Delft University of Technology, Herdruk, 1979.

28. Degremont, Water treatment handbook, Lavoisier; 7th edi, 2007..

29. Fair, G. M. Geyer, J. C., and Okun, D. A., Water and wastewater engineering, Vol. 2, John Wiley and Sons, Inc., New York, NY, 1968.

30. Huisman, L., Mechanical filtration,, Delft University of Technology, Herdruk, 1977.
31. Hofkes, E. H., Huisman, L., Sundaresan, B. B., Netto, J. M. D., and Lanoix, J. N., Small community water supplies, John Wiley and Sons, Chichester, 1986.
32. Huisman, L., Rapid sand filtration, Delft University of Technology, Herdruk, 1977.
33. Logsdon, G., Water Filtration Practice: Including Slow Sand Filters and Precoat Filtration, American Waterworks Association; 1 edi., 2008
34. Visscher, J.T., Paramasivam, R., Raman, A., and Heijnen, H. A., Slow sand filtration for community water supply, TP 24, IRC, The Hague, The Netherlands.
35. Friebel, H. C., A Dictionary of Civil, Water Resources & Environmental Engineering, Golden Ratio Publishing; 1 edi., 2013
36. Green, D. and Perry, R. H., Perry's Chemical Engineers' Handbook, Eighth Edition, McGraw-Hill Education; 8 edi., 2007
37. Bolto, B. A. and Pawlowski, L., Wastewater treatment by ion exchange, E. and F. N. Spon, New York, 1987.
38. Porteous, A., Desalination technology: Developments and practice, Applied Science Pub., London 1983.
39. Buros, O. K., The desalting ABC's, International Desalination Association, Massachusetts, 1990.
40. Sawyer, C. N. and Mc Carty, P. L., Chemistry for environmental engineeringand Science, McGraw-Hill Education; 5 ed., 2002.
41. Viessman, W. and Hammer, M. J., Water supply and pollution control, Pearson Education Limited; Pearson New International Edition edi., 2013.
42. Fair, G. M., Morris, F. C., Chang, S. L., Weil, I, and Burden, R. A., The behavior of chlorine as a water disinfectant, J. American Water Works Association, 40: 1051, 1948.
43. Cairncross, S. and Feachem, R., Environmental health engineering in the tropics, John Wiley and Sons, Chichester, 2nd Edi., 1993.

44. Rao M. N. and V. Thanikachalam, Environmental engineering, Tata McGraw-Hill Publishing Co. Ltd, New Delhi, 1993

45. Paisson, M. L., The water cycle with emphasis on recycling, Seminar held at the College of engineering, Civil Eng. Dept., Sultan Qaboos University on 4th March 1996, Muscat, Sultanate of Oman

46. Grag, S. K., Water supply engineering, Khanna Publishers, Delhi, 1988

47. O'Melia, C. R. Coagulation and flocculation, W. J. Weber Jr. (ed.) Physiochemical processes for water quality, Wiley Interscience, New York 1972.

48. مجمع اللغة العربية، المعجم الوجيز، طبعة خاصــة بـوزارة التربيــة والتعليــم، جمهورية مصر العربية، الهيئة العامة لشؤون المطابع الأميرية، 1995.

49. ابن منظور، لسان العرب، مكتب تحقيق التراث، دار إحيــاء للــتراث العربــي، مؤسسة التاريخ العربي، بيروت، لبنان، الطبعة الثانية، 1993.

50. House, S., Reed, B., Emergency Water Sources: Guidelines for Selection and Treatment, Water Engineering and Development Centre (WEDEC), Loughborough University, Leicestershire, 1997.

الفصل السابع
خزن الماء وتوزيعه

7 - 1 مقدمة

الماء هو عصب وشريان الحياة ولا تتأتى الحياة بدونه. وليس هناك ما هو أشمل وأكمل وأصدق من قول المولى عز وجل {**أوَ لمْ يَرَ الذّينَ كفرُوآ أنَّ السّمواتِ والأرضَ كانتَا رتقاً ففتقناهمَا وجعلنَا منَ المآءِ كلَّ شيْءٍ حيٍّ أفلا يؤمنونَ** } الأنبياء: 30. وقال الله تعالى { **أفرأيتُمُ المآءَ الّذي تشربونَ. ءأنتمْ أنزلتموهُ منَ المزنِ أمْ نحنُ المنزلونَ. لوْ نشآءُ جعلناهُ أجاجاً فلولا تشكرونَ** } الواقعة: 68-70. وذكر في صحيح البخاري {1} أن الأجاج: المر، المزن: السحاب. وتدبر في قوله سبحانه وتعالي { **وأَرْسَلْنا الرِّيَاحَ لَوَاقِحَ فأنزلْنَا منَ السّمآءِ مآءً فأسقَيْناكُمُوهُ ومآأنتُمْ لهُ بِخَازِنينَ** } الحجر: 22. وقال سبحانه وتعالى {**وَأنزَلنَا مِنَ السّمآءِ مَآءً بِقَدرٍ فَأَسكَنّاهُ فِي الأرضِ وإنَّا عَلَى ذَهَابٍ بِهِ لَقَادِرُونَ**} المؤمنون: 18. ولا يمنع فضل الماء فقد ورد في صحيح البخاري {1} الحديث 581 كتاب المساقاة: "حدَّثنا يحيى بنُ بُكيرٍ قال حدَّثنا اللَّيثُ عنْ عُقيل عنِ ابن شِهابٍ عنِ ابن المُسيَّبِ وأبى سَلمةَ عن أَبِى هُريرةَ رضىَ اللَّه عنهُ أنَّ رسولَ اللَّهِ صلى اللَّه عليه وسلم قال: **لا تَمْنعُوا فَضْلَ الماءِ لِتَمْنَعُوا به فَضْلَ الْكَلأَ**".

ومن فضل سقي الماء ما ورد في صحيح البخاري {1} في الحديث 588 كتاب المساقاة: "حدَّثنا عبدُ اللَّهِ بنُ يُوسفَ أخبرنا مالكُ عنْ سُمَىٍّ عنْ أبى صالحٍ عنْ أبى هريرةَ رضىَ اللَّه عنه أنَّ رسولَ اللَّهِ صلى اللَّه عليه وسلم قال: **بينا رجلٍ يمشى فاشتدَّ عليهِ العطشُ فنزلَ بئراً فشربَ منها ثمّ خرجَ فإذا هوَ بكلبٍ يلهثُ يأكلُ الثَّرى منَ العطشِ فقالَ لقدْ بلغَ هذا مثلَ الذي بلغَ بي فملأَ خفَّهُ ثمّ أمسكهُ بفيهِ ثمّ رَقِىَ فسقى الكلبَ فشكرَ اللَّهُ لهُ فغفرَ لهُ**، قالوا يا رسولَ اللَّهِ وإنَّ لنا في البهائمِ أجراً قالَ: **في كلِّ كبدٍ رطبةٍ أجرٌ**". وغني عن القول أنه ينبغي العمل على حفظ الماء العذب والماء الخاضع للتنقية بالصورة التي تفي ومتطلبات السلامة، والحفاظ علي الصحة العامة، وفي مواكبة للتشريعات والمعايير والخطوط التوجيهية المجازة والمتبعة بالمنطقة.

7 - 2 خزن الماء

خَزَن الشيء يَخْزُنه خزناً واختزنه: أحرزه وجعله في خِزانة وأختزنه لنفسه {2}. والخَزَّانُ: مَجْمَعُ الماء قلّ أو كثُر {3}.

7-2-1 أسباب وأهداف الخزن: يتم خزن الماء قبل وبعد التنقية لعدة أسباب منها {4-12}:

- استمرارية الإمداد وانتظامه بكميات الماء المطلوبة دون انقطاع للجمهور المستهلك.
- إمداد المياه لتفي بالأنماط والأغراض الاستهلاكية المختلفة (للشرب، والزراعة المروية، والصناعة، ومكافحة الحريق حال حدوثه، والطوارئ، وللترفيه، والسياحة والاستجمام)
- التغلب على مشاكل تغيرات الطلب في الساعة والإيفاء بأقصى طلب.
- الإتيان بالكميات المطلوبة في حالة الطوارئ والحوادث.
- موازنة الدفق والتغيرات الزمنية في طلب الإمداد.
- تجميع مياه الأمطار.
- توليد الطاقة المائية.
- المحافظة على ضغط مناسب ومنتظم في نظام التوزيع.
- تقليل فقد السمت بالاحتكاك.
- تمكين القيام بإصلاح المضخات والأنابيب بين المصدر والخزن دون وقف إمداد الماء.
- العمل بساعات ضخ مناسبة.
- تقليل أجهزة الضخ وتكلفة الضخ.
- مكافحة التلوث وتحسين نوعية الماء بفضل الخزن.
- تقليل أحجام وحدات المعالجة المطلوبة.
- تقليل أحجام أنابيب نظام التوزيع.
- التحكم في الفيضان.

وتعتمد طرق خزن الماء على عوامل مختلفة منها: طبيعة الخزن، والغرض من الخزن (ريفي، وحضر، ومنزلي)، وكمية الماء المطلوب خزنها، ووجود المواد اللازمة للإنشاء والتشييد، والعوامل الاقتصادية والتمويل اللازم، ووجود الأيدي العاملة والخبرة، والظروف المناخية المحيطة، وطبيعة المنطقة، ونظم التصميم المتبعة، والظروف الجغرافية والجيولوجية والطبغرافية، ومعدل دفق الماء في المجرى المائي، ومعدل الاستهلاك، ونوع الماء.

7 – 2 – 2 <u>الخزانات في نظام التوزيع</u>: يمكن تقسيم الخزانات في نظام التوزيع إلى: خزانات الماء الصافي (خزانات حفظ) Clear water reservoirs، وخزانات خدمية. تستخدم خزانات الماء الصافي لخزن الماء المرشح إلى حين ضخه في خزانات خدمية للتوزيع، وأقل حجم يجب أن يكون للدفق اليومي المتوسط في حدود 14 إلى 16 ساعة. ويمكن تقسيم الخزان إلى حجرتين أو أكثر لتسهيل الصيانة أو النظافة، وعادة تنشأ هذه الخزانات تحت الأرض، أو ينشأ جزء منها تحت الأرض وجزء أعلاها، اعتماداً على طبيعة الموقع. أما الخزانات الخدمية فمنها: خزانات أرضية، وخزانات عالية (من الفولاذ، أو الخرسانة الأسمنتية المسلحة). ويمكن المفاضلة بين الخزن العالي، والخزن الأرضي طبقاً لطبغرافية المنطقة والارتفاع عن سطح البحر.

<u>الخزن الأرضي Ground level tanks:</u> (مستودع الخزن، أو مستودع حفظ، أو مستودع إمداد مباشر Impounding reservoir): يعمل مستودع الخزن على حفظ الماء الزائد عن الحاجة من مصدر طبيعي، ويتم الخزن خلال الدفق العالي ليتسنى استخدام الماء أثناء موسم الجفاف حين يقل الدفق. ويتم الخزن في مدة تتراوح بين بضع أيام وعدة أشهر أو أكثر. في حالة وجود منطقة مرتفعة يمكن استخدام الخزن الأرضي لتنساب منه المياه للتوزيع تحت الجاذبية الأرضية وتحت ضغط مناسب. ومن الأنسب أن يكون قعر الخزان عالي بدرجة تسمح بإيجاد قوة دافعة تمكن من توصيل الماء إلى الجمهور المستهلك. أي لابد من إيجاد فقد سمت متبقي في حدود عشرة أمتار على الأقل في نقاط التوزيع.

ويمكن صنع أحواض الخزن من الطوب، أو ،الحجارة، أو الخرسانة، أو الخرسانة المسلحة، أو الفولاذ. ويعتمد اختيار مواد التشييد والإنشاء على حجم الحوض، ووجود المواد الخام والأيدي الماهرة للتصنيع. كما يمكن بناء أحواض الخزن الصغيرة (5 إلى

40 م³) من المواد المحلية المتاحة مثل الطوب، أو الصخور، أو ألواح الصلب. ويمكن دفن جزء من، أو كل، حوض الخزن الأرضي اعتماداً على منسوب ارتفاع الماء المطلوب. ويجب تغطية الخزان لمنع نمو الطحالب، وتقليل التلوث الخارجي. ويجب وضع مهواة للسماح للهواء بالنفاذ من الخزان عند دخول الماء إليه.

<u>خزانات توزيع</u> (مستودعات خدمية): تقوم هذه المستودعات بخزن المياه لتواكب الطلب المتغير لمدى يوم أو بضعة أيام، ومن ثم يتم توزيع المياه عبر شبكات المياه أو عبر المضخات اليدوية. كما يقوم الخزان بإعطاء فاقد السمت المطلوب لتصل المياه لكل أجزاء الشبكة، وأيضاً يقوم بإيجاد الضغط المطلوب. ولابد من العمل على الصيانة الدورية للخزان للتأكد من وجود الماء بصورة نقية ونظيفة. ويلجأ إلى خزانات (صهاريج) الخزن أو الخزانات العلوية في الأراضي المنبسطة عندما لا توجد جبال محيطة، أو نقاط عالية. كما وتعمل خزانات التوزيع على معادلة المخزون، وتقوم بالإمداد اللازم حين الطوارئ (مثلا لمكافحة الحريق أو عند الأعطال التي تصيب محطات الطاقة)، وتساعد في تقليل الأحجام والمقاسات المطلوبة من الأنابيب ومحطات المعالجة. ويمكن إنشاء هذه الخزانات من الخرسانة المسلحة، أو الطوب، أو الفولاذ. ويمكن أن يبطن من الداخل بمادة عازلة وخاملة كيميائياً، وذلك لحماية المستهلكين من أية مضار صحية. كما يمكن تشييد الخزان على قوائم كما هو الحال للمدن المنبسطة، أو وضعه في منطقة شاهقة في المدن المنخفضة المستوى مقارنة بما جاورها.

يحتوي الخزان على فتحات تسمح بدخول وخروج المياه النقية، وخروج الصرف، وفتحة للتهوية، وأخرى لتفريغ الخزان. ومن المستحسن أن يكون بالخزان مؤشر يدل على كمية المياه به. وتتم قراءة المؤشر في الموقع، أو تتم آلياً في المحطة المتحكمة في التوزيع المركزي. وعادة يؤخذ حجم الماء المطلوب لمعادلة أقصى دفق في الساعة، مساوية 20 بالمائة من الدفق اليومي المطلوب للمنطقة. تحدد سعة الخزان العلوي وتقدر على حسب متطلبات الاستهلاك، إذ كلما كثر الاستهلاك كلما قلت مدة الخزن والتي تتراوح عادة بين 2 إلى 15 ساعة. أما في حالة كبر حجم الاستهلاك ووجود اختلاف بين في معدلات

الاستهلاك[278] يلجأ إلى مساعدة خزان الخزن العلوي[279] بضخ المياه مباشرة في الشبكة من غير المرور على الخزان.

ويجب عمل الصيانة الدورية، ومتابعة أداء الخزان ونظافته وتطهيره، لتفادي مخاطر تلوث مائه (تغير في خواص الماء أو نمو بكتريا ضارة) مما قد يؤدي إلى مشاكل وأضرار صحية. ويمكن استخدام مضخات ذات ضغط عالي لرفع الماء إلى الخزان العلوي، ومن المستحسن استعمال مضختين (على الأقل) لتفادي مشاكل الأعطال وتوقف تدفق المياه عند حدوثها.

ويحسب حجم الخزن بوساطة الطرق القياسية، أو بوساطة الطرق البيانية؛ حيث تتعلق الطرق القياسية بالنظم العددية لتحليل السجلات السابقة للمجرى المائي طيلة فترات التحاريق. أما الطرق البيانية[280]، فتقوم بتقويم العجز التراكمي بين الدفق الداخل والدفق الخارج، كما وتقوم باختيار أقصى قيم مطلوبة للخزن. ويمكن تعريف منحنى دفق الكتلة بأنه عبارة عن "رسم بياني للقيم التراكمية لمقدار هيدرولوجية[281] بالنسبة إلى الزمن أو البيانات. ويستخدم منحنى دفق الكتلة لمعرفة أثر الخزن في أسلوب انسياب الماء في المجرى المائي، ولتقدير الدفق المنتظم {7}.

7 – 3 نقل الماء وتوزيعه

نَقَلَ الشيء – نقلاً: حوّله من موضع إلى موضع {3}. النقل: تحويل الشيء من موضع إلى موضع {2}. وَزَّعَهُ: قسَّمه وَفَرَّقَه. والتوزيع: التفريق {3}. وفي الحديث: أنه حَلَقَ شَعره في الحج وَوَزَّعَه بين الناس أي فرَّقه وقسَمه بينهم، وزَّعه يُوَزِّعُه تَوْزِيعاً {2}.

<u>7 – 3 – 1 الأهداف العامة لنظم توزيع الماء:</u> تتبع تقانة نقل وتوزيع الماء موضوع استخراجه، أو تجميعه من المصدر، واستعذابه، وتنقيته، وتهيئته للاستفادة منه بوساطة الجمهور المستهلك. وينبغي العمل على المحافظة على سلامة نوع وجودة الماء أثناء نقله وترحيله، كما وينبغي مراعاة النواحي الفنية والاقتصادية، والاجتماعية، والثقافية عند

---

[278] الأقصى والأدنى والمتوسط

[279] للإيفاء بمتطلبات الاستهلاك عند أقصى استهلاك

[280] أو منحنيات الكتلة (طريقة ربل)

[281] مثل الدفق السطحي أو غيره من الدفق

تصميم الأنماط المختلفة لنقل الماء وتوزيعه. وتختلف الطــرق المتبعـة للتوزيع طبقـاً للمناطق الحضرية والريفية. ومن الأهداف العامة لنظم توزيع الماء:

- إيصال الماء من محطة التنقية إلى نقاط استهلاكه.
- المحافظة على نوعية الماء بعد إتمام التنقية إلى حين استعماله.
- المحافظة على الضغط المناسب لكل المناطق، وفى كل الأوقات.
- الإيفاء بالكمية المطلوبة والمستمرة من الماء لكل مناطق الاستهلاك.
- مواكبة الظروف الاضطرارية والحوادث والحريق.
- الاعتماد على النظام الخدمي والوثوق به.

ومن المعلوم أن تكلفة نظام توزيع الماء تتراوح بين 40 إلى 70%مـن التكلفـة الكليـة لمشروع إمداد الماء. وعليه لابد من التفكر والتخطيط الجيد عند تصميم النظام ووحداته، ووضع الخطط ذات الجدوى له. ومن أهم المتطلبات لنظام توزيع مثالي التالي:

- المحافظة على النوعية الجيدة للماء في كل خطوط الشبكة.
- التأكد من استمرار حصول أي مستهلك على متطلباته المائية تحت ضغط مناسب وتحت أي ظرف.
- العمل على الإيفاء بالتصميم ومد الخطوط بالطريقة الاقتصادية.
- الإيفاء بمتطلبات مكافحة الحريق.
- الجدوى الاقتصادية للمشروع وصيانته.
- سهولة الترميم والصيانة الدورية.
- سهولة الصيانة دون إعاقة الحركة أو إثارة المستهلك.

ومن الأنسب وضع كل الأنابيب في خطوط الشبكة على بعد متر من (أو تحـت) لأنــابيب الصرف الصحي، وصنع كل الأنابيب من مواد جيدة يمكنها تحمل الأحمال، والعمل علــى منع التسرب من الوصلات وغيرها. ويبين الجدول (7-1) أحجام ومسافات مناسـبة للأنابيب التي يمكن أن تستخدم في شبكة المياه.

جدول (7-1) الأحجام والمسافات مناسبة للأنابيب التي تستخدم في شبكة المياه

المنشط	القطر
أصغر أنبوب في نظام الشبكة الشطرنجي	15 سم
أصغر أنبوب فرعي بنهاية ميتة	20 سم
أصغر أنبوب في منطقة مرتفعة	20 سم
أكبر مسافة لأنابيب الشبكة	180 م
أكبر مسافة لأنابيب الإمداد	600 م
أكبر مسافة بين صمامات بوابية	150 م
أكبر مسافة بين صنابير الحريق الرئيسة	100 م

ومن العوامل المؤثرة على أساليب نقل وتوزيع الماء: طرق الاستهلاك كماً وكيفاً ونوعاً، وتعريفة الماء، والمواد المطلوبة للإنشاء والتشييد والإصلاح والترميم والصيانة الدورية، والوجود المحلي للتقانة الملائمة والمستدامة، والمشاركة الجماهيرية، والتثقيف الصحي، وإمكانية التطوير والتحديث وسهولته {4-12}.

7 - 3 - 2 <u>نظم نقل المياه وتوزيعها</u>: يتم نقل الماء من المصدر إلى محطة التنقية، ومن ثم إلى شبكة المياه، بوساطة نظم نقل المياه وتوزيعها. وعادة يتم النقل إلى محطة التنقية بالانسياب الحر (تحت الجاذبية الأرضية)، أو بالضخ أو بكليهما؛ اعتماداً على: ارتفاعات المحطة والمورد المائي، والنواحي المالية. أما بالنسبة لنقل الماء من المحطة إلى مناطق الاستهلاك فيمكن أن يتم ضخ المياه إلى صهريج عالي ثم ينساب الماء منه بالجاذبية لمناطق الاستهلاك، أو ربما يلجأ إلى ضخ المياه مباشرة في شبكة التوزيع. ومن الطرق المتبعة لنقل الماء في المناطق الريفية وبعض المناطق الحضرية - في كثير من الدول النامية - استخدام السيارات، أو الحيوانات، أو حتى الناس لنقل الماء،. وهذا الأسلوب من أكثر الطرق عدم كفاءة لأسباب مختلفة ومتداخلة تضم: تكلفة الترحيل، وتشغيل وصيانة الآليات، والمتطلبات الكبيرة للقوى العاملة، والكميات القليلة من المياه التي يمكن الإيفاء بها في فترة زمنية محددة، واحتمال تلوث الماء بطرق مختلفة أثناء التعبئة والترحيل والتفريغ والنظافة. ويمكن تقسيم نظم نقل الماء إلى: نظام انسياب حر، ونظام انسياب تحت الضغط.

نظام الانسياب الحر (أو سريان الماء تحت قوى الجاذبية الأرضية، أو الانسياب الذاتي):

يعتبر هذا النظام من أرخص السبل لعدم احتياجه إلى طاقة إضافية، ولسهولة عمليات صيانته وتشغيله مما لا يحتاج معه إلى توظيف قوة فنية ماهرة مدربة، الشيء الذي يقلل من تكاليف التشغيل. ويتم في نظام الانسياب الحر سريان الماء بحرية بوساطة الجاذبية الأرضية، ليتبع نظام حمل الماء الميل الهيدروليكي؛ وعادة يحتاج إلى إنشاء نظام طويل جداً ليواكب ميل الأرض. ومن أمثلة هذا النظام القنوات، والقنوات المعنقة (Flumes)، والقنوات الاصطناعية (queducts)، والأنفاق المنحدرة (grade tunnels). وعادة لا تستخدم القنوات والجداول المفتوحة لنقل إمدادات الماء بسبب فقد الماء بالبخر، والتسرب، والاستخدام غير القانوني للماء. أما القنوات المعنقة فهي جداول مكشوفة مشيدةفوق أو علي سطح الأرض، وتستخدم عند عبور الهضاب والأنهار والمناطق المنخفضة، وتبنى من الخرسانة أو الحديد. أما الأنابيب المدرجة فهي عبارة عن مجاري مائية مغلقة تستخدم لحمل الماء من مصادر نائية إلى أصل التوزيع أو محطة المعالجة، ويمكن أن يكون شكل مقطعها دائري أو على شكل حذاء حدوة الحصان. ونسبة لأنها لا تحمل الماء تحت الضغط فيمكن تشييدها من الطوب. والأنفاق عبارة عن أجزاء من قنوات اصطناعية، تستخدم عند عبور الجبال أو الصخور؛ ويمكن أن ينساب الماء خلالها تحت الضغط أو تحت الجاذبية. وتستخدم الأنفاق لتقصير المسافة، أو لحفظ فقد الضغط (السمت)، ولتقليل التكلفة. ومن أهم عيوب النظام الحر لانسياب الماء:

- علو تكلفة التشييد والإصلاح والتصميم.
- الاحتياج إلى مقطع طويل لنقل الماء.
- كبر فقد السمت بسبب الاحتكاك.
- فقد الماء بالتسرب والبخر.
- احتمال تلوث الماء من الصرف السطحي.
- احتياجات الأرض التي يمر عليها نظام حمل الماء (حق المرور وشرطه).

نظام الانسياب تحت الضغط: ينساب الماء في هذا النظام خلال حامله، تحت الضغط. ومن أمثلة هذا النظام: القنوات الاصطناعية تحت الضغط، وأنفاق الضغط، وخطوط الضغط الرئيسة، والسيفون المعكوس. يعتمد الضغط في نظام التوزيع على: طبغرافية المنطقة، والمناحي الاقتصادية، ووجود عدادات وأجهزة قياس، والاستهلاك المنزلي، ومتطلبات

مكافحة الحريق. ويتطلب وجود عدادات زيادة الضغط في النظام ليواكب فقد السمت خلال العدادات، غير أن الحفاظ على ضغط عالي أكبر من المطلوب في الأنابيب مكلف. ويجب تصميم نظام التوزيع للحصول على أقل ضغط متبقي في نقاط حلقية Ferrule points كما مبين في جدول (7-2).

جدول (7-2) أقل ضغط متبقي في المباني

المبنى	أقل ضغط متبقي
المباني ذات الطابق الواحد	7 متر أعلى مستوى سطح الأرض
المباني ذات الطابقين	12 متر أعلى مستوى سطح الأرض
المباني ذات الثلاثة طوابق	17 متر

ويجب عدم تصميم نظام التوزيع لضغط أعلى من 22 متر، وهذا يعني أن المباني متعددة الطوابق تحتاج إلى مضخات تعزيزية لتقوية الضغط. أما السرعة الاقتصادية في الأنابيب فمن الأنسب أن تكون في حدود 50 إلى 150 سم/ث (وقد تصل إلى 200 سم/ث كحد أقصى).

ويمكن إيفاء المستهلك بالماء بصورة مستمرة أو منقطعة مثلاً، لساعات معينة من اليوم على حسب العوامل الاقتصادية والهندسية المؤثرة، وعند التحكم في كمية المياه المستهلكة. ويبين جدول (7-3) أدناه مقارنة بين نظامي إمداد الماء. وتتم المفاضلة بين هذه الأنواع المختلفة لنقل الماء وتوزيعه بناءً على تكاليف الإنشاء والتشييد والتشغيل والصيانة، وخواص الماء، والكميات المطلوبة من المياه مقارنة بالمتاح من مصادر التمويل، والنواحي الفنية والاجتماعية. وفي هذا المنحي ينبغي تبيان الاختلاف في نظم نقل وتوزيع الماء للريف والحضر.

جدول (7-3) مقارنة بين نظم إمداد المياه {13}

المنشط	نظام الإمداد المتقطع	نظام الإمداد المستمر
الملاءمة	مناسب عند تواجد المياه بكميات قليلة	مناسب عند تواجد المياه بكميات كبيرة
إمداد الماء	لبضع ساعات أثناء اليوم	مستمر أثناء النهار والليل

حجم الأنابيب	أحجام كبيرة	أحجام صغيرة
الخزن	يحتاج إلى صهاريج خزن أو أحواض لحفظ الماء، الخزن قد يسبب تلوث	لا يحتاج إلى خزن الماء، ويحتفظ الماء بعذوبته
مكافحة الحريق	قد لا يتم الإيفاء بمتطلبات الحريق	توجد مياه كثيرة لمكافحة الحريق
التسرب والهدر	قد يتسبب المستهلك في هدر المياه بفتح الصنابير والحمامات خلال ساعات القطوعات وتستمر المياه متدفقة عند التوصيل، يمكن للضغط الجزيئي المتكون في الأنابيب أثناء فترة القطوعات أن يشفط مواد ناعمة ومواد غريبة مما يقود إلى تلوث الماء	كميات كبيرة من المياه يمكن أن تهدر بسبب التسرب المستمر في الأنابيب والتوصيلات .. الخ، لا يتوقع شفط مواد غريبة لاسيما والأنابيب دائما تحمل الماء مما يقلل من مشاكل التلوث

7 – 4 توزيع الماء للمناطق الريفية

تعمل نظم توزيع الماء الريفية علي توصيل الماء للمستهلك مع ضمان صلاحيته لأوجه الاستعمال المختلفة، وعدم تعرضه لمخاطر التلوث الكيماوي والطبيعي والحيوي. ولتحقيق هذه المرامي يتم التوزيع بطرق اقتصادية مستخدمة أطر هندسية ملائمة بفضل المشاركة الشعبية والرسمية الفاعلة طبقاً للخطط العامة والأولويات. ويعمل علي مراعاة النواحي الثقافية، والحضارية، والتقاليد، والعرف السائد بالمنطقة. وتوجد طرق مؤقتة مختلفة لنقل الماء وتوزيعه وتوصيله للمستهلك في المناطق الريفية. وينبغي العمل علي إيجاد للبدائل المناسبة لهذه المرحلة الانتقالية لتحقيق المنفعة الصحية والاجتماعية للمجموعة السكانية، ومن هذه الطرق:

7-4-1 نظام حنفيات المياه العامة: يستخدم هذا النظام كمرحلة انتقالية ريثما يتم توصيل الماء لكل فرد أو منزل علي حدة. وتجد هذه الطريقة القبول والاستحسان من عدة قرى ودساكر ريفية لعوامل مختلفة تضم:

- فداحة تكلفة التوصيل المنزلي نسبة لتشتت المنازل وبعدها عن بعضها البعض، ولعشوائية التخطيط.
- صعوبة تطبيق التقانات المتاحة في الريف.
- صعوبة الحصول على الطاقة اللازمة.
- عدم وجود قطع الغيار المطلوبة في حالات العطب والخلل والطوارئ والحوادث.
- عدم استقرار الكوادر المؤهلة اللازمة للقيام بأعمال الصيانة وللترميم (هجرة العقول).

ولا بد أن توضع الحنفيات على بعد مناسب من المنازل والجمهور المستهلك. ويجب أن يعمل على حماية الحنفيات من حركة مرور السيارات، وعبث العابثين (نسأل الله سبحانه وتعالى لنا ولهم العفو والهداية)؛ ويستحسن ألا تتعدى هذه المسافة 200 متراً. وفى حالة تبعثر المنازل في المناطق الريفية يمكن أن تؤخذ مسافة 500 متراً كحد أقصى، وتكون كمية المياه الممكن الحصول عليها من الحنفية العامة في حدود 20 لتراً من الماء في الدقيقة. ويستحسن ألا يتعدى عدد المستهلكين المستخدمين لكل حنفية واحدة 40 إلى 70 فرداً. وفى حالة تعدد الحنفيات في منطقة ما يمكن أن يصل عدد المستهلكين من 250 إلى 300 فرداً. ولا ينبغي أن يتعدى الرقم 500 مستهلكاً بأي حال من الأحوال لتفادي تكوين صفوف الماء الطويلة، وضياع الزمن، وازدياد احتمالات التلوث خاصة من الأطفال، وتفادي المشاكل التي تحدث من جراء احتكاك الناس مع بعضهم البعض في منطقة واحدة، أو فوضى الانتهازيين والعابثين {7،14،15}. ولفائدة المستهلك ينبغي تحقيق النقاط التالية: {4،7}:

- ♦ تصميم حنفيات متينة الصنع والتشييد، وسهلة التشغيل خاصة للأطفال.
- ♦ تصميم منطقة ملائمة (بالقرب من الحنفيات) لوضع آنية ومعدات حمل الماء.
- ♦ وضع نظام جيد حول الحنفيات لتصريف الماء المراق والمهدر.

◆الاستفادة من الماء المراق حول الحنفيات للزراعة أو لسقي الحيولنـات أو لتربيـة الأسماك أو غيرها من ضروب الاستعمال المفيدة.

◆العمل علي حماية المنطقة من سوء الاستعمال (تعليق الإناء علـى الحنفيـة مثلاً)، أو الحوادث.

◆تصميم المسافة بين الحنفية وقمة الإناء علي ألا تتعدى 50 سم لتفادي هدر المياه.

◆وضع صمام أمان محمي بالمنطقة.

◆وضع عداد بالمنطقة لمعرفة الماء المستهلك والمهدر، والاستفادة من هذه المعلومـات في المنشآت المستقبلة، أو لزيادة عدد حنفيات المياه العامة، أو لتحديد تعريفة الماء.

◆العمل علي أن يكون ضغط الماء مناسباً.

◆استخدام حنفيات مصنعة من مواد يسهل تواجدها محلياً، بغية القيام بعمليات الإصـلاح والترميم، وأن تكون الحنفيات قوية لتتحمل سوء الاستعمال، ولتعيش أطول فترة زمنيـة ممكنة.

◆استقطاب وتدريب الفني أو العامل الماهر الذي يمكنه القيام بعمليات الإصلاح والصيانة والترميم.

◆إبعاد الحنفيات عن مخاطر التلوث الإنساني أو الحيواني أو غيره.

◆استعمال الحنفيات بواسطة كل الفئات المستهلكة دون عنصرية، أو تمييز ديني أو ثقافي أو جنسي أو حضاري أو عرقي، أو غيرها.

تقترح منظمة الصحة العالمية أن يعطى أي شخص يعتمد على نقاط أخذ الماء 40 لتراً من الماء في اليوم، ويعطى 15 لتراً في اليوم لكل شخص عندما يتم سحب المـاء. ويعطـى 100 لتراً أو أكثر من الماء في اليوم عندما تكون المياه موصلة بحنفيات إلى المنازل.

2-4-7 نظام توصيلات الحوش: يعمل في هذا النظام علي توصيل المـاء لمنـزل كـل مستهلك، دون أن يسمح له بعمل توصيلات داخلية (مثل الحمـام، وأحـواض الغسـيل، والمطبخ، وغيرها). وقد تستخدم أنابيب من البلاستيك (كلوريد البلوفينيل، أو البوليثين)، أو من الحديد الزهر، أو من الحديد المجلفن. ويبين جدول (7-4) نوع الإمداد والاسـتهلاك المتوقع.

496

جدول (7-4) نوع الإمداد والاستهلاك المتوقع

نوع الإمداد	مدى الاستهلاك (لتر/فرد/يوم)	الاستهلاك النموذجي (لتر/فرد/يوم)
نقاط أخذ الماء (بئر قرية Stand Post) • على بعد أكبر من 1000 متر من المنزل • على بعد 500 إلى 100 متر من المنزل	 5 إلى 10 10 إلى 15	 7 12
بئر القرية على بعد أقل من 250 متر من المنزل	15 إلى 25	20
نقاط أخذ الماء على بعد أقل من 250 متر من المنزل	20 إلى 50	30
توصيل للساحة (حنفية في الساحة)	20 إلى 80	40
توصيل منزلي • حنفية واحدة في المنزل • عدة حنفيات بالمنزل	 30 إلى 60 70 إلى 250	 50 150

7 - 5 توزيع الماء للمدن

عادة تخزن المياه العذبة في خزان أو مستودع أرضي، ومن ثم تضخ منه إلى خزان علوي لتنساب منه المياه إلى شبكة التوزيع لتخدم كل القطاعات: من أفراد، ومناطق تجارية وصناعية، وغيرها من الأماكن العامة. وتتكون شبكة التوزيع من شبكات من الأنابيب في شبكات من الطرق المارة فيها. ويعتمد نوع الدفق داخل الشبكة على عوامل تضم: تخطيط الشوارع والطرق، وطبغرافية وجيولوجية منطقة الشبكة، وموقع الشبكة، ونوع الخزانات والمستودعات. عند انسياب المياه تحت ضغط معقول من الخزان العلوي أو عن طريق الضخ المباشر، أو الاثنين معاً، فإنها تسري من خلال خط التوزيع الرئيس (الأنبوب الرئيس) إلى الخطوط الفرعية داخل الشبكة ومن ثم إلى نقاط الاستهلاك.

وهناك عدة أنواع من الشبكات الموزعة لمياه المدن تقسم طبقاً للشكل ومبادئ التصميم. ومن أهم أنواع نقل وتوزيع الماء: النظام الشجري، والنظام الشطرنجي، والنظام الدائري أو الحلقي، والنظام القطري، وغيرها.

<u>7 – 5 – 1 نظام النهايات الميتة (النظام الشجري) Branching pattern:</u> (أنظر شكل 7-1) ويصلح هذا النظام لمدن عتيقة أو لمناطق لا يوجد بها تخطيط جيد ومحدد للطرق.

وللنظام خط رئيس مغذي يمر عبر منتصف البلدة يماثل جذع شجرة، ويتناقص قطره بانتظام لتتفرع منه خطوط فرعية (جانبية) للطرق المختلفة، ثم تتفرع منه التوصيلات المنزلية.

ومن محاسن هذا النظام: قلة تكلفة الإنشاء نسبياً، وبساطة التوزيع، وسهولة تقدير الـدفق والضغط فيه نسبة لاحتوائه على عدد قليل من الصمامات، وبساطة تصميم شبكة الأنابيب، والاستخدام الاقتصادي لأطوال الأنابيب، وانسياب المياه في نفس الاتجاه مما يسمح بوجود أنبوب واحد لتغذية المنطقة. ومن أهم مساوئ هذا النظام: ركود الماء في النهايات الميتـة مما قد يؤدى إلى تراكم المترسبات والنمو الحيوي وانبثاق الروائـح الكريهـة والمـذاق البغيض (لغياب النظافة المنتظمة)، وزيادة مشاكل المطرقة المائية، والقطع العام للماء عند حدوث أي أعطال أو صيانة في الخط الرئيس، وربما حدوث ضغط غير كاف خاصة عند امتداد النظام لتغطية مناطق جديدة.

7 – 5 – 2 نظام شطرنجي Grid iron system: (أنظر شكل 7-1) وهو عبارة عن تطوير لنظام النهايات الميتة، إذ يتم فيه توصيل النهايات لأنابيب رئيسة مختلفـة لتكـون الشبكة أشبه بحلقة متصلة. ويصلح هذا النظام للمدن ذات التخطيـط المسـتطيل لاسـيما وتوضع الأنابيب العمومية والفرعية في إطار مستطيل. ويقوم النظام بخدمة مناطق لهـا احتياجات مائية كبيرة، وتستخدم أقطارا أكبر من الأنابيب.

ومن محاسن النظام: أن الماء في حالة دوران مستمرة لغياب النهايات الميتـة، كمـا وأن الطوارئ والقطوعات والصيانة الدورية في أي جزء منه لا تؤثر عليه لأن الماء يصل من أكثر من اتجاه لنفس النقطة طبقاً لعموم توزيع الضغط بالشبكة، والاحتمال القليل لحـدوث ركود مقارنة بالنظام الشجري. أما عيوبه فمنها: صعوبة حساب أحجام الأنابيب لوجـود صمامات عديدة في الخطوط الفرعية.

ومن أهم النواحي الفنية التي ينبغي وضعها في الاعتبار: أخذ سرعة تدفق المياه بالشـبكة في حدود المتر علي الثانية، وتجنب النهايات الميتة، ووضع عدد معقول من المحابس فـي الشبكة لتأكيد التشغيل بطريقة مرنة، ووضع صمامات بالشبكة لطرد الهواء في المنـاطق العالية، ووضع صمامات لتفريغ الشبكة من الماء في الأماكن المنخفضة. وعنـد وضـع النموذج الرياضي للشبكة يجب الحصول على المعلومات الهامة، وخرط النظـام وشـبكة

الأنابيب، والصمامات، والمعلومات الهندسية[282]، والمعلومات التشغيلية[283]. ويمكن أن تستغل النهايات الميتة لنقاط المياه لأغراض معينة مثل إطفاء الحريق.
ويعتمد الضغط على تصميم الشبكة ونوع التغذية (لمبني من طابق واحد، أو مبني متعدد الطوابق)، ويمكن حساب الضغط الواجب توفره في كل خط بمعرفة فقد السمت في الشبكة، والضغط المطلوب في أعلى بناية تخدمها الشبكة. وعند إنشاء شبكة جديدة للتوزيع يجب التأكد من سلامتها من حيث: الأداء، والنواحي الصحية. أي يجب اختبارها مبدئياً من حيث التسرب وحجمه، وبعد ذلك تطهيرها بوساطة محلول مادة مطهرة فعالة (مثل الكلور، أو بدرة التبييض) ويستحسن أن يكون تركيز المحلول في حدود 50 ملجم/لتر لمدة معينة من الزمن. كذلك يجب تطهير أي جزء من أجزاء من الشبكة خضع لأي عملية صيانة أو إصلاح أو ترميم.

7 – 5 – 3 النظام الدائري أو الحلقي Circular or ring system: (أنظر شكل 7–1) وهنا يتم وضع خط الإمداد الرئيس في الطرق المحيطية لتتفرع خطوط فرعية Submains من الخطوط الرئيسة. وعليه يتبع هذا النظام في إطاره العام النظام الشطرنجي، غير أن الدفق به يماثل ذلك في نظام النهايات الميتة مما يسهل معه حساب أحجام الأنابيب. ومن محاسنه أن المياه تأتي لكل نقطة فيه من جهتين مختلفتين على الأقل.

7 – 5 – 4 النظام الفطري Radial system: (أنظر شكل 7–1) وهنا يتم تقسيم المنطقة إلى مناطق مختلفة لتضخ المياه إلى صهريج التوزيع الواقع في قلب كل منطقة. وتوضع أنابيب التوزيع قطرياً لتنتهي في محيط المنطقة. ويتم توزيع المنطقة إلى مناطق ذات ارتفاعات مختلفة للتوزيع المتساوي لإمداد المياه فيها. ويعتمد التوزيع المنطقي على: الكثافة السكانية، ونوع المنطقة وطبغرافيتها. و يجب أن تُخدم كل منطقة لها ارتفاع 15 إلى 25 متراً بنظام منفصل. ومن الأنسب العمل على ألا يتجاوز الضغط بين المناطق

---

[282] قطر الأنابيب وطولها ، والمواد المصنعة منها، وملتقى الأنابيب، وارتفاع الملتقى، وخواص المضخات المطلوبة، وأنواع الصمامات والمحابس

[283] كمية المياه الكلية المطلوبة والمنتجة، والفواقد في النظام، ونقاط صمامات التحكم، وارتفاعات المستودعات والخزانات

المختلفة ذات الحجم المتساوي 3 إلى 5 أمتار. ومن محاسن هذا النظام أنه يعطي خدمـــة أسرع ويسهل به حساب أحجام الأنابيب.

7 – 5 – 5 النظام الوسطي Compromise system: معظم النظم المستخدمة تقع وسط بين النظم المذكورة أعلاه لتقوم الشبكة بالتوزيع الدائري متى ما كان ذلـــك ممكنـــاً وبتكلفة مناسبة.

ويبين جدول 7-5 المفاضلة بين النظم المختلفة المتبعة لتوزيع الماء.

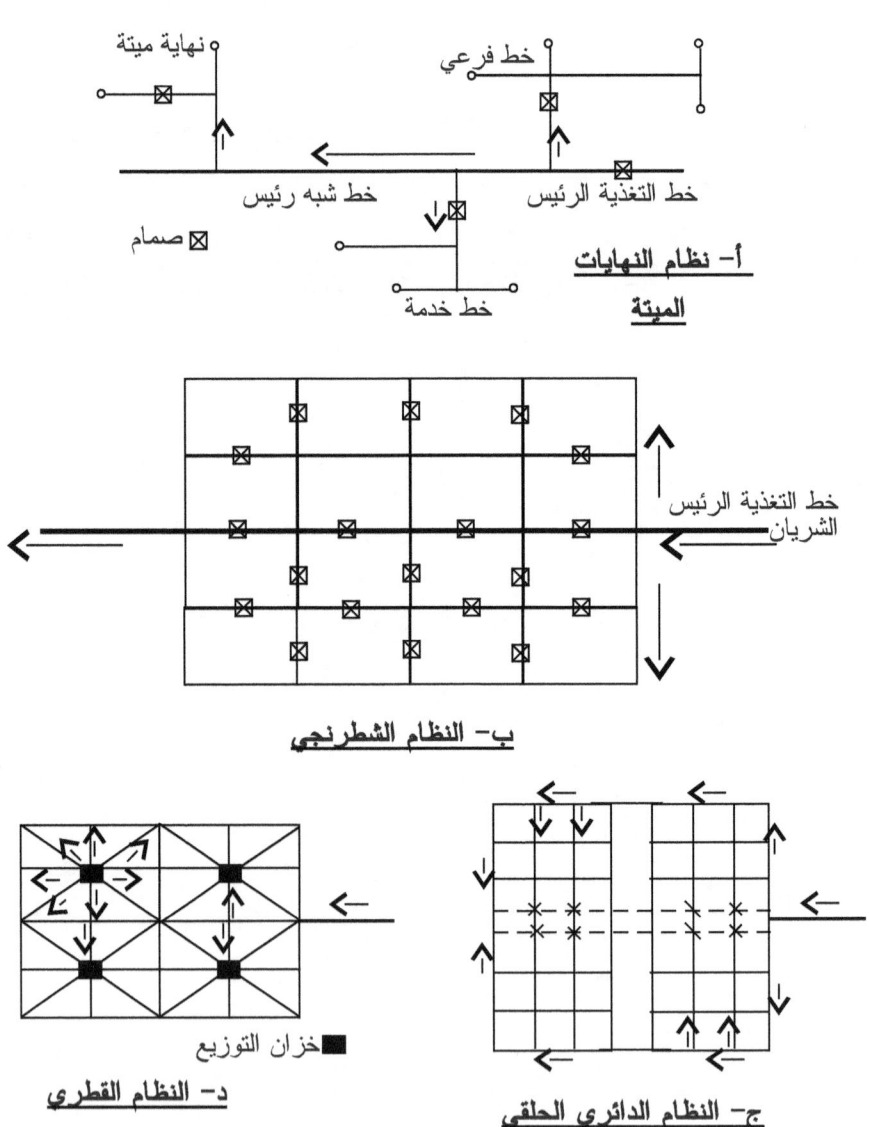

أ- نظام النهايات الميتة

ب- النظام الشطرنجي

ج- النظام الدائري الحلقي

د- النظام القطري

شكل 7-1 توزيع الماء للمدن

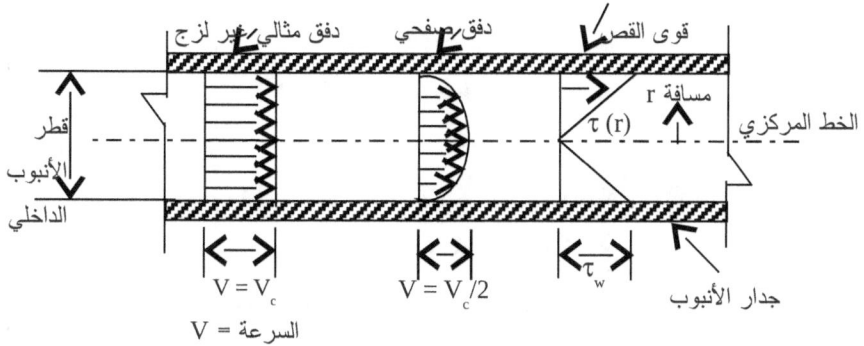

شكل 7-2 الدفق خلال الأنابيب

جدول (7-5) المفاضلة بين نظم توزيع الماء

النظام	المحاسن	العيوب
نظام النهليات الميتة (غير المتصلة)	• سهولة حساب للدفق والضغط في أي نقطة في النظام • سهولة وبساطة الحساب التصميمي • إمكانية تصميم أقطار الخطوط لدفق الماء المقدر • بساطة مد الأنابيب	• الإزعاج للمستهلك عند إجراء الإصلاحات والصيانة في المنطقة المعينة • منع الدوران الحر للمياه بسبب وجود النهليات الميتة (مما قد يؤدي إلى ركود المياه وحدوث تلوث) • محدودية كمية المياه المتاحة لمكافحة الحريق
النظام الشطرنجي (الشبكي)	• تتأثر منطقة صغيرة ومحدودة أثناء الإصلاحات • وجود دوران حر للماء في الأنابيب وعليه يمنع التلوث	• التكلفة العالية لمد الأنابيب • الاحتياج إلى أطوال أكبر من الأنابيب • صعوبة حساب الضغط وأحجام

	• توصيل المياه لأي نقطة في النظام بأقل فقد سمت • المياه متوفرة لمكافحة الحريق	الأنابيب
النظام الدائري أو الحلقي	وفرة المياه لمكافحة الحريق في أي نقطتين بدون فقد سمت كبير	المياه الداخلة للدائرة الرئيسة تتدفق في اتجاهين حول الدائرة مما يقلل من كمية المياه عند نزحها
النظام القطري	يتم مد المياه قطرياً إلى كل المناطق آنياً	التكلفة العالية للأجهزة والمضخات

عادة توجد الأوضاع الآتية للأنابيب في نظام توزيع المياه:

1. نظام التوصيل Transition system: يختص بالأنابيب حاملة المياه من المصدر إلى محطة التنقية، أو من محطة التنقية ومحطة الضخ الرئيسة إلى منطقة الخدمة (أو إلى نظام التوزيع).
2. أنابيب المحطة Plant piping: وتعني بالأنابيب العاملة في محطة الضخ ومحطة التنقية.
3. نظام التوزيع Distribution system: ويعنى به الأنابيب الحاملة للماء في شبكة التوزيع من الخزان العلوي أو محطة التقوية لنقاط الخدمة.
4. نقاط الخدمة Service connection: وتعني الأنابيب ذات القطر الأصغر (20 إلى 25 ملم) الحاملة للمياه من نظام التوزيع والشبكة إلى حنفيات المياه للمستهلك.

توجد عدة طرق تعمل علي توفير عائد نقدي لمقابلة تكلفة التشغيل والصيانة منها: طريقة العدادات الفردية للمحاسبة، والمحاسبة على متوسط الاستهلاك. أما طريقة العدادات الفردية للمحاسبة فتعمل علي وضع عداد عند نقطة دخول المياه لمنطقة الاستهلاك تتم قراءته دورياً. ومن ثم يحسب المبلغ المطلوب دفعه بناءً على الكمية المستهلكة، وتعريفة

المتر المكعب المعتمدة من جهات الاختصاص. ومن مميزات العدادات الفردية: تحديد الاستهلاك الفعلي للمستهلك، وجمع البيانات عن الاستهلاك الفعلي الكلي، وترشيد الاستهلاك. أما عيوب هذه الطريقة فتضم: التكلفة الإضافية لمؤسسة المياه لشراء العدادات وتركيبها وصيانتها وقراءتها الدورية بوساطة قارئ عدادات متمرس وعلى خلق رفيع. ويتم تقدير الاستهلاك لطريقة المحاسبة على متوسط الاستهلاك طبقاً لعدد الغرف، أو الأفراد بالمنزل؛ ولا يستخدم العداد. ومن سمات المحاسبة على متوسط الاستهلاك: الزيادة والإسراف في استهلاك المياه، وإلغاء تكلفة العدادات والمشرفين عليها. وعادة يتناقص أو يتذبذب معدل محاسبة المستهلك بالنسبة للمتر المكعب بناءً على توفر المياه. وقد يختلف سعر بيع المياه للأغراض المنزلية مقارنة بالمصانع والمؤسسات؛ وهذا يبنى على عوامل متعارف عليها. هذا ولابد من الأخذ في الاعتبار ما ورد في السنة الشريفة لما في صحيح البخار 2369 قال حدّثني عبدُ اللّه بنُ محمدٍ حدَّثَنا سُفيانُ عن عمرٍو عن أَبي صالحٍ السِّمان عن أَبي هريرةَ رضيَ اللّه عنه عنِ النبيِّ صلى الله عليه وسلم قال: **"ثلاثةٌ لا يُكلِّمهمُ اللّه يومَ القِيامةِ ولا يَنظُرُ إليهم: رجلٌ حَلَفَ على سِلعةٍ لقد أُعطي بها أكثرَ مما أعطى وهوَ كاذبٌ، ورجلٌ حلفَ على يَمينٍ كاذبةٍ بعدَ العصرِ ليقتطِعَ بها مالَ رجلٍ مسلمٍ، ورجلٌ مَنعَ فَضلَ مائهِ فيقولُ اللّه: اليوم أَمنعُكَ فَضلي كما مَنعتَ فضلَ ما لم تَعمَلْ يداكَ".** {1}

7 – 6 دفق الماء عبر الأنابيب

ينساب الماء عبر كل مساحة مقطع أنبوب المياه اعتماداً على كميته، والضغط الواقع عليه بانسيابية معينة منها:

- <u>الدفق المضطرب Turbulent flow</u>: في هذا النوع من الدفق يتحرك المائع في مسارات غير منتظمة حاثة لتبادل دفع بين أجزائه. وينتج الدفق المضطرب قوى قص كبيرة عبر كل المائع، كما ويحدث فاقد لا معكوس.
- <u>الدفق الصفحي (أو الطبقي أو الرقائقي) Laminar flow</u>: وفي هذا النوع من الدفق تنساب جزيئات المائع في شكل صفائح (طبقات أو رقائق) لتنزلق كل طبقة بسهولة فوق الطبقة المجاورة لها.

- الدفق المثالي Ideal flow : يتم الدفق لمائع عديم الاحتكاك، غير لزج، وغير منضغط ويمكن عكس عمليات تدفقه .
- الدفق الكاظم للحرارة أو الدفق الأديباتي Adiabatic flow : وفي هذا النوع من الدفق يتم نقل الحرارة من وإلى المائع.
- الدفق المستقر Steady flow : وفي هذا النوع من الانسياب لا تتغير حالة المائع على أي نقطة في المائع بالنسبة للزمن، أي أن الانسياب لا يحدث فيه تغير للكثافة، أو الضغط، أو الحرارة بالنسبة للزمن.
- الانسياب غير المستقر Unsteady flow : وفى هذا النوع من الدفق تتغير الخواص في أي نقطة في المائع مع الزمن.
- الانسياب المنتظم Uniform flow: وفي هذا النوع من الانسياب يتطابق موجه السرعة على أي نقطة في المائع في المقدار والاتجاه في أي زمن.
- الانسياب غير المنتظم Nonuniform flow: وفي هذا النوع من الانسياب يتغير موجه السرعة من منطقة وأخرى مع تغير الزمن.

نسبة لعدم وجود سطح حر عند انسياب المائع داخل الأنبوب، فعليه يتم انسياب السوائل والغازات (الموائع) على حد سواء. قد يكون ضغط الموائع أكبر من أو أقل من الضغط الجوي، مما يسمح بتغير الضغط من أي قطاع بالأنبوب إلى قطاع آخر على طوله {7،16}. وتسمى الماسورة المغلقة قناة أو مجرى عندما يكون شكل مقطعها غير دائري، ويطلق عليها أنبوب عندما يكون شكل مقطعها دائرياً. كما وتصمم لتتحمل فرق ضغط كبير على جدرانها بدون تشوه في شكلها {7، 17}. وللتفرقة بين انسياب المائع المضطرب والصفحي يمكن استخدام رقم رينولد، والذي يقارن قوى القصور الذاتي مع قوى اللزوجة كما موضح في المعادلة 7−1.

$$Re=\frac{\rho vD}{\mu} \qquad (7\text{-}1)$$

حيث:

Re = رقم رينولد (لا بعدي)

ρ = كثافة المائع (كجم/م^3)

v = سرعة الدفق (م/ث)

D = قطر الأنبوب (م)

μ = درجة اللزوجة التحريكية (الديناميكية) (نيوتن×ث/م^2)

ويوصف الدفق بأنه صفحي عندما يقل رقم رينولد عن 2100، ويكون الدفق مضطرب عندما يزيد رقم رينولد عن 4000، ومقدار رقم رينولد بين هذين المقدارين يشير إلـــــى وجود دفق انتقالي. كما ويعطي جدول 7-6 مقارنة بين الدفق الصفحي والمضطرب داخل أنبوب أفقي مع تبيان أثر بعض العوامل على الدفق والضغط.

مثال 7-1

يتدفق ماء على درجة حرارة 25°م عبر أنبوب قطره 12 سم وطوله متراً واحداً بســـرعة 0.4 لتر في الدقيقة. وضح نوع انسياب الماء عبر الأنبوب.

الحل

1- المعطيات: T= 25°م، D = 0.12 م، L = 1 م، v = 0.4 لتر/دقيقة

2- جد من الجداول درجة اللزوجة وكثافة الماء لدرجة حرارة 25°م:

ρ = 997.1 كجم/م، μ = 0.895×10^{-3} نيوتن×ث/م

3- جد رقم رينولد: = (997.1×(0.4×10^{-3}÷60)×(0.12)÷(0.895×10^{-3}) =
0.89

بما أن رقم رينولد أقل من 2100 فيعتبر الدفق صفحي.

برنامج 7-1

```
Public Class Form1

    Private Sub fill_combo()
        ComboBox1.Items.Clear()
        ComboBox1.Items.Add("0")
        ComboBox1.Items.Add("2")
        ComboBox1.Items.Add("4")
        ComboBox1.Items.Add("5")
        ComboBox1.Items.Add("6")
        ComboBox1.Items.Add("7")
        ComboBox1.Items.Add("8")
        ComboBox1.Items.Add("9")
        ComboBox1.Items.Add("10")
```

```
                ComboBox1.Items.Add("11")
                ComboBox1.Items.Add("12")
                ComboBox1.Items.Add("13")
                ComboBox1.Items.Add("14")
                ComboBox1.Items.Add("15")
                ComboBox1.Items.Add("16")
                ComboBox1.Items.Add("17")
                ComboBox1.Items.Add("18")
                ComboBox1.Items.Add("19")
                ComboBox1.Items.Add("20")
                ComboBox1.Items.Add("25")
                ComboBox1.Items.Add("30")
                ComboBox1.Items.Add("35")
                ComboBox1.Items.Add("40")
                ComboBox1.Items.Add("45")
                ComboBox1.Items.Add("50")
                ComboBox1.Items.Add("55")
                ComboBox1.Items.Add("60")
                ComboBox1.Items.Add("65")
                ComboBox1.Items.Add("70")
                ComboBox1.Items.Add("75")
                ComboBox1.Items.Add("80")
                ComboBox1.Items.Add("85")
                ComboBox1.Items.Add("90")
                ComboBox1.Items.Add("95")
                ComboBox1.Items.Add("100")
End Sub

Private Function find_rho() As Double
        Select Case ComboBox1.SelectedIndex
            Case 0  : Return 999.8
            Case 1  : Return 999.9
            Case 2  : Return 1000
            Case 3  : Return 999.9
            Case 4  : Return 999.9
            Case 5  : Return 999.9
            Case 6  : Return 999.8
            Case 7  : Return 999.7
            Case 8  : Return 999.7
            Case 9  : Return 999.6
            Case 10 : Return 999.5
            Case 11 : Return 999.4
            Case 12 : Return 999.2
            Case 13 : Return 999
            Case 14 : Return 998.9
            Case 15 : Return 998.8
            Case 16 : Return 998.6
            Case 17 : Return 998.4
            Case 18 : Return 998.2
            Case 19 : Return 997.1
            Case 20 : Return 995.7
```

```
                Case 21 : Return 994.1
                Case 22 : Return 992.2
                Case 23 : Return 990.2
                Case 24 : Return 988.1
                Case 25 : Return 985.7
                Case 26 : Return 983.2
                Case 27 : Return 980.6
                Case 28 : Return 977.8
                Case 29 : Return 974.9
                Case 30 : Return 971.8
                Case 31 : Return 968.6
                Case 32 : Return 965.4
                Case 33 : Return 961.9
                Case 34 : Return 958.4
        End Select
        Return 0
    End Function

    Private Function find_mu() As Double
        Select Case ComboBox1.SelectedIndex
            Case 0 : Return 1.792
            Case 1 : Return 1.674
            Case 2 : Return 1.568
            Case 3 : Return 1.519
            Case 4 : Return 1.473
            Case 5 : Return 1.429
            Case 6 : Return 1.378
            Case 7 : Return 1.348
            Case 8 : Return 1.31
            Case 9 : Return 1.274
            Case 10 : Return 1.239
            Case 11 : Return 1.206
            Case 12 : Return 1.175
            Case 13 : Return 1.145
            Case 14 : Return 1.116
            Case 15 : Return 1.087
            Case 16 : Return 1.06
            Case 17 : Return 1.034
            Case 18 : Return 1.009
            Case 19 : Return 0.895
            Case 20 : Return 0.8
            Case 21 : Return 0.721
            Case 22 : Return 0.656
            Case 23 : Return 0.599
            Case 24 : Return 0.549
            Case 25 : Return 0.506
            Case 26 : Return 0.469
            Case 27 : Return 0.436
            Case 28 : Return 0.406
            Case 29 : Return 0.38
            Case 30 : Return 0.357
```

```
            Case 31 : Return 0.336
            Case 32 : Return 0.317
            Case 33 : Return 0.299
            Case 34 : Return 0.284
        End Select
        Return 0
    End Function

    Private Sub Form1_Load(ByVal sender As System.Object,
      ByVal e As System.EventArgs) Handles MyBase.Load
        Label1.Text = "درجة الحرارة مئوية"
        Label2.Text = "قطر الأنبوب-م"
        Label3.Text = "طول الأنبوب-م"
        Label4.Text = "السرعة-لتر/د"
        Label5.Text = "رقم رينولدز"
        Button1.Text = "احسب الرقم"
        Me.Text = "1-7 مثال"
        Me.FormBorderStyle =
             Windows.Forms.FormBorderStyle.FixedSingle
        fill_combo()
    End Sub

    Private Sub Button1_Click(ByVal sender As
      System.Object, ByVal e As System.EventArgs)
      Handles Button1.Click
        Dim T, D, L, v As Double
        Dim Rho, Mu, Re As Double
        T = ComboBox1.SelectedIndex
        If T = -1 Then
            MsgBox("الرجاء اختيار درجة الحرارة.",
                   vbInformation Or vbOKOnly)
            Exit Sub
        End If
        D = Val(TextBox1.Text)
        L = Val(TextBox2.Text)
        v = Val(TextBox3.Text) / (1000 * 60)
        Rho = find_rho()
        Mu = find_mu() / 1000
        Re = (Rho * v * D) / Mu
        TextBox4.Text = FormatNumber(Re, 2)
    End Sub
End Class
```

جدول (7-6) مقارنة بين الدفق الصفحي والدفق المضطرب {17}

الدفق المضطرب	الدفق الصفحي	العامل المؤثر
يتغير الدفق وتتغير السـرعة Q ~ v	يتغير الدفق وتتغير السرعة Q ~ v	السرعة المتوسطة v
يتغير الدفق مع الجذر التربيعي للضغط $Q \sim \sqrt{\Delta P}$	يتغير الدفق بتغير الضغط $Q \sim \Delta P$	فرق الضغط ΔP
يتغير الدفق عكسياً مع الجـــذر التربيعي للكثافة $Q \sim 1/\sqrt{\rho}$	يعتمد الدفق على الكثافة $Q \sim \rho$	الكثافة ρ
لا يعتمد الـــدفق علــى درجـة اللزوجة $Q \sim \mu^{0}$	يتغير الدفق عكسياً بتغير اللزوجة $Q \sim \frac{1}{\mu}$	درجة اللزوجة μ
يتغير الدفق مع القطر مرفوعـاً لأس 2.5: Q $\sim D^{2.5}$	يتغير الـــدفق مـــع الأس الرابع للقطر $Q \sim D^{4}$	قطر الأنبوب D
يتغير الضغط بتغير الطول ΔP ~ L	يتغير الضغط بتغير الطول $\Delta P \sim L$	طول الأنبوب L
يعتمد الضغط علــى خشـونة الأنبوب $\Delta P = f(\varepsilon)$	لا يعتمد الضــغط علــى خشونة الأنبوب: ΔP $\sim \varepsilon^{0}$	خشونة الأنبوب النسبية ε

يمكن إيجاد معدل الدفق غير المنضغط في أنبوب أفقي باعتبار أن الدفق نيوتوني وصفحي كما مدرج في المعادلة 7-2 (معادلة بواسيولي).

$$Q = \frac{\pi D^4 \Delta P}{128 \mu L} \qquad (7\text{-}2)$$

حيث:

Q = معدل الدفق (م³/ث)

D = قطر الأنبوب الأفقي (م)

ΔP = فرق الضغط داخل الأنبوب (باسكال)

μ = درجة اللزوجة التحريكية (الديناميكية) (نيوتن×ث/م²)

L = طول الأنبوب (م)

وبالنسبة للأنابيب التي تميل بزاوية Φ على الأفقي يمكن إيجاد معدل الدفق خلالهــا مــن المعادلة 7-3.

$$Q = \frac{\pi D^4 (\Delta P - \gamma L sin \Phi)}{128 \mu L}$$ (7-3)

حيث:

γ = كثافة السائل (كجم/م^3)

φ = زاوية ميل الأنبوب مع الخط الأفقي ($^\circ$)

ويمكن إيجاد قيمة سرعة الدفق بقسمة المعادلة 7-3 على مساحة مقطع الأنبوب كما مبين في المعادلة 7-4.

$$v = \frac{D^2 \Delta P}{32 \mu L}$$ (7-4)

حيث:

v = السرعة المتوسطة للدفق (م/ ث)

D = قطر الأنبوب (م)

ΔP = فرق الضغط (باسكال)

μ = درجة اللزوجة التحريكية (الديناميكية) (نيوتن×ث/م^2)

L = طول الأنبوب (م)

وبوضع المعادلة 7-4 في صورة القيمة اللابعدية $\left[\dfrac{\Delta P}{\dfrac{\rho v^2}{2}}\right]$ تنتــج معادلــة دارســي ويسباش Darcy-Weisbach الموضحة في المعادلة 7-5.

$$h_f = 32 \mu \frac{L}{D} \frac{v^2}{\gamma} = f \frac{L}{D} \frac{v^2}{2g}$$ (7-5)

حيث:

h_f = فقد السمت (النقصان في خط الميل الهيدروليكي) (م×نيوتن/نيوتن)

μ = درجة اللزوجة التحريكية (الديناميكية) (نيوتن×ث/م^2)

L = طول الأنبوب (م)

D = قطر لأنبوب (م)

v = السرعة المتوسطة للدفق (م/ث)

γ = الوزن النوعي (نيوتن/م^3)

g = عجلة الجاذبية الأرضية (م/ث^2)

f = معامل الاحتكاك أو معامل دارسي للاحتكاك. وبالنسبة للدفق الصفحي فان معلمل الاحتكاك يساوي $\left(\frac{64}{\mathrm{Re}}\right)$. أما بالنسبة للدفق المضطرب فيمكن إيجاد معامل الاحتكاك من معادلة كولبروك للأنابيب الجديدة النظيفة وللدفق غير المنضغط كما موضح في المعادلة 7-6.

$$\frac{1}{\sqrt{f}}=2\log\left[\left[\frac{\frac{\epsilon}{D}}{3.7}\right]+\left[\frac{2.51}{\mathrm{Re}\sqrt{f}}\right]\right] \qquad (7\text{-}6)$$

حيث:

f = معامل كولبروك للاحتكاك

ε = المعامل النسبي للاحتكاك (م)

D = قطر الأنبوب (م)

Re = رقم رينولد (لا بعدي)

كما يمكن أن يستخدم رسم مودي Moody's diagram {7،18} لتحديد قيمة معامل الاحتكاك (أنظر شكل 7-2). ومن أكثر أنواع الدفق حدوثاً في الحياة العملية للدفق المضطرب داخل الأنابيب الحاملة للماء. وتتواجد الفروق الواضحة بين الدفق الصفحي والدفق المضطرب في مركبات السرعة، والضغط، وقوى القص، ودرجة الحرارة، وغيرها من المتغيرات المؤثرة. ولا يوجد نموذج جيد ودقيق يمكن به قياس قوى القص بالنسبة لدفق غير منضغط ولزج ومضطرب. غير أن التغيرات في سرعة الدفق يمكن تقديرها من المعادلات التجريبية والتي يطلق عليها "القانون الأسى للسرعة" كما مبين المعادلة 7-7.

$$\frac{u(t)}{v_c}=\left[1-\frac{r}{R}\right]^{\frac{1}{n}} \qquad (7\text{-}7)$$

حيث:

u = السرعة في الزمن t (م/ث)

v_c = قيمة السرعة على الخط المركزي (م/ث)

r = المسافة القطرية من الخط المركزي (م) (أنظر شكل 7-3)

R = نصف قطر الأنبوب (م)

n = ثابت يعتمد على رقم رينولد (عادة يؤخذ ليساوي 7)

و يمكن إيجاد السرعة على الخط المركزي من المعادلة 7-8.

$$v_c = \frac{\Delta P D^2}{16 \mu L}$$

(7-8)

حيث:

v_c = سرعة الدفق على الخط المركزي (م/ث)

ΔP = فرق الضغط (باسكال)

D = قطر الأنبوب (م)

μ = درجة اللزوجة التحريكية (الديناميكية) (نيوتن×ث/م^2)

L = طول الأنبوب (م)

إن معظم أنواع فقد السمت Losses التي تحدث في النظام تكون من جراء الاحتكاك عبر المقاطع المستقيمة من الأنابيب، ويطلق عليها الفقد الأكبر Major losses . وهناك فقد عبر المحابس، والصمامات، والثنيات، والإنحناءات في الأنابيب والأكواع ؛ وتسمى بالفقد الأصغر Minor losses. ومن الطرق المتبعة لتقدير فقد السمت الأصغر، أو هبــوط الضغط يمكن استخدام المعادلة 7-9.

$$h = \frac{k v^2}{2g}$$

(7-9)

حيث:

h = فقد السمت الأصغر (م)

k = ثابت الفقد، والذي يعتمد على هندسة الأجزاء، والتركيبات؛ كما ويعتمد على خواص المائع.

v = سرعة الدفق (م/ث)

g = عجلة الجاذبية الأرضية (م/ث^2)

ولتحديد فقد السمت في الأنابيب تستخدم عدة طرق على حسب نظم توصيل الأنابيب (على التوالي، أو على التوازي). فبالنسبة للتوصيل على التوالي تتبع طرق مختلفة، منها على سبيل المثال طريقة السرعة وفقد السمت المكافئة، وطريقة الطول المكافئ.

طريقة السرعة وفقد السمت المكافئة Equivalent-velocity-head method: تستخدم هذه الطريقة للأنبوب المكون من أجزاء لها أقطار مختلفة. وفى هذا النوع من التوصيل ينساب نفس معدل الدفق خلال الأنابيب كما مبين في معادلة الاستمرارية 7-10.

$$Q = Q_1 = Q_2 = ... = Q_i \qquad\qquad (7\text{-}10)$$

حيث:

Q = معدل الدفق الداخل للأنابيب (م^3/ث)

Q_i = معدل الدفق الداخل للأنبوب رقم i (م^3/ث)

ويصبح فقد السمت تراكمي في الأنابيب كما موضح بمعادلة الطاقة 7-11.

$$h_{L_T} = h_{L_1} + h_{L_2} + ... + h_{L_N} = \sum_{i=1}^{N} h_{L_i} \qquad\qquad (7\text{-}11)$$

حيث:

h_{L_T} = فقد السمت الكلي عبر الأنابيب (م)

h_{L_i} = فقد السمت للأنبوب رقم i (م)

N = عدد الأنابيب (لابعدي)

ومن هذه المعادلات يمكن كتابة المعادلة 7-12.

$$h_{L_T} = \sum_{i=1}^{N} f_i \frac{L_i}{D_i} \frac{v^2}{2g} + \sum_{i=1}^{N} k_i \frac{v^2}{2g} \qquad\qquad (7\text{-}12)$$

حيث:

h_{L_T} = فقد السمت الكلي للأنابيب (م)

f_i = معامل الاحتكاك للأنبوب رقم i

v_i = سرعة الدفق داخل الأنبوب i (م/ث)

D_i = قطر الأنبوب i (م)

g = عجلة الجاذبية الأرضية (م/ث^2)

N = عدد الأنابيب (لابعدي)

k_i = ثابت الفقد للجزء رقم i

<u>طريقة الطول المكافئ</u> Equivalent Length method: يتم في هذه الطريقة تغيير الأنابيب بأطوال مكافئة لأنبوب ذي قطر معين، إذ عادة يختار أبرز أنبوب في النظـام. وتبين المعادلة 7-13 كيفية اختيار الطول المكافئ للأنبوب المراد تغييره

$$L_e = \frac{f}{f_s} L \left[\frac{D_s}{D} \right]^5 \qquad (7\text{-}13)$$

حيث:

L_e = الطول المكافئ (الطول الجديد) (م)

f = معامل الاحتكاك للأنبوب المراد تغييره

f_s = معامل الاحتكاك للأنبوب المختار

D_s = قطر الأنبوب المختار (م)

D = قطر الأنبوب المراد تغييره (م)

L = طول الأنبوب المراد تغييره (م)

مثال 7-2

جد معدل الدفق خلال أنبوبين متصلين على التوالي، علماً بأن طول كـل منهمـا 100 و 200 متراً، وقطر كل منهما 200 و 250 ملم، ومعامل الاحتكاك يساوي 0.02 و 0.01 لكل منهما على الترتيب. وقد وجد أن فقد السمت فيهما يساوي 4 أمتـار. اسـتخدم: (أ) طريقة السرعة والسمت المكافئة، (ب) طريقة الطول المكافئ.

الحل

1- المعطيات: الأنبوب الأول: = L_1 100 م، = D_1 200 ملم، = f_1 0.02،

الأنبوب الثاني : = L_2 200 م، = D_2 250 ملم، = f_2 0.01،

515

أ) طريقة السرعة والسمت المكافئة:

- استخدم معادلة الاستمرارية للأنبوبين بافتراض أن الدفق غير منضغط $Q = A_1*v_1$
$$= A_2*v_2$$
أو $D_1^2*v_1 = (\pi /4)* D_2^2*v_2 *(\pi/4)$

ويمكن إيجاد السرعة في الأنبوب الثاني من المعادلة: $v_2 = v_1*(D_1/D_2)^2$

$v_1 = v_2 \times (200\div250)^2 = 0.64\times v_1$

- استخدم معادلة الطاقة للأنبوبين كما يلي:

$$h_L = (f_1*L_1/D_1)*(v_1^2 /2g) + (f_2*L_2/D_2)*(v_2^2 /2g)$$

$0.01\times200\times((0.64\times v_1)) + (^2 \div (200\times10^{-3}\times2\times9.81)(v_1)\times100\times0.02) = 4$
$^2 \div (250\times10^{-3} \times2\times9.81))$

وعليه: $v_1 = 2.43$ م/ث.

- جد معدل الدفق من المعادلة $Q = A_1*v_1$

$= 0.076 = (200\times10^{-3})^2 \times(\pi \div4)\times2.28$ Q م^3/ث

ب) طريقة الطول المكافئ:

- اختر الأنبوب ذا القطر 200 ملم ثم استخدم المعادلة: $L_e = (f / f_S)*L*(D_S/D)^5$

لإيجاد الطول المكافئ للأنبوب الثاني:

$L_e = (0.01\div0.02)\times200\times(200\div250)^5 = 32.768$ م

- جد الطول الكلي المكافئ (لأنبوب قطره 200 ملم ومعامل احتكاكه 0.02)

$L_e = 32.768 + 100 = 132.768$ م

- استخدم معادلة الطاقة للأنبوب الجديد: $h_f = (f*L/D)*(v^2 /2g)$

$(v^2 \div (200\times10^{-3}\times2\times9.81) \times132.768\times0.02) = 4$

ومنها يمكن إيجاد : $v = 2.431$ م/ث.

- جد الدفق الداخل للأنبوب من المعادلة: $Q = A*v$

$= 0.076 = (200\times10^{-3})^2 \times(\pi \div4)\times2.431$ Q م^3/ث

برنامج 2-7

```
Public Class Form1
    Const g = 9.81

    Private Sub Form1_Load(ByVal sender As System.Object,
      ByVal e As System.EventArgs) Handles MyBase.Load
        Label1.Text = "طول الأنبوب الأول-م"
        Label2.Text = "طول الأنبوب الثاني-م"
        Label3.Text = "قطر الأنبوب الأول-مم"
        Label4.Text = "قطر الأنبوب الثاني-مم"
        Label5.Text = "معامل احتكاك الأول"
        Label6.Text = "معامل احتكاك الثاني"
        Label7.Text = "فقد السمت-م"
        Label8.Text = "السرعة الأولى"
        Label9.Text = "معدل الدفق"
        Button1.Text = "استخدم السرعة والسمت المكافئ"
        Button2.Text = "استخدم الطول المكافئ"
        Me.Text = "مثال 2-7"
    End Sub

    Private Sub Button1_Click(ByVal sender As
      System.Object, ByVal e As System.EventArgs)
      Handles Button1.Click
        Dim D1, D2, v1, v2, f1, f2 As Double
        Dim L1, L2, hL, Q As Double

        L1 = Val(TextBox1.Text)
        L2 = Val(TextBox2.Text)
        D1 = Val(TextBox3.Text)
        D2 = Val(TextBox4.Text)
        f1 = Val(TextBox5.Text)
        f2 = Val(TextBox6.Text)
        hL = Val(TextBox7.Text)

        v2 = (D1 / D2) ^ 2
        'get v1 using hL
        Dim factor1, factor2 As Double
        factor1 = (f1 * L1) / (D1 * Math.Pow(10, -3)
                  * 2 * g)
        factor2 = (f2 * L2 * (v2 ^ 2)) / (D2 *
             Math.Pow(10, -3) * 2 * g)
        v1 = Math.Sqrt(hL / (factor1 + factor2))
        'find Q = Av
        Q = v1 * (Math.PI / 4) * ((D1 / 1000) ^ 2)

        TextBox8.Text = FormatNumber(v1, 2)
        TextBox9.Text = FormatNumber(Q, 2)
    End Sub
```

```
Private Sub Button2_Click(ByVal sender As
    System.Object, ByVal e As System.EventArgs)
    Handles Button2.Click
    Dim D1, D2, v1, f1, f2 As Double
    Dim L1, L2, Le, hL, Q As Double

    L1 = Val(TextBox1.Text)
    L2 = Val(TextBox2.Text)
    D1 = Val(TextBox3.Text)
    D2 = Val(TextBox4.Text)
    f1 = Val(TextBox5.Text)
    f2 = Val(TextBox6.Text)
    hL = Val(TextBox7.Text)

    Le = (f2 / f1) * L2 * ((D1 / D2) ^ 5)
    Le += L1
    v1 = Math.Sqrt((hL * 2 * g * (D1 / 1000)) /
        (f1 * Le))
    'find Q = Av
    Q = v1 * (Math.PI / 4) * ((D1 / 1000) ^ 2)

    TextBox8.Text = FormatNumber(v1, 2)
    TextBox9.Text = FormatNumber(Q, 2)
    End Sub
End Class
```

أما بالنسبة للأنابيب الموصلة على التوازي فيتساوى فقد السمت في أي خط منها، ويعــــبر معدل الدفق الكلي عن مجموع معدل الدفق في كل أنبوب في الحلقة. فمثلاً يمثل الشكل 7-4 أنابيب متصلة على التوازي، وباستخدام معادلة الاستمرارية يمكن كتابة المعادلـــة 7-14.

$$Q = Q_1 + Q_2 + \dots + Q_n = \sum_{i=1}^{N} Q_i \qquad (7\text{-}14)$$

حيث:

Q = الدفق الكلي الداخل للشبكة (م^3/ث)

Q_i = الدفق في الأنبوب رقم i (م^3/ث)

N = عدد الأنابيب المتصلة على التوازي (لابعدي)

وتنتج معادلة الطاقة المعادلة 7-15.

$$h_{L_T} = h_{L_1} = h_{L_2} = \dots = h_{L_i} \qquad (7\text{-}15)$$

حيث:

h_{L_T} = فقد السمت الكلي (م)

h_{L_i} = فقد السمت للأنبوب رقم i   (م)

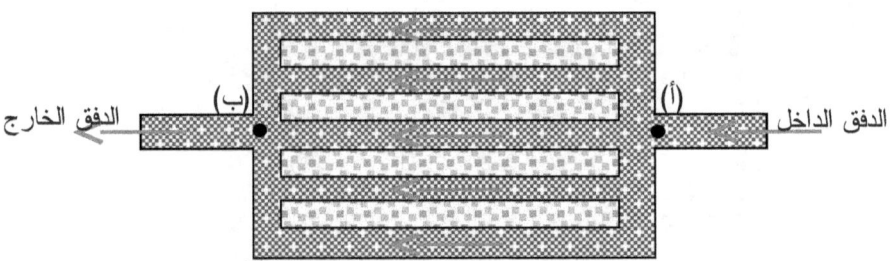

شكل 7-4 الدفق في أنابيب متصلة على التوازي

ويمثل مثل هذا النظام شبكة أنابيب مكونة من مجموعة من الأنابيب المتصلة مع بعضـــها البعض لتسمح بانسياب المائع من نقطة معينة إلى نقطة أخرى عبر عدة مسارات. ومـــــن هذا المنطلق تنتج حالتان:

1)تقدير معدل الدفق في كل أنبوب: لا سيما وأن ارتفاع ميل الخط الهيدروليكي على كل من النقطتين (أ) و(ب) معروف. وعليه يسهل حساب معدل الدفق في كل أنبــوب، لأن الهبوط في ميل الخط الهيدروليكي يمثل فقد السمت. ويصبح الدفق الكلي عبــارة عـن مجموع الدفق لكل أنبوب.

2)تقدير فقد السمت وتوزيع الدفق في كل أنبوب بمعرفة الدفق الكلي. وهذه الحالة الأخيرة معقدة لعدم معرفة فقد السمت ومعدل الدفق لكل أنبوب. وتؤدي أي محاولـة لاستخدام معادلة برنولي Bernoulli's equation ومعادلة الاستمرارية للأنابيب المختلفة في الشبكة، لزيادة عدد المعادلات. وإذا احتوت الشبكة على عدد كبير من الأنابيب فإن هذه المعادلات تكون من الكثرة بحيث يتعقد حلها آنياً. ويكمن الحل فـي استخدام طريقـة التقريب المتتابع Successive approximations ، بافتراض قيم للدفق في كل أنبوب، أو بافتراض فقد السمت في نقاط الملتقى. ويجب التأكد من أن القيم المفترضـة تحقق: تساوي فقد السمت بين أي ملتقيين لكل المسارات بين النقطتين، أو تساوي الدفق

الداخل لكل نقطة ملتقى للدفق الخارج من النقطة. أما عندما لا تحقق القيم المفترضة الحالات المذكورة أعلاه في كل الشبكة، فلا بد من العمل علي تصحيحها بطريقة التقريب المتتابع، إلى أن تتحقق درجة الدقة المطلوبة.

3)ومن الطرق الشائعة الاستخدام لحساب توزيع الدفق داخل أنابيب الشبكة طريقة هاردي كروس Hardy Cross method . وتعطي هذه الطريقة نظام لتقدير قيمة التصليح لكل حلقة (أو ملتقى) على حدة، بفرض عدم تغير الظروف في بقية الشبكة. غير أن التصليح لجزء يؤثر على الأجزاء الأخرى مما يصعب معه توازن فقد السمت والدفق من أول تصليح. وعليه يعمل علي تكرار الطريقة للاقتراب من للتوازن المنشود. ويمكن إيجاز الطريقة المتبعة للحل بالنسبة للحلقات على النحو التالي:

4)أ) تحقيق معادلة الاستمرارية في كل نقاط الملتقى: أي أن كمية الدفق الداخلة في نقطة الملتقى تساوي مجموع الدفق الخارج (بما في ذلك أي ماء مضاف أو مسحوب من النظام عند نقطة الملتقى)، كما مبين في قانون كيرشوف للملتقى في المعادلة 7-16.

$$\sum_{i=1}^{N} Q_i = 0 \qquad (7\text{-}16)$$

حيث:

Q_i = معدل الدفق على نقطة الملتقى رقم i (م^3/ث) (الدفق يكون موجباً إذا كان عكس اتجاه الطواف)

N = عدد نقاط الملتقى (لابعدي)

ب) تحقيق قانون بقاء الطاقة: وفيه يتساوى فقد الطاقة في كل المسارات التي يمر عبرها الماء. كما وأن مجموع فقد السمت للأنابيب التي توصل مصدرين لها سمت ثابت تساوي فرق السمت بين المصدرين. ويشير هذا إلى أن المجموع الجبري لفقد السمت يساوي صفراً عبر أي حلقة مغلقة من الأنابيب (عبر مسار معين) كما موضح في المعادلة 7-17.

$$(\Sigma h_f)_{loop} = 0 \qquad (7\text{-}17)$$

وعندما يراد تحليل الشبكة فهناك إحدى حالتين: إما بموازنة فقد السمت بتصحيح الدفق الافتراضي، أو بموازنة الدفق بتصحيح فقد السمت الافتراضي.

طريقة افتراض تصميم الدفق الافتراضي (طريقة موازنة فقد السمت): تعمـل طريقـة هاردي كروس علي تحليل الشبكة بافتراض الدفق في كل أنبوب، ومن ثم حسـاب عـدم الاتزان الناتج في معادلات الطاقة لتصحيح الدفق في كل حلقة. وتكرر طريقة التصــحيح إلى أن يتم الحصول على التقارب المنشود عندما يكون أكبر تصحيح أقل من حد مقبــول. ولإيجاد فقد السمت يمكن استخدام إحدى معادلات فقد السمت والتي تأخذ الصورة العامـة الموضحة في المعادلة 7-18.

$$h_f = k*Q^n$$
(7-18)

حيث:

h_f = فقد السمت (م)

Q = معدل الدفق في الأنبوب (م³/ث)

k = ثابت معامل المقاومة (يعتمد على هندسة الأنبوب، وقطره، وطوله، والمواد المصنع منها، وعمر الأنبوب، وخواص المائع مثل اللزوجة، ودرجة الحرارة)

n = ثابت أسي لكل الأنابيب (عنـد اسـتخدام معادلـة دارسـي ويسـباش -Darcy Weisbach $\left(h_f = f \dfrac{L}{D} \dfrac{v^2}{2g} \right)$ فإن n = 2، وعند استخدام معادلة ماننج Manning's equation $\left(v = \dfrac{1}{n} r_H^{\frac{2}{3}} S^{\frac{1}{2}} \right)$ فإن n = 2، وعند استخدام معادلة هيزن وليام -Hazen Williams' equation فإن n = 1.85)

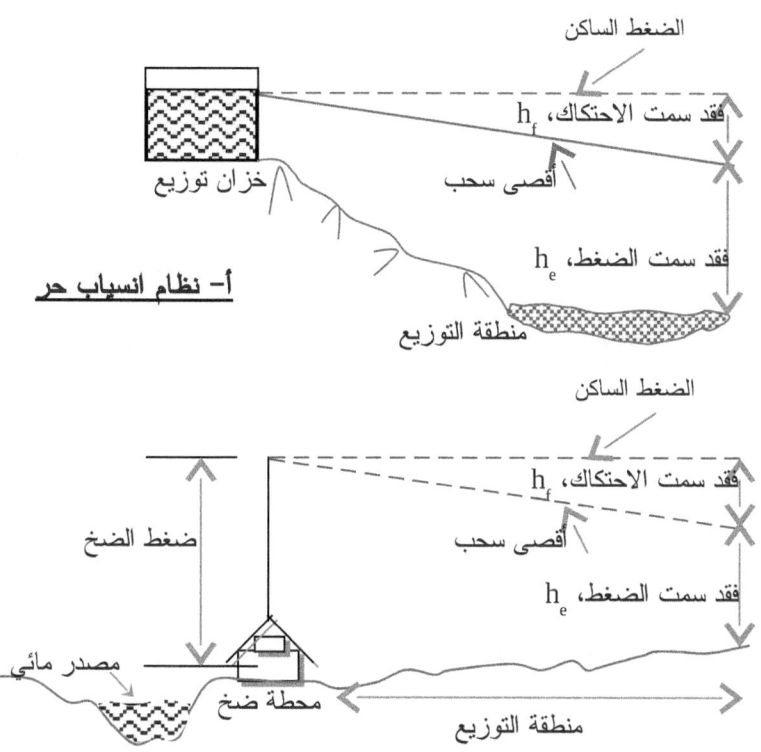

الضغط الساكن

فقد سمت الاحتكاك، h_f

أقصى سحب

فقد سمت الضغط، h_e

خزان توزيع

منطقة التوزيع

أ- نظام انسياب حر

الضغط الساكن

فقد سمت الاحتكاك، h_f

أقصى سحب

فقد سمت الضغط، h_e

ضغط الضخ

مصدر مائي

محطة ضخ

منطقة التوزيع

ب- نظام الضخ

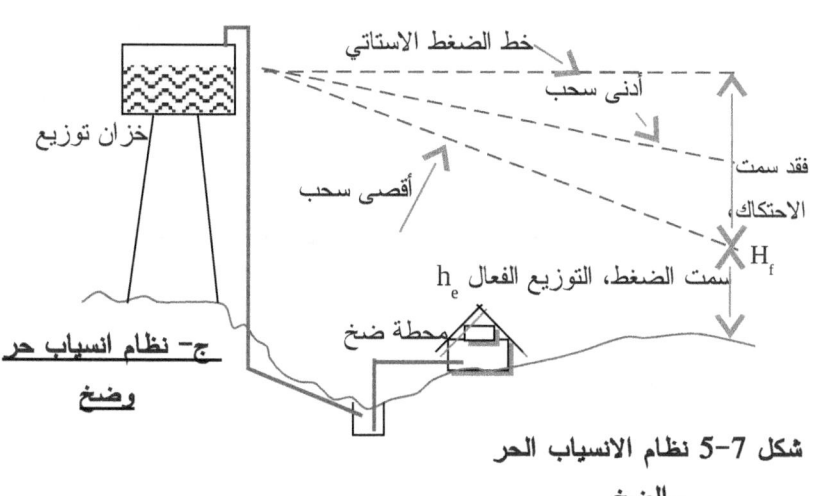

خط الضغط الاستاتي

أدنى سحب

خزان توزيع

فقد سمت الاحتكاك، H_f

أقصى سحب

سمت الضغط، التوزيع الفعال h_e

محطة ضخ

ج- نظام انسياب حر وضخ

شكل 7-5 نظام الانسياب الحر والضخ

ويمكن أن توجد علاقة الدفق المفترض تصليحه من المعادلة 7-19.

$$Q_2 = Q_1 + \Delta Q_1 \qquad\qquad (7-19)$$

حيث:

Q_2 = الدفق الافتراضي الثاني (بعد التصحيح) (م³/ث)

Q_1 = الدفق الافتراضي الأول (قبل التصحيح) (م³/ث)

ΔQ_1 = معامل التصحيح الأول.

أما مجموع فواقد السمت حول أي حلقة (بأخذ أرقام الدفق المفترض) فتوجد من المعادلـــة 7-20.

$$(h_f)_1 = \Sigma\,(k*Q_1{}^n) \qquad\qquad (7-20)$$

حيث:

$(h_f)_1$ = فقد السمت الأول (م)

ومجموع فواقد السمت بعد القيام بالتصليح الأول يمكن إيجاده من المعادلة 7-21.

$$h_{f_2} = \sum\left(k\left[Q_1 + DQ_1\right]^n\right) \qquad\qquad (7-21)$$

حيث:

h_{f_2} = المجموع الجبري لفواقد السمت حول الحلقة.

ويمكن إعادة كتابة المعادلة 7-21 لمتوالية مع إهمال الحدود الصغرى لتقرأ كما مبين في المعادلة 7-22.

$$h_{f_2} = \sum\left(k\left[Q_1^n + nQ_1^{n-1}DQ_1\right]\right) \qquad\qquad (7-22)$$

غير أن $(h_f)_2$ = صفر للحلقة، وعليه فمن المعادلة 7-22 ينتج معيار التصحيح المدرج في المعادلة 7-23.

$$DQ_1 = -\frac{\sum h_f}{n\sum \dfrac{h}{Q}} \qquad\qquad (7-23)$$

تعني إشارة السلب تناقص الدفق الموجب (الدفق عكس اتجاه طواف البيت العتيق،في اتجاه عقرب الساعة)، وتزايد الدفق السالب (في اتجاه الطواف، عكس اتجاه عقرب الساعة). وتكرر هذه الطريقة للحصول على الدقة المتوخاة.

ويمكن تلخيص طريقة هاردي كروس كما مبين في النقاط التالية {7، 10، 16، 18-20}:

- تحدد الهيئة الهندسية للشبكة.
- يفترض دفق مناسب في كل أنبوب (ولا بد من تحقيق معادلة الاستمرارية في كل ملتقى، ويؤخذ الدفق الموجب في عكس اتجاه الطواف لينتج فقد سمت موجب)
- يحدد الآتي لكل حلقة في الشبكة: اتخاذ مصطلح إشارات، وحساب فقد السمت في كل أنبوب والمجموع الجبري لفواقد السمت حول الحلقة، وحساب مجموع كميات Σhو (n $\Sigma(h/Q)$ لكل أنبوب في الحلقة بغض النظر عن الاتجاه، وعمل التصحيح اللازم للدفق داخل الحلقة.
- إعادة تكرار الخطوات أعلاه لكل حلقة في الشبكة مع عمل التصحيح اللازم لكل أنبوب إلى أن يتم الحصول على الدقة المنشودة. ولابد من مراعاة عمل التصليح من أكثر من حلقة للعنصر المشترك بينها.

<u>طريقة افتراض تصحيح فقد السمت (طريقة موازنة الدفق):</u> يتم في هذه الطريقة افتراض خطأ في فقد السمت على نقطة الملتقى. ويمكن اختصار هذه الطريقة في الخطوات التالية:

- يفترض فقد السمت على نقطة الملتقى.
- يوجد معدل الدفق في كل الأنابيب، باستخدام فقد السمت المفترض على نقطة الملتقى.
- يوجد مجموع معدل الدفق لنقطة الملتقى (الدفق الموجب هو الدفق الداخل) ΣQ
- تحسب نسبة الدفق لفقد السمت ($\frac{Q}{h}$) لكل أنبوب.
- يوجد مجموع قيم نسبة الدفق لفقد السمت $S\left[\frac{Q}{h}\right]$
- يوجد تصحيح فقد السمت كما موضح في المعادلة 7-24:

$$Dh = -\frac{n\sum Q}{\sum \frac{Q}{h}} \qquad (7\text{-}24)$$

- يصحح فقد السمت على نقطة الملتقى.

- تكرر الخطوات أعلاه إلى أن يتم الحصول على قيم يمكن أن تهمل للمقدار Δh

من مساوئ طريقة هاردي كروس {7،10}:

1. ضياع الزمن والاحتياج إلى عمل ضخم ممل عند تقدير الدفق الأولي لكل أنبوب في الشبكة.
2. محدودية الاستعمال بالنسبة للدفق الكبير، مما لايأتي بالحد المقبول عند التصحيح.
3. يتم أحياناً الحصول على تقديرات غير صحيحة لمسار الدفق.
4. تتعقد الطريقة عند استخدامها لتحليل شبكة معقدة أو نظام يضم مستودعات مائية، وشبكة، ومضخات داخلية، وصمامات، وغيرها من التركيبات. ويستعصي عمل هذه الطريقة بالنسبة لشبكات المياه الكبيرة، وعليه يلجأ للحاسوب لإتمام التحاليل. وهناك عدة برامج حاسوب جاهزة معدة خصيصاً لتصميم الشبكات مثل برنامج هاردي كروس الدقيق MHC، وبرنامج هايستد، وبرنامج وسنت، وغيرها من برامج الحاسوب الجاهزة.

7 – 7 أنواع الأنابيب واختيارها

لخطوط الأنابيب مقطع دائري وتتبع تقريباً جانب سطح الأرض. وهناك عدة عوامل تتحكم في اختيار نوع المادة التي تصنع منها الأنابيب المستخدمة في شبكات المياه. ومن هذه العوامل: عوامل تتعلق بالماء (نوعية الماء وائتكاله وتحاته وضغطه، وللدفق المطلوب)، وعوامل جيولوجية وطبغرافية (خواص التربة)، وعوامل تتعلق بالأنبوب (الخواص الفيزيائية لمادة الأنبوب وحمولته وكيفية استخدامه، وخطوط النقل، وخطوط التوزيع، وخطوط الخدمة، وتكلفة الأنبوب ووجود مواده، واستمرارية الأنبوب على حسب العمر الافتراضي المتوقع، والمقدرة على تحمل الأحمال والضغط المؤثر للداخلي والخارجي، والوفرة، والاجتهادات الناتجة من المطرقة المائية والتغير في الاتجاه وغيرها)، وسهولة وتكلفة الإنشاء والترميم والإصلاح، ووجود التقانة الملائمة للتشغيل والإصلاح، ووجود الموارد المالية المعينة.

ومن أهم المواد التي تصنع منها الأنابيب: اللدائن (كلوريد البولي فينيل، وأنابيب اللدائن الزجاجية المسلحة ،وغيرها من المواد المبلمرة)، والأسبستس الأسمنتي، والفولاذ، والحديد

الزهر والمجلفن، والحديد الصلب المغطى بطبقة من للبيوتمين، والحديد المطروق (المطاوع). كما تستخدم أنواع أخرى من المواد الأخرى غير أنها أقل شيوعاً منها: الخيزران، والأخشاب، والخرسانة، والحديد المطيلي، والخرسانة الأسمنتية المسلحة، والخرسانة سابقة الإجهاد، والاسبستس الأسمنتي، والنحاس، والنحاس الأصفر، والرصاص. ويبين جدول (7–7) محاسن ومساوئ بعض أنواع المواد المصنع منها الأنابيب.

كانت الأنابيب المستعملة فيما مضى تصنع (في بعض الشبكات) من مواسير رصاصية ولكن نسبة للمخاطر الصحية التي ربما حدثت بسبب ذوبان الرصاص في الماء اليسر (لعوامل عدة). وعليه فقد أوقف استعمالها على نطاق واسع.

أما الخيزران Bamboo فخفيف في وزنه، وقوي، ورخيص في ثمنه في مناطق زراعته وإنتاجه، ومناسب للتقانة المستدامة. غير أنه يعيش لفترة قصيرة، ولا يتحمل الضغط، ويحتاج إلى إصلاح وترميم مستمر نسبة للضغط داخل نظام الماء.

كما وتستعمل المواسير البلاستيكية غالباً للتوصيلات الداخلية أو الخطوط الجانبية، وذلك نظراً لعدم مقدرتها على تحمل أوزان ثقيلة فوقها (كحركة السيارات). وتضم المواد البلاستيكية المستخدمة بكثرة في نظم المياه: كلوريد متعدد الفينيل Poly vinyl chloride، وايثلين متعدد ذا الوزن الجزيئي العالي والمنخفض. ويأتي كلوريد الفينيل المتعدد PVC في طول 3 إلى 6 متر، وقطر 13 إلى 300 ملم؛ وتتحمل أنابيبه ضغط في حدود 11 إلى 14 كجم/سم^2؛ ومن مميزاته أنه خفيف الوزن، ومرن، ومقاوم للتهشم، ومقاوم للمواد الكيماوية، وسهل التركيب والإصلاح والطرق، كما أنه من أكثر المواد نعومة مما يقلل من مشاكل الاحتكاك؛ وعادة تكون مدة صلاحية هذه الأنابيب في حدود 20 سنة. ويأتي الايثلين المتعدد في طول 30 إلى 150 متر أو أطول، وقطر 13 إلى 50 ملم؛ وهو خفيف الوزن، وسهل التركيب والإصلاح. والايثلين المتعدد ذو الوزن الجزيئي القليل يتحمل ضغط 6 كجم/سم^2 ، كما ويتحمل الايثلين المتعدد العالي الوزن الجزيئي ضغط يصل إلى 11 كجم/سم^2 ، وتصل فترة صلاحيته إلى 15 سنة، غير أنه يتأثر بضوء الشمس المباشر.

أما أنابيب الأسبستس الأسمنتي Asbestos cement فتصنع من ألياف الأسبستس المخلوطة بالأسمنت والسيليكا، وتوجد في طول 3 إلى 4 متر، وقطر 50 إلى 900 ملم،

وتتحمل ضغط 11.7 و14 كجم/سم^2 اعتماداً على سمك جدار الأنبوب. وهذه الأنابيب سهلة التركيب، ومتواجدة، وسهلة الطرق والإصلاح عند القطر 150 ملم أو أقلP وذات جدران ناعمة وتقاوم الائتكال، ومن عيوبها الأساسية الصلابة؛ ولذا يجب التعلمل معها بحذر لكيلا تتهشم، وعليه يتم وضعها في أرض رخوة أو فوق بطانة. ورغم أن هذه المواد تقاوم الائتكال غير أن الماء الشديد الحرقة يمكنه نض الأسمنت وعليه تعرض وتعرى ألياف الأسبستس مما يقود إلى دمارها.

جدول 7-7 محاسن ومساوئ بعض أنواع المواد المصنع منها الأنابيب {21}

نوع الأنبوب	المحاسن	المساوئ
الأسبستس الأسمنتي AC	1. تكلفة الأنبوب أرخص من أي نوع آخر 2. الاستمرارية العالية (تربو على 50 سنة) 3. الاحتكاك قليل نسبياً (أي: فقد سمت أقل) 4. عزل حراري جيد، وتقاوم الائتكال والضغط للداخلي والأحمال الخارجية 5. لا يحدث تحات درني 6. وزنها متوسط، أخف من أنابيب الفولاذ 7. سهولة التوصيل	1. أقل مقاس متواجد 80 ملم. والأنابيب ذات سعة أكبر من 200 ملم غالية الثمن نسبة لقصر أطوالها مما يتطلب معه وصلات باهظة التكاليف 2. قابلة للكسر عند الترحيل 3. أكثر صعوبة عن الترميم، وفادحة ثمن الإصلاح 4. لا تصلح لوضعها أعلى الأرض أو في المناطق الصخرية 5. تحتاج إلى مهارة للوصلات 6. التسرب خلال الوصلات أكثر احتمالاً 7. يصعب التوصيل

		لأنابيب مختلفة عنها
أنابيب كلوريد فينيل متعدد PVC	1. أحجام الأنابيب أقل من 50 ملم رخيصة، عامة سعرها رخيص، سهلة الترحيل والوضع 2. أقل فقد احتكاك بالنسبة لكل الأنواع 3. عازل جيد 4. غير قابلة للائتكال وغير سامة 5. مرنة 6. قابلية متوسطة لمقاومة الضغط الداخلي والأحمال الخارجية 7. خفيفة جداً وسهلة الحمل 8. التوصيل بسيط وسريع 9. سهولة التصليح	1. الأحجام أكبر من 50 ملم غالية الثمن بالنسبة لأنابيب الأسبستس الأسمنتي 2. مواد قصفية Brittle 3. غير صالحة للوضع فوق سطح الأرض، وتحتاج إلى غطاء أرضي لتفادي التشوه 4. سهولة الانثناء أثناء الخزن 5. صعوبة التوصيل لأنواع مختلفة أخرى
الحديد المجلفن GI	1. قوية، وذات مقاومة انشائية عالية لمقاومة الضغط الداخلي والأحمال الخارجية 2. سهلة الوضع والتوصيل 3. يمكن وضعهافوق سطح الأرض 4. الوصلات واللواحق رخيصة الثمن 5. لا تتأثر بالعوامل المناخية الحرجة (مثل المناطق المدارية)	1. قابلة للائتكال الداخلي والخارجي 2. غالية الثمن 3. قابلة لـلتغطية بقشرة صلدة 4. ثقيلة، تكلفة الترحيل عالية 5. فقد سمت احتكاك كبير بالنسبة لأنابيب PVC و AC

ويسمى الفولاذ المطلي بالخارصين (الزنك) الحديد المجلفن Galvanized iron, GI، ويأتي في طول 6 أمتار، وقطر 13 إلى 150 ملم. والفولاذ غير المطلي يأتي في طول أكبر، وقطر قد يصل إلى 2400 ملم. ومن عيوبه أنه سريع الائتكال في الماء والتربة الحارقين. والحديد الزهر Cast iron عبارة عن سبيكة من الحديد الغفل Pig iron والكربون، والمنجنيز، والفسفور، والسيلكا، والكبريت ومواد أخرى؛ ويوجد في أطوال 3.6 إلى 6 أمتار، وقطر من 75 إلى 1220 ملم، ويتحمل ضغط 4 إلى 25 كجم/سم^2. ويعيش لفترة 50 سنة، غير أنه باهظ الثمن، ويحتاج تركيبه إلى أجهزة معينة وفني خبير به. ويبين جدول (7-8) بعض أنواع مواد الأنابيب الأكثر شيوعاً.

جدول (7-8) بعض أنواع مواد الأنابيب الأكثر شيوعاً {22}

المادة	التكلفة النسبية	القطر (ملم)	الطول الشائع (م)	الضغط كجم/سم^2	سهولة التركيب والإصلاح	الاستخدام الشائع
خيزران	منخفض جداً	متغير	متغير	منخفض جداً	سهل	توصيلات ضغط منخفض
بلاستيك PVC	منخفض	13 إلى 150	6	11 و 14	سهل جداً	كل أجزاء النظام
بوليثين متعدد • منخفض الوزن الجزيئي • عالي الوزن الجزيئي	منخفض جداً منخفض- وسط	13 إلى 50 13 إلى 50	30 إلى 150 30 إلى 150	6 11	سهل جداً سهل جداً	خطوط الخدمة والآبار
الأسبستس الأسمنتي	وسط	50 إلى 900	3، 4	7 و 11 و 14	صعب نوعاً ما	خطوط التوصيل

						والتوزيع
الحديد المجلفن GI	وسط	13 إلى 150	6	7 و 11	صعب نوعاً ما	آبار، حجرة مضخات، خزانات، وصلات القناطر
الحديد الزهر	عالي	75 إلى 1220	3.6، 6	4 إلى 25	صعب	خطوط التوصيل الرئيسة والكبيرة

وقد تتأثر الأنابيب المعدنية طبقاً لنوعية الماء بعوامل الصدأ، الشيء الذي ينبغي تجنبه. كما وأن هناك خطر نمو البكتريا الحديدية في بعض الأنابيب المعدنية. وعليه يجب التأكد، وأخذ الحيطة، وعمل التحاليل المناسبة لمعرفة :خواص الماء وسرعة تدفقه، والضغط المؤثر على الأنابيب عند اختيارها. ومن الطرق المستخدمة لربط ووصل الأنابيب: اللولبة، والغراء، والتثبيت، واللحام، والوصل الميكانيكي، وللقران المطاطي الحلقي، والقران المقبعي التكاملي، والربط.

7 – 8 المطرقة المائية Water hammer

المطرقة المائية عبارة عن زيادة لحظية في الدفق أو الضغط المار عبر الأنبوب. ويقود الانخفاض المفاجئ في سرعة انسياب الماء عبر الأنبوب إلى انقسام الطاقة المائية لتقوم بدورها بضغط الماء، وتمدد جدران الأنبوب، وتوليد مقاومة احتكاكية لانتشار الموج. وتظهر زيادة الضغط (المطرقة المائية) في شكل طرقات متتالية تسمع كالمطرقة، وربما كانت بالضخامة التي تقود إلى تهشم الجهاز أو خط الأنبوب. وتنتج المطرقة المائية بسبب القفل أو الفتح السريع للصمامات البوابية، أو تشغيل وإيقاف المضخات. ويمكن أن يستخدم قانون جوكواسكي لتقدير ضغط المطرقة المائية كما مبين في المعادلة 7–25.

$$H_{max} = \frac{Uv}{g} \qquad (7\text{-}25)$$

حيث:

H_{max} = أقصى ارتفاع للضغط في أنبوب مغلق (أعلى من الضغط العادي) (م)

U = سرعة ضغط الموجة المتحركة (م/ث)

v = السرعة العادية لخط الأنبوب قبل القفل المفاجئ (م/ث)

ويحدث أقصى ضغط للمطرقة المائية في الزمن الحرج للقفل أو أي زمن أقل من الزمـــن الحرج.

<u>طرق التحكم في المطرق المائية:</u>

1. يمكن التحكم في معدل فتح وغلق الصمامات للسماح بمستوى مقبول من التمورة (Surge).

2. وضع صمام تنفيس (أو غيرها من الكوابت) بالقرب من مصدر الإزعاج.

7 – 9 ضخ الماء والمضخات

المِضخة (المَضخة): قصبة في جوفها خشبة يرمى بها الماء من الفم. وقد ضَخَّه ضخاً إذا نضحه بالماء {2}. ضخ الماء ونحوه – ضخاً: نضحه ورشِّه. المضَـخَّةُ: آلَـة النضـح والرش. و–: آلة يستخرج بها الماء من باطن الأرض بالامتصاص والدفع (ج) مَضَـاخُّ، ومِضَخَّات {3}.

<u>7 – 9 – 1 ضخ الماء:</u> تمثل الجاذبية الأرضية أسهل السبل وأفضلها وأرخصها لتوزيع الماء ونقله من المصدر إلى نقاط الاستهلاك؛ وذلك نسبة لعدم الاحتياج إلى طاقة خارجية، أو أجهزة ميكانيكية، عند وجود نبع في منطقة عالية مقارنة بارتفاع المنازل المحيطة. غير أنه في بعض المناطق يكون مصدر الماء علي ارتف اع أقـل مـن مسـتودع الخ زن أو الاستخدام، أو ربما اقتضى الحال رفع معدل الدفق، أو ربما تقتضي الحاجة تقوية الضغط لرفع الماء نسبة للفقد بالاحتكاك في الأنبوبة وحينئذٍ لابـد مـن اللجـوء إلـى الرافعـات والمضخات لرفع الماء وضخه من المصادر المائية (مثل الآبار، أو البرك، أو الأنهار، أو الخيران، أو غيرها) (أنظر شكل 7-5). وتحتاج كل سبل الضخ هذه إلى طاقة آلية (مثـل مضخات المياه)، أو بشرية (مثل رفع الإناء، أو تشغيل مضخة يدويـة، أو شـادوف)، أو

حيوانية (مثل الساقية)، أو هوائية (مثل المضخات التي تستخدم طاقة الرياح)، أو الطاقة الشمسية أو الطاقة النووية.

7 – 9 – 2 المضخات: المضخة عبارة عن جهاز يقوم بتحويل الطاقة الميكانيكية إلى طاقة هيدروليكية. وتقوم برفع الماء من مناطق منخفضة إلى مناطق عالية تحت ضغط عالٍ. ولا بد من العمل على استخدام مضخات جيدة الصنع، وممتازة الأداء، وتوفير قطع الغيار لها، وتوفير العمالة الفنية المطلوبة للصيانة والإصلاح، وتوفير الوقود اللازم. وتفيد المضخة في عدة مجالات تضم الآتي:

1. رفع الماء الخام من الآبار.
2. نقل الماء العذب إلى المستهلك تحت ضغط مناسب.
3. إمداد الماء المضغوط إلى صنبور (محبس) المطافئ الرئيس.
4. تقوية وتعزيز الضغط إلى الأنابيب العمومية.
5. ملء الصهاريج والخزانات المساعدة في توزيع المياه.
6. الاجتراف الخلفي للمرشحات.
7. نزح الماء من الخزانات والأحواض والبالوعات وغيرها.
8. صنع المحاليل الكيماوية المطلوبة لمعالجة الماء.

ويعتمد اختيار المضخة على عدة عوامل منها: الاعتماد على المصدر، والتكلفة الأولية وتكلفة الصيانة والطاقة والعمالة، وكفاءة المضخة، وسمت الشفط والإمداد، وطبيعة السائل المراد ضخه، وكمية الماء الكلية، ونوع الخدمة (متقطعة، أو مستمرة)، ونوع الطاقة المتاحة، والتغير في معدل الضخ، وسمت الضخ. ومن المواصفات الهامة للمضخة الجيدة: الكفاءة والفعالية التي تناسب الاستهلاك، والاستمرارية طويلة الأجل، والبعد عن المشاكل وجلب المخاطر، والتصميم الهندسي الممتاز، ورخص الثمن، و سهولة الإصلاح والترميم والصيانة، وسهولة التشغيل والاستخدام، والقبول من قبل الجمهور، وللوفرة، وعدم الاحتياج إلى بذل طاقة كبيرة للتشغيل. غير أن مضخات المياه لا تعمل بكفاءة كبيرة في غياب المراقبة المنتظمة والصيانة. ويمكن أن يعزى القصور في أداء المضخة إلى: ضعف نوع المضخة، أو عدم جودة صنع المضخة وإنتاجها، أو الجهل بطرق الاستعمال والصيانة الصحيحة، أو تعرض المضخة لمخاطر الطقس (من رياح، وأمطار، ورطوبة وغيرها)، أو عدم استمرار وجود مواد التشحيم وقطع الغيار، أو تعدد أنواع المضخات

والنماذج مما يعوق تبادل قطع الغيار، أو انخفاض مستوى الماء في البئر بعيداً عن المضخة، أو عدم متابعة عمل المضخات وعدم تحليل وتقويم أسباب العطب، أو غياب الاستخدام الأمثل للسجلات للمتابعة.

7 – 9 – 3 أنواع المضخات: (أنظر شكل 7–6، وشكل 7–7) يمكن تقسيم المضخات على حسب التشغيل أو مصدر الطاقة إلى: مضخات إزاحة (دوارة وترددية وعاكسة)، ومضخات سرعة (طاردية، وتوربينة (عنفة)، ونافورة)، ومضخات رفع الهواء (مضخات عائمة، وطافية)، ومضخات نبض (مكبس هيدرولي).

المضخات اليدوية: في مثل هذه المضخات يلجأ إلى استخدام الحيوانات، والناس، والهواء، أو الماء كمصدر للطاقة. وتنتج هذه المضخات كميات قليلة من الماء بالقرب من أو في المصدر، وتضم فيما بينها الرولفع، ومضخات الإزاحة الموجبة Positive displacement، ومضخات النبض Impulse pumps.

مضخات الإزاحة Displacement pumps: تستخدم مضخات الإزاحة الموجبة طاقة الإنسان، أو الحيوان، أو الهواء. وتتكون هذه المضخة من اسطوانة تحوي مكبس. وقد سميت بمضخة الإزاحة الموجبة لأنها تزيح كمية من المياه تساوي المسافة التي تحركها المكبس. وتعمل هذه المضخات على أساس الحث الميكانيكي لفراغ في حجرة تسمح بجذب الماء إليها، ثم يزاح الماء آلياً لينساب عبر أنبوب. ومن هذه المضخات: الترددية والدوارة. وفي المضخات الترددية يعمل مكبس (كباس) في أسطوانة مغلقة ليدخل الماء في الضربة الأمامية للمكبس إلى الأسطوانة عبر أنبوب ماص. أما في ضربة الرجوع فيخرج الماء في أنبوب التوزيع عبر صمام. ومثل هذه المضخات يمكن أن تكون وحيدة أو ثنائية الأداء اعتماداً على ما إذا تم دفق الماء أثناء الضربة النهائية أو في كلا ضربت المكبس. وتدور في المضخات الدوارة (شكل 7–6) تروس (مُسَنَّنة) في اتجاه معاكس لتقوم بدفع الماء إلى أعلى حول حافة غلافها، ثم يتم رفع الماء. غير أن هذه المضخة تتطلب تهيئة، وعليه فإنها أقل شعبية من المضخة ذات الأسطوانة المغمورة في الماء. كما وأن التهيئة من الأسباب التي قد تقود إلى تلوث الماء. ويمكن استخدام الطاقة الهوائية، واليدوية، والكهربائية في مثل هذه المضخات.

وتعتمد كمية الماء المنتجة بهذه المضخة على عدة عوامل مثل: الرفع بالشـــفط، ووضـــع الاسطوانة داخل أو خارج الماء، وقطر المكبس، والمسافة التي تحركها المكبـــس، وعـــدد ضربات المكبس على وحدة الزمن. وبالنسبة للمضخات اليدوية يمكنها الضخ بسهولة إلى عمق 60 إلى 80 متر. أما المضخات الكهربائية (أو تلك التي تعمل بوســـاطة محـــرك) فيمكنها الضخ إلى ارتفاع 300 متر.

مضخات النبض (مكبس هيدروليكي) Impulse, Hydraulic ram . هذه المضخات بسيطة واقتصادية في تشغيلها ونظم إصلاحها لاحتوائها على القليل من الأجزاء المتحركة. وتستخدم هذه المضخات الطاقة المائية داخل أنبوب لرفع كمية بسيطة من الماء لارتفاعات أعلى. ويدخل الماء إلى المكبس عبر أنبوب دخول. وعندما يمتلئ المكبس يفتـــح صـــمام الراجع ويقفل صمام التصريف، وعليه تنساب المياه من صمام الراجع للخـــارج ويســـكب الماء بأعلى سرعة داخل المكبس. وحينئذ يقفل صمام الراجـــع فجـــاءة ويفتـــح صـــمام التصريف. ويدخل الماء من المكبس إلى حجرة الهواء ثم ينساب إلى الخارج عبر أنبـــوب التصريف. وبعد مدة من الزمن يهبط الضغط في المكبس ويقفل صمام التصريف، ويفتـــح الصمام الراجع لتبدأ الدورة من جديد مما يسمح للمضخة برفع المـــاء لمناســـيب أعلـــى. ولضمان عملها تحتاج على الأقل إلى 12 لتراً من الماء في الدقيقة وانخفاض حـــوالي 50 سم. وعليه فلابد من أن تأتي كميات أكبر من الماء من المصـــدر لضـــمان رفعهـــا إلـــى المنسوب المطلوب ويجب العمل على أن لا تحتوي المياه على رمل، ومواد صلبة، ونفاية كي لا تقفل المضخة.

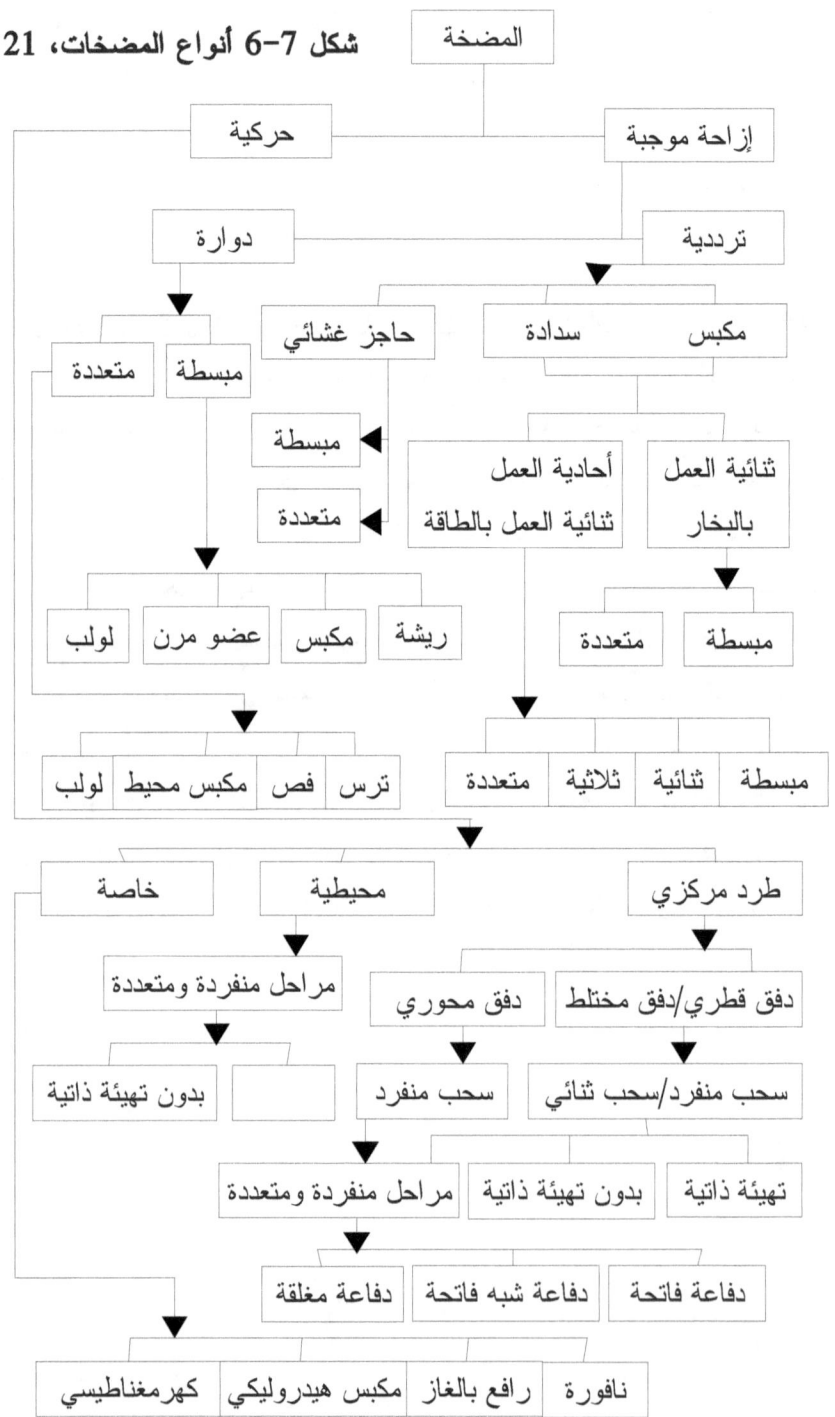

شكل 7-6 أنواع المضخات، 21

المضخات الكهربائية: تستخدم هذه المضخات الطاقة الكهربائية أو محركات الاحتراق الخارجية. وتضم الشفط الأحادي المرحلة Single Stage Suction، والنوافير، والتوربينات (العنفات) ذات عمود الإدارة المغمور Submersible line shaft turbines. وتنتج كميات متوسطة إلى عالية من الماء مقارنة بالمضخات اليدوية. وتختلف مضخات الآبار الضحلة من العميقة، إذ تقوم مضخات الآبار العميقة بالضخ من عمق 7 أمتار أو أقل، ويمثل هذا العمق أقصى رفع عملي بالشد فط من سطح الأرض. ويمكن اختيار المضخات الكهربائية من قوائم وبيانات المصنع بعد إتمام تصميم نظام الماء، أو يمكن إعطاء المصنع متغيرات الضخ ليختار المضخة المناسبة. وتضم البيلنات المهمة المطلوبة لاختيار المضخة التالي: كمية الماء المطلوب ضخها، وفقد سمت الضخ (المسافة بين المضخة وأعلى نقطة في النظام وفقد السمت نتيجة الاحتكاك)، ونوع الطاقة المتاحة، وعدد الطور، ونوع الجهد (الفولتية – تيار مباشر أو متردد)، والدورات، وقطر البئر وعمق الماء بها، وهبوط منسوب الماء الجوفي، والسعة الإنتاجية للمضخة، ومعلومات أخرى مثل فترات الضخ والمناسيب أعلى سطح البحر.

التوربينات (العنفات) ذات الرفع بالشفط Lift shaft turbines: وفي هذه المضخات يوجد المحرك أعلى السطح وتوصل المضخة إليه بواسطة عمود إدارة. ويؤخذ عمق الضخ للآبار الصغيرة القطر (12 إلى 24 ملم) في حدود 12 إلى 35 متراً. أما الآبار ذات القطر أكبر من 3 ملم فيمكن ضخها لأعماق أكبر.

المضخات المغمورة Submersible pumps: من عيوب هذه المضخات: وجوب إخراج جميع المضخة للإصلاح نسبة لأن محركها ملتحم معها وموضوع أدنى منها. غير أن التشغيل والإصلاح والترميم سهل نسبة لعدم وجود أجزاء متحركة كثيرة بها. ويمكن بهذه المضخة ضخ مياه من أعماق كبيرة، وكلما زاد العمق كلما كبر المحرك وربما كان سعره فادحاً، كما وتحتاج المضخة إلى 240 فولت وطاقة ثلاثية الطور. وعليه لا ينصح بضخ لعمق أكبر من 150 متراً.

مضخات نابذة (مضخات الطرد المركزي) Centrifugal pumps: وفي هذه المضخات يتم دوران الماء الداخل إليها بسرعة عالية بواسطة دفاعة مروحية. وتقوم هذه الدفاعة

بحث قوة طاردية لدفع الماء للأطراف ولأنبوب التوزيع. ويمكن تقسيم هذه المضخات إلى نوعين رئيسين هما: مضخة طاردية حلزونية Volute، ومضخة طاردية توربينية (عنفة) Turbine. وفي نوع المضخة الحلزونية تقوم ريش الدفاعة المروحية بالتصريف في حيز حلزوني يتمدد بانتظام حتى تبقى سرعة الدفق متساوية في كل نقاط الحيز المحيط. أما في نوع المضخة الطاردية فتحاط الدفاعة بالريش القيادية الساكنة والتي تعمل على تخفيض سرعة الماء قبل دخول الماء إلى الحيز المحيط. وتقوم سرعة الماء الخارج من الدفاعة المروحية بتغيير اتجاهها وتغيير سمت السرعة إلى سمت ضغط بواسطة ريش الانتشار.

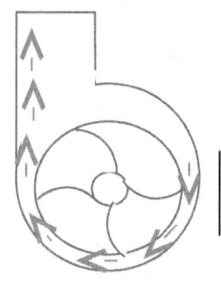

أ- مضخة دوارة ب- مضخة حلزونية أ- مضخة تربينية

شكل 7-7 بعض أشكال المضخات

مضخات رفع الهواء Air lift pumps: تستخدم هذه المضخات لرفع الماء من الآبار بوساطة أنابيب صرف أو تخفيض. وتمتد هذه الأنابيب من مستوى سطح الأرض إلى العمق المطلوب داخل البئر. ثم يدفع هواء مضغوط عبر أنبوب هواء لأسفل أنبوب التخفيض الموضوع داخل أنبوب تغليف. ولخليط الهواء والماء في قعر الأنبوب كثافة نوعية قليلة، مما يساعد على ارتفاع خليط الهواء والماء عبر أنبوب التخفيض منساباً إلى الأعلى. وتستمر فقاعات الهواء في تمددها إلى أن تصل إلى المخرج حيث يسود الضغط الجوي العادي. ويبين شكل 7-6 أنواع المضخات وشكل 7-7 بعض أشكال المضخات.

يمكن إيجاد الشغل المبذول بالمضخة من المعادلة 7-26.

$$HP = \frac{\gamma QH}{75} \qquad (7\text{-}26)$$

حيث:

HP = القدرة المائية المطلوبة (حصان)

γ = الوزن النوعي للماء (كجم/م^3)

Q = التصريف من المضخة (م^3/ث)

H = فقد السمت الكلي الذي تعمل ضده المضخة (بما فيها الفقد) والذي يمكن إيجاده من المعادلة 7-27.

$$H = H_s + H_d + H_f + H_i \qquad (7\text{-}27)$$

حيث:

H_s = فقد سمت الشفط

H_d = فقد سمت التصريف

H_f = فقد سمت الاحتكاك

H_i = الفقد من المدخل والمخرج والانثناءات والأكواع والصمامات وغيرها.

ويمكن إيجاد كفاءة المضخة من المعادلة 7-28.

$$Eff = \frac{\gamma QH}{HP_b} \qquad (7\text{-}28)$$

حيث:

Hp_b = القدرة الكلية الحصانية للكابح (Brake horse power)، أنظر المعادلة 7-29.

$$HP_b = \frac{\gamma QH}{E} \qquad (7\text{-}29)$$

حيث:

E = الكفاءة

وعند اختيار المضخات فإن دفق المضخة أو سعتها تقدر على النحو التالي: {21}

1. إذا استخدمت المضخة للإمداد المباشر للماء تساوي سعتها الحاجة القصوى في الساعة Peak hourly demand.
2. إذا كان نظام توزيع الماء به خزان فتساوي سعة المضخة الحاجة القصوى اليومية Maximum-daily demand.

مثال 7-3

جد السعة المطلوبة لمحطة ضخ طبقاً للبيانات التالية:

- الاحتياج المائي المطلوب = 175 لتر/فرد/اليوم
- عدد السكان = 15.000 شخص
- منسوب ارتفاع الماء في النهر = 50 متر
- منسوب ارتفاع محطة التنقية = 65 متر
- عدد ساعات الضخ = 24 ساعة
- فواقد السمت في الأنبوب الرئيس الصاعد = 1.5 متر
- كفاءة المضخات = 70% ، وكفاءة المحركات = 90%

الحل

1) المعطيات: الاحتياج = 175 لتر/فرد/اليوم، P = 15.000 شخص، ارتفاع ماء النهر = 50 م، ارتفاع المحطة = 65 م، ساعات الضخ = 24 ساعة، فواقد السمت = 1.5 م، كفاءة المضخات = 70% ، وكفاءة المحركات = 90%

2) جد كمية الماء المطلوبة الكلية = $Q = (15,000\times175) \div (1000\times60\times60\times24) = 0.0304$

3) جد فقد السمت لرفع الماء = 65 − 50 = 15 متر

4) جد فقد السمت الكلي: $H = 15 + 1.5 = 16.5$ متر

5) جد القدرة المائية بالحصان من المعادلة: $HP = \frac{\gamma QH}{75}$

HP = (0.0304×1000×16.5) ÷ 75 = 6.68 قدرة حصان

6)جد القدرة الحصانية للكابح = 6.68 ÷ (0.9×0.7) = 10.61

برنامج 7-3

```
Public Class Form1
    Private Sub Form1_Load(ByVal sender As System.Object,
      ByVal e As System.EventArgs) Handles MyBase.Load
        Label1.Text = "الاحتياج المائي-لتر/فرد/يوم"
        Label2.Text = "عدد السكان"
        Label3.Text = "ارتفاع الماء في النهر-م"
        Label4.Text = "ارتفاع محطة التنقية-م"
        Label5.Text = "عدد ساعات الضخ"
        Label6.Text = "فواقد السمت-م"
        Label7.Text = "كفاءة المضخات-%"
        Label8.Text = "كفاءة المحركات-%"
        Label9.Text = "القدرة المائية بالحصان"
        Label10.Text = "القدرة الحصانية للكابح"
        Button1.Text = "احسب القدرة"
        Me.Text = "3-7 مثال"
        Me.FormBorderStyle =
            Windows.Forms.FormBorderStyle.FixedSingle
    End Sub

    Private Sub Button1_Click(ByVal sender As
      System.Object, ByVal e As System.EventArgs)
      Handles Button1.Click
        Dim n, P, hw, hpp As Double
        Dim hr, H1, H2, Htotal, eff1, eff2 As Double
        Dim Q, HP, HPbreak As Double
        n = Val(TextBox1.Text)
        P = Val(TextBox2.Text)
        hw = Val(TextBox3.Text)
        hpp = Val(TextBox4.Text)
        hr = Val(TextBox5.Text)
        H1 = Val(TextBox6.Text)
        eff1 = Val(TextBox7.Text) / 100
        eff2 = Val(TextBox8.Text) / 100
        Q = (P * n) / (1000 * 60 * 60 * 24)
        H2 = hpp - hw
        Htotal = H1 + H2
        HP = (1000 * Q * Htotal) / 75
        HPbreak = HP / (eff1 * eff2)
        TextBox9.Text = FormatNumber(HP, 2)
        TextBox10.Text = FormatNumber(HPbreak, 2)
    End Sub
End Class
```

يبين جدول 7-9 مقارنة بين أنواع مختلفة من المضخات.

جدول (7-9) مقارنة بين أنواع مختلفة من المضخات {23}

المنشط	مضخات النبض	مضخات الإزاحة الموجبة	المضخة الطاردة المركزية المستقيمة	المضخة الطاردة المركزية النافورة	مضخة مغمورة	توربينة ذات رفع بالشفط
السعة لتر/ دقيقة	-	12 إلى 150	مدى كبير جداً، شبه لا محدود	18 إلى 300	40 إلى 240 وأعلى	120 إلى 360 وأعلى كثيراً
رفع المضخة للماء (م)	-	قليل إلى عالٍ 8 إلى 500	قليل، أقل من 8	قليل إلى وسط 8 إلى 25	-	متوسط
الرفع من المضخة لأعلى منسوب	-	محدود بمتانة الأنبوبة	مدى كبير 6 إلى 500	عادة 6 إلى 100	30 إلى 400 وأعلى	5 إلى 500
قطر البئر المطلوب (سم)	لا تستخدم مع الآبار	6	6	12 مع نافورة في البئر	12	12
الكفاءة	قليلة	40 - 60%	50-85%	40 - 60%	65 - 85%	65 - 80%
السعر النسبي	مناسب	مناسب	مناسب	مناسب	مناسب وعالٍ في العمق الكبير	عالي
التشغيل والصيانة	بسيط	تحتاج مراقبة	بسيط- تحتاج مراقبة	بسيط- تحتاج مراقبة	بسيط- تحتاج مراقبة	أكثر صعوبة- تحتاج مراقبة خبيرة مستمرة

المحاسن	بسيطة- الأجزاء المتحركة قليلة	سهلة التصليح والغيار	سهلة الصيانة والغيار	سهلة الصيانة والغيار	المضخة والمحرك داخل البئر يقلل التخريب	يمكن تشغيلها بطاقة مختلفة- حجم كبير
العيوب	تحتاج إلى دفق ماء مستمر	تحتاج مراقبة	تحتاج مراقبة لتشحيم البلالي	تحتاج مراقبة	صعبة السحب، تحتاج إلى سلك كهربائي خاص	صعبة الإصلاح عند تلف البلالي

7 - 10 الائتكال والتحات

تَأَكَّلَ الشيء: أكل بعضه بعضاً.

الإئتكالُ في الاصطلاح العلمي: التغير الناشئ عن عوامل التأَكُّل المختلفة من طبيعية وكيماوية وغيرها {3}.

وتحاتَّ الشيء: أي تناثر. وفي الحديث: **ذاكرُ الله في الغافلين مَثَلُ الشجرةِ الخضراء وسَطَ الشجر الذي تحاتَّ وَرَقُه من الضَّريب**، أي تَساقَطَ. والضَّريبُ: الصَّقيع. وفي الحديث: **تَحاتَّتْ عنه ذُنوبه** أي تساقطت {2}.

تقوم بعض المياه بالتفاعل مع المواد المصنع منها الأنابيب نسبة لعدم توازن المكونات الكيماوية للماء أو لوجود معادن بها، مما ينتج عنه ائتكال معدن الأنبوب، أو نض الأسمنت في أنابيب الخرسانة، أو ترسب المعادن مما يعوق الدفق.

ويحدث الائتكال والتحات نتيجة ملامسة السائل الحارق للمعدن وذلك: بإذابته، أو من جراء ملامسة المعدن للتربة. وتعتمد درجة الائتكال على عدة عوامل منها: نوعية الماء، (الأكسجين المذاب، وثاني أكسيد الكربون، ودرجة الحرارة، والقلوية، وعسر الماء، والرقم الهيدروجيني)، سرعة دفق الماء، وطبيعة المعدن، ووجود البكتريا المختزلة للكبريتات،

والتغيرات الحياكيميائية (نمو بكتريا الحديد مثل Crenothrix)، كما أن وجود كربونات الكالسيوم والسيليكا في الماء والأنابيب يخفض كثيراً من الائتكال والتحات. أما وجود طبقة خفيفة من كربونات الكالسيوم في داخل الأنبوب فتعمل على حماية المعدن مـن الائتكـال الشديد. ويمكن الحصول على هذه الطبقة باستمرار بالتحكم في نوع الماء للحفـاظ علـى مستوى معين مناسب من كربونات الكالسيوم به. وتتفاوت الأنابيب في نعومتها ممايـؤثر على مقاومتها لدفق المياه، وعموماً كلما زادت خشونة الأنبوب كلما زادت الطاقة المطلوبة لتحريك الماء من نقطة لأخرى وكلما زادت التكلفة بالتالي. وتتفاوت المواد في قوة ومناعة تحملها للضغط، الذي ربما أدى إلى انفجارها. وعليه فلابد من معرفة الضغط فـي كـل أجزاء الشبكة. ويمكن أن تتفاعل التربة مع مواد الأنبوب تحت ظروف معينة، كما ويمكن أن تؤثر التربة على حالة الأنبوب ووضعه. وتؤثر درجة الحرارة وضوء الشـمس علـى الأنابيب اللدنة – البلاستيكية – (مثل الإثلين المتعدد) نسبة لأن لها معامل تمدد وانكمـاش عالٍ، كما وأن الأشعة فوق البنفسجية (من الشمس) يمكن أن تؤثر سلباً علـى البلاسـتيك (اللدائن).

ومن الواجب إجراء التحاليل المناسبة للمياه لمعرفة نوعيتها تفادياً للمخاطر والأضرار التي قد تتأتى من تلك المياه المسببة للائتكال والتحات. ومن الواجب مراعاة أخذ العينات مــن مناطق مناسبة للتمثيل الجيد، بغية أخذ القرار المناسب بعد إجراء الفحص، وعمل التحاليل للصيانة أو المعالجة. ومن أهم المعايير والاختبارات التي تجرى لتحديد درجة الائتكـال والتحات: معامل لانقلير، ومعامل رايزنر، ومعامل التحات {7،10،24}.

معامل لانقلير Langelier index: هذا المعامل مفيد للماء اليسر والماء قليل القلوية، لا سيما ويصعب إيجاد تركيز ثاني أكسيد الكربون في مثل هذا الماء. ويعبر هذا المعامل عن قابلية المياه لإذابة أو ترسيب قشور كربونات الكالسيوم في الأنابيب. ويمكن إيجاد المعامل باستخدام المعادلة 7-30.

$$LI = pH_a - pH_s \qquad (7-30)$$

حيث:

LI = معامل لانقلير (عندما يكون المعامل أقل من صفر (قيمة سالبة) يعنـي أن المـاء تحت التشبع مما يولد الائتكال والتحات. وقيمه المعامل التي تزيد عـن الصـفر (قيمـة موجبة) تولد حالة ماء فوق التشبع مما ينتج عنه الترسيب)

543

pHₐ = الرقم الهيدروجيني الفعلي (أو المقاس) للماء

pH_s = الرقم الهيدروجيني عند التشبع

$$pH_s = pk_2 - pk' + pCa^{++} + pAlk + \psi \qquad (7-31)$$

حيث أن:

pk - pk_2' = ثابت الإذابة والذي يعتمد على درجة الحرارة، وكمية المواد الذائبة الكلية، أو الشدة الأيونية

pCa^{++} = اللوغريثم السالب للتركيز الأيوني للكالسيوم (مكافئ/ لتر)

pAlk = اللوغريثم السالب للقلوية الكلية (مكافئ كربونات الكالسيوم/ لتر)

ψ = معامل تصحيح الملوحة

$$Y = \frac{2.5\sqrt{j}}{1 + 5.3\sqrt{j} + 5.5j} \qquad (7-32)$$

حيث:

φ = الشدة الأيونية.

معامل رايزنر Ryzner index: يعبر هذا المعامل عن التكوين النسبي للقشور، أو قابلية الماء للتحات والائتكال كما موضح في المعادلة 7-33.

$$RI = 2\,pH_s - pH_a \qquad (7-33)$$

حيث:

RI = معامل رايزنر (عندما تكون قيمة معامل رايزنر أقل من 6 تزداد القابلية لترسيب كربونات الكالسيوم وتكوين القشور، وعند القيم الأكبر من 6 يزداد الائتكال، أمـــا القيــم الأكبر من (أو التي تساوي) 10 فتعني حالة ماء شديد الائتكال)

pH_s = الرقم الهيدروجيني عند التشبع.

pHₐ = الرقم الهيدروجيني الفعلي أو المقاس للماء.

معامل التحات Aggressiveness index: يستخدم هذا المعيار لتحديد المياه التي يمكن حملها عبر أنابيب الأسبستوس الأسمنتي بدون مشاكل تحات. وتـــبين المعادلـــة 7-34 العلاقة بين معامل التحات، والرقم الهيدروجيني، والقلوية الكلية، وعسر الماء.

$$AI = pH + Log\,(Alk)*(Ca^{++}) \qquad (7-34)$$

حيث:

AI = معامل التحات (عندما يكون معامل التحات أقل من (أو يساوي) 10 فيشير إلى حالة ماء شديد الائتكال، ومقداره بين 10 إلى 11.9 يدل علي حالة متوسطة الائتكال، وعندما يربو مقداره على 12 فيقال أن الماء غير أكال).

Alk = القلوية الكلية (ملجم كربونات كالسيوم/لتر)

Ca^{++} = عسر الماء نتيجة لأيونات الكالسيوم (ملجم كربونات كالسيوم/لتر)

وقد لوحظ أن الماء الذي يحتوي على معامل تحات أقل من (أو يساوي) 10 يولد ائتكالاً شديداً جداً، إذ أنه أكال أو حات لمعظم المواد المستخدمة في شبكات المياه أو لنابيب المباني.

مكافحة الائتكال والتحات: ومن أهم الطرق المستخدمة لمكافحة الائتكال والتحات التالي:

1. الاختيار الأمثل للمواد المصنع منها الأنابيب: بحيث أن المعدن يكون أقل ذوبانية، ويمكنه من عمل طبقة لحمايته بتفاعلات مناسبة مع مكونات الماء. فمثلاً يمكن اختيار الأنابيب المبينة في الجدول (7–10) لما لحمل السوائل المقترحة عبرها.

جدول (7–10) المواد المقترح حملها بواسطة بعض الأنابيب

المادة	المواد المحمولة
الحديد الزهر	أنابيب المياه العمومية
الحديد المجلفن	خطوط التوزيع
سليكون–برونز	الصمامات والبوابات...الخ
أنابيب غير معدنية رديئة التوصيل للكهرباء	المياه غير الحمضية
الخرسانة الأسمنتية المسلحة	أنابيب الصرف الصحي وصهاريج الماء
الخرسانة سابقة الإجهاد	أنابيب الماء العمومية
الأسبستس الأسمنتي	أنابيب الماء وأنابيب الصرف الصحي

2.معالجة المياه: وفي هذا الإطار يمكن إتباع الطرق التالية:

- إزالة الأكسجين المذاب، وثاني أكسيد الكربون وذلك بالتفريغ الهوائي وإضافة كبريتيت الصوديوم، أو بتمرير الماء على وسط من برادة الحديد لإزالة الأكسجين. كما ويمكن إزالة ثاني أكسيد الكربون بإضافة مادة قلوية في حالة عدم وجود الأكسجين.
- إضافة مادة كيماوية كطبقة واقية Protective coating: وهنا تقوم المياه بترسيب طبقة واقية لجدار الأنبوب الداخلي مثل: سداسي ميتا فوسفات الصوديوم Sodium hexametaphosphate، أو سيليكات الصوديوم، أو كربونات الكالسيوم.
- كلورة الماء: وذلك لأكسدة المواد العضوية خاصة بالقرب من النهايات الميتة، وبذلك منع تكوين أي أحماض عضوية مؤثرة. ويساعد الكلور المتبقي أيضاً علي إزالة كبريتيد الحديد الأسود من المياه الحاملة للكبريتات.
- إضافة مادة مثبطة Addition of inhibitors: تكوِّن هذه المواد غشاءً على الأنابيب يعمل على وقايتها من الائتكال. ومن هذه المواد: متعدد الفوسفات، وسداسي ميتا فوسفات الصوديوم.

3.إضافة مادة تحمي الأنبوب الحديث الصنع: يتم هنا وضع بطانة من مواد غير معدنية (لا فلزية) مثل الإسفلت، والأسمنت (لأنابيب الماء العمومية)، والطلاء المعدني مثل أكاسيد الخارصين (لجلفنة أنابيب الحديد) والألمونيوم، وللبتيومين (لأنابيب الحديد الزهر)، والإسفلت البني، وزيت بذر الكتان Linseed oil، والجازولين الصناعي، والنفط الذائب (لأنابيب الفولاذ)، والطلاء بالقصدير أو النحاس أو النيكل.

4.حماية المهبط Cathodic protection: يتم هنا توصيل الأنبوب إلى القطب السالب لمولد تيار مباشر. ويعمل المولد بدوره للتغذية بالإلكترونات للطلاء المهبطي، مما يحول دون حدوث أي تفاعلات على المصعد. ويمكن توصيل مولد التيار المباشر إلى الأنبوب وتوصيل القطب الموجب إلى معدن ذي جهد إلكتروني أعلى ليعمل كمصعد يحد من الائتكال.

5.عزل الأنابيب Insulation of pipes: يقوم العزل بإنتاج مقاومة للتيار الكهربي مما يؤدي إلى تقليل النشاط الكهركيميائي.

ويبين جدول (7–11) تقدير لكمية الماء التي يمكن أن تهدر عند ترك حنفية الماء مفتوحة بدرجة معينة عبر الزمن.

جدول (7-11) تقدير لكمية الماء المهدر

الماء المهدر	الكمية باللتر				
	في الدقيقة	في الساعة	في اليوم	في الأسبوع	في السنة
نقطة من الماسورة في الثانية	0.0035	0.21	5.1	36	1880
نقطتان من الماء كل ثانية	0.0115	0.7	17	117.5	6115
تنقيط مستمر	0.075	4.54	108.5	760	39.500
نافورة قطرها 1.5 ملم	0.26	15.8	380	2660	138.200
نافورة قطرها 3 ملم	0.83	50	1180	8230	427.500

7 – 11 تمارين عامة

7 – 11 – 1 تمارين نظرية

1)وضح من الكتاب والسنة فضل سقي الماء.

2)تحدث عن أهم أسباب خزن الماء وأهدافه.

3)ما أهم العوامل المؤثرة علي خزن الماء؟

4)ما أهم أنواع الخزانات؟ مع بيان ضروب الاختلاف بينها.

5)حدد أهداف نقل وتوزيع الماء.

6)ما أهم العوامل المؤثرة علي أساليب نقل وتوزيع الماء؟

7)عرف ما يلي: نظام توزيع شطرنجي، وقنوات معنقة، ونظام توزيع شجري، وأنابيب المحطة، ونقاط الخدمة، والدفق الاديباتي؟

8)أي نظم الإمداد أفضل: النظام المتقطع، أم المستمر؟ علل إجابتك.

9)ما مساوئ نظام حنفيات الماء العمومية في الريف؟ وكيف يمكن تداركها؟

10)   أذكر أهم النقاط الواجب عملها عند تصميم نظام حنفيات الماء العمومية.

11)   ما أهم نظم توزيع الماء وطرقه للمدن؟ وما الفرق بين كل نظام منها؟

12)   وضح أهم محاسن النظام الدائري (الحلقي) لتوزيع الماء.

13) ما الفرق بين الدفق الصفحي، والدفق المضطرب؟

14) وضح كيف يمكن استخدام معادلة كولبروك لإيجاد معامل الاحتكاك لأنابيب جديدة.

15) ما أهم سمات رسم مودي؟

16) ما الفرق بين طريقة السرعة وفقد السمت المكافئة، وطريقة الطول المكافئ لتحديد فقد السمت في الأنابيب؟

17) تحدث بإيجاز عن طريقة هاردي كروس لتوزيع الدفق داخل أنابيب شبكة الماء.

18) أي المواد تفضل لتصنيع الأنابيب: البلاستيك الزجاجي المسلح، أم الأسبستس الأسمنتي، أم الفولاذ، أم الحديد المطيلي، أم الحديد المطروق، أم الخيزران؟ ولماذا؟

19) ما المخاطر التي قد تنجم عند استخدام مواسير الرصاص لتوزيع ونقل الماء؟

20) عرف المطرقة المائية؟ وما آثارها؟ وكيف يمكن التحكم فيها؟

21) أذكر أهم أنواع المضخات المائية، مع بيان محاسن ومساوئ كلٍ منها.

22) ما فائدة المضخة؟

23) ما أهم العوامل المؤثرة علي ضخ الماء؟

24) وضح كيف يمكن تقدير كفاءة المضخة.

25) عرف كل من الآتي: شادوف، وعنفة، ومكبس هيدروليكي، وقدرة مائية، ونض الأسمنت.

26) أي المعامل أفضل لتحديد درجة الائتكال والتحات: معامل لانقلير، أم معلمل التحات؟ ولماذا؟

27) كيف تتم مكافحة الائتكال والتحات؟ وأي الطرق تفضل للاستخدام في منطقتك؟

7 – 11 – 2 تمارين عملية

1) يتدفق ماء على درجة حرارة 18°م بمعدل دفق يساوي 0.2 متراً مكعباً في اليوم خلال أنبوب قطره 0.06 ملم.

أ) جد سرعة الدفق عبر الأنبوب

ب) هل هذا الدفق مضطرب أم صفحي؟ ولماذا؟ (الإجابة: 0.82 م/ث، صفحي)

2) ينهمر ماء على درجة حرارة °25م عبر أنبوب ذي مقطع دائري بمعدل دفق يصل إلى 50 متراً مكعباً في اليوم. جد فقد السمت بين طرفي الأنبوب علماً بأن قطر الأنبـــوب 9 سم وطوله 310 متراً والخشونة النسبية له (ε) تعادل 0.25 ملم. (الإجابة: 51 ملم)

3) يحمل أنبوب أفقي ماء على درجة حرارة 20° م وبمعدل دفق 5 مـــتر مكعـــب فـــي الساعة. إذا كان قطر الأنبوب 15 سم، وطوله 200 متر، ومعامل الاحتكاك المطلق لـــه 0.03 ملم:

1. جد فقد السمت نتيجة للاحتكاك.
2. ما مقدار القدرة المطلوبة لاستمرار دفق الماء في الأنبوب:
   - بافتراض أن الدفق صفحي
   - وبافتراض أن الدفق مضطرب في حالة أخرى.
3. ماذا تستنتج من هذه المسألة؟ (الإجابة: 12.6 ملم، 0.172، 0.3 وات)

4)أوضحت التجارب الكيماوية لعينة من الماء النتائج المبينة في الجدول التالي:

المنشط	القيمة
الرقم الهيدروجيني	6.2
أيون الكالسيوم	0.5 مليمكافئ/لتر
القلوية	60 ملجم كربونات كالسيوم/لتر

استخدم معامل التحات لتبيان ما إذا كان هذا الماء حارقاً أم مترسباً؟ ((الإجلبـــة: شـــديد الائتكال)

7 - 12 المراجع والمصادر

1. صحيح البخاري، شرح وتحقيق الشيخ قاسم الشماعي الرفاعي، دار القلـــم، بيروت، مجلد 1-9، 1987.
2. ابن منظور، لسان العرب، مكتب تحقيق التراث، دار إحياء التراث العربـــي، مؤسسة التاريخ العربي، بيروت، لبنان، الطبعة الثانية، 1993.
3. مجمع اللغة العربية، المعجم الوجيز، طبعة خاصة بوزارة التربيـــة والتعليـــم، جمهورية مصر العربية، الهيئة العامة لشؤون المطابع الأميرية، 1995.

4. عصام محمد عبد الماجد وبشير محمد الحسن، إمدادات المياه بالسودان، دار جامعة الخرطوم للنشر، المجلس القومي للبحــوث، الخرطـــوم، السـودان، 1986.

5. عصام محمد عبد الماجد، تنقية الميــاه والهندســة الصــحية، دار جامعـة الخرطوم للنشر، الخرطوم، السودان، 1986.

6. بشير محمد الحسن وعصام محمد عبد الماجد، الصناعة والبيئـة: معالجـة المخلفات الصناعية، معهد الدراسات البيئية، جامعة الخرطوم، الخرطـــوم، السودان، 1986.

7. عصام محمد عبد الماجد، الهندسة البيئية، دار المستقبل للطباعــة والنشـر، عمان، الأردن، 1995.

8. عصام محمد عبد الماجد، التلوث المخاطر والحلول، المنظمة العربية للتربية والثقافة والعلوم (حائز على جائزة)، القباضة الأصلية، تونس، تحت الطبع.

9. Rowe, D. R, and Abdel-Magid, I. M., Handbook of wastewater reclamation and reuse, CRC Press\Lewis Publishers, Boca Raton, FL, 1995.

10. Abdel-Magid, I. M., Hago, A., and Rowe, D. R., Modeling methods for environmental engineers, CRC Press\Lewis Publishers, Boca Raton, FL, 1997 .

11. Nathanson, J. A. and Schneider, R. A., Basic Environmental Technology: Water Supply, Waste Management and Pollution Control, Prentice Hall; 6th Edi., 2014

12. Viessman, W. and Hammer, M. J., Water supply and pollution control, Prentice Hall; 8 edit., 2008.

13. Rao, M. N. and Thanikachalam, V., Environmental engineering, Tata Mc Graw-Hill Publishing Co. Ltd, New Delhi, 1993

14. Hofkes, E. H., Huisman, L., Sundaresan, B. B., Netto, J. M. D., and Lanoix, J. N., Small community water supplies, John Wiley and Sons, Chichester, 1986.

15. IRC, Public standposts water supplies - A design manual, TP Series 14, The Hague, 1979.

16. Douglas, J. F., Gasiorek, J. M. and Swaffield, J. A., Fluid mechanics, Prentice Hall; 5 edi., 2006.

17. Munson, B. R. and Young D. F., Fundamentals of fluid mechanics, Wiley; 5 edi., 2006.
18. Fox, R. W. and McDonald, A. T., Introduction to fluid mechanics, Wiley; 7 edi., 2008.
19. Streeter, V. L. and Wylie, E. B., Fluid mechanics, McGraw-Hill Book Co., London, 1988
20. Daugherty, R. L., Franzini, J. B. and Finnemore, E. J., Fluid mechanics with engineering applications, McGraw-Hill Book Co., New York, 1985
21. Sundaresan, B. B., Guidelines on technologies for water supply systems for small communities, Eastern Mediterranean Region, Alexandria, 1984
22. Water for the world US Agency for International Development, National Demonstration Project, Institute for Rural Water, National Environmental Health Association 1982, Technical Notes, RWS, RW
23. Water for the World, Us Agency for International Development, National Demonstration Water Project Institute for Rural water, National Environmental Health Association, Washington, D. C. 182 , Selecting pumps, Technical Note No. RWS. 4. P. 5
24. American Water Works Association, Determining internal corrosion potential in water supply system, AWWA 76(8), August 1984, 83.
25. Wisler, C. O. and Brater, E. F., Hydrology, John Wiley and Sons, New York, 2nd Ed., 1959.

الفصل الثامن
التشريعات والقوانين والخطوط التوجيهية

8 - 1 مقدمة

ورد في لسان العرب {1} : وقانون كل شيء : طريقُه ومقياسه. والقوانين: الأصول، الواحد قانون، وليس بعربي. التشريع: سَنُّ القوانين {2}.

توضع التشريعات، والقوانين، والأحكام، والخطوط التوجيهية، والمعايير، والأوامر لتحقيق أهداف معينة تعمل في مجملها علي ضمان الحماية العامة والصحة العمومية، والحد من استشراء التلوث مستخدمة في ذلك الأسس الاجتماعية السائدة، والمناحي القانونية الموضوعة والمتفق عليها، والمفردات الاقتصادية الهادفة. وتضم هذه الأهداف{3-6}:

- تجنب أي مخاطر أو أضرار مؤثرة على الصحة العمومية للإنسان، والحيوان، والنبات على المدى القريب والمستقبل.
- تفادي أي تلوث بيئي.
- القضاء علي نواقل الجراثيم الضارة.
- الحد من انتشار أي نشاط ملوث.
- مواكبة التشريعات والقوانين، والأعراف، والتقاليد، والمعتقدات، والأحكام السائدة بالمنطقة.
- تجنب الظلم ما أمكن ذلك. وقد قال الله عزَّ وجلَّ في محكم التنزيل: {**إنَّ الَّذينَ كفروا وظلموا لم يكنِ اللَّهُ ليغفرَ لهم ولا ليهديهم طريقاً**} النَّساء: 168. وقال سبحانه وتعالى: { **فمن تابَ من بعدِ ظلمهِ وأصلحَ فإنَّ اللَّهَ يتوبُ عليهِ إنَّ اللَّهَ غفورٌ رحيمٌ**} المائدة: 39. وقال الحق تبارك وتعالى: {**من جآءَ**

بالحسنةِ فلهُ عشرُ أمثالها ومن جآءَ بالسّيئةِ فلا يجزى إلا مثلها وهـم لا يظلمونَ} الأنعام: 160. وقال الله جلَّ شأنه: **{ولا تحسبنَّ اللَّهَ غافلاً عمّا يعملُ الظّالمونَ إنّما يُؤخرهم ليومٍ تشخصُ فيـهِ الأبصـارُ. مهطعيـنَ مُقنعي رُؤسهم لا يرتدُّ إليهم طرفهم وأفئدتهم هوآءٌ . وأنذرِ النّاسَ يـوم يأتيهمُ العذابُ فيقولُ الّذينَ ظلموا ربّنآ أخّرنا إلى أجـلٍ قريـبٍ نُجـب دعوتكَ ونتّبعِ الرُّسلَ أو لم تكونوا أقسمتم من قبلُ ما لكـم مـن زوالٍ. وسكنتم في مساكنِ الّذينَ ظلموا أنفسهم وتبيَّنَ لكـم كيـفَ فعلنـا بهـم وضربنا لكمُ الأمثالَ. وقد مكروا مكرَهم وعندَ اللّهِ مكرُهـم وإن كـان مكرُهم لِتزولَ منهُ الجبالُ. فلا تحسبنَّ اللّهَ مخلفَ وعدهِ رسلهُ إنَّ اللّـهَ عزيزٌ ذو انتقام}** إبراهيم: 42-47. وقال الله عزَّ وجلَّ: **{وعنتِ الوجـوهُ للحيِّ القيُّومِ وقد خابَ من حملَ ظلماً}** طه: 111. وقـال الحـق سـبحانه وتعالى: **{ومن أظلمُ ممَّن ذكّرَ باياتِ ربِّهِ فأعرضَ عنها ونسيَ ما قـدَّمت يداهُ إنّا جعلنا على قلوبهم أكنّةً أن يفقهوهُ وفى آذانهم وقراً وإن تـدعهم إلى الهدى فلن يهتدوا إذاً أبدا}** الكهف: 57.

وجاءَ في صحيحِ البخاري {7} باب 429 الحديث 661 كتاب المظالم والغصب: "حـدَّثنا يحيَى بنُ بُكيرٍ قالَ حدَّثنا الليثُ عنْ عقيلٍ عنِ ابنِ شهابٍ أنَّ سالماً أخبرهُ أنَّ عبد اللهِ بـنَ عمرَ رضيَّ اللهُ عنهمَا أخبرهُ أنَّ رسولَ اللهِ صلَّى اللهُ عليهِ وسلَّم قالَ: **المسلمُ أخُو المسلمِ لاَ يظلمهُ ولاَ يُسلمهُ ومنَ كانَ في حاجةِ أخيهِ كانَ اللهُ في حاجتهِ ومنَ فرَّج عنْ مسلمٍ كربةً فرَّج اللهُ عنهُ كربةً منْ كرباتِ يومِ القيامةِ ومنْ سترَ مسلماً سترهُ اللهُ يـومَ القيامةِ**". وقدَ أوردَ البخَارُّي {7} في صحيحه في البابِ 427 الحديث 659 كتاب المظالم والغصب: "حدَّثنا إسْحاقُ بنُ إبراهِيمَ قال أخبرنا مُعاذُ بنُ هشامٍ قال حدَّثني أبي عنْ قَتَـادَةَ عنْ أبي المُتَوَكِّلِ النَّاجي عنْ أبي سعيدٍ الخُدْرِيِّ رضي الله عنه عنْ رسولِ اللهِ صلى اللهـ عليه وسلم قال: **إذا خلصَ المؤمنونَ منَ النّارِ حبسُوا بقنطرةٍ بيـنَ الجنّـةِ والنّـارِ فيتقاصُّونَ مظالمَ كانتْ بينهمْ في الدُّنيا حتّى إذا نُقّوا وهُذِّبوا أذنَ لهمْ بدخولِ الجنّـةِ فوالّذِي نفسُ محمَّدٍ صلى الله عليه وسلم بيدِهِ لأحدهمْ بمسكنهِ في الجنّةِ أدلُّ بمنزلـهِ كانَ في الدُّنيا**". وقال يونسُ بنُ محمَّدٍ حدثنا شيبانُ عنْ قتادةَ قال حدَّثنا أبو المتوكِّلِ. وجاءَ في صحيحِ البخاري {7} باب 428 الحديث 660 كتاب المظالم والغصب: "حدَّثنا موسى

بنُ إسْماعيلَ قال حدَّثنا همَّامٌ قالَ أخبرنِي قتادةُ عنْ صفوانَ بنِ محرزٍ المازنيِّ قالَ بينمَا أنَا أمشِي معَ ابنِ عمرَ رضيَ اللهُ عنهمَا آخذٌ بيدِهِ إذْ عرضَ رجلٌ فقالَ كيفَ سَمِعْتَ رسولَ اللهِ صلَّى اللهُ عليهِ وسلَّم في النَّجوى فقالَ سمعتُ رسولَ اللهِ صلَّى اللهُ عليهِ وسلَّم يقولُ: **إنَّ اللهَ يدنِي المؤمنَ فيضعُ عليهِ كَنَفَهُ ويسترهُ فيقولُ أتعرفُ ذنبَ كذَا أتعرفُ ذنبَ كذَا فيقولُ نعمْ أيْ ربِّ حتَّى إذَا قرَّرهُ بذنوبهِ ورأَى في نفسهِ أنَّه هلكَ قالَ سَتَرْتُهَا عليكَ في الدُّنيا وأنَا أغفرهَا لكَ اليومَ فيعطَى كتابَ حسناتهِ وأمَّا الكافرُ والمنافقونَ (فيقولُ الأشهادُ هؤلاءِ الذينَ كذبُوا علَى ربهمْ ألاَ لعنةُ اللهِ علَى الظَّالمينَ)**". وجاءَ في صحيحِ البخارِي {7} باب 439 الحديث 671 كتاب المظالم والغصب "حدَّثنا أبو اليمانِ قالَ أخبرنَا شعيبٌ عنِ الزُّهريِّ قال حدَّثنِي طلحةُ بنُ عبدِ اللهِ أنَّ عبدَ الرَّحمنِ بنَ عمرِو بنِ سهلٍ قالَ أخبرهُ أنَّ سعيدَ بنَ زيدٍ رضيَ اللهُ عنهُ قالَ سمعتُ رسولَ اللهِ صلَّى اللهُ عليهِ وسلَّم يقولُ: **منْ ظلمَ منَ الأرضِ شيئاً طُوِّقَهُ منْ سبعِ أرضينَ**".

وجاءَ في صحيحِ البخاري {7} باب 551 الحديث 899 كتاب الأدب: "حدَّثنَا عاصمُ بنُ علِّي حدَّثنَا ابنُ أبِي ذئبٍ عنْ سعيدٍ عنْ أبِي شريحٍ أنَّ النبيَّ صلَّى اللهُ عليهِ وسلَّم قالَ: **واللهِ لاَ يؤمنُ واللهِ لاَ يؤمنُ واللهِ لاَ يؤمنُ قيلَ ومنْ يَا رسولَ اللهِ قالَ الَّذي لاَ يأمنُ جارهُ بوائقهُ.** تابعهُ شبابةُ وأسدُ بنُ موسَى. وقالَ حميدُ بنُ الأسوَدِ وعثمانُ بنُ عمرَ وأبُو بكرِ بنُ عيَّاشٍ وشعيبُ بنُ إسحاقَ عنِ ابنِ أبِي ذئبٍ عنِ المقبريِّ عنْ أبِي هريرةَ".

وجاءَ في صحيحِ البخاري {7} باب 4 الحديث 9 كتاب الإيمان: "حدَّثنا آدمُ بنُ أبِي إياسٍ قالَ حدَّثنا شعبةُ عنْ عبدِ اللهِ بنِ أبِي السَّفرِ وإسماعيلَ عَن الشَّعبيِّ عن عبدِ اللهِ بنِ عمرٍو رضيَ اللهُ عنهمَا عنِ النبيِّ صلَّى اللهُ عليهِ وسلَّم قالَ: **المسلمُ منْ سلمَ المسلمونَ منْ لسانهِ ويدهِ والمهاجرُ منْ هجرَ مَا نهَى اللهُ عنهُ.** قالَ أبُو عبدِ اللهِ وقالَ أبُو معاويةَ حدَّثنا داوُدُ عنْ عامرٍ قالَ سمعتُ عبدَ اللهِ عنِ النَّبيِّ صلَّى اللهُ عليهِ وسلَّم وقالَ عبدُ الأعلَى عنْ داودَ عنْ عامرٍ عنْ عبدِ اللهِ عنْ النَّبيِّ صلَّى اللهُ عليهِ وسلَّم".

وجاءَ في صحيحِ البخاري{7} باب 7 الحديث 12 كتاب الإيمان: "حدَّثنا مسدَّدٌ قالَ حدَّثنا يحيَى عنْ شعبةَ عنْ قتادةَ عنْ أنسٍ رضىَ اللّه عنهُ عنِ النَّبيِّ صلَّى اللهُ عليهِ وسلَّم وعنْ حسينٍ المعلمِ قالَ حدَّثنا قتادةُ عنْ أنسٍ عنِ النَّبيِّ صلَّى اللهُ عليهِ وسلَّم قالَ: **لا يؤمنُ أحدكمْ حتَّى يحبَّ لأخيهِ مَا يحبُّ لنفسهِ**".

إن أهداف وضع التشريعات والقوانين تصلح للتبني في أي مكان وزمان من قبل أي جهة تعمل لتحقيق السلامة والاطمئنان لمواطنيها. غير أن التطبيق، ووضعها موضع التنفيذ تحكمه ضوابط ومتغيرات تتباين من منطقة لأخرى طبقاً لعدة متغيرات منها: الظروف والنواحي الاجتماعية والثقافية، والمعايير الإدارية والإجرائية، والتقاليد والموروثات والمعتقدات المحلية، والتنمية المحلية المستدامة، والأهداف العامة المنوطة بها، والنواحي الاقتصادية والمالية، ودرجة العون الذاتي والمشاركة الشعبية، والتقلنة الموجودة، والكادر الفني المؤهل، ومقومات التدريب. وقد يؤدي غياب تشريع حماية البيئة إلى عشوائية صرف مخلفات وفضلات ضارة وملوثة تلوثاً قد تصعب مكافحته والتخلص منه. كما وأن غياب التشريع الهادف، والمعايير الملزمة، يجعل من السهل على المتسببين في تلوث البيئة التخلص مما لديهم من مخلفات بأي طريقة يختارونها دون اهتمام أو وازع رادع يحول دون حدوث كوارث ودمار سريع، أو بطئ، الحدوث. ولا يكفي وضع التشريعات والأحكام دون متابعة تطبيقها، والعمل بها وعلى هديها، ثم التفكر في أمر تطويرها وتحديثها. ويتطلب هذا الإجراء إنشاء المخابر المحلية والمركزية وتحديثها للفحص وكشف درجة التلوث، ومدى خطورته، وكيفية مكافحته، ومنع تكراره بصفة دورية مستمرة على مدار العام، وإنشاء مراكز البحوث وتطويرها، وتكوين وحدات المعلومات، وتبادل التقانة والخبرة. كما ويتطلب سن وتطبيق التشريع وجود الجهاز الإداري المؤهل، والذي يعمل في تناغم وتنسيق مع كل الجهات ذات الصلة. وبهذا المفهوم التكافلي يتسنى تحقيق بيئة عمل صالحة وخالية من، أو قليلة، التلوث. وعند وضع التشريع للمواد والملوثات الضارة لا بد من ملاحظة التالي {3-6}:

- درجة ونسب تركيز الملوثات في الماء، والغذاء، والهواء، والبيئة المحيطة.
- الخواص الطبيعية والكيماوية والحيوية للملوثات.
- أسلوب وطريقة دخول الملوثات إلى السلسلة الغذائية للإنسان.
- عادات الأكل السائدة للمجموعة السكانية المتأثرة والقريبة من مصدر التلوث.
- تحديد المجموعة السكانية الأكثر تعرضاً للتلوث من جراء عادات استهلاك الطعام، أو التعرض للماء بصورة مباشرة، أو غير مباشرة، أو من البيئة المحيطة، أو الغلاف الجوي بالمنطقة.
- درجة ومدى تعرض الفرد للملوثات.

- التقاليد، والعادات، والقيم، والمفاهيم، والطقوس، والمسلمات الدينية المــؤثرة والسائدة بالمنطقة.
- الأثر المركب للملوثات على الفرد المتأثر، وأثر كل ملوث على حدة.
- درجة السمية، ومقدار التعرض الملائم دون استحداث لأي مخاطر أو أمراض أو ما على شاكلتها.

8 – 2 التشريعات والمعايير والقوانين المائية

المُواصَفَةُ: صفةُ الشيء المطلوب شراؤه أو عَمَله. وبيع المواصفة (في الفقه): أن يـبيع المرء ما ليس عنده، ثم يبتاعه ويوصفه إلى المشتري. {2}

إن تحديد مواصفات الماء في مصدره ومورده، أو تحديدها للاستهلاك العــام تحكمـه أغراض ودواعي الاستعمال والتي تضم: الشرب، والطهــارة، والنظافــة الشخصيــة، والتبريد، والزراعة والري، والصناعة، وسقي الحيوانات، والترفيه والاستجمام، وغيرها من ضروب الاستعمال التليدة والمستحدثة والمتجددة. كما وتحكم المواصفات متغيــرات أخرى متداخلة مع بعضها البعض وتضم: خواص الماء الخام، والتقانة المتاحة محليــاً، والمخاطر الصحية المتوقعة، وسهولة واستمرارية وإمكانية الحصول على الماء العذب.

الخطوط التوجيهية لماء الشرب المعدة بوساطة منظمة الصحة العالمية {8،9،10}: يتوخى خلو ماء الشرب من الجراثيم الممرضة، أو السموم التي تؤثر أنواعهــا وكمياتهــا علــى الصحة العامة على المدى القريب أو البعيد. وعليه ينبغي أن تكون المواصفات مقبولة من المنطلق الحيوي والكيماوي. ويتوخى أيضاً أن يكون الماء ذو خواص طبيعية مستساغة (مقبول الطعم، واللون، والرائحة، وغيرها). ولقد اقترحت منظمــة الصحــة العالميــة مؤشرات وخطوط توجيهية لضمان إمداد المستهلك بماء شرب جيد المواصفات والخواص (أنظر جـدول 8-1). وركــزت هـذه المؤشـرات علــى الخــواص البكتيريولوجيــة والميكربيولوجية (الحيوية) لما لها من أثر بين وملموس علــى صــحة المستهلك. ثــم تعرضت المؤشرات للنواحي الكيماوية لاحتمال تسببها في مخاطر صــحية مدمرة بعـد التعرض لها لفترة زمنية طويلة. وركزت الخطوط التوجيهية علــى المــواد الكيماويــة التراكمية مثل المعادن الثقيلة، والمواد المسرطنة. أما الافتراضات المتبعة لتقدير الخــط

556

التوجيهي فقد أخذت في اعتبارها: أنه لمعظم أنواع السمية هناك جرعة لا تتولد مخـــاطر أقل منها. وبالنسبة للمواد الكيماوية التي يتأتى منها مثل هذه الآثار السمية يمكـــن إيجـــاد الجرعة اليومية المحتملة، Tolerance Daily Intake, TDI، كما موضح في المعادلة 8-1 {10}:

$$TDI = NOAEL \ or \ LOAEL/UF \qquad (8-1)$$

حيث:

TDI = الجرعة اليومية المحتملة (ملجم/كجم وزن جسم)

NOAEL = المستوى الذي لم يلاحظ أي آثار ضارة فيه -no-observed-adverse-effect level

LOAEL = أقل مستوى يلاحظ آثار ضـــارة فيـــه -lowest-observed-adverse-effect level

UF = معامل شك uncertainty factor

ومن ثمَّ يمكن إيجاد الخط التوجيهي كما في المعادلة 8-2:

$$GV = (TDI \ x \ bw \ x \ P)/C \qquad (8-2)$$

حيث:

GV = الخط التوجيهي

bw = وزن الفرد (وتفترض منظمة الصحة العالمية 60 كيلوجرام للبالغ، و10 كجم للطفل، و5 كجم للرضيع)

P = نسبة TDI المنسوبة لماء الشرب

C = استهلاك ماء الشرب اليومي (لتران للبالغ، ولتر للطفـــل، و 0.75 مـــن اللـــتر للرضيع)

وعلى ضوء هذه المؤشرات يمكن أن تقوم كل دولة أو ولاية بوضع معاييرهـــا، ومواصفاتها، وقوانينها لماء الشـــرب طبقاً للظـــروف البيئيـــة والمناخيـــة والثقافيـــة والاجتماعية، والنواحي الاقتصادية السائدة فيها. ومـــن الســـمات الرئيســـة للخطـــوط التوجيهية لمنظمة الصحة العالمية:

♦ يمثل الخط التوجيهي مقدار ودرجة تركيز الملوث التي لا ينتج عنها خطـــر صـــحي واضح للمستهلك.

- تركز الخطوط التوجيهية على معرفة نوع وخصائص مياه الشرب بما يضمن جودة الماء للاستهلاك البشري لكل الاستخدامات المنزلية (بما فيها النظافة الشخصية)، والاحتياجات الصناعية. غير أن هنالك بعض الاستخدامات الخاصة للتي تتطلب جودة أعلى للمياه (مثل عمليات غسيل الكُلى).
- يُعتمد الخط التوجيهي كمؤشر للكشف عن أسباب الزيادة في تركيز الملوث، وذلك بغية أخذ الاحتياطات والتدابير والمعالجة اللازمة، كما ويستفاد منه عند التشاور مع جهات الاختصاص لإسداء النصح فيما يتعلق بالصحة العامة.
- تم وضع الخط التوجيهي للمحافظة على الصحة العامة عند استخدام الماء على المدى الطويل.
- عند وضع المعايير والتشريعات الوطنية لمياه الشرب (بالاعتماد على الخطوط التوجيهية) لا بد من الأخذ في الحسبان عدة عوامل: مثل جغرافية البيئة المحلية، والنواحي الاقتصادية والاجتماعية، والتقدم الصناعي بالمنطقة، والحمية الغذائية، وغيرها من المؤثرات الهامة عند التعرض للماء أو عند استخدامه. وربما أنتجت هذه العوامل تشريعات قومية تختلف في جوهرها عن هذه الخطوط التوجيهية.
- في حالة وجود أي من الإشريكية القولونية أو القولونيات الكلية يجب إجراء التحقيق الفوري. وأقل عمل يجب القيام به في حالة وجود بكتريا القولونيات الكلية هو إعادة أخذ العينة. وفى حالة اكتشاف وجود هذه البكتريا مرة أخرى يجب معرفة المسبب لها بإجراء تحقيق فوري آخر.
- رغماً عن أن الإشريكية القولونية هي أفضل مؤشر للتلوث البرازي، غير أن الكشف عن بكتريا القولونيات المحتملة للحرارة يعتبر بديلاً مقبولاً. ولا ينبغي قبول مؤشرات بكتريا القولونيات الكلية في المناطق الريفية (خاصة في للدول النامية) نسبة لاحتمال تواجد بكتريا أخرى في المصادر غير المعالجة. وقد لاحظت الخطوط التوجيهية انتشار التلوث البرازي في معظم مصادر الماء الريفية في الدول النامية، ولذا تنصح الخطوط التوجيهية جهات الاختصاص بوضع خطة لأهداف، متوسطة المدى، لتحسين إمدادها المائي.

جدول (8-1) موجز للخطوط التوجيهية لمنظمة الصحة العالمية لماء الشرب {8،9،10}

أ) النوعية البكتيرولوجية لماء الشرب[a]:

الكائن الحي	الخط التوجيهي
كل المياه المستخدمة للشرب:	العدد لكل 100 مللتر
الإشريكية القولونية أو بكتريا القولونيات المحتملة للحرارة[b,c]	لا توجد في أي عينة
المياه النقية الداخلة إلى شبكة التوزيع[b]	
الإشريكية القولونية أو بكتريا القولونيات المحتملة للحرارة	لا توجد في أي عينة
بكتريا القولونيات (الكلية)	لا توجد في أي عينة
المياه النقية داخل شبكة التوزيع[b]	
الإشريكية القولونية أو بكتريا القولونيات المحتملة للحرارة	لا توجد في أي عينة
بكتريا القولونيات (الكلية)	لا توجد في أي عينة. كما لا توجد في 95% من العينات المأخوذة طيلة مدة 12 شهر في حالات الإمدادات الكبرى وعند تحليل عدد مناسب من العينات.

ب) المواد الكيميائية المؤثرة على الصحة:

(1) المواد غير العضوية

العنصر	ملجم /لتر	العنصر	ملجم /لتر
أنتيمون	0.005	رصاص	0.01
زرنيخ	0.01	زئبق	0.001
بورون	0.3	موليبدنوم	0.07
باريوم	0.7	منجنيز	0.5
كادميوم	0.003	نيكل	0.02
كروم	0.05	نترات (NO_3^-)	50
نحاس	2	نتريت (NO_2^-)	3
سيانيد	0.07	سيلينيوم	0.01
فلور	1.5		

(2) المواد العضوية المؤثرة على الصحة

المركب	ميكروجرام/لتر	المركب	ميكروجرام/لتر
<u>ألكانات مكلورة</u>		<u>الهيدروكربونات العطرية</u>	
رباعي كلوريد الكربون	2	بنزين	10
ثنائي كلور إيثان	20	تولوين	700
1،2 ثنائي كلور إيثلين	30	زايلين	500
1،1،1 ثلاثي كلور إيثان	2000	إثيل بنزين	300
		ستيرين	20
		بنزو (أ) بيرين	0.07
<u>إيثين مكلور</u>		<u>البنزين المكلور</u>	
كلوريد الفينيل	5	أحادي كلور بنزين	300
1،1 ثنائي كلور إيثين	30	1،2 ثنائي كلور بنزين	1000
1،2 ثنائى كلور إيثين	50	1،4 ثنائي كلور بنزين	300
ثلاثي كلور إيثين	70	ثلاثي كلور بنزين (الكلي)	20
رباعي كلور إيثين	40		
<u>متعددة</u>			
سداسي كلور بيوتادايين	0.6		

(3) المبيدات

المبيد	ميكروجرام/لتر	المبيد	ميكروجرام/لتر
ألاكلور	20	سباعي الكلور وفوق أكسيد سباعي الكلور	0.03
ألديكارب	10		9
ألدرين/ ثنائي ألدرين	0.03	سداسي كلور بنزين	2
بنتازون	30	لندين	20
كلوردين	0.2	ميثوكسيد كلور	9
د.د.ت	2	خماسي كلور فينول	20
2،4،د	30	برمترين	20

1،2-ثنائي كلور البروبان	20	بروبانيل ثلاثي الفلورالين	20

(4) المطهرات ونواتج التطهير

المطهر	مليجرام/لتر	المطهر	مليجرام/لتر
أحادي كلورامين	3	<u>ثلاثي هالوجين الميثان</u>	
كلور	للتطهير الجيد ينبغي وجود متبقي للكلور الحر ≤ 0.5 ملجم/لتر بعد زمن مكث 30 دقيقة لرقم هيدروجيني أكبر من 8	بروموفورم	100
		ثنائي بروم كلور الميثان	100
		ثنائي كلور بروم الميثان	60
برومات	25	كلوروفورم	200
2، 4،6-ثلاثي كلور فينول	200		
<u>أحماض الخل المكلورة</u>		<u>اسيتو نتريلات مهلجنة</u>	
ثنائي كلور حمض الخل	50	ثنائي كلور اسيتو نتريلات	90
ثلاثي كلور حمض الخل	100	ثنائي بروم اسيتو نتريلات	100
		ثلاثي كلور اسيتو نتريلات	1

ج) المواد التي ربما أثارت شكوى من المستهلك

العنصر	المقترح	العنصر	ملجم/لتر
<u>خواص طبيعية:</u>		<u>مواد غير عضوية</u>	
اللون	TCU 15	ألمونيوم	0.2
الطعم والرائحة	يجب قبولها	أمونيا	1.5
درجة الحرارة	يجب قبولها	كلوريد	250
العكر	NTU 5	نحاس	12
		كبريتيد الهيدروجين	0.05
		حديد	0.3
			0.1

		منجنيز صوديوم كبريتات المواد الصلبة الكلية خارصين	200 250 1000 3
مواد عضوية تولوين زايلين أثيل بنزين ستيرين أحادي كلور بنزين 1،2–ثنائي كلور بنزين 1،4–ثنائي كلور بنزين ثلاثي كلور بنزين (الكلي)	ميكروجرام/لتر 24 إلى 170 20 إلى 1800 2 إلى 200 4 إلى 2600 10 إلى 120 1 إلى 10 0.3 إلى 30 5 إلى 50	مطهرات ونواتج التطهير كلور	600 إلى 1000
كلور فينول 2–كلور فينول 2،4–ثنائي كلور فينول 2،4،6–ثلاثي كلور فينول	0.1 إلى 10 0.3 إلى 40 2 إلى 300		

د) المواد الإشعاعية

إجمالي نشاط ألفا	0.1 بيكوكوري/لتر
إجمالي نشاط بيتا	1 بيكوكوري/لتر

هـ) المواد الكيميائية التي لا تؤثر على الصحة في درجات التركيز الموجودة في مياه الشرب

الأسبستس، القصدير، الفضة	غير مهم إعطاء خط توجيهي مبنى على الأسس الصحية لهذه المركبات لأنها لا تمثل خطر على صحة الإنسان في درجات التركيز الموجودة في مياه الشرب

المفتاح:

(a) يجب عمل تحقيق فوري عند اكتشاف الاشريكية القولونية أو البكتريا القولونية الكلية. وأقل إجراء في حالة البكتريا القولونية الكلية هو إعادة أخذ عينة، وإذا وجدت هذه البكتريا في العينة المعادة يجب معرفة السبب بإجراء تحليلات أخرى فوراً.

(b) رغم أن الاشريكية القولونية هي المؤشر الدقيق للتلوث البرازي، غير أن تعداد بكتريا القولونيات المحتملة للحرارة خيار آخر مقبول. وعند الضرورة يجب لإجراء اختبارات تأكد. وبكتريا القولونيات الكلية ليست مؤشراً مقبولاً للتوعية الصحية لإمداد المياه الريفية، خاصة في المناطق المدارية التي قد توجد بمعظم إمدادات المياه غير المنقى فيها بكتريا ليست لها أهمية صحية.

(c) لقد لوحظ في أكثرية إمدادات مياه الريف في الدول النامية انتشار التلوث البرازي. وفي هذه الظروف يجب على المنظمة القومية إجراء مسح ووضع أهداف متوسطة المدى للتحسين المنظور لإمدادات الماء كما مقترح في مجلد 3 من الخطوط التوجيهية لنوعية مياه الشرب لمنظمة الصحة العالمية.

8 - 3 تشريعات إعادة استخدام الماء للري

تستخدم (في عدة مناطق) مياه الصرف الصحي المعالجة بطرق مباشرة أو غير مباشرة للري الزراعي لشح الماء، أو ترشيد استهلاكه، أو غيرها من الأسباب؛ لاسيما ويستهلك ري المحاصيل الزراعية أكبر الحصص المائية. غير أنه ينبغي توخي الحذر عند ري المحاصيل التي تؤكل نيئة وغير مطبوخة. ومن المعايير المتبعة للماء المستخدم للري تحديد القيمة الحيا-كيميائية للأكسجين، ودرجات تركيز المواد الصلبة العالقة في السائل النهائي المعالج. هذا، مع التركيز علي الخواص البكترولوجية والتي تشكل الخطر الحقيقي للصحة العامة. وعليه فقد تم تحديد قيمة كائنات القولونيات بحيث ألا تتجاوز 23 أو 2.2 قولونيات في 100 مللتر في بعض المعايير لبعض الدول، وفى دول أخرى تم تحديد رقم القولونيات الكلية في حدود 100 كائن في 100 مللتر عند استخدام المياه لري المحاصيل في نظم الري غير المحددة. وفى غالبية التشريعات يحدد أقصى عدد للقولونيات البرازية لعلاقتها بالجراثيم نسبة لتشابه خواص معيشتها البيئية، ومعدل إزالتها أو فنائها في محطات المعالجة. غير أنه لا ينبغي الاعتماد على العدد الكلي

للقولونيات لتحديد التلوث البرازي، إذ ليس كل القولونيات من مصدر برازي (خاصة في المناطق ذات المناخ الدافئ) فنسبة كبيرة منها من أصل غير برازي. كما وأن القولونيات البرازية ليست بالمؤشر الجيد عند وجود تلوث بالحمات (الفيروسات)، أو بالحيوانات الأوالي، أو بالديدان. وينبغي وضع معيار لبيض الديدان (في المناطق الموبوءة بأمراض الديدان) لاحتمال انتشار الأمراض المتعلقة بها عند استخدام الماء للري.

مواصفات منظمة الصحة العالمية لإعادة استخدام الماء للري: يبين جدول (8-2) المواصفات والدلائل النوعية الميكروبيولوجية الموصى بها من قبل منظمة الصحة العالمية لاستعمال المخلفات السائلة في الزراعة {11،12}. وعلي حسب الجدول يمكن تقسيم المحاصيل إلى مجموعات علي حسب تعرض المجموعة لها، والدرجة الصحية المتوخاة على النحو التالي {4،5،11،12}:

مجموعة I: تتعلق هذه المجموعة بالحماية المطلوبة لجمهور المستهلكين، وعمال الزراعة. وتضم المجموعة تلك المحاصيل التي يمكن أكلها نيئة، والفواكه المروية بالرش، وحشائش الحقول والبساتين والميادين العلمة ودور الرياضة.

مجموعة II: تنشد هذه المجموعة الحماية فقط لعمال الزراعة. وتضم المجموعة محاصيل الذرة، والمحاصيل الصناعية (مثل: القطن، وليف السيزال الذي تتخذ منه الحبال) ومحاصيل الأطعمة المعلبة، ومحاصيل العلف، والمراعي، والأشجار. كما تضم أحياناً الخضراوات التي لا تؤكل نيئة (مثل البطاطا)، أو الخضراوات التي تنمو أعلى سطح الأرض (مثل الفلفليات). وفي هذه الأحوال يجب التأكد من عدم تلوث المحصول عند ريه بالترشاش أو وقوعه على الأرض، والتأكد بأن تلوث المطبخ بهذه المحاصيل قبل الطبخ لا يأتي بمخاطر صحية. ولتحقيق المعايير والمواصفات والتشريعات لا بد من تكاتف الوحدات المختلفة العاملة بالدولة وتعاونها لتحقيق الأهداف المنشودة، وتوخي السلامة العامة والمحافظة عليها.

مجموعةIII : لا تطلب حماية لهذه المجموعة، وتضم ري المحاصيل في مناطق معينة بالنسبة للمجموعة II عندما لا يتعرض العمال والجمهور لها.

ويمكن تبني هذه المعايير المعدة من قبل منظمة الصحة العالمية غير أنه من الأفضل إدخال التعديلات الملائمة عليها طبقاً للظروف المحلية، ونتائج الأبحاث الطبية، والعادات والتقاليد والموروثات، والمحددات الاجتماعية والثقافية والبيئية والدينية بالمنطقة؛ مع إعطاء مرونة أكبر لهذه الخطوط التوجيهية متي ما اقتضى الحال وظروف التقانة ذلك {4،5}.

جدول 8-5 دلائل النوعية الميكروبيولوجية الموصي بها لاستعمال المخلفات السائلة في الزراعة "أ" {11}

الفئة	ظروف إعادة الاستعمال	المجموعة المعرضة	الدودة الممسودة المعوية الدودة المدورة (ب) (عدد المتوسط الحسابي للبيضات في كل لتر) (أ)	القولونيات البرازية (عدد المتوسط الهندسي لكل 100 مل) (ج)	معالجة المخلفات السائلة المتوقع أن تحقق النوعية الميكروبيولوجية المطلوبة
أ	ري المحاصيل المرجح أن تؤكل غير مطهية، الملاعب الرياضية، الحدائق العامة (د)	العمال المستهلكون الجمهور	≥ 1	1000 ≥(د)	سلسلة من برك التثبيت تصمم لتحقيق النوعية الميكروبيولوجية الموضوعة أو معالجة معادلة
ب	ري محاصيل الحبوب، المحاصيل الصناعية، محاصيل	العمال	≥ 1	لا يوصى بمعيار	الاحتجاز في برك التثبيت لمدة 8 - 10 أيام، أو إزالة معادلة للديدان والقولونيات

	العلف، المرلعي والأشجار (هـ)				البرازية
ج	ري موضعي للمحاصيل في الفئة ب إذا لم يحدث تعرض بين العمال والجمهور	لا أحد	لا ينطبق	لا ينطبق	معالجة سابقة كما تتطلبها تكنولوجيا الري، لكن لا تقل عن ترسيب أولي

المفتاح

أ) في حالات معينة، ينبغي أن تؤخذ في الحسبان العوامل الوبائية والاجتماعية والثقافية والبيئية، وتعدل الدلائل تبعاً لذلك.

ب) نوعا الإسكارس (الصفر الخراطينى) والديدان السوطية والديدان الشصية

ج) أثناء فترة الري

د) دليل أكثر صرامة (200 ≥ قولونيات برازية لكل 100 مللتر) يلائم المروج العامة مثل حدائق الفنادق التي قد يلامسها الجمهور بشكل مباشر.

هـ) في حالة أشجار الفاكهة، ينبغي أن يتوقف الري قبل قطف الثمار بأسبوعين، وينبغي ألا تلتقط أي ثمرة من علي الأرض. وينبغي ألا يستعمل الري بالرشاشات

8 - 4 تشريعات وأحكام إعادة استخدام الماء لتغذية المخزون الجوفي

مما لا شك فيه أن وضع تشريعات لإعادة استخدام الماء لتغذية المخزون الجوفي تساعد كفاءة التخزين، وتنقية الماء وترفيع نوعيته، وزيادة إنتاجية الآبار، والمحافظة على التربة. ويوضح جدول (8-6) أنموذج لأحد هذه التشريعات المعدة في الدولة الأمريكية.

جدول (8-6) تشريعات إعادة استخدام الماء لتغذية المخزون الجوفي {6}

المنشط	القيمة (ملجم/لتر)	المنشط	القيمة (ملجم/لتر)
زرنيخ	0.05	عدد بكتريا القولونيات البرازية	23 لكل مائة مللتر
باريوم	2	بورون	0.02
كادميوم	0.01	كلوريد	0.05
كروم	0.15	نحاس	2
سيانيد	0.2	حديد	0.1
رصاص	0.05	منجنيز	0.1
زئبق	0.01	أمونيا	5
نترات (NO_3^-)	10	نتريت (NO_2^-)	0
سيلينيوم	0.01	فضة	0.1
خارصين	10	الرقم الهيدروجيني	5 إلى 9
الحلجة الحيا-كيميائية للأكسجين	10	المواد الصلبة العالقة	10
الرائحة	لا توجد	الزيوت والشحوم	لا توجد
الأكسجين	هوائي		

8 - 5 تشريعات وأحكام البيئة البحرية

يعتمد وضع التشريع والمعايير القانونية للتخلص من الملوثات وتحجيمها بغية المحافظة على البيئة البحرية على: النواحي الاقتصادية المتاحة، وما يلزم من استخدام لتكنولوجيا تتبسط أو تتعقد طبقاً لمستوى المحافظة المناط به مجاراة التشريع للحد من التأثير السلبي على المجتمع والبيئة محلياً وإقليمياً ودولياً. وللحيلولة دون تلوث البحار، أو تقليل الآثار والمخاطر التي تنبثق من جراء صب الملوثات بها لا بد من تحديد كمية التلوث بالمنطقة، وإجراء وتطبيق البحث العلمي المحلي، وتدريب الكفاءات المسئولة عن المكافحة، وزيادة

كفاءة الكوادر الفنية، ووضع الخطط الفاعلة والممرحلة لصد التلوث، واستقطاب العون الرسمي والشعبي والخيري والدولي، والعمل علي حماية البيئة، ووضع التشريعات اللازمة للحد من مدى تفاقم أو حدوث أو استشراء التلوث، والإصرار على تنفيذ القوانين والتشريعات وتطبيقها والعمل علي هديها {3-13،6}. ويمكن تقسيم التشريعات البحرية إلى عدة أقسام تضم: القانون الدولي لحماية البحار، والتشريعات على المستوى الدولي، والتشريعات على المستوى الإقليمي {3-14،6-17}.

تؤثر في القانون الدولي عدة عوامل تضم: حرية استخدام البحار، والحقوق المكتسبة للمياه الإقليمية وانتهاكها، والمعايير العامة للقانون الدولي للأنهار (عند وجوده، أو بعد التوقيع على أي معاهدة وبروتوكول)، والمقومات العامة للمسئولية (مثل: جهل أو أخطاء محدث التلوث، والإلمام بمخاطر التلوث، والخبرة والكفاءة والمعرفة العلمية، وطبيعة المبتلى بالتلوث، والبرهان التطبيقي والمنطقي والمؤسس المطلوب عند حدوث التلوث، وتداخل المصالح الفردية والعالمية، وحق الدفاع عن النفس، وحق البقاء والوجود والحاجة).

أما التشريعات والأحكام على المستوى الدولي فتتغير بناءاً على درجة واستشراء التلوث، ومفرزات التقانة من ملوثات مستحدثة ومتجددة. وأهم هذه التشريعات تتعلق بكل من: تلوث السفن (التلوث الزيتي، والتلوث الكيماوي بالأوساخ وفضلات المواد السامة، والتلوث النووي من السفن ذات المفاعلات النووية أو تلك التي تحمل مواد مشعة)، والتلوث من دفن الأوساخ والفضلات وطمرها (الأوساخ الإشعاعية، والمخلفات بصورة عامة)، وتلوث العمليات البحرية والغلاف القاري، وتلوث العمليات العسكرية البحرية (العمليات النووية، والعمليات الحيوية، ومعدات الدمار والردع السامة)، والتلوث بطرق غير مباشرة أخرى.

أما التشريعات والأحكام على المستوى الإقليمي فتضم: بروتوكولات التآزر والتضامن والتعامل المشترك عند حوادث التلوث الزيتي، ومكافحة تلوث المواد المشعة، وقوانين دفن الملوثات في البحار وردمها، ومكافحة التلوث من جراء مصادر ذات أصول صادرة من اليابسة، والتلوث بفعل العمليات والاستكشافات الواقعة على الغلاف القاري وعبر البحار، وقوانين الحفاظ علي نقاء البيئة البحرية، وقوانين التحكم في تلوث مياه اليابسة

والهواء، والإنتاج المحلي للملوثات التي ربما أثرت بطرق غير مباشرة على البيئة البحرية.

وتعتمد التشريعات على المستوى المحلي على عدة مفردات منها: التقدم العلمي والتقاني، والنمو الحضاري للمنطقة، ووجود أدوات القياس وسبله، والأجهزة المخبرية، والكفاءات المهنية والفنية، والنواحي الاقتصادية والاجتماعية السائدة. ويمكن أن تضم هذه التشريعات: تشريعات عامة لحماية البيئة المحلية، وتشريعات رصد تلوث السفن ومواخر البحار، وتشريعات دفن الملوثات المشعة والسامة في البحار، وتشريعات التلوث الناجم من الغلاف القاري وقاع البحار (من جراء المناجم، والتعدين، والاستكشافات، والعمليات المطردة بالمنطقة)، وتشريعات لأي تلوث صادر من اليابسة ومؤثر على البحار، وتشريعات لأي تلوث بحري ثانوي (عبر الأنهار والمسطحات المائية داخل اليابسة، أو من الغلاف الجوي، أو من الصناعة وأسس الإنتاج، أو التخلص من الفضلات البشرية والحيوانية والزراعية والتجارية وما ماثلها)، وتشريعات للحد من التجارب النووية في البحار.

8 – 6 استراتيجية نظم تخطيط المياه الوطنية {18}

في بعض المناطق لم يواكب شح المياه أو نضوب معينها تقليل لاستخدام الماء أو حتى ترشيد استغلاله حتى عندما يكون الماء من مصادر غير متجددة ولربما ساعدتها محطات تحلية. وفي هذا سوء استغلال لهذا المورد الحيوي، الشيء الذي قد ينتج عنه مخاطر وخيمة، لا سيما وللماء أثر جلي في إنتاج الغلال والغذاء. ومن العوامل المؤثرة وربما المصعدة لمشاكل شح الماء:

- عوامل الجفاف والتصحر.
- شح (وربما ندرة) الماء بالمنطقة المعنية.
- سوء اختيار مواقع المدن أو تعذر وضعها بالقرب من مصادر الماء الطبيعية.
- توزيع الماء في الأرض (أنظر جدول 8-7).
- محدودية المصادر المتاحة بالتقانة المحلية.
- استغلال المصادر والموارد المائية غير المتجددة.

- النمو السكاني (عوامل معدلات النمو والتكاثر والهجرة واللجوء والنـزوح والتشـرد (أنظر جدول 8-8).
- الزيادة المطردة في مستوي معيشة الفرد.
- النمو التجاري، والتقدم الصناعي، وزيادة الرقعة الزراعية.
- البحث عن الاكتفاء الذاتي للغذاء.
- أنماط دعم الصناعة، والمدخلات الزراعية.
- الطبيعة المتقطعة للانسياب والدفق.
- تدهور نوع الماء الجوفي ونضوب خزاناته.
- تدهور النظم في بيئات صعبة.
- التحديث والتطور والتنمية العجول.

جدول (8-7) نسبة المشاركة في الإيفاء بحاجة الماء والاستخدام من مصادر مختلفة {18 – 23}

المجموع	مياه معاد استخدامها	مياه محلاة	الماء السطحي	الماء الجوفي	البلد
100	0.3	9.7	–	90	البحرين
100	7	–	43	50	الأردن
100	10	53	–	37	الكويت
100	2	4	–	94	عمان
100	10	45	–	45	قطر
100	1	7	6	86	السعودية
100	–	–	92	8	سوريا
100	0.1	47.9	–	52	الإمارات

جدول (8-8) معلومات عامة عن بعض الدول في منطقة الشرق الأوسط {18،19،24،25}

البلد	عدد السكان (مليون)	معدل المواليد السنوي	المساحة (ألف كيلومتر)	استهلاك الماء (لتر/ فرد/ يوم)
البحرين	0.53 (1991)	3.3	0.62	100 إلى 275
العراق	19.5 (1991)	3.8	434.92	200 إلى 500
الأردن	3.6 (1991)	3.6	91.88	400 إلى 600
الكويت	2.2 (1991)	3.6	87.82	200 إلى 400
عمان	2 (1993)	3.5	212.46	100 إلى 300
قطر	0.53 (1991)	6.3	11	300 إلى 600
السعودية	17 (1993)	4	2262	300 إلى 600
سوريا	12,1 (1990)	3.8	185.18	120 إلى 290
تركيا	56,5 (1990)	2.4	780.58	200 إلى 500
الضفة الغربية وقطاع غزة	1,5 (1991)	3.4	-	200 إلى 300
الإمارات	2,4 (1991)	6.4	83.6	600 - 200
اليمن	10 (1991)	3.1	527.97	400 - 200

إن استخدام الماء العذب للتشجير، والتخضير، والزينة، والحدائق العلمة، والمناظر الخلابة، ونوافير الماء، والترفيه له أثر معتبر على الاحتياج المائي. أما الاستخدام الصناعي فينتج مستوى متغير من الاحتياج اعتماداً على النشاط الصناعي، والكثافة الصناعية المزدهرة بالمنطقة. أما القطاع الزراعي فله احتياج مائي كبير قد يصل في بعض المناطق إلى عشرة أضعاف كل الاحتياجات والاستخدامات الأخرى (انظر جدول 8-9).

جدول (8-9) نسبة استخدام الماء في بعض الدول (27،26،23،20،18)

الدولة	الاستخدام الزراعي	الاستخدام المنزلي	الاستخدام الصناعي
البحرين	52	40	8
مصر	88	7	5
العراق	92	3	5
الأردن	75	25	5
الكويت	21	77	2
لبنان	85	11	4
عمان	94	3	3
قطر	56	39	5
السعودية	89	9	2
سوريا	83	7	10
تركيا	78	10	12
الإمارات	64	34	2
اليمن	94	4	2

إدارة الماء: يمكن تعريف إدارة الماء بتخصيص مصادر المياه لأفرع جهات مستخدمة لها بوساطة إذن أو رخصة طبقاً لنظم تنبع من الخطط التنموية والاستراتيجية لجهات الاختصاص الفاعلة {18، 28}. وتخاطب نظم الإدارة المؤسسات الحقيقية، وللقانون واللوائح والموجهات وغيرها من المحاذير القانونية، وأجهزة التحكم المؤسس التي يحتاج إليها لإحداث التغير وتحقيق المرامي والأهداف {20}. ومن المهم أن تستند تنمية الماء وإدارته على طرق المشاركة التي تضم قطاعات وقواعد المهندسين، والجمهور المستهلك، ومخططي المدن، وأخصائي التمويل، والمصادر المالية، بالإضافة إلى البيئيين، وصناع القرار السياسي {20}.

ومن نافلة القول إنه من الآمن والأنسب أن تقوم كل منطقة أو إقليم على حدة بوضع نظم إدارية وتخطيطية للمياه خاصة بها، وذلك نسبة لاختلافات الطقس والمناخ، والعادات

والتقاليد، والنمو السكاني ،والتنمية، والتقانة المتاحة، والعمالة، والكوادر المدربة، والبحث العلمي {20}. ويحتاج للإدارة الجديدة لموارد ومصادر مياه المنطقة للمشاريع الراهنة والمستقبلة في أوجه الزراعة، وضروب الصناعة، وتخطيط البلديات، وإنتاج الطلقة وغيرها من الاحتياجات، وأوجه التنمية المستدامة[284]. ومن أهم البرامج العملية المدرجة في الأجندة 21 للأمم المتحدة لتحقيق التنمية المستدامة للمياه والمحافظة علي البيئة وحمايتها التالي{27، 30}:

* تكامل أوجه تنمية الموارد والمصادر المائية وإدارتها.
* تقويم الموارد والمصادر المائية.
* أثر التغيرات المناخية.
* حماية الموارد والمصادر المائية، وصيانة نوع الماء والبيئة المائية.
* تنمية إمدادات مياه الشرب، وترفيع الإصحاح علي المستوي الحضري لمواكبة التنمية المستدامة للمياه.
* تنمية إمدادات مياه الشرب، وترفيع الإصحاح علي المستوي الريفي لمواكبة التنمية المستدامة للمياه، وإنتاج الغذاء.
* طرق وأساليب التنفيذ والتنسيق.

ومن المهم الفصل الصارم بالنسبة للإدارة الفاعلة بين الوحدات التي تتعامل مع الماء كمصدر ومورد، وبين تلك الوحدات المستخدمة للماء والقائمة علي تنميته {28}.

تخطيط المصادر المائية ومواردها: تحاول عملية التخطيط المائي الوصول إلى استخدام أمثل للماء لتلبية الاحتياج ولمواكبة تحدياته {31}. ويهدف التخطيط المائي إلى إيجاد موازنة بين الاحتياجات المائية والمتاح من المصادر والموارد {32}. ويعتمد تخطيط مصادر وموارد الماء وسبل تنميتها علي الاعتراف بالتداخل الوثيق والربط بين دورة الماء الهيدرولوجية وغيرها من النظم مثل: استخدام الأرض، والمحافظة علي التربة، وإدارة

---

[284] ويعني بالتنمية المستدامة: تلك التنمية التي توافق الاحتياجات الحالية دون التفريط في مقدرة الأجيال القادمة لمواكبة الاحتياجات الخاصة بها {29}. كما يمكن تعريف التنمية المستدامة: بالاقتصاد الشامل المتوازن والتنمية الاجتماعية المتمشية مع الأهداف الإستراتيجية والمبنية على الاستخدام العقلاني الفيصل والإدارة الجيدة للموارد والمصادر {25}.

المنطقة الجابية، واستخدام وإمداد الماء الجوفي، والتصريف، والتحكم في الأحياء المائية، وخواص المجتمع، وتوزيع السكان، والاقتصاد، والرفاهة الاجتماعية، والصحة العمومية وغيرها من العوامل المؤثرة {31}. كما ويحتاج في التخطيط المائي إلى معرفة النـواحي السياسية والمالية والمنهجية والتقانية، ومستلزمات التقويم {33}. ويمثـل شـكل (8-1) التنسيق بين منظومات إدارة الماء والتخطيط.

وفي إطار عام يمكن حصر أهداف التخطيط القومي للماء في التالي {34،31،28،18}:

- التنمية الكفؤة والاقتصادية التي تفي بمتطلبات الجمهور.
- الحصول علي أكبر قدر من الفوائد والريع.
- الاستخدام المستدام والمحافظة علي المصادر والموارد المتجددة في المنظومة الوطنية.
- زيادة رفاهة المجتمع.
- التركيز على تحسين البيئة.
- حماية السياسة الغذائية.
- كسب الموافقة السياسية للخطط.
- تنظيم وتكوين وحدة منظمة لتخطيط الموارد المائية وتنميتها، وتفعيل الاختيار القومي للمشاريع والبرامج والسياسة التي تعين علي الإتيان بالتنمية القومية ذات الجـدوى الاجتماعية والاقتصادية.
- تحديد المتطلبات، ووضع البدائل، وتقويم الأثر والوقع، واختيـار الطـرق الملائمـة للعمل، وتفعيل المشاركة والتنسيق.
- تصميم استراتيجية مالية وإدارة موارد ومصادر الماء.
- التنسيق بين برامج الماء والمنظمات ذات الصلة.
- تقويم المياه القومية.
- استقراء سيناريو إمداد واحتياج الماء في المستقبل.
- إجراء الأبحاث المائية، والعمل علي تطبيق النتائج المشجعة.
- توجيه برامج تخطيط المياه المحلية ودعمها.
- السماح بإنشاء مشاريع الماء الفاعلة.
- التأكد على حفظ الماء، وترشيد استعماله.
- اكتشاف موارد مائية جديدة، والحفاظ على القديم منها.

- تصميم نظم فاعلة لتوزيع الماء للمستهلك وتنفيذها.
- تقوية الإطار القانوني والمؤسس ليفي بالإدارة الفاعلة لمصادر المـــاء متمشــياً مــع أولويات واستراتيجية التنمية الوطنية طويلة الأجل.
- استراتيجية الحفظ لتحديد احتياجات الماء الصالح للشرب، ورفع كفاءة الزراعـــة دون زيادة الاستهلاك.
- تحديد التنمية الزراعية المستقبلة.
- التحكم في تنمية الموارد والمصادر غير المتجددة.
- زيادة الموارد والمصادر.
- تحديد المنظمات الرئيسة المسئولة عن التخطيط الاستراتيجي والتمويل بالمنطقة.
- العمل علي تنفيذ الخطة من المحاور السياسية والتقانية والمالية والقانونية {33}

ومن أهم المحاور الأساسية التي تحدد الخطة الرئيسة وتوصفها لقطاع إدارة الماء التالي {35}:

o الأهداف والمرامي.
o الافتراضات والأفكار المطورة لتحقيق الحلول المثلى.
o الاستفادة من مدي مناسب لأفق التخطيط (عادة تؤخذ فترة عشر سنوات).
o مدة التخطيط لتحديد حجم مشاريع المياه، وإيجاد احتياجات امتداد النظام (عادة تؤخذ فترة خمسون عام).
o تسمية مشاريع تنموية بعينها.
o تحديد هياكل المؤسسات والجمعيات ذات الصلة بالماء.
o استراتيجية إدارة الماء والتقويم.
o التشريع للتحكم في استخدام الماء والمحافظة عليه.

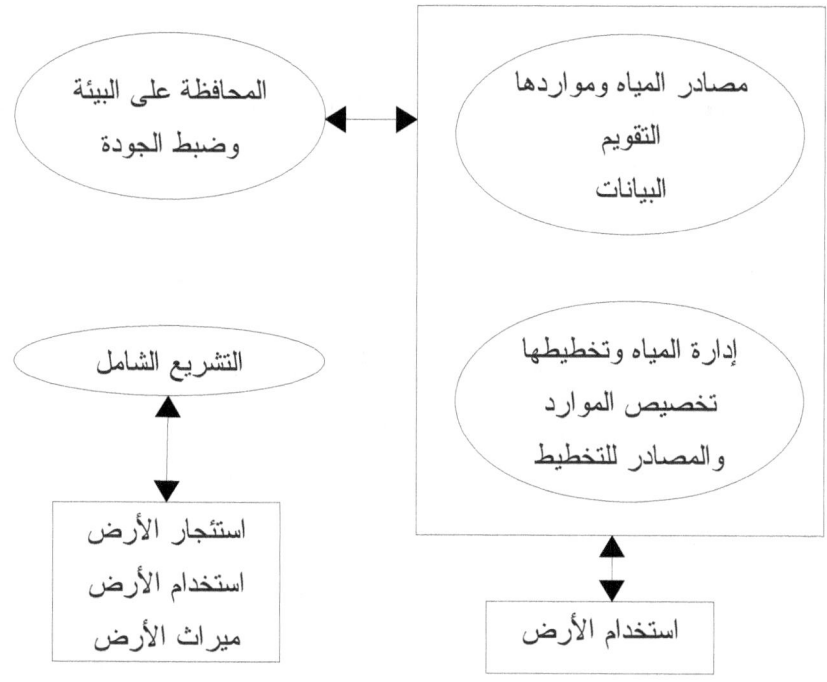

شكل 8-1 إدارة الماء وتخطيطها والتنسيق بين النظم، 17

ويمكن أن تتكون طريقة نظام التخطيط من التالي:

◆ وضع الأهداف والمرامي.

◆ تحديد المشاكل واحتمالات تناغم فرص الماء وموارد الأرض ذات الصلة مع أهــداف وأولويات المقاطعة أو الولاية.

◆ تقييد البيانات والمعلومات ذات الصلة بالمورد والمصدر المائي، واستقرائها وتحليلها.

◆ تحديد الحلول والتقويم الفعلي.

◆ تشكيل الخطط البديلة وتقويمها ومقارنتها.

◆ وضع خطة عمل مناسبة.

◆ التنفيذ.

◆ التشغيل والإدارة.

ولابد من مراجعة الإستراتيجية العامة لعكس التغير في المواضيع المؤثرة مع الجهــــات المسئولة عن صناعة الماء، لكي يضم إلى البرنامج الرئيس المعلومات الحديثة المتعلقــة بنمو المنطقة الخدمية، والاحتياجات المائية، وأنماط التضخم وغيرها من المعــايير ذات الصلة. ولابد من استمرارية تحليل الخطة وتقويمها لإيجاد أفضل السبل ذات الجــدوى الاقتصادية وأحسنها داخل نظام الماء الحالي، لتنعكس هذه داخل الخطة المالية. ويجب العمل على أن توضع الخطة المالية لإيجاد أنسب تكامل لمصادر التمويل. أما اســتنباط التشغيل والصيانة والإصلاح وإعادة التأهيل وتكاليف التغيير فيحوي استنباط الرواتـب والمعاشات والإمدادات والأجهزة والطاقة وقطع الغيار وغيرها من مكونات التكلفة ذات الصلة بقطاع الماء الخدمي {35}. ومن المهم مشاركة الجمهور في عمليــة التخطيـط والعمل بمشورتهم خاصة فيما يتعلق بالمناخ، وطبيعة المجاري المائية الموسمية. كمـــا وأن التفاكر مع الجمهور يساعد أيضاً في فهم القيم، والمعتقدات، والمفاهيم، والموروثات المفيدة لجمع المعلومات الهامة ولاتخاذ القرار المناسب.

ويحتاج إلى التشريع والقانون لكلٍ مما يلي:

◆ تطوير إدارة الماء بالتعرف عن قرب بمسئوليات القطاعات والمؤسسات المختلفة ذات الصلة بمشاريع الماء.

◆ مساعدة عجلة التخطيط الشامل والمتكامل.

◆ مساعدة الاستخدام وحماية المصدر والمورد المائي.

◆ فض نزاع المصالح النابعة من المشاركة في نفس المصدر والمورد المائي.

◆ إعطاء المؤشرات لتوجيه السلوك المستقبل بالنسبة للحالات الجديدة.

◆ تكامل تخطيط استصلاح الأرض، واستخدام الماء.

◆ تقويم الخطط الحالية، واستقراء الخطط المستقبلة لإدارة واستخدام الماء.

◆ استخدام طرق الأنمذجة كأطر للتقويم والإدارة.

دور الجهات ذات العلاقة بوضع خطط موارد ومصادر الماء

عمل الحكومة المركزية: يتركز العمل الحكومي على عدة محاور منها:

* وضع مواضيع وبرامج عامة لتخطيط موارد ومصادر الماء، خاصة تلك المشاريع التي تحتاج إلى تمويل كبير.

* تشييد البنية التحتية.

* تحضير معلومات التقانة والتنسيق.

* وضع المعايير الخاصة بأداء المناطق الحرجة.

* تمويل البحث العلمي.

* وضع الاستراتيجية العامة والتشريع.

وينبغي أن تعالج الولايات البرامج الخاصة بها والخطط اللازمة لإمداد الماء، ومعالجــة الفضلات، والتحكم في الفيضان، ومياه الأمطار، ونوعية مــاء الخلجــان والســواحل، ونوعية المياه، والتحكم والمراقبة، وتنمية الحضــر، والتمويـل، ونظــام المعلومـات، والإدارة والتشغيل.

دور المجتمع والجهات الطوعية: تتحمل جمعيات الحرفيين ذات الصلة بالمياه قدر مــن المسئولية المتعلقة بمصادر وموارد الماء، وطرق التخطيط. وينبغي عليهم المساهمة في البحث العلمي، ونشر الخبرة للاستفادة. وتساعد مشاركة الجمهور فــي دعــم برلمـج التخطيط الشامل وقبولها وتنفيذها ونجاحها، وأداء وحداتها ومراقبتها وصيانتها.

دور الصناعة والتجارة وبيوت الخبرة: يمكن أن تساهم الصناعة والتجارة لتحقيق التنمية بالتمويل، والمشاركة بالتقانة المتاحة لديها، والإدارة والتشغيل، وجلب المـواد الخـام الجديدة، وتمويل المشاريع البحثية الهامة. أما بيوت الخبرة فيمكن أن تساعد في البحـث العلمي، والمشاريع البحثية، ووضع خطط مصادر الماء. ويجب أخذ الحيطة والحذر من بيوت الخبرة التي تأتي من مناطق غنية بالمياه عند وضع خطط المياه.

مرحلة ما قبل التخطيط: في هذه المرحلة يجب:
• إنشاء نظام محلي لبنك المعلومات على أن يسمح له بجمع المعلومات من كل القطاعات العاملة في مجال الماء عبر مجموعة العمل المنبثقة منه.
• تركيب عدد مناسب من محطات الرصد، والمراقبة، والقياس، والتحكــم، والمعـايرة، والصيانة لتحقيق أهداف الخطة القومية.
• معرفة كمية الماء المستخدم والمستقبل من الجمهور في شتى المناحي، ولأثـر نوعيـة الماء على المشاريع المقترحة.

- وضع انمذجة استقرائية واستنباطية ملائمة للمشاريع المقترحة.
- تحديد مناطق وأوجه التلوث، وأنماط التحكم فيه.
- تقويم كمية ونوعية المياه الجوفية والسطحية وغيرها من الموارد المتاحة.
- تحديد الأولويات والأهداف التي تحقق الإمكانات السياسية والاجتماعية والاقتصادية.
- تحقيق قدر جيد من التنسيق بين الوحدات العاملة في مجال الماء.
- بناء الهياكل الإدارية للوحدات المختلقة والمطلوبة.
- إنشاء وحدة للتنفيذ والتطبيق تحت رعاية وزارة رائدة يوكل لهــا مســئولية التنميــة الإقليمية والتخطيط والإدارة.

مرحلة التخطيط: في هذه المرحلة ينبغي عمل التالي:
- تحقيق الإدارة المائية المستدامة وإدارة الاحتياج.
- التركيز على ترشيد الزراعة المروية، والتحكم في نظم الزراعة، وإعادة استخدام ماء الصرف والفضلات السائلة، ورفع كفاءة الري، والتغذية الاصــطناعية، وتطويــر نوعية الماء.
- العمل علي أن تشارك وزارة الصحة والوزارات ذات الصلة في التخطيط، ووضــع الاستراتيجية والمواصفات القياسية، وإدارة المعلومــات. ويجــب أن تلعــب وزارة الصحة دوراً أكبر في الحماية الصحية، والمراقبة والإشراف، والتحكم في مخــاطر الأمراض وأساليب المعالجة والمكافحة، ووضع المواصفات القياسية لنوع المــاء، وطرق متابعة تنقية الماء، ومعالجة الفضلات السائلة، وإعادة الاستخدام وللــدوران، والتثقيف الصحي، وتطبيق قوانين وتشريع التحكم في التلــوث وطــرق مكافحته وتنفيذها جنباً إلى جنب مع الوزارات الهندسية ذات الصلة.
- مشاركة القطاع النسوي والشبابي في برامج ترشيد الماء وحفظه.
- العمل علي أن تتفاعل الاستراتيجية المائية مع الظروف المتغيرة للإمــداد والاحتيــاج المائي.
- وضع أسلوب منظم لإدارة الماء خاصة عند تقويم الميــاه الجوفيــة والتخلــص مــن الملوثات.
- البدء في برنامج تخطيط جيد للماء.
- تكامل برامج إمداد الماء والتحكم في الملوثات متى ما كان ذلك ممكناً.

♦ وضع خطط حقيقية متكاملة لأحواض الأنهار (للمناطق النهرية والنيلية) مع إعطاء أولوية للحقوق المكتسبة، والتنسيق، ومقاصد المشاركين في منطقة الحوض النهري .
♦ احتواء الخطة القومية للماء على كل مواضيع مصادر الماء مثل: التنقية، والتخلص النهائي، وإعادة الاستخدام، والأثر الاجتماعي، والتقويم للبيئي، والتشريع، والاقتصاد، والاستراتيجية السياسية، والإدارة المتكاملة، والصلة بين المصادر والموارد الأخرى.

ما بعد مرحلة التخطيط: في هذه المرحلة ينبغي التفكر في عدة محاور منها:

(أ) المراقبة والمتابعة والإصلاح

- لابد أن تدفع القطاعات المستفيدة من الماء تكلفة خدمات إنتاجه وتوزيعه، ولا يعتمد علي أي هبات غير مبررة. ويمكن أن تشجع قاعدة "يدفع المُلَوِث" وتعريفة الماء الحقيقية في الترشيد، والحفظ، وإعادة الاستخدام.
- يجب أن يتم عرض الخطة الاقتصادية المعدلة علي الجمهور.
- العمل علي تحديث الشبكة ومدها لتغذية مناطق أخرى ذات خطة تنمية للموارد المائية متوقعة ومتناغمة مع الخطة القومية.
- البدء في برامج المراقبة والتحكم في نوع الماء.
- التركيز في عمليات المتابعة على الصيانة، وللترميم، والغيار، وإعادة التأهيل، والاهتمام المحلي، والعمل الذي تم تنفيذه، وتنفيذ القوانين والتشريعات.
- إنشاء مخابر محلية تحت مظلة المخبر القومي.
- التخطيط المتأني للوحدات والأفراد والاحتياجات اللازمة لتحقيق فاعلية برامج المتابعة وأخذ القرار.

(ب) الخصخصة

- يمكن التفكر في إمكانية تحويل إدارة نظم الري من قطاع الحكومة إلى وحدات ري محلية (خصخصة الري).
- البدء في إمكانية خصخصة محطات التنقية والمعالجة ومياه البلدية وغيرها من الوحدات العاملة في مجال الماء (خصخصة التنقية).

(ج) القوانين والمواصفات القياسية

- لابد من استغلال وحدة ضبط الجودة والمواصفات القياسية ويمكن أن تضم الهيكل وحدات رئيسة (قومية أو إقليمية)، ووحدات ثانوية تتعلق بنواحي الإدارة العادية، ووحدات خدمية تدار بمشاركة الجمهور المستهلك.
- تنمية القانون المائي وتطويره ليلائم كل من: الأولويات والمستجدات، وإدارة البرلمج المائية، والنزاعات والطرف الثالث، والمحدات العارضة.

(د) التدريب

♦ لابد من التركيز على تنمية القوة العاملة، وترفيع البنية الأساسية من خلال وحدات التدريب ومراكز البحوث. مما يحتم فتح مراكز تدريب للتعليم، والتشغيل الجيد، والصيانة، وإدارة المشاريع، والإدارة المائية المتكاملة.

♦ بناء كادر قومي لأخصائيي موارد ومصادر الماء لإجراء البحوث، وإدارة النشاط ومراقبته بصورة مستمرة لمدى طويل؛ وهذا ربما يستدعي فتح مركز قومي للتدريب.

(هـ) البحوث

◊ يحتاج إلى قاعدة بحث أساسي وتطبيقي لدعم خطة مصادر وموارد الماء وعملية إدارتها.

◊ وضع خطة قومية للبحث العلمي، ويمكن تقسيم رؤوس المواضيع البحثية علي الجامعات والمراكز البحثية والوحدات ذات الصلة والمنظمات. ولابد من الموازنة بين البحث الإداري والبيئي والصحي والاقتصادي والاجتماعي والفني والتقاني والقانوني.

◊ العمل علي تفعيل المركز القومي للبحوث والتوأمة مع الجامعات ذات الصلة.

(و) المشاركة الشعبية

⇐ هناك احتياج لطرق ملائمة لتفعيل التوعية الشعبية، ورفع الحس البيئي، والمشاركة الجماهيرية، والتعليم الشعبي، والتدريب، ونظم المعلومات. كما يجب التركيز على توعية صناع القرار ورفع حسهم البيئي والمائي، ويجب الحصول على موافقة القادة السياسيين على الخطط المجازة وأسلوب تنفيذها.

⇐ لابد من إعطاء فرص أفضل للجمعيات التطوعية (الجمعيات غير الحكومية، والسياسية والعلمية والحرفية واتحاد الصناعة) للمشاركة الفاعلة والكاملة.

توصيات أخرى

- التركيز على الأمن الغذائي أكثر من الاكتفاء الذاتي للغذاء.
- تحضير خطة رئيسة للأمن المائي وللتي تحدد السبل الملائمة لإدارة الموارد والمصادر المائية والتي تعمل على تكامل الخطط والبرامج المحلية والإقليمية.
- إنشاء مجلس قومي جامع لمصادر الماء ليتولى أمر المياه الجوفية، ومياه الساحل والخلجان، والتلوث المائي، وإدارة مياه البحار وغيرها من المصادر والموارد المائية، والأنشطة الإدارية.
- دعم وتشجيع إداريي الخدمة المدنية لنشر وطباعة ومشاركة خبرتهم مع الآخرين.
- تشجيع المشاركة في الجمعيات والجهات التخصصية والحرفية داخل البلد وفي بلدان أخرى ربما بتكوين بؤر للجمعيات العالمية متى ما أمكن ذلك.

8 - 7 حقوق الشركاء في الأنهار

ذهب جمهور العلماء من المالكية، والشافعية، والحنابلة إلى أنه يقدم الشرب من نهر، أو وادٍ، أو مسيل ماء يقدم الأعلى، فالأعلى. ولا حق للأسفل حتى يستغني الأعلى، وحدود السقي والشرب، أن يسقي الزرع، فيغطي الماء الأرض حتى لا تشربه ويرجع إلى الجدار ثم يطلقه لجاره واستدلوا على ذلك لعدة أحاديث مروية عن عروة بن الزبير أنه حدثه أن رجلاً من الأنصار خاصم الزبير في شراج الحرة فأمر بالمعروف - ثم أرسله إلى جارك فقال الأنصاري: إن كان ابن عمتك. فتلون وجه رسول الله صلى الله عليه وسلم ثم قال: **اسق ثم احبس حتى يرجع الماء إلى الجَدْر واستوعي له حقه**[285]. فقال الزبير: والله إن هذه الآية أنزلت في ذلك: {**فلا وربك لا يؤمنون حتى يحكموك فيما شجر بينهم** ..} النساء: 65.

---

[285] أخرجه البخاري في صحيحه في عدة مواضع من صحيحه في كتاب المساقاة برقم 2233، وبرقم 2231، وبرقم 2561، وبرقم 4309. وأخرجه مسلم في صحيحه برقم 2357. ولأبو داود في سننه حديث رقم 3637. والترمذي في جامعه برقم 1363لـ 3027. والنسائي في المجتبى برقم 5407، 5416.

وفي رواية: أن رجلاً من الأنصار خاصم الزبير عند النبي صلى الله عليه وسلم في شراج الحَرَّة التي يسقون بها النخل فقال الأنصاري: سرِّح الماء يمر. فأبى عليه، فاختصما عند النبي صلى الله عليه وسلم فقال رسول الله صلى الله عليه وسلم للزبير "**اسق يا زبير ثم أرسل الماء إلى جارك**، فغضب الأنصاري فقال: إن كان ابن عمتك. فتلون وجه رسول الله صلى الله عليه وسلم ثم قال: **اسق يا زبير ثم احبس حتى يرجع الماء إلى الجَدْر".**

فقال الزبير: والله إني لأحسب هذه الآية نزلت في ذلك[286]: {**فلا وربك لا يؤمنون حتى يحكموك فيما شجر بينهم** ..} النساء: 65.

والمعروف أنه في المدينة واديان يسيلان بماء المطر، فيتنافس الناس في مياه هذه الأودية فقضى رسول الله صلى الله عليه وسلم للأعلى فالأعلى، وإنما قال الأنصاري للزبير سرّح الماء يعني أطلقه؛ لأن الماء كان يمر بأرض الزبير قبل أرض الأنصاري فيحبسه لإكمال أرضه ثم يرسله إلى أرض جاره فالتمس منه الأنصاري تعجيل ذلك فامتنع[287].

وهذه الأحاديث يستفاد منها الحكم والقضاء في مياه الأنهار المشتركة والأودية والينابيع ومسائل المياه التي بين الدول المسلمة وغير المسلمة. ومجموع روايات الحديث يفيد أن النبي صلى الله عليه وسلم أمر الزبير أولاً أن يترك بعض حقه مراعاة لحسن الجوار، وثانياً أن يستوفي جميع حقه. والقضاء في هذا الحديث لمن كان أولاً في مجرى المياه، والجمهور على أن الحكم أن يمسك الماء حتى يبلغ إلى الكعبين.

وقال الطبري: الأراضي مخلفة، فيمسك لكل أرض ما يكفيها، واختلف أصحاب مالك: هل يرسل الأعلى بعد استيفائه حقه جميع الماء، أو يرسل منه ما زاد على الكعبين. والأظهر أن الأعلى لو سقى جميع أرضه وزرعه أن ما لا يحتاجه من الماء إلى جاره. وفي الموطأ: أن رسول الله صلى الله عليه وسلم قضى في مسيل مهزوز ومذينب أن يمسك حتى يبلغ الكعبين ثم يرسل الأعلى فالأعلى. وفي الحديث: أن للحاكم أن يشير بالصلح بين الخصمين ويأمره به ويرشده إليه، ولا يلزمه به إلا إذا رضي، وأن للحاكم أن يستوفي لصاحب الحق حقه إذا لم يتراضيا. وفي الحديث: قضاء أنه لا يجوز لفرد أو جماعة أو دولة بينها وبين جارتها اشتراك في نهر أن يسكر هذا النهر أو تقام فيه سدود تمنع من

---

[286] صحيح البخاري في كتاب المساقاة باب سكر الأنهار برقم 3260

[287] فتح الباري على صحيح البخاري 5/37، 38، 39، 40.

وصول الماء إلى جاراتها، وإنما على كل فرد أو جماعة أو دولة يمر بينها أو بينهم نهراً أن يسقي من يمر به الماء أولاً حتى يسقي جميع أرضه ثم يرسل باقي الماء إلى جيرانه من غير اعتداء ولا أضرار. أن قوماً وردوا ماءُ فسألوا أهله أن يدلوهم على البئر فأبوا، فسألوهم أن يعطوهم دلواً فأبوا أن يعطوهم. فقالوا لهم: إن أعناقنا وأعناق مطايانا قد كادت تُقطع، فأبوا أن يعطوهم، فذكروا ذلك لعمر رضى الله عنه، فقال لهم عمر: فهلاً وضعتم فيهم السلاح، وفيه دليل أنهم إن منعوهم ليستقوا الماء من البئر فلهم أ يقاتلوهم بالسلاح. فإذا خافوا على أنفسهم أو على ظهورهم من العطش، كان لهم في البئر حق السعة. فإذا منعوا حقهم، وقصدوا اتلافهم، كان لهم أن يقاتلوهم عن أنفسهم وعن ظهورهم، كما قصدوا قتلهم بالسلاح. فإذا كان الماء محرزاً في إناء فليس للذي يخاف الهلاك من العطش أن يقاتل صاحب الماء بالسلاح على المنع، ولكن يأخذ منه فيقاتله على ذلك بغير سلاح.

والحق في هذه المسألة أن أدلة الجمهور واجتهادهم أقوى حجة ومستنداً ودليلاً وقضاءً، وذلك لصحة الأحاديث التي رووها عن النبي صلى الله عليه وسلم، فهم منها الإمام البخاري كما عنون لها بشرب الأعلى قبل الأسفل، وشرب الأعلى إلى الكعبين، فأدلة الجمهور لا تضاهي وما ذهب إليه السادة الأحناف من أدلة لا يصمد أمام أدلة الجمهور.

وأما السادة الأحناف فقد خالفوا الجمهور في كيفية السقي من الأنهار والأودية المشتركة، وجعلوا الحق للأسفل ثم الأعلى وهذه آراؤهم من كتبهم بما روى في ذلك عن الصحابي عبد الله بن مسعود قال: أسفل النهر آمر على أهل أعلاه حتى يرووا. وفيه دليل أنه ليس لأهل الأعلى أن يسكروا النهر، ويحبسوا الماء عن أهل الأسفل، لأن حقهم جميعاً ثابت، فلا يكون لبعضهم حق الباقين، ويختص بذلك. وفيه دليل على أنه إذا كان الماء في النهر بحيث لا يجري في أرض كل واحد منهم إلا بالسكر، فإنه يبدأ بأهل الأسفل حتى يرووا، ثم بعد ذلك لأهل الأعلى أن يسكروا ليرتفع الماء إلى أرضهم، وهذا لأن في السكر إحداث في وسط النهر المشترك. ولا يجوز ذلك مع حق جميع الشركاء، وحق أهل الأسفل ثابت ما لم يرووا فلكان لهم أن يمنعوا أهل الأعلى من السكر، ولهذا سماهم آمراً، لأن لهم أن يمنعوا أهل الأعلى من السكر، وعليهم طاعتهم في ذلك ومن تلزمك طاعته فهو أميرك.

وعن محمد بن إسحاق يرفعه إلى النبي صلى الله عليه وسلم: "**إذا بلغ الوادي الكعبين لم يكن لأهل الأعلى أن يحبسوه عن الأسفل**"[288]. والمراد به الماء في الوادي، والمراد به الإشارة إلى كثرة الماء، لأن في موضوع الوادي سعة، فإذا بلغ الماء فيه هذا المقدار فهو كثير يتوصل كل واحد منهم إلى الانتفاع به بقدر حاجته عادة، فإذا أراد أهل الأعلى أن يحبسوه عن أهل الأسفل، فإنما قصدوا بذلك الإضرار بأهل الأسفل فكانوا متعنتين في ذلك لا منتفعين بالماء، وإذا كان الماء دون ذلك فربما لا يفضل عن حاجة أهل الأعلى، فهم منتفعون بهذا الحبس.

والماء الذي ينحدر من الجبل إلى الوادي على أصل الإباحة، فمن يسبق إليه فهو أحق بالانتفاع به، بمنزلة النزول في الموضع المباح. كل من سبق إلى مباح فهو أحق به، ولكن ليس له أن يتعنت، ويقصد الإضرار بالغير في منعه عما وراء موضع الحاجة. فعند قلة الماء بدئ أهل الأعلى أسبق إلى الماء فلهم أن يحبسوه عن أهل الأسفل به قضى رسول الله صلى الله عليه وسلم للزبير بن العوام رضي الله عنه في حادثة معروفة.

وعند كثرة الماء يتم انتفاع صاحب الأعلى من غير حبس. فليس له أن يتعنت بحبسه عن أهل الأسفل. وعن رسول الله صلى الله عليه ولسم قال: "**المسلمون شركاء في ثلاث: الماء، والكلأ، والنار**"[289]. وفي الروايات "**الناس شركاء في ثلاث**". وهذا أعم من الأول فيه إثبات الشركة للناس كافة، المسلمين والكفار في هذه الأشياء الثلاثة، وهو كذلك وتفسير هذه الشركة في المياه التي تجري في الأودية، والأنهار العظام كجيحون، وسيحون، والفرات، ودجلة، والنيل. فإن الانتفاع بها بمنزلة الانتفاع بالشمس والهواء، ويستوي في ذلك المسلمون وغيرهم، وليس لأحد أن يمنع أحداً من ذلك وهو بمنزلة

---

[288] الأثر الذي استدل به الأحناف لعله مروي بالمعنى فقد روى مالك في الموطأ أن رسول الله صلى الله عليه وسلم قال في مسيل مهزور ومذينب ... والأثر أخرجه مالك في الموطأ في 36 - كتاب الأقضية 25 باب القضاء في الميله ص. 744 برقم 28. وأبو داود في سننه في كتاب الأقضية 31 أبواب من القضاء.

[289] هذه الرواية غير معروفة واللفظ الوارد "**المسلمون شركاء في ثلاث**"، وبهذا اللفظ أخرجه أبو داود في سننه برقم 3477، وابن ماجه برقم 4272، وأحمد بن حنبل في مسنده 5/364، والبيهقي في السنن الكبرى 6/150.

الانتفاع بالطرق العامة من حيث التطرق فيها، ومرادهم من لفظة الشركة بين الناس في الانتفاع. إلا أنه مملوك لهم. فالماء في هذه الأودية ليس يملك لأحد.

فأما ما يجري في نهر خاص لأهل قرية نوع شركة لغيرهم وهو حق السعة من الشرب، وسقي الدواب، فإنهم لا يمنعون أحداً من ذلك. ولكن هذه الشركة أخص من الأول. فليس لأهل القرية أن يسقوا نخيلهم وزرعهم من هذا النهر. وكذلك الماء في البئر فيه لغير صاحب البئر شركة لهذا القدر وهو السعة.

وكذلك الحوض، فإن من جمع الماء في حوضه وكرمه فهو أخص بذلك الماء مع بقاء حق السقي فيه للناس حتى إذا أخذ إنسان من حوضه ماء للشرب، فليس له أن يمنعه من أن يدخل كرمه، لأن هذا ملك خاص له، ولكن إن كان يجد الماء قريباً من ذلك الموضع في غير ملك أحد يقول له: اذهب إلى ذلك الموضع، وخذ حاجتك من الماء؛ لأنه لا يتضرر بذلك، وإن كان لا يجد ذلك فأما أن يخرج الماء إليه أو يمكنه من أن يدخل فيأخذ بقدر حاجته، لأن له حق السعة في الماء الذي في حوضه عند الحاجة.

فأما إذا أحرز الماء في جب، أو جرة، أو قربة، فهو مملوك له حتى يجوز بيعه فيه، وليس لأحد أن يأخذ شيئاً منه إلا برضاه، ولكن فيه شبهة الشركة من وجه. ولهذا لا يجب القطع لسرقته. وعلى هذا حكم الشركة في الكلأ في المواضع التي لا حق لأحد فيها بين الناس فيه شركة عامة، فلا يكون لأحد أن يمنع أحداً من الانتفاع به فأما ما نبت من الكلأ في أرضه مما لم ينبته أحد فهو مشترك بين الناس أيضاً. حتى إذا أخذه إنسان فليس لصاحب الأرض أن يسترده منه. وعن عائشة رضي الله عنها قالت: نهى رسول الله صلى الله عليه وسلم عن بيع نِقع الماء[290]. قال السرخسي: يعني المستنقع في الحوض، وبه نأخذ،فإن للبيع تمليك، فيستدعي محلاً مملوكاً. والماء في الحوض ليس مملوكاً لصاحب الحوض فلا يجوز بيعه لظاهر الحديث. لا يجوز بيع الشرب وحده؛ لأن ما يجري في النهر الخاص ليس بمملوك للشركاء والبيع لا يسبق الملك، وإنما الثابت للشركاء في النهر الخاص حق الاختصاص بالماء من حيث سقي النخيل والزرع ولصاحب المستنقع مثل ذلك، وبيع الحق لا يجوز.

---

[290] ما ورد في المبسوط بلفظ نهي رسول الله صلى الله عليه وسلم عن بيع الماء تصحيف والصحيح "**لا يمنع نقع بئر**: انظر التصحيح من الموطأ في 36- كتاب الأقضية 25- باب القضاء في المياه برقم 30 ص. 745، وفي النهاية لابن الأثير 5/108 "**نهى أن يمنع نقع البئر**، وبلفظ "**لا يباع نقع البئر، ولا رهو الماء**" وقال: معناه فضل مائها، أو الماء الناقع المجتمع فيها.

8 - 8 جواز تملك الماء وحكم بيعها

ذهب جمهور الحنفية، والمالكية، والشافعية أن الماء يُملك، وصاحب الماء أحق بمائه حتى يَرْوى. ولهم تفصيل على الوجه التالي:

- والقول الصحيح عند الشافعية ونصَّ عليه الشافعي في مذهبه القديم: أن من حفر بئراً يملك ماءها، إذا كان ذلك في أرضه المِلْك أو في الأرض الموات الذي سبق إليها إذا كان بقصد التملك، وفي الصورتين يجب على صاحب البئر بذل ما يفضل عن حاجته، والمراد بحاجته: حاجة نفسه، وأولاده، وزرعه، وماشيته.
- وقال المالكية: لا يجب على من حفر بئراً في أرضه أن يبذل فضلها. لكن أوجبوا بذل ما فضل عن الحاجة إذا حُفرت البئر في الأرض الموات. وأما الماءُ المحرَّزُ في الإناء فلا يجب بذل فضله لغير المضطر على القول الصحيح المعتمد. واستدلوا بقول النبي صلى الله عليه وسلم: "**لا تمنعوا فضل الماء لتمنعوا به الكلأ**"[291]. وفي رواية: "**لا يُمْنَعُ فضلُ الماء ليُمْنَعَ به الكلأ**"[292]. وذهب الجمهور إلى جواز بيع الماء، لأن المنهي عنه منع الفضل لا منع الأصل. ومحل النهي في هذا الحديث: إذا استغنى صاحب الماء عن الماء، وليس للناس إلا السقي في هذا البئر، وإذا منعوا عن الفضل تعرضت ماشيتهم وزرعهم للتلف. ولهذا لم يقل أحدٌ من العلماء أنه يجب على صاحب الماء مباشرة سقي ماشية غيره مع قدرة المالك، وذهب الجمهور من العلماء إلى أنه ليس لصاحب البئر والماء إذا كان حول البئر كلأ، وليس هناك ماءٌ غيره، أن يمنع السقي لأنهم إذا لم يتمكنوا من السَّقي، لا يتمكنوا من الرَّعي النابت في الأرض الموات غير المملوكة، فيتضرروا بالعطش بعد الرعي، فيلزم منعهم من الماء منعهم من الرعي في الأرض الموات.
- وخص الحنفية والشافعية الحكم المتقدم بالماشية. وألحق المالكية الحكم بالزرع. وفرَّق الشافعية بين الماشية والزرع، بأن الماشية ذات أرواح يخشى من عطشها موتها بخلاف الزرع[293].

---

[291] أخرجه البخاري في 42 – كتاب المساقاة 2– باب من قال: إن صاحب الماء أحق بالماء حتى يروى، برقم 2354.

[292] [1]أخرجه البخاري في 42 – كتاب المساقاة 2– باب من قال: إن صاحب الماء أحق بالماء حتى يروى، برقم 2353.

[293] فتح الباري شرح صحيح البخاري للحافظ بن حجر 5/31/32.

وظاهر الحديث النبوي وجوب بذل ما فضل عن الماء مجاناً من غير ثمن، إذا كان الماء يستخرج بالدلو والبكرة. ولا يجب على صاحب البئر أن يبذل لهم الدلو والبكرة، وله أن يأخذ ثمناً أجراً إذا كانت البئر تعمل بالطاقة الكهربائية، أو المواد البترولية (النفط) نظير ما أنفق فيها.

وقد تواردت الأحاديث في هذا المعنى منها ما رواه ابن عباس رضي الله عنه قال: قال رسول الله صلى الله عليه وسلم: "**المسلمون شركاءُ في ثلاث: الماء، والنار، والكلأ، وثمنه حرام**"[294]. والحديث إسناده عبد الله بن خراش، وهو متروك، ولهذا لم يأخذ به جمهور العلماء، وورد من طريق عند أبي داود من طريق صحيح من غير قول: "**وثمنه حرام**"[295].

وعن أبي هريرة رضي الله عنه قال: قال النبي صلى الله عليه وسلم: "**ثلاثة لا ينظر الله عزَّ وجلَّ إليهم يوم القيامة، ولا يزكيهم، ولهم عذابٌ أليم: رجلٌ له فضل ماء بالطريق فمنعه من ابن السبيل، ورجلٌ بايع إمامه لا يبايعه إلا للدنيا فإن أعطاه منها رضي، وإن لم يعطه منها سخط، ورجلٌ أقام سلعة بعد العصر فقال: والله الذي لا إله إلا هو لقد أُعطيت بها كذا، وكذا، فصدَّقه رجلٌ**"[296]. ثم قرأ هذه الآية: {**إنَّ الَّذينَ يشترونَ بعهدِ اللَّهِ وأيمانِهِم ثمناً قليلاً** ...} آل عمران: 77. والحديث فيه دليل على أن صاحب البئر أولى من ابن السبيل عند الحاجة، فإذا أخذ حاجته لم يجزْ له منع ابن السبيل[297]. واستدل الإمام البخاري رضي الله عنه بأحقية صاحب الحوض والقربة بالماء بما رواه بسنده عن أبي هريرة رضي الله عنه عن النبي صلى الله عليه وسلم قال: "**والذي نفسي بيده، لأذودنَّ رجالاً عن حوضي كما تذاد الغريبة من الإبل عن الحوض**"[298].

---

[294] أخرجه ابن ماجة برقم 2472، والطبراني بسند حسن واقتصر على قوله: "**المسلمون شركاء في ثلاث: الماء، والكلأ، والنار**"، ورجاله ثقاة. أنظر كتاب تلخيص الحبير للحافظ ابن حجر 3/65.

[295] أخرجه أبو داود في سننه برقم 3477.

[296] أخرجه البخاري في 42 - كتاب المساقاة 5 - باب إثم من منع ابن السبيل من الماء برقم 2358، 10- باب من رأى أن صاحب الحوض والقربة أحق بمائه برقم 2366.

[297] فتح الباري لابن حجر 5/34.

[298] أخرجه البخاري في 42 - كتاب المساقاة 10 - باب من رأى أن صاحب الحوض والقربة أحق بمائه برقم 2366.

واستدل بذلك من جهة إضافة الحوض إلى النبي صلى الله عليه وسلم وكان أحق بـه. وأن صاحب الحوض يطرد إبل غيره عن حوضه ولم ينكر النبي صلى الله عليه وسلم على من فعل ذلك، فيدل على الجواز[299]. واستدل البخاري كذلك بما رواه بسنده عن لبن عباس رضي الله عنه قال: قال رسول الله صلى الله عليه وسلم: "**يرحم الله أم إسماعيل،لو تركت زمزم، لكانت عيناً معيناً، وأقبل جُرْهُمُ فقالوا: أتأذنين أن ننزل عندك؟ قالت: نعم، ولا حق لكم في الماء. قالوا: نعم.**"[300]

وبما رواه بسنده عن أبي هريرة رضي الله عنه مرفوعاً في حديث الثلاثة الذين لا يكلمهم الله يوم القيامة ولا ينظر إليهم " ...**ورجل منع فضل مائه فيقول الله: اليوم أمنعك فضلي كما منعت فضل ما لم تعمل يداك**"[301]. ويؤخذ من الحديث أن المعاقبة وقعت على منعه الفضل، فدل على أنه أحق بالأصل، ويؤخذ من قوله: "**ما لم تعمل يداك**" أنه لو عالجه لكان أحق به من غيره[302].

وقال الحنابلة الماء خلقه الله تعالى في الأصل مشتركاً بين العباد والبهائم، وجعله سقياً لهم، فلا يكون أحد أخص به من أحد، ولو أقام عليه. قال عمر بن الخطاب رضي الله عنه: إن ابن السبيل أحق بالماء من التأني عليه[303]. قال ابن الأثير الجزري: ابن السبيل إذا مرَّ ببئر أو ركية عليها قوم مقيمون، فهو أحق منهم بالماء، لأنه مجتاز وهم مقيمون[304]. وقال أبو هريرة: ابن السبيل أول شارب. وقالت الحنابلة: وما فضل من الماء عن حاجة صاحبه، وحاجة بهائمه وزرعه، واحتاج إليه آدمي مثله أو بهائمه، بذله بغير عوض، ولكل واحد أن يتقدم إلى الماء ويشرب ويسقي ماشيته، وليس لصاحب الماء منعه من ذلك، ولا يلزم الشَّارب وساقي البهائم عوضٌ. وأظهر الأقوال في مذهب الحنابلة: أنه يجب على صاحب البئر أن يبذل له الدلوَ والبكرة والحبل، لأنه يجب عنده إعارة المتاع عند الحاجة إليه، وهو من الماعون الذي حثنا الله على عدم منعه.

---

[299] فتح الباري لابن حجر 5/43.

[300] أخرجه البخاري في 42 – كتاب المساقاة برقم 2368.

[301] أخرجه البخاري في 42 – كتاب المساقاة برقم 2369.

[302] فتح الباري 5/43، 44.

[303] الأموال لأبي عبيدة، ص. 375

[304] زاد المعاد فيهدى خير العباد لابن القيم 5/799.

وهذا القول عند الحنابلة في آبار الصحارى، والبرية، دون الحضر والمدن، لأن ما كان في البنيان من الآبار، لا يجوز لأحد الدخول إليه إلا بإذن صاحبه.

أما لو حاز المرء الماء في منزله أو نقله من النهر، أو بئر بعيدة، أو تكلف ملأً لتعبئة الماء في قوارير، أو قرب أو غيرها من أنواع التعبئة فيجوز عند سائر العلماء بيع هذا الماء وشراؤه من غير حرج، وصدقته، ووقفه على الناس وهبته، والوصية بالماء للأقارب أو للمسلمين، أو للبشر عامة، واستدلوا على ذلك بقول سيدنا عثمان بن عفان رضي الله عنه قال النبي صلى الله عليه وسلم: "**من يشتري بئر رومة فيكون دلوه فيها كدلاء المسلمين**". والحديث من رواية ثمامة بن حزن القشيري قال: شهدت الدار حيث أشرف عليهم عثمان فقال: أنشدكم بالله والإسلام هل تعلمون أن رسول الله صلى الله عليه وسلم قدم المدينة وليس بها ماء يستعذب غير بئر رومة فقال: "**من يشتري بئر رومة يجعل دلوه فيها كدلاء المسلمين بخير له منها في الجنة**". قال عثمان بن عفان: فاشتريتها من صلب مالي.

وقد أجاز العلماء لمن حبس أو أوقف بئراً على من يشرب منها، فله أن يشرب منها، وإن لم يشترط ذلك، لأنه داخل في مجمله من يشرب الماء.

8 - 9 تمارين عامة

1. عرف (لغةَ) كلاً مما يلي: قانون، وحكم، وتشريع.
2. ما أهم أهداف التشريعات المائية ؟
3. ما العوامل المؤثرة على وضع التشريعات المائية وتطبيقها؟
4. تحدث بإيجاز عن كلٍ من الآتي:
   - الخطوط التوجيهية لماء الشرب لمنظمة الصحة العالمية.
   - الخطوط التوجيهية لماء الشرب بمنطقتك.
   - تشريعات ماء الري.
   - تشريعات زيادة المخزون الجوفي.
5. ما أهم الافتراضات المتبعة عند وضع خطوط توجيهية للمواد الكيماوية في ماء الشرب؟
6. ما الآثار الضارة الناجمة من تواجد كلٍ من الآتي بدرجات تركيز عالية:

7. الإشريكية القولونية، والزرنيخ، والفلور، ود.د.ت، واليود، وكلوروفينول، وأشعة بيتا، والفضة؟

8. تحدث عن وضع قانون بيئة البحار بمنطقتك.

9. وضح معنى العبارة "لا حق لأسفل النهر من مائه حتى يستغني الأعلى"؟

10. كيف يمكن وضع اتفاقية لمياه النيل وروافده من قبل الدول المشتركة فيه (رواندا، وتنزانيا، وزائير، وكينيا، ويوغندا، وإثيوبيا، وإريتريا، والسودان، ومصر) على هدى الكتاب والسنة؟

11. ما رأي الدين في اتفاقية 1959 م لمياه النيل الموقعة بين السودان ومصر؟

12. هل يجوز للذي يخاف الهلاك من العطش أن يقاتل صاحب الماء بالسلاح علــــى المنع؟ علل إجابتك.

13. وضح المقصود بالعبارة "أسفل النهر آمر على أهل أعلاه حتى يرووا"؟

14. أكتب بإسهاب عن التالي:

- كل من سبق إلى مباح فهو أحق به.
- عند كثرة الماء يتم انتفاع صاحب الأعلى من غير حبس.
- حق السعة من شرب ماء النهر.
- تملك ماء البئر وبيعه.
- المسلمون شركاء في ثلاث: الماء والنار والكلأ.
- ابن السبيل أول شارب.

8 – 10 المراجع والمصادر

1. ابن منظور، لسان العرب، مؤسسة التاريخ العربي، دار إحياء التراث العربــي، بيروت، لبنان، الطبعة الثالثة 1993.

2. مجمع اللغة العربية، المعجم الوجيز، طبعة خاصة بــوزارة التربيــة والتعليــم، جمهورية مصر العربية، الهيئة العامة لشؤون المطابع الأميرية، 1995.

3. عصام محمد عبد الماجد وحامد إبراهيم حامد ومحمد فكري شلبي، تلوث البيئــة البحرية: أسبابها ومخاطرها وتشريعات الحماية منها، ورقة علمية عرضت في

مؤتمر حماية البيئة البحرية الذي أقامته كلية الشريعة والقانون بجامعة الإمارات العربية المتحدة، العين، في الفترة 26 إلى 27 إبريل 1989.

4. عصام محمد عبد الماجد، الهندسة البيئية، دار المستقبل للطباعة والنشر، عمان، الأردن، 1995.

5. عصام محمد عبد الماجد، التلوث المخاطر والحلول، المنظمة العربيـــة للتربيـــة والثقافة والعلوم (حائز على جائزة)، القباضة الأصلية، تونس، تحت الطبع.

6. Rowe, D. R, and Abdel-Magid, I. M., Handbook of wastewater reclamation and reuse", CRC Press\Lewis Publishers, Boca Raton, FL, 1995.

7. صحيح البخاري، شرح وتحقيق الشيخ قاسم الشـــماعي الرفــــاعي، دار القلـــم، بيروت، مجلد 1-9، 1987.

8. WHO, Guidelines for drinking water quality, Volume 1: Recommendations, World Health Organization; 3rd edi., Geneva, 2004.

9. Gorchev, H. G. and Ozolins, G., WHO Guidelines for drinking water quality, A paper presented at the International Water Supply Association Congress, 6-10 Sept. 1982, Zurich, Switzerland.

10. WHO, Guidelines for drinking water quality, 2nd Edi., Geneva, 1996.

11. تقرير مجموعة علمية بمنظمة الصحة العالمية، للـــدلائل الصـــحية لاســـتعمال المخلفات السائلة في الزراعة وتربية الأحياء المائية، سلسلة التقارير التقنية رقم 778، منظمة الصحة العالمية، جنيف، 1990. الطبعة العربية صدرت عــــن المكتب الإقليمي لشرق البحر المتوسط، الإسكندرية، مصر، 1990.

12. WHO Scientific Group, Health guidelines for the use of wastewater in agriculture and aquaculture, WHO, Technical Report Series 778, WHO, Geneva, 1989.

13. Abdel-Magid, I. M.; and El-Zawahry, A., Preconditions and requirements for successful environmental policies in the Sultanate of Oman, the Sudan and Egypt, A paper presented at the Conference on Preconditions and Requirements for Successful Environmental Policies in the Arab World, from 3 to 5 May 1993, held in Irbid, Jordan, organized by the Earth and Environmental Science Department, the Yarmouk

University; the National Program for Environmental Awareness and Information; and Friedreich Naumann Stiftung.

14. Shumway, D. L., and Palensky, J. R., Impairment of the flavour of fish by water pollutants, E. P. A. R3-73-010, Feb., 1973.

15. Hester, R. E., Harrison, R. M. Allen, J. I. and Stewart, J. R., Marine Pollution and Human Health: RSC (Issues in Environmental Science and Technology), Royal Society of Chemistry; 1 edi., 2011

16. Goldberg, E. D., The health of the oceans, The UNESCO Press, Paris, 1976.

17. Blamer, M. and Sass, J., Oil pollution: Persistence and Degradation of Spilled Fuel Oil, Science, Vol. 167, 1972, 1120-1122.

18. Abdel-Magid, I. M., Effective water policies strategies for national water authorities, The Arabian J. for Science and Engng., Vol. 22, No. 1C, June 1997, 199-212.

19. Wakil, M., Analysis of future water needs for different sectors in Syria, J. Water International, March 1993, Vol. 18(1), pp. 18-22.

20. Mohorjy, A. M. and Grigg, N. S., Water resources management system for Saudi Arabia, J. Water Resources Planning and Management, ASCE, March/April 1995, Vol. 121(2), pp. 205-215.

21. Al-Ibrahim, A. A., Water use in Saudi Arabia: Problems and policy implications, J. Water Resources Planning and Management, ASCE, 1990, Vol. 116(3), pp. 375-388.

22. Akkad, A. A., Conservation in the Arabian Gulf countries, J. AWWA, 1990, 182(5), pp. 40-50.

23. Shatanawi, M. R., and Al-Jayousi, O., Evaluating market-oriented policies in Jordan: A comparative study, J. Water International, 1995, Vol. 20(2), pp. 88-97.

24. Ibnouf, M. A. O. and Abdel-Magid, I. M., Oman water resources: Management, problems and policy alternatives", A Paper presented at the Second Gulf Water Conference, "Water in the Gulf Region, Towards Integrated Management", Bahrain, held during the period 5 - 9th November 1994, sponsored by the Water Sciences and Technology Association, Manama, Bahrain, Proceedings Vol. 1 and 2, pp. 19 -31

(English) Vol. 2. pp. 21 -33 (Arabic), Published by the Water Sciences and Technology Association, Bahrain.

25. Ministry of Regional Municipalities and Environment, National conservation strategy: Environmental protection and natural resources conservation for sustainable development, Vol. 1: Synthesis and Policy Framework, MoRME, Muscat 1992.

26. Brooks, D. B., Adjusting the flow: Two comments on the Middle East water crisis, J. Water International, March 1993, Vol. 18(1), pp. 35-39.

27. Abdel Mageed, Y., Planning water resources development in arid zones: An Agenda for action in the Arab region, Proceedings of the International Conference on Water Resource Management in Arid Countries, Muscat, Sultanate of Oman, held during the period 12-16 March 1995, Vol. 3, pp. 47-54.

28. de Jong, R. L., Aridity, Economic development and water sector management, Proceedings of the International Conference on Water Resource Management in Arid Countries, Muscat, Sultanate of Oman, held during the period 12-16 March 1995, Vol. 1, pp. 228-234.

29. Haimes, Y. Y., Sustainable development: A Holistic approach to natural resource management, J. Water International, 1992, Vol. 17(4), pp. 187-192.

30. United Nations Conference on Environment and development Agenda 21 Final Report of the UN Conference on Environment and Development, Rio de Janeiro, 1992.

31. Abraha, B. M., Case Studies on strategies for arid water resources management: Problems and policy implications, Proceedings of the International Conference on Water Resource Management in Arid Countries, Muscat, Sultanate of Oman, held during the period 12-16 March 1995, Vol. 1, pp. 265-272.

32. Simonovic, S., Application of water resources systems concept to the formulation of a water master plan, Water International, March 1989, 14(1), pp. 37-50.

33. Grigg N. S., Water resources planning, McGraw-Hill Book Co., New York, 1985.

34. Ministry of Water Resources, Sultanate of Oman National water resources master plan. Prepared by Ministry of Water Resources, Mott MacDonald Inter. Ltd. in association with Watson Hawksley, Rui, Sultanate of Oman (personal communication). a) Vol. 1 - Executive Summary, Dec. 1991. b) Vol. 2 - Main Report, Dec. 1991. c) Vol. 3 - Water Resources Modeling, Nov. 1991. d) Vol. 4 - Annexes, Nov. 1991.
35. Brice, R. L. and Unangst, E. R., Long-range financial planning for water utilities, J. AWWA, May 1989, 81(5), pp.

مرفقات

جدول 1: ضغط بخار الماء المشبع بدلالة الحرارة

البخار المشبع (ملم زئبق)										درجة الحرارة (مئوية)
0.9	0.8	0.7	0.6	0.5	0.4	0.3	0.2	0.1	0	
									2.2	-10
2.17	2.19	2.21	2.22	2.24	2.26	2.27	2.29	2.3	2.3	-9
2.34	2.36	2.38	2.4	2.41	2.43	2.45	2.47	2.49	2.5	-8
2.53	2.55	2.57	2.59	2.61	2.63	2.65	2.67	2.69	2.7	-7
2.73	2.75	2.77	2.8	2.82	2.84	2.86	2.89	2.91	2.9	-6
2.95	2.97	2.99	3.01	3.04	3.06	3.09	3.11	3.14	3.2	-5
3.18	3.22	3.24	3.27	3.27	3.32	3.34	3.37	3.39	3.4	-4
3.44	3.46	3.49	3.52	3.52	3.57	3.59	3.62	3.64	3.7	-3
3.7	3.73	3.76	3.79	3.79	3.85	3.88	3.91	3.94	4	-2
4	4.03	4.05	4.08	4.08	4.14	4.17	4.2	4.23	4.3	-1
4.29	4.33	4.36	4.36	4.4	4.46	4.49	4.52	4.55	4.6	0
4.89	4.86	4.82	4.78	4.75	4.71	4.69	4.65	4.62	4.6	0
5.25	5.21	5.18	5.14	5.11	5.07	5.03	5	4.96	4.9	1
5.64	5.6	5.57	5.53	5.48	5.44	5.4	5.37	5.33	5.3	2
6.06	6.01	5.97	5.93	5.89	5.84	5.8	5.76	5.72	5.7	3
6.49	6.45	6.4	6.36	6.31	6.27	6.23	6.18	6.14	6.1	4
6.96	6.91	6.86	6.82	6.77	6.72	6.68	6.54	6.58	6.5	5
7.46	7.41	7.36	7.31	7.25	7.2	7.16	7.11	7.06	7	6
7.98	7.93	7.88	7.82	7.77	7.72	7.67	7.61	7.56	7.5	7
8.54	8.48	8.43	8.37	8.32	8.26	8.21	8.15	8.1	8	8
9.14	9.08	9.02	8.96	8.9	8.84	8.78	8.73	8.67	8.6	9
9.77	9.71	9.65	9.58	9.52	9.46	9.39	9.33	9.26	9.2	10
10.45	10/38	10.31	10.24	10.17	10.1	10.03	9.97	9.9	9.8	11
11.15	11.08	11	10.93	10.86	10.79	10.72	10.66	10.58	11	12
11.91	11.83	11.76	11.68	11.6	11.53	11.75	11.38	11.3	11	13
12.7	12.62	12.54	12.46	12.38	12.96	12.22	12.14	12.06	12	14
13.54	13.45	13.37	13.28	13.2	13.11	13.03	12.95	12.86	13	15
14.44	14.35	14.26	14.17	14.08	13.99	13.9	13.8	13.71	14	16
15.38	15.27	15.17	15.09	14.99	14.9	14.8	14.71	14.62	15	17
16.36	16.26	16.16	16.06	15.96	15.96	15.76	15.66	15.56	15	18
17.43	17.32	17.21	17.1	17	16.9	16.79	16.68	16.57	16	19
18.54	18.43	18.31	18.2	18.08	17.97	17.86	17.75	17.64	18	20
19.7	19.58	19.46	19.35	19.23	19.11	19	18.88	18.77	19	21
20.93	20.8	20.69	20.58	20.43	20.31	20.19	20.06	19.94	20	22
22.23	22.1	21.97	21.84	21.71	21.58	21.45	21.32	21.19	21	23
23.6	23.45	23.31	23.19	23.05	22.91	22.76	22.63	22.5	22	24
25.08	24.94	24.79	24.64	24.49	24.35	24.2	24.03	23.9	24	25
26.6	26.46	26.32	26.18	26.03	25.89	25.74	25.6	25.45	25	26
28.16	28	27.85	27.69	27.53	27.37	27.21	27.05	26.9	27	27
29.85	29.68	29.51	29.34	29.17	29	28.83	28.66	28.49	28	28
31.64	31.46	31.28	31.1	30.92	30.74	30.56	30.38	30.2	30	29
33.52	33.33	33.14	32.95	32.76	32.57	32.38	32.19	32	32	30

Source: Wilson, E.M., Engineering Hydrology, Macmillan Education, 3rd Edi., Houndmills, 1983.

جدول 2: بعض الخواص الطبيعية للماء

التوتر السطحي $10 \times \sigma$ $^{-2}$ - نيوتن/متر	الوزن النوعي كيلو نيوتن/متر مكعب	درجة اللزوجة الكينامتكية $10 \times \nu$ $^{-6}$ - متر مربع/ث	درجة اللزوجة الديناميكية $10 \times \mu$ $^{-3}$ - نيوتن*ث/متر مربع	الكثافة كجم / م مكعب	درجة الحرارة (مئوية)
7.56	9.807	1.792	1.792	999.8	صفر
7.54	9.807	1.674	1.674	999.9	2
7.51	9.808	1.568	1.568	1000	4
7.49	9.807	1.519	1.519	999.9	5
7.48	9.807	1.473	1.473	999.9	6
7.46	9.807	1.429	1.429	999.9	7
7.45	9.806	1.388	1.378	999.8	8
7.43	9.805	1.348	1.348	999.7	9
7.42	9.805	1.31	1.31	999.7	10
7.41	9.804	1.274	1.274	999.6	11
7.39	9.803	1.24	1.239	999.5	12
7.38	9.802	1.207	1.206	999.4	13
7.36	9.801	1.176	1.175	999.2	14
7.35	9.8	1.146	1.145	999	15
7.33	9.799	1.117	1.116	998.9	16
7.32	9.795	1.089	1.087	998.8	17
7.31	9.793	1.062	1.06	998.6	18
7.29	9.791	1.036	1.034	998.4	19
7.28	9.789	1.011	1.009	998.2	20
7	9.778	0.898	0.895	997.1	25
7.12	9.765	0.804	0.8	995.7	30
7.04	9.749	0.725	0.721	994.1	35
6.96	9.731	0.661	0.656	992.2	40
6.88	9.711	0.605	0.599	990.2	45
6.79	9.69	0.556	0.549	988.1	50
6.71	9.666	0.513	0.506	985.7	55
6.62	9.642	0.477	0.469	983.2	60
6.53	9.616	0.444	0.436	980.6	65
6.44	9.589	0.415	0.406	977.8	70
6.35	9.56	0.39	0.38	974.9	75
6.26	9.53	0.367	0.357	971.8	80
6.17	9.499	0.347	0.336	968.6	85
6.08	9.467	0.328	0.317	965.3	90
5.99	9.433	0.311	0.299	961.9	95
5.89	9.399	0.296	0.284	958.4	100

* Van der Leeden, F.; Troise, F.L. & Todd, D.K, The water encyclopedia, 2nd Edi.,

جدول 3: قيم تركيز التشبع للأكسجين الذائب في الماء والمعرض لمياه مشبعة بهواء يحتوي على 20.9% أكسجين وتحت ضغط يعادل 760 ملم زئبق

الفروق لكل 100 ملجم كلوريد	كمية الكلوريد الذائب في الماء (ملجم/لتر)				درجة الحرارة (مئوية)
	20000	10000	5000	صفر	
0.017	11.3	13	13.8	14.6	صفر
0.016	11	12.6	13.4	14.2	1
0.015	10.8	12.3	13.1	13.8	2
0.015	10.5	12	12.7	13.5	3
0.014	10.3	11.7	12.4	13.1	4
0.014	10	11.4	12.1	12.8	5
0.014	9.8	11.1	11.8	12.5	6
0.013	9.6	10.9	11.5	12.2	7
0.013	9.4	10.6	11.2	11.9	8
0.012	9.2	10.4	11	11.6	9
0.012	9	10.1	10.7	11.3	10
0.011	8.8	9.9	10.5	11.1	11
0.011	8.6	9.7	10.3	10.8	12
0.011	8.5	9.5	10.1	10.6	13
0.01	8.3	9.3	9.9	10.4	14
0.01	8.1	9.1	9.7	10.2	15
0.01	8	9	9.5	10	16
0.01	7.8	8.8	9.3	9.7	17
0.009	7.7	8.6	9.1	9.5	18
0.009	7.6	8.5	8.9	9.4	19
0.009	7.4	8.3	8.7	9.2	20
0.009	7.3	8.1	8.6	9	21
0.008	7.1	8	8.4	8.8	22
0.008	7	7.9	8.3	8.7	23
0.008	6.9	7.7	8.1	8.5	24
0.008	6.7	7.6	8	8.4	25
0.008	6.6	7.4	7.8	8.2	26
0.008	6.5	7.3	7.7	8.1	27
0.008	6.4	7.1	7.5	7.9	28
0.008	6.3	7	7.4	7.8	29
0.008	6.1	6.9	7.3	7.6	30

Source: * Hammer, M.J., Water & Wastewater Technology, 2nd Edi., Wiley, New York, 1986
* Steel, E.W. & McGhee, T.J, Water Supply & Sewerage, McGraw-Hill International Book Co., London, 1984, 7th reprinting
* Whipple, G.C. & Whipple, M.C., Solubility of Oxygen in Sea Water, JACS, 33, 1911, 362
* Abdel-Magid, I.M., Selected Problems in Wastewater Engineering, Khartoum University Press, National Council for Research, Khartoum, 1986

جدول 4: بعض الأوزان الذرية لبعض العناصر ذات الصلة

العنصر	الرمز	الوزن الذري
هيدروجين	H	1
ليثيوم	Li	6.9
بورون	B	10.8
كربون	C	12
نتروجين	N	14
أكسجين	O	16
فلور	F	19
صوديوم	Na	23
مغنيسيوم	Mg	24.2
ألمونيوم	Al	27
سيليكون	Si	28
فسفور	P	31
كبريت	S	32
كلوريد	Cl	35.5
بوتاسيوم	K	39
كالسيوم	Ca	40
كروم	Cr	52
منجنيز	Mn	55
حديد	Fe	56
كوبالت	Co	59
نحاس	Cu	63.5
خارصين	Zn	65
زرنيخ	As	75
سيلكون	Si	28
بروم	Br	80
سترونسيوم	Sr	87.6
فضة	Ag	108
كادميوم	Cd	112
يود	I	126.9
باريوم	Ba	137
ذهب	Au	197
زئبق	Hg	200.6
رصاص	Pb	207
ريديوم	Ra	226

جدول 5: ملامح مثالية لمصادر المياه

يلخص الجدول التالي ملامح عامة لمصادر المياه وأنماط تنميتها. ورغم أن هنالك عادة شواذ يجب وضعها في الإعتبار عند قراءة الجدول غير أن هنالك درجة مقبولة من المقارنة.

المصدر: المياه السطحية			
نوع المصدر	**البرك والبحيرات**	**الأنهار والخيران في المناطق المنخفضة**	**الأنهار في المناطق المرتفعة**
ملامح الإنتاجية	1. يعتمد على حجم ومستوى التغذية 2. يتناقص الإنتاج أثناء موسم الجفاف	1. تنساب الأنهار الكبيرة بدفق مستقر 2. بعض الأنهار تجف كلياً في موسم الجفاف	1. يمكن أن تكون موسمية 2. بعض الأنهار تجف كلياً في موسم التحاريق (الجفاف)
ملامح النوعية	1. تتراوح البكتريولوجية بين ضعيف وجيد في البرك والبحيرات الكبيرة 2. يمكن أن تحمل مستوى عالي من المعادن 3. قد تكون جيدة العكر أو متغيرة العكر	1. عامة ذات نوعية بكتريولوجية ضعيفة 2. عامة عالية العكر خاصة في موسم الأمطار	1. عامة البكتريولوجية أفضل من الأنهار في المناطق المنخفضة 2. يعتمد العكر على جيولوجية وظروغ التربة
احتياجات الاستعذاب والتنقية المحتملة	1. ترسيب، ترسيب مساعد، ترشيح، تطهير أو غيرها 2. تطهير فقط للماء قليل العكر 3. تتغير بالموقع	1. ترسيب، ترسيب مساعد، ترشيح، تطهير أو غيرها 2. تتغير بالموقع	1.تطهير فقط للماء قليل العكر للأنهار الجبلية 2. ترسيب، ترسيب مساعد، ترشيح، تطهير أو غيرها للأنهار عالية العكر
سهولة المنال والوصول إليها	1. عامة سهلة المنال 2. يمكن حدوث تغير كبير في مستوى الماء	1. عامة سهلة المنال 2. يمكن حدوث تغير كبير في مستوى الماء	يمكن أن تصعب الطبغرافية من الحصول عليها

المصدر: المياه السطحية			
نوع المصدر	**البرك والبحيرات**	**الأنهار والخيران في المناطق المنخفضة**	**الأنهار في المناطق المرتفعة**
	مما يصعب معه الحصول عليها	مما يصعب معه الحصول عليها	
الحماية المطلوبة	1. تصعب الحماية خاصة للمناطق ذات النفاذية العالية 2. يحتاج إلى تسوير وعزل المنطقة وحراستها للحد من التلامس مع الماء في بعض المناطق 3. يجب وضع خيارات أخرى للمستهلك الحالي ليصل إلى الماء	1. تصعب الحماية خاصة للتحكم في الاستخدام أعلى النهر 2. يحتاج إلى تسوير وعزل المنطقة وحراستها للحد من التلامس مع الماء في بعض المناطق 3. يجب وضع خيارات أخرى للمستهلك الحالي ليصل إلى الماء	1. تصعب الحماية خاصة للتحكم في الاستخدام أعلى النهر 2. يحتاج إلى تسوير وعزل المنطقة وحراستها للحد من التلامس مع الماء في بعض المناطق 3. يجب وضع خيارات أخرى للمستهلك الحالي ليصل إلى الماء 4. تحتاج للحماية أيضاً من الكتل والحجارة المتحركة
أجهزة الاستخلاص والمنشآت	منشآت مأخذ الماء وتسهيلات الضخ	منشآت مأخذ الماء وربما تسهيلات الضخ	منشآت مأخذ الماء وتسهيلات الضخ عند صعوبة الضخ الذاتي (تحت الجاذبية)
احتياجات التخزين	يحتاج إلى التخزين للتنقية والإمداد	يحتاج إلى التخزين للتنقية والإمداد	يحتاج إلى التخزين للتنقية والإمداد
التكلفة الأساسية لكل مستخدم	1. متوسطة إلى عالية 2. اجهزة الضخ والتنقية ذات تكلفة عالية	1. متوسطة إلى عالية اعتماداً على طرق الاستخدام 2. علو تكلفة اجهزة الضخ والتنقيةة	1. متوسطة إلى عالية اعتماداً على طرق الاستخدام 2. علو تكلفة اجهزة الضخ والتنقية

المصدر: المياه السطحية			
نوع المصدر	**البرك والبحيرات**	**الأنهار والخيران في المناطق المنخفضة**	**الأنهار في المناطق المرتفعة**
الاحتياجات الطبعية للصيانة والتشغيل	1. صيانة مرشحات السحب والمنشآت والمضخات ونظم التنقية 2. تشغيل التنقية ومراقبتها	1. صيانة مرشحات السحب والمنشآت والمضخات ونظم التنقية 2. تشغيل التنقية ومراقبتها	1. صيانة مرشحات السحب والمنشآت والمضخات ونظم التنقية 2. تشغيل التنقية ومراقبتها
احتياجات الضيانة والتشغيل للمواد المستهلكة	1. الوقود والكهرباء لمضخات الطاقة 2. قطع غيار المضخات 3. المواد الكيميائية للتنقية	1. الوقود والكهرباء لمضخات الطاقة 2. قطع غيار المضخات 3. المواد الكيميائية للتنقية	1. الوقود والكهرباء لمضخات الطاقة 2. قطع غيار المضخات 3. المواد الكيميائية للتنقية
زمن الإنشاء	يمكن إنشاء الوحدات المؤقتة بسرعة	يمكن إنشاء الوحدات المؤقتة بسرعة	يمكن إنشاء الوحدات المؤقتة بسرعة
آثار التنمية	1. تحدث مشاكل عند المصدر المحمي إذ لا يوجد خيار آخر للمستهلكين المحليين (منزلي، زراعي، حيوانات) 2. تقليل مسنوب الماء يقلل المخزون الجوفي 3. يجب أخذ الحيطة عند التخلص من الحمأة	1.يجب أخذ الحيطة للحصول على أنتاج مناسب للمستهلكين أدنى النهر (منزلي، زراعي، حيوانات) 2. يجب أخذ الحيطة عند التخلص من الحمأة	1.يجب أخذ الحيطة للحصول على أنتاج مناسب للمستهلكين أدنى النهر (منزلي، زراعي، حيوانات) 2. يجب أخذ الحيطة عند التخلص من الحمأة

تابع جدول ملامح مثالية لمصادر المياه

المصدر: الماء الجوفي وماء الأمطار				
نوع المصدر	**آبار عميقة**	**آبار محفورة**	**منطقة جابية لينبوع**	**منطقة جابية لأمطار**
ملامح الإنتاجية	1. تعتمد الإنتاجية على نوع الخزان الجوفي والتربة السطحية الرطبة ونوع تنمية البئر 2. يمكن أن تكون عالية 3. عامة مستقرة إلا عند حدوث ضخ أعلى من المعدل	1. تعتمد الإنتاجية على نوع الخزان الجوفي والتربة السطحية الرطبة ونوع تنمية البئر 2. يمكن أن تكون عالية غير أنها لا تصل إلى الآبار العميقة 3. يمكن أن تكون موسمية	1. متزنة للدفق الارتوازي 2. تجف بعض الينابيع في فصل الجفاف 3. تغير الينابيع من مواقعها أحياناً	1. متغيرة 2. تنعدم المصادر الجديدة في فصل الجفاف 3. أكثر ملاءمة لعدد قليل من المستهلكين مثل المراكز الطبية أو المؤسسات
ملامح النوعية	1. عامة نوعية بكتريولوجية جيدة 2. قد يوجد طعم بغيض من الحديد والمنجنيز وقلة تركيز الأكسجين 3. قلة العكر	1. إذا تم وضع بطانة للبئر بطبقة سميكة وتمت تغطية البئر ووضع مضخة تتحسن النوعية 2. إذا لم تتم الحماية فمن المحتمل تدني النوعية الميكروبية 3. يمكن وجود مشاكل كيميائية مثل النترات 4. عكر قليل إلى متوسط	1. نوعية جيدة 2. هذا باستثناء الينابيع في مناطق الصخور عالةي التشقق 3. عادة يقل العكر	1. تعتمد على نظافة منشآت المنطقة الجابية 2. تقل المعادن 3. يقل العكر إذا كان نظام الجمع نظيف 4. يمكن تغير نوعية الماء في وجود تلوث هوائي عالي ووجود نشاط بركاني
متطلبات التنقية	1. تطهير	1. تطهير	1. تطهير	1. ترسيب (للمواد

المصدر: الماء الجوفي وماء الأمطار				
نوع المصدر	**آبار عميقة**	**آبار محفورة**	**منطقة جابية لينبوع**	**منطقة جابية لأمطار**
العامة	2. يحتمل تهوية وترسيب أو ترشيح عند وجود إزالة الحديد والمنجنيز	2. عند الضخ والعكر غير المقبول يمكن استخدام الترسيب المساعد والترشيح		الصلبة من منشآت المنطقة الجابية) وتطهير
سهولة المنال والوصول إليها	ربما صعب تحديد الماء الجوفي والوصل الإبتدائي إليه	ربما صعب تحديد الماء الجوفي والحصول عليه ابتداء	1. عادة تحتاج إلى نقل بالأنابيب من المناطق المرتفعة 2. عادة يصعب الوصول إلى الينبوع وحمايته دون دماره	1. جيد لعدد قليل من المستهلكين 2. يصعب الحصول على أحجام كبيرة
متطلبات الحماية	تبطين، وضع رأس (غطاء) وتصريف حول البئر	رأس (حائط) للبئر، وتبطين وتغطية وتصريف حول البئر	1. يحتاج إلى صندوق ينبوع حول عينه وتصريف مناسب أعلى التيار 2. يجب تحديد الزراعة والنشاطات المماثلة `لى الجبل من الينبوع	منشآت المنطقة الجابية، أحواض مقفولة وحماية من الدفق الملوث
أجهزة السحب والمنشآت	مضخات مع وحدات دفع ومثالياً مجمع مضخات	دارة (ملفاف) رفع أو شادوف وجردل، مضخة يدوية، مضخات مع وحداث دفع ومثالياً مجمع	سحب طبيعي. عادة يتم النقل للمجتمعات بالانسياب الذاتي (الحر) بالأنابيب التي تحتاج لضخ	يحتاج إلى منشآت منطقة جابية مثل السقف أو غيرها من الأسطح الملساء المماثلة

المصدر: الماء الجوفي وماء الأمطار				
نوع المصدر	**آبار عميقة**	**آبار محفورة**	**منطقة جابية لينبوع**	**منطقة جابية لأمطار**
		مضخات	إذا كان المصدر منطقة منخفضة من المنطقة السكنية	
متطلبات التخزين	ربما يحتاج لتخزين للتنقية والإمداد	1. عادة لا يستخدم تخزين إضاقي للسكان الذين يسقون مباشرة من البئر 2. يتم التطهير في البئر في هذه الحالة 3. عند وجود ضخ يمكن أن يحتاج إلى تخزين للتنقية والإمداد	يحتاج لتخزين للتنقية والإمداد	1. يحتاج لتخزين للتنقية والإمداد 2. يحتاج إلى تخزين إضافي عند اللجوء لاستخدام مياه الأمطار في فترة الجفاف
التكلفة الأساسية لكل مستهلك	عالية	منخفضة إلى متوسطة (اعتماداً على أجهزة رفع الماء وطرق الحفر)	1. منخفضة نوعاً ما 2. تزيد التكلفة مع أطوال الأنابيب	1. منخفضة إلى متوسطة للسقف (دون إضافة تكلفة السقف) 2. متوسطة إلى عالية للجابية المرتفعة
متطلبات طبعية للتشغيل والصيانة	1. صيانة أجهزة الضخ ومنشآت الحماية 2. تشغيل وحدات الاستعذاب والتنقية والمتابعة	1. صيانة أجهزة الضخ ورفع الماء وإصلاح المنشآت 2. تشغيل وحدات الاستعذاب والتنقية والمتابعة	1. تحدد الصيانة لتصليح منشآت صندوق الينبوع والأنابيب، وتظافة صندوق الينبوع والمنطقة المحيطة 2. عند وضع	1. منشآت الجابية تحتاج إلى نظافة 2. تشغيل وحدات الاستعذاب والتنقية والمتابعة

المصدر: الماء الجوفي وماء الأمطار				
نوع المصدر	**آبار عميقة**	**آبار محفورة**	**منطقة جابية لينبوع**	**منطقة جابية لأمطار**
			الينبوع أدنى المطنقة السكنية يراعى صيانة أجهزة الضخ 3. تشغيل وحدات الاستعذاب والتنقية والمتابعة	
متطلبات التشغيل والصيانة المستهلكة	1. الوقود والكهرباء لمضخات القدرة 2. قطع غيار المضخات 3. المطهرات	1. طاقة يدوية فقط أو مماثلة للآبار العميقة 2. قطع غيار المضخات 3. المطهرات	1. وقود وقدرة للنقل عند وجود النقل الذاتي 2. المطهرات	1. المطهرات
زمن الإنشاء	استغلال الزمن لتحديد مصدر الماء، والحصول على الأجهزة للموقع وحفر الآبار	1. استغلا الزمن لتحديد مصدر الماء وحفر الآبار الجديدة 2. يمكن الإسراع أكثر من الماء السطحي عند إضافة زمن استيراد الأجهزة	حماية لعين الينبوع وأنابيب النقل تحتاج إلى زمن	يعتمد على المنشآت الموجودة المتاحة لمياه المنطقة الجابية
آثار السحب	نضوب الخزان الجوفي قد يؤثر على مصادر الماء الأخرى	1. يؤثر نضوب الخزان الجوفي على المصادر الأخرى 2. يجب أخذ الحذر عند التخلص	1. يجب أخذ الحيطة لضمان حصول المستهلكين على إمداد (بما فيهم هؤلاء أدنى النهر)	يجب أخذ الحذر عند التخلص من الحمأة

المصدر : الماء الجوفي وماء الأمطار				
نوع المصدر	**آبار عميقة**	**آبار محفورة**	**منطقة جابية لينبوع**	**منطقة جابية لأمطار**
		من الحمأة	2. يحتاج لتحديد النشاط الزراعي أعلى النهر	

Source: House, S. & Reed, B., Emergency water sources: Guidelines for selection and treatment. Water, Engineering and Development Centre (WEDC), Loughborough, Leicestershire, 1997 (With permission)

رموز الخرط

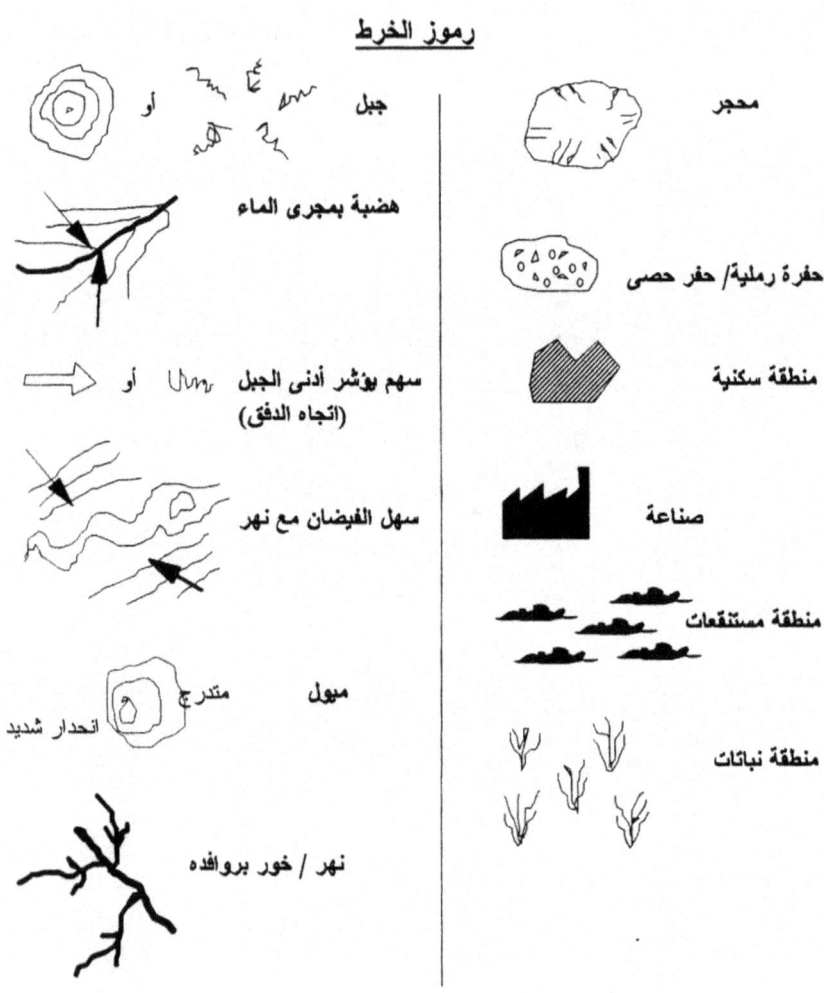

محجر	جبل أو
حفرة رملية/ حفر حصى	هضبة بمجرى الماء
منطقة سكنية	سهم يؤشر أدنى الجبل أو (اتجاه الدفق)
صناعة	سهل الفيضان مع نهر
منطقة مستنقعات	ميول متدرج انحدار شديد
منطقة نباتات	نهر / خور بروافده

Source: House, S., & Reed, B. Emergency water sources, guidelines for selection and treatment, WEDC, Loughborough, 1997, pp. 160 (With permission)

تابع رموز الخرط

منطقة أخشاب
(غابات)
حدود دولية
أو
مستشفى
H
مباني (مدرسة أو عيادة)
جامع أو كنيسة
رمل أو حصى
منظر
منطقة شبه جافة
ينبوع
sp
نقطة صيد سمك
منطقة مروية
قنطرة
طريق رئيسي
طريق فرعي
منطقة مرتفعة
خط سكة حديد

Source: House, S., & Reed, B. Emergency water sources, guidelines for selection and treatment, WEDC, Loughborough, 1997, pp. 160 (With permission)

مرفق 7: صور شاشات البرامج المرافقة للأمثلة

برنامج 4-1 (شاشة التصميم):

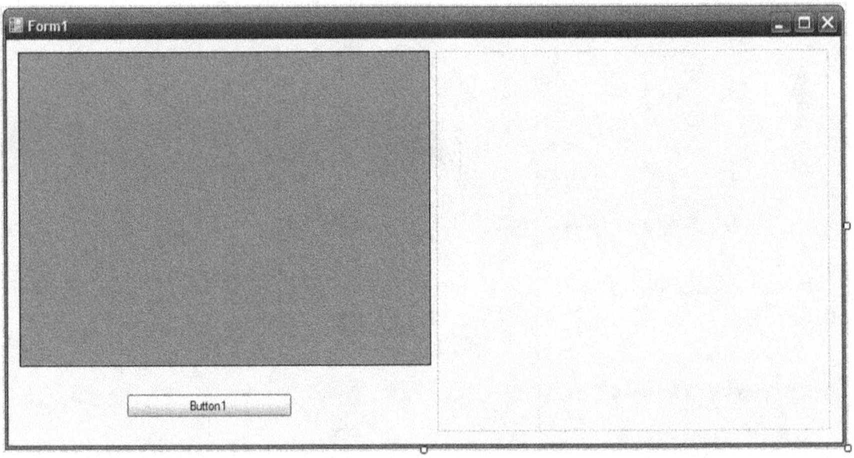

برنامج 4-1 (شاشة العمل):

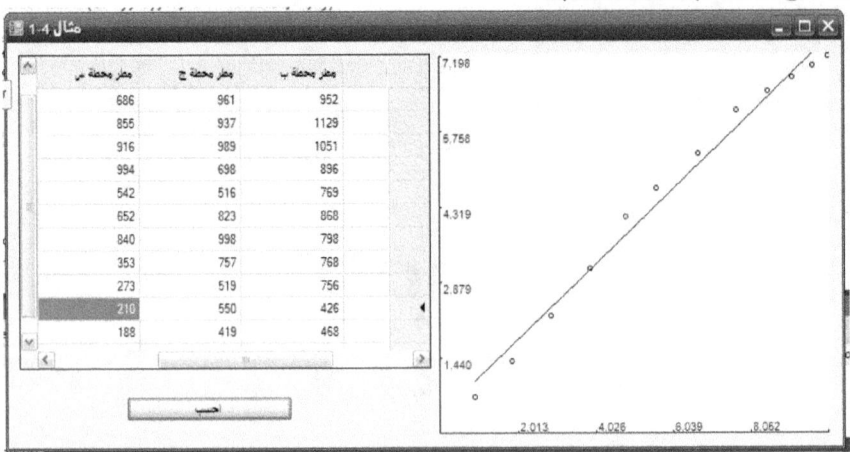

<u>برنامج 4-2 (شاشة التصميم):</u>

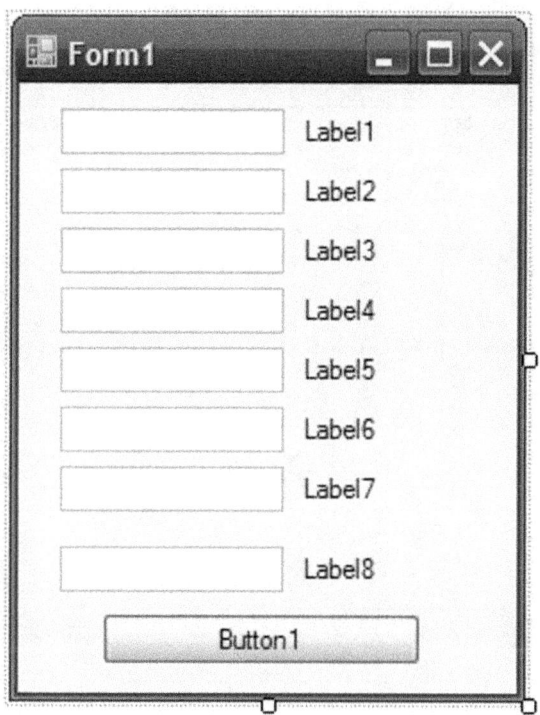

برنامج 4-2 (شاشة العمل):

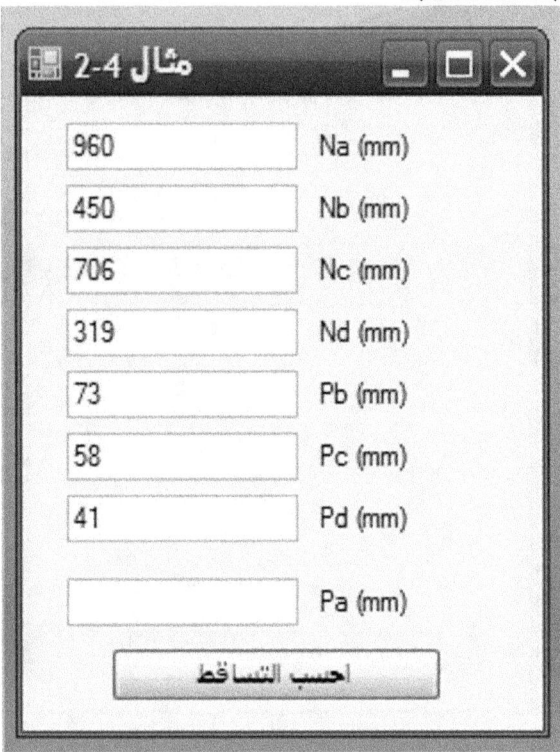

برنامج 4-3 (شاشة التصميم):

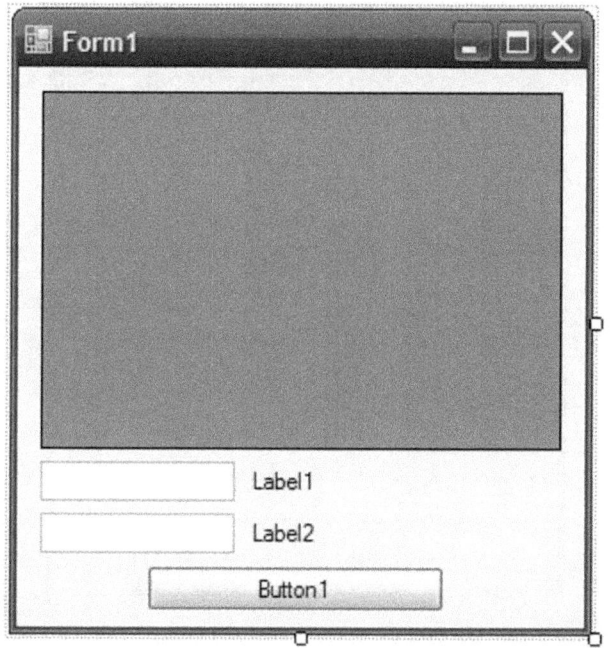

برنامج 4-3 (شاشة العمل):

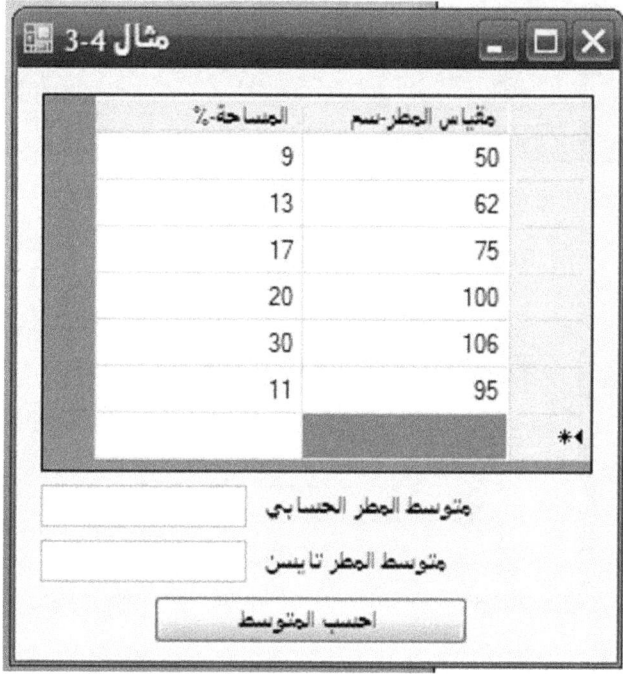

برنامج 4-4 (شاشة التصميم):

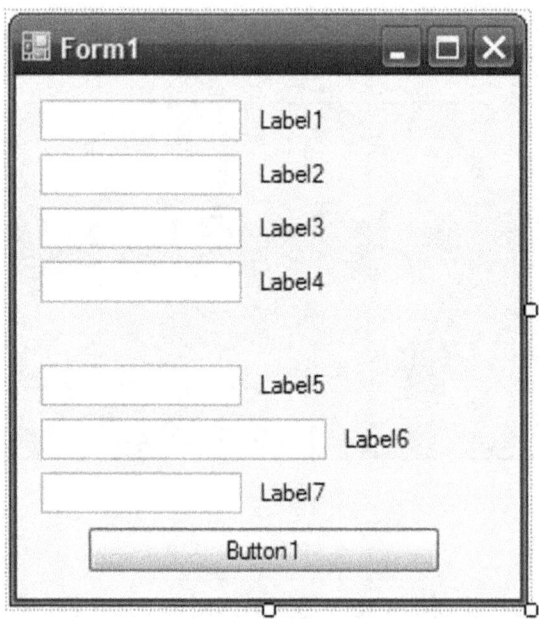

برنامج 4-4 (شاشة العمل):

615

برنامج 4-5 (شاشة التصميم):

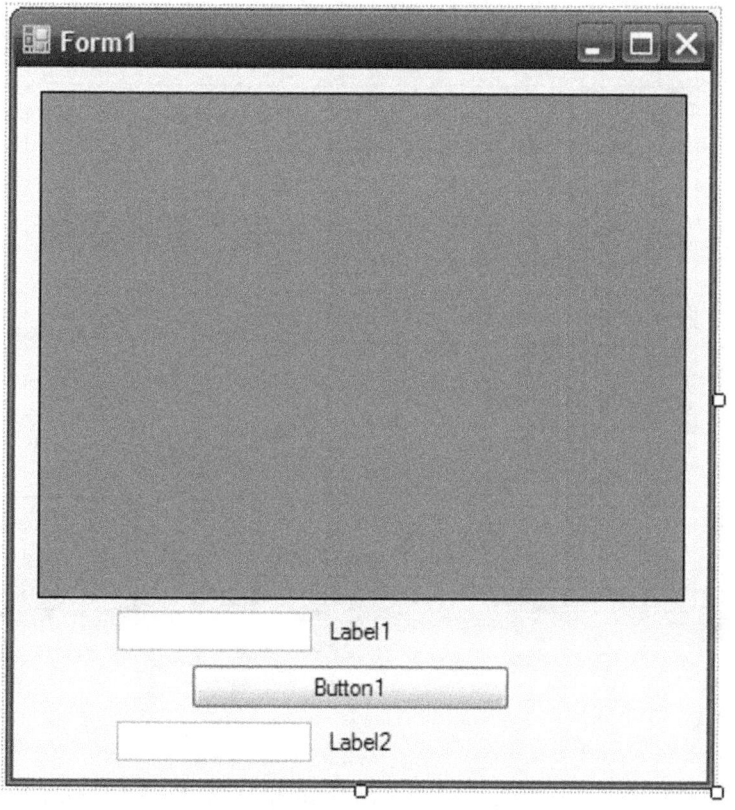

برنامج 4-5 (شاشة العمل):

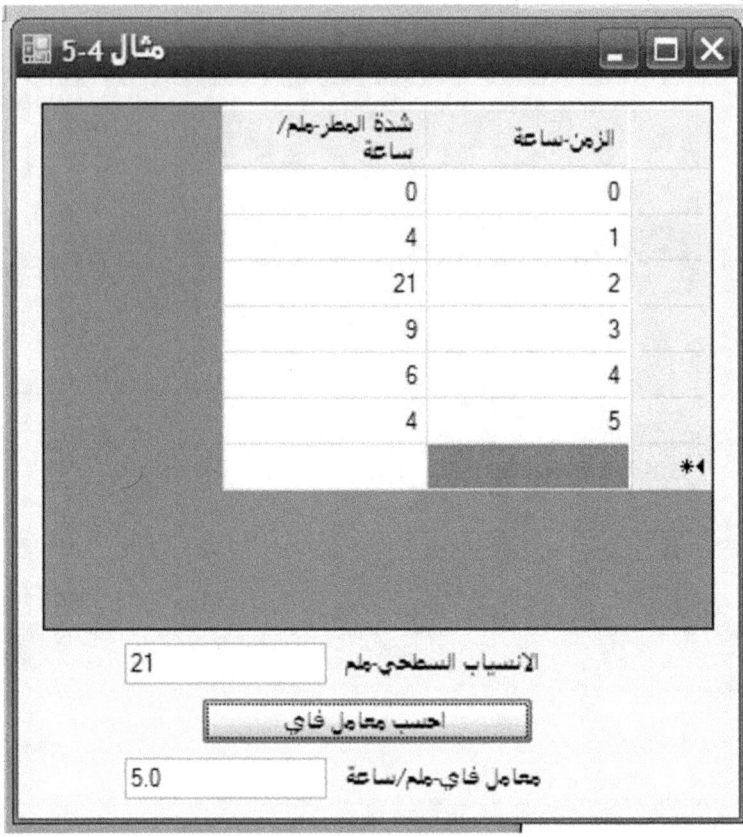

برنامج 4-6 (شاشة التصميم):

برنامج 4-6 (شاشة العمل):

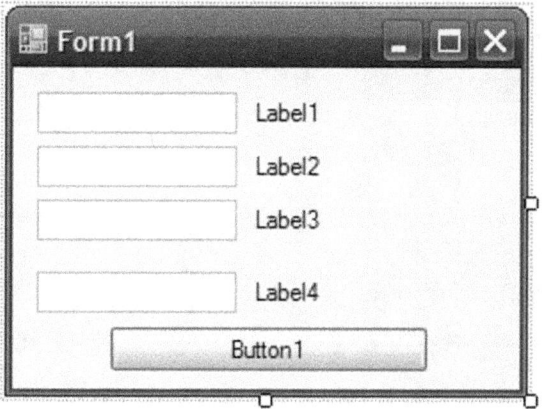

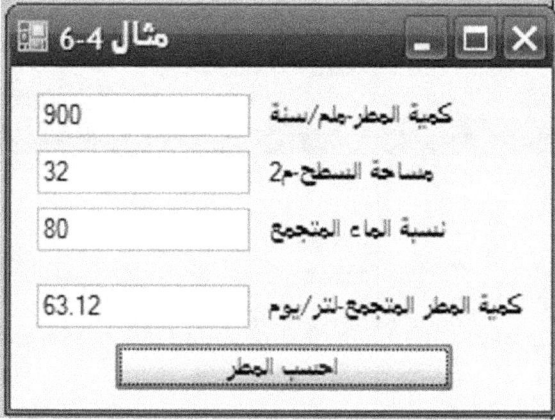

برنامج 4-7 (شاشة التصميم):

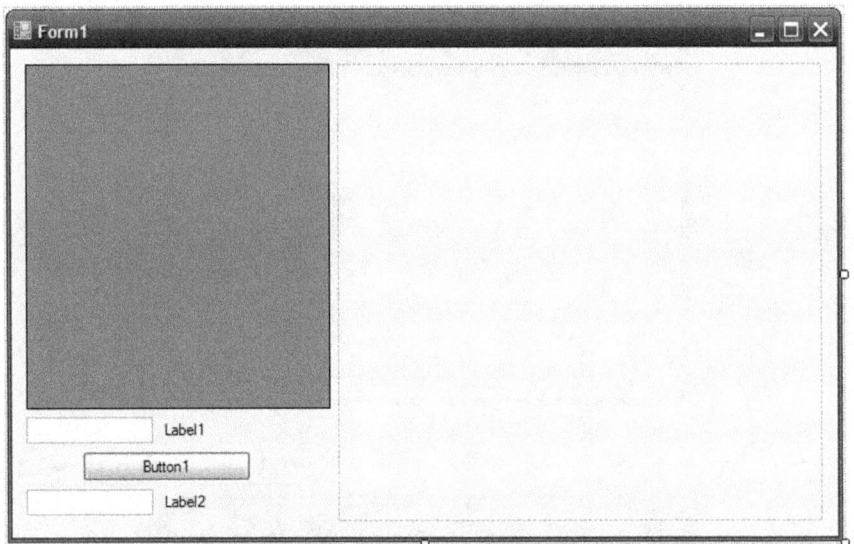

برنامج 4-7 (شاشة العمل):

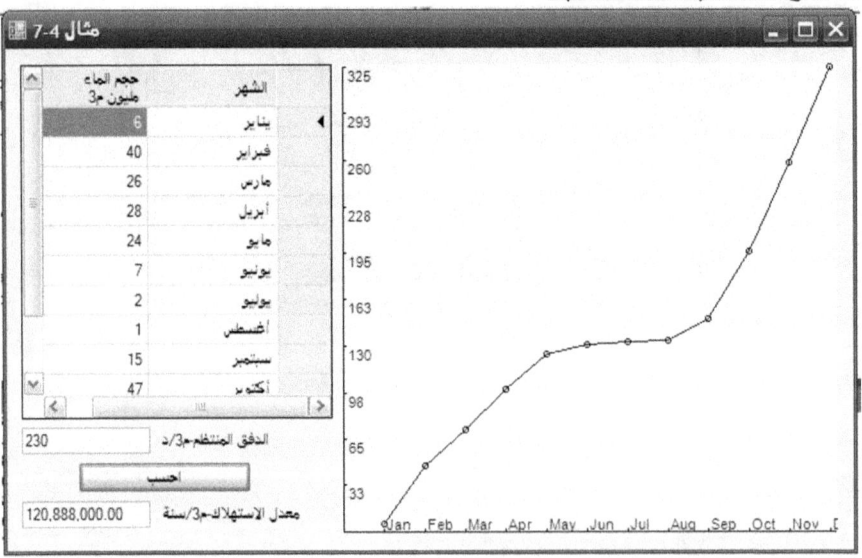

برنامج 4-8 (شاشة التصميم):

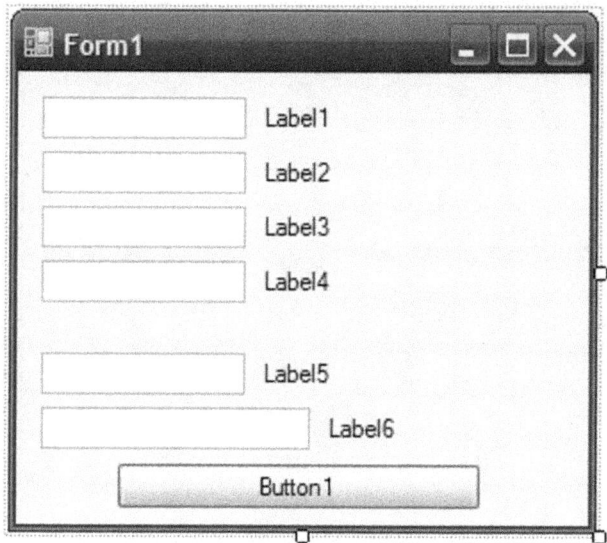

برنامج 4-8 (شاشة العمل):

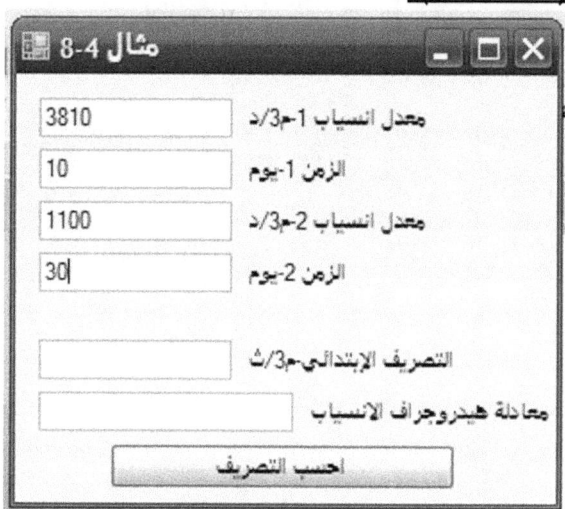

برنامج 4-9 (شاشة التصميم):

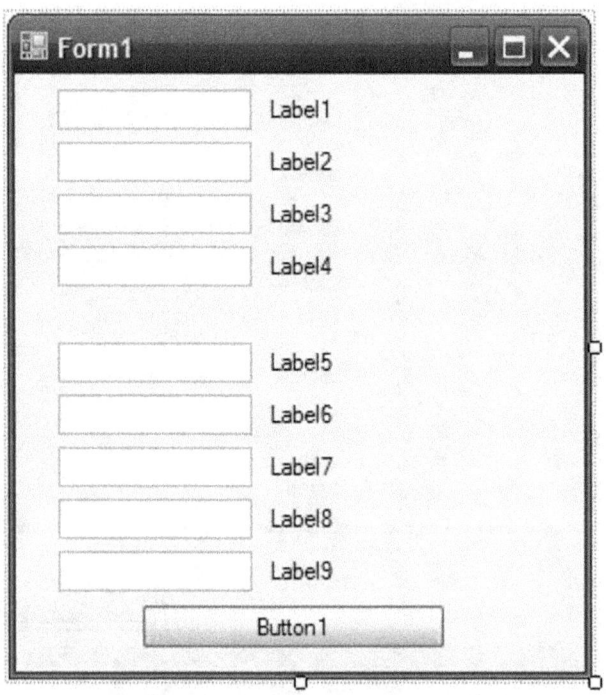

برنامج 4-9 (شاشة العمل):

برنامج 4-10 (شاشة التصميم):

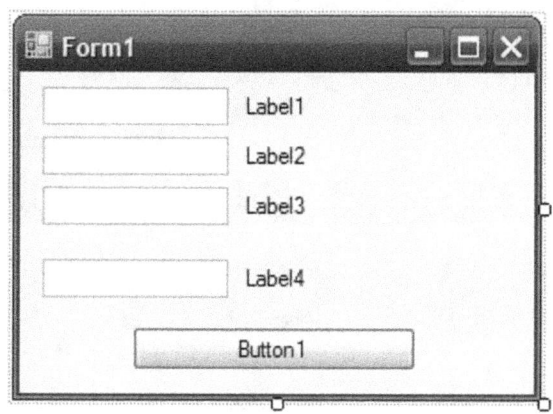

برنامج 4-10 (شاشة العمل):

برنامج 4-11 (شاشة التصميم):

برنامج 4-11 (شاشة العمل):

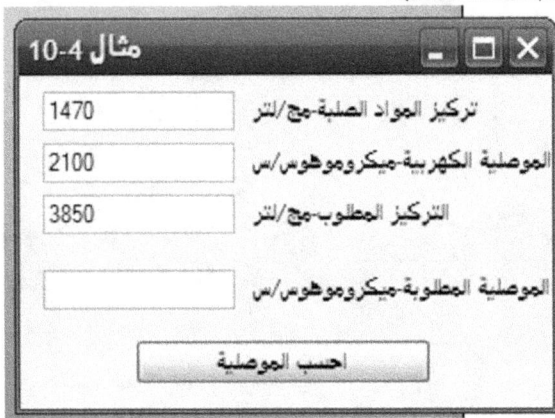

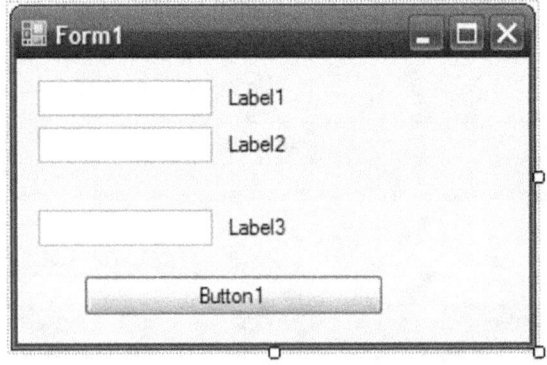

برنامج 4-12 (شاشة التصميم):

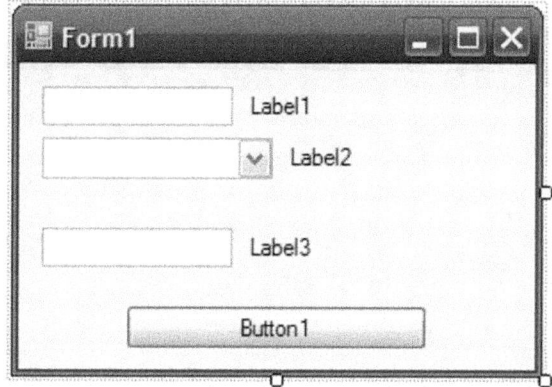

برنامج 4-12(شاشة العمل):

برنامج 4-13 (شاشة التصميم):

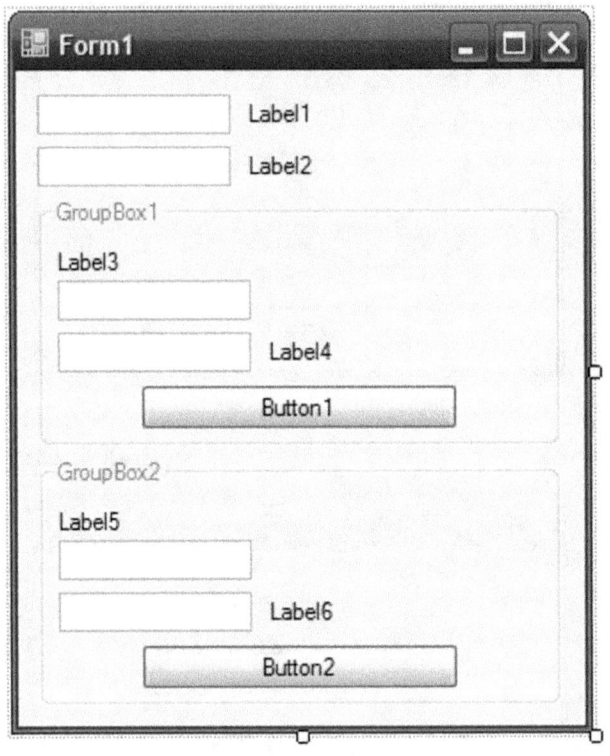

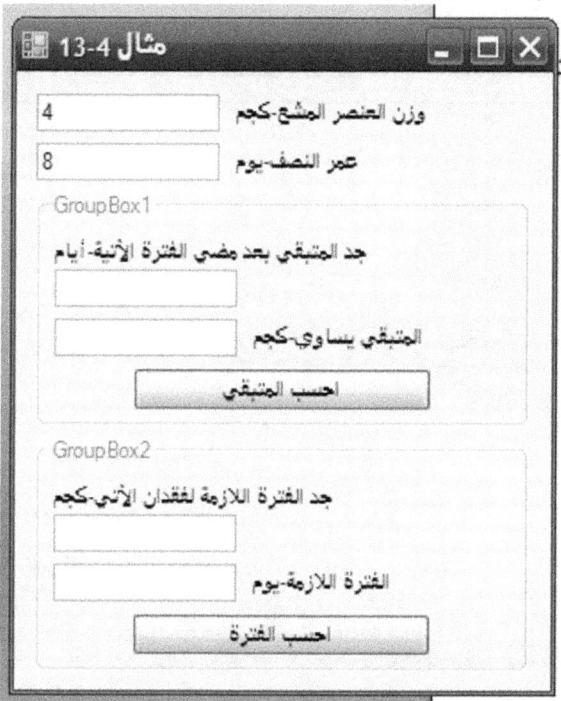

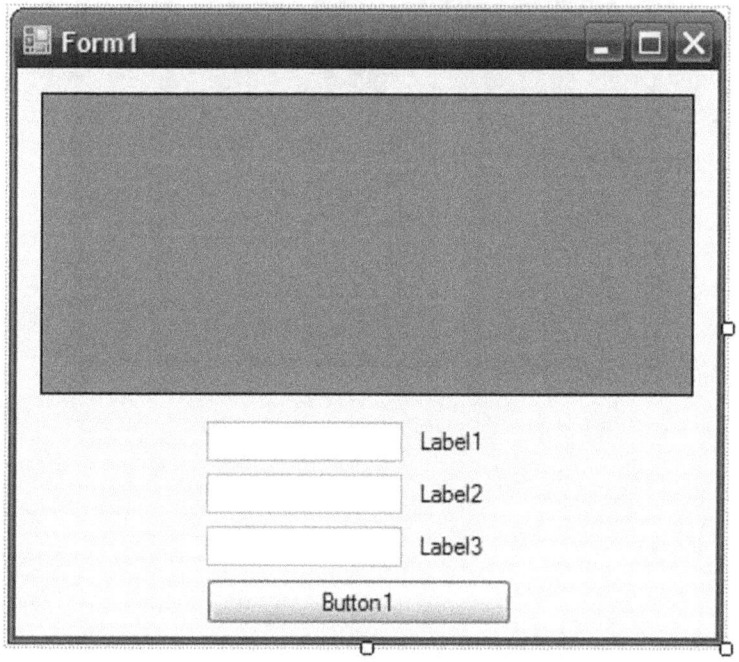

برنامج 4-13 (شاشة العمل):

برنامج 4-14 (شاشة التصميم):

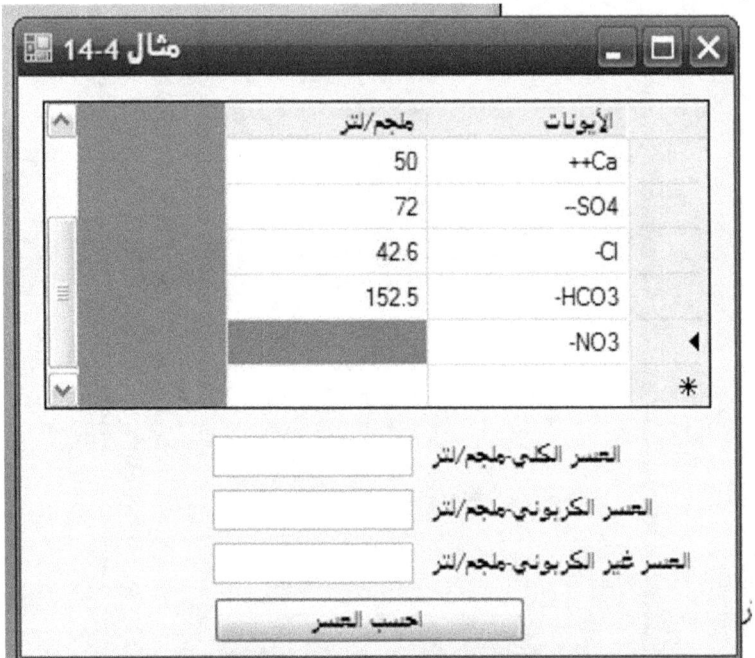

<u>برنامج 4-14 (شاشة العمل):</u>

<u>برنامج 4-15 (شاشة التصميم):</u>

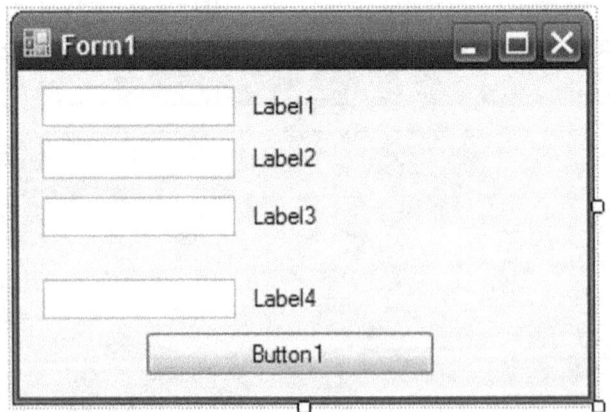

برنامج 4-15 (شاشة العمل):

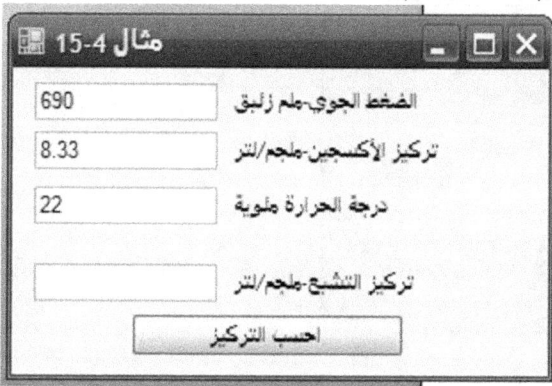

برنامج 4-16 (شاشة التصميم):

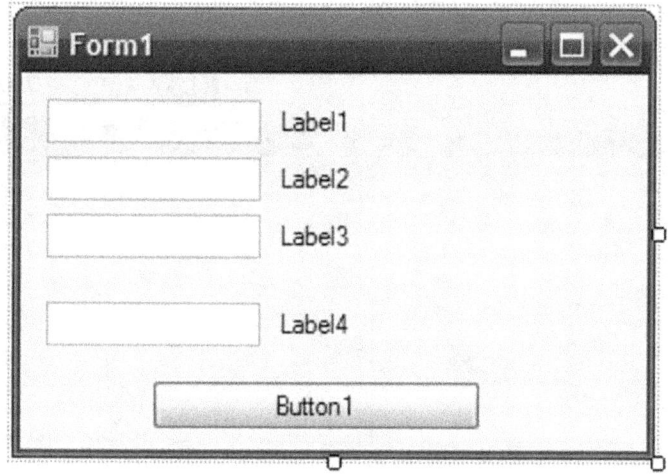

برنامج 4-16 (شاشة العمل):

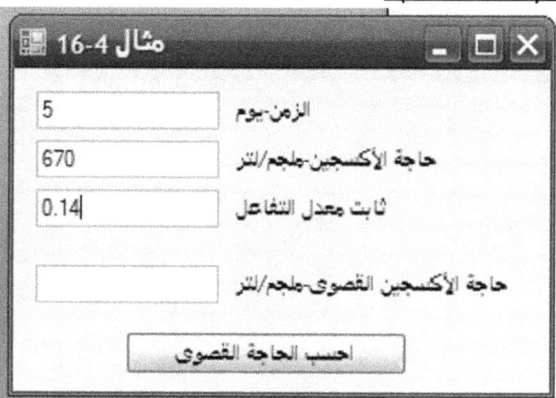

برنامج 4-17 (شاشة التصميم):

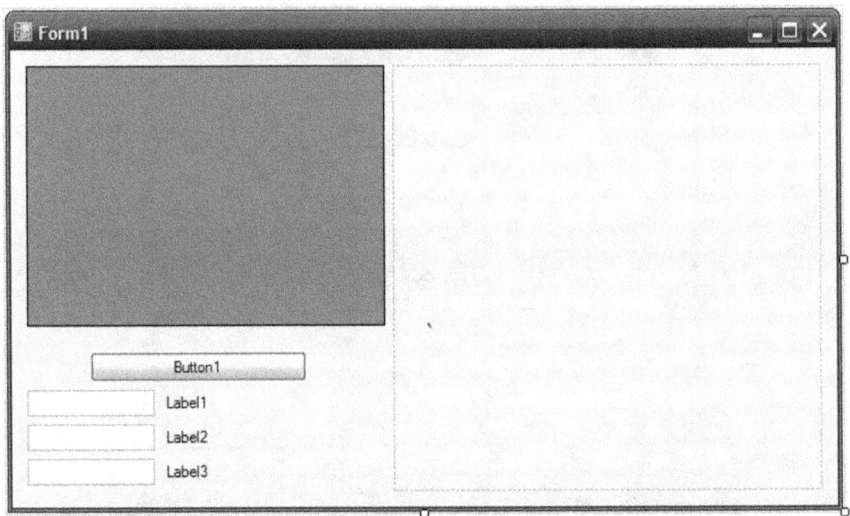

برنامج 4-17 (شاشة العمل):

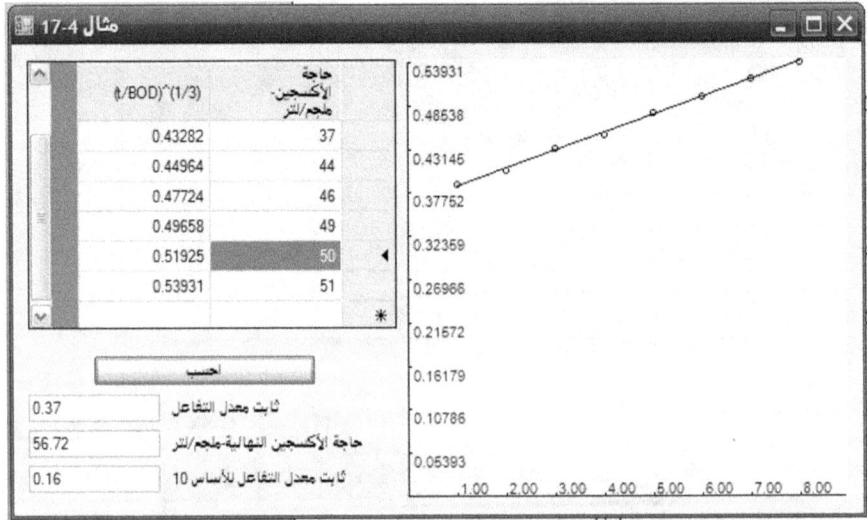

629

برنامج 6-1 (شاشة التصميم):

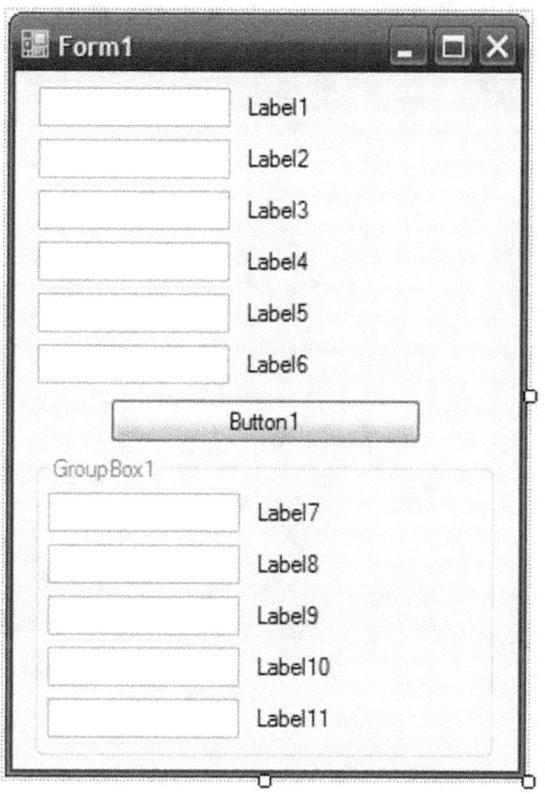

برنامج 6-1 (شاشة العمل):

برنامج 6-2 (شاشة التصميم):

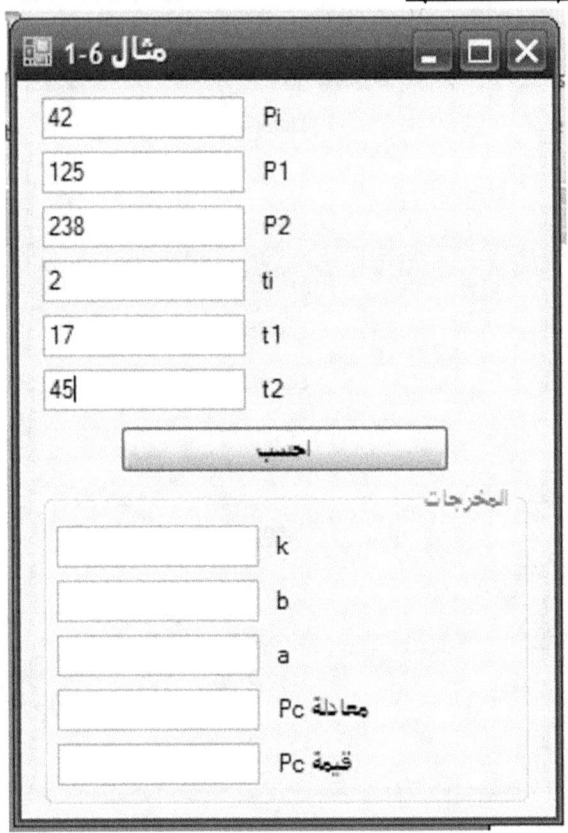

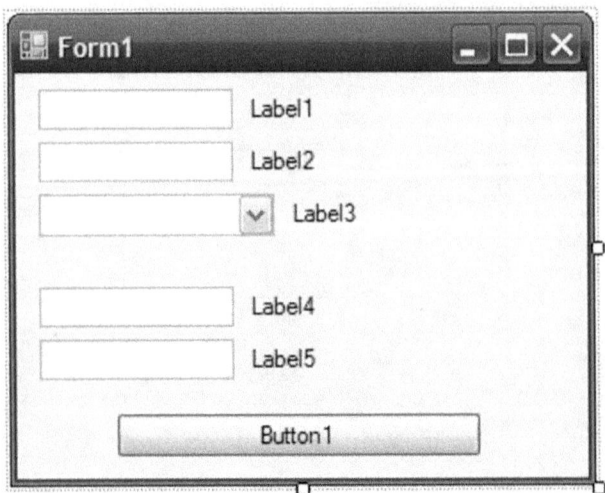

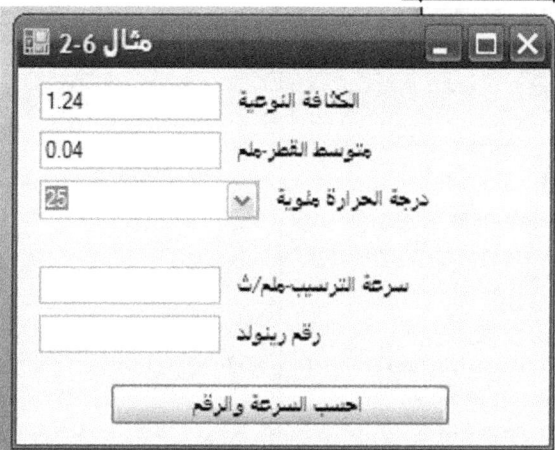

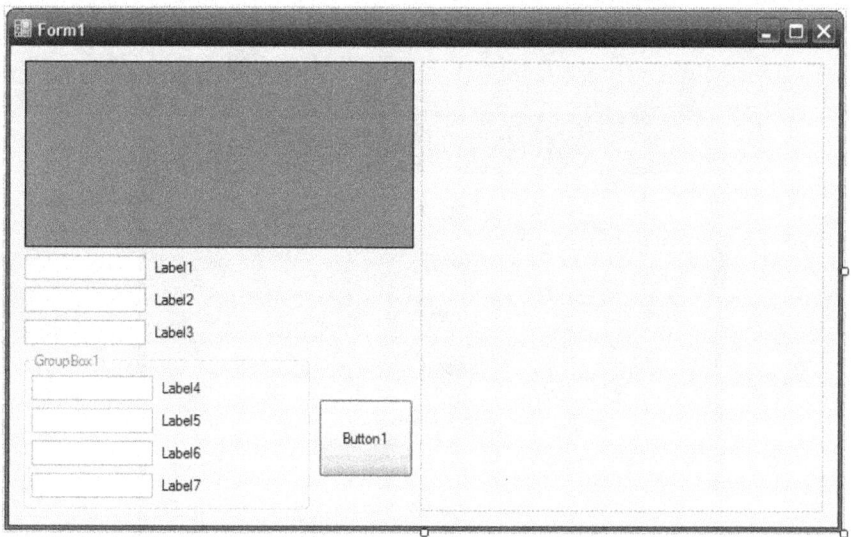

برنامج 6-2 (شاشة العمل):

برنامج 6-3 (شاشة التصميم):

برنامج 6-3 (شاشة العمل):

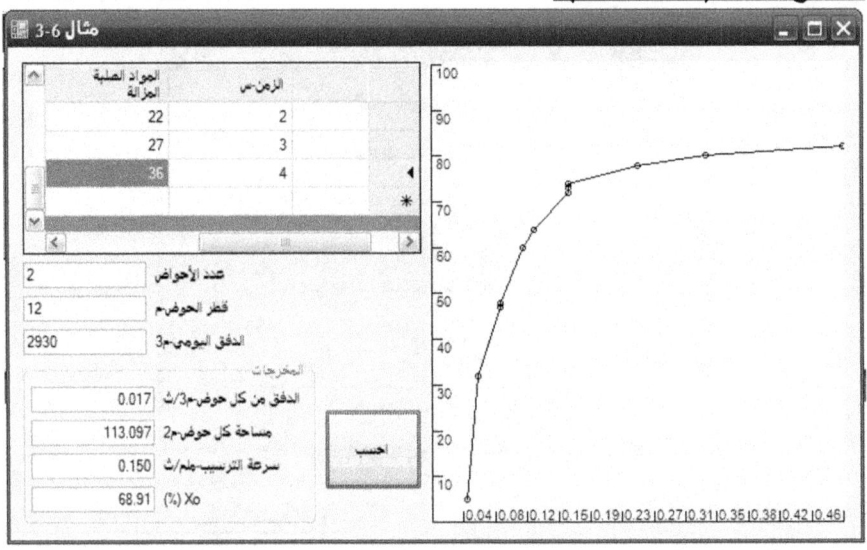

برنامج 6-4 (شاشة التصميم):

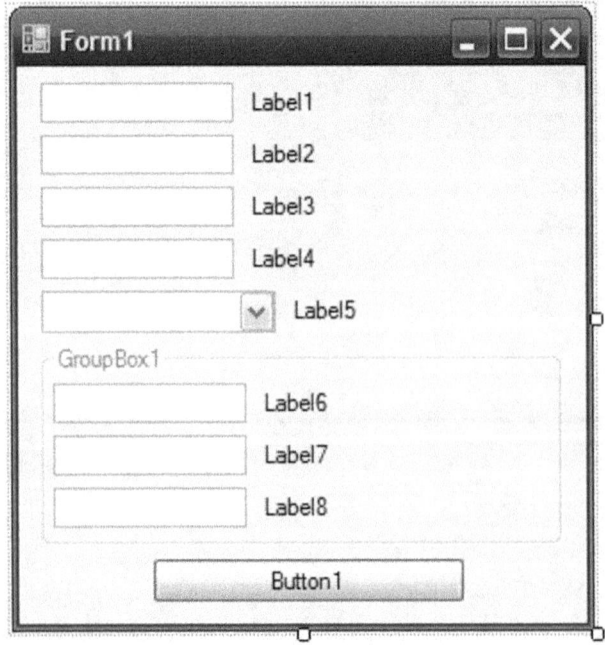

633

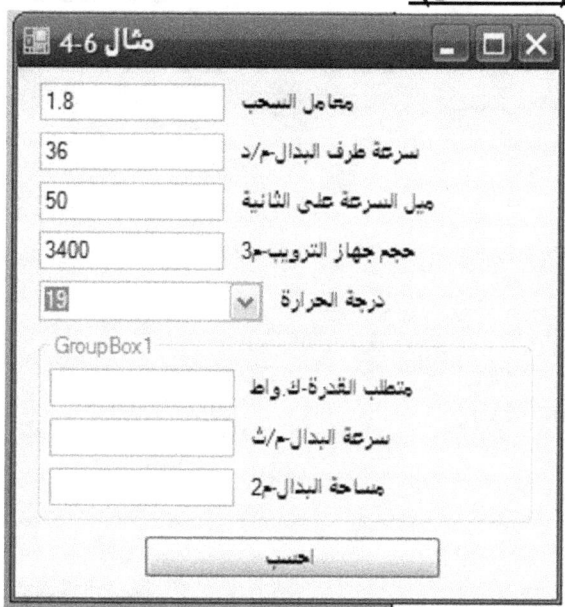

برنامج 6-4 (شاشة العمل):

برنامج 6-5 (شاشة التصميم):

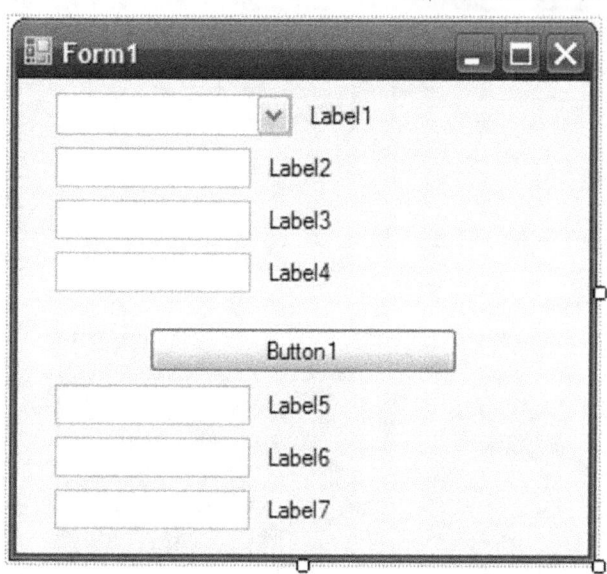

برنامج 6-5 (شاشة العمل):

برنامج 6-6 (شاشة التصميم):

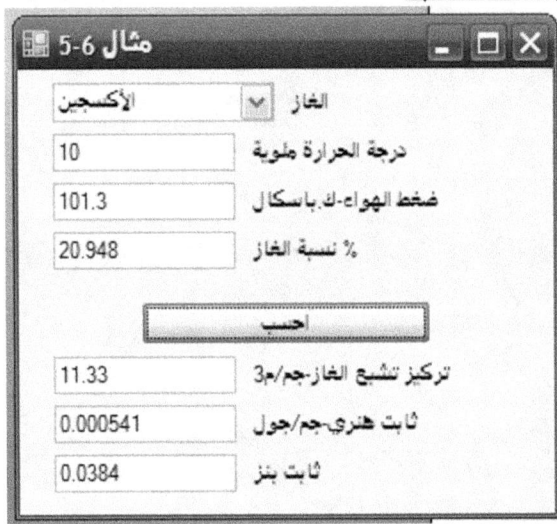

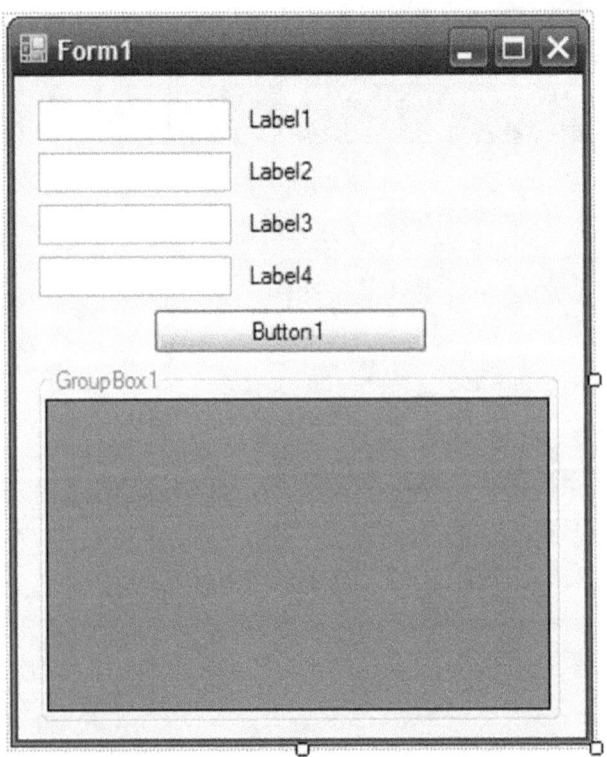

برنامج 6-6 (شاشة العمل):

برنامج 6-7 (شاشة التصميم):

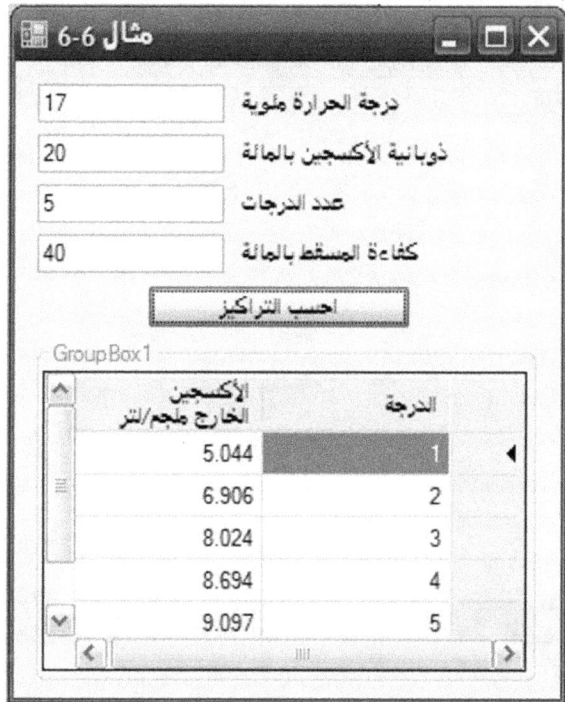

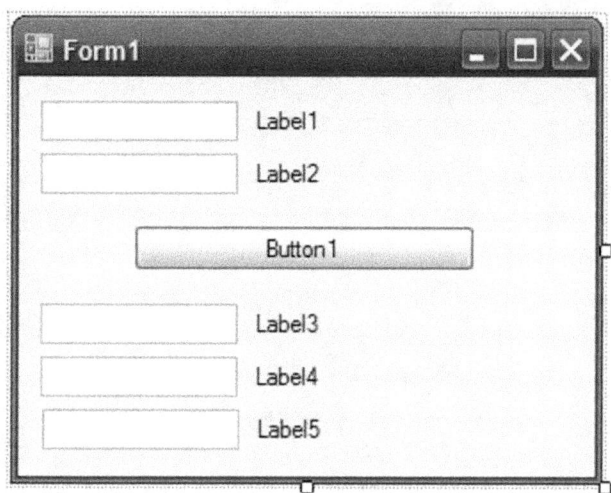

برنامج 6-7 (شاشة العمل):

برنامج 6-8 (شاشة التصميم):

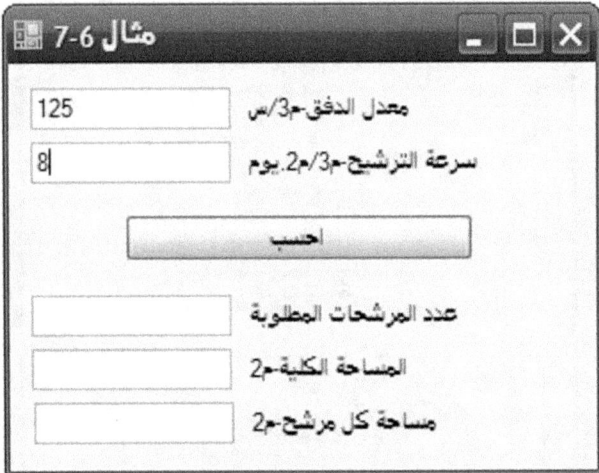

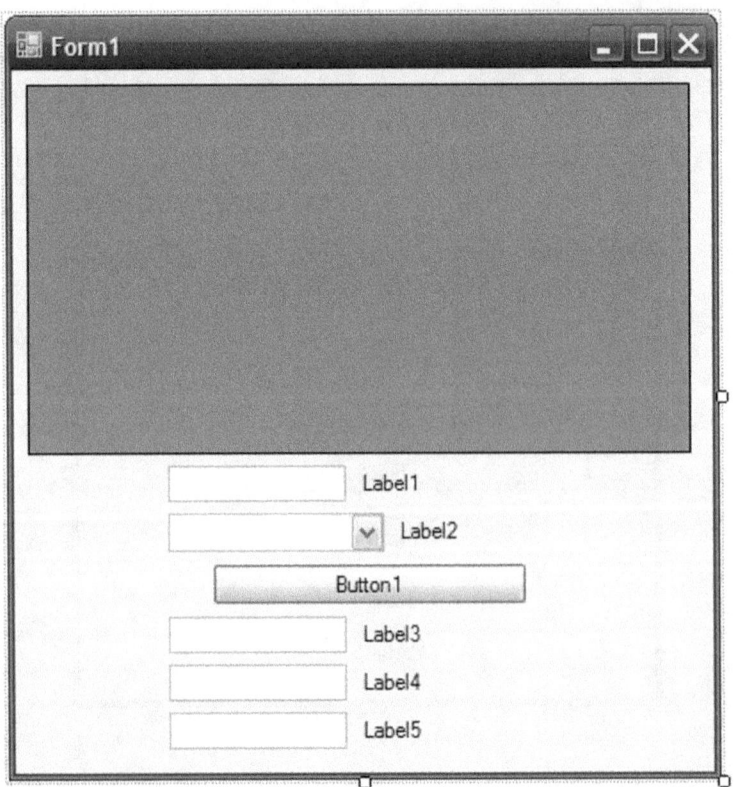

برنامج 6-8 (شاشة العمل):

برنامج 6-9 (شاشة التصميم):

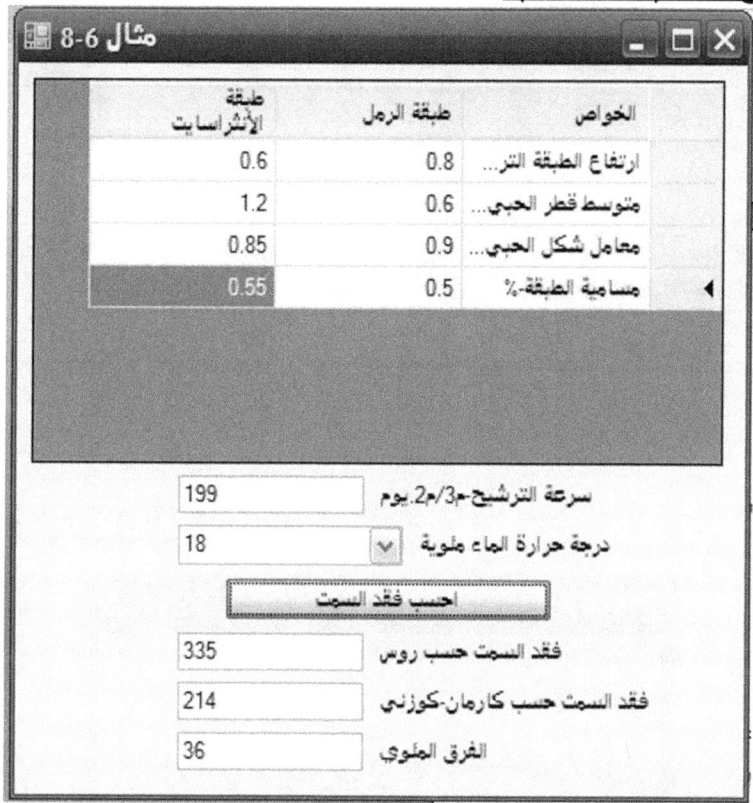

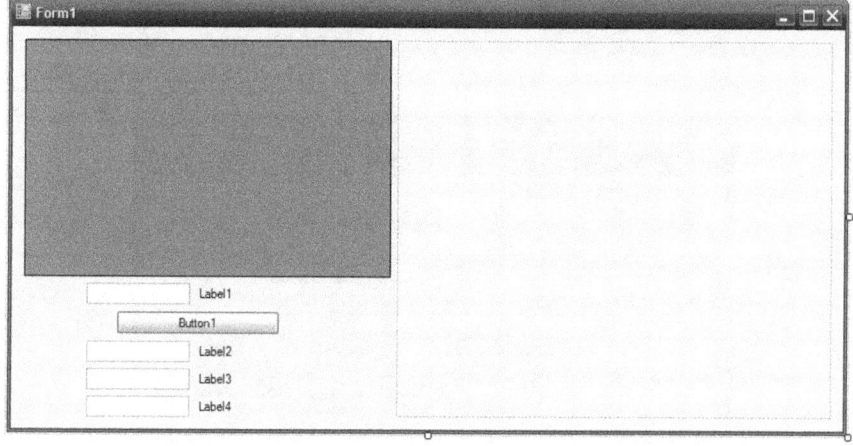

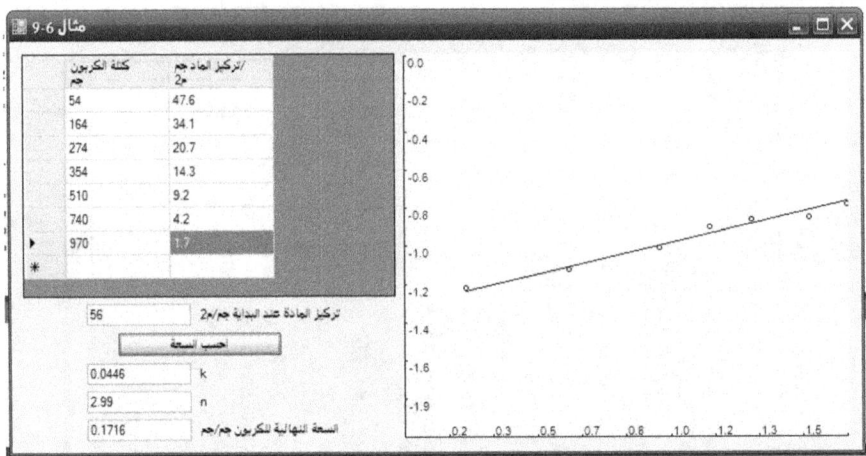

برنامج 6-9 (شاشة العمل):

برنامج 6-10 (شاشة التصميم):

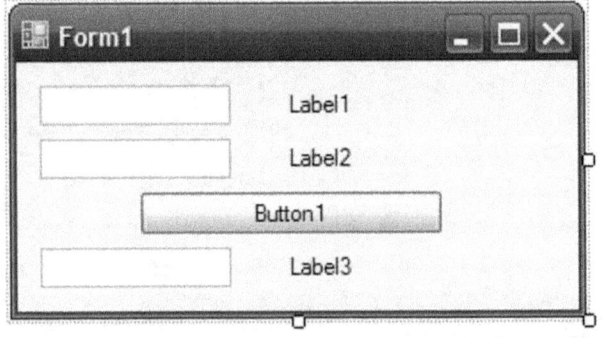

برنامج 6-10 (شاشة العمل):

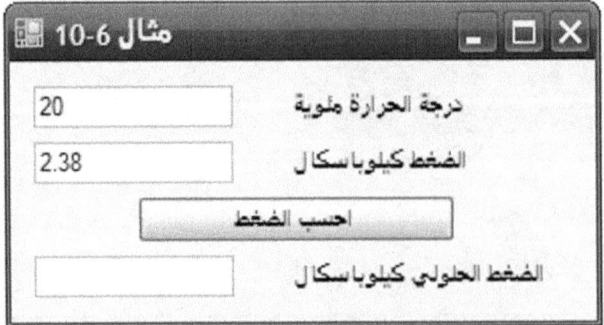

برنامج 6-11 (شاشة التصميم):

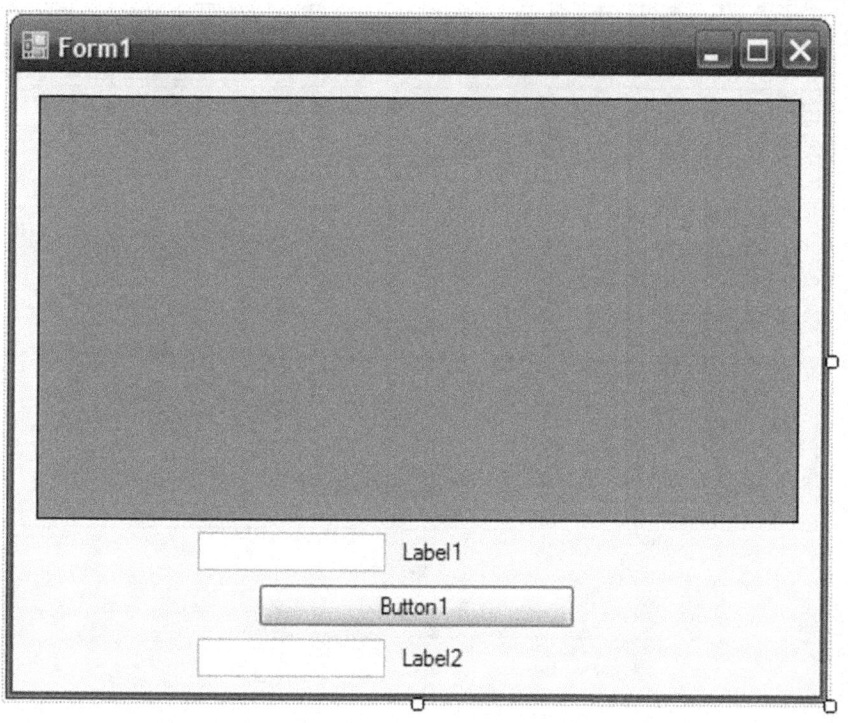

برنامج 6-11 (شاشة العمل):

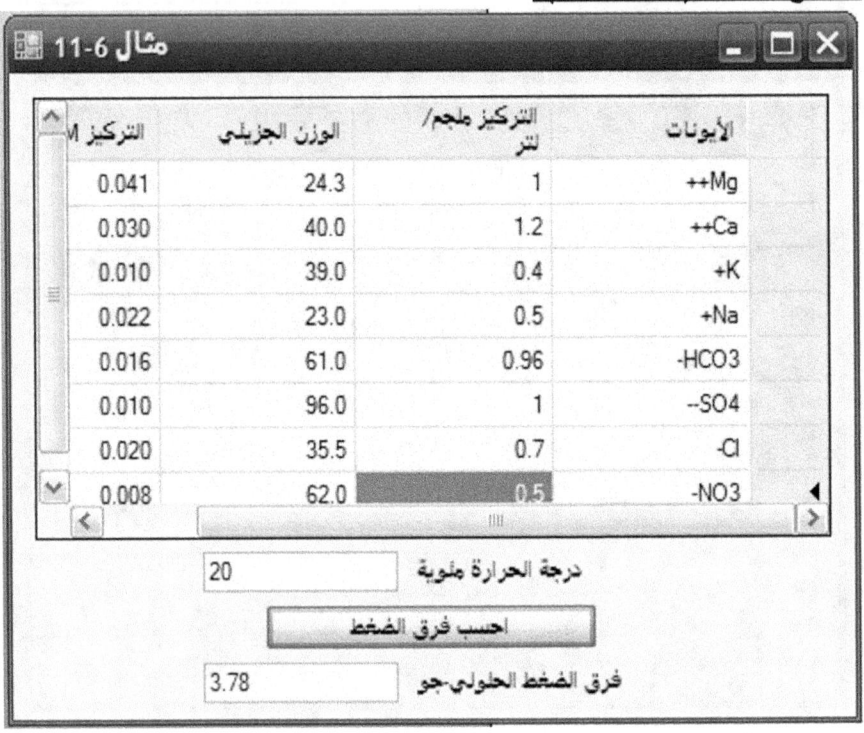

التركيز M	الوزن الجزيئي	التركيز ملجم/ لتر	الأيونات
0.041	24.3	1	++Mg
0.030	40.0	1.2	++Ca
0.010	39.0	0.4	+K
0.022	23.0	0.5	+Na
0.016	61.0	0.96	-HCO3
0.010	96.0	1	--SO4
0.020	35.5	0.7	-Cl
0.008	62.0	0.5	-NO3

درجة الحرارة مئوية   20

احسب فرق الضغط

فرق الضغط الحلولي-جو   3.78

برنامج 6-12 (شاشة التصميم):

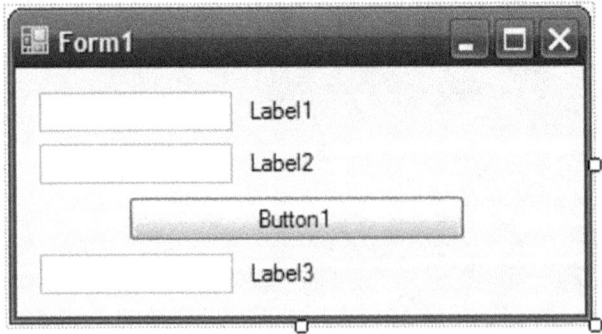

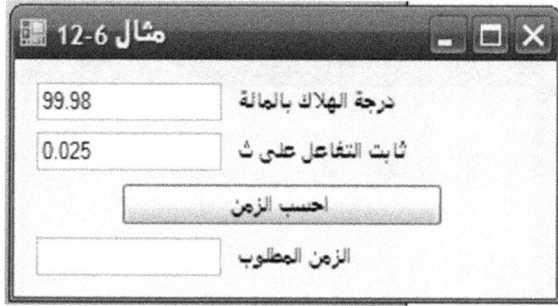

برنامج 6-12 (شاشة العمل):

برنامج 7-1 (شاشة التصميم):

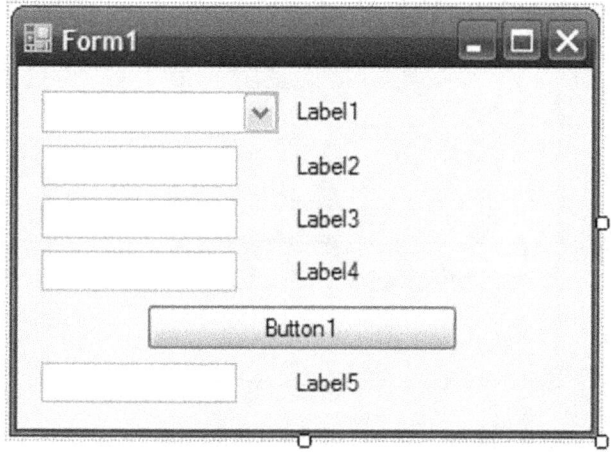

برنامج 7-1 (شاشة العمل):

برنامج 7-2 (شاشة التصميم):

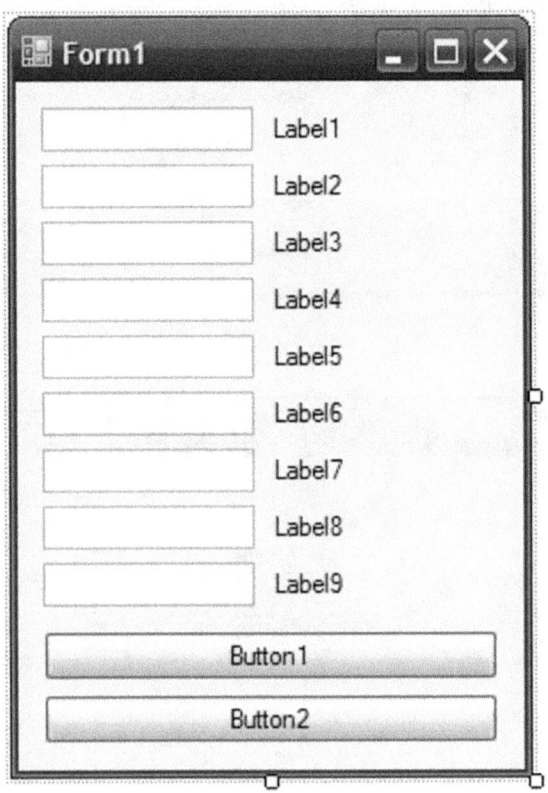

برنامج 7-2 (شاشة العمل):

برنامج 7-3 (شاشة التصميم):

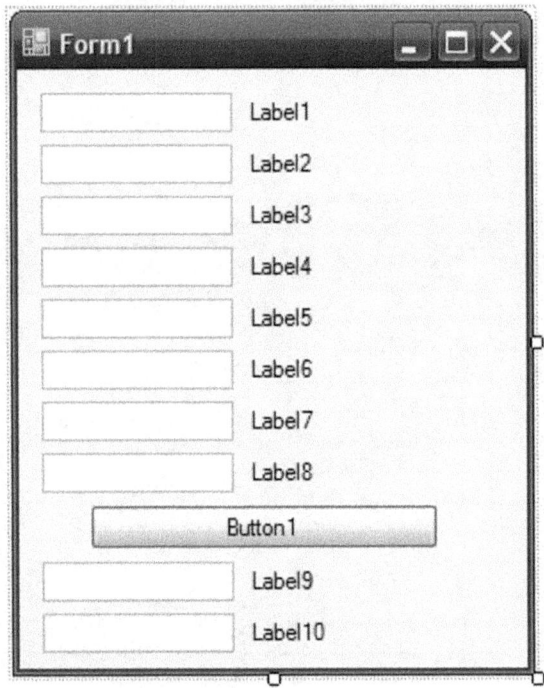

برنامج 7-3 (شاشة العمل):

انتهى الكتاب بحمد الله سبحانه وتعالى وتوفيقه، سبحانك اللهم وبحمدك نشهد أن لا إله إلا أنت نستغفرك ونتوب إليك.

المؤلفون في سطور:

الأستاذ الدكتور المهندس المستشار/ عصام محمد عبد الماجد أحمد

- من مواليد مدينة رفاعة بالريف السوداني في 19 يوليو 1952 م.
- تلقى تعليمه الأولي برفاعة، والمتوسط بأبي حراز، والثانوي برفاعة.
- تخرج فى قسم الهندسة المدنية بجامعة الخرطوم (السودان) بمرتبة الشرف الأولى، 1977.
- نال دبلوم الري من جامعة بادوفا (إيطاليا)، 1978.
- حصل على ماجستير الهندسة البيئية من جامعة دلفت (هولندا)، 1979.
- نال الدكتوراه في الهندسة البيئية من جامعة استراثكلايد (بريطانيا)، 1982
- للمؤلف جملة من البحوث والأوراق العلمية المتخصصة والكتب الدراسية والمراجع العلمية والمهنية المتخصصة (باللغتين العربية والإنكليزية) فاز بعضاً منها بالجوائز التقديرية الرفيعة.
- عمل مهندساً بالمؤسسة العامة للري والحفريات بوزارة للري والموارد المائية (مينا)، وأميناً عاماً للمجلس القومي لرعاية الثقافة والفنون بوزارة الثقافة والإعلام (الخرطوم)، وأستاذاً جامعياً في جامعات: الخرطوم (الخرطوم)، والإمارات العربية المتحدة (العين)، والسلطان قابوس (مسقط)، وأم درمان الإسلامية (أم درمان)، والسودان للعلوم والتكنولوجيا (الخرطوم)، وجوبا (الخرطوم)، ومركز البحوث والاستشارات

الصناعية وأكاديمية السودان للعلوم (الخرطوم) بوزارة العلوم والتقانة (السودان) وجامعة الملك فيصل وجامعة الدمام (المملكة العربية السعودية). وتنقل في مؤسسات التعليم العالي والبحث العلمي متقلداً مناصباً إدارة الشعبة، و رئاسة القسم، ونائب العميد، والعميد، ووكيل الجامعة، ويعمل حالياً رئيساً لقسم المراجعة بمركز النشر العلمي بجامعة الدمام.

د. الطاهر محمد الدرديري

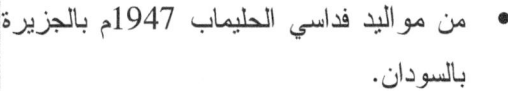

- من مواليد فداسي الحليماب 1947م بالجزيرة بالسودان.
- تخرج في كلية الشريعة والدراسات الاسلامية في جامعة أم درمان الاسلامية بتقدير ممتاز عام 1971م.
- حصل على ماجستير الحديث النبوي الشريف وعلومه من جامعة الازهر بمصر في 1979، ودكتوراة الحديث النبوي الشريف وعلومه من جامعة أم القرى بالملكة العربية السعودية في 1983م.
- عمل في جامعات: أم درمان الاسلامية والسلطان قابوس.
- للمؤلف عدة كتب واصدارات وأوراق علمية.

د. محمد عصام محمد عبد الماجد

- اختصاصي الباطنية الدكتور محمد عصام محمد عبد الماجد (MBBS، MRCP-UK، ALS، BLS) تخرج في كلية الطب بجامعة الخرطوم بالسودان 2008. أكمل التدريب الأساسي مع وزارة الصحة

السودانية، ثم عمل كطبيب في قسم الطب للباطني بمستشفى جامعة الرباط بالسودان، ومستشفى أملج بوزارة الصحة بالمملكة العربية السعودية.

- اكمل تدريبه العالي لعضوية الكليات الملكية للأطباء في المملكة المتحدة (MRCP-UK) في أجزائه الثلاثة.

- درس في دورات التعليم والتعلم القائم على حل المشاكل في قسم الطب الباطني بجامعة السودان الدولية بالسودان.

- طبيب مسجل لممارسة المهنة لدى المجلس الطبي السوداني، وهيئة الصحة في أبو ظبي بالأمارات العربية المتحدة (HAAD)، والهيئة السعودية للتخصصات الصحية (SCHS) بالمملكة العربية السعودية.

- عضو كامل العضوية في جمعية الطب الحرجفي المملكة المتحدة (SAM)، والجمعية الأوروبية لطب الطوارئ (EuSEM)، والجمعية الأوروبية للجهاز التنفسي (ERS).

- وهو أحد المراجعين النظراء مع مجلة العلوم الطبية والتجارب السريرية، والمجلة الإفريقية للعلوم الطبية.